Paul K. Feyerabend

Der wissenschaftstheoretische Realismus und die Autorität der Wissenschaften

Ausgewählte Schriften, Band 1

Friedr. Vieweg & Sohn   Braunschweig / Wiesbaden

CIP-Kurztitelaufnahme der Deutschen Bibliothek

Feyerabend, Paul K.:
[Sammlung]
Ausgewählte Schriften. — Braunschweig, Wiesbaden:
Vieweg.
Bd. 1. Der wissenschaftstheoretische Realismus und
die Autorität der Wissenschaften. — 1. Aufl. — 1978.
(Wissenschaftstheorie, Wissenschaft und
Philosophie; Bd. 13)
ISBN 3-528-08411-1

1978

Satz: Friedr. Vieweg & Sohn, Braunschweig
Druck: CW Niemeyer, Hameln
Buchbinder: W. Langelüddecke, Braunschweig
Printed in Germany

ISBN 3 528 08411 1

Inhaltsverzeichnis

Kapitel 6

**Bemerkungen zur Verwendung nicht-klassischer Logiken
in der Quantentheorie** 113

Kapitel 7

Die Wissenschaft und das Alltagsdenken 121

Kapitel 8

Theater als Ideologiekritik

Zweiter Teil

Die Autorität der Wissenschaften

Kapitel 9

Kuhns ‚Struktur wissenschaftlicher Revolutionen'

Kapitel 10

Von der beschränkten Gültigkeit methodologischer Regeln 205

Kapitel 11

Bemerkungen zur Geschichte und Systematik des Empirismus 249

Quellen der Arbeiten dieses Bandes

Die Kapitel 4 und 9 wurden vom Verfasser ins Deutsche übertragen. Alle übrigen, ursprünglich englisch erschienenen Arbeiten wurden von Dr. Hermann Vetter, Heidelberg, übersetzt und vom Verfasser durchgesehen.

Kapitel 1: "An Attempt at a Realistic Interpretation of Experience", in *Proceedings of the Aristotelian Society,* n.s., Band 58 (1958), S. 143–170.

Kapitel 2: "On the Interpretation of Scientific Theories", in *Proceedings of the 12th International Congress of Philosophy,* Band 5 (Venedig 1960), S. 151–159.

Kapitel 3: aus *Probleme der Wissenschaftstheorie.* Festschrift für Viktor Kraft, hrsg. von E. Topitsch (Wien 1960), S. 35–72.

Kapitel 4: „Science without Experience", in *Journal of Philosophy,* Band 66 (1969), S. 791–794.

Kapitel 5: "Realism and Instrumentalism", in *The Critical Approach to Science and Philosophy,* hrsg. von Mario Bunge (Humanities Press 1964), S. 280–308.

Kapitel 6: aus Band 1 der Veröffentlichungen des Internationalen Forschungszentrums für Grundfragen der Wissenschaften in Salzburg, hrsg. von Paul Weingartner (Wien 1965), S. 351–359.

Kapitel 7: "Linguistic Arguments and Scientific Methods", in *Telos,* Band 2 (1969), S. 43–63.

Kapitel 8: aus *Die Philosophie und die Wissenschaften.* Simon Moser zum 65. Geburtstag (Meisenheim 1966), S. 400–412.

Kapitel 9: Veränderte und erweiterte Fassung von "Consolations for the Specialist", in *Criticism and the Growth of Knowledge,* hrsg. von I. Lakatos und A. Musgrave (Cambridge 1970), S. 197–230.

Kapitel 10: aus *Neue Hefte für Philosophie,* Heft 2/3 (1972), S. 124–171.

Kapitel 11: aus *Grundfragen der Wissenschaften und ihre Wurzeln in der Metaphysik,* hrsg. von Paul Weingartner (Wien 1967), S. 136–180.

Kapitel 12: aus *Natur und Geschichte,* Proceedings des Deutschen Philosophenkongresses, hrsg. von Hübner und Menne (Kiel 1972).

Kapitel 13 und 14: vom Autor für diesen Band verfaßt.

Einleitung

Die Aufsätze in diesem Band befassen sich mit gewissen Aspekten der Rolle der Wissenschaften in unserer Kultur.

Im ersten Teil wird gefragt, ob die Wissenschaft einen Beitrag zu unserem Weltbild leisten kann, oder ob sie einzig dazu taugt, *Voraussagen* zu machen oder Erfahrungen zu *ordnen* in einer Welt, deren Züge durch *andere* Überlegungen bereits festgelegt sind.

Im zweiten Teil wird gefragt, ob die Methoden und Ergebnisse der Wissenschaft wirklich die immense Autorität haben, die man ihnen heute zuschreibt.

Die Antwort auf die erste Frage lautet: die Wissenschaft kann eine Kosmologie im vollen Sinne des Wortes sein, sie ist in dieser Hinsicht der Religion, der Philosophie, dem Alltagsdenken, dem Mythos sicher *nicht untergeordnet*. Ich erreiche diese Antwort auf dem Umweg über die Diskussion eines Problems, das in der Literatur den etwas pompösen Namen 'Das Problem der Existenz theoretischer Entitäten' erhalten hat.

Die Antwort auf die zweite Frage lautet: die Wissenschaft ist anderen Ideologien aber auch *nicht übergeordnet*, sie hat keine höhere Autorität als jene. Diese Antwort erhalte ich in zwei Schritten. Erstens durch eine *Kritik der Wissenschaftstheorie,* wo man ja zeigen will, warum die Wissenschaft so hervorragt. Zweitens durch eine *Kritik der* von den *Wissenschaften* selbst gemachten Ansprüche. Es stellt sich heraus, daß die Wissenschaftstheorie uns ein Zerrbild der Wissenschaft gibt, das sich vom wahren Artikel ebenso unterscheidet wie die Phantasien eines Irren von der Wirklichkeit; und weiterhin stellt sich heraus, daß die Argumente der Wissenschaft entweder auch von diesem Zerrbild Gebrauch machen, oder aber sie sind Gerüchte, die man zwar ständig wiederholt, die man aber nie genauer untersucht. Die hervorragende Stellung, die die Wissenschaft heute einnimmt, läßt sich *intellektuell* nicht rechtfertigen.

Die Aufsätze des ersten Teils liegen zehn bis zwanzig Jahre zurück, die Aufsätze des zweiten Teils drei bis zehn Jahre. Sie enthalten zum Teil Ansichten, denen ich heute nicht mehr zustimme und argumentieren oft auf Grund von Voraussetzungen, die ich erst später erkannt und dann verworfen habe. Die Änderungen und die Umstände der Abfassung habe ich zum Teil, aber nicht vollständig, in Nachträgen beschrieben. Dort habe ich auch versucht, die Schriften einem weiteren Zusammenhang einzugliedern. Die detaillierte Ausführung dieses weiteren Zusammenhanges findet sich in meinem Buch *Rationalism and the Rise of Science,* das ich schon einige Male an Verlage geschickt und dann wieder zurückgefordert habe, sowie in meinem Essay *Science in a Free Society.*

Der wichtigste Irrtum des ersten Teiles scheint mir heute darin zu liegen, daß ich das gestellte Problem, d.h. die Frage, ob wissenschaftliche Theorien auch Ontologien sind, *abstrakt* diskutierte und zu lösen versuchte. Nicht die im Bereich der Forschung selbst entstehenden Ideen wurden herangezogen, sondern die Ideen von Außenseitern, eben Philosophen, die einem ganz anderen Problemzusammenhang entspringen und nach forschungsfremden Kriterien beurteilt werden (wie fremd, das ist in Kapitel 12 weiter ausgeführt). Meine Kritik trifft die Luftschlösser dieser Außenseiter und jene wissenschaftlichen Annahmen, die ihnen entstammen. Sie trifft aber nicht mehr die konkreten Hypothesen, die von den Wissenschaftlern selbst zur Lösung ihrer Probleme entwickelt wurden. Solche Hypothesen genügen nicht allgemeinen Erkenntniskriterien, die ja oft sehr willkürlich gewählt werden; sie sind die einzigen zur Zeit der Diskussion verfügbaren Ideen, die eine Fülle höchst verschiedener Tatsachen auf theoretisch befriedigende Weise erklären können. Wendet man ein, daß eine andere und philosophischen Prinzipien besser genügende Erklärung ja doch immer *möglich sei,* dann hat man damit natürlich Recht, wenn auch auf recht leere Weise. Auch der grausamste Lustmörder *kann* ja aus edlen Motiven gehandelt und seine Opfer beglückt haben — nur wird man eben vor Gericht verlangen, daß dieser Edelmut *aufgezeigt* und nicht nur als möglich angenommen werde. Ich selbst habe mich im 5. Kapitel nicht mit Möglichkeiten begnügt, sondern habe zu zeigen versucht, daß der durch den Realismus in die Quantentheorie eingeführte (und von Berufsrealisten überhaupt nicht bemerkte) Konflikt zwischen Tatsachen und Theorie fruchtbar ist für die Wissenschaft: aus einem solchen Konflikt, so argumentiere ich, ergeben sich neue Überprüfungsmöglichkeiten für die untersuchte Theorie, und das vermehrt ihren empirischen Gehalt. Das ist nun bereits viel besser als die gängigen realistischen Argumente, aber doch wieder nur abstrakt richtig. Die konkrete Forschung kann beim Verfolgen dieser mit so leichter Hand vorgestellten Möglichkeiten auf Hindernisse stoßen, die einen anderen Weg und damit die Rückkehr zum Instrumentalismus fruchtbar erscheinen lassen. Weitere Einwände finden sich in den Nachträgen zu den Kapiteln 1 und 5.

Die Aufsätze im zweiten Teil erläutern vor allem den Konflikt zwischen Forschung und philosophischer Theorie der Forschung, und sie untersuchen auch die Autorität der Forschungsergebnisse. Die 'Gesetze' der *Forschung* werden verwendet, um die Leerheit der Prinzipien verschiedener Forschungs*theorien* zu erweisen. Das bedeutet nicht ein dogmatisches Beharren auf der Praxis oder den Tatsachen der Geschichte oder eine Identifikation von (historischem) Sein mit (theoretischem) Sollen. Die Praxis, auf die ich verweise, ist nicht ein Prozeß, der sich unabhängig von der philosophischen Kritik vollzieht und an den sich diese Kritik nun anpassen soll, sie ist ein Prozeß, *an dem jeder auf seine Weise teilnehmen kann und in den jeder seine Lieblingsprinzipien einführen kann* und dessen weiterer Verlauf dann den Teilnehmer über die Wirksamkeit dieser Prinzipien belehrt. Meine Kritik 'auf Grund der Praxis' sagt also nicht: Philosophische Regeln widersprechen dem Ablauf der Praxis — umso schlechter für die Regeln. Sie lädt den Philosophen ein, sich mit seinen Regeln in die Praxis zu versenken und sagt ihm voraus, daß er dabei oft scheitern wird. Er wird scheitern wie ein Bergsteiger, der einen schwierigen Berg mit den Schritten des klassischen Balletts bezwingen will. Will er Erfolg haben, und zwar das, was er selbst als Erfolg versteht (oder im Verlauf seiner Arbeit als Erfolg zu verstehen beginnt), so muß er seine Ideen und seine Prinzipien an den Teil der Welt anpassen, dessen

Eigentümlichkeiten er erklären und verändern will. Wohlgemerkt — Anpassung nicht an die *vollzogene Anpassung anderer*, sondern an die Schwierigkeiten, die er *bei seiner eigenen Forschung* findet und die er nun durch Einführung passender Theorien und Regeln (und Rationalitätsprinzipien) lösen will.

Die Überlegungen des ersten Teils werden auf wissenschaftliche, philosophische wie auch künstlerische Probleme angewendet (zur Unterscheidung von Wissenschaft und Kunst — vgl. das Nachwort zu Kap. 8). Das siebente Kapitel enthält eine Kritik gewisser Ideen der linguistischen Philosophie, der ich heute nur noch bedingt zustimmen kann. Die Ideen der Sprachphilosophen sind sicher abzulehnen, insofern sie abstrakt sind und den Bereich wissenschaftlicher Aussagen einzuschränken versuchen. Andrerseits wird man die sehr detaillierten Unterscheidungen, die J. L. Austin eingeführt hat, doch ernst nehmen müssen, denn sie gleichen wissenschaftlichen Unterscheidungen darin, daß sie ein Ergebnis der Lösung konkreter Probleme sind. Gelegentlich sind sie auch den wissenschaftlichen Unterscheidungen vorzuziehen, weil ja die Wissenschaft viel mehr von philosophischen Träumen durchsetzt ist als das Alltagsleben (man vergleiche etwa den Leerlauf der 'wissenschaftlichen' Medizin in Bereichen, in denen die Volksmedizin gut diagnostizieren und heilen kann). Wahr bleibt, daß bei einem Konflikt zwischen wissenschaftlicher Begriffsbildung und der Begriffsbildung des Alltags der letzten *nicht unbedingt* der Vorrang zu geben ist.

Warum publiziere ich Aufsätze, die mir heute fehlerhaft erscheinen? Weil meine Fehler besser produziert sind, als die der Rationalisten; weil sie noch immer wirksame Gegenmittel bieten gegen gewisse *philosophische* Vorurteile; weil viele Leute die Fehler für Einsichten halten und daher an ihnen interessiert sind; und weil sich damit die Möglichkeit ergibt, aus jugendlichen Irrtümern im Alter finanziell zu profitieren.

Die Kapitel 1, 2, 5, 7, 9, 13 und 14 sind aus dem Englischen übersetzt — der Rest ist deutsch geschrieben (auch die Nachträge sind alle deutsch geschrieben). Das erklärt die stilistischen Unebenheiten des Bandes. Auch bediente ich mich in jüngeren Jahren eines mehr verkrampften Stils — was bei meiner damaligen Lektüre kein Wunder war.

Ich widme den Band Herbert Feigl. Ihn hatte ich bei der Mehrzahl der Aufsätze im ersten Teil vor Augen, und seine humorvollen Einwände sind für die besseren meiner Argumente verantwortlich. Das dritte Kapitel, zum Beispiel, wurde während meines Aufenthalts am *Minnesota Center for the Philosophy of Science* im Jahre 1959 geschrieben, dessen Direktor Herbert Feigl damals war. Wir diskutierten fast jeden Punkt während des Mittagessens, abends, bis spät in die Nacht hinein. Dabei kam mir mein Organismus auf seltsame Weise zu Hilfe. Bestritt Feigl die Existenz einer bestimmten Empfindung, dann hatte ich sie totsicher am nächsten Tag, wenn auch oft nur in einem Dämmerzustand zwischen Wachen und Schlaf. Ich habe nun Herbert Feigl schon über fünf Jahre nicht gesehen, und ich vermisse das Theater (sic!) einer Diskussion mit ihm. Mögen ihm noch viele fruchtbare Jahre beschieden sein!

Kassel, Dezember 1977

Erster Teil

Der wissenschaftstheoretische Realismus

Kapitel 1

Versuch einer realistischen Interpretation der Erfahrung

1 Einleitung

2 Beobachtungssprachen

3 Die Stabilitätsthese

4 Pragmatischer Sinn; Komplementarität

5 Phänomenologischer Sinn

6 Widerlegung der Stabilitätsthese. 'Umgangssprachen'.

7 Die logische Grundlage der Argumente von Abschnitt 6

Nachtrag 1977

1 Einleitung

„Die Aufgabe der Wissenschaft", schreibt Niels Bohr[1], „besteht sowohl darin, den Bereich unserer Erfahrung zu erweitern, als auch darin, ihn zu ordnen." Und ein zeitgenössischer Philosoph[2] spricht ihm nach: „Der Wissenschaft geht es letztlich darum, unsere Erfahrungsdaten zu systematisieren." Im folgenden Aufsatz versuche ich zu zeigen, daß diese beiden Aussagen trotz ihrer Einfachheit und scheinbaren Harmlosigkeit Konsequenzen haben, die mit der wissenschaftlichen Methode und einer vernünftigen Philosophie unvereinbar sind.

Der Einfachheit halber nenne ich jede Interpretation der Wissenschaft (und der theoretischen Erkenntnis im allgemeinen), die zu den beiden obigen Aussagen über die Wissenschaft führt, eine *positivistische Interpretation*. Beispiele für positivistische Interpretationen sind (1) der Instrumentalismus, d.h. die Auffassung,

[1] Niels Bohr, Atomtheorie und Naturbeschreibung, Berlin 1931, 1.

[2] Carl G. Hempel, Fundamentals of Concept Formation in Empirical Science, in: International Encyclopedia of Unified Science, Vol. II, No. 7, Chicago 1952, 21.

wissenschaftliche Theorien seien Instrumente zur Erzeugung von Prognosen und als solche ohne eigenen deskriptiven Sinn; (2) die etwas differenziertere Auffassung, wonach wissenschaftlichen Theorien zwar ein deskriptiver Sinn zukommt, dieser jedoch ausschließlich auf ihrer Verbindung mit der Erfahrung beruht[3].

Ich werde folgendermaßen vorgehen. Nach einigen einleitenden Bemerkungen über den Begriff der Beobachtbarkeit werde ich einige Konsequenzen des Positivismus entwickeln. Diese Konsequenzen werde ich in Form einer These formulieren (Stabilitätsthese, Abschnitt 3). Ich werde zeigen, daß die Stabilitätsthese selbst ebenso wie die üblichen Argumente zu ihrer Verteidigung schwerwiegenden Einwänden ausgesetzt sind (Abschnitte 4 und 5). Dann werde ich eine Alternative einführen und ihre Konsequenzen entwickeln (Abschnitt 6). Diese Alternative kann als Versuch einer realistischen Interpretation der Erfahrung angesehen werden. Ich schließe mit einer Erörterung der logischen Einordnung der Argumente gegen die Stabilitätsthese und des Streites zwischen Positivismus und Realismus.

2 Beobachtungssprachen

In der Wissenschaft unterscheidet man grob zwischen Theorie und Erfahrung. Diese Unterscheidung kann man am besten dadurch erklären, daß man angibt, welchen Bedingungen eine Sprache genügen muß, um zur Beschreibung der Ergebnisse von Beobachtungen und Experimenten brauchbar zu sein. Eine Sprache, die diesen Bedingungen genügt, nennen wir eine Beobachtungssprache.

Wir können zwei Gruppen von Bedingungen für Beobachtungssprachen unterscheiden. Die einen sind *pragmatische* (psychologische, soziologische) Bedingungen. Sie setzen fest, welche Beziehung zwischen dem (sprachlichen und sensorischen) Verhalten von Menschen einer Klasse C (den Beobachtern) und physikalischen Umständen einer Klasse S (den beobachteten physikalischen Situationen) bestehen soll. Es wird gefordert: zu jedem Elementarsatz a (aus einer Klasse A) der betrachteten Beobachtungssprache gibt es eine Situation s (eine sogenannte geeignete Situation) derart, daß jeder C, dem a in s vorgelegt wird, eine Folge von Zuständen und Operationen durchlaufen wird, die mit der Annahme oder Ablehnung von a durch C endet[4]. Dies nennen wir die Entscheidbarkeitsbedingung. Jede Folge der erwähnten Art nennen wir eine dem a zugeordnete C-Folge oder einfach eine zugeordnete Folge. Die Funktion, die den Elementarsätzen Folgen zuordnet, nennen wir die zuordnende Funktion der Beobachtungssprache und bezeichnen sie mit F. — Zweitens wird gefordert: in der geeigneten Situation wird die zugeordnete Folge ziemlich schnell durchlaufen. Das nennen wir die Bedingung der schnellen Entscheidbarkeit[5]. — Drittens müssen wir for-

---

[3] Das ist Carnaps Ansicht. Vgl. die Diskussion in Anm. 8.

[4] Die Ausdrücke „Annahme" und „Ablehnung" sind pragmatische Ausdrücke und bezeichnen zwei bestimmte wohlunterscheidbare Reaktionen.

[5] Diese Bedingung sagt nichts über die *Komplexität* der zugeordneten Folge.

dern: wenn ein Elementarsatz in einer geeigneten Situation von einem C angenommen oder abgelehnt wird, dann wird er von (fast) jedem C angenommen bzw.
abgelehnt. Das nennen wir die Bedingung der einhelligen Entscheidbarkeit. —
Schließlich müssen wir fordern: die Entscheidung muß (kausal) von der Situation abhängen und nicht nur von dem vorgelegten Elementarsatz oder dem
inneren Zustand des gewählten C. Das nennen wir die Relevanzbedingung. Eine
Funktion, die den Situationen die Annahme oder Ablehnung eines gegebenen
Elementarsatzes zuordnet, nennen wir Relevanzfunktion und bezeichnen sie
mit R.

Wir können die vier pragmatischen Bedingungen folgendermaßen zusammenfassen: seien die Klassen A, C und S gegeben; A heißt eine Klasse von *Beobach-*
tungssätzen (die von den Beobachtern C in den Situationen S verwendet werden)
genau dann, wenn bei einem gegebenen S jeder C über diejenigen A, für die S
geeignet ist, rasch, einhellig und relevant entscheiden kann. Die pragmatischen
Eigenschaften einer gegebenen Beobachtungssprache sind durch die Menge { C, A,
S, F, R } vollständig bestimmt. Eine solche Menge nennen wir eine *Charakteristik*.
Die Charakteristik einer Beobachtungssprache bestimmt vollständig den „Gebrauch" ihrer Elementarsätze.

Wie schon gesagt, betreffen die pragmatischen Bedingungen die Beziehung
zwischen Beobachtungs*sätzen* (*nicht* -aussagen) und Menschen, ohne den Sinn
dieser Sätze zu berühren. Wenn wir eine vollständige Sprache haben wollen, dann
müssen wir also weitere Bedingungen einführen. Die Menge dieser weiteren Bedingungen nennen wir eine *Interpretation*. Eine Beobachtungssprache ist vollständig
bestimmt durch ihre Charakteristik und ihre Interpretation.

Der Unterschied zwischen den pragmatischen Eigenschaften einer Sprache
und ihrer Interpretation ist klar und eindeutig. Da aber einige einflußreiche
Theorien, die weiter unten diskutiert werden, ihr Vorhandensein der Vernachlässigung gerade dieser Unterscheidung verdanken, dürften ein paar Erklärungen
am Platze sein.

Beobachtbarkeit ist ein pragmatischer Begriff. Ob eine Situation s für einen
Organismus O beobachtbar ist, kann man durch Untersuchung des Verhaltens von
O entscheiden; genauer gesprochen kann man es entscheiden durch eine Untersuchung der Fähigkeit von O, s von anderen Situationen zu trennen, und das soll
heißen: O kann lernen, eine bestimmte Reaktion r (bedingt oder unbedingt) genau
dann zu zeigen, wenn s vorliegt.

Genau dieselben Überlegungen treffen zu, wenn O ein menschlicher Beobachter und r ein Elementarsatz seiner Beobachtungssprache ist. In diesem Fall
erfüllt r natürlich nicht nur das oben angeführte pragmatische Beobachtbarkeits-
kriterium, sondern es ist auch interpretiert. Aber daraus kann man nicht, wie
es oft geschieht, ableiten, daß die Interpretation *logisch* durch die Beobachtungssituation bestimmt sei, und ebensowenig ist die Anschauung richtig, der
Mensch sei zu bestimmten sehr sublimen Reaktionen (Empfindungen, abstrakte
Ideen) fähig, die es uns von sich aus ermöglichen, den sprachlichen Ausdrücken,
in denen sie sich darstellen, einen Sinn zu verleihen. Die Beobachtungssituation

bestimmt (kausal) die Annahme oder Ablehnung eines Satzes, d.h. ein physikalisches Ereignis. Soweit diese Kausalkette unseren Organismus einbezieht, sind wir physikalische Instrumente. Aber wir interpretieren auch die Anzeige dieses Instruments (d.h. die Empfindungen bei der Beobachtung oder den geäußerten Beobachtungssatz), und diese Interpretation ist ein zusätzlicher Akt, ob nun das Instrument ein Apparat oder unser eigener Körper ist[6].

3   Die Stabilitätsthese

Nun ist jeder Philosoph, der wissenschaftliche Theorien und andere allgemeine Annahmen nur für bequeme Mittel zur Systematisierung von Erfahrungsdaten hält, zu der Ansicht gezwungen, *daß Interpretationen* (im oben erklärten Sinn) *nicht vom Stand unserer theoretischen Erkenntnis abhängen*[7]. Diese Ansicht nenne ich die Stabilitätsthese. Unser erster Angriff auf den Positivismus besteht in dem Nachweis, daß die Stabilitätsthese unerwünschte Folgen hat.

Dazu genügt es, sich daran zu erinnern, daß wir Behauptungen nicht nur aufstellen, indem wir (mit Hilfe einer bestimmten Sprache) *einen Satz* (oder eine Theorie) *formulieren* und seine Wahrheit *behaupten,* sondern auch indem wir eine ganze Sprache als Verständigungsmittel gebrauchen. Wenn wir z.B. mit Hilfe der natürlichen Zahlen Dinge zählen und das Ergebnis mitteilen, dann setzen wir *(unter anderem)* voraus (ohne es ausdrücklich zu sagen, und vielleicht ohne es in der betreffenden Sprache überhaupt sagen zu können), daß (1) die gezählten Dinge wohlunterschiedene Objekte sind, die stets in einer Reihenfolge angeordnet werden können, und daß (2) das Ergebnis des Zählens nicht von der Reihenfolge und auch nicht von der Zählmethode (der Methode, die Zahl einer Klasse zu „beobachten") abhängt. So einleuchtend diese beiden Annahmen auch sein mögen, es gibt für ihre Richtigkeit keinen Grund a priori. Würde man finden, daß z.B.

---

[6] Dieser Dualismus ist nur eine andere Form des Dualismus zwischen Natur und Konvention — vgl. K. R. Popper, The Open Society and Its Enemies, Kap. V. Zwei Versuche, ihn zu überwinden, sind (1) der Versuch, das konventionelle Element zu „naturalisieren" — das tun die Behaviouristen; (2) der umgekehrte Versuch, Teile der Natur zu „spiritualisieren" (Beispiel: die Lehre von den abstrakten Ideen). Beide Versuche sind grundlegenden Schwierigkeiten ausgesetzt, von denen einige später diskutiert werden. Vgl. auch S. Körner, Conceptual Thinking, 1955, insbes. Kap. 7 u. 17; dort wird ähnlich zwischen deskriptiven und interpretativen (nicht-ostensiven) Begriffen und Aussagen unterschieden.

[7] Daß die Stabilitätsthese aus dem Positivismus folgt, davon kann man sich durch nähere Betrachtung zweier positivistischer Philosophien überzeugen. Nehmen wir zuerst den *Instrumentalismus.* Nach ihm sind Theorien Instrumente der Voraussage. Man braucht also für die Beschreibung der vorauszusagenden Ereignisse eine Sprache, die (a) eine Beobachtungssprache ist und (b) interpretiert ist. Andererseits wird aber geleugnet, daß Theorien einen deskriptiven Sinn haben, d.h. eine Interpretation (in dem oben eingeführten Sinne). Sie können also auch keine Interpretation für eine andere Sprache hergeben. Folglich hängen Interpretationen von Beobachtungssprachen, nicht vom theoretischen „Überbau" ab. (Forts.)

Annahme (1) für keine Menge von Dingen zutrifft, dann würde das eben bedeuten, daß keine Beobachtungssprache, die natürlich Zahlen zum Zählen enthält, auf die Wirklichkeit angewendet werden kann.

Ich nenne nun jede Aussage, die aus der Annahme folgt, daß eine bestimmte Sprache L (allgemein oder auf einem bestimmten Gebiet) anwendbar ist, eine *ontologische Konsequenz* von L. Der erste Einwand gegen die Stabilitätsthese stützt sich darauf, daß es ontologische Konsequenzen gibt, die nicht logisch wahr sind.

Denn nehmen wir an, daß (a) die Beobachtungssprache ontologische Konsequenzen hat, daß sie (b) der Stabilitätsthese genügt (in unserer Ausdrucksweise: daß sie eine positivistische Beobachtungssprache ist), und daß sie (c) anwendbar ist, war und es immer sein wird[8]. Dann folgt (1), daß die ontologischen Konsequenzen nicht das Ergebnis empirischer Forschung sein können (denn sonst wäre die Stabilitätsthese früher einmal verletzt worden); (2) daß die empirische Forschung ihre Falschheit niemals nachweisen kann (denn sonst würde die Stabilitätsthese irgendwann in der Zukunft verletzt werden). Wenn nun die ontologischen Konsequenzen einer Sprache nicht logisch wahre Sätze sein sollen (was kaum plausibel ist, denn dann wäre ja die Sprache aus rein logischen Gründen anwendbar), dann müssen wir also zugeben, daß *jede positivistische Beobachtungssprache auf einer metaphysischen Ontologie beruht.* Das ist die erste unerwünschte Konsequenz der Stabilitätsthese (unerwünscht für die Positivisten, die an die These glauben und die Metaphysik verabscheuen)[9].

Das führt sofort zu der Frage: wie rechtfertigt ein Positivist die von ihm gewählte Interpretation seiner Beobachtungssprache? In den nächsten beiden Abschnitten versuche ich, eine vorläufige Antwort darauf zu geben.

Als zweites Beispiel nehmen wir *Carnaps Methode* der Rekonstruktion der Wissenschaftssprache mit Hilfe eines Zweisprachenschemas, zu dem eine interpretierte Beobachtungssprache und eine theoretische Sprache T gehören. Nach dieser Methode beruht die Interpretation der deskriptiven Elementarausdrücke von T völlig darauf, „daß einige von ihnen ... mit Beobachtungsausdrücken verknüpft sind" (Carnap, in: Minnesota Studies in the Philosophy of Science, Bd. 1, 47). Die theoretischen Ausdrücke erhalten keine unabhängige Interpretation (ebenda). Die Interpretation einer Theorie hängt also von der Interpretation der benützten Beobachtungssprache ab, nicht umgekehrt. Und da die Beobachtungssprache vollständig interpretiert sein soll (ebenda, 40), beruht Carnaps differenziertere Theorie auf einer Beobachtungssprache, deren Interpretation unabhängig vom theoretischen „Überbau" eingeführt wurde.

[8] Es kann kaum ein Zweifel bestehen, daß die Annahme (c) fast von allen Positivisten stillschweigend gemacht wird.

[9] Die Tatsache, daß jede Sprache (besonders die Umgangssprache) ontologische Konsequenzen hat, wurde in Verbindung mit der Stabilitätsthese (die in einer Form des Begriffsrealismus, z.B. als Platonismus auftrat) von den Peripatetikern und ihren Nachfolgern weidlich zu metaphysischen Spekulationen ausgenützt. Vgl. z.B. J. Gredt, Die aristotelisch-thomistische Philosophie (1935), Bd. 1.

4   Pragmatischer Sinn; Komplementarität

Die primitivste Art, eine Interpretation einzuführen, besteht in der unkritischen Annahme einer bestimmten Ontologie, wobei man noch sagen kann, es wäre „unnatürlich", eine andere Ontologie zu verwenden. Viele Formen des Phänomenalismus („es existiert nichts als die Erfahrung") gehen so vor. Naive Interpretationen in diesem Sinne werden im vorliegenden Aufsatz nicht diskutiert.

Subtilere Methoden der Einführung einer Interpretation stützen sich auf bestimmte Sinntheorien. Ich gehe hier kurz auf zwei derartige Theorien ein. Nach der einen folgt die Interpretation eines Ausdrucks aus seinem „Gebrauch". Angewandt auf unser Problem und mit unseren Begriffen ausgedrückt heißt das, daß die Interpretation einer Beobachtungssprache eindeutig und vollständig durch ihre Charakteristik bestimmt ist. Wir nennen dies das *Prinzip des pragmatischen Sinns.* Nach der zweiten Theorie bestimmt sich die Interpretation eines Beobachtungsausdrucks durch das, was unmittelbar vor der Annahme oder Ablehnung eines Beobachtungssatzes, der den Ausdruck enthält, „gegeben" (oder „unmittelbar gegeben") ist. Wir nennen dies das *Prinzip des phänomenologischen Sinns.* Im Positivismus (wie er in Abschnitt 1 definiert wurde) spielen diese beiden Prinzipien eine wichtige Rolle. Wir werden zeigen, daß sie beide unhaltbar sind.

Wenden wir uns zuerst dem Prinzip des pragmatischen Sinns zu. In Verbindung mit der (empirischen) Tatsache (wenn es eine Tatsache ist – vgl. Abschnitt 6), daß die Charakteristik der Umgangssprache ziemlich konstant ist, folgt aus ihm die Stabilitätsthese. Die Stabilitätsthese wird in Abschnitt 6 widerlegt. Gleichzeitig werden wir zeigen, wie sich die Interpretation einer Sprache ändern kann, ohne daß sich das merklich auf die Charakteristik auswirkt. Damit ist das Prinzip des pragmatischen Sinns widerlegt.

Es gibt auch einen allgemeineren Einwand. Die Bedingungen 1–4 (Abschnitt 2) können sowohl von Menschen mit ihren sprachlichen Äußerungen als auch von Maschinen mit ihren Reaktionen erfüllt werden. Es ist aber klar, daß das regelmäßige Verhalten selbst eines guten und nützlichen physikalischen Instruments in bestimmten Situationen uns noch nicht gestattet zu folgern, was die Reaktionen bedeuten[10]. Einmal darum, weil eine Beobachtungsfähigkeit (in dem am Ende von Abschnitt 2 erklärten Sinne) mit höchst verschiedenen Interpretationen der beobachteten Dinge vereinbar ist[11]. Zweitens, weil keine Menge von Beobachtungen jemals ausreicht, um auch nur eine dieser Interpretationen (logisch) zu erschließen (Induktionsproblem). Es sollte also gleichermaßen klar sein, daß regelmäßiges Verhalten selbst eines guten und nützlichen

---

[10] Astrologie, Eingeweideschau, Prophezeihung aus dem Flug der Vögel versuchen, dem physischen Geschehen eine Interpretation abzulesen, stützen sich aber dabei auf Traditionen zusätzlich zum Geschehen selbst.

[11] Vgl. das Ende von Abschnitt 2 sowie Abschnitt 5.

menschlichen Beobachters in bestimmten Situationen uns noch nicht gestattet, logisch zu folgern, was er nun meint, wenn er eine bestimmte Beobachtungsaussage macht.

Als ein Beispiel einer (indirekten) Anwendung des Prinzips vom pragmatischen Sinn werde ich jetzt Bohrs Komplementaritätsbegriff kurz diskutieren. Diese Idee hat viel zum Verständnis mikrophysikalischer Erscheinungen beigetragen, stützt sich aber auf problematische philosophische Annahmen. Bohr hat immer wieder betont — und darin schließe ich mich ihm an — daß man „keinen Inhalt ohne Form begreifen" kann (E 240)[12], insbesondere „tritt jede Erfahrung ... innerhalb des Rahmens unserer herkömmlichen Anschauungen und Wahrnehmungsformen auf" (A 1). Er behauptet auch — und hier wird es nötig sein, ihn zu kritisieren — daß „wie weit auch die Erscheinungen über die Reichweite klassischer physikalischer *Erklärungen* hinausgehen, man sie immer mit klassischen *Begriffen* beschreiben muß" (E 209; vgl. auch A 77, 53, 94 u.a.), woraus folgt, daß die angezogenen „Wahrnehmungsformen" stets die der klassischen Physik sein werden: „Wir können unter keinen Umständen auf jene Formen verzichten, die unsere ganze Sprache färben und mit deren Hilfe alle Erfahrung letztlich beschrieben werden muß" (A 5). Das heißt also: die Beobachtungssprache der Physik ist eine positivistische Beobachtungssprache, deren Interpretation mit der der klassischen Physik *vor* der Entstehung der Quantenmechanik identisch ist. Wie verträgt sich das aber mit der Tatsache, daß das Wirkungsquantum der klassischen Physik widerspricht?

Nach Bohr verträgt es sich, wenn man die Anwendung der klassischen Begriffe auf eine Weise einschränkt, die (*a*) „Raum für neue physikalische Gesetze schafft"[13], insbesondere für das Wirkungsquantum; (*b*) uns noch immer erlaubt, jedes mögliche Experiment mit klassischen Begriffen zu beschreiben, und (*c*) zu richtigen Voraussagen führt. Eine Menge von Regeln, die *a, b* und *c* erfüllen, nennt Bohr eine „natürliche Verallgemeinerung der klassischen Beschreibungsweise" (A 56). Er betont, daß die dabei verwendeten Gesetze (oder besser Voraussageregeln) „nicht in den Rahmen unserer herkömmlichen Wahrnehmungsweisen eingefügt werden können" (A 12; 22, 87), denn sie legen ja gerade diesen Wahrnehmungsweisen Einschränkungen auf. Anders gesagt: die Gesetze der Quantenmechanik gestatten keine umfassende Interpretation auf Grund von intuitiven Begriffen. Bohr scheint zu glauben, daß das für jede zukünftige mikrophysikalische Theorie gelten wird.

Nun kann man zugeben, daß die Gesetze der Quantenmechanik nicht ohne weiteres auf Grund eines klassischen Modells interpretiert werden können, denn ein solches Modell würde entweder dem Superpositionsprinzip oder der Individualität der mikrophysikalischen Teilchen widersprechen. Man kann auch zugeben, daß es *faktisch* schwierig (wenn auch keineswegs unmöglich) ist, sich ein

---

[12] Die Buchstaben bedeuten: E = der Einstein-Band der Library of Living Philosophers, A = das in Anm. 1 zitierte Buch.

[13] Niels Bohr, Phys. Rev. 48 (1936), 701.

intuitives Bild von Prozessen zu machen, die nicht dem klassischen Schema entsprechen. Aber aus dieser *psychologischen* Zwangslage folgt noch nicht, daß (Annahme 1) ein derartiges intuitives Verständnis niemals möglich sein wird, und noch weniger, daß (Annahme 2) der Begriff eines nichtklassischen Prozesses nicht gebildet werden kann; man weiß ja, daß wir Begriffe bilden und handhaben können, denen nichts Anschauliches entspricht. Und doch spielen diese beiden Annahmen in Bohrs Philosophie eine wichtige Rolle: nach Bohr sind die Gesetze der Matrizen- (oder der Wellen-) mechanik, ja die Gesetze jeder künftigen Quantentheorie, symbolische „Hilfsmittel, mit denen wir wesentliche Eigenschaften der Phänomene systematisch ausdrücken können" (A 12), d.h. Eigenschaften klassischer Situationen; er betont, daß sie kein „neues Begriffssystem" bilden (A 111, gegen Schrödingers Auffassung der Wellenmechanik) zur Beschreibung universaler Eigenschaften der Welt, das von dem klassischen Begriffssystem verschieden wäre. Nach Bohr wäre es sogar „falsch, zu glauben, man könne den Schwierigkeiten der Mikrophysik dadurch entgehen, daß man die Begriffe der klassischen Physik einmal durch neue begriffliche Formen ersetzt" (A 16), denn es gebe „grundlegende Grenzen für die Fähigkeit des Menschen, neue Begriffe zu schaffen" (A 96). Wie ist diese defaitistische Haltung zu verstehen?

Ich glaube, man kann sie verstehen, wenn man die Gedanken genauer darlegt, auf die Bohrs Interpretation aufbaut. Der erste Gedanke ist, daß die Verwendung der klassischen Physik nicht nur unser Denken beeinflußt hat, sondern auch unsere experimentellen Verfahren und sogar unsere „Wahrnehmungsformen". Dieser Gedanke drückt ganz richtig die Wirkung aus, die der fortwährende Gebrauch einer umfassenden physikalischen Theorie auf unsere Verfahrensweisen und Wahrnehmungen haben kann: es wird immer schwieriger, sich eine andere Auffassung der Tatsachen vorzustellen. – Der zweite Gedanke ist der Induktivismus. Nach ihm erfinden wir nur solche Theorien, die durch unsere Beobachtungen nahegelegt werden. In Verbindung mit dem ersten Gedanken folgt aus dem Induktivismus, daß es psychologisch unmöglich ist, nichtklassische Begriffe zu schaffen und ein nichtklassisches „Begriffssystem" zu erfinden. – Der dritte Gedanke ist das Prinzip des pragmatischen Sinns. Nach ihm folgt aus dem Gebrauch klassischer Methoden und dem Vorhandensein klassischer „Wahrnehmungsformen", daß die Beobachtungssprache eine klassische Interpretation hat (siehe oben). Ein nichtklassisches Weltbild würde zu einer mit dieser klassischen Interpretation unvereinbaren Interpretation führen und wäre damit nicht nur psychologisch unmöglich, sondern sogar eine logische Absurdität. Ich halte es für wahrscheinlich, daß Bohrs Defaitismus, wie er sich im Zitat am Ende des letzten Absatzes ausdrückt, auf seinen unausgesprochenen Glauben an das Prinzip vom pragmatischen Sinn und seine ausdrückliche Annahme der induktivistischen Lehre zurückgeht (vgl. A 18 sowie das Zitat am Anfang des vorliegenden Aufsatzes).

Demgegenüber genügt es, darauf hinzuweisen, daß selbst in einer Situation, in der alle *Tatsachen* eine Theorie nahezulegen scheinen, die nicht mehr als allgemeingültig angesehen werden kann, daß selbst in einer solchen Situation die Erfindung neuer Begriffssysteme nicht psychologisch unmöglich zu sein braucht, solange es abstrakte Weltbilder (wie etwa metaphysische Systeme) gibt, die man in neuartige Interpretationen verwandeln kann[14]. Unsere obige Kritik des pragmatischen Sinnprinzips zeigt auch, daß solche neuen Interpretationen nicht zu logischen Absurditäten zu führen brauchen (siehe auch Anmerkungen 20 und 21). Also kann die Beständigkeit der klassischen „Wahrnehmungsformen" ohne eine positivistische Wissenschaftstheorie erklärt werden; zum Positivismus führt sie nur auf der Grundlage zweier philosophischer Ideen (des Induktivismus und der pragmatischen Sinntheorie), deren Falschheit sich leicht zeigen läßt.

5   Phänomenologischer Sinn

Das phänomenologische Sinnprinzip setzt ein, wo das pragmatische zu versagen scheint. Es gesteht zu, daß das Verhalten nicht die Interpretationen bestimmt. Aber die Menschen verhalten sich ja nicht nur, sie haben auch Gefühle, Empfindungen und andere, kompliziertere Erlebnisse. Das Prinzip des phänomenologischen Sinns behauptet, daß Interpretationen durch Erlebnisse bestimmt werden: um jemandem zu erklären, was „rot" bedeutet, braucht man nur dafür zu sorgen, daß er Rot empfindet. Das so Empfundene (oder „unmittelbar Wahrgenommene") bestimmt vollständig den Sinn des Wortes „rot" (Theorie der Hinweisdefinition). Allgemeiner gesagt: der Sinn eines Beobachtungsbegriffs ist bestimmt durch das „unmittelbar Gegebene" zu jener Zeit, da der den Beobachtungsbegriff enthaltende Beobachtungssatz als wahr ausgesprochen und akzeptiert wird.

Um die Folgen dieses neuen Prinzips besser zu verstehen, wollen wir zunächst den Ausdruck „unmittelbar gegeben" in seinem weitesten Sinne auffassen. Die Eigenschaften von Dingen, die in diesem weiten Sinn „unmittelbar gegeben" sind, und ihre Beziehungen lassen sich an den Erlebnissen „ablesen", ohne daß man die geringste Schwierigkeit empfindet[15]; das *Akzeptieren* (oder das Ablehnen) einer Beschreibung dieser Dinge ist durch die Beobachtungssituation eindeutig bestimmt. Es erhebt sich nun die Frage (die vom Prinzip des phänomenologischen Sinns positiv beantwortet wird), ob damit der *Sinn* der akzeptierten (oder abgelehnten) Beschreibung schon mit festgelegt ist.

Unsere (negative) Antwort geben wir in drei Schritten. Diese Antwort widerlegt das Prinzip des phänomenologischen Sinns.

(*a*) Betrachten wir als erstes die Beziehung zwischen einem unmittelbar gegebenen Ding oder *Phänomen P* (das Phänomen kann Leitfragen einschließen) und (dem Akzeptieren eines) Satzes *S*, der durch das Phänomen eindeutig bestimmt sein soll. Diese Beziehung nenne ich die Beziehung der phänomenologischen Adäquatheit.

---

[14] Vgl. Abschnitt 7 der vorliegenden Schrift.

[15] Über die Probleme der phänomenologischen Beschreibung siehe E. Tranekjaer-Rasmussen, Bevidsthedsliv og Erkendelse, Kopenhagen 1956, Kap. 2 — Über den Nutzen der phänomenologischen Analyse für die Philosophie habe ich viel aus diesem Buch und aus Diskussionen mit seinem Verfasser gelernt.

Ich werde zunächst zeigen, daß im Augenblick der Äußerung von S diese Beziehung nicht in demselben Sinne wie P unmittelbar gegeben sein kann, daß sie also kein Phänomen sein kann. Mein Argument ist in Form einer reductio ad absurdum. Nehmen wir an, der Beobachter O äußere S (oder halte S für zutreffend), weil (und erst nachdem) er bemerkt hat, daß S phänomenologisch adäquat ist, daß es zu P „paßt". Das heißt, daß O (1) seine Aufmerksamkeit nicht nur auf P und S richtet, sondern auch auf ein drittes Phänomen P' (die Beziehung zwischen P und S); (2) daß er P' als die Beziehung der phänomenologischen Adäquatheit erkannt hat. Nach der Vorstellung, die wir im Augenblick untersuchen, ist letzteres nur dann der Fall, wenn P' zu einem weiteren Phänomen S' (einem Gedanken oder einem Satz) in Beziehung steht des Inhalts, daß P' die Beziehung der phänomenologischen Adäquatheit ist, und wenn der Beobachter entdeckt, daß S' auf P' paßt. Diese Entdeckung setzt ihrerseits voraus, (1') daß der Beobachter seine Aufmerksamkeit nicht nur auf P, S, P', S' richtet, sondern außerdem noch auf das Phänomen P'' (die Beziehung zwischen P' und S'); (2') daß er P'' als die Beziehung der phänomenologischen Adäquatheit identifiziert hat; und so weiter ad infinitum. Der Beobachter müßte also unendlich viele Akte der Introspektion ausführen, bevor er überhaupt einen Beobachtungssatz äußern könnte. Das heißt aber, daß die Bedingungen adäquaten Berichts, die wir im Augenblick in Betracht ziehen, den Beobachter daran hindern, jemals eine Beobachtung zu berichten, und das ist offenbar absurd. Ebenso absurd wäre es anzunehmen, daß es in unserem Bewußtsein unendlich viele wohlunterschiedene Phänomene gibt, daß wir aber nur einige von ihnen bemerken. Es folgt also, daß im Augenblick der Äußerung eines Beobachtungssatzes S durch einen Beobachter O nur jene Phänomene vorhanden sind und betrachtet werden, die S richtig beschreibt. Die Beziehung der phänomenologischen Adäquatheit selbst gehört nicht zu den Erfahrungen von O.

Daraus folgt sogleich, daß die Äußerung eines Beobachtungssatzes nicht durch den Hinweis begründet werden kann, er „passe zu" den Phänomenen. Wenn wir nämlich durch Berufung auf die Relation der phänomenologischen Adäquatheit diese zu einem Teil des Gegebenen machen, dann ändern wir dadurch das ursprüngliche Phänomen, und die Beschreibung des neuen Phänomens müßte noch immer begründet werden. Es hilft nichts, wenn man immer wieder sagt „aber ich *erlebe* doch P'", denn es handelt sich nicht darum, was erlebt wird, sondern ob das Erlebte richtig beschrieben worden ist. Und wir haben gezeigt, daß diese Frage nicht durch Berufung auf die Relation der phänomenologischen Adäquatheit beantwortet werden kann. Das widerlegt die im Prinzip des phänomenologischen Sinns implizit enthaltene Behauptung, Sinnfragen könnten durch Interpretation oder Gewahrwerden des unmittelbar Gegebenen entschieden werden. Das Phänomen, das im Augenblick der Beobachtung erscheint, kann höchstens als (phänomenologische) *Ursache* der Annahme (oder Ablehnung) von S gelten.

(*b*) Die Vorstellung, ein Phänomen könne mehr sein, es könne z.B. eine Interpretation des geäußerten Satzes liefern, zäumt das Pferd beim Schwanze auf. Es stimmt natürlich, daß einige Phänomene, die zu anderen Phänomenen in die Beziehung der phänomenologischen Adäquatheit gebracht werden können, auch eine Interpretation besitzen. Aber diese Interpretation kommt ihnen nicht zu, weil sie „paßt", sie ist vielmehr eine wesentliche Voraussetzung ihres „Passens". Das erkennt man leicht, wenn man an Zeichen denkt, deren Interpretation vergessen worden ist; solche Zeichen passen nicht mehr zu den Phänomenen, die früher ihre Annahme herbeiführten. Also gibt uns das phänomenologische Sinnprinzip entweder andere Interpretationen als jene, die seine Vertreter erreichen wollen (siehe auch den nächsten Absatz), oder aber es ist unanwendbar. Und es ist unanwendbar in genau jenen Fällen, in denen es eine Interpretation liefern soll — nämlich bei Zeichen, die noch keinen Sinn haben.

(c) Aber vielleicht wählt die Interpretation bloß aus? Vielleicht ist es so, daß die Relation phänomenologischer Adäquatheit in der Gegenwart eines Phänomens P aus einer Klasse von schon *interpretierten* Sätzen jene auswählt, die P richtig beschreiben (die die „richtige" Interpretation haben)? Ich glaube nicht, daß die Introspektion auch nur diese bescheidene Rolle eines Auswahlkriteriums spielen kann. Ein Grund dafür ist die Existenz „sekundärer Interpretationen"[16]: ich habe vielleicht eine starke Neigung, den Vokal *e* „gelb" zu nennen. Diese Neigung habe ich aber nur dann, wenn „gelb" seinen üblichen Sinn hat. Nach diesem ist aber „gelb" nicht auf Laute anwendbar. — Ein zweiter Grund, den ich für sehr wichtig halte, ist die Existenz von Situationen, deren phänomenologisch richtige Beschreibung widerspruchsvoll ist. Ein Beispiel dafür wurde von E. Tranekjaer-Rasmussen angegeben[17]. — Ein dritter Grund: wenn ein Phänomen gegeben ist, kann man immer eine unendliche Reihe von Beschreibungen angeben, die alle auf dieses besondere Phänomen passen. Eine Methode, diese Reihe zu konstruieren, die in erkenntnistheoretischen Erörterungen eine gewisse Rolle spielt, besteht darin, daß man die unendlich vielen Folgen der üblichen Beschreibungen eine nach der anderen beseitigt. — Die Vorstellung, daß eine Interpretation eines Zeichens S „richtiger" ist als eine andere, muß aber auch aus allgemeineren Gründen kritisiert werden: betrachten wir Zeichen in Isolation, dann ist jede Deutung, die wir ihnen geben, eine Sache der Konvention (vgl. Anm. 7). Dasselbe gilt, wenn wir sie nicht isoliert, sondern als Teile eines komplizierten sprachlichen Apparats betrachten — es sei denn, wir berufen uns auf das Prinzip des pragmatischen Sinns, das bereits kritisiert worden ist.

Ich fasse zusammen. Der Sinn eines Beobachtungsbegriffs und das Phänomen, das zu seiner Anwendung Anlaß gibt, sind zwei ganz verschiedene Dinge[18]. Phänomene können den Sinn nicht bestimmen, wenn auch die Tatsache, daß wir eine bestimmte Interpretation angenommen haben, die Phänomene (psycho-

---

[16] Der Ausdruck „sekundärer Sinn" und das Beispiel gehen zurück auf Wittgenstein, Philosophical Investigations, 216, Abs. 3 ff.

[17] Perspectoid Distances, Acta Psychologica, Bd. 11 (1955), 297. Vgl. auch E. Rubin, Visual Figures Apparently Incompatible With Geometry, Acta Psychologica, 7 (1950), 365 ff. Diese beiden Aufsätze verdienen weitaus größere Beachtung, als sie bisher von Philosophen erhielten.

logisch) beeinflussen mag. Das strenge Festhalten an einem Interpretationsschema und die Zurückweisung aller Ideen, die nicht zu ihm passen, kann also dazu führen, daß die Beziehung zwischen Phänomenen und Aussagen ein-eindeutig wird. In einer solchen Situation kann man nicht mehr ohne weiteres zwischen Phänomenen und Interpretationen einerseits und Phänomenen und objektiven Tatsachen andererseits unterscheiden; das Prinzip des phänomenologischen Sinns wie auch das Prinzip, daß Beschreibungen eindeutig durch die Tatsachen bestimmt sind, erscheinen dann als richtig und Bacons Philosophie als die einzig vernünftige. Man halte sich vor Augen, daß es keine Gründe für die Annahme gibt, daß eine derartige Situation nie entstehen wird. Weiteres zu diesem Punkt in Abschnitt 7.

Bisher haben wir den Ausdruck „Introspektion" in einem weiten Sinne gebraucht: „Hinwendung auf das, was leicht beschreibbar ist". Unsere Analyse ist aber immer noch richtig, wenn man eine subtilere Vorstellung vom unmittelbar Gegebenen zugrundelegt, z.B., daß das „Gegebene" nicht unmittelbar zugänglich ist, sondern entweder durch besondere Bemühungen aufgefunden werden muß oder nur unter bestimmten Bedingungen erscheint (z.B. wenn ein Reduktionsschirm angewendet wird). Denn auf diese Weise gelangt man doch nur wieder zu Phänomenen, und wir haben schon gezeigt, daß diese nicht zu Interpretationen führen.

Wie in Abschnitt 4 beschließen wir auch diesen Abschnitt mit der Betrachtung eines philosophischen Arguments, das (stillschweigend) das Prinzip des phänomenologischen Sinns verwendet. Es handelt sich um ein Argument Russells. Es geht von der Annahme aus (die aus dem phänomenologischen Sinnprinzip folgt), daß phänomenologisch einfache Objekte auch einfache logische Eigenschaften haben müssen. Russell[19] betrachtet Aussagen der Umgangssprache wie „Da ist ein Hund", wenn in Gegenwart eines Hundes geäußert. Diese Aussage ist logisch komplex in dem Sinne, daß ihre Wahrheit die Wahrheit vieler anderer Aussagen zur Folge hat (z.B. die Wahrheit von „Wenn eine Katze in das Zimmer kommt, werde ich Gebell hören"). Je komplexer eine Aussage ist, desto leichter ist sie widerlegbar. Russell nimmt also naheliegenderweise an, daß eine „bescheidenere" Aussage (mit „weniger" Folgen) mehr Aussicht hat, wahr zu bleiben. Eine solche Aussage wäre auch logisch einfacher als „Da ist ein Hund". Russell scheint nun zu glauben, daß die Aussage „Da ist ein hundeähnlicher Farbfleck" zwar immer wahr ist, wenn „Da ist ein Hund" wahr ist, aber doch logisch einfacher, *weil sie über ein einfacheres Phänomen spricht* (ein Farbfleck ist zweidimensional und hat nichts mit Bellen zu tun; ein Hund ist dreidimensional und bellt, usw.). Aber Russell begeht drei Fehler. Zunächst sollte ein Satz einer Beobachtungssprache doch phänomenologisch richtig sein. In dem Beispiel wird

[18] Diese Unterscheidung ist von E. Kaila sehr klar betont worden. Siehe "Det fraemmande sjaelslivets kunskapsteoretiska problem", Theoria, Bd. 2 (1933), 144 ff., sowie „Über das System der Wirklichkeitsbegriffe", Acta Philosophica Fennica, 2 (1936), 17 ff. (darin eine ähnliche Polemik gegen Russell wie später in diesem Abschnitt).

[19] Inquiry Into Meaning and Truth, 139.

nun ein Hund wahrgenommen. Also ist „Da ist ein hundeähnlicher Farbfleck"
phänomenologisch unrichtig, denn das *Phänomen* „hundeähnlicher Farbfleck"
(das man z.B. beim Betrachten eines Hundebildes hat) ist sicher von dem Phänomen „Hund" verschieden (wie könnten wir sonst Hunde und Hundebilder
unterscheiden?). Zweitens: wenn ein Hund vor mir steht (sitzt, liegt) dann ist
„Da ist ein hundeähnlicher Farbfleck" auch faktisch falsch, denn ein Hunde-
bild *ist* kein Hund. Drittens: „Da ist ein hundeähnlicher Farbfleck" ist keineswegs logisch einfacher als „Da ist ein Hund" — die Aussage spricht über einen
physikalischen Gegenstand (einen Farbfleck) von bestimmter (hundeähnlicher)
Form und gehört daher zur gleichen Kategorie wie „Katze", „Hund" usw. Natürlich kann ich der Farbfleckaussage eine schwächere Interpretation geben (z.B.
indem ich Folgerungen in bezug auf Berührung weglasse); aber wenn sich das
überhaupt durchführen läßt (vgl. Abschnitt 6, 4), dann auch mit „Da ist ein
Hund", und damit ist das Verfahren unabhängig von der *phänomenologischen*
Eigenart der beschriebenen Gegenstände.

Wir können jetzt die beiden letzten Abschnitte zusammenfassen: Weder
der „Gebrauch" von Beobachtungssätzen noch die Phänomene, die ihre Anwendung in Beobachtungssituationen begleiten, können ihre Interpretation
bestimmen. Und da die Positivisten keine weiteren Versuche gemacht haben,
die Interpretation ihrer Beobachtungssprache zu begründen, so kommen wir zu
dem Ergebnis, daß alle diese Interpretationen im Grunde naiv sind im Sinne des
Anfang von Abschnitt 4.

Kann man Interpretationen auf eine mehr vernünftige Weise einführen?
Wenn wir diese Frage beantworten wollen, müssen wir zunächst die Stabilitätsthese genauer in Augenschein nehmen.

6 Widerlegung der Stabilitätsthese. „Umgangssprachen"

Wir betrachten eine Sprache L, die selbstleuchtenden Gegenständen Farbe
zuschreibt. Die Prädikate P_i ($i = 1, 2, 3, \ldots$) dieser Sprache sind Farbprädikate. Wir
nehmen an, daß sie Beobachtungsprädikate sind. Weiterhin nehmen wir an:
(1) daß die Charakteristik von L festgelegt wurde; (2) daß die damit festgelegten
Beobachtungsmethoden nur Geschwindigkeiten, Massen, usw. einschließen, die im
Alltagsleben vorkommen und verhältnismäßig leicht beherrschbar sind.

Menschen, die L gebrauchen, werden die deskriptiven Zeichen dieser Sprache
auf Grund ihrer „Vorurteile" interpretieren (im Sinne Bacons), d.h. auf Grund
ihrer allgemeinen Vorstellungen von den Gegenständen und ihren Eigenschaften.
Eine Ansicht, die man häufig findet, deutet die P_i als Eigenschaften von Gegenständen, die die Gegenstände unabhängig davon besitzen, ob sie beobachtet
werden. Ich akzeptiere diese Interpretation.

Nun werde eine Theorie folgenden Inhalts formuliert: Die Wellenlänge des
Lichts, die von einem Beobachter B in Übereinstimmung mit der Charakteristik
von L gemessen wird, hängt (unter anderem) von der Relativgeschwindigkeit
von B gegenüber der Lichtquelle ab (Dopplereffekt). Kombiniert mit dem (psychologischen) Satz, daß ein Beobachter, der einen selbstleuchtenden Körper a

mit Licht der Wellenlänge $\lambda_i < \lambda < \lambda_i'$ betrachtet, bei Verwendung von L „$P_i(a)$" akzeptiert, führt diese Theorie zu folgendem Ergebnis: was von a auf Grund der (in der Charakteristik von L beschriebenen) Operationen (die in die Anwendung von P_i auf a oder die Abwendung von P_i von a auslaufen) behauptet wird, ist, daß a eine Instanz einer Relation und nicht eine Instanz eines Prädikats ist (oder nicht ist). Das heißt aber, daß die eben beschriebene Theorie zu einer Interpretation von L führt, die sich von den ursprünglich verwendeten „Vorurteilen" unterscheidet.[20]

In dieser neuen Interpretation ist der Ausdruck „$P_i(a)$" nicht mehr vollständig und eindeutig. Er hängt von einem Parameter p ab (der Relativgeschwindigkeit zwischen a und dem Koordinatensystem des Beobachters — diese kann, muß aber nicht beobachtbar sein). Eine eindeutige Beschreibung des Sachverhalts wird jetzt von einem Ausdruck wie „$P_i(a, p)$" geliefert.

Nun folgt nicht, daß der durch die Charakteristik von L festgelegte *Gebrauch* von „$P_i(a)$" sich ändern muß, denn die Charakteristik gilt ja für die Alltagsverhältnisse. Hier ist aber keine Abhängigkeit der Farbe von der Geschwindigkeit feststellbar. Es ergibt sich also keine Schwierigkeit, wenn wir „$P_i(a)$" weiter so *gebrauchen* wie vor der Entdeckung des Dopplereffekts. Natürlich hat „$P_i(a)$" darum noch nicht die alte *Interpretation*: ein Ausdruck bezeichnet eine Relation auch dann noch, wenn diese in allen Situationen innerhalb des Anwendungsbereichs des Ausdrucks nur von *einem* Relationsglied abhängt[21].

---

[20] Ein etwas schwierigeres, aber deutlicheres Beispiel: Die Größen (Eigenschaften) der klassischen Physik können jederzeit mit beliebiger Genauigkeit gemessen werden. Dagegen sind die quantenmechanischen Gegenstände komplementär in dem Sinne, daß sie zu einem Zeitpunkt nur einen Teil ihrer möglichen Eigenschaften haben können. Nun ist die klassische Physik ein Spezialfall der Quantenmechanik; was heißt, daß auch die makroskopischen Gegenstände den Gesetzen der Quantenmechanik gehorchen. Wir müssen also die Zeichen der klassischen Physik uminterpretieren: sie bezeichnen Eigenschaften, die (makroskopische) Gegenstände *unter fast allen Bedingungen* haben (während sie in der klassischen Physik *immer* vorliegen). Wir geben also, *nach Annahme der Quantentheorie, die klassische Interpretation der klassischen Physik auf*. Eine formale Diskussion dieses Punktes findet sich bei G. Temple, Nature, 135, 957, und in der daran anschließenden Diskussion, sowie bei G. Ludwig, Die Grundlagen der Quantenmechanik, Berlin 1954, 49.

[21] Man muß sich vor Augen halten, daß nach dem Aufkommen einer neuen Theorie T die sogenannten „Alltagsverhältnisse" (1) durch physikalische Bedingungen definiert werden, die in der Sprache von T formuliert sind, und (2) als die Gesamtheit der beobachtbaren Erscheinungen mit Ausnahme der neuen, von T vorausgesagten Erscheinungen gefaßt werden. Oft sind diese physikalischen Bedingungen mit der Charakteristik der „Umgangssprache" verträglich. Wenn nicht, dann muß man sogar diese ändern.

Wenn wir die Betrachtungen im Text auf unser zweites Beispiel in Anmerkung 20 anwenden, so können wir sagen, daß bei Richtigkeit der Quantenmechanik alle physikalischen Größen, auch die klassischen, als Elemente eines nichtkommutativen Rings aufzufassen sind. Das heißt, auch gewohnte Eigenschaften der Gegenstände wie ihr Ort, ihr Impuls, ihre Farbe usw. müssen als hermitesche Elemente aufgefaßt werden, die nicht alle kom-

Hier scheinen nun einige Bemerkungen über die Rolle der Umgangssprache in der Wissenschaftspraxis am Platze. Man hat oft behauptet, daß die Sprache, in der wir unsere Umwelt beschreiben — Stühle, Tische und auch die Ergebnisse von Experimenten (Zeigerablesungen) — ziemlich unabhängig ist von Änderungen des theoretischen „Überbaus". Es ist zweifelhaft, ob sich selbst diese gemäßigte These halten läßt; zunächst darum, weil es gar keine einheitliche „Umgangssprache" gibt. Die Sprache des „Alltagsmenschen" (wer auch immer das sein mag) ist sozusagen ein Sprachgemisch, d.h. ein Verständigungsmittel, das seine Interpretationen aus verschiedenen, oft unvereinbaren und veralteten Theorien bezieht. Zweitens macht dieses Gemisch wichtige Änderungen durch: Ausdrücke, die einmal als Beobachtungsausdrücke der Umgangssprache galten (z.B. der Ausdruck „Teufel"), werden nicht mehr so aufgefaßt. Andere Ausdrücke wie „Potential", „Geschwindigkeit" sind in die Alltags-Beobachtungssprache aufgenommen worden; bei vielen Ausdrücken hat sich der Gebrauch geändert. Und wenn sich die pragmatischen Eigenschaften gewisser Teile der Umgangssprache nicht geändert haben, dann kann das daran liegen, daß die Leute, die diese Teile gebrauchen, sich nicht für die Wissenschaft interessieren und ihre Ergebnisse nicht kennen. Jedenfalls können Theorien *als solche* nicht Sprachgewohnheiten beeinflussen; nur die *Annahme* von Theorien durch bestimmte Menschen und für bestimmte Zwecke kann das.

Man muß freilich zugeben, daß selbst der Wissenschaftler, der einen Teil der Umgangssprache benützt, um über seine Experimente zu sprechen, für Wörter wie „Zeiger", „rot", „in Bewegung" nicht immer einen neuen Gebrauch einführt, wenn er seine Theorien ändert. Folgt daraus, wie es die Stabilitätsthese behauptet, daß er immer über dieselben Gegenstände spricht und immer dieselbe Interpretation seiner Beobachtungssprache anwendet? Unsere bisherigen Betrachtungen zeigen, daß das nicht der Fall zu sein braucht. Gleichzeitig wird erklärt, wie sich die Interpretation einer Sprache ändern kann, ohne daß ihre Charakteristik merklich geändert wird. Damit ist das Prinzip des pragmatischen Sinns widerlegt. Und auch die Analyse der Umgangssprache kann uns keine Interpretation liefern.

Auf dieser Grundlage können wir jetzt versuchsweise unsere *These 1* formulieren: *Die Interpretation einer Beobachtungssprache ist durch die Theorien bestimmt, die wir verwenden, um das zu erklären, was wir beobachten, und sie ändert sich, sobald sich die Theorien ändern.*

Im Rest dieses Abschnitts erkläre ich einige Konsequenzen der These. Ihre logische Grundlage wird im nächsten, und letzten, Abschnitt untersucht.

mutieren. Jedoch besteht *keine praktische Notwendigkeit,* die Sprache, in der wir die Experimente beschreiben, oder ihre Charakteristik zu ändern, denn der Fehler, der auf der makrophysikalischen Ebene durch die Identifikation der hermiteschen Elemente der Quantenmechanik mit den klassischen Größen entsteht, ist vernachlässigbar. Aber obwohl die *geringe Größe* des Fehlers die *Anwendung* der klassischen Verfahren und „Wahrnehmungsformen" auf der makrophysikalischen Ebene weiter ermöglicht, verbietet uns die *Existenz* des Fehlers, dies als ein Anzeichen für das Fortbestehen der klassischen *Interpretation* jener Formen anzusehen. Vgl. auch die Diskussion am Ende von Abschnitt 4.

Betrachten wir den folgenden Einwand[22]: der Gedanke, daß Interpretationen von Theorien abhängen, macht jedes experimentum crucis sinnlos. In einem experimentum crucis will man durch Beobachtung entscheiden, welche von zwei Theorien aufgegeben werden muß. Also muß der Sinn des Beobachtungssatzes (der ja ein unparteiischer Richter zwischen den Theorien sein soll) von diesen Theorien unabhängig sein. Darauf antworte ich: ebenso wie die Annahme (oder die Ablehnung) eines Satzes in einer Beobachtungssituation ein pragmatisches Ereignis ist, dessen Ergebnis unabhängig von seinem Eintreten und manchmal erst hinterher interpretiert wird, ist auch die Annahme (oder Ablehnung) einer Theorie auf Grund eines experimentum crucis ein pragmatisches (psychosoziologisches) Ereignis, das erst hinterher als eine theoretische Entscheidung interpretiert wird, und zwar auf Grund der Theorien, die das Experiment überstanden haben.

Die Konsequenzen, in deren Licht unsere These 1 beurteilt werden sollte, sind (unter anderem) folgende:

(1) Nach These 1 müssen wir unterscheiden zwischen Erscheinungen (d.h. Phänomenen) und den erscheinenden Gegenständen (auf die sich die Beobachtungssätze in einer bestimmten Interpretation beziehen). Diese Unterscheidung ist kennzeichnend für den Realismus.

(2) Die Unterscheidung zwischen Beobachtungsbegriffen und theoretischen Begriffen ist eine pragmatische (psychologische) Unterscheidung und hat nichts mit dem logischen Status der Begriffe zu tun. Im Gegenteil, aus These 1 folgt, daß die Begriffe einer Theorie und die Begriffe einer Beobachtungssprache, mit denen man die Theorie prüfen will, dieselben logischen (ontologischen) Probleme aufwerfen. *Es gibt kein besonderes „Problem theoretischer Entitäten".* Ein solches erhebt sich erst, wenn man entweder das Prinzip des pragmatischen Sinns oder das Prinzip des phänomenologischen Sinns heranzieht[23].

(3) Dies hat Konsequenzen für Probleme wie etwa das Leib-Seele-Problem. Es kann geschehen, daß zwei Beobachtungssprachen mit verschiedenen Charakteristiken durch dieselbe Theorie vereinigt und gemeinsam interpretiert werden. Die Maxwellsche Elektrodynamik spielt eine solche Rolle in bezug auf die elektrischen und die Lichterscheinungen. Eine Anwendung des pragmatischen wie des phänomenologischen Sinnprinzips wird in einem derartigen Fall die Vereinigung entweder als unzulässig oder als „rein formal" ansehen. Das Leib-Seele-Problem verdankt sein Vorhandensein genau dieser Situation: *phänomenologisch* sind

---

[22] Auf diese Schwierigkeit wurde ich von Prof. H. Feigl hingewiesen. Die Diskussionen mit ihm und den Mitgliedern seines „Zentrums" in den Jahren 1956 und 1959 halfen mir sehr bei der Klärung meiner Gedanken.

[23] Das zeigt übrigens, daß die Existenzprobleme der beobachtbaren Größen dieselben sind wie die Existenzprobleme der sogenannten „theoretischen Größen". Ein Beispiel ist das Problem der Existenz des Teufels, das *auf theoretischer Ebene* und nicht durch Beobachtung entschieden wurde. (Vgl. Leckys großartige History of the Rise of Rationalism in Europe, Bd. 1, 9 und passim.) Logisch gesehen sind alle Ausdrücke „theoretisch".

Schmerzen und Warzen verschiedene Dinge — also ist keine Vereinigung möglich. Aber unsere Diskussion des phänomenologischen Sinnprinzips (vgl. insbes. *b*) sollte klargemacht haben, daß die Behauptung, Schmerzen und körperliche Zustände seien verschiedene Dinge, nicht aus der Introspektion hervorgehen kann, *es sei denn, man wendet schon eine bestimmte Interpretation an*, aus der diese Behauptung folgt. Der Witz von These 1 besteht dann in dem Hinweis, daß es andere und bessere Interpretationen geben kann, in denen der Unterschied nicht mehr auftaucht. Ein lehrreiches Beispiel einer solchen Interpretation wurde von Dr. J. O. Wisdom diskutiert[24].

(4) Wenn aber die Interpretation einer Aussage (etwa „Ich fühle jetzt Schmerz") von den angewandten Theorien abhängt (hier von psychophysiologischen Theorien), dann können wir die logische Komplexität der Aussage nicht unabhängig von diesen Theorien bestimmen, selbst wenn die Aussage zu einer Beobachtungssprache gehört; genauer: wir können nicht schon auf Grund der Introspektion behaupten, daß „Ich fühle jetzt Schmerz" keine Konsequenz habe außer dem Phänomen, das zur Produktion dieser Aussage führt; erst die psychologische Theorie, die der Aussage angehört, entscheidet diese Frage.

(5) Eine Theorie (z.B. die Elektrodynamik) kann auch von einem Blinden verstanden werden. Der einzige Unterschied zwischen dem Blinden und dem Sehenden besteht darin, daß der Blinde einen anderen Teil der Theorie (oder ihrer Konsequenzen) als Beobachtungssprache benützt. Auch ein Blinder kann daher „rot" und ähnliche Begriffe (seiner *theoretischen* Sprache) verstehen, und es gibt keinen Grund, warum er nicht fähig sein sollte, „rot" einem Sehenden „durch Hinweis" zu erklären. Wenn das so ist, dann können wir nicht annehmen, daß er bei Gewinnen des Sehens automatisch seine Kenntnis der Röte verbessert. Freilich besitzt er jetzt eine neue (und sehr wirksame) Methode, um (in dem pragmatischen Sinne von Abschnitt 2) zu entscheiden, ob ein Gegenstand rot ist. Aber so wie die Erfindung eines neuen Mikroskops unsere Vorstellungen von gewissen Mikroben nur ändert, wenn sie zu neuen Theorien über sie führt, genau so führt die Tatsache, daß unser Beobachter jetzt Rot sehen kann, ihn nur dann zu einem neuen Begriff der Röte, wenn sie ihn zu neuen Annahmen über die Röte veranlaßt — und das braucht nicht der Fall zu sein.

7 Die logische Grundlage der Argumente von Abschnitt 6

Die Argumente gegen die Stabilitätsthese im letzten Abschnitt gehen der Sache noch nicht auf den Grund. Sie bestehen in dem Hinweis, daß die Wissenschaftler *de facto* ihre Beobachtungssprache *L* neu interpretieren, wenn eine neue Theorie eingeführt wird, die innerhalb von *L* Konsequenzen hat. Das ist aber weder richtig, noch genügt es, um die Stabilitätsthese zu widerlegen. Daß es nicht richtig ist, geht etwa aus dem Beispiel am Ende von Abschnitt 4 hervor. Aber es genügt auch nicht, denn wir wollen den Positivismus auch dann angreifen,

---

[24] A New Model for the Mind-Body Relationship, British Journal for the Philosophy of Science, 1952.

wenn er allgemein akzeptiert wäre, d.h. wenn etwa die in Abschnitt 5 kurz beschriebene Baconsche Situation realisiert wäre. Das bedeutet aber, daß die wissenschaftliche Methode, wie sie tatsächlich praktiziert wird, die Falschheit des Positivismus nicht erweisen kann. Wenn wir den Gegensatz zwischen Positivismus
und Realismus diskutieren (wie er sich zum Beispiel in unserer Diskussion der
Stabilitätsthese darstellt), dann denken wir an bestimmte *Ideale* für die Form
unseres Wissens: *der Gegensatz zwischen Positivismus und Realismus ist keine
Tatsachenfrage, die durch Hinweis auf bestimmte vorhandene Dinge, Verfahren,
Sprachformen usw. entschieden werden könnte; er ist ein Gegensatz zwischen
verschiedenen Idealbildern der Wissenschaft*[25].

Gegen diese Kennzeichnung der Sachlage scheint es zwei Einwände zu geben.
Der erste ist, daß dadurch die Entscheidung der Streitfrage der Willkür anheimge-
geben wird. Der zweite ist, daß verschiedene Idealbilder der Wissenschaft verschieden leicht in die Tat umzusetzen sind. Um mit dem zweiten Einwand anzufangen:
wir sind bereit zuzugeben, daß es *psychologische* Schwierigkeiten für die Erfindung bestimmter Theorien geben kann, besonders wenn man an metaphysische
Ansichten glaubt, die ganz andere Theorien zu empfehlen scheinen. Der zweite
Einwand wird aber oft in einer stärkeren Form vorgebracht. Nach dieser stärkeren
Variante ist unser gesamtes theoretisches Wissen (eindeutig) durch die Tatsachen
bestimmt und kann nicht willkürlich gewählt werden. Gegen diesen Einwand
wiederholen wir (vgl. Abschnitt 5): die „Tatsachen" bestimmen die Annahme
(oder Ablehnung) von Sätzen, *die schon interpretiert sind,* und zwar unabhängig
von den phänomenologischen Eigenschaften des Beobachteten. Der Eindruck,
daß jede Tatsache genau eine Interpretation nahelegt, und daß daher unsere Ansichten von den Tatsachen „bestimmt" sind, entsteht nur dann, wenn (für die
benützte Sprache) die Beziehung der phänomenologischen Adäquatheit eine
ein-eindeutige Relation ist. Wie in Abschnitt 5, c gezeigt wurde, entsteht eine
derartige Situation, wenn eine ziemlich umfassende Ansicht lange genug ge-
herrscht hat, um unsere Erwartungen, unsere Sprache und damit unsere Wahrnehmungen zu beeinflussen, und wenn während dieser Zeit kein anderes Weltbild ernsthaft in Erwägung gezogen worden ist. Man kann diesen Zustand ver-
längern, indem man entweder entgegenstehende Tatsachen mit ad-hoc-Hypothesen wegerklärt, die in den Begriffen des zu erhaltenden Standpunktes ausgedrückt sind, oder indem man erfolgreiche Alternativen auf „Voraussageinstrumente" reduziert, die keinen deskriptiven Sinn haben und keiner Erfahrung
(im phänomenologischen Sinne) widersprechen können (vgl. Anm. 7), oder
indem man ein Sinnkriterium aufstellt, das solche Theorien als sinnlos erklärt.
Ein solches Verfahren ist immer unwendbar (wenn es auch gelegentlich einigen
Scharfsinn erfordert, ad-hoc-Hypothesen zu erfinden, die die unangenehmen
Tatsachen wegerklären, ohne einem anderen Teil der beizubehaltenden Theorie
zu widersprechen). Das bedeutet, daß man die Dinge immer so einrichten kann,

---

[25] Der normative Charakter der Erkenntnistheorie wurde von V. Kraft betont in seinem Aufsatz „Der Wissenschaftscharakter der Erkenntnislehre", Actes du Congrès de l'Union In-
ternationale de Philosophie des Sciences, Zürich 1954, 85 ff.

daß entweder das phänomenologische oder das pragmatische Sinnprinzip als richtig *erscheint*, und daß die Stabilitätsthese die Beziehung zwischen unserem Wissen und der Erfahrung richtig beschreibt. Wir können aber auch umgekehrt vorgehen; d.h. wir können Widerlegungen ernst nehmen und Alternativen trotz ihrer ungewohnten Eigenschaften als möglicherweise richtige Beschreibungen wirklicher Gegenstände, Eigenschaften und Beziehungen auffassen. *Obwohl die Wahrheit einer Theorie vielleicht nicht von uns abhängt, kann ihre Form (und die Form unseres gesamten theoretischen Wissens) immer so gewählt werden, daß sie bestimmten Anforderungen genügt.* Damit ist der zweite Einwand erledigt.

Macht nun der Umstand, daß die Form unseres Wissens unseren Bedürfnissen angepaßt werden kann, die Ablehnung des Positivismus zu einer Sache der Willkür (erster Einwand)? Nein, denn wir beurteilen ein Ideal nach den Konsequenzen seiner Befolgung. Im folgenden möchte ich die Konsequenzen des positivistischen Vorgehens diskutieren und zeigen, warum ich den Realismus für besser halte.

Das positivistische Vorgehen und einige seiner Konsequenzen wurden soeben dargelegt. Die erste Konsequenz ist die, daß die Stabilitätsthese eine richtige Darstellung der Interpretation der Beobachtungssprache gibt. In Abschnitt 3 haben wir gezeigt, daß das zu einer metaphysischen Ontologie führt[26]. Jetzt können wir auch die Grundlage dieser Ontologie identifizieren: es handelt sich um eine Theorie oder einen allgemeinen Standpunkt, an dem festgehalten wurde, weil er als phänomenologisch adäquat erschien. Der Preis dafür ist, daß die gewählte Theorie am Ende ohne empirischen Gehalt dasteht. — Die zweite Konsequenz besteht darin, daß die Ein-eindeutigkeit der Relation der phänomenologischen Adäquatheit die Trennung zwischen Denken und Vorstellen auf der einen Seite und Wahrnehmung auf der anderen Seite sehr erschwert. Man kann geradezu behaupten, daß der Positivismus hier zu einer Beschränkung und vielleicht zur völligen Ausschaltung des argumentativen (im Gegensatz zum beschreibenden) Gebrauchs der Sprache führt. Die positivistische Erkenntnis ist also mit einem primitiveren und mehr naturalistischen Stadium der menschlichen Entwicklung verbunden als ihr Gegenteil. — Eine dritte Konsequenz ist diese: Das Beispiel in Abschnitt 6 zeigt, daß gewisse Elemente (wie Röte) nur unter bestimmten Bedingungen vorkommen, die eine Beziehung zu (der physikalischen Situation des) Beobachters einschließen. Wenn die Theorie, die diese Beziehung angibt, als reines Voraussageinstrument betrachtet wird, dann können wir das bedingte

---

[26] Wäre der Glaube an den Teufel mit einem starken Glauben an die Stabilitätsthese verbunden gewesen, dann hätte er nie durch eine neue und vernünftigere Auffassung jener Erscheinungen ersetzt werden können, die seine Beobachtungsbasis bildeten. Glücklicherweise wurde die Menschheit nicht durch positivistische Vorurteile daran gehindert, diesen Glauben aufzugeben. Anders verhält es sich mit einigen neueren Anschauungen über den Aufbau der Materie, die man wegen eines unausgesprochenen Glaubens an das pragmatische Sinnprinzip anscheinend für eine *conditio sine qua non* physikalischen Verständnisses hält. Vgl. auch das Ende von Abschnitt 4.

Vorhandensein der Elemente nicht durch den Hinweis erklären, daß das, was wir für eine Eigenschaft gehalten hatten, in Wirklichkeit eine Beziehung war; denn wir dürfen dieser Beziehung keine objektive Existenz zuschreiben. Wir müssen vielmehr sagen (und das geben alle Positivisten von Berkeley bis Bohr zu), daß unsere Elemente subjektiv sind: früher oder später führt der Positivismus zum Subjektivismus.

Ein realistischer Standpunkt dagegen läßt keine dogmatischen und unkorrigierbaren Aussagen in den Bereich der Erkenntnis ein. Selbst unser Wissen von dem, was beobachtet wurde, gilt nicht als unabänderlich, und das auch dann, wenn es den Phänomenen selbst entspricht. Dies heißt, daß man manchmal Interpretationen in Erwägung ziehen muß, die nicht auf die Phänomene „passen" und die dem unmittelbar Gegebenen widersprechen. Solche Interpretationen können sicher nicht aus bloßer Betrachtung von „Tatsachen" entstehen. Für sie brauchen wir eine nicht auf Beobachtung beruhende Quelle. Eine solche ist die (metaphysische) Spekulation, deren wichtige Funktion innerhalb des Realismus damit erwiesen ist. Die Ergebnisse der Spekulation müssen aber prüfbar gemacht werden, und sie müssen auch als Beschreibungen allgemeiner Eigenschaften der Welt aufgefaßt werden (sonst landen wir wieder bei der alten Auffassung beobachteter Dinge). Dieses Vorgehen gestattet uns, (a) eine Grenze zwischen objektiven Sachverhalten und Zuständen des Beobachters zu ziehen, wenn auch zugegeben wird, daß wir uns hinsichtlich des genauen Verlaufs dieser Grenze irren können; es ist (b) empirisch in dem Sinne, daß keine dogmatischen Aussagen als Elemente der Erkenntnis zugelassen werden; es ist (c) geeignet, den Fortschritt zu begünstigen, indem es uns anhält, selbst unsere Wahrnehmungen neuen Ideen anzupassen; und (d) macht es Raum für die *universelle* Anwendung der argumentativen Funktion unserer Sprache und nicht nur für ihre Anwendung *innerhalb* eines gegebenen Rahmens, der selbst nur beschrieben werden kann oder sich zeigt (z.B. in unseren „Wahrnehmungsformen").

Das sind einige Konsequenzen des Positivismus und des Realismus in bezug auf die Natur der Erfahrung. Die Darstellung dieser Konsequenzen läuft noch nicht auf eine endgültige Entscheidung für den Positivismus oder den Realismus hinaus. Eine solche Entscheidung ist schließlich eine praktische Handlung, die aus keiner theoretischen Erwägung *folgen* kann, obwohl es möglich ist, sie theoretisch zu *motivieren*. Meine Absicht in diesem Aufsatz war es, einige Motivationen zu geben. Und ich wollte auch zeigen, daß die scheinbar so harmlosen Aussagen, die ich am Anfang zitiert habe, zu Konsequenzen führen, die mindestens einige Positivisten irritieren dürften.

Nachtrag 1977

Der Aufsatz wurde 1957 geschrieben und im März 1958 auf einer der regulären Versammlungen der Aristotelian Society in London unter Vorsitz von Professor A. J. Ayer diskutiert. Die Diskussion war sehr lebhaft. J. O. Wisdom (damals Reader an der London School of Economics) und Joseph Agassi (damals Poppers Assistent) sowie John Watkins nahmen an ihr teil. Ayer warf die Hände in spöttischer Verzweiflung in die Höhe und rief aus: "I won't be intimidated by you Popperians!" – denn für Popperianer hielt er damals alle, die seine Sinnesdatenphilosophie nicht akzeptierten. Obwohl ich diese Diskussion sehr gut im Gedächtnis habe, hatte ich doch den Inhalt des Aufsatzes bis vor kurzem völlig vergessen und war also überrascht, als ich da Vorschläge zur Lösung von Problemen entdeckte, die mir später immer wieder Kopfzerbrechen bereiteten. Der Aufsatz gehört meiner teutonischen Periode an, er ist kompliziert und pedantisch geschrieben. Folgende 'Einflüsse' kreuzen sich in ihm.

(1) Die Diskussionen des *Kraftkreises*. In Wien gab es im Jahre 1947 viele Studenten der Astronomie, Physik, Mathematik und der Ingenieurwissenschaften, die an den philosophischen Grundlagen ihrer Fächer interessiert waren. Wir besuchten Philosophievorlesungen, aber wir schliefen entweder ein, oder wir wurden wegen Frechheit hinausgeworfen. Noch heute erinnere ich mich, wie Professor Heintel, mit erhobener Hand auf die Tür weisend, mir zurief: „Herr Feyerabend, entweder sie halten das Maul, oder sie verlassen den Hörsaal!" (ich hielt das Maul, denn es war Winter, der Hörsaal war warm, der Korridor sehr kalt). Einzig die Vorlesungen von Kraft, Roretz und (in vermindertem Ausmaß) von Juhos schienen uns verständlich, relevant und gelegentlich sogar richtig zu sein. Sie hatten aber wie alle Vorlesungen den Nachteil, daß man problematische Gedanken nicht weiter verfolgen und genauer untersuchen konnte. Wir gründeten also eine zweiwöchentliche Diskussionsgruppe und baten Kraft, die Leitung dieser Gruppe zu übernehmen. Das war der Beginn des Kraftkreises, der mit kleineren Unterbrechungen bis zum Jahre 1951/52 andauerte.

Anfänglich nahmen an der Diskussion nur Studenten und gelegentlich Dozenten, wie etwa Juhos teil. Dann trugen auch durchreisende Berühmtheiten bei uns vor, allerdings ohne uns zu sehr zu beeindrucken. Elizabeth Anscombe, die in Wien weilte, um für ihre Übersetzung der Wittgensteinschen Werke deutsch zu lernen, erklärte Wittgensteins Ideen über den Sinn sprachlicher Ausdrücke. Es gelang ihr nicht, uns zu überzeugen, daß hier mehr vorlag als eine etwas vereinfachte Kinderpsychologie (ihr Einfluß auf mich war allerdings beträchtlich – siehe weiter unten). Wittgenstein selbst kam nach mehrfachem Zögern. Kraft und ich kannten seine älteren Ideen, ich hatte gerade von Anscombe seine späteren Werke im Manuskript erhalten, und so wußten wir, daß wir hier einen berühmten und etwas exzentrischen Philosophen vor uns hatten. Für die übrigen Teilnehmer war Wittgenstein einfach ein weiteres philosophisches Großmaul. Wittgenstein schien diese Haltung kühler Skepsis der Bewunderung vorzuziehen, mit der man ihm sonst begegnete, und er gab uns einige sehr interessante Hinweise zum Problem des Sinns von Beobachtungssätzen. Er argumentierte nicht abstrakt, sondern an Hand von Beispielen, die er mit großer Kunstfertigkeit entwickelte und deren Komplexität er uns als Warnung gegen leichtfertige Verallgemeinerungen dienen ließ. In Alpbach lernte unser Kreis im Jahre 1948 den Physiker und Wissenschaftsphilosophen Arthur March aus Innsbruck und den Wissenschaftsphilosophen Karl Popper aus London kennen. Arthur March folgte der Philosophie Eddingtons. Die Unmöglichkeit der Induktion, die Allgegenwart von Theorien, die Notwendigkeit, brauchbare Theorien durch Kritik und nicht durch Beweis von unbrauchbaren Theorien zu trennen, waren für ihn, seine Gruppe und auch für uns eine Trivialität. Wir wunderten uns also über die Heftigkeit, mit der Popper seine Ideen der Falsifikation vortrug. Richtig war das schon — aber wozu der Lärm? Und Poppers Hinweis, daß seine Ideen in der Philosophie völlig neuartig und revolutionär seien, überzeugten uns nur noch mehr von der Leere rein philosophischer Bemühungen: wenn das in der Philosophie eine Revolution ist, sagten wir uns, dann ist die Philosophie eben noch im dunkelsten Mittelalter befangen.

Hauptgegenstand unserer Diskussionen war bald das Problem der physikalischen Realität. Wir entdeckten allmählich — und ohne uns der Situation jemals völlig bewußt zu werden — daß alle Argumente für eine realistische Auffassung von Alltagsansichten und wissenschaftlichen Theorien zirkulär sind: sie nehmen an, was zu beweisen ist. Insbesondere ich versuchte zu dieser Zeit, brauchbare Gründe für den Realismus zu finden, denn solche Gründe, davon war ich überzeugt, mußten wohl ganz besonderer Art sein (niemand wird erwarten, so stellte Herbert Feigl oft die Situation dar, eines schönen Tages in der Zeitung die Nachricht zu finden: 'Fundamentale Entdeckung: Realität der Außenwelt bewiesen!'). Die Argumente, auf die ich stieß, waren immer von der Form: Bereich A ist richtig, Bereich A hat realistische Züge, also ist der Realismus richtig, und es leuchtete mir nie ein, wie man von der Richtigkeit eines realistisch aussehenden Bereiches auf den Realismus selbst schließen könnte. Angenommen, die Wissenschaft ist realistisch — das heißt doch nicht, daß der Realismus richtig ist, denn wer gibt der Wissenschaft die Autorität, solche Fragen zu entscheiden? Und außerdem, so fügten wir in unserem Kreis hinzu, läßt sich die Wissenschaft ja immer als ein Instrument zur Vorhersage von Sinnesdaten interpretieren. Die endlosen Diskussionen über diese Frage waren ein wichtiger Einfluß auf meine Dissertation (1951) und auf den vorliegenden Aufsatz, der Ergebnisse dieser Dissertation in abgekürzter Weise darstellt. Insbesondere wurde das Kriterium der Beobachtbarkeit (Abschnitt 2) und auch die Stabilitätsthese zum erstenmal im Kraftkreis vorgetragen.

(2) Die Diskussionen mit *Walter Hollitscher*. Walter Hollitscher lernte ich durch kommunistische Studenten an der Universität kennen, die unser Interesse am Aufbau einer wissenschaftlichen Philosophie in ein Interesse am Marxismus zu verwandeln suchten. Sie brachten uns mit kommunistischen Intellektuellen zusammen, darunter auch Walter Hollitscher, heute Professor an der Universität Leipzig.

Wir sahen zunächst mit Geringschätzung auf die unserer Ansicht nach kind-
lichen Regeln, die der dialektische Materialismus als Wissenschaftsphilosophie
vorzuweisen hatte, und die wir in Stalins Einleitung lasen: alles bewegt sich; alles
ist mit allem verbunden; Übergang von der Quantität zur Qualität; Negation der
Negation. Viel zu vage, viel zu unbestimmt, leicht durch Tatsachen zu widerlegen,
obwohl nicht klar genug definiert, um eine solche Widerlegung ohne endlose Wort-
gefechte zu gestatten. Das war auch so ungefähr die Haltung, mit der ich meine
über zwei Jahre dauernden Diskussionen mit Hollitscher begann. Ich betrat diese
Diskussionen als rabiater und eingebildeter Positivist, ich verließ sie als Realist.
Was war geschehen?

Hollitscher hatte kein Argument, das den Gegner Schritt für Schritt vom
Positivismus in den Realismus geführt hätte. Ein solches Argument wäre ihm
als der Gipfel philosophischer Einfalt erschienen. Er entwickelte den realistischen Standpunkt, zeigte, wie er mit der Praxis der Wissenschaft und dem Alltagsdenken verbunden war, und tat dasselbe mit dem Positivismus. Man trat
also gleichsam eine Reise durch zwei sehr verschiedene Länder an und konnte
beurteilen, wie sich gewisse Wünsche in dem einen und wie sie sich in dem anderen erfüllen ließen. Mein Hauptinteresse war zur Zeit die wissenschaftliche Erkenntnis, und ich beurteilte also das Land des Positivismus wie auch das Land
des Realismus nach dem Ausmaß, in dem sie solche Erkenntnis hinderten oder
förderten. Natürlich war es immer möglich, einen Nachteil durch klugen Gebrauch von ad-hoc-Hypothesen in einen Vorteil zu verwandeln, und ich tat
das oft und ohne jedes Schamgefühl (im Kraftkreis hatten wir solche Umgehung
von Argumenten zu einer feinen Kunst entwickelt). Hollitscher ließ sich nicht in
semantische Spitzfindigkeiten hineinziehen, er fuhr fort, konkret zu diskutieren,
bis ich mir schließlich mit meinen Verwandlungen ziemlich töricht vorkam.
Es war dieses mir nicht völlig bewußte Gefühl, nur mehr rein verbale Ausflüchte
übrig zu haben, das schließlich zur Annahme des realistischen Standpunktes
führte.

(3) Auf ganz andere Weise legte die *Wittgensteinsche Philosophie* die Notwendigkeit konkreter Untersuchungen nahe. Ich lernte diese Philosophie durch
Elizabeth Anscombe kennen, die 1950 in Wien weilte. Der Hauptpunkt, der mir
nach langen fruchtlosen Diskussionen eines schönen Nachmittags plötzlich auf-
ging und mich maßlos erregte, schien mir dabei der, daß der Sinn von Sätzen,
auch von Sätzen über unmittelbar Vorliegendes (wie 'ich habe jetzt Schmerzen'
oder 'ich sehe jetzt rot') von weit abliegenden und dem Bewußtsein gar nicht
gegenwärtigen Verhältnissen abhängen kann. Dinge, die mit 'rot' und 'Schmerzen'
gar nichts zu tun haben und die mir vor langer Zeit an Hand ganz anderer Beispiele oder vielleicht auch ganz ohne Beispiele eingebläut wurden, beeinflussen
den Sinn von 'rot' und 'Schmerz', obwohl der einzig *merkliche* Einfluß ein wohl-
begrenztes und deutlich wahrgenommenes Phänomen, oder eine klare Definition,
oder eine einfache Verweisung ist. Gelegentlich lassen sich Teile des den Sinn
beeinflussenden Mechanismus ans Tageslicht ziehen und in Sätzen ausdrücken. So
kann man zum Beispiel sagen, daß Schmerzen keinem 'Erhaltungsprinzip' gehorchen. Ein verschwundener Schmerz hat aufgehört zu existieren, und es hat keinen

Sinn, nach ihm zu suchen, während ein verschwundener physischer Gegenstand zwar nicht mehr bemerkt wird, aber immer noch da ist. In diesem Fall kann man sogar auch gewisse Regelmäßigkeiten feststellen. Nach Piaget tritt die Unterscheidung zwischen Gegenständen ohne Erhaltungsprinzip und solchen mit Erhaltungsprinzip in normaler Umgebung ganz von selbst ein, was heißt, daß der Sinn von 'Schmerz' beim Erwachsenen zum Teil ein Ergebnis der biologischen Entwicklung ist. Zumeist sind jedoch die sinngebenden Prinzipien sehr komplex und der Erfassung durch einfache Beschreibungen entzogen. Man muß ihnen in jedem Fall besonders nachspüren, und man muß sich hüten, einen einfachen Satz, der ein Phänomen, also etwa eine Wahrnehmung oder einen abstrakten Sachverhalt (wie die Beziehung zwischen zwei Zahlen) direkt und sehr klar zu beschreiben scheint, schon für die Sache selbst zu halten. In Diskussionen mit Herbert Feigl habe ich diesen Umstand oft so ausgedrückt: Sätze über unmittelbar Gegebenes sind metaphysischer als Sätze über theoretische Entitäten. Man glaubt sie zu verstehen, kennt aber nur einen kleinen Teil ihres Sinns, während man theoretische Entitäten mit zweifelhaftem Blick betrachtet und damit der Sache näher kommt. Auch schien es mir, daß Änderungen von Sinnesprinzipien der angegebenen Art trotz ihrer Unsichtbarkeit viel tiefgreifender sein müßten als Änderungen von Gleichungen, Experimentalergebnissen, Definitionen, Gesetzen, und ich fragte mich, ob sie im Verlauf der Entwicklung der Wissenschaften wohl vorkämen. So begannen meine Untersuchungen zum Problem der Inkommensurabilität. Dabei ging ich bald den üblichen Weg, das heißt, ich gab mich mit einfachen Schematisierungen zufrieden (die Idee der ontologischen Konsequenz in Abschnitt 3 und die sich daran anschließenden Überlegungen sind ein Beispiel). Das lag teils an meinen eigenen, damals noch sehr ausgebildeten rationalisierenden Tendenzen, teils an der Unterstützung, die diese Tendenzen bei Kraft und bei Popper erfuhren. Erst im 17. Kapitel von *Against Method* habe ich die Schematisierungen durch die detaillierte Diskussion eines Beispiels ersetzt.

(4) 1952 erhielt ich ein Stipendium des British Council zum Studium in England. Wittgenstein hatte zugesagt, die Rolle des Supervisors zu übernehmen. Er starb, und *Popper* trat an seine Stelle. Ich besuchte Poppers Vorlesung und sein Seminar, verbrachte aber die meiste Zeit mit den *Philosophischen Untersuchungen* und Bohms Textbuch zur Quantentheorie. Es dauerte ein ganzes Jahr, bis ich für die Aphorismen Wittgensteins eine Ordnung gefunden hatte, die die 'systematische' Darstellung und Kritik seiner Ideen erlaubte. Meine Besprechung 'Wittgenstein's Philosophical Investigations' (*Phil. Rev.* 1955), von Anscombe aus dem Deutschen ins Englische übersetzt, ist das Ergebnis dieser Bemühungen. Popper selbst schien mir oft auf Wittgensteinsche Weise zu argumentieren, nur weit weniger subtil und weit mehr bereit, Illustrationen oder lokal funktionierende Lösungen in allgemeine Prinzipien zu verwandeln. Wittgenstein war ein Denker, Popper ein (nicht unintelligenter) Schulmeister. Sein Jonglieren mit Weltprinzipien imponierte mir aber, und ich ahmte es nach. Das ist der Grund, warum ich in Abschnitt 7 des beiliegenden Aufsatzes den Streit zwischen Realismus und Instrumentalismus *abstrakt* zu lösen versuche. *Argu-

mente reichen nicht aus — das wußte ich aus den Diskussionen des Kraftkreises. Fügen wir den Argumenten aber ein weiteres abstraktes Element hinzu, näm- lich eine *Entscheidung*, dann kann der Trick gelingen. Das ist im wesentlichen der Inhalt von Abschnitt 7.

So also erklärt sich das Gemisch von konkreten und abstrakten Elementen, und das Überwiegen der letzteren.*) Nun zu den Einzelheiten.

Abschnitt 2: Sheldon Reaven schreibt in seiner Dissertation (Berkeley 1973), daß eine vereinfachte Fassung meiner Definition der Beobachtbarkeit in Quine's

---

*) Anhänger der Popperschen Religion, die ihr schwindendes Ansehen durch die Produktion langer Mitgliedslisten wieder beleben wollen, haben mich darum gelegentlich auch einen Popperianer genannt. Daran ist wahr, daß ich trotz des Wittgensteinschen *caveat* gerne mit allgemeinen Prinzipien um mich warf. Diese Unart habe ich aber nicht erst von Popper ge- lernt; ich besaß sie von klein auf und wurde in ihr durch das Lesen der Dinglerschen Schrif- ten (die mich sehr beeindruckten und die ich auch heute noch für sehr lesenswert halte) noch bestärkt.

Außerdem bedeutet nicht jede Verwandschaft mit Poppers Ideen Annahme der Popperschen Philosophie und Beeinflussung durch sie. Die Poppersche Philosophie ist aus vielen vorpop- perschen Quellen zusammengerafft, gibt aber diese Quellen nur selten an. So scheint ein Schreiber, der aus denselben Quellen schöpft, für historische Analphabeten schon sofort ein Popperianer zu sein.

Dafür ein kleines Beispiel.

Auf Seite 26 von *Kritische Vernunft und menschliche Praxis*, Stuttgart 1977, spricht Hans Albert mit väterlichem Wohlwollen von meinen ,,positive[n] Beiträge[n] zu einer Rationali- tätskonzeption" und fügt hinzu, daß diese ,,von der Popperschen Grundauffassung nicht all- zu weit entfernt sein dürfte". Damit meint er natürlich, daß die ,,Grundauffassung" auf Poppers eigenem Mist gewachsen ist, und daß ich sie auf diesem Mist gefunden habe. In Wirklichkeit fand ich sie durch Diskussion mit Physikern wie Bohm und von Weizsäcker, durch ein genaues Lesen der Bohrschen Schriften und vor allem in Boltzmann und John Stuart Mill. Boltzmann wandte Darwinistische Prinzipien auf die Erkenntnis an und erklärte auch die Gesetze der Logik und Mathematik für nur vorläufig und der Verbesserung bedürf- tig. Hierin war er Popper weit voraus. Mill führte die Idee des Pluralismus mit ausgezeichne- ten Argumenten ein und gab ihr eine Fassung, die elastischer und für die Wissenschaften weit brauchbarer war als die Poppersche Fassung. Aber kritische Rationalisten sind historische An- alphabeten, und so entsteht bei ihnen die Idee der großen Originalität Poppers und der viel- fachen Abhängigkeit von ihm. Ich habe den Verdacht, daß auch Alberts Klassifikation mei- ner Ideen eine Facette dieses Analphabetentums ist (oder weiß er, wie die Dinge liegen, und verdreht sie aus Gründen der Propaganda? Für so flexibel hätte ich ihn gar nicht gehalten!) Außerdem hat Albert meine ,,Rationalitätskonzeption" wohl kaum richtig verstanden. Drei Komponenten hält Albert als wesentlich für den kritischen Rationalismus: den Fallibilismus; den methodischen Rationalismus; und den kritischen Realismus. Den letzten widerlege ich am Ende von Kap. 17 von *Wider den Methodenzwang*, ein Buch, auf das sich Albert bei seiner Beurteilung stützt. Auch bin ich kein ,,konsequenter" Fallibilist, denn ich schätze viele Versionen des sogenannten Dogmatismus, vor allem Aristoteles, und Mythen. Und was die Methodik betrifft, so verwende ich sie auf eine Weise, die von der vom Meister vorge- schlagenen beträchtlich abweicht. Nein — in den Elendsvierteln des kritischen Rationalismus habe ich meine Wohnung nicht aufgeschlagen! (Forts. S. 29)

Word and Object (1961) wieder auftaucht, wo auch interessante Betrachtungen zum Prinzip des pragmatischen Sinns zu finden sind. Quine hat meinen Aufsatz sicher nicht gelesen – aber die Ideen sind sehr ähnlich.

Abschnitt 4: Der Umstand, daß Verhaltensweisen uns keine Interpretationen geben, schließt kausale Hypothesen nicht aus. So zum Beispiel kann das regelmäßige Auftreten eines Lautes (geäußert vom Mitglied eines unbekannten Stammes) in Gegenwart eines Hasen uns veranlassen, den Hasen mit dem Laut in kausale Verbindung zu bringen (dabei sind die in Abschnitt 2 angeführten Einschränkungen zu berücksichtigen). Wir können das ausdrücken, indem wir sagen, „HASE" sei der *kausale Sinn* des Lautes. Wir können zusätzlich noch die *Hypothese* aufstellen, daß sich der kausale Sinn in fast allen Sprachen vom wirklichen Sinn nur sehr wenig unterscheidet. Aber die Hypothese kann falsch sein. Denn es ist sehr wohl möglich, daß für die Mitglieder des Stammes der Hase ein kleiner Teufel ist, dessen Name nie ausgesprochen werden darf, und daß der Laut zu deuten ist als: „Gott steh' mir bei!" (Die Hypothese nimmt außerdem noch an, daß die unsichtbaren Sinnprinzipien, von denen etwas weiter oben die Rede war, für alle Stämme die gleichen sind.)

Abschnitt 5: Sehr beeinflußt von Wittgenstein und den Diskussionen des Kraftkreises.

Wichtig scheint mir heute die kurze Bemerkung auf Seite 15: Prinzipien, wie das Prinzip des phänomenologischen Sinns oder die Prinzipien einer induktivistischen Wissenschaftslehre können den (soziologischen, physikalischen, historischen) Umständen so angepaßt sein, daß sie auf eine direkte und sehr einleuchtende Weise als richtig erscheinen. Der Induktivismus zum Beispiel wird in einer Welt plausibel sein *und funktionieren,* deren Grundeigenschaften relativ irrtumsfrei festgestellt werden können und in der einmal gepaarte Grundeigenschaften immer gepaart sind. Natürlich kann man auch in einer solchen Welt ein Gesetz aus Einzelfällen nicht *logisch* erschließen – aber einen derartigen Anspruch haben weise Induktivisten nie gestellt. Genau so wie ein Menschenkenner behauptet, sich in der Welt der Menschen nach gewissen Regeln zurechtfinden zu können, genau so behauptet der Induktivist, daß er sich in der Welt der Natur nach gewissen Regeln zurechtfinden kann und daß ihn diese Regeln auch in außergewöhnlichen und überraschenden Fällen nicht im Stich lassen werden. Schließlich setzten sich die älteren Induktivisten ja ganz ausdrücklich die Aufgabe, die nichts Neues ergebende Aristotelische Logik durch eine Logik zu ersetzen, die alten Kenntnissen neue hinzufügt und damit unser Wissen *erweitert.* Und ihr Ziel war nicht eine Methode der Wissenserweiterung zu finden, die *in jeder möglichen Welt* funktioniert, sondern in

---

Trotz aller dieser Einwände finde ich aber das Bemühen Alberts und den Versuch anderer, mich zum Popperianer zu machen, verständlich: im intellektuellen Winter will man eben viele warme Körper in seinem kärglichen Nest haben. *Nicht* verständlich finde ich es, wenn sich der Meister bemüht zu zeigen, daß *er* nie *mein* Schüler gewesen ist (vgl. den Schilpp-Band, Seite 1069). Aber wenn man persönliche Beziehungen nur rein intellektuell sieht und dann wieder nur als Machtverhältnisse (Unter-, Neben- oder Überordnung), dann kommt man eben auf merkwürdige Gedanken.

der besonderen Welt, in der wir leben.*) Darin waren sie realistischer als ihre Nachfolger, die eine logisch einwandfreie Methode auch schon für faktisch brauchbar hielten. Faktisch brauchbar ist der Induktivismus in einer Welt wie der eben beschriebenen, obwohl er nach Ansicht gewisser Denker logisch nicht einwandfrei ist. Andererseits ist das angeblich logisch einwandfreie Falsifikationsprinzip faktisch unbrauchbar in einer Welt, in der die Grundgesetze von merklichen Störungen umgeben sind (es gibt gute Gründe anzunehmen, daß unsere Welt eine solche Welt ist). Das zeigt erstens, daß die logische Kritik von Methodologien durch eine 'kosmologische' Kritik ergänzt werden muß, d.h. durch eine Kritik auf Grund der Struktur der Welt, und zweitens, daß das Verhältnis von Methodologie und Forschung nicht immer so ordentlich ist, wie es die der Forschung ja immer sehr fernstehenden Methodologen annehmen. Denn bei einer kosmologischen Kritik werden Theorien unabhängig von explizit aufgestellten Regeln entworfen und dann bei der Kritik dieser Regeln eingesetzt (Details in Kap. 13 des vorliegenden Bandes).

Abschnitt 6: Als ich These 1 im Jahre 1957 im *Minnesota Center for the Philosophy of Science* vortrug, warf Herbert Feigl ein, daß damit eine objektive Entscheidung zwischen Theorien ausgeschlossen werde. Das stimmt schon, wenn man annimmt, daß 'objektive' Entscheidungen vom Sinn von Sätzen abhängen. Denn es kann vorkommen, daß die Beobachtungssätze von zwei rivalisierenden Theorien in keine logischen Beziehungen zu bringen sind (das tritt zum Beispiel ein, wenn eine Theorie oder ihre ontologischen Konsequenzen im Sinne von Abschnitt 3 die Falschheit der ontologischen Konsequenzen der anderen Theorie zur Folge hat). Aber es gibt Arten des Theorienvergleichs, bei denen der Sinn der Theorien keine Rolle spielt. Eine Methode, die im vorliegenden Abschnitt kurz skizziert wird, macht ernst mit der Unterscheidung zwischen dem Sinn einer Theorie und ihren pragmatischen Eigenschaften und deutet ein experimentum crucis mit Hilfe der letzten. Andere Methoden werden in Abschnitt 13 von Kapitel 9 beschrieben. Damit begann die Diskussion der Inkommensurabilität, die dann in den Schriften von Hanson und vor allem in Kuhns *Structure of Scientific Revolutions* (Chicago 1962) ihre Fortsetzung fand. Auch davon wird in Kapitel 9 die Rede sein.

These 1 ist als eine Reaktion auf die Sinntheorien des logischen Empirismus zu verstehen. Nach diesen Theorien zerfallen alle Begriffe in zwei Klassen: Beobachtungsbegriffe und theoretische Begriffe. Beobachtungsbegriffe sind unproblematisch, theoretische Begriffe müssen erklärt werden. Sie werden erklärt, indem man sie zu Beobachtungsbegriffen in Beziehung setzt. Eine frühe Auffassung identifiziert Beobachtungsbegriffe mit Sinnesdatenbegriffen, und theoretische Begriffe werden auf dieser Grundlage explizit definiert. Die Schwierigkeit liegt hier darin, daß Sinnesdaten nicht intersubjektiv sind und daß selbst Alltagsbegriffe in viel loserer Beziehung zur Beobachtung stehen als es eine explizite Definition erlaubt. Es setzte also eine Doppelentwicklung ein, in deren Verlauf man eine

---

*) Details in Abschnitt 3 von Kapitel 12

Reihe von Annahmen über Beobachtungsbegriffe und eine andere Reihe von Annahmen über die Natur ihrer Verknüpfung mit theoretischen Begriffen machte.
In den 50er Jahren hatte man sich geeinigt, einfache Teile der Alltagssprache als
Beobachtungssprachen zuzulassen, und Interpretationssysteme (Hempel), die sowohl Beobachtungsbegriffe als auch theoretische Begriffe enthielten und sich
nicht in einzelne Sätze mit nur je einem theoretischen Begriff auslösen ließen,
hatten die früheren Definitionen ersetzt. Man nahm aber noch immer an, daß sich
Sinn aus dem Bereich der Beobachtung in die 'darüber liegenden' theoretischen
Begriffe ergießt ('upward seepage of meaning') und daß ein Abschneiden der Verbindung zwischen theoretischen Begriffen und Beobachtungsbegriffen die ersteren
jedes Sinnes beraubt.

Mir schien nun schon die allererste Voraussetzung der ganzen Theorie sehr
fraglich. Beobachtungsbegriffe sind sicher nicht immer besser verständlich als
theoretische Begriffe, denn man muß sie lernen. Wendet man ein, daß sich die
Unterscheidung auf die gelernten Begriffe bezieht, so ist die Antwort die, daß
man gleich gut gelernte Begriffe gleich gut versteht und das ganz unabhängig
davon, ob sie Beobachtungsbegriffe sind oder theoretische Begriffe. Wendet
man weiter ein, daß man theoretische Begriffe nur darum versteht, weil man
ihren Gebrauch in Verbindung mit Beobachtungsbegriffen gelernt hat, so kann
man entgegnen, daß das Umgekehrte ja auch für Beobachtungsbegriffe gilt —
man versteht sie nur darum, weil man ihren Gebrauch in Verbindung mit theoretischen Begriffen gelernt hat. Dabei ist es gleichgültig, ob diese theoretischen Begriffe ausdrücklich eingeführt wurden oder ob sie sich im Verlauf der natürlichen
Entwicklung des Individuums eingestellt haben — eliminiert man sie, dann bleibt
zwar der Sinneseindruck, aber dieser wird nicht mehr verstanden; der Beobachter
ist völlig desorientiert. Eine zeitlang versuchte man noch, Beobachtungsbegriffe
auf Begriffe einzuschränken, deren Anwendung durch ein einfaches, auf direkt
vorliegende Gegenstände bezogenes Kriterium geregelt wird. Aber wenn man
sich nicht wieder auf Sinnesdaten zurückziehen will, dann kommen auch dabei
Begriffe ins Spiel (wie die weiter oben in diesem Nachtrag erwähnten Begriffe
mit 'Erhaltungssätzen'), die verschiedene Situationen verbinden, Gesetze annehmen, und damit 'theoretisch' sind in einem sehr einfachen Sinn des Wortes. Betrachtungen wie diese, die allerdings nie zu völliger Klarheit vorstießen, waren der
Grund, warum man immer komplexere Beobachtungssprachen zuließ, bis dann
Hempel in seiner *Philosophy of the Natural Sciences* Beobachtungen mit allen
einer neuen Theorie *vorausgehenden* begrifflichen Mitteln verband: der natürliche
Begriff der Masse, der schon gewisse Erhaltungsprinzipien impliziert, geht der
klassischen Definition der Masse voraus, wird bei der Erklärung dieses Begriffs
verwendet und kann daher in einer Beobachtungssprache für die klassische Mechanik vorkommen. Der klassische Begriff der Masse geht dem relativistischen
Begriff voraus, wird bei der Erklärung dieses Begriffs verwendet und kann daher
in einer Beobachtungssprache für die klassische Mechanik vorkommen. In diesem
Fall gilt der Begriff nicht mehr als verständlich, weil er keine theoretischen Elemente enthält, sondern weil man ihn verwenden kann, das heißt, weil man ihn

gelernt hat. Während früher, in der Sinnesdatenperiode 'Unverständlichkeit' eine philosophische Eigenschaft war, die trotz korrekter Verwendung auftreten konnte, gilt jetzt korrekte Verwendung bereits als ein Kriterium der Verständlichkeit auch im philosophischen Sinn (diese Wende bemerkt man zuerst in Carnaps Aufsatz in Band I der *Minnesota Studies*). Aber wenn Begriffe schon auf Grund ihrer Verwendung als Beobachtungsbegriffe akzeptiert werden, dann ist es nicht mehr nötig, die Begriffe einer neuen Theorie auf dem Umweg über eine vorhergehende Beobachtungssprache zu erklären. Man lernt dann die neuen Begriffe *direkt* und wählt jene von ihnen als Beobachtungsbegriffe, die sich auf Grund von Beobachtungen relativ einfach anwenden lassen ('etwa 1 kg klassische Masse' − festgestellt durch Heben eines Gewichtes). Damit verschwindet die Idee einer Trennung von Beobachtung und Theorie und einer Erklärung der letzten durch die erste. Man lernt Theorien, und der Lernprozeß macht auch die in ihnen vorkommenden Beobachtungsbegriffe verständlich. Diese Argumente sind in Kapitel 3 sowie in Abschnitt 2 von Kapitel 9 näher dargelegt.

Im vorliegenden Aufsatz faßte ich das Ergebnis der Entwicklung als einen Hinweis auf den Primat der Theorie auf. Ich kehrte also das positivistische Schema um und ließ Sinn von 'oben', d.h. von der Theorie nach 'unten', d.h. in die Beobachtungen einfließen. Richtig ist daran, daß es keinen Bereich unserer Wissenselemente gibt, der von Theorien frei wäre. Unrichtig ist die noch immer vorhandene Aufspaltung in 'Beobachtung' und 'Theorie' und die einseitige Behandlung der letzten. Richtig ist wieder die pragmatische Interpretation der Beobachtung (Beobachtungen sind nicht *semantisch* von Theorien geschieden [sie haben keinen besonderen 'Beobachtungs-'*sinn*], sondern durch die Umstände, die zur Äußerung der entsprechenden Sätze führen [und die nicht wahrheitsrelevante Umstände zu sein brauchen]). Damit ist übrigens auch die Annahme der *Theoriengeladenheit* unserer Beobachtungen widerlegt. Nach dieser Annahme besteht der Sinn von Beobachtungsaussagen aus zwei Teilen, aus einem Beobachtungskern und einer theoretischen Last, die dieser Kern trägt. These 1 läßt keinen solchen Kern zu. Beobachtungsbegriffe sind nicht *geladen mit* Theorien, sie sind *völlig theoretisch.* Die Konsequenz aus diesem Ergebnis wird in Kapitel 4 gezogen.

Abschnitt 7: Dieser Abschnitt ist heute für mich ein gutes Beispiel rationalistischer Überheblichkeit. Für wahr halte ich noch immer die Behauptung, daß die Entscheidung zwischen Positivismus und Realismus nicht einfach durch Hinweis auf bestimmte *Fakten* herbeigeführt werden kann. Ich gebe auch zu, daß beide Standpunkte gewisse unartikulierte *Wünsche* hinsichtlich der Natur unseres Wissens enthalten. Aber diese Wünsche lassen sich nicht auf eine einfache Formel bringen, und sie ändern sich mit der Forschungssituation. Der Atomismus von heute ist sehr verschieden vom Atomismus des Demokrit − warum sollte es mit dem Realismus anders sein? Außerdem kann man philosophische Wünsche nach realistischen oder instrumentalistischen Entwicklungen nicht immer ohne böse Folgen für die Forschung durchsetzen. Ein konkretes Problem der Physik mag lösbar sein auf Grund von Annahmen, die dem Realismus widersprechen, und unlösbar, wenn man auf dem Realismus beharrt. Was tut man in einem solchen Fall?

Hält man die Forschung auf, oder paßt man die Philosophie an die Erfordernisse der Forschung an? Philosophische Realisten haben sich solche Fragen nur selten überlegt. Probleme, wie die eben erwähnten, tauchen in *ihrem* Bild der Forschung nicht auf. Philosophisch orientierte Wissenschaftler aber stoßen oft auf sie und sehen sich daher zur Entwicklung einer mehr dialektischen Philosophie gezwungen. Ein Beispiel ist Niels Bohr (zur Diskussion der Methode Bohr's vgl. meinen Aufsatz "On a Recent Critique of Complementarity", *Philosophy of Science* 1968/69 — in zwei Teilen)*). Niels Bohr hat auch gezeigt, wie gewisse Theorien ihre Existenz und ihren Erfolg der Verletzung abstrakter philosophischer Prinzipien (Prinzipien der Logik eingeschlossen) verdanken und warum das Beharren auf diesen Prinzipien die Forschung zum Stillstand gebracht hätte. Die Existenz *solcher* Theorien kann direkt zur Kritik der hindernden Prinzipien verwendet werden. Anders ausgedrückt: die Tatsache, daß die Physik realistisch ist, ist noch kein Argument für den Realismus. Der Nachweis, daß ein konkreter Teil der Physik ohne den Realismus viel schlechter ausgefallen wäre — *das* ist ein Argument, *vorausgesetzt* man hat die Physik und nicht die Metaphysik als ein Mittel zur Erkenntnis unserer Welt gewählt.

Schließlich sei der Leser auf den *rhetorischen* Charakter der meisten Argumente in diesem Abschnitt aufmerksam gemacht. Der Positivismus wird abgelehnt, weil er zu Subjektivismus, Stabilität, Einschränkung der argumentativen Funktion der Sprache, Zusammenfallen von Wahrnehmung und Gegenstand führt. Das heißt, es wird *angenommen*, nicht *untersucht*, was es mit dem Subjektivismus, der Stabilität und so weiter auf sich hat. Subjektivismus und Stabilität sind schlecht, Objektivismus und Fortschritt gut. Warum? Wir erhalten keine Antwort. Wir erhalten nicht einmal eine Kritik jener wissenschaftlichen Ideen, die die Beschränkungen des philosophischen Realismus und des philosophischen Strebens nach 'Objektivität' deutlich zeigen. Das Argument bleibt also an einer höchst interessanten Stelle stehen und appelliert hier an die Vorurteile des Lesers. Fast alle wissenschaftstheoretischen Argumente und insbesondere die Argumente von kritischen Rationalisten haben diese Eigenschaft. Das ist auch der Grund, warum sie uns nicht genügen können.

---

*) Der Aufsatz wird in Band 2 publiziert und besprochen werden

Kapitel 2

Zur Interpretation wissenschaftlicher Theorien

1. Nach dem *Positivismus* ist die Interpretation wissenschaftlicher Theorien eine Funktion der Erfahrung oder einer Beobachtungssprache. Über die Art dieses Zusammenhangs gibt es verschiedene Ansichten; entsprechend können wir viele Varianten des Positivismus unterscheiden: (*a*) die theoretischen Begriffe sind mit Hilfe von Beobachtungsbegriffen explizit definierbar; (*b*) die theoretischen Begriffe sind auf Beobachtungsbegriffe extensional reduzierbar; (*c*) die theoretischen Begriffe sind auf Beobachtungsbegriffe intensional reduzierbar; (*d*) die theoretischen Begriffe sind implizit definierbar mit Hilfe von Interpretationssystemen, in denen Wahrscheinlichkeitsaussagen (1) nicht vorkommen, (2) vorkommen; und so weiter. In dieser kurzen Notiz werde ich zwei Einwände diskutieren, die man gegen alle diese Varianten erheben kann. In der Tat scheint, daß die dadurch aufgezeigten Schwierigkeiten des Positivismus nicht durch Erfindung irgendeines neuen sinnreichen Zusammenhangs zwischen den theoretischen und den Beobachtungsbegriffen behoben werden können, sondern nur durch die völlige Aufgabe des Gedankens, daß der Sinn theoretischer Begriffe von einer solchen Verbindung abhängen soll.

2. Mein *erster Einwand* gegen den Positivismus ist, daß nach ihm Aussagen, die kausal unabhängige Situationen beschreiben, trotzdem semantisch abhängig sein können. Um diesen Einwand zu verstehen, betrachten wir den Versuch, Aussagen über materielle Gegenstände mittels der Empfindungen bestimmter Beobachter zu explizieren. Man weiß, daß solche Empfindungen sowohl von dem betrachteten Gegenstand als auch vom physiologischen Zustand des Beobachters abhängen. Dieser Zustand kann von Faktoren wie Drogen, Hypnose usw. beeinflußt werden, die unabhängig vom beobachteten Gegenstand wirken. Jeder Versuch, die Eigenschaften materieller Gegenstände auf der Grundlage der Erfahrung zu erklären, muß solche Einflüsse berücksichtigen. Eine Explikation wird daher folgende Form haben:

$$F(M; S; O), \tag{1}$$

dabei ist F eine komplizierte logische Konstante, die nicht extensional zu sein braucht; M eine (generelle oder partikuläre) Situation, die materielle Gegenstände betrifft; O eine (generelle oder partikuläre) Beobachtungssituation; S die „vermittelnde Situation", d.h. die Beobachtungsbedingungen. Diese können z.B. sein: die Intensität der Beleuchtung des beobachteten Gegenstandes; die Abwesenheit von Hindernissen zwischen dem Gegenstand und dem Beobachter zur Zeit der Beobachtung; die Eigenschaften der Netzhaut und des Gehirns des Beobachters, und viele andere Situationen, die von dem beobachteten Gegenstand zwar *kausal unabhängig* sind (wenn man das Licht ausschaltet, dann wird der Gegenstand zwar unsichtbar, aber er ändert sich nicht), aber mit zu seiner beobachtbaren Wirkung beitragen. Diejenigen Begriffe in S, die weder Beobachtungsbegriffe sind noch zu M gehören, nenne ich *Vermittlungsbegriffe*. In unserem Beispiel sind dies „Licht", „dazwischenliegendes Hindernis", „Netzhaut", „Gehirn" und andere. Nehmen wir nun das für den Positivismus charakteristische Prinzip an, daß die deskriptiven Begriffe von M „eine indirekte und unvollständige Interpretation dadurch erfahren, daß einige von ihnen ... mit Beobachtungsbegriffen verknüpft sind"[1], dann müssen wir annehmen, daß ihre Interpretation durch (1) implizit definiert wird und damit *von allen Bestandteilen von „S" abhängt,* obwohl wir andererseits wissen, daß die Situation M nur von einem Teil der Situation S kausal abhängt, ja vielleicht von S völlig unabhängig ist.

Als zweites Beispiel betrachten wir den Versuch, die theoretischen Begriffe der Himmelsmechanik mit Hilfe von Beobachtungsbegriffen zu erklären, die sich auf helle Punkte beziehen, die entweder im Fernrohr oder auf einer fotografischen Platte erscheinen. In diesem Fall besteht die vermittelnde Situation aus den optischen Eigenschaften der Planeten, den Eigenschaften des von ihnen reflektierten Lichts, den Eigenschaften der Erdatmosphäre, den Eigenschaften des Fernrohrs usw. Wieder hängt die Interpretation der Sätze mit den zu deutenden Begriffen von der Interpretation anderer Sätze ab, die auf Sachverhalte verweisen, welche in keiner kausalen Beziehung zu den in den ersten Sätzen erwähnten Sachverhalten stehen. Beispielsweise hängt die Interpretation (der „Sinn") von „Masse der Sonne" zum Teil von der Interpretation von „Brechungsindex der Erdatmosphäre" ab.

Ich diskutiere jetzt drei Methoden, mit deren Hilfe man versuchen könnte, diese merkwürdige Abhängigkeit zu beseitigen. Die erste Methode besteht darin, daß man bestreitet, daß Situationen, die nur mit theoretischen Begriffen beschrieben werden, existieren, wirken, oder Bestandteile anderer, nicht so beschriebener Situationen sind. Dieser Schritt ist für einen Philosophen, der die Physik verstehen will, kaum zulässig, denn er übersieht die Existenz-Implikationen wissenschaftlicher Theorien[2]. Die zweite Methode versucht, die Vermittlungsbegriffe aus den Korrespondenzregeln zu eliminieren, die die theoretischen mit den Beobachtungsbegriffen verbinden. Es ist klar, daß eine einfache Weglassung nicht möglich ist; denn eine notwendige Adäquatheitsbedingung für jede logische Rekonstruktion der Wissenschaft ist, daß sie wahre Sätze in wahre Sätze überführt, und man kann leicht zeigen, daß die Elimination der Vermittlungsbegriffe im allgemeinen zu empirisch falschen Aussagen führt („In x befindet sich zur Zeit t ein Tisch = jeder, der zur Zeit t das Gebiet x untersucht, nimmt einen Tisch wahr" ist empirisch falsch; in einem dunklen Zimmer sieht niemand einen Tisch). Auch der Versuch, die Vermittlungsbegriffe durch Beobachtungs-

---

[1] R. Carnap, The Methodological Character of Theoretical Concepts, in: Minnesota Studies in the Philosophy of Science, Bd. 1, 47.

[2] Vgl. H. Feigl, Existential Hypotheses, Philosophy of Science 17.

aussagen zu beschreiben, führt nicht zum Ziel, denn dann kämen weitere Vermittlungsbegriffe ins Spiel, und das Verfahren nähme kein Ende. Die dritte Methode, die freilich noch keine bestimmte Gestalt angenommen hat, müßte darin bestehen, semantische Regeln aufzustellen, die die Interpretation der theoretischen Begriffe allein von der Interpretation der Beobachtungsbegriffe abhängig macht, obwohl die Zuordnungsregeln auch die Vermittlungsbegriffe enthalten. Man kann sich nur schwer vorstellen, wie ein solches Verfahren zu Unterschieden in der Interpretation theoretischer Begriffe führen kann, ohne den Grundsatz aufzugeben, daß sie keinen unabhängigen Sinn haben: man kann doch sicher annehmen, daß Ax in „Wenn ein Farbenblinder x betrachtet und Grau sieht, dann Ax" und in „Wenn ein Normalsichtiger x betrachtet und Grau sieht, dann Ax" einen verschiedenen Sinn hat; und doch erlaubt uns die in Rede stehende Methode nicht, den Unterschied auf Unterschiede der verwendeten Beobachtungsbegriffe zurückzuführen. Ebenso schwer kann man sich vorstellen, daß eine Änderung der logischen Konstanten F in (1) das Kunststück fertigbringen könnte. Eine solche Änderung kann zwar die *Art* der Abhängigkeit zwischen S und M beeinflussen, aber sie kann (siehe die soeben gelieferte Diskussion der dritten Methode) diese Abhängigkeit nicht *beseitigen*.

3. Mein *zweiter Einwand* hängt eng mit dem ersten zusammen: sind zwei kausal unabhängige Situationen S' und S'' gegeben, so kann eine Änderung unserer Theorien über S', die diese kausale Unabhängigkeit unberührt läßt, doch eine Änderung der Interpretation von S'' zur Folge haben. Ich erläutere diesen zweiten Einwand mit einem Beispiel, in dem der Kalkül T den Sachverhalt T' darstellt und durch ein System J interpretiert wird.

Beispiel: T sei eine Formalisierung der Himmelsmechanik T'. Die deskriptiven Begriffe dieser Formalisierung sind Funktoren wie „Masse", „Kraft", „Beschleunigung", „heliozentrische Koordinate", deren Argumente Massenpunkte sind. Die Beobachtungsbegriffe seien ebenfalls Funktoren wie „Deklination", „Rektaszension"; ihre Argumente sind Lichtpunkte am Himmel. Das Interpretationssystem ist ziemlich kompliziert; es muß Lichtbrechung, Aberration u.a. berücksichtigen. Nun ist das Verhalten der Planeten, insbesondere die Eigenschaften der Kräfte zwischen ihnen, sicher von den thermischen und optischen Eigenschaften der Erdatmosphäre kausal unabhängig. Doch wenn der „Sinn" der theoretischen Begriffe einzig von ihrer Verknüpfung mit der Beobachtung abhängen soll (siehe das Carnap-Zitat in Anm. 1), dann führt jede Änderung unserer Annahmen über die Eigenschaften der letzteren zu einer Änderung des Interpretationssystems und damit der Interpretation der theoretischen Begriffe von T.

Ich fasse zusammen. Der erste Einwand sagt, daß im Positivismus Aussagen, die kausal unabhängige Situationen beschreiben, semantisch abhängig sind. Der zweite Einwand sagt, daß eine Änderung unseres *Wissens* über eine Situation S', die kausal unabhängig ist von einer Situation S'', zu einer Änderung der Interpretation der Begriffe von S'' führt. Beide Einwände beruhen auf dem „*Prinzip der semantischen Unabhängigkeit*": die Interpretation einer Aussage, die eine Situation beschreibt, die von einer anderen Situation kausal unabhängig ist, sollte nicht von der Interpretation von Aussagen abhängen, die diese zweite Situation beschreiben.

4. Diese Einwände können nicht durch den Hinweis beseitigt werden, die logische Konstante F in (1) könne so gewählt werden, daß die theoretischen Begriffe nie vollständig interpretiert sind. Denn ich kritisiere ja nicht, daß die positivistische Methode der Interpretation bei einem gegebenen Interpretationssystem keinen Raum für eine *weitere* Festlegung des Sinnes läßt, sondern daß *jede* Festlegung — und sei sie noch so unvollständig und „offen" — die auf Formel (1) beruht, das Prinzip der semantischen Unabhängigkeit verletzt und daher als inadäquat angesehen werden muß.

Ein anderer Versuch, unseren beiden Einwänden zu entgehen, zieht probabilistische Zuordnungsregeln heran. Dieses von A. Pap vorgeschlagene Vorgehen beruht auf der Einsicht, daß „liberalere" Vorstellungen von der Verknüpfung zwischen dem Sinn der theoretischen und der Beobachtungsbegriffe nötig sind. Pap scheint meiner Kritik zuzustimmen[3], soweit F nicht probabilistisch ist, aber er scheint zu glauben, daß ein probabilistisches F die Schwierigkeiten beheben kann. Ich werde Paps Vorschlag in zwei Schritten kritisieren. Zuerst betrachte ich seine Behauptung, daß verschiedene probabilistische Interpretationssysteme einander nicht zu widersprechen brauchen (während sich verschiedene nichtprobabilistische Interpretationssysteme für dieselbe Theorie oft widersprechen). Diesen Punkt werde ich kaum bestreiten, aber ich sehe nicht, wie er die von mir aufgezeigten Schwierigkeiten überwinden kann. Denn ich habe der positivistischen Sinntheorie nicht vorgeworfen, daß zwei *unverträgliche* Interpretationssysteme zu unterschiedlichem Sinn der theoretischen Begriffe führen, sondern daß das schon bei *irgend zwei verschiedenen* Interpretationssystemen der Fall ist, obwohl der Unterschied Verhältnisse betreffen kann, die von der theoretischen Situation kausal unabhängig sind. Es genügt mir also, wenn $P(T|A) \neq P(T|A \& B)$, wobei der zweite Ausdruck bedeutet, daß T von B abhängt, während das nach dem ersten nicht der Fall ist.

Dieses Beispiel führt sofort zu dem entscheidenden zweiten Einwand gegen die probabilistische Festlegung des Sinnes. Denn nehmen wir an, daß T ein nur mit Hilfe theoretischer Begriffe beschriebener Sachverhalt ist, O eine Beobachtungssituation, M die vermittelnde Situation. Sind nun, wie es oft der Fall ist, T und M kausal unabhängig, so gilt $P(T|M \& O) = P(T|O)$, d.h. *obwohl die vermittelnden Situationen als Beobachtungsbedingungen gebraucht werden* (vgl. die Einwände gegen die zweite Methode in Abschnitt 2), *können sie aus jeder Wahrscheinlichkeitsaussage über den Zusammenhang zwischen den theoretischen und den Beobachtungsbegriffen eliminiert werden. Das zeigt ganz eindeutig: ein probabilistisches F ist nicht nur als Sinnregel unbrauchbar, sondern auch als Angabe, welche Prüfungen relevant sind und welche nicht. Damit ist der probabilistische Rettungsversuch erledigt.

5. Es ist lehrreich, die Wurzel der Schwierigkeiten des Positivismus aufzusuchen, die in unseren beiden Einwänden dargelegt worden sind. Nach der physikalischen Theorie ist jeder beobachtbare Sachverhalt, d.h. jeder Sachverhalt, der

---

[3] Persönliche Mitteilung.

genügend Wirkung hat, um von Menschen bemerkt zu werden, das Ergebnis
einer Überlagerung vieler Einflüsse. Nach positivistischer Vorstellung muß jeder
dieser Einflüsse mittels theoretischer Begriffe beschrieben werden. Kurz und
grob können wir also sagen: für die *Physik* sind Beobachtungssituationen das
Ergebnis der Überlagerung vieler theoretischer Entitäten, die zum Teil voneinander unabhängig sind; sie sind eine komplizierte und verwickelte Sache. Der
Positivismus stellt die Dinge auf den Kopf[4]. Für ihn sind Beobachtungssituationen
unanalysierbare Elemente, mit deren Hilfe Theorien zu verstehen sind. Halten wir
uns nun vor Augen, daß die theoretischen Entitäten einer gegebenen Theorie zu
jeder Beobachtungssituation *nur sehr wenig beitragen,* dann wird sofort klar, daß
der Versuch, sie *ausschließlich* auf Grund der Beobachtungen zu erklären, absurd
ist[5]. Der Versuch ist absurd, weil er das Komplizierte für das Einfache hält, und
weil er einen Sachverhalt (der eine theoretische Größe betrifft) mit Hilfe von
anderen Sachverhalten erklären will, zu denen jener oft nur sehr wenig beiträgt.
Am Rande sei bemerkt, daß es diese Absurdität im Rahmen der aristotelischen
Physik nicht gibt; die Aristoteliker bauten ja die „theoretische Welt" aus beobachtbaren Formen auf. Man kann aber unmöglich zugleich an die moderne Physik *und* an die oben dargelegte Deutung ihrer Begriffe glauben.

   6. Nach der Kritik der positivistischen Theorie der Interpretation physikalischer Begriffe gehen wir nun zu positiven Vorschlägen über. Das Ergebnis unserer
Kritik war, daß die Interpretation wissenschaftlicher Begriffe von ihrem Auftreten
in Aussagen der Form (1) unabhängig sein muß, und das bedeutet, sie muß unabhängig sein von ihrer Verknüpfung mit der Erfahrung. Nun ist eine Theorie nur so
weit prüfbar, wie sie *mittels* gerade dieser Aussagen mit der Erfahrung verknüpft
ist; also muß die Interpretation einer sinnvollen Theorie über ihren „empirischen
Gehalt" hinausgehen: *die Interpretation jeder physikalischen Theorie enthält metaphysische Elemente,* wobei der Ausdruck „metaphysisch" hier im Sinne von
„nichtempirisch" verwendet wird. Wenn diese Aussage ungewohnt klingt, dann
zum teil wegen des neuen, „technischen" Sinnes, den die Positivisten dem Wort
„metaphysisch" gegeben haben. Im nächsten Abschnitt werden wir zeigen, daß
das Ergebnis, das wir hier auf der Grundlage des Prinzips der semantischen Unabhängigkeit gewonnen haben, seinen natürlichen Ort innerhalb des *Realismus* hat.

   7. Der *Realismus* behauptet, daß es Sachverhalte gibt, die vom Zustand des
Beobachters, der Meßinstrumente usw. kausal unabhängig sind, die aber diese
Instrumente und diese Beobachter beeinflussen können. Der Realismus gibt auch
zu, daß die Einflüsse des beobachteten Sachverhalts nicht die einzigen Einflüsse
sind, die den Beobachter erreichen, sondern daß sie mit vielen, teils bekannten,

---

[4] Das wurde von Prof. H. Feigl in Existential Hypotheses gezeigt; sein Standpunkt ist dem
     hier vertretenen in vieler Hinsicht ähnlich, wenn auch vielleicht nicht ganz so radikal.

[5] „Der mathematische Wissenschaftler, der die theoretisch bewiesenen Effekte in der Reali-
     tät sehen möchte, muß die materiellen Behinderungen abziehen, und wenn ihm das ge-
     lingt, dann versichere ich Ihnen, daß alles genau so stimmt wie eine arithmetische Rech-
     nung." Galileo Galilei, Dialogue Concerning two New Sciences, New York, MacMillan
     1914, 52.

teils unbekannten Einflüssen in Wechselwirkung treten. Nach der realistischen Auffassung zielt eine wissenschaftliche Theorie auf eine Beschreibung von Sachverhalten oder von Eigenschaften physikalischer Systeme, die die Erfahrung nicht nur insofern transzendiert, als sie generell ist (während jede Beschreibung von Erfahrungen nur singulär sein kann), sondern auch insofern, als sie *von allen unabhängigen Ursachen absieht, die neben den in der Theorie berücksichtigten Situationen den Beobachter und die Meßinstrumente beeinflussen können.* Zum Beispiel beschreibt die Newtonsche Astronomie die Struktur des Planetensystems, das Verhalten der Planeten und ihre Wirkungen aufeinander, ohne die Störungen zu berücksichtigen, auf Grund derer das Licht, von der Sonne ausgehend, nach Reflexion an Planetenoberflächen, Brechung und Beugung in der Erdatmosphäre und in den Linsen des Fernrohrs die Eigenschaften der Quelle in nur mehr sehr verfälschter Weise wiedergibt. Natürlich muß jeder Versuch, die Newtonsche Astronomie zu *prüfen,* diese Verfälschungen berücksichtigen; denn die Prüfung eines Sachverhalts besteht darin, daß eine von diesem gesetzte Ursache C mit einer Wirkung in Verbindung gebracht wird, zu der auch andere Ursachen beigetragen haben; und sie setzt voraus, daß alle diese Ursachen auch bekannt sind. Aber das bedeutet natürlich nicht, daß der „Sinn" der Aussage, daß C vorliegt, vom Sinn der Aussagen abhinge, die jene anderen Ursachen beschreiben. *Die Interpretation einer wissenschaftlichen Theorie hängt nur von dem Sachverhalt ab, den sie beschreibt*[6]. Das folgt unmittelbar aus dem Prinzip der semantischen Unabhängigkeit.

Dieses Ergebnis hat Konsequenzen für die Interpretation der Metaphysik. Eine metaphysische Theorie enthält keinen Hinweis darauf, wie man sie prüfen soll, eine wissenschaftliche Theorie enthält derartige Hinweise, aber dadurch wird nicht ihr *ganzer* Gehalt prüfbar. Angesichts des oben Ausgeführten kann man nicht mehr „metaphysischen Sinn" (oder „Unsinn") von „wissenschaftlichem Sinn" auf Grund der Prüfbarkeit unterscheiden (wenn auch die Prüfbarkeit natürlich als brauchbares Kriterium für die Unterscheidung wissenschaftlicher *Theorien* von metaphysischen *Theorien* angesehen werden kann). Denn es kann vorkommen, daß eine wissenschaftliche Theorie und eine metaphysische Theorie genau denselben Sachverhalt beschreiben, die eine auf prüfbare Weise, die andere auf unprüfbare Weise (in ähnlichem Sinne, wie ein Satz, der in einer Theorie entscheidbar und in einer anderen unentscheidbar ist, doch denselben Sachverhalt beschreiben kann), und also genau denselben Sinn haben. Aber die Diskussion dieser Möglichkeit würde bereits den Rahmen dieser Arbeit überschreiten, die einzig den Positivismus kritisieren wollte.

---

[6] Vgl. auch Feigl, aaO.

Kapitel 3

Das Problem der Existenz theoretischer Entitäten

1 Das Problem

2 Ableitung eines scheinbaren Paradoxons

3 Sinnesdaten

4 Die Stabilitätsthese; Lösung des Problems

1   Das Problem

Man sagt, daß Tische und Stühle direkt beobachtbar sind, Atome, elektrische Felder, Photonen aber nicht. Was dabei gemeint ist, ist etwa das folgende: im Falle von Tischen und Stühlen wird schnell und ohne weitere Überlegung von der Wahrnehmung auf das Ding und seine Eigenschaften übergegangen; der naive Realismus ist hier eine psychologische Wirklichkeit. Im Falle von Atomen, elektrischen Feldern und dergleichen ist aber ein solcher direkter Übergang nicht möglich. Während ein Blick genügt, um festzustellen, ob der Tisch in meinem Büro braun ist, bedarf es komplizierter Meßgeräte sowie der Verwertung der Ablesungen an diesen Geräten auf Grund von physikalischen Theorien, wenn man feststellen will, ob es da auch elektrische Felder gibt, wie stark sie sind und welche Eigenschaften sie besitzen. Diese Situation legt die folgende *erste Erklärung* des Unterschiedes zwischen Beobachtungsbegriffen und theoretischen Begriffen nahe: ein Begriff ist ein Beobachtungsbegriff, wenn man über den Wahrheitswert eines singulären Satzes, der entweder nur diesen Begriff oder der ihn zusammen mit anderen Beobachtungsbegriffen enthält, schnell und auf Grund von Wahrnehmungen allein zu einer Entscheidung kommen kann, oder wenn man sich doch vorstellen kann, daß eines Tages eine Entscheidung dieser Art möglich sein wird (die Rückseite des Mondes war beobachtbar in diesem Sinne selbst *vor* der Publikation des ersten Bildes). Ein Begriff ist ein theoretischer Begriff, wenn zur Entscheidung des Wahrheitswertes eines singulären Satzes, der ihn enthält, außer Beobachtungen auch noch Theorien notwendig sind. Kurz und ungenau: ein Beobachtungssatz wird akzeptiert (oder verworfen) durch bloßes Hinschauen (Hinhören usw.); ein theoretischer Satz wird akzeptiert oder verworfen durch Hinschauen *und* Denken (Rechnen).

Das Problem der Existenz theoretischer Entitäten kann nun so formuliert werden: gibt es Dinge, die den theoretischen Begriffen entsprechen (z.B.: gibt es außer Tischen und Stühlen auch noch elektrische Felder); oder dürfen theoretische Begriffe nicht als Begriffe aufgefaßt werden, die sich auf existierende Gegenstände beziehen? Wohlgemerkt, dieses Problem wird formuliert unter der

Annahme, daß die Theorie, die die fraglichen Begriffe enthält, *wahr* ist. Es ist daher kein Problem, das durch wissenschaftliche Untersuchungen (Beobachtungen, Aufstellung weiterer Theorien) gelöst werden kann. Wir nehmen ja an, daß die wissenschaftliche Untersuchung bereits das denkbar günstigste Resultat erreicht hat, nämlich die Wahrheit der betrachteten Theorie.

Diese letzte Bemerkung schließt sofort die folgenden beiden Versuche zur Lösung des Problems als unzureichend aus. Erster Versuch: über die Existenz theoretischer Entitäten entscheidet die Beobachtung zusammen mit gewissen Theorien, also, im Falle der Elektrodynamik, die Beobachtung zusammen mit Maxwells Gleichungen. Es ist sehr einfach zu sehen, daß diese Antwort bloß im Kreise führt: die Anwendung der Maxwellschen Gleichungen auf einen konkreten Fall kann nur dann zur Aussage führen, daß in diesem konkreten Fall ein elektrodynamisches Feld vorgefunden wurde, wenn das Problem der theoretischen Entitäten bereits im positiven Sinne gelöst worden ist, das heißt, wenn es uns bereits erlaubt ist, die fundamentalen Zeichen der verwendeten Gleichungen realistisch zu interpretieren. – Zweiter Versuch: über die Existenz theoretischer Entitäten einer bestimmten Theorie entscheidet die Beziehung dieser Theorie zu einer anderen und mehr allgemeinen Theorie. Nehmen wir als Beispiel eine einfache Theorie, die den freien Fall durch Kraftfelder an der Erdoberfläche erklärt. Wenn diese Theorie keine weiteren Folgen besitzt als Aussagen über die Schwerebeschleunigung an der Erdoberfläche, dann wird es sehr zweifelhaft erscheinen, ob hier die Existenz neuer Dinge behauptet wird. Was vorzuliegen scheint, ist einfach eine Duplizität von Beschreibungen über *eine und dieselbe Sache,* nämlich über frei fallende Gegenstände. Die Gravitationstheorie ändert diese Situation vollständig. Diese Theorie erklärt den freien Fall, zeigt, daß die Gesetze des freien Falles streng genommen falsch sind, und erklärt außerdem noch viele andere Dinge. Man kann nun scheinbar sagen, daß die erste bescheidene Theorie eine Vorahnung war der Gravitationstheorie und daß daher *auch in ihr* der Ausdruck ‚Kraft' realistisch interpretiert werden muß. Allein, das setzt wieder voraus, daß der Ausdruck ‚Kraft' auch in Newtons Theorie schon realistisch interpretiert worden ist, und es ist gerade diese Frage, die wir im Problem der Existenz theoretischer Entitäten lösen wollen.

Es folgt also, daß weder die Diskussion besonderer Theorien noch die Diskussion von Messungen zusammen mit Theorien zu einer Lösung unseres Problems führen kann. Was das Problem lösen oder zumindest klären kann, ist eine Diskussion der Natur theoretischen Wissens oder, um eine weniger aristotelische Ausdrucksweise zu verwenden, was das Problem lösen kann, ist eine Diskussion der wissenschaftlichen Methodologie.

Eine solche Diskussion, und damit das Problem der theoretischen Entitäten selbst, hat einen Sinn nur dann, wenn die folgenden zwei Annahmen erfüllt sind. Die erste Annahme besagt, daß die Existenz beobachtbarer Gegenstände kein Problem ist und daß die Existenz theoretischer Entitäten nur darum in Frage steht, weil man sie nicht beobachten kann. Es ist diese erste Annahme, die das Problem der Existenz theoretischer Entitäten vom Existenzproblem überhaupt unterscheidet und seine Lösung wesentlich vereinfacht. Die zweite Annahme besagt, daß es theoretische Entitäten gibt und daß nicht alles beobachtbar ist. Wir beginnen mit der Diskussion dieser zweiten Annahme. Zur ersten Annahme kehren wir an einer späteren Stelle des Aufsatzes zurück.

2   Ableitung eines scheinbaren Paradoxons

Wir beginnen also mit der Diskussion der zweiten Annahme: ist es tatsächlich der Fall, daß es theoretische Entitäten im Sinne der ersten Erklärung gibt? Oder, um konkrete Beispiele heranzuziehen – ist es tatsächlich der Fall, daß sich Elementarteilchen, Felder und dergleichen nicht direkt beobachten lassen und daß sie darüber hinaus der Beobachtung niemals zugänglich sein werden? Wir *fühlen* ja, um das Beispiel des Gravitationsfeldes heranzuziehen, die Last des Koffers in unserer Hand, und wir bemerken die Gravitation (die Gradienten einiger $g\mu\nu$) sehr deutlich, wenn wir einen steilen Berg hinansteigen. Wir müssen auch beachten, daß ein Elektriker sehr schnell und ‚durch Beobachtung‘ (d.h. ohne an irgendeine Theorie zu denken) die elektrische Spannung einer Steckdose oder einer Batterie ermitteln kann: er verwendet sein Voltmeter oder, noch besser, seine angefeuchteten Finger oder (für kleine Spannungen) seine Zunge. Er beobachtet direkt und macht keine Schlüsse (z.B. er schließt nicht: ‚der Zeiger hat die und die Position; also hat die Feder, die ihn in der Ausgangslage festhält, die und die Spannung; also usf.‘). In dem Sinn, in dem wir das Prädikat ‚beobachtbar‘ weiter oben eingeführt haben (erste Erklärung), ist also ‚elektrische Spannung‘ für ihn ein Beobachtungsbegriff. Und wenn wir uns weiterhin die sehr instruktiven Nebelkammerphotographien angesehen, z.B. die erste Photographie des Positrons, oder Leightons Photographie vom Zerfall des μ-Mesons, können da noch Zweifel bestehen, daß wir hier eine direkte Methode der Beobachtung von Elementarteilchen besitzen? Nun ist es durchaus zuzugeben, daß nicht *jeder* wissenschaftliche Satz in der erwähnten Weise durch Beobachtung entscheidbar ist. Ein Beispiel, in dem direkte Beobachtungen noch nicht vorliegen, ist die Innentemperatur eines Sternes oder das Gewicht eines neuentdeckten Asteroiden. In einem solchen Fall wird zuerst beobachtet, dann kalkuliert, bis schließlich nach etwas langer Zeit das gewünschte Ergebnis zutage tritt. Aber wenn man in Betracht zieht, wie viele Dinge, deren Eigenschaften zunächst auf schwierige Weise erschlossen werden mußten, am Ende der direkten Beobachtung zugänglich werden konnten (man denke wieder an die Rückseite des Mondes oder an den Abstand der Molekülzentren in einem Kristall), dann wird man diesem Umstande keine allzu große Bedeutung beilegen. Ganz im Gegenteil, wir können zeigen, daß ein Befolgen der Grundsätze wissenschaftlicher Methodologie am Ende dazu führen muß, daß alle von einer Theorie behaupteten Sachverhalte direkt beobachtbar werden. Die empirische Methode fordert ja, daß jede Aussage einer physikalischen Theorie der Überprüfung durch die Erfahrung zugänglich gemacht werde. Sie fordert die Konstruktion zuverlässiger und entscheidender Prüfverfahren. Nehmen wir nun an, daß wir in Befolgung dieser Forderung eine Testmethode gefunden haben, die zu einer sehr strengen Prüfung und daher, im Falle eines positiven Ergebnisses, zu einem sehr sicheren Kriterium führt für das Bestehen eines Sachverhaltes *S*. Sobald diese Methode allgemein anerkannt und standardisiert worden ist, in diesem Augenblick ist es nur mehr eine Frage der Zeit, wann keine bewußte Trennung mehr gezogen werden wird zwischen dem Vorliegen des Kriteriums und dem Vorliegen von *S* selbst. Das Vorliegen des Kriteriums wird dann nicht mehr für sich in Betracht gezogen, sondern man sagt sogleich und ohne weiteres Nachdenken, daß *S* selbst vorliegt: *S ist direkt beobachtbar geworden.*

Das im letzten Absatz entwickelte Argument kann so zusammengefaßt werden: viele der als theoretisch bezeichneten Entitäten sind in Wirklichkeit beobachtbar. Und jene, die noch nicht beobachtbar sind, können der Beobachtung zugänglich gemacht werden. Wenn wir also von dem historischen Zufall absehen, daß gewisse Beobachtungsmethoden noch nicht in Verwendung sind, so müssen wir den Schluß ziehen, daß *alle deskriptiven Begriffe der Wissenschaft (oder, allgemeiner, alle empirischen Begriffe) Beobachtungsbegriffe sind.* Das widerlegt die zweite der zu Ende des vorhergehenden Abschnittes formulierte Annahme, und damit löst sich das Problem der theoretischen Entitäten in der Form, in der wir es in jenem Abschnitt entwickelt haben, in nichts auf. Das wirkliche Problem ist nun nicht mehr die Frage, ob und warum wir theoretische Begriffe (im Gegensatz zu Beobachtungsbegriffen) realistisch interpretieren sollen. Das Problem ist, ob und warum wir überhaupt einen deskriptiven Begriff realistisch interpretieren sollen.

Von der Lösung *dieses* Problems sind wir aber vorläufig noch weit entfernt. Denn, wie jeder Kenner der Lage weiß, gibt es eine ganze Menge von Einwänden gegen das Resultat, das wir eben abgeleitet haben. Wir müssen also, bevor wir weitergehen, die Luft klären, indem wir diese Einwände der Reihe nach durchbesprechen.

Wir haben gesagt, daß das Gefühl der Last, die wir verspüren, wenn wir einen Koffer aufheben, als eine Beobachtung des Schwerefeldes am Ort dieses einfachen ‚Experiments‘ aufgefaßt werden kann. Ein sehr einfacher und naiver Einwand gegen diese Behauptung, der aber von gewissen Philosophen erhoben wird, ist der folgende: das Aufheben eines Koffers ist keinesfalls eine Beobachtung des Schwerefeldes. Es ist, wenn überhaupt, eine Beobachtung des Gewichts des Koffers, obgleich sogar in diesem Fall — und auch diese Bemerkung gilt manchmal als ein ernster Einwand — das Wort ‚Beobachtung‘ oder ‚Experiment‘ etwas künstlich klingt. Sehen wir von dem Seitenhieb auf die Künstlichkeit des verwendeten Sprachgebrauches ab! Dieser zeigt ja nur, daß Probleme der Beobachtung im Alltag nicht systematisch behandelt werden, was eine Kritik der Alltagssprache ist, nicht aber eine Kritik der von uns verwendeten Terminologie. Wir werden dann sagen müssen, daß selbst im Alltag das Aufheben eines Koffers nicht nur dazu dient, das Gewicht dieses Koffers zu überprüfen. Wir können z.B. nach langer Krankheit einen Koffer von bekanntem Gewicht aufheben als Prüfung unserer Stärke und *nicht* als Prüfung des Gewichts des Koffers (das in diesem Fall als bekannt vorausgesetzt wird). Oder wir heben den Koffer eines uns nicht freundlich gesinnten Mitmenschen auf und wir überprüfen damit seine Geduld oder unsere eigene Nervenstärke. Man kann diese Beispiele ins Unendliche vermehren. Was sie zeigen ist, daß der Gegenstand der Beobachtung von dem *Problem* abhängt, das vorliegt, und daß dieser Gegenstand nicht schon mit dem einfachen Akt der Beobachtung gegeben ist. Das Problem der Intensität des Schwerefeldes an einer bestimmten Stelle der Erdoberfläche ist in der Alltagssprache nicht formuliert — was man nicht weiß, darüber redet man nicht. Aber sobald dieses Problem formuliert ist, in diesem Augenblick besteht die Möglichkeit, eine ganz alltägliche Handlung, wie etwa das Aufheben eines Koffers von bekanntem Inhalt (d.h. von bekannter Masse) zu seiner Lösung ‚durch Beobachtung' zu mobilisieren. Wir *können* also das Aufheben eines Koffers als Beobachtung der Intensität des Schwerefeldes am Orte dieser Handlung auffassen und das plötzliche Leichterwerden des Koffers als die Beobachtung einer plötzlichen Abnahme dieser Intensität. (Ein Beispiel, das mehr realistisch ist, ist die direkte Beobachtung eines Novaausbruches durch Beobachten des plötzlichen Hellerwerdens eines Lichtpunktes am Himmel.) Das erledigt den ersten Einwand.

Wir wenden uns nun dem zweiten Einwand zu. In diesem zweiten Einwand wird zugegeben, daß das Gefühl der Schwere, das wir empfinden, wenn wir einen Koffer aufheben, eine Rolle spielen mag, wenn wir einen Schluß auf die Intensität des Schwerefeldes ziehen wollen. Es wird aber eingewendet, daß hier keinesfalls eine *direkte* Beobachtung vorliegt, denn wir *schließen* von der Anwesenheit des Gefühls auf das Feld mit Hilfe einer physiophysikalischen Theorie, während im Falle der Beobachtung eines Tisches keine solche bewußte Trennung vorliegt zwischen dem Akt der Beobachtung auf der einen Seite und dem postulierten Gegenstand, d.h. dem Tisch, auf der anderen: wir sehen einfach einen Tisch, nicht aber eine Situation, die dann auf Grund theoretischer Überlegungen als (positiver oder negativer) Test für die Gegenwart eines Tisches aufgefaßt werden könnte. Dieser Einwand vergleicht zwei verschiedene Stadien des Lernens: der Blinde, der eben sehend geworden ist, wird zunächst mit Schwierigkeiten aus seinen Eindrücken auf den vorliegenden Tatbestand schließen, etwa auf die Anwesenheit eines Tisches vor ihm. Längere Befassung mit Tischen und anderen Makrogegenständen reduziert mehr und mehr den Abstand zwischen der Wahrnehmung und dem Gegenstand, bis schließlich phänomenologisch kein Unterschied mehr gezogen werden kann zwischen dem, was wahrgenommen wird, und dem, was als existierend angenommen wird — wir nehmen direkt einen Tisch wahr. Es besteht nicht der geringste Grund zu der Annahme, daß im Falle eines Schwerefeldes eine solche Entwicklung nicht eintreten kann. Und hier können wir sogleich die anderen von uns verwendeten Beispiele anschließen: die Beobachtung von Elektronen in der Wilsonkammer, die direkte Beobachtung von Novaausbrüchen mit dem bloßen Auge und dergleichen mehr. Das letzte Beispiel ist besonders instruktiv: ein Astronom kann durch interferometrische Beobachtungen (Durchmesserbestimmung), Spektralaufnahmen und dergleichen mit einem bestimmten Stern, der gerade noch mit bloßem Auge sichtbar ist, sehr gut vertraut geworden sein. Eines Abends richtet er seinen Blick zum Himmel und beobachtet eine starke Zunahme der Helligkeit. ‚Ein Novaausbruch!' (direkt beobachtet!), ruft er, und eilt zum Spektroskop und Interferometer. Im Spektrum treten He-Linien prominent auf: Helium ist in die Atmosphäre ausgeschieden worden. Diese Linien besitzen einen dünnen und helleren Kern: der Stern ist ganz außen von einer Schicht sehr heißer Gase umgeben, nach der eine dichtere und kältere Schicht folgt. Die Verschiebung am Interferometer gibt den 500-fachen Durchmesser – und so weiter. Wer will sagen, daß für einen gewieften Astronomen hier nicht direkte Beobachtungen vorliegen?

An dieser Stelle wird nun der folgende entscheidende, dritte Einwand erhoben: Es ist zuzugeben, daß Astronomen, Elektriker, Physiker gewisse Dinge nicht mehr erschließen, wenn damit gemeint ist, daß im Augenblicke der Beobachtung (des Spektrums, der Nebelkammeraufnahme, des Voltmeters) *bewußt* eine lange Reihe von Gedankenoperationen durchschritten wird. Allein, so setzt der dritte Einwand fort, diese *psychologische* Tatsache ist für das Problem der Existenz theoretischer Entitäten ohne Belang. Denn, wenn man den Astronomen auffordert, seine ziemlich direkt erhaltene Aussage zu *rechtfertigen,* dann muß er all dem zum Trotz eine ganze Reihe von theoretischen Erklärungen vorbringen, wie Erklärungen über den Aufbau der verwendeten Apparate sowie über die Theorien, die es ihm erlauben, die Reaktionen dieser Apparate so zu interpretieren, wie er es tatsächlich tut. Die Wahrheit der verwendeten Theorien kann niemals endgültig garantiert werden, also ist auch die Existenz der teilweise beobachteten, teilweise erschlossenen Entitäten niemals endgültig sichergestellt. Der Begriff des elektrischen Feldes ist nun ein theoretischer Begriff, so schließt dieser Einwand ab, weil jede Aussage über Feldstärken einer solchen *Rechtfertigung* durch Theorien bedarf, deren Wahrheit nicht sichersteht, und das ganz unabhängig davon, ob diese Aussage nun sehr schnell oder mit großer Mühe gewonnen worden ist.

Dieser Einwand, der meines Erachtens der wichtigste ist, bedeutet ganz offenkundig, daß der Unterschied zwischen Beobachtungsbegriffen und theoretischen Begriffen nicht mehr im Sinne der ersten Erklärung verstanden wird. Er wird nunmehr verstanden in dem folgenden Sinn (*zweite Erklärung*): Ein Beobachtungsbegriff ist ein Begriff, der so beschaffen ist, daß ein singularer Satz, der ihn allein enthält, nicht nur ganz unmittelbar und ohne alles Nachdenken erhalten wird, sondern dieser Satz bedarf außerdem keiner weiteren *Rechtfertigung* als des Hinweises, daß eine bestimmte Beobachtung angestellt worden ist. Beobachtungssätze sind sicher und nicht hypothetisch. Sobald jedoch ein Satz einen theoretischen Begriff enthält, in diesem Augenblick müssen zu seiner Rechtfertigung außer Beobachtungen auch gewisse Angaben über Instrumente, über Theorien usf. herangezogen werden, und der Satz ist daher hypothetisch.

Nach Aufstellen dieser zweiten Erklärung wird das Problem der Existenz theoretischer Entitäten wieder auf die folgende Weise formuliert: Gibt es Dinge, die den theoretischen Begriffen entsprechen oder dürfen diese Begriffe nicht als Begriffe aufgefaßt werden, die sich auf Existierendes beziehen? Wohlgemerkt, die Formulierung des Problems ist nun von der Tatsache abhängig, daß wir der Wahrheit einer Theorie niemals sicher sein können. Es ist daher wieder ein Pro-

blem, das sich nicht durch wissenschaftliche Untersuchungen lösen läßt, sondern das zu seiner Lösung einer methodologischen Analyse bedarf. Außerdem
hat eine solche Analyse und damit das Problem der theoretischen Entitäten
in der nunmehr vorliegenden zweiten Form einen Sinn nur dann, wenn die folgenden zwei Annahmen erfüllt sind. Die erste Annahme besagt wieder, wie auch
schon im Fall der ersten Formulierung, daß die Existenz beobachtbarer Gegenstände kein Problem ist und daß die Existenz theoretischer Gegenstände nur
darum in Frage steht, weil man sie nicht beobachten kann. Die zweite Annahme besagt, daß es theoretische Entitäten gibt und daß nicht alles beobachtbar
ist. Wir gehen nun daran zu zeigen, daß die zweite Form des Problems der theoretischen Entitäten in sich zusammenfällt, weil die erste Annahme nicht erfüllt
ist, d.h., weil alle Begriffe theoretische Begriffe sind im Sinne der zweiten Erklärung.

So z.B. läßt sich leicht zeigen, daß der Begriff ‚Tisch‘ ein theoretischer
Begriff sein muß. Erstens, weil doch die Wahrnehmung des Tisches, von der
wir ausgehen, davon abhängt, daß wir gelernt haben, ein sehr kompliziertes
Instrument gut zu gebrauchen — unser Auge. Es ist zuzugeben, daß wir diese
Unterweisung sehr früh empfangen haben, aber eine Unterweisung war es doch,
wie der Fall von Blinden beweist, die erst sehr spät im Leben das Augenlicht
gewinnen. Zweitens ist die Wahrnehmung des Tisches abhängig von der Natur
des dazwischenliegenden Mediums sowie von den Gesetzen der Lichtfortpflan-
zung in diesem Medium. Drittens spielt auch der augenblickliche physiologische Zustand des Beobachters eine große Rolle — und so weiter und so weiter.
Daß diese Faktoren bei der Rechtfertigung der Aussage ‚hier ist ein Tisch‘ alle
eine Rolle spielen, das wird besonders dort deutlich, wo sie mit Absicht explizit gemacht werden — in Gerichtsverhandlungen. Das heißt aber doch, daß bei
der Ermittlung des Wahrheitswertes eines Satzes über einen bestimmten Tisch
außer der Wahrnehmung auch noch Theorien herangezogen werden müssen,
d.h. es stellt sich heraus, daß ‚Tisch‘ ein theoretischer Begriff ist. Und da dieses
Argument in bezug auf jeden Gegenstand wiederholt werden kann, so müssen
wir den Schluß ziehen, *daß alle empirischen Begriffe theoretische Begriffe sind*
(im Sinne der zweiten Erklärung).

Wir erhalten somit das Ergebnis, daß das Problem der theoretischen Entitäten in sich zusammenfällt, ob man nun die erste Erklärung oder die zweite
Erklärung anwendet. Denn im ersten Fall gibt es ja keine theoretischen Begriffe
und daher kein entsprechendes Problem. Und im zweiten Fall ist *jeder* Begriff
problematisch, weil jeder Begriff theoretisch ist. Wie man die Sache auch dreht
und wendet, es scheint nicht möglich, dem Problem der theoretischen Entitäten
einen vernünftigen Sinn abzugewinnen.

Wir müssen nun eine These einführen, die wir bisher außer acht gelassen
haben, und die die Sache in ein völlig neues Licht stellt. Diese These, die von
zahlreichen Philosophen akzeptiert wird, behauptet, daß es Begriffe gibt, die
das Kriterium der Beobachtbarkeit im zweiten Sinn genau erfüllen, und das
selbst dann, wenn das Wort ‚Rechtfertigung‘ sehr streng gefaßt wird. Diese These

spielt eine Rolle in verschiedenen philosophischen Theorien, unter denen gegenwärtig die Theorie der Sinnesdaten die wichtigste ist. Ich möchte an dieser Stelle ganz ausdrücklich hervorheben, daß ich glaube, daß das Problem der Existenz theoretischer Entitäten mit der Richtigkeit der Theorie der Sinnesdaten steht und fällt: ist diese Theorie, und vor allem die in ihr enthaltene These falsch, dann läßt sich der ganzen Fragestellung, zumindest in der zweiten Form, überhaupt kein vernünftiger Sinn abgewinnen. Es ist daher notwendig, die Richtigkeit der erwähnten These mit großer Sorgfalt zu untersuchen. Das soll im nächsten Abschnitt geschehen.

3 Sinnesdaten

Die grundlegende Annahme der Theorie der Sinnesdaten ist die folgende: Es gibt empirische Sätze, an deren Wahrheit unter gewissen Umständen ein Zweifel nicht möglich ist und die daher unter diesen Umständen als absolut wahr anzusehen sind. Die Gegenstände, auf die sich diese Sätze beziehen, sind die Sinnesdaten. Die deskriptiven Begriffe, die in ihnen vorkommen, sind (direkt) beobachtbar im Sinne der zweiten Erklärung. Beispiele sind Sätze über Schmerzen, über Gerüche, kurz, Sätze über Empfindungen sowie auch Sätze der Form ‚ich nehme wahr, daß ...‘: an der Wahrheit des Satzes ‚ich habe jetzt Schmerzen‘ ist für mich, der ich jetzt Schmerzen habe, vernünftigerweise kein Zweifel möglich. Ich besitze ja unmittelbaren Zugang zu meinen Schmerzen, und ich kann nicht einmal sagen, was ein Zweifel in diesem Fall bedeuten soll: was sonst könnte wahr sein, als daß ich jetzt Schmerzen habe?

Ich habe nicht die Absicht, die sehr plausiblen Überlegungen zu wiederholen, die in diesem Zusammenhang für die Existenz von Sinnesdaten angeführt werden. Diese Überlegungen sind jedem Studenten der Philosophie bestens bekannt. Aber sind sie fehlerlos? Das soll nun näher untersucht werden.

Meine Kritik an der Annahme von unbezweifelbaren *und daher* absolut wahren empirischen Sätzen besteht in der Hauptsache aus drei Teilen. Ich werde erstens zeigen, daß viele der angeführten Beispiele wie Schmerzen, Geruchsempfindungen und dergleichen nicht Sinnesdaten sind in dem Sinn, in dem wir diesen Begriff weiter oben eingeführt haben, d.h. ich werde zeigen, daß Sätze über Schmerzen und über andere Empfindungen sehr oft dem Zweifel unterworfen sind. Ich werde zweitens zeigen, daß selbst in jenen Fällen, in denen ein Zweifel schlechterdings nicht möglich zu sein scheint, ein Schluß auf absolute Wahrheit nicht erlaubt ist. Mein wichtigster Hinweis wird dabei darin bestehen, daß im Falle von Empfindungen die Unmöglichkeit (oder die scheinbare Unmöglichkeit) eines Zweifels zurückzuführen ist, nicht auf die Existenz absolut zwingender Wahrheitsgründe, sondern auf die Unmöglichkeit, sich Alternativen vorzustellen. Man kann natürlich diese Alternativen immer durch eine Festsetzung ausschließen und damit den Sinn einer Aussage über Empfindungen so definieren, daß sie wirklich nur das betrifft, was unmittelbar vorliegt. Eine solche Festsetzung — und das wird im dritten Teil meiner Kritik erläutert werden — führt dazu, daß die Alltagssprache und überhaupt jede Sprache, in der wir über Empfindungen sprechen, verlassen und eine künstliche Sprache eingeführt wird. Diese künstliche oder ‚ideale‘ Sprache enthält dann wirklich Sätze, die beobachtbar sind im Sinne der zweiten Erklärung. Es wird sich herausstellen, daß eine solche ‚ideale‘ Sprache nicht als Mittel zur Verständigung dienen kann und daß sie daher nicht als Beobachtungssprache für wissenschaftliche Theorien in Frage kommen kann. Streng genommen gründet sich also unsere Ablehnung von Sinnesdaten nicht auf eine Widerlegung der Absolutheitsthese, sondern auf den Entschluß, Sinnesdatensätze wegen ihrer unbequemen Eigenschaften nicht zu verwenden. Ich beginne nun meine Kritik.

Es ist zunächst nicht wahr, daß *jede* Aussage über Empfindungen den Zweifel ausschließt. Wer sich jemals einem Gefühlstest nach teilweiser Lähmung unterzogen hat, der wird wissen, wie schwer es ist, zu unterscheiden, ob eine gewisse Empfindung die Empfindung ist, von einem spitzen Gegenstand berührt worden zu sein, oder die Empfindung, von einem stumpfen Gegenstand berührt worden zu sein. Wohlgemerkt, zweifelhaft ist hier nicht nur der Schluß auf den Gegenstand, sondern auch das richtige Erkennen der Empfindung selbst. Es ist manchmal auch sehr schwer, zu entscheiden, ob die Empfindung schmerzhaft war. Man stimmt zunächst zu, zieht die Zustimmung wieder zurück und einigt sich schließlich ohne zu große Überzeugung darauf, daß die Empfindung in der Tat schmerzhaft war. Selbst die Frage, ob überhaupt etwas empfunden worden ist, ist manchmal zweifelhaft. Die Erklärung für dieses Phänomen ist sehr einfach. Eine Empfindung ist ja nichts Absolutes, sie ist immer eine Kontrasterscheinung in bezug auf einen Hintergrund anderer Empfindungen, die im allgemeinen nicht ins Bewußtsein treten und deren Analyse daher besonderer Vorbereitungen bedarf (man denke nur an die Schwierigkeiten, die mit der Isolierung und der korrekten Beschreibung des subjektiven Augengraus verbunden sind und die David Katz so ausgezeichnet beschrieben hat). Eine sehr schwache Empfindung wird bald ein wenig aus diesem Empfindungssee hervorragen, bald wird sie wieder in ihn hinabsinken, was es sehr schwer macht, zu entscheiden, ob etwas vorgefallen ist oder nicht. Das gilt natürlich nicht nur für die Tastempfindungen, sondern auch für Geruchsempfindungen, Gesichtsempfindungen und andere Empfindungen. Es wäre sehr instruktiv, hier weitere Beispiele anzuführen, vor allem das Beispiel des subjektiven Augengraus. Es scheint mir jedoch, daß bereits das bisher Gesagte genügt, um den folgenden Satz aufzustellen: es ist nicht wahr, daß Sätze über Empfindungen *ausnahmslos* dem Zweifel entzogen sind. Ich halte schon dieses Ergebnis für einen starken Einwand gegen die Theorie der Sinnesdaten.

Aber versuchen wir fair zu sein! Die Empfindungen, die wir beschrieben haben, sind Ausnahmsfälle insofern, als sie sehr schwach sind. Es ist doch sicher nicht möglich zu bezweifeln, daß ich Schmerzen habe, wenn diese Schmerzen *sehr stark* sind. Auch eine starke Geruchsempfindung kann dem Zweifel nicht mehr unterworfen sein. Es stellt sich heraus, daß auch diese Annahme nicht aufrechterhalten werden kann. Selbst im Falle von sehr intensiven Empfindungen kann es zweifelhaft sein, ob es sich um Schmerzen, um Geräusche oder um andere Dinge handelt. Stellen wir uns etwa vor, daß wir auf einem Flugplatz stehen, knapp vor dem Motor eines Flugzeuges. Der Lärm wird dann sehr unangenehm sein, und sogar schmerzhaft — allein es gibt einen Punkt, wo es nicht klar ist, ob Lärm empfunden wird oder schon Schmerz. Etwas ganz Ähnliches gilt von einem Beispiel, das Berkeley mit einem ganz anderen Zweck vor Augen diskutiert hat: Berkeley hat richtig bemerkt, daß bei hoher Temperatur das Gefühl von Wärme in ein Gefühl von Schmerz übergeht. Auch hier gibt es nun einen Punkt, wo man nicht entscheiden kann, ob die Empfindung eine Empfindung von Wärme ist oder eine Schmerzempfindung. Ein drittes Beispiel ist der Fall, wo eine Schmerzempfindung zu Lustgefühlen Anlaß gibt (was bei Masochisten ein häufiger, wenn nicht der Normalfall ist) und wo es dann unter Umständen auch nicht mehr möglich ist, festzustellen, ob intensiver Schmerz vorliegt oder intensive Lust. Es stellt sich also heraus, daß selbst intensive Empfindungen dem Zweifel unterworfen sein können. Nach den Ideen, die wir weiter oben entwickelt haben, ist das nicht weiter verwunderlich: wenn Empfindungen Kontrasterscheinungen sind, dann hängt die Frage ihres Auftretens von der Intensität des Hintergrundes ab und wird daher problematisch, sobald die Hintergrundempfindungen selbst eine gewisse Intensität übersteigen.

An dieser Stelle haben nun die Anhänger der Theorie der Sinnesdaten gewöhnlich zwei Einwände bereit: der erste Einwand besteht in dem Hinweis, daß es sich in den angegebenen Fällen um nichts weiter handelt als um ein Problem der Beschreibung. Der zweite Einwand besteht in dem Hinweis, daß, was für atypische Empfindungen gilt, durchaus nicht auch für typische Empfindungen (normales starkes Zahnweh) gelten muß. Wir müssen nun diese beiden Einwände etwas näher unter die Lupe nehmen.

Nach dem ersten Einwand ist der Zweifel auf die Tatsache zurückzuführen, daß ein Phänomen vorliegt, für das in der verwendeten Sprache keine angemessene Beschreibung existiert. Man verwendet die nächstbeste Beschreibung, fühlt, daß etwas nicht in Ordnung ist, und ist daher nicht bereit, seine volle Zustimmung zu geben. Ziehen wir etwa das Beispiel heran, in dem wir nicht entscheiden können, ob die Empfindung die Qualität der Spitzigkeit oder die Qualität der Stumpfheit hat. Was in diesem Fall vorliegt, so wird ein Philosoph sagen, der sich des ersten Einwandes bedient, ist eine Art Kombination zwischen einer Spitzempfindung und einer Stumpfempfindung, und die richtige und angemessene Beschreibung lautet daher ‚spitz oder stumpf‘, oder ‚blendend stumpf‘ oder dergleichen. Sobald die richtige Beschreibung gefunden ist, ist das Problem gelöst, und wir haben selbst in diesem scheinbar problematischen Fall einen Satz konstruiert, dessen Wahrheit nicht mehr bezweifelt werden kann.

Um diesen Einwand zurückzuweisen, müssen wir uns zunächst über die Wendung ‚dem Zweifel entzogen‘ ins Klare kommen. Diese Wendung kann einen *logischen* Sinn haben, und sie kann einen *psychologischen* Sinn haben. Im ersten Fall wird ganz abstrakt und auf Grund der logischen Natur des Satzes betont, daß seine Richtigkeit absolut sichersteht, und das ganz unabhängig davon, ob sich jemand seiner Sache sicher fühlt oder nicht. Umgekehrt kann eine Aussage zweifelhaft sein im logischen Sinne, ohne daß diese Möglichkeit den *Glauben*

an ihre Richtigkeit schwächt: ich bin fest überzeugt, daß ich jetzt an meinem
Schreibtisch sitze, und dies auch dann, wenn mich jemand darauf aufmerksam
macht, daß Sätze über Schreibtische streng genommen hypothetisch und daher
nicht absolut wahr sind. Ein Satz ist aber *zweifelhaft* im psychologischen Sinn,
wenn man von seiner Richtigkeit nicht überzeugt ist, wenn man schwankt, und
wenn man nicht recht weiß, was man sagen soll. Unsere Beispiele haben ganz
offenkundig gezeigt, daß manche Aussagen über Empfindungen zweifelhaft
sind im zweiten, psychologischen Sinn. Ist es nun wahr, daß hier nichts anderes
vorliegt als ein Problem der Beschreibung? Das heißt, ist es wahr, daß Aussagen,
die extra für diese unangenehmen Fälle konstruiert worden sind, weniger zweifelhaft sein werden? Ich glaube, daß diese Frage mit einem glatten ‚Nein' beantwortet werden muß: wenn alle *bekannten* Aussagen, deren Sinn und Logik uns
also vertraut ist, mit Mißtrauen betrachtet werden, ist es dann zu erwarten, daß
eine neue Aussage, die zum ersten Male der Betrachtung vorliegt, mit größerem
Enthusiasmus akzeptiert werden wird? Die Sicherheit, mit der wir eine gegebene
Aussage in einer Wahrnehmungssituation verwenden, ist schließlich eine Sache
der Übung. Und wenn uns die Übung im Stiche läßt in bezug auf Sätze, die wir
lange Zeit hindurch mit großem Erfolge verwendet haben, dann wird sie uns
noch mehr im Stich lassen in bezug auf Sätze, die wir zum ersten Male hören
(das ist übrigens ein wichtiger Einwand gegen die Vertrauenswürdigkeit ungewöhnlicher phänomenologischer Beschreibungen). Es ist natürlich wahr, daß eine
lange Unterweisung im Gebrauche dieser neuen Beschreibungen schließlich dazu
führen wird, daß sie mit großer psychologischer Sicherheit verwendet werden.
Aber erstens bedarf es, um das zu erreichen, nicht *neuer* Beschreibungen, und
zweitens stellt es sich nun heraus, daß es nicht die Existenz von Sinnesdaten ist,
die das Verhalten in Wahrnehmungssituationen regelt, sondern daß ganz umgekehrt der Zwang, sich in gewissen Weisen zu verhalten, die Existenz von Sinnesdaten garantiert. (Wir werden etwas später auf diesen sehr wichtigen Punkt zu-
rückkommen.) Das erledigt eine Seite des ersten Einwandes.

Allein, der Einwand ist damit noch nicht völlig abgetan. Denn es kann geltend gemacht werden, daß ein logisches Problem vorliegt und nicht ein psychologisches Problem. Wohlan denn! Es wird zwischen logischen und psychologischen Zweifelsgründen unterschieden! Das setzt voraus, daß ein Satz über Sinnesdaten logisch zweifelhaft und psychologisch sicher oder umgekehrt psychologisch
zweifelhaft und logisch sicher sein kann. Wenn man die erste Möglichkeit zugibt,
dann gibt man zu, daß die Wahrheit eines Satzes über Sinnesdaten nicht nur von
dem unmittelbaren Eindruck abhängt, den man im Augenblick der Beobachtung
hat, sondern auch noch von anderen Faktoren; und damit wird die Theorie der
Sinnesdaten aufgegeben. Allein die zweite Möglichkeit ist noch viel mehr rätsel-
haft: es wird angenommen, daß ein Satz, an dem logisch gar kein Zweifel mehr
möglich ist, dennoch mit Unbehagen betrachtet wird. Wie ist das möglich, wenn,
wie die Theorie der Sinnesdaten annimmt, alle Wahrheitsgründe des Satzes im
Augenblick der Beobachtung der Einsicht offen stehen? Wir können also — und
das ist das Resultat unserer Überlegungen — im Falle von Sinnesdaten keine Un-

terscheidung ziehen zwischen logischem und psychologischem Zweifel, und es folgt daher auch, daß unser Argument als eine volle Widerlegung des ersten Einwandes aufgefaßt werden muß.

Der zweite Einwand gibt zu, daß manche Empfindungen dem Zweifel unterworfen sein mögen. Allein er verweist darauf, daß dies nur für Ausnahmefälle zutrifft und keine Geltung hat für jene Fälle, die als Prüfbedingungen für wissenschaftliche Sätze allein in Frage kommen: als solche Prüfbedingungen wählt man klare, unzweideutige Empfindungen, an denen kein Zweifel möglich ist, und *diese*, nicht aber die weiter oben diskutierten Fälle sind als die Sinnesdaten anzusehen. Niemand kann leugnen, daß es solche klare Fälle gibt, und niemand kann daher leugnen, daß es Sinnesdaten gibt; und das ganz unabhängig davon, was unter mehr fragwürdigen Umständen eintreten mag.

Dieses Argument hat wirklich starke Überzeugungskraft: jedermann muß zugeben, daß er manchmal ganz unzweifelhaft Schmerzen hat, daß er manchmal ganz unzweifelhaft rot sieht und daß diese Fälle frei sind von den Schwierigkeiten, die wir weiter oben angeführt haben. Und so ist man scheinbar zu dem Zugeständnis gezwungen, daß in solchen Fällen ein Zweifel wirklich ganz absurd und eigensinnig erscheinen muß. Ist damit die Existenz von Aussagen bewiesen, die unbezweifelbar, absolut wahr und daher Beobachtungsaussagen sind im Sinne der zweiten Definition?

Es ist sehr schwer, einem Argument wie diesem, das logische Überzeugungskraft und intuitive Plausibilität zu vereinigen scheint (wer in der Tat kann mir meine Schmerzen ausreden?), ein gleich starkes und vor allem ein gleich plausibles Argument entgegenzusetzen. Mein Vorgehen wird daher nicht in direktem Angriff bestehen, sondern in dem Versuch, die gegnerische Position zu unterminieren, zu schwächen, und so ihren Fall vorzubereiten. Mein erster Schritt in diesem Manöver besteht in der Frage, wovon sich die große Sicherheit herleitet, die wir mit Sätzen wie ,ich fühle jetzt Schmerzen' und mit anderen angeblichen Sinnesdatenaussagen verbinden.

Wir können dieses Problem auf zwei Wegen angreifen. Wir können die psychologischen Wurzeln der Sicherheit diskutieren, und wir können die logischen Wurzeln dieser Sicherheit diskutieren. Betrachten wir zunächst den ersten Fall: wir haben weiter oben argumentiert, daß in gewissen Ausnahmefällen das Auftreten selbst von sehr starken Schmerzen zweifelhaft sein kann. Es stellt sich nun heraus, daß ein Beobachter, der einer genügenden Anzahl von solchen Sonderfällen ausgesetzt war, selbst den Normalfall mit kritischem Auge betrachten wird. Das heißt, er wird auch im Normalfall durchaus nicht mit derselben Sicherheit sagen können ,ich fühle Schmerzen' wie vor der erwähnten Unterweisung. Etwas Ähnliches tritt ein, wenn man einem nicht zu widerspenstigen Individuum immer wieder die Frage vorlegt: ,Ist es wirklich wahr, daß du Schmerzen verspürst? Bist du sicher, daß du dich nicht irrst?' Wenn das Individuum nicht gerade ein Philosoph ist, dann wird ein Punkt eintreten, wo er nicht mehr weiß, was er (oder sie) sagen solle, und das selbst im Falle von sehr starken Schmerzen. Nach der Sinnesdatentheorie, die keine Unterscheidung erlaubt zwischen dem, was unmittelbar erlebt wird, und dem, was wirklich vorliegt, kann natürlich ein solcher Fall nicht zeigen, daß *normale* Schmerzen bezweifelt werden können. Denn ein Sinnesdatentheoretiker wird hervorheben, daß die ganze Prozedur zu einer *Änderung* der Phänomene und zu einer *Beseitigung* der normalen Schmerzen geführt hat: wir haben der Versuchsperson die Sinnesdaten *ausgeredet* und sie durch andere Phänomene ersetzt. Dieser Schachzug des Sinnesdatentheoretikers ist von außerordentlicher Wichtigkeit, denn es wird ja nun zugestanden, daß die Existenz von Sinnesdaten nicht etwas ist, das schon aus logischen Gründen feststeht, sondern eine Frage, die durch psychologische Untersuchung gelöst werden muß. Und es wird außerdem zugestanden, daß die Existenz von Sinnesdaten in einem bestimmten Individuum von der Geschichte dieses Individuums abhängt, so daß man Sinnesdaten durch entsprechende Behandlung erzeugen und wieder zum Verschwinden bringen kann. Gehen wir den Folgen dieses Zugeständnisses nach.

Nehmen wir zu diesem Zweck an, daß ein Kleinkind *A* in einer Umgebung aufwächst, in der das Wort ‚Schmerz' sehr unregelmäßig verwendet wird. Es wird manchmal in der Gegenwart von Schmerzen geäußert, dann wieder in der Gegenwart von Gerüchen, dann wieder anläßlich der Aufführung einer modernen Oper usf. Es ist naheliegend, daß in einer solchen Umgebung keine stabile Verbindung eintreten wird zwischen dem Wort ‚Schmerz' und einem bestimmten psychologischen Phänomen, weil es ja gar kein genau beschreibbares Phänomen gibt, auf das sich dieses Wort nun anwenden läßt. Es folgt, daß für *A* ‚ich fühle Schmerzen' nicht beobachtbar sein wird im Sinne der zweiten Erklärung, und *Schmerz* wird daher für ihn kein Sinnesdatum sein. Das heißt natürlich nicht, daß *A* keine Schmerzen haben wird — ganz im Gegenteil, die Empfindungen von *A* sind durch die beschriebene Situation nicht wesentlich beeinflußt —, aber diese Schmerzen werden nicht mehr mit jener Sicherheit zur Produktion von Sätzen führen, die für das Vorliegen von Sinnesdaten charakteristisch ist. Diese Sicherheit oder der Charakter der Unbezweifelbarkeit, den wir normalerweise mit ‚ich fühle Schmerzen' verbinden, ist also gar nichts anderes als eine Sache der *Übung* und der *regelmäßigen Unterweisung*. Damit können wir erstens verstehen, warum die Demonstration von atypischen Fällen die Sicherheit auch des Normalfalles erschüttern kann. Eine solche Demonstration läuft ja auf eine Unterweisung hinaus, die die anfänglich eingeführte Regelmäßigkeit wieder umwirft (schließlich kann man in jedem Alter lernen und wieder verlernen). Aber zweitens widerlegt diese Erklärung die Annahme der Sinnesdatentheorie, *daß die Sinnesdaten die Grundlage unseres theoretischen Wissens und daher erkenntnistheoretisch wie auch zeitlich primär sind;* und daß sie außerdem die einzigen Gegenstände sind, von denen wir mit Sicherheit sagen können, daß sie existieren. Denn eine Unterweisung, die in die Erzeugung von Sinnesdaten mündet, kann nur dann ausgeführt werden, wenn die Existenz von Schmerzen, Gerüchen usf. *objektiv* sichersteht. Aber die Sache geht noch viel weiter: wer jemals in ein Mikroskop geschaut hat, der wird wissen, daß zu Beginn nicht nur der wahrgenommene physikalische Gegenstand (ein Bakterium etwa), sondern daß sogar die Wahrnehmung selbst eine sehr labile und zweifelhafte Angelegenheit ist. Man muß erst lernen, richtig zu sehen im psychologischen Sinne des Wortes, in dem Sehen nicht das Erfassen eines objektiv vorliegenden Gegenstandes einschließt, sondern einzig die Gegenwart einer deutlich gegliederten und direkt beschreibbaren Perzeption. Wie ist diese Perzeption beschaffen, wenn die Schulung beendet ist? Sie korrespondiert dann mehr oder weniger genau mit dem Gegenstande, dessen Existenz die vorliegenden biologischen Theorien behaupten. (Beispiel: Präformationstheoretiker haben Zeichnungen hinterlassen, in denen kleine Menschen, kleine Tiere u. dgl. im Samen eingeschlossen sind. Es ist nicht weiter überraschend, daß solche Beobachtungen gemacht werden. Ein Mikroskopbild ist schließlich eine sehr komplizierte Sache und einem Vexierbild nicht unähnlich. Und jedermann weiß, daß man in ein Vexierbild alle möglichen Sachen hineinsehen kann.) Das heißt aber, daß Umstände, die beobachtbar sind im Sinne der zweiten Erklärung, das Ergebnis einer Schulung sind, in der die Existenz gewisser theoretischer Entitäten angenommen wird. Kurz und paradox: *Sinnesdaten sind psychologisch gesprochen das Ergebnis unseres Glaubens an die Existenz gewisser theoretischer Entitäten.* Eine Beseitigung dieses Glaubens würde also nicht nur zu einer Beseitigung unserer Theorien führen, sondern auch zur Beseitigung der Sinnesdaten selbst — *außer man macht die Annahme, daß es eingeborene Begriffe gibt.*

Soweit haben wir uns mit dem psychologischen Charakter der Sinnesdaten befaßt, nämlich mit dem Gefühl der subjektiven Sicherheit, das wir in ihrer Gegenwart empfinden. Obwohl dieses Gefühl eine *notwendige* Bedingung der Existenz von Sinnesdaten ist (und wenn wir bisher von der ‚Existenz‘ von Sinnesdaten sprachen, so meinten wir natürlich immer nur diese notwendige Bedingung), ist es doch noch keine hinreichende Bedingung. Oder, genauer, psychologische Unbezweifelbarkeit (deren Existenz wir in manchen Fällen zugeben) braucht noch nicht absolute Richtigkeit im Gefolge zu haben: solange nicht weitere Festsetzungen getroffen worden sind, solange ist es keinesfalls entschieden, ob ein Satz, der unbezweifelbar ist, in einem sehr einfachen und psychologischen Sinn deshalb auch schon absolut sicher ist und frei von Irrtum. Oder anders ausgedrückt: Abwesenheit von Zweifel ist, in Abwesenheit weiterer Erklärungen, durchaus vereinbar mit hypothetischem Charakter. Wir werden in einem späteren Teil des vorliegenden Abschnittes die Festsetzung diskutieren, die nötig ist, um aus einem psychologisch unbezweifelbaren Satz einen absolut richtigen Satz zu machen, und wir werden dann auch zeigen, daß diese Festsetzung zu Konsequenzen führt, die die Wissenschaft als ein planmäßiges und intersubjektives Unternehmen aufheben. Im Augenblick wollen wir nur zeigen, daß eine solche Festsetzung notwendig ist *zusätzlich* zur psychologischen Unbezweifelbarkeit.

Nehmen wir zu diesem Zweck an, daß wir für lange Zeit an einem bestimmten Tisch gesessen haben, daß wir unsere Mahlzeit an ihm einnahmen, daß wir uns, entgegen aller guten Sitte, auf ihn gelümmelt haben. Vielleicht ließen wir auch unseren Bleistift fallen und mußten ihn unter dem Tisch hervorholen, wobei wir einen guten Blick auf die Unterseite der Tischplatte werfen konnten. Ist unter diesen Umständen ein Zweifel an der Existenz des Tisches noch möglich? „Gewiß“, so mag man einwenden, „denn wir haben noch nicht alle möglichen Prüfungen durchgeführt. Zum Beispiel, wir haben nicht versucht, festzustellen, was in der Dunkelheit geschehen wird oder in der Gegenwart von hübschen Mädchen. Es ist denkbar, daß bei Ausschalten des Lichtes alle Tastempfindungen verschwinden, daß die Gläser und die Flasche Wein zu Boden fallen und daß sich auch Professor Maxwell, der, seinen guten Manieren zum Trotz, auf dem Tische saß, plötzlich inmitten der Gläser auf dem Boden findet. Eine solche Erfahrung zeigt ganz offenkundig, daß der Satz ,vor uns steht ein Tisch' nicht richtig war — denn Permanenz in Dunkelheit ist eine der Testbedingungen für die Existenz von Tischen. Es ist also trotz all der angeführten Evidenz noch immer möglich, zu bezweifeln, daß der Satz ,vor uns steht ein Tisch' richtig ist, und dieser Satz ist daher auch nicht absolut wahr in bezug auf die angeführte Evidenz."

Dieser Einwand hat einen Haken (und es ist Professor Maxwell, der mich auf diesen Haken aufmerksam gemacht hat). Woher wissen wir, so können wir fragen, daß Permanenz in Dunkelheit eine *Testbedingung* der Existenz von Tischen ist und nicht vielmehr eine *zufällige Eigenschaft,* die meistens vorliegt, die aber manchmal auch fehlen kann? Was zwingt uns also, die Abwesenheit von Tastempfindungen in der Dunkelheit als Evidenz dafür aufzufassen, daß *niemals* ein Tisch da war und nicht vielmehr als Evidenz dafür, daß der Tisch, an dem wir gesessen haben und der also im Licht existiert hat, in der Dunkelheit *verschwunden* ist? Man könnte versucht sein, zu argumentieren, daß sich dieser Zwang aus physikalischen Theorien herleitet über die Permanenz der Materie bei Dunkelheit. Allein auch dieses Argument ist nicht stichhaltig. Denn wenn wir uns entschlossen haben, die beschriebenen Vorgänge zu interpretieren, indem wir annehmen, daß zuerst ein Tisch da war und daß dieser Tisch in der Dunkelheit verschwand, dann müssen wir damit ganz offenkundig die herangezogene physikalische Theorie als widerlegt betrachten: Materie ist dann eben nicht immer unempfindlich gegenüber einem Wechsel der Beleuchtung.

Aus dieser Schwierigkeit nehmen manche Philosophen den folgenden Ausweg. Sie betrachten die Permanenz gewisser Empfindungen über eine nicht zu kurze Zeit bereits als ein völlig hinreichendes Kriterium der Wahrheit des Satzes ,hier ist ein Tisch'. Ihr Argument ist, daß wir mit dem Wort ,Tisch' eben gar nichts anderes *meinen* als einen Gegenstand, der zu Gesichts- und Tastempfindungen von bestimmter Form und Permanenz führt. Da dies alles ist, was wir mit dem Wort ,Tisch' meinen, so ist die Existenz eines Tisches schon dann völlig sichergestellt, wenn die aufgezählten Erfahrungen vorliegen; und es ist daher auch möglich, über physikalische Gegenstände Aussagen zu machen, die in bezug auf einen gewissen Tatsachenbereich unbezweifelbar und absolut sicher sind. Es ist dieses Argument, das ich verwenden werde, um die *logische* Quelle der großen Sicherheit von Sinnesdatensätzen aufzuweisen.

Ich bringe zunächst am Argument eine kleine Berichtigung an. Es wurde angedeutet, daß wir mit dem Wort ,Tisch' einen Gegenstand *meinen,* der gewisse Wirkungen und keine anderen Wirkungen hat. (Man beachte übrigens, daß dieses Argument nichts anderes ist als die linguistische Parallele des älteren Arguments, das von der *Natur* der untersuchten Dinge ausgeht. Es ist zuzugeben, daß der Übergang zur linguistischen Sprachweise einen psychologischen Vorteil hat:

man ist eher bereit, eine *Sprechweise* abzuändern, als zuzugeben, daß die *Natur* eines Dinges anders ist als vermutet. Hingegen ein Blick auf die linguistischen Richtungen in der heutigen Philosophie läßt es zweifelhaft erscheinen, ob eine Theorie des Sprachgebrauches weniger dogmatisch sein wird als eine Theorie von Essenzen.) Allein, wir werden doch kaum unsere Bezeichnungsweise ändern, wenn wir entdecken oder lernen, daß jene Dinge, die wir bisher ‚Tische' genannt haben, auch der Sitz von Gravitationskräften sind. Auch besteht nicht der geringste Grund, warum man nicht die Existenz dieser Gravitationskräfte bei der Überprüfung von Aussagen über Tische heranziehen sollte. Dieses Beispiel ist natürlich etwas unrealistisch, denn wir kommen bei Tischen kaum jemals in eine Situation, in der die Messung von Gravitationskräften eine bequemere Methode des Nachweises ihrer Existenz ist als die direkte Beobachtung mit Auge und Hand. Jedoch bei Bergmassiven oder bei Planetoiden oder bei dunklen Begleitern von Doppelsternen ist die Lage gerade umgekehrt, hier ist die Messung der Gravitationskräfte manchmal die einzige anwendbare Methode. Sobald uns nun eine kausal-physiologische Erklärung des Einflusses von Materie auf Sinnesorgane gelungen ist, oder sobald zumindest die Idee besteht, daß unsere Sinneseindrücke auf den kausalen Einfluß der beobachteten Gegenstände, via dazwischenliegendes Medium, auf unsere Sinnesorgane zurückzuführen ist, in diesem Augenblick besteht nicht mehr der geringste Grund, die Definition des Wortes ‚Tisch' willkürlich auf die Produktion von Sinnesempfindungen einzuschränken. Wir wissen ja nun, daß diese Sinnesempfindungen nur ein Teil der Wirkungen sind, die Tische auf ihre Umgebung ausüben; und diese Wirkungen sind ausgezeichnet nur dadurch, daß die meisten Menschen mit ihnen allein vertraut sind. Eine solche Definition würde übrigens dem Prinzip zuwiderlaufen, zur Erklärung vorliegender Phänomene keine *ad hoc*-Erklärungen zu verwenden. Denn sie hat zur Folge, daß die Frage ‚wie kommt es, daß wir einen Widerstand verspüren und daß wir einen tischförmigen Gesichtseindruck haben?' mit einem Satz beantwortet wird (‚weil hier ein Tisch steht'), der logisch äquivalent ist mit der Beschreibung des in Frage stehenden Sachverhaltes.

Aber gestehen wir einem Philosophen doch die Freiheit zu, unsinnige Definitionen aufzustellen, und erlauben wir es ihm daher auch, das Wort ‚Tisch' so zu definieren, daß Empfindungen bestimmter Art bereits die Existenz von Tischen garantieren! Dann müssen wir doch sagen, daß die Unbezweifelbarkeit von Sätzen über Tische zurückzuführen ist auf gerade diese *Definition*, die an einer bestimmten Stelle das Prüfverfahren für beendet erklärt und die sagt, daß nunmehr die Existenz eines ‚Tisches' sichersteht. Dies ist eine sehr wichtige Feststellung, denn sie zeigt, daß Entschlüsse und Festsetzungen in Fragen der Unbezweifelbarkeit eine große Rolle spielen. Wir werden etwas später sehen, daß die angebliche Unbezweifelbarkeit und absolute Richtigkeit von Sätzen über Sinnesdaten nicht etwas ist, das in der ‚Natur' der Sinnesdaten seine Grundlage hat, sondern es handelt sich auch hier um das Ergebnis von Entschlüssen. Unsere Diskussion wird sich dann vor allem mit der *Zweckmäßigkeit* dieser Entschlüsse zu befassen haben — und das ist alles, was vom Problem der ‚Existenz' von Sinnesdaten übrigbleibt. (Man bemerke übrigens, daß wir die oben eingeführte Definition von ‚Tisch‘ bereits als sehr unzweckmäßig erkannt haben: sie führt zu *ad hoc*-Erklärungen über das Auftreten von Empfindungen bestimmter Art, und das gilt überhaupt für jede Art von Definition.)

Aber gehen wir noch einmal zurück zum Falle des Tisches. Wir haben gesagt, daß es ein (sehr unzweckmäßiger) *Entschluß* ist, der nach einer Reihe von Operationen die Sicherheit des Ergebnisses garantiert. Allein man kann dem entgegensetzen, daß wir uns der Wahrheit des Satzes ‚vor mir steht ein Tisch‘ im Alltag auch ohne explizite Definitionen sicher fühlen. Die Erklärung, die manche Philosophen für diesen Umstand geben, ist, daß wir uns unbewußt an eine bestimmte Definition halten, weil wir ja das Wort ‚Tisch‘ unbewußt in einem wohlbestimmten Sinn verwenden. Ich halte diese Erklärung für völlig unrealistisch. Sie nimmt an, daß wir im Alltag Entscheidungen treffen auf lange Sicht über unsere Reaktionen zu allen möglichen vorstellbaren und unvorstellbaren Experimenten. Daß diese Annahme eine Illusion ist, das wird jeder ‚Alltagsmensch‘ zugeben, der zum erstenmal Halluzinationen, Massenhalluzinationen, systematische Illusionen und dergleichen erlebt hat: er erklärt nicht souverän auf Grund einer ‚im Sprachgebrauch implizit enthaltenen Definition‘, daß er soeben einen ungewöhnlichen Tisch beobachtet hat, sondern er weiß einfach nicht, was er sagen soll. Er kann natürlich *im nachhinein* entscheiden, an dem Satz ‚hier ist ein Tisch‘ festzuhalten, und das selbst dann, wenn er einer Massenhalluzination ausgesetzt war und verstanden hat, was vorging. Was wichtig ist, ist, daß der Satz *erst durch diese Entscheidung* sicher wird (in bezug auf die in die Definition einbezogene Evidenz) und nicht schon vorher sicher war (außer natürlich in einem rein psychologischen Sinn). Denn das letzte würde voraussetzen, daß man schon wußte, welche Entscheidung die schließlich akzeptierte sein wird.

Wir erläutern dieses Argument an einem weiteren Beispiel. Der Alltagsmensch, so wird gesagt, verwendet das Wort ‚Tisch‘ auf bestimmte Weise, und daraus folgt, daß er gewisse ‚definitorische‘ Annahmen macht über die Natur von Tischen. Er macht diese Annahmen nicht ausdrücklich und in der Form von expliziten Definitionen. Diese Annahmen sind vielmehr implizit in seiner Sprache enthalten, und sie garantieren Sicherheit. Nun, was ist die ‚Natur‘ eines Tisches? Ein Tisch, so sagen wir im Alltag, ist etwas, das wir und andere sehen und betasten können. Wenn wir daher etwas Tischförmiges gesehen und betastet haben und wenn andere die gleichen Empfindungen erlebt haben, dann besteht also nicht mehr der geringste Zweifel, daß ein Tisch vorliegt. Was ist der logische Grund dieser festen Überzeugung? Zeigt sie, daß hier ein logisch unbezweifelbarer Satz vorliegt? Nehmen wir, um diese Frage weiter zu untersuchen, an, daß ein Photograph eine Aufnahme des Tisches anfertigt und daß auf der Platte nichts zu sehen ist, als ein leerer Raum und zwei, drei Leute, die sich so verhalten, als ob sie vor einem Tisch säßen. Nehmen wir auch an, daß keiner von uns eine Ahnung hat von der Natur photographischer Aufnahmen. Werden wir da nicht den Hinweis auf die photographische Platte als völlig irrelevant zurückweisen? Worauf gründet sich diese Haltung? Ich glaube, daß diese Haltung einfach das Ergebnis von Nichtwissen ist (‚was ich nicht weiß, das macht mich nicht heiß‘).

Und so ist es in den meisten Fällen im Alltag: wir sind unserer Sache so sicher, wir glauben, daß weder Entschlüsse noch weitere Untersuchungen nötig sind, einfach darum, weil wir keine Vorstellung haben von Situationen, die uns zu solchen Entschlüssen zwingen könnten. Wir sehen also, daß im Alltag das Problem der logischen Sicherheit von Aussagen noch völlig offen steht, weil es noch gar nicht verstanden ist. Wir sind unserer Sache sicher – das ist korrekt. Aber daraus folgt nicht das geringste über die absolute Wahrheit oder selbst die *Wahrheit* des Satzes, den wir mit solcher Sicherheit behaupten.

Wenden wir uns nun nach diesem Exkurs der Beantwortung der Frage zu, wie der Philosoph die weiter oben angeführte Definition motiviert – denn ohne Grund wird er sie kaum aufstellen. Es ist klar, daß es auf diese Frage nicht *eine* Antwort geben kann. Die Antwort, die uns hier interessiert, ist die folgende: In dieser Antwort wird von der eben beschriebenen Situation ausgegangen, in der man sich Alternativen nicht vorstellen kann und in der daher ‚hier ist ein Tisch‘ (nach angestellten visuellen und taktilen Beobachtungen) als sicher angenommen wird. Aber diese Situation wird ganz anders gedeutet, als wir es getan haben. Die Tatsache, daß weitere Umstände nicht in Betracht gezogen werden, wird hier nicht auf Mangel an Wissen und Vorstellungskraft zurückgeführt, sondern es wird angenommen, daß diese Ausschließung *einer Definition gleichkommt,* nach der Tische nur sinnliche Wirkungen und keine anderen Wirkungen haben. Es wird also angenommen, daß der Alltagsmensch, der die photographische Platte zurückweist, weil er den Prozeß der Photographie nicht kennt (ein etwas unrealistisches Beispiel), *dies auf Grund des impliziten Entschlusses tut,* keine andere Evidenz zuzulassen als sinnliche Eindrücke. Diese Annahme wird ganz offenkundig durch die Verwirrung widerlegt, in die ein ‚Alltagsmensch‘ (falls es so etwas gibt) kommt, wenn man ihn mit ungewöhnlichen Situationen konfrontiert. Lehren wir ihn doch den Prozeß der Photographie! Erziehen wir ihn zu einem Expertphotographen! Und arrangieren wir systematische Halluzinationen seines Gesichtssinnes und seines Tastsinnes, deren Ursache er auf der Platte nicht entdecken kann! Wird er uns triumphierend entgegnen, daß er den Fall schon lange entschieden hat und daß hier natürlich ein Tisch vorliegt? Ich glaube kaum. Er wird verwirrt sein, und es wird langer Überlegungen bedürfen, bis er sich im klaren ist, was in diesem Fall die beste Prozedur ist, das heißt aber, falls Sicherheit im Spiele ist, die beste Festsetzung. Ich wiederhole also, daß die Sicherheit, die wir im Alltag in bezug auf ein bestimmtes Ergebnis fühlen, ein rein subjektives Phänomen ist und zu logischer Sicherheit nur dann führt, wenn wir entsprechende Festsetzungen aufstellen. Das wird aus dem folgenden Beispiel noch viel deutlicher werden.

Dieses Beispiel, das ich Professor Tranekjaer-Rasmussen von der Universität Kopenhagen verdanke, zeigt, daß es Sätze gibt, die in einer bestimmten Beobachtungssituation subjektiv völlig sicher sind (zumindest ebenso sicher, wie der Satz ‚ich fühle jetzt Schmerzen‘ bei Vorliegen von Schmerzen) und die einen Widerspruch enthalten – was sicher ein sehr guter Grund ist, ihre Wahrheit zu bezweifeln. Uns interessiert hier nicht das Detail der Versuchsanordnung, sondern nur das Ergebnis: Versuchspersonen werden aufgefordert, die Abstände *a, b* und *c* innerhalb von drei Paaren von Linien miteinander zu vergleichen. Das Ergebnis der direkten Beobachtung (dessen Absurdität den Versuchspersonen, die mit der korrekten Beschreibung des Beobachteten beschäftigt sind, zumeist erst hinterher auffällt) ist, daß $a = b$; $b = c$; aber $a > c$.

Ich halte dieses Ergebnis für philosophisch hochbedeutsam. Denn es heißt nichts anderes, als daß ein Satz, der alle Kriterien eines Sinnesdatensatzes zu erfüllen scheint (er ist ‚absolut sicher‘; seine Wahrheit ist ‚unmittelbar gegeben‘; er beschreibt, ‚was unmittelbar vorliegt‘ usw.), einen Widerspruch enthalten kann. Und da wir ja immer versuchen, Widersprüche zu vermeiden, so scheinen wir zu dem Zugeständnis gezwungen, daß unser Satz eben doch nicht so unbezweifelbar ist, als wir zu Beginn dachten.

Gegen diese Deutung des Ergebnisses von Tranekjaer-Rasmussen hat Professor A. J. Ayer in einer Diskussion mit dem Verfasser den folgenden Einwand erhoben: Es ist falsch zu sagen, daß die korrekte Beschreibung des Eindruckes lautet ‚$a = b$; $b = c$; $a > c$‘. Die korrekte Beschreibung lautet vielmehr so: ‚Es scheint, daß $a = b$; es scheint, daß $b = c$; es scheint, daß $a > c$‘ — und dieser Satz enthält keinen Widerspruch mehr. Allein, dieser Ausweg ist nicht gangbar. Was ich direkt beobachte ist nicht, daß a scheint $= b$, der Eindruck ist nicht ein unbestimmter, unsicherer, ich beobachte, daß $a = b$. Das Element ‚scheint‘ kommt also nicht *in* der Wahrnehmung vor, es dient nur dazu, um anzudeuten, daß der nachfolgende Bericht eine Wahrnehmung und nicht einen physikalischen Gegenstand betrifft. Und da sich die Situation mit einem einzigen Blick erfassen läßt, so gehört das ‚scheint‘ ganz an den Anfang der Beschreibung und ist dann äquivalent mit ‚ich nehme wahr, daß‘ — und das ist es ja, was wir behauptet haben: die Existenz einer direkten Beschreibung einer Wahrnehmung, die einen Widerspruch enthält. Ich kann nicht umhin, die Diskussion dieses Beispiels mit der Bemerkung abzuschließen, daß meiner Ansicht nach die Theorie der Sinnesdaten nur darum zustandekommen konnte, weil die meisten Philosophen, abgesehen von einer gewissen Schlamperei in logischen Dingen, von der Psychologie der Wahrnehmung nicht sehr viel wissen. Eine grundsätzliche Kenntnis der Psychologie der Wahrnehmung muß, wie ich glaube, früher oder später zu der Einsicht führen, daß die Idee der Unbezweifelbarkeit von Empfindungen nicht nur ein logischer, sondern vor allem auch ein psychologischer Mythos ist.

Aber wenden wir uns nun endlich der logischen Seite der kritisierten Theorie zu! D. h. formulieren wir die Festsetzungen, die getroffen werden müssen, wenn ein empirischer Satz ein Beobachtungssatz sein soll im Sinne der zweiten Erklärung, d. h. ein Satz, der unter bestimmten Umständen unbezweifelbar und absolut wahr ist; und untersuchen wir auch die Konsequenzen, die solche Festsetzungen haben müssen.

Um diese Festsetzungen richtig auszudrücken und um auch ihre Folgen so klar als nur möglich vor Augen zu führen, stellen wir zunächst die folgende Frage: Wie versichern wir uns im Falle eines Beobachtungssatzes im Sinne der zweiten Erklärung, daß wir die vorliegende und ‚unmittelbar gegebene‘ Entität richtig beschrieben haben, wenn wir, um ein konkretes Beispiel heranzuziehen, das Wort ‚Schmerz‘ auf sie anwenden? Die Antwort auf diese Frage scheint denkbar einfach zu sein: Wir identifizieren zunächst, was vorliegt, als Schmerz, und wir wenden dann das entsprechende Wort an, nämlich ‚Schmerz‘. Aber wie geht diese Identifikation vor sich? Im Falle eines physikalischen Gegenstandes, wie etwa einer chemischen Substanz, kann die Antwort leicht gegeben werden: wir beobachten gewisse Umstände (Verhalten bei Reaktionen), wir bemerken, daß das Vorliegen dieser Umstände charakteristisch ist für Bariumsulphat, und wir bezeichnen daher die Substanz mit dem Namen ‚Bariumsulphat‘. Es ist natürlich wahr, daß wir in diesem Fall einen Irrtum niemals ausschließen können. Aber wir haben immer die Möglichkeit, weitere Prüfungen anzustellen und so jeden besonderen Zweifel, zumindest vorläufig, zu beruhigen. Wie ist es nun im Falle von Schmerzen, angenommen, daß Schmerzen Sinnesdaten sind? Wenn ein Satz über Schmerzen absolut richtig sein soll, dann darf er nichts betreffen als das, was im Augenblick der Beobachtung unmittelbar vorliegt. Es ist also nun nicht mehr möglich, verschiedene Merkmale für das Vorliegen von Schmerzen einzuführen und außerdem noch das Vorliegen dieser *Merkmale* vom Vorliegen des *Schmerzes selbst* zu unterscheiden. Merkmale und Gegenstand müssen alle in eins zusammenfallen. Aber wie steht es in diesem Fall mit dem Wahrheitskriterium des Satzes ‚ich fühle Schmerzen?‘ D.h. wie versichern wir uns der Richtigkeit dieser Aussage im Augenblick ihrer Produktion (kein anderer Augenblick kommt ja in Frage). Die Antwort, daß ‚ich fühle Schmerzen‘ richtig ist, wenn Schmerzen vorliegen, ist nun nicht mehr befriedigend, denn unser Problem besteht ja gerade in folgendem: Wie identifizieren wir Schmerzen unabhängig von der Tatsache, daß wir sagen wollen (daß wir den starken psychologischen Zwang fühlen, zu sagen) ‚ich fühle Schmerzen‘? Die Aussage und ihre Wahrheitsbedingung sind doch scheinbar zwei verschiedene Dinge, und es sollte daher auch möglich sein, das Vorliegen der Wahrheitsbedingungen, also der Schmerzen, unabhängig vom Vorliegen der Aussage festzustellen. Betrachten wir noch einmal den Fall eines physikalischen Gegenstandes! Auch hier produzieren wir eine Beschreibung, wie ‚vor mir steht ein Tisch‘, weil wir uns auf Grund der angestellten Beobachtungen sowie auf Grund der erworbenen Habits der Richtigkeit dieser Aussage intuitiv sicher fühlen. Aber im Falle physikalischer Gegenstände ist diese intuitive Sicherheit kein Wahrheitskriterium. Noch ist die Produktion (oder die stillschweigende Betrachtung) von ‚hier ist ein Tisch‘ das einzige Kriterium der Identifikation von Tischen. Die Wahrheit des Satzes sowie die Identifikation des angenommenen Gegenstandes hängt von zahlreichen weiteren Umständen ab, die nicht verbaler Natur zu sein brauchen, wie von Einbuchtungen auf dem Fußboden, von der Bahn geworfener Gegenstände (ein Ball muß von einem Tisch zurückprallen) und dergleichen mehr. Die Identifikation von physikalischen Gegenständen ist also ein Prozeß, der unabhängig von der Tatsache durchgeführt werden kann, daß die richtige oder die intuitiv plausible Beschreibung lautet ‚hier steht ein Tisch‘. Das hat natürlich zur Folge, daß es eine ganze Reihe von Sätzen gibt, deren Wahrheit für die Wahrheit von ‚hier steht ein Tisch‘ entscheidend ist, obgleich sie nicht mehr Tische, sondern ganz andere Umstände beschreiben; und es hat außerdem zur Folge, daß ‚hier steht ein Tisch‘ eine Hypothese ist, deren zukünftige Widerlegung nicht ausgeschlossen werden kann. Ein Sinnesdatensatz soll aber unwiderlegbar sein. Es muß daher bestritten werden, daß ein solcher Satz Umstände betreffen kann, die über das hinausgehen, was im Augenblick seiner Produktion oder seiner Betrachtung geschieht. Das *einzige* Kriterium für das Vorliegen eines Sinnesdatums ist also der intuitive Zwang, eine bestimmte Beschreibung zu produzieren oder, noch besser, die Produktion dieser Beschreibung bei Befragung (Introspektion ergibt nämlich, daß wir einfach Schmerzen fühlen und auf Befragung sagen, ‚ich habe Schmerzen‘ und daß da nicht noch ein weiteres Element auftritt, nämlich ein Evidenzerlebnis in bezug auf die Richtigkeit der so erhaltenen Aussage). Oder, angenommen, daß Schmerzen Sinnesdaten sind: Das einzige Kriterium für das Vorliegen von Schmerzen ist die Tatsache, daß die Disposition oder der psychologische Zwang besteht, zu sagen, ‚ich habe Schmerzen‘ (wir sprechen hier natürlich von Individuen, die die weitere Disposition haben, immer die Wahrheit zu reden), Schmerzen liegen vor dann und nur dann, wenn ich gedrängt werde zu sagen, ‚ich fühle Schmerzen‘. (Dieser Drang braucht nicht bewußt zu sein und ist es in der Regel auch nicht — siehe die Bemerkung in der letzten Klammer. Er macht sich bemerkbar einzig in der Form einer Disposition zu bestimmtem Handeln). Das ist die Festsetzung, die wir unserer weiteren Diskussion zugrunde legen werden.

Beachten wir zunächst, daß diese Festsetzung nur dann nicht leer ist, wenn es in der verwendeten Sprache Sätze gibt, deren Richtigkeit in einer bestimmten Beobachtungssituation als psychologisch evident erscheint. Ein sehr vorsichtiger oder ein sehr schlecht trainierter Beobachter, der sich fast immer im Zweifel darüber befindet, was er sagen soll, wird also die gemachte Festsetzung kaum anwenden können. Die Existenz von wohltrainierten Beobachtern ist eine empirische Tatsache. Die Anwendbarkeit unserer Festsetzung ist damit gleichermaßen eine empirische Tatsache.

Die zweite Bemerkung bezieht sich auf die Tatsache, daß sich ein Sinnesdatum nicht von der Art seiner Beschreibung unterscheiden läßt. Wir haben ja gesagt, daß das einzige (notwendige und hinreichende) Kriterium für das Vorliegen eines Sinnesdatums in der intuitiven Sicherheit einer bestimmten Beschreibung zu suchen ist. Wie nun bereits weiter oben ausgeführt, darf diese Festsetzung nicht in dem Sinn verstanden werden, daß es nun *drei* Dinge gibt, nämlich das Sinnesdatum, die Beschreibung sowie die Tatsache, daß diese Beschreibung intuitiv sicher erscheint — und daß alle diese drei Dinge in der Beobachtungssituation voneinander unterschieden werden können. Diese Beschreibung des Sachverhaltes wäre nicht nur phänomenologisch falsch (wenn wir sagen ‚ich habe Schmerzen‘, so sind die Schmerzen das einzige Phänomen, das wir klar ausmachen können), sie hat auch andere unerwünschte Folgen. Denn es scheint nunmehr notwendig zu sein, sich nicht nur des Schmerzes, sondern auch der Anwesenheit von zwei weiteren Elementen zu versichern, wenn man die Wahrheit von ‚ich fühle Schmerz‘ ermitteln will, nämlich des Evidenzerlebnisses sowie des Satzes — was offenkundig in einen unendlichen Regreß führt (auch das Evidenzerlebnis ist sicher dann und nur dann, wenn eine Beschreibung, die es betrifft, ihrerseits evident ist — und so weiter). Und zweitens widerspricht die Unterscheidung zwischen Schmerz und Evidenzerlebnis dem oben eingeführten Kriterium, nach dem die Sicherheit, mit der der Satz ‚ich fühle Schmerzen' produziert wird, das einzige notwendige und hinreichende Kriterium des Vorliegens von Schmerzen ist. Es gibt also nicht einen Satz, ein Evidenzerlebnis, *und* den Schmerz als drei separate Entitäten. Es gibt nur den Prozeß der sicheren Produktion des Satzes, *und dieser ist bereits das Sinnesdatum. Sinnesdaten können also nicht getrennt werden vom Prozeß ihrer Beschreibung.* Diese merkwürdige Eigenschaft der Sinnesdatensätze ist bereits von Platon im *Kratylos* als eine Kritik gegen ihre Verwendung angeführt worden. Hegel (*Phänomenologie des Geistes*) hat diese Eigenschaft sehr dramatisch, wenn auch wenig klar beschrieben. Eine äußerst klare Analyse der Situation verdanken wir Schlick (in seinem Aufsatz ‚Das Fundament der Erkenntnis', *Erkenntnis*, Bd. III).

Die dritte Bemerkung betrifft die Tatsache, daß keine einzige der bekannten Empfindungen ein Sinnesdatum ist im eben erläuterten Sinn des Wortes. Wir begründen diese Bemerkung mit Hilfe des folgenden Beispiels: Nehmen wir an, ein Individuum S träumt, es habe die Empfindung E und formuliert im Traum, jedoch deutlich hörbar für jedermann, den Satz, ‚ich empfinde E'. Nach dem eben aufgestellten Kriterium ist es damit bereits (absolut) sichergestellt, daß er eine Empfindung E besitzt. Allein, wir wollen doch ganz allgemein einen Unterschied ziehen zwischen der Tatsache, daß $S E$ empfindet, und der Tatsache, daß $S E$ träumt, und diese für *jede* Empfindung E. Was bedeutet, daß keine Empfindung ein Sinnesdatum sein kann in dem Sinne, in dem wir dieses Wort in unseren Festsetzungen umschrieben haben. Selbst jene Sätze unserer Sprache, denen wir ein Maximum an Sicherheit zubilligen, nämlich Sätze über Empfindungen, sind also nicht Beobachtungssätze im Sinne der zweiten Erklärung. Allein damit ist weder die Nichtexistenz von Sinnesdaten noch die Unmöglichkeit einer Sprache bewiesen, die derartige Beobachtungssätze enthält. Es ist nur gezeigt, daß wir unsere gegenwärtigen Verständigungsmittel gründlich umbauen müssen, wenn wir über Sinnesdaten reden wollen. Die nächste, vierte und entscheidende Bemerkung gründet sich auf die Analyse einer Sprache, in der wir tatsächlich über Sinnesdaten reden können.

Stellen wir uns zum Zweck dieser Analyse vor, daß ein Individuum S von Kindheit an unterrichtet worden ist, in der Gegenwart eines Geruchs von Kölnischwasser zu sagen, ‚ich fühle Schmerzen'. Ein solcher Unterricht wird ganz offenkundig dazu führen, daß für S bei Geruch von Kölnischwasser die Produktion des Satzes ‚ich fühle Schmerzen' evident ist, und dieser Satz wird daher nach der weiter oben angeführten Festsetzung für ihn (sic) ein richtiger, unbezweifelbarer, absolut wahrer Satz sein. Man mag hier einwenden, daß für S ‚ich fühle Schmerzen' etwas anderes bedeutet als für uns, und daß er ‚eigentlich meint', ‚ich rieche Kölnischwasser'. Allein für einen Sinnesdatentheoretiker ist dieser Einwand keinesfalls erlaubt. Er hat ja behauptet, daß das *einzige* Kriterium des Vorliegens eines Sinnesdatums das Evidenzerlebnis dessen ist, der die Beschreibung dieses Datums liefert. Er kann also keinesfalls so tun, als ob auch *er* als äußerer Beobachter feststellen könnte, was S erlebt. Das hat natürlich zur

Folge, daß er nicht weiß, wovon S redet. Aber sogar S selbst befindet sich in
dieser unerwünschten Situation hinsichtlich jener Aussagen, die er in der Vergangenheit geäußert hat. Also: Sätze, die beobachtbar sind im Sinne der zweiten
Erklärung, sind meist sinnlos, und sie sind sinnvoll nur in isolierten Augenblicken,
und auch dann nur für einige wenige Individuen, die aber einander niemals mitteilen können, was sie in diesem Augenblick feststellen. Es ist klar, daß solche
Sätze nicht zur Beschreibung der Prüfbedingungen einer wissenschaftlichen
Theorie oder selbst einer sehr alltäglichen Aussage über Tische und Stühle verwendet werden können. Denn erstens können sie nie publiziert und damit der
weiteren Überprüfung ausgesetzt werden. („Eine Konstatierung", sagt Schlick,
„kann nicht aufgeschrieben werden.") Und zweitens ist planvolles Experimentieren ganz unmöglich, wenn das Problem, das durch Experimente entschieden
werden soll, in Sätzen formuliert ist, die niemand richtig versteht, außer wenn
er ganz zufällig die ‚richtige' Empfindung hat. Man beachte genau die Natur
dieses Arguments. Es stützt sich keinesfalls auf den linguistischen Nachweis, der
von Wittgenstein mit sehr großer Überzeugungskraft geführt worden ist, daß
Empfindungen in dem Sinn, in dem wir von ihnen im Alltag reden, keine Sinnesdaten sind. Einem solchen Nachweis kann ja immer entgegengehalten werden, daß
das noch nicht die Widerlegung der Existenz von Sinnesdaten bedeutet, sondern
nur die Unmöglichkeit, sie in der gemeinhin verwendeten Sprache zu beschreiben.
Ein Erkenntnistheoretiker, der die Sprache des Alltags sowie die Sprache der
Wissenschaft auf Grund von Sinnesdaten analysieren und so richtig verständlich
machen will, wird dann eben fordern, daß eine künstliche Sprache konstruiert
werde, die Beobachtungssätze im Sinne der zweiten Definition enthält. Unsere
Analyse zeigt nun, daß eine solche Sprache kaum mehr als ein Mittel der Verständigung in Frage kommen kann und ganz sicher nicht als ein Mittel zur Beschreibung von Beobachtungsergebnissen: der Versuch, wissenschaftliche Theorien in Sinnesdaten zu verankern, führt nicht zur Klärung der Wissenschaft oder
zu ihrer sehr sicheren Begründung, dieser Versuch führt zu ihrer völligen Auflösung. Wenn wir also Wissenschaft als ein intersubjektives und planmäßiges
Unternehmen fortführen wollen, dann dürfen wir sie nicht mehr mit Sinnesdaten in Verbindung bringen, und das ganz unabhängig davon, welche Art von
Sprache wir im Augenblick gerade verwenden.

Es ist sehr wichtig, zu bemerken, worauf diese Eliminierbarkeit der Sinnesdaten beruht. Wenn man von der Annahme ausgeht, daß Sinnesdaten da sind,
unabhängig von unseren linguistischen Entschlüssen, dann ist es wirklich sehr
schwer, zu sehen, wie man sie aus erkenntnistheoretischen Untersuchungen
eliminieren kann. Aber wenn — wie wir weiter oben zu zeigen versucht haben —
sich die Sicherheit der Sinnesdatenaussagen auf einen Entschluß gründet, dann
ist die Elimination der Sinnesdaten durchaus in unserer Macht: wir brauchen
dann nur diesen Entschluß wieder rückgängig zu machen.

Unsere Elimination der Sinnesdaten gründet sich also auf einen *Entschluß*,
nämlich auf den Entschluß, nur solche Mittel der Beschreibung zu verwenden,
die planmäßiges Experimentieren und intersubjektive Mitteilung der bei diesen

Experimenten erhaltenen Resultate ermöglichen sowie auf die *Erkenntnis*, daß eine Sinnesdatensprache dieses Kriterium nicht erfüllt. Die *Realisierung* unseres Entschlusses wird ermöglicht durch die *empirische Tatsache*, daß unser Innenleben sowie das Innenleben anderer Menschen gewisse Regelmäßigkeiten aufweist, daß Parallelen existieren, kurz, daß jene Meßinstrumente, die wir ‚Menschen' nennen, in gesetzmäßiger Weise auf ihre Umgebung reagieren. Der gefällte Entschluß ist also durchaus kein unerreichbares Ideal, im Gegenteil, er ist weitaus realistischer als die (nur selten expliziert formulierten) Festsetzungen, die der Theorie der Sinnesdaten zugrunde liegen. Das Ergebnis dieses Entschlusses ist, daß wir keine Sätze in unserer Sprache zulassen, die beobachtbar sind im Sinne der zweiten Erklärung. Und damit sind wir endlich nach langem Umweg an unserem Ausgangspunkt angelangt: wir haben gezeigt, daß die Theorie der Sinnesdaten das Problem der theoretischen Entitäten in seiner zweiten Form nicht vor der Absurdität retten kann, weil methodologische Überlegungen die Elimination von Sinnesdatensätzen fordern.

4   Die Stabilitätsthese; Lösung des Problems

Das Problem der Existenz theoretischer Entitäten ist von uns bisher in zwei verschiedenen Formulierungen untersucht worden, die beide von dem Sinn abhingen, in dem wir das Wort ‚beobachtbar' verwendet haben (von den Annahmen, die wir über die Rolle der Beobachtung getroffen haben). In der ersten Formulierung war ein Beobachtungssatz ein Satz, über dessen Richtigkeit eine Hypothese schnell und mit Leichtigkeit erhalten werden konnte. Es stellte sich heraus, daß in dieser Formulierung jeder Satz potentiell ein Beobachtungssatz war. In der zweiten Formulierung war ein Beobachtungssatz ein Satz, der auf Grund vorliegender Daten endgültig verifiziert werden konnte. Es stellte sich heraus, daß in dieser zweiten Formulierung jeder Satz als ein theoretischer Satz angesprochen werden mußte. Beide Formulierungen führten also zu einem Zusammenbruch des Problems der Existenz theoretischer Entitäten, das ja gerade in der Frage besteht, welche Gründe man für die Annahme der Existenz theoretischer Entitäten hat, *vorausgesetzt*, die Existenz beobachtbarer Dinge ist kein Problem. Gibt es nun eine Erklärung des Begriffes ‚beobachtbar', die intuitiv einsichtig ist, der Praxis des wissenschaftlichen Beobachtungsprozesses entspricht und die außerdem so beschaffen ist, daß nicht jeder Begriff entweder ein Beobachtungsbegriff ist oder ein theoretischer Begriff? Daß es eine solche Erklärung gibt, wird von einem Argument behauptet, das Professor Feigl in Diskussionen mit dem Verfasser verwendet hat.

Um dieses Argument zu entwickeln, brauchen wir nur auf die Tatsache zu verweisen, daß Beobachtungssätze im allgemeinen die Aufgabe haben, zwischen rivalisierenden Theorien zu entscheiden. So zum Beispiel wird die Beobachtung herangezogen, um zu entscheiden, ob die Wellentheorie des Lichtes richtig ist oder die Teilchentheorie (Foucaults Experiment). Wenn nun, so setzt das Argument fort, ein Beobachtungssatz entscheiden soll zwischen zwei alternativen Theorien, dann muß er ein unparteiischer Richter sein. Insbesondere darf sein

Sinn nicht abhängen vom Sinn der deskriptiven Begriffe entweder der einen oder der anderen Theorie. Da dies nur für jedes Theorienpaar gilt, so folgt, daß es Sätze geben muß, deren Sinn unabhängig ist von der Struktur jeder nur vorstellbaren physikalischen Theorie. Das sind die Beobachtungssätze. Beobachtungssätze sind also Sätze, die erklärt werden können ohne Hinweis auf Theorien, und deren Sinn auch unabhängig ist vom Wechsel des ‚theoretischen Überbaus'. Wie immer unsere Theorien auch beschaffen sein mögen, die Aussage ‚Zeiger A koinzidiert mit Teilstrich n' hat einen und denselben Sinn und ist somit eine Invariante in bezug auf den Wechsel von Theorien. Die Behauptung, daß der Sinn von Beobachtungssätzen unabhängig ist vom Wechsel der Theorien, habe ich in einer früheren Abhandlung die *Stabilitätsthese* genannt. Wir können also auch sagen (*dritte Erklärung*), daß Beobachtungssätze Sätze sind, die der Stabilitätsthese gehorchen.

Es ist leicht zu sehen, daß das eben entwickelte Argument eine Lücke besitzt: aus der Tatsache, daß die Entscheidung zwischen zwei Theorien, A und B, einen Satz c fordert, dessen Sinn weder von A noch von B abhängt, aus dieser Tatsache allein folgt noch nicht, daß der Sinn von c unabhängig ist von *jeder* Theorie. Es folgt nur, daß der Sinn von c nicht von A und B abhängen kann. Er kann noch immer bestimmt sein durch eine Theorie $c \neq A$; $c \neq B$; wobei weder A noch B mit c zu rivalisieren brauchen (Beispiel: die Beobachtung der Ablenkung von Lichtstrahlen am Sonnenrand; A = Newtons Theorie; B = die allgemeine Relativitätstheorie; c = die Teilchentheorie des Lichts.) Der Schluß, daß der Sinn von Beobachtungsaussagen von *keiner* Theorie abhängen kann, bedarf einer weiteren Prämisse, und als diese weitere Prämisse führt man gewöhnlich das *Postulat der Homogenität der Erfahrung* an: sei s ein Satz, der bei der Entscheidung zwischen A und B die Rolle des Beobachtungsverdiktes spielt. Dann muß s, oder die Negation von s, im Prinzip fähig sein, diese Rolle in bezug auf jedes andere Paar von Theorien spielen zu können. Inhaltlich ausgedrückt besagt dieses sehr plausible Postulat, daß es im Prinzip möglich sein muß, jede Theorie in jedem Erfahrungsbereich zu überprüfen. Allein damit ist über den Sinn von s noch nichts ausgesagt: es gibt *eine* Erfahrung rot; aber ein Satz, der anläßlich einer solchen Erfahrung geäußert wird, kann ein Satz über Sinnesdaten sein, ein Satz über die Farbe physikalischer Gegenstände u. dgl. m. Wir müssen also die zusätzliche Voraussetzung machen, daß ein Beobachtungssatz, wie etwa der Satz s, in allen Kontexten nicht nur mit derselben Erfahrung verbunden ist, sondern daß er außerdem auch denselben Sinn besitzt — und das ist die zu beweisende These. Das einzige Argument für die Stabilitätsthese, das meiner Ansicht nach Überzeugungskraft besitzt, ist das folgende Argument, das Bertrand Russell in seinem Buch *Inquiry into Meaning and Truth* entwickelt hat: wenn wir Theorien an Beobachtungssätzen überprüfen, deren Sinn von weiteren Theorien abhängt, dann sind wir gezwungen, eine Kohärenztheorie der Wahrheit zu akzeptieren. Wir verwerfen dann eine Theorie nicht, weil sie den Tatsachen widerspricht, wir verwerfen sie, weil sie einer bestimmten Theorie widerspricht, die wir dem Aufbau unserer Beobachtungssprache zugrunde legen. Eine Kohärenztheorie ist unhaltbar — es fehlt ihr an Tatsachenbezug. Also, und das ist Russells Argument, muß es eine Sprache geben, die von keiner Theorie abhängt, und das ist die Beobachtungssprache.

Russells Argument wird an einer späteren Stelle des vorliegenden Abschnittes einer Analyse unterzogen werden. Wir bereiten diese Analyse vor, indem wir die Eigenschaften einer Sprache untersuchen, die der Stabilitätsthese genügt. Nehmen wir an, daß es eine solche Sprache gibt. Es wird dies eine Sprache sein, in der wir gewisse Dinge beschreiben, indem wir Eigenschaften oder Relationen von ihnen aussagen. Es kann natürlich der Fall eintreten, daß die eine oder die andere unserer Beschreibungen falsch ist, weil wir nicht mit genügender Vorsicht vorgegangen sind. Aber kann es sich herausstellen, daß das Kategoriensystem der Beobachtungssprache falsch ist, d.h., kann es sich herausstellen, daß selbst adäquate und sorgfältig durchgeführte Messungen zu falschen Resultaten führen? Vergleichen wir, um diese Frage zu beantworten, die Situation in einer *Theorie*, etwa in der klassischen Atomtheorie. Diese Theorie arbeitet mit bestimmten Grundbegriffen (Atom, Kraft, Entfernung usw.), und sie beschreibt gewisse Erscheinungen, wie etwa die Druckschwankungen in einem Vakuum, mit Hilfe dieser Grundbegriffe. Als eine Theorie ist sie der Widerlegung ausgesetzt, und wenn sie widerlegt wird (in einem entscheidenden Experiment mit einer Kontinuumstheorie), dann müssen wir zugeben, daß alles ein Irrtum war, daß es keine Atome gibt und daß daher auch gewisse Begriffe entfernt werden müssen (man kann ja nicht existierende Gegenstände auf Grund von Begriffen beschreiben, die nicht-existierende Gegenstände bezeichnen). Die fiktive Beobachtungssprache, mit der wir uns im Augenblick befassen, ist angeblich ohne theoretische Elemente, und sie ist außerdem (und zwar gerade aus dem eben erwähnten Grund) stabil. Also muß ihr kategorischer Apparat immer adäquat sein, und wir können niemals in eine Situation kommen, die uns zu einer Reformation dieses Apparates zwingt. Das hat eine sehr wichtige Folge. Nehmen wir für einen Augenblick an, daß die ‚Dingsprache‘ Carnaps eine Beobachtungssprache ist in dem eben diskutierten Sinn. (Die ‚Dingsprache‘ ist eine Sprache, in der makroskopischen Gegenständen, wie Tischen und Stühlen, beobachtbare Eigenschaften zugeschrieben werden, wie etwa eine bestimmte Farbe, eine bestimmte Gestalt.) Dann ist nach einer wohldefinierbaren Reihe von Beobachtungen kein Zweifel mehr möglich an der Existenz von Tischen und Stühlen, diese Existenz ist dann ein Faktum, das absolut feststeht. Man beachte — der letzte Satz ist keine Tautologie! Wenn wir die Existenz von Phlogiston *voraussetzen* und wenn wir außerdem gewisse Annahmen treffen über seine Eigenschaften, dann kann auf Grund dieser Voraussetzungen eine klare Unterscheidung getroffen werden zwischen adäquaten und nicht adäquaten Methoden der Beobachtung und Messung von Phlogiston. Wenn wir die Existenz von Atomen *voraussetzen* und wenn wir wieder gewisse Annahmen treffen über ihre Eigenschaften, dann kann wieder eine Unterscheidung getroffen werden zwischen adäquaten und nicht adäquaten Methoden der Messung ihres Durchmessers oder der Anzahl von Atomen (Molekülen) in einem Molekül. Wenn es jedoch keine Atome gibt, dann bedarf das Ergebnis aller jener Messungen, die innerhalb der Atomtheorie als adäquat angesehen wurden, der Umdeutung. Die Zahl $\sim 10^{-8}$ bezieht sich nun nicht mehr auf eine minimale Ausdehnung von Materie, sondern vielleicht auf eine Grundkonstante gewisser Periodizitäten eines kontinuierlichen Mediums. Die Stabilitätsthese führt nun zu dem Ergebnis, daß im Falle einer Beobachtungssprache eine derartige Umdeutung weder notwendig noch möglich ist. Das heißt, wenn es eine Beobachtungssprache gibt im gegenwärtig diskutierten Sinn des Wortes, dann sind gewisse Beobachtungen für sich und ohne jede weitere theoretische Annahme völlig hinreichend, um das Vorliegen eines bestimmten Tatbestandes *mit absoluter Sicherheit zu behaupten* (man vergleiche auch die Überlegungen im vorhergehenden Abschnitt). Ein Philosoph oder ein Wissenschaftler, der den Grundsatz akzeptiert, daß jeder Satz der Wissenschaft revidierbar sein muß, muß also die Stabilitätsthese verwerfen und damit die Existenz einer Beobachtungssprache im Sinne der dritten Erklärung. (Ob das, wie Russell behauptet, die Annahme einer Kohärenztheorie der Wahrheit bedeutet, wird an einer späteren Stelle des vorliegenden Abschnittes zu untersuchen sein.) Man beachte, daß sich diese Verwerfung wieder auf den methodologischen *Entschluß* gründet, nur widerlegbare Sätze in die Wissenschaft (oder, allgemeiner, in unser Wissen) aufzunehmen. (Das ist meines Erachtens eine ganz allgemeine Eigenschaft erkenntnistheoretischer Probleme: sie werden nicht durch *Beweise* gelöst, sondern durch *Entschlüsse* sowie durch den [empirischen oder logischen] Nachweis, daß die getroffenen Entschlüsse realisierbar sind. So etwa ist Wissenschaft im Sinne gewisser methodologischer Festsetzungen nur dann realisierbar, wenn es Individuen gibt, deren Sprache neben der emotionalen, deskriptiven und andeutenden Funktion eine wohlentwickelte argumentative Funktion aufweist, und wenn diese Individuen außerdem fähig sind, plausible Ideen aufzugeben und unplausible Ideen anzunehmen oder zu erfinden. Die Rolle von Entschlüssen in der Diskussion erkenntnistheoretischer Probleme ist sowohl von Professor Victor Kraft als auch von Professor K. R. Popper mit großer Klarheit hervorgehoben worden. Die Frage der Realisierbarkeit solcher Entschlüsse hat hingegen nicht die Aufmerksamkeit erfahren, die sie verdient.)

Wir wenden uns nun der Frage der Existenz von Sprachen zu, die der Stabilitätsthese genügen. Philosophen der verschiedensten Provenienz haben behauptet, daß die *Alltagssprache* oder die *Dingsprache* (die ein Teil der Alltagssprache ist) der Stabilitätsthese genügt. Diese Behauptung muß mit großer Vorsicht untersucht werden. Es ist ja durchaus möglich und vielleicht sogar richtig, daß die Alltagssprache stabil ist in bezug auf die Änderung wissenschaftlicher Theorien. Aber daraus folgt weder, daß sie keine theoretischen Elemente enthält, noch können wir ableiten, daß ihr Kategorienapparat adäquat ist zur Beschreibung der Wirklichkeit. Wir können außerdem zeigen, daß eine Sprache, die der Stabilitätsthese nicht nur *de facto* genügt, sondern die ihr aus logischen (oder ‚ontologischen‘) Gründen genügen muß, bei der Überprüfung wissenschaftlicher Theorien keine Rolle spielen kann und somit keine Beobachtungssprache sein kann. Denn eine notwendige Bedingung, die jeder Beobachtungssatz erfüllen muß, ist doch, daß er ableitbar sei aus der Theorie, die er prüfen soll. Wir diskutieren nun der Reihe nach die beiden zuletzt aufgestellten Behauptungen.

Erstens die *De-facto*-Stabilität der Alltagssprache — falls sie existiert — zeigt höchstens, *daß niemand eine Änderung durchgeführt hat;* sie zeigt weder, daß keine Änderung notwendig ist, noch daß eine solche Notwendigkeit niemals auftreten kann. Sie zeigt also nicht, daß die Alltagssprache keine theoretischen Elemente besitzt. Eine Sprache ändert sich schließlich nicht von selbst; sie ist ein Produkt der Menschen, die sie sprechen, und sie reflektiert daher die Ideen, die Einstellungen und auch das Verhalten jener Menschen. Der Grund für die Stabilität der Sprache kann also einfach Faulheit sein oder Ignoranz oder Dogmatismus (welch letzterer sich entweder auf ,die Tradition' beruft oder aber auf ,ontologische' Scheinbeweise, die alle das *non sequitur* enthalten, daß das, was so ist, immer so sein muß). Die *De-facto*-Stabilität einer bestimmten Sprache darf uns somit nicht beeindrucken. Wir müssen vielmehr die *logische* Frage stellen, ob eine Revision *vorstellbar* ist. Diese Frage ist aber identisch mit der Frage, ob die Alltagssprache theoretische Elemente enthält.

Eine sehr einfache Analyse zeigt, daß diese Frage mit ,ja' beantwortet werden muß. Betrachten wir etwa die Weise, in der das Wortpaar ,oben-unten' von Menschen verwendet wird, die von der Struktur der Welt nichts wissen (Das ist kein bloß theoretischer Fall. Und wenn man einwendet, daß wir nun eine Sprache diskutieren, die nicht mehr gesprochen wird, so ist ja damit schon zugegeben, daß die Stabilitätsthese *de facto* falsch ist). ,Oben' heißt in diesem Fall die Richtung von den Zehen zum Kopf, ,unten' ist die entgegengesetzte Richtung für ein aufrecht stehendes Individuum. Daß diese Verwendungsweise eine absolute ist, ersieht man aus dem oft getroffenen Einwand gegen die Annahme einer kugelförmigen Erde, daß die Antipoden ,herunter'fallen müssen. Wohlgemerkt, diese empirische Behauptung ist eine Konsequenz der *Verwendungsweise* des Wortpaares ,oben-unten' und nicht nur Konsequenz einer physikalischen Theorie allein: man fällt immer nach ,unten' (Verallgemeinerung aus der Erfahrung); ,oben-unten' ist eine absolute Richtung im Universum; *also* müssen Antipoden, falls es sie gibt, von der Erde wegfallen.

Betrachten wir diese Verwendungsweise etwas näher. Sie impliziert eine sehr interessante kosmologische Theorie. Nach dieser Theorie ist das Universum anisotrop und besitzt eine ausgezeichnete Richtung. Die Alltagssprache ist also weit davon entfernt, eine Beobachtungssprache im Sinne der dritten Erklärung zu sein. Sie enthält theoretische Elemente, diese theoretischen Elemente sind sehr abstrakt, und sie gehen weit über das hinaus, was direkt beobachtet wird. (Daß dies ganz allgemein für ,Alltagssprachen' gilt, hat Whorff in seinen meisterhaften Untersuchungen gezeigt.) Diese Elemente sind außerdem so beschaffen, daß sie modernen Erkenntnissen widersprechen. Das ist tatsächlich anerkannt worden, und wir verwenden daher auch heute Begriffe wie ,oben' und ,unten' in einem *relativen* Sinn, indem wir sie auf den Erdmittelpunkt beziehen, oder, noch besser, auf die stärkste benachbarte Kraftquelle. (Das Auftreten von Zentrifugalkräften in Flugzeugen führt zu weiteren Komplikationen und weiteren Relativisierungen.) Anstelle eines absoluten Prädikates, das sozusagen eine inhärente Eigenschaft des Raumes beschreibt, haben wir also heute eine Relation. Es ist natürlich durchaus möglich, daß gewisse Sprachgruppen aus Ignoranz oder aus Dogmatismus diese Änderung nicht durchgeführt haben. Dies macht, wie wir gezeigt haben, die Alltagssprache noch nicht zu einer Beobachtungssprache im Sinne der dritten Erklärung. Aber wir müssen zugeben, daß ein solches Verhalten durchaus möglich ist. Allein die Konsequenz ist, daß die Alltagssprache dann nicht mehr als eine Beobachtungssprache für jene Theorien in Frage kommt, die ihrem theoretischen Aufbau widerspricht. Das ist der zweite der Einwände, die wir weiter oben angekündigt haben.

Der Einwand ist wie folgt: Eine Beobachtungssprache muß zwei Bedingungen erfüllen. Sie muß erstens so beschaffen sein, daß menschliche Individuen jeden ihrer singulären Sätze schnell und sicher annehmen oder verwerfen können (in der *ersten Erklärung* spielte diese Eigenschaft die Rolle einer notwendigen *und hinreichenden* Bedingung. Es ist klar, daß alle weiteren Erklärungen diese Eigenschaft als eine *notwendige* Bedingung enthalten müssen). Zweitens aber müssen die Sätze einer Beobachtungssprache ableitbar sein aus der zu überprüfenden Theorie. Was nun aus der Gravitationstheorie folgt (die die Inadäquatheit des alten Sprachgebrauches zeigt) sind Sätze über relative Positionen von Massenpunkten oder Planeten, also Sätze, die zu ihrer Formulierung des *neuen* Sinnes von ‚oben‘ und ‚unten‘ bedürfen. Diese Sätze können nicht in der alten Sprache ausgedrückt werden, die damit aufhört, eine Beobachtungssprache zu sein, zumindest in bezug auf die hier vorliegende Theorie. Aber dieses Resultat ist bereits hinreichend zur Widerlegung der Stabilitätsthese, die behauptet, daß die Alltagssprache eine Beobachtungssprache ist *für jede nur denkbare Theorie.*

Ein Umstand, der die Richtigkeit der Stabilitätsthese vortäuscht selbst in jenen Fällen, in denen eine sehr revolutionäre Veränderung des Wortgebrauches stattgefunden hat, ist der folgende: Wenn wir uns auf Ereignisse in der Nähe der Erdoberfläche beschränken — und das sind Ereignisse, die für den Alltagsmenschen, zumindest bis etwa 1920, die allein interessanten waren —, dann fällt der alte Wortgebrauch mit dem neuen zusammen. Man kann nur die ‚Alltagssprache‘ willkürlich auf diesen Bereich einschränken und dann verkünden, daß keine Veränderung im Wortgebrauch stattgefunden hat. Allein diese Einschränkung bedeutet erstens eine Modifikation, wie das Argument gegen die Möglichkeit von Antipoden zeigt, das ja *in der Alltagssprache* formuliert wurde. Und zweitens sind zwei Verwendungsweisen noch nicht identisch, wenn sie in einem engen Bereich zusammenfallen.

Ein zweites Beispiel, das die Notwendigkeit einer Änderung der Alltagssprache zeigt, ist das folgende: Im Alltag schreiben wir die Farbe, die wir beobachten, direkt dem beobachteten Gegenstande zu. D.h. der Satz, den wir auf Grund gewisser Eindrücke äußern, beschreibt weder unsere eigenen Empfindungen, noch die Atmosphäre zwischen dem Gegenstand und dem Beobachter; dieser Satz betrifft den beobachteten Gegenstand selbst, und er schreibt ihm eine Eigenschaft zu, von der (auf Grund des kategorialen Systems der Alltagssprache) angenommen wird, daß sie unabhängig ist von der Beleuchtung, vom Zustand des Beobachters sowie von den Handlungen, die er gerade ausführt.

Diese Eigenschaft ist also ein objektiver Zug des beobachteten Körpers. Die Entdeckung des Dopplereffektes zwingt uns die folgende Modifikation auf: Was wir dem Objekt auf Grund der ‚direkten Beobachtung' zuschreiben, d.h. auf Grund eben jener Handlungen, die uns vorher zur Zuschreibung objektiver Qualitäten geführt haben, ist nicht mehr eine objektive oder absolute Eigenschaft dieses Gegenstandes selbst, sondern eine Beziehung zwischen ihm und dem Koordinatensystem, in dem der Beobachter ruht. Eine Änderung des Begriffes ‚Farbe' erweist sich also als nötig. Wir können diese Änderung auf zweifache Weise bewerkstelligen, entweder so, daß wir eine Eigenschaft einführen, die nicht mehr der direkten Beobachtung zugänglich ist und die wir die ‚Eigenfarbe' des Objektes nennen. Oder aber wir können das Wort ‚Farbe' weiterhin als einen Beobachtungsausdruck auffassen, in welch letzterem Fall wir es als eine Beziehung umdeuten müssen und nicht mehr als eine absolute Eigenschaft des betrachteten Objektes. Auch hier läßt sich zeigen, daß die Alltagssprache nur dann eine befriedigende Beobachtungssprache für optische Theorien sein kann, wenn man in ihr diese Modifikationen durchgeführt hat.

An dieser Stelle erhebt sich nun der folgende entscheidende Einwand: Warum fordern wir, daß eine Beobachtungssprache für die Optik die beobachtete Farbe als eine Relation auffasse und nicht mehr als eine objektive Eigenschaft? Weil der Dopplereffekt, d.h. weil ein Teil der Optik uns lehrt, daß die Eigenschaften des Wellenzuges, der unser Auge betritt, nicht nur von den Vibrationen der Elektronen an der Oberfläche des beobachteten Körpers abhängt (wir denken hier klassisch und reden außerdem nur von selbstleuchtenden Körpern), sondern auch noch von der relativen Bewegung zwischen dem Empfänger und dem Sender. Dasselbe, und das war unser Argument, muß daher auch für die beobachtete Farbe gelten. Allein diese Argumentation, so läuft der Einwand, setzt voraus, daß das Problem der Existenz theoretischer Entitäten bereits im positiven Sinn gelöst worden ist. Wir fordern ja, daß die beobachtete Farbe als eine Beziehung aufgefaßt werde, weil *in der Theorie* die Eigenschaften des eintreffenden Wellenzuges wie etwa seine Wellenlänge vom Koordinatensystem abhängen, von dem aus sie beobachtet werden, und wir nehmen dabei klarerweise an, daß es Wellenzüge *gibt*, daß ihre Eigenschaften objektive Züge der Natur sind, die daher auch im Fall von Beobachtungen zur Geltung kommen müssen. Es ist zuzugeben, so wird dieser Einwand fortsetzen, daß eine realistische Interpretation physikalischer Theorien uns zu einer Änderung selbst unserer Beobachtungssprache zwingen muß — aber die Frage besteht ja gerade darin, ob sich eine solche realistische Interpretation rechtfertigen läßt. Und diese Frage kann nicht durch eine Diskussion der Umstände gelöst werden, die eintreten, wenn man den Realismus akzeptiert. Wenn wir aber umgekehrt den Zeichen der Theorie keinen wie immer gearteten Sinn zuschreiben, wenn wir sie nur als adäquate Mittel zur Vorhersage bekannter, beobachtbarer und daher in der Beobachtungssprache beschreibbarer Tatsachen auffassen, dann besteht nicht der geringste Grund zur Änderung des Kategoriensystems dieser Sprache. Und damit sind wir von neuem zurückgeworfen auf unser Problem, d.h. auf die Frage, ob theoretische Begriffe realistisch interpretiert werden sollen oder nicht.

Allein, diese Frage erscheint jetzt in einem völlig neuen Licht. Wir haben ja nachgewiesen, daß die Alltagssprache oder die Dingsprache, die hier verteidigt werden soll, abstrakte theoretische Elemente enthält. Wodurch sind diese theoretischen Elemente von den Ideen ausgezeichnet, die gewissen wissenschaftlichen Theorien zugrunde liegen? Sie sind einzig dadurch ausgezeichnet, daß sie in der Alltagssprache vorkommen und zur Beschreibung beobachtbarer Sachverhalte verwendet werden. Das erste ist ein historischer Zufall, der nichts mit Fragen der Existenz oder der Angemessenheit dieser Elemente zu tun hat. In bezug auf den zweiten Teil der eben aufgestellten Behauptung ist aber das folgende zu sagen: Wir haben eben an zwei Beispielen gezeigt, daß sich die Erfahrungen nicht nur mit Hilfe der Kategorien der Alltagssprache beschreiben lassen, *sondern ebensogut mit Hilfe eines anderen Kategoriensystems,* das außerdem den Vorteil größerer Kohärenz hat. Was verbleibt uns also als Argument für die ausgezeichnete Stellung der theoretischen Annahmen, welche der Dingsprache oder der Alltagssprache zugrunde liegen? Einzig der Hinweis, daß diese Annahmen ‚intuitiv evident‘ sind — was nichts anderes heißt, als daß diese Elemente vertraut und andere Elemente weniger vertraut sind, und auch das hat nichts mit Fragen der Existenz oder mit Fragen der Wahrheit zu tun. Und wenn es zugegeben wird, daß die intuitive Einsichtigkeit, in einer bestimmten Weise zu sprechen, ein Existenzkriterium ist, dann brauchen wir ja nur die Beobachter umzuschulen, um sie so zu unserem Standpunkt zu bekehren.

Aus all diesen Überlegungen folgt, daß die Argumente, die üblicherweise für die Wahl einer bestimmten Beobachtungssprache (im Sinne der dritten Erklärung) angeführt werden, völlig unzureichend sind. Jede Theorie, die die genügende deskriptive Mannigfaltigkeit besitzt und die außerdem eine annähernd richtige Beschreibung der Vorgänge in der Alltagswelt gibt, jede solche Theorie kann mit gleichem Recht den Anspruch erheben, das für die Beobachtungssprache nötige Kategoriensystem zu liefern. Der Unterschied ist natürlich, daß einige dieser Theorien falsch sein werden (was durch Untersuchungen *außerhalb* des Alltagsbereiches nachgewiesen wird). Damit fällt die These in sich zusammen, daß der Realismus der Beobachtungswelt eine Selbstverständlichkeit ist, während der Realismus in bezug auf theoretische Entitäten erst einer Rechtfertigung bedarf. Das einzige Problem, das verbleibt, ist die Frage, ob überhaupt etwas existiert. Und wenn wir zugeben, daß beobachtete Dinge existieren, dann folgt es ganz von selbst, daß auch theoretische Entitäten existieren, denn die beobachteten Dinge sind das Resultat einer Überlagerung theoretischer Entitäten, und die Zusammensetzung von Nichtsen kann nicht zu einem Etwas führen.

Das ist also die Lösung, die wir für das Problem der theoretischen Entitäten vorschlagen: Jede Beobachtungssprache enthält theoretische Elemente (das folgt bereits aus unserer Zurückweisung der Sinnesdaten). Jene Philosophen, die das Problem theoretischer Entitäten stellen, gestehen zu, daß beobachtbare Dinge existieren. Die Kategorien, die wir zur Beschreibung beobachtbarer Situationen verwenden, sind nun durch die Struktur der Erfahrung, die ja immer dem Irrtum unterworfen sein kann und die außerdem nur annähernd wahre Auskünfte gibt, noch nicht eindeutig bestimmt. Es ist also möglich und auch tatsächlich der Fall, daß völlig verschiedene Theorien mit Hilfe völlig verschiedener Kategorien dieselbe Alltagserfahrung adäquat beschreiben. Das Prinzip, daß, was sich in der Alltagserfahrung beobachten läßt, auch wirklich ist, führt nun sofort zur Wirklichkeitserklärung der Elemente *aller* dieser Theorien, außer wir besitzen ein Auswahlprinzip, das die Alltagserfahrung übersteigt. Dieses Auswahlprinzip ist das wissenschaftliche Experiment. Dieses Experiment wählt im Idealfall aus den im Alltagsbereich adäquaten Theorien eine einzige aus. Das Prinzip, daß das, was sich beobachten läßt, wirklich ist, führt dann sofort zum Ergebnis, daß die Entitäten, mit denen *diese* Theorie arbeitet, auch selbst wirklich sind. Kurz und bündig: die positive Lösung des Problems der Existenz theoretischer Entitäten folgt aus a) der bei der Formulierung dieses Problems stillschweigend vorausgesetzten Annahme, daß alles Beobachtbare existiert, und b) aus der Annahme, daß die Beobachtungssprache nichts anderes ist als ein subjektiv ausgezeichneter Sektor eines sehr allgemeinen und abstrakten theoretischen Systems.

Wir müssen nun zu Ende noch eine Antwort geben auf Russells Argument. Die These, die aus unseren obigen Argumenten folgt, ist, daß jede Sprache eine theoretische Sprache ist, d.h. eine Sprache, die ein abstraktes, detailliertes und dem Wechsel zugängliches Kategoriensystem besitzt; daß die Beobachtungssprache nicht eine zusätzliche Sprache ist, die keine theoretischen Elemente mehr enthält, sondern die logische Summe aller jener Teile der verschiedenen in Verwendung befindlichen theoretischen Sprachen, über die menschliche Individuen schnell zu einer Entscheidung kommen können, die außerdem einmütig sein wird. Und das Problem der Existenz theoretischer Entitäten ist im positiven Sinn zu lösen, weil es ja unter der Voraussetzung gestellt wird, daß beobachtbare Dinge existieren. Aber wo bleibt nun der Sachbezug der Theorien? Und sind wir nicht gezwungen, eine Kohärenztheorie der Wahrheit zu akzeptieren?

Wie so oft in philosophischen Dingen lautet die Antwort hier — ja und nein. Es ist wahr, daß unsere ‚Erfahrung‘ sich ständig ändert, nicht nur extensiv, sondern auch hinsichtlich der ‚Natur‘ der bereits beobachteten Tatsachen. Längenangaben hatten eine absolute Bedeutung, heute werden sie umgedeutet als Beziehungen, die in bestimmten ausgezeichneten Koordinatensystemen gelten. Beobachtete Sternörter hatten eine direkte Beziehung zu den Sternen selbst. Heute sagen wir, daß wir ‚direkt‘ nur die Richtung des ankommenden Lichtes beobachten, und diese ist nicht unmittelbar mit dem Ort des aussendenden Sternes verbunden. Wir deuten also unsere ‚Erfahrungen‘ im Lichte der Theorien um, die wir besitzen — es gibt keine ‚neutrale‘ Erfahrung. Trotz dieser Umdeutung besteht aber eine praktische Invarianz insoferne, als wir fordern, daß auch die umfassendste und abstrakteste Theorie uns angenähert jene Resultate gebe, die eine weniger abstrakte Theorie enthält. Dieses methodologische Prinzip hat zur Folge, daß alle die verschiedenen Theorien, die im Verlauf der Geschichte der Wissenschaft vorgeschlagen worden sind, ‚etwas‘ gemeinsam haben. Was ist dieses ‚etwas‘?

Dieses Etwas ist keinesfalls eine ‚Tatsache‘ und das schon darum nicht, weil ja die verschiedenen Theorien, die in der Beobachtungssprache von jeher impliziten Theorien eingeschlossen, etwas ganz Verschiedenes aussagen über diesen gemeinsamen Kern. Insbesondere ist dieser Kern keine Empfindung; denn wenn wir unsere Theorien realistisch interpretieren — und wir haben gesehen, daß die Weise, in der das Problem der Existenz theoretischer Entitäten gestellt worden ist, uns zu einer solchen Interpretation zwingt — dann reden sie nicht über Empfindungen, außer es handelt sich um eine psychologische Theorie. Das gemeinsame Element verschiedener Theorien ist also nichts, das sich *qua* Element in irgendeiner Theorie beschreiben läßt. Man kann natürlich die letzte, modernste, erfolgreiche Theorie um Auskunft bitten. Aber auch diese Theorie wird überholt werden, und dennoch werden wir fordern müssen, daß ihr Nachfolger in demselben Bereich erfolgreich ist, in dem sie selbst erfolgreich war. Wir müssen also zugeben, daß die theoretischen Aussagen, die wir machen, aus Gründen der *Kohärenz* aufgestellt werden. Ich möchte an dieser Stelle ausdrücklich darauf verweisen, daß dies nicht als ein Einwand gelten kann. Wenn wir eine richtige Theorie besitzen, dann ist es in der Tat angemessen, zu fordern, daß alle übrigen Theorien mit ihr vereinbar seien. Die Richtigkeit einer Theorie liegt im Sachbezug — zugegeben. Aber der Sachbezug liegt nicht an der Stelle, an der Russell ihn sucht, er liegt nicht in den Eindrücken des Subjekts, ob diese nun als Sinnesdaten oder als Empfindungen in üblichem Sinn interpretiert werden. Die Identifikation von Sachbezug und Eindruck würde ja nichts anderes bedeuten als die Erhebung des Beobachters zu einem Meßinstrument von absoluter Präzision, das genau wiedergibt, was sich in der Welt ereignet. ‚Was der Beobachter empfindet, das ist auch wirklich da‘ — das ist nichts als reinster Subjektivismus. Aber wie *versichern* wir uns des Sachbezuges?

Ich glaube, daß diese Antwort nur von einer voll entwickelten Kausaltheorie der Wahrnehmung wird gegeben werden können. Diese Theorie würde zu zeigen haben, in welcher Weise bestimmte Tatsachen in der Umwelt zu Reaktionen in Organismen führen, die einen bestimmten (körperlichen und seelischen) Aufbau besitzen und wie eine gewisse Reihe von Reaktionen zu Erwartungen Anlaß geben kann. Es ist klar, daß unsere Erwartungen, die sich schließlich auf die Erfahrungen in einem engen Bereich der Welt stützen, bei einer Reise in andere Bereiche nicht mehr adäquat sein werden. Die Gesamtmenge aller Reaktionen (Empfindungen und Wahrnehmungen eingeschlossen) in dem Ausgangsbereich ist nun jenes gemeinsame Element, von dem weiter oben die Rede war. Allein, dieses Element ist nicht eine *Tatsache, auf die sich unsere Theorien stützen,* sondern *es ist der Akt des Vorschlagens dieser Theorien selbst.* Als Beobachtungsmechanismen können wir nicht umhin, in gewissen Situationen auf mehr oder weniger offenkundige Weise zu reagieren. Als rationale Wesen wollen wir diese Reaktionen als Beschreibungen von vorliegenden Tatsachen interpretieren. Die Enttäuschung der Erwartungen, zu denen das Kategoriensystem führt, das wir zum Zweck dieser Beschreibung eingeführt haben, zwingt uns, dieselben Reaktionen mit anderen Erwartungen zu verknüpfen, d.h. sie zwingt uns, den geäußerten Sätzen (oder den gemachten Erfahrungen) eine andere Interpretation zuzuschreiben. Was allen Theorien gemeinsam ist, ist also nichts, was sich in irgendeiner dieser Theorien beschreiben läßt, da es einfach in der Tatsache besteht, daß manchmal gewisse

Aussagen und darunter auch die erwähnten Theorien fast automatisch produziert werden. Die ‚Einheit der Erfahrung‘ ist somit eine *praktische* Einheit, die sich auf die Einheit der Struktur menschlicher Organismen gründet. Diese Einheit gibt uns keinen Bezugspunkt und keine Konfirmationsgrundlage für unsere Theorien, obgleich die wissenschaftliche Methodologie fordert, daß alle Theorien im Alltagsbereich zu Voraussagen führen, die von menschlichen Organismen in diesem Bereich automatisch produziert (nicht konfirmiert!) werden. Theoretisch gesprochen bedeutet das natürlich die Annahme einer Kohärenztheorie. Aber die verwendeten Theorien sind so beschaffen, daß gewisse ihrer Folgen unter bestimmten Umständen von menschlichen Individuen geäußert und damit ein Bestandteil des menschlichen Verhaltens werden — obgleich dies natürlich gar nichts mit ihrem Sinn oder mit ihrem Sachbezug zu tun hat. Wieviel Sachbezug in diesem Verhalten liegt, kann einzig von einer Kausaltheorie der Erfahrung entschieden werden.

Kapitel 4

Wissenschaft ohne Erfahrung

Eine der wichtigen Eigenschaften der modernen Wissenschaft ist zumindest für einige ihrer Bewunderer ihre *Universalität*: *jede* Frage kann wissenschaftlich behandelt werden, und man erhält dann entweder eine unzweideutige Antwort oder eine Erklärung, warum keine Antwort gegeben werden kann. In der vorliegenden kurzen Notiz werde ich die Frage stellen, ob die *empirische Hypothese* korrekt ist, das heißt, ob die Erfahrung als wahre Quelle und Grundlage (Prüfungsbasis) unseres Wissens gelten kann.

Wenn man diese Frage stellt und eine wissenschaftliche Antwort erwartet, dann nimmt man an, daß eine Wissenschaft *ohne* Erfahrung eine *Möglichkeit* ist, man nimmt an, daß die Idee weder absurd ist noch sich selbst widerspricht. Es muß möglich sein, sich eine Naturwissenschaft ohne sinnliche Elemente vorzustellen, und es sollte vielleicht auch möglich sein anzudeuten, wie eine solche Wissenschaft funktioniert.

Nun sagt man, daß die Erfahrung die Wissenschaft an drei Stellen betritt: bei der Prüfung, bei der Assimilation der Ergebnisse einer Prüfung und beim Verständnis von Theorien.

Eine Prüfung mag komplexe Apparate und höchst abstrakte Hilfsannahmen verwenden. Aber ihr Endergebnis muß von einem menschlichen Beobachter zur Kenntnis genommen werden, der sich eine Apparatur *anschaut* und eine beobachtbare Änderung *konstatiert*. Auch die Mitteilung des Ergebnisses einer Prüfung involviert die Sinne: wir *hören*, was uns jemand sagt; wir *lesen*, was ein Forscher niedergeschrieben hat. Schließlich sind die abstrakten Prinzipien einer Theorie nur Zeichenreihen, ohne Beziehung auf die Außenwelt, außer wir wissen, wie sie mit Experimenten — und das heißt, nach dem ersten Punkt unserer Liste — mit der Erfahrung verbunden werden können.

Man kann leicht zeigen, daß die Erfahrung an keiner der eben erwähnten Stellen nötig ist.

Zunächst braucht sie nicht im *Prüfungsverfahren* vorzukommen: wir können die Theorie zum Programmieren eines Computers verwenden und den Computer mit geeigneten Instrumenten versehen, die er (sie, es) für relevante Messungen verwendet, welche zu ihm zurückkehren und hier zu einer Bewertung der Theorie führen. Der Computer gibt eine ja-nein Antwort, aus der der Wissenschaftler *lernt*, ob die Theorie bestätigt wurde, ohne in irgendeiner Weise an der Prüfung *teilgenommen* zu haben (d.h. ohne die relevante *Erfahrung*).

Lernen, was ein Computer sagt, heißt informiert werden über einfache Ereignisse in der makroskopischen Welt. *Gewöhnlich* reist derartige Information über die Sinne und gibt dabei zu wohldefinierten Empfindungen Anlaß. Das ist aber nicht immer der Fall. Subliminale Wahrnehmung führt direkt zu

Reaktionen, und ohne Sinnesdaten. Latentes Lernen führt direkt zu Gedächt-
nisspuren, und ohne Sinnesdaten. Posthypnotische Aufträge führen direkt zu
(verspäteten) Reaktionen, und ohne Sinnesdaten. Daneben haben wir das ganze,
weite, unerforschte Feld telepathischer Phänomene. Ich behaupte nicht, daß die
Naturwissenschaften, wie wir sie heute kennen, auf diese Phänomene allein
aufgebaut und von Empfindungen völlig befreit werden können. Die Phänomene
sind peripher, man beachtet sie in unserer Erziehung nur wenig (zum Beispiel,
wir werden nicht trainiert, unsere Fähigkeit für latentes Lernen besser einzusetzen), und es wäre also unklug und unpraktisch, sich auf sie allein zu verlassen.
Aber es ist immerhin erwiesen, daß Empfindungen für die Wissenschaft nicht
nötig sind, daß sie nur aus praktischen Gründen vorkommen, und daß es bereits
andere Methoden gibt, die zu ihrer Ersetzung führen können.

Ziehen wir nun den Einwand in Betracht, daß wir unsere Theorien nur
darum *verstehen* und *anwenden können*, weil wir gelernt haben, wie sie mit
der Erfahrung verbunden sind. Dann müssen wir uns daran erinnern, daß die
Erfahrung *zusammen mit* theoretischen Annahmen und nicht *vor ihnen* auftritt und daß eine Erfahrung ohne Theorien ebenso unverständlich ist wie (angeblich) eine Theorie ohne Erfahrung: man eliminiere einen Teil des theoretischen Wissens eines wahrnehmenden Subjekts, und man erhält einen Menschen,
der völlig desorientiert ist, unfähig, die einfachste Handlung auszuführen. Man
eliminiere weiteres Wissen, und seine Wahrnehmungswelt (seine 'Beobachtungssprache') beginnt zu zerfallen; sogar Farben und andere einfache Empfindungen
verschwinden, bis er sich in einem Zustand befindet, der sogar noch primitiver
ist als der eines kleinen Kindes. Andererseits haben Kinder keine stabile Wahrnehmungswelt, die sie verwenden, um den ihnen vorgestellten Theorien einen
Sinn abzugewinnen. Ganz im Gegenteil: das Kind bewegt sich durch verschiedene Wahrnehmungsstadien, die nur lose miteinander verbunden sind (frühere
Stadien *verschwinden*, wenn neue Stadien auftreten) und die alle zur Zeit erworbenen theoretischen Kenntnisse enthalten. Ja noch mehr: der ganze Prozeß
(der sehr komplexe Prozeß des Sprachenlernens eingeschlossen — und das können
drei bis vier verschiedene Sprachen sein) beginnt nur darum, weil das Kind korrekt
auf Signale reagiert, *es deutet sie korrekt*, d.h. weil es Interpretationsmittel besitzt, schon bevor es seine erste klare Empfindung gehabt hat. Wir können uns
wieder vorstellen, daß dieser Interpretationsapparat ohne Empfindungsbegleitung
arbeitet (wie das bei Reflexen und gut gelernten Bewegungen, wie Maschinen-
schreiben, der Fall ist). Das theoretische Wissen, das er enthält, kann also sicher
korrekt *angewendet* werden — aber vielleicht, ohne daß man es *versteht?* Was
tragen aber die Empfindungen zu unserem Verständnis bei? Für sich allein, das
heißt so, wie sie einem völlig desorientierten Menschen erscheinen, sind sie nutzlos,
sowohl zum Verstehen als auch zum Handeln. Noch genügt es, sie einfach mit den
bestehenden Zeichenkomplexen zu *verbinden.* Das gibt uns kompliziertere Komplexe und nicht das Verständnis der ursprünglichen Ausdrücke, das wir wünschten.
Nein, die Empfindungen müssen unserem Verhalten auf eine Weise eingegliedert
werden, die es uns erlaubt, reibungslos von ihnen zum Handeln überzugehen.
Aber damit sind wir bei der früheren Situation angelangt, wo die Zeichen verwen-

det, aber angeblich noch nicht verstanden wurden. Verstehen im hier verlangten Sinn ist also sowohl wirkungslos als auch überflüssig. Ergebnis: Empfindungen lassen sich auch aus dem Prozeß des Verstehens eliminieren (obwohl sie ihn natürlich weiterhin begleiten können, genauso wie Kopfschmerzen tiefes Denken begleiten).

Ich schließe mit einigen Bemerkungen über die Dichotomie von Beobachtung und Theorie.

Die Diskussion dieser Dichotomie befaßt sich meistens mit der Frage ihrer Existenz, *nicht* ihres Zwecks. Wir können bereitwillig die Existenz von Sätzen zugeben, die man durch Hinsehen untersucht, und von anderen Sätzen, bei denen man komplizierte Berechnungen auf Grund abstrakter theoretischer Annahmen durchführen muß. Es gibt Beobachtungssätze und theoretische Sätze in diesem Sinn. Aber es gibt auch lange Sätze und kurze Sätze, intuitiv einleuchtende Sätze und Sätze, die entweder absurd klingen oder unsere Intuitionen doch kalt lassen, und dergleichen mehr. Warum sollen Theorien auf Grund einer *Beobachtungs*sprache interpretiert werden und nicht vielmehr auf Grund einer Sprache intuitiv evidenter Sätze (wie man es noch vor wenigen Jahrhunderten tat und ohnehin tun muß, denn die Beobachtung hilft einer desorientierten Person nicht weiter) oder auf Grund einer Sprache, die nur kurze Sätze enthält (was in vielen Einführungen in die Physik geschieht)? Weil die Beobachtung angeblich eine Quelle (ein Prüfgrund) unseres Wissens ist. Aber ist diese Annahme korrekt? Und rechtfertigt sie die Verwendung von Beobachtungssprachen zur Erklärung von Theorien?

Eine solche Rechtfertigung liegt nur dann vor, wenn man zeigen kann, daß die Beobachtung die *einzige* und *einzig vertrauenswürdige* Quelle unseres Wissens ist. Wir haben bereits gesehen, daß der erste Teil von der Wahrheit weit entfernt ist. Kenntnisse können unser Gehirn ohne Berührung der Sinne betreten. Andere Kenntnisse *befinden sich* in unserem Gehirn, ohne es jemals betreten zu haben. Noch ist Beobachtungswissen das verläßlichste Wissen, das wir besitzen. Die Wissenschaft machte einen großen Schritt nach vorne, als sie die aristotelische Idee der Verläßlichkeit unserer Alltagserfahrung aufgab und durch einen mehr subtilen Empirismus ersetzte. Später schritt man oft fort, indem man der Theorie und nicht der Beobachtung folgte und indem man die Beobachtungswelt nach theoretischen Grundsätzen aufbaute. Beobachtung und Theorie betreten den Kampf um besseres Wissen auf gleicher Basis, genau so wie intuitive Einsichtigkeit und intuitive Absurdität: die absurde Theorie kann siegen und die plausible Theorie zur Seite drängen, ebenso wie die widerlegte Theorie siegen und die widerlegenden Beobachtungen zur Seite drängen und irrelevant machen kann (das geschah zum Beispiel in der Zeit Galileis). Ein Empirismus, der über die Einladung hinausgeht, sich doch Beobachtungen gelegentlich anzusehen, ist daher eine unvernünftige Doktrin und nicht im Einklang mit der wissenschaftlichen Praxis.

Ich fasse zusammen: eine Naturwissenschaft ohne Erfahrung ist *vorstellbar*. Die Betrachtung einer Naturwissenschaft ohne Erfahrung führt zu einer wirkungsvollen Untersuchung der empirischen Hypothese, die einem Großteil der Wissenschaft unterliegt und die *conditio sine qua non* des Empirismus darstellt. Gehen wir so vor, dann finden wir vielleicht Methoden, die wirkungsvoller sind als die einfache Beobachtung (genau so wie Galilei gewisse illusorische Phänomene fand, die wirkungsvollere Quellen astronomischen Wissens waren als simple, direkte, unverfälschte Beobachtungen). So vorgehen heißt natürlich, daß man die Grenzen des Empirismus verläßt und sich auf eine mehr umfassende und mehr zufriedenstellende Philosophie zu bewegt.

Nachtrag 1977

Imre Lakatos hat diese kurze Notiz kritisiert mit der Bemerkung, sie zeige nur, daß eine Wissenschaft ohne Erfahrung *logisch möglich* sei — und das sei freilich zuzugeben. Zum Beispiel könne ein Engel wissenschaftliche Gesetze sicher ohne Beobachtung, einfach mit dem Verstand erfassen (und dasselbe gelte natürlich auch vom Teufel). Ich bin aber doch etwas weiter gegangen. Ich habe nicht einfach behauptet, daß man Erfahrung in der Wissenschaft *im Prinzip* nicht braucht; ich habe gezeigt, daß man sie aus gewissen Teilen der Wissenschaft *weglassen* kann, ohne deren Funktionieren zu beeinträchtigen, und ich habe auch gezeigt, welche Prozesse dann die Stelle der Erfahrung einnehmen[1]. Ich habe auch angegeben, wie man die Erfahrung an jenen Stellen umgehen kann, die sie noch immer besetzt hält, und ich habe (ganz kurz) erläutert, warum die Erfahrung im sinngebenden Prozeß keine Rolle spielt und spielen kann.

Im Hintergrund aller dieser Überlegungen steht der Gedanke (der sich bei Mach, Einstein, Bohr und anderen findet), daß in der Wissenschaft auftretende Gegenstände ihr nicht *auferlegt,* sondern *ihrem Urteil unterworfen* werden sollen. Im 19. Jahrhundert hielt man Raum, Zeit, objektive Existenz oft für Voraussetzungen der Wissenschaft, die die Wissenschaft nicht untersucht aber braucht, um mit ihren Untersuchungen beginnen zu können. Mach dehnte den Bereich der Wissenschaft auch auf diese Gegenstände aus, d.h. er untersuchte die Frage der Objektivität der Außenwelt oder die Frage der Natur physikalischer Gegenstände mit Mitteln, die entweder der Wissenschaft selbst angehörten oder als ein natürlicher Zuwachs des wissenschaftlichen Inventariums angesehen werden konnten. (Darin ist er vielen 'modernen' Philosophen voraus, die die Idee der Realität noch immer rein philosophisch und selbst hier mit sehr naiven Mitteln verteidigen.) Seine Betrachtungen zur Struktur von Raum und Zeit wurden von Einstein ergänzt und hatten zur Folge, daß auch diese Gegenstände der Wissenschaft einverleibt wurden. Seine sinnesphysiologischen Untersuchungen (darunter die be-

---

[1] Die Ersetzung der Erfahrung durch das Experiment wurde von Bacon gefordert. Das Experiment untersucht die Natur, und die Sinne werden nur beim Ablesen des Endergebnisses verwendet. Bacons Programm ist heute in vielen Teilen der Physik erfüllt.

rühmten Aufsätze über die sogenannten Machbänder) trugen viel zur Klärung des Begriffs der Objektivität bei, und sie waren es auch, die Mach veranlaßten, sich von den schon wieder unkritisch objektivierenden Anhängern der Relativitätstheorie zu distanzieren. Damit hatte er auch Recht, denn die Forschungen der Quantentheorie zeigten in der Tat, daß der klassische Objektivitätsbegriff nicht unbeschränkt anwendbar ist. Man versteht Mach nicht, wenn man ihn durch die Brillen seiner weitaus weniger talentierten Nachfolger und Kritiker, wenn man ihn durch die Brillen Poppers und des Wiener Kreises als einen naiven Sinnesdatenphilosophen ansieht[2]. Für Mach waren Sinnesempfindungen nicht ein Fundament der Erkenntnis, sondern eine „einseitige Theorie" (*Analyse der Empfindungen,* Jena 1900, p.18), und er hat diese Theorie vorübergehend verwendet, um einen Übergang von der mit fremden Zusätzen vermengten Wissenschaft des 19. Jahrhunderts zu der von ihm konzipierten, aber nie voll ausgebauten umfassenden Wissenschaft zu finden. Denn Mach wollte nicht nur Raum, Zeit, Materie, sondern auch die 'Erfahrung' einer Kritik unterwerfen. Die Wissenschaft selbst sollte entscheiden, welche Prozesse uns am besten über die uns umgebende Welt informieren und welche Veränderungen man an den Prozessen anbringen muß, um sie von den unvermeidlichen Störungen der Beobachtung zu reinigen. Damit ist man aber schon beim Standpunkt meiner kurzen Notiz angekommen.

Es ist interessant zu sehen, daß schon Aristoteles eine *wissenschaftsimmanente* Auffassung der Erfahrung vertreten hat. Nach Aristoteles ist die Erfahrung das Ergebnis einer Wechselwirkung von wahrgenommenem Gegenstand und wahrnehmendem Sinnesorgan, und diese Wechselwirkung gehorcht genau denselben Gesetzen wie die Wechselwirkung zwischen einem warmen und einem kalten Körper. In beiden Fällen wandert eine Form durch ein Medium von einem Gegenstand zum anderen, in beiden Fällen nimmt der leidende Körper die Form an, der kalte Körper wird warm, das Sinnesorgan wird farbig, d.h. Farbe *ist* im Sinn und wird nicht erst von ihm *festgestellt.* Die Wanderung wird mehr oder weniger gestört, je nach der Konstitution des Mediums. Aristoteles *erklärt* also, wie Erfahrung zustandekommt und warum man ihr vertrauen kann. Er gibt auch an, was Erfahrung ist — Erfahrung ist, was man unter gewöhnlichen Umständen in normaler Umgebung *wahrnimmt* und in allgemein gebräuchlichen Worten *beschreibt.* Seine Gegner im 16. und 17. Jahrhundert behalten das Wort 'Erfahrung' bei, berauben es seines klaren Sinns, ohne ihm einen neuen Sinn zu geben, und verhindern so die wissenschaftliche Untersuchung der Natur der Erfahrung.

---

[2] Sogar Elie Zahar, dessen historische Wahrnehmung die seiner Religionsgenossen bei weitem übertrifft, nennt Machs Philosophie eine „Extremform des Positivismus" *BJBS,* Vol. 28 (1977) p. 200

Kapitel 5

Realismus und Instrumentalismus: Bemerkungen zur Logik der Unterstützung durch Tatsachen

1 Begriffserläuterung

Der Realismus und der Instrumentalismus liefern zwei verschiedene Deutungen der Wissenschaft und des Tatsachenwissens im allgemeinen. Nach dem Realismus beschreibt solches Wissen (allgemeine oder besondere) Züge der Welt. Nach dem Instrumentalismus beschreibt auch eine völlig richtige Theorie nichts, sondern dient nur als Instrument zur Voraussage der Tatsachen, die ihren empirischen Gehalt ausmachen. Betrachten wir die newtonsche Gravitationstheorie. Ein Realist würde sagen: zusätzlich zur Existenz physikalischer Gegenstände und ihres raumzeitlichen Verhaltens belehrt uns diese Theorie über die Existenz von Entitäten ganz anderer Art, die nicht direkt gesehen, gehört oder gefühlt werden können, deren Wirkungen sich aber doch sehr deutlich bemerkbar machen, nämlich Kräften. Ein Instrumentalist würde hingegen bemerken, daß es keine derartigen Entitäten gibt und daß sich die Funktion von Wörtern wie „Gravitation", „Kraft" und „Gravitationsfeld" darin erschöpft, eine abgekürzte Beschreibung des raum-zeitlichen Verhaltens physikalischer Gegenstände vorzuführen. Möglicherweise leugnet er auch noch die Existenz dieser Gegenstände und betrachtet auch Gegenstandswörter nur als Instrumente zum Ordnen und Voraussagen von Sinnesdaten. Im vorliegenden Essay möchte ich zeigen, daß der Realismus besser ist als der Instrumentalismus.

2   Die Unterscheidung nicht rein verbal

Ein solches Argument ist nur dann interessant, wenn der Streit zwischen Realismus und Instrumentalismus nicht nur ein Streit um Worte ist, wie das manche Philosophen glauben: Nagel zum Beispiel meint, „die Debatte [sei] einzig über Redeweisen"[1] und könne nicht objektiv entschieden werden. Ich zweifle nicht einen Augenblick, daß es Versionen des Problems gibt, die diesen entarteten Charakter haben. Andererseits scheint es mir, daß die instrumentalistische Position des Proklus, gewisser Astronomen des frühen 17. Jahrhunderts und Niels Bohrs von handfesteren Motiven abhängen als von der Vorliebe für bestimmte Redeweisen. Diese Denker bringen *physikalische* Argumente für ihren Standpunkt vor. Sie versuchen zu zeigen, daß eine realistische Interpretation bestimmter Theorien zu Ergebnissen führt, die mit der Beobachtung und mit bestens bewährten physikalischen Gesetzen unverträglich sind. Wenn sie damit recht haben — und wir werden bald sehen, daß das der Fall ist —, dann kann sich ein Realist nicht einfach mit der allgemeinen Bemerkung zufriedengeben, Theorien *seien* eben Beschreibungen und nicht bloß Instrumente. Er muß dann auch die anerkannte *Physik* so umbauen, daß die Unverträglichkeit verschwindet; d.h. er muß aktiv zur *Entwicklung* des Tatsachenwissens beitragen und nicht nur in einer „bevorzugten Redeweise" Bemerkungen über die *Ergebnisse* dieser Entwicklung machen. Außerdem muß er methodologische Gründe angeben, warum erfolgreiche Theorien geändert werden sollen, um neue und fremdartige Gesichtspunkte aufnehmen zu können. Ein ausgezeichnetes Beispiel für eine Situation dieser Art sind die Argumente gegen die realistische Interpretation der kopernikanischen Hypothese und die Versuche, sie zu überwinden.

3   Die aristotelische Bewegungslehre

Nach der aristotelischen Philosophie, die im Spätmittelalter die anerkannte Grundlage physikalischen Denkens war, ist die Bewegung die Verwirklichung einer dem Gegenstand innewohnenden Möglichkeit[2]. Diese Theorie überwand

---

[1] The Structure of Science, New York 1961, S. 152.

[2] Wir stellen diesen Gedanken in seiner spätmittelalterlichen Form dar, die sich in manchen Punkten von dem unterscheidet, was im aristotelischen Opus selbst gefunden wird. Eine

eine Schwierigkeit des *Monismus*, die zuerst von Parmenides aufgezeigt wurde und die darin besteht, daß es in einer monistischen Welt keine Veränderung geben kann: denn jetzt haben wir mindestens zwei Arten des Seins, Möglichkeit und Wirklichkeit. Sie enthielt auch einige sehr einleuchtende Annahmen über die Umstände, unter denen Veränderungen eintreten können. Die Verwirklichung einer Möglichkeit kommt nur mit Hilfe einer Form zustande, die den Eigenschaften des Gegenstandes nach der Änderung entspricht. Formen existieren nicht für sich; man kann sie nur in Gedanken, nicht in der Wirklichkeit von der Materie trennen. Wenn sich also ein Gegenstand verändern soll, dann muß ein anderer Gegenstand gegenwärtig sein, der die entsprechende Form besitzt: alles, was sich bewegt, wird von etwas anderem bewegt. Jede Bewegung braucht einen Beweger, und dieser Beweger muß nahe am bewegten Ding liegen, denn eine Fernwirkung ist unmöglich. Andererseits ist ein Gegenstand, auf den keine Kräfte wirken, in Ruhe. Das ist das aristotelische „Trägheitsgesetz"[3].

Man beachte, daß dieses Ergebnis von der Alltagserfahrung bestätigt wird: physikalische Gegenstände bewegen sich nur, wenn sie von anderen Gegenständen angestoßen werden. Ihr Normalzustand ist tatsächlich die Ruhe. Man beachte auch den quasi-empirischen Charakter gewisser Annahmen, die im Verlauf des Arguments gemacht werden, wie der Annahme der Nahwirkung und der Leugnung der Existenz isolierter Formen. Für den Aristotelismus sprechen gewichtige Gründe: empirischer Erfolg (die tatsächlich vorgefundenen Bewegungen), theoretischer Erfolg (die Lösung des „parmenideischen Problems"), Universalität (Anwendbarkeit auf jede Veränderung), Beachtung von Einzelheiten — in allen diesen Dingen war der Aristotelismus dem Atomismus überlegen. Es gab auch unerwünschte Züge, etwa den rein sprachlichen Charakter gewisser Argumente, der sie für die Lösung von Tatsachenfragen irrelevant machte. Das sollte uns aber nicht davon abhalten, ihr *Ergebnis* richtig einzuschätzen. Und dieses Ergebnis war eine sehr interessante und erfolgreiche empirische Theorie[4].

solche spätere Darstellung der *speziellen* Theorie der Bewegung (siehe Anm. 3) findet sich im Dokument 7.1 von M. Clagett, The Science of Mechanics in the Middle Ages, Madison, Wisconsin, 1957; vgl. auch Clagetts eigene Zusammenfassung S. 421 ff.

[3] Diese *allgemeine Theorie* der Bewegung und ihr Trägheitsgesetz ist von der *speziellen Theorie* zu unterscheiden, die sich mit den tatsächlich in der Welt vorkommenden natürlichen und erzwungenen Bewegungen befaßt. In der speziellen Theorie heißen Bewegungen „natürlich", wenn keine *äußere* Ursache sichtbar ist. Um an dem im Text erwähnten Trägheitsgesetz festhalten zu können, mußte in diesem Fall eine „innere Form" wie der Impetus oder die Schwere des sich bewegenden Gegenstandes eingeführt werden, oder aber himmlische Wesen, die die Drehung der Himmelssphären aufrechterhalten. Vom Standpunkt der allgemeinen Theorie aus ist also die „natürliche Bewegung" der speziellen Theorie immer noch eine Bewegung unter dem Einfluß von Kräften; diese werden freilich oft nicht näher gekennzeichnet (obwohl man ihnen Namen gibt).

[4] Ein weiterer Einwand könnte sich daraus ergeben, daß es der Theorie nicht gelang, die Bewegung von Geschossen und fallenden Körpern befriedigend zu erklären. Man darf aber folgendes nicht vergessen. Erstens *konnten* beide Arten der Bewegung der allgemeinen

4   Folgen für die Bewegung der Erde

Diese Theorie hat wichtige Folgen für die Bewegung der Erde. Wenn sie richtig ist, und wenn wir einige sehr einfache Tatsachen berücksichtigen, dann müssen wir schließen, daß die Erde ruht, d.h. weder rotiert noch sich durch den Raum bewegt. Der Grund ist, daß nur jene Dinge, die mit ihr in direkter Verbindung stehen, wie Häuser und auf der Erde befindliche Menschen, gezwungen werden, an ihrer Bewegung teilzunehmen, während fliegende Vögel, Wolken oder springende Menschen sofort ihren natürlichen Zustand, die Ruhe, (relativ zum Rest des Weltalls), einnehmen und daher zurückbleiben müßten[5]. Da es

aristotelischen Bewegungslehre eingegliedert werden. Die Impetus- und Antiperistasis-Theorie erklärten die Bewegung von Geschossen; die Theorie des innewohnenden Gewichts der schweren Elemente Erde und Wasser erklärte (in Verbindung mit der Impetustheorie) die Bewegung fallender Körper. Zweitens dürfen die anfänglichen Schwierigkeiten der aristotelischen Theorie nicht als Zeichen ihres „unwissenschaftlichen" oder „metaphysischen" Charakters genommen werden. *Es gibt keine einzige physikalische Theorie, die nicht mit ähnlichen Schwierigkeiten zu kämpfen hätte* (es sei denn, ihre Verfechter verzichten darauf, sie mit den Tatsachen zu vergleichen). Man nehme Newtons Gravitationstheorie. Es dauerte ungefähr hundert Jahre, bis die große Ungleichung des Jupiter und Saturn und die säkuläre Beschleunigung der mittleren Geschwindigkeit des Mondes mit dem Newtonschen Gesetz vereinbart werden konnten. Und es gibt heute noch Erscheinungen, die der Theorie widerstehen, obwohl sie mit relativistischen Effekten nichts zu tun haben. Und so ist es mit allen Theorien: sie sind erfolgreich in einer Reihe von Fällen und gelten als revolutionär, wenn diese Fälle schon lange Schwierigkeiten bereitet haben. Aber immer gibt es *andere* Fälle, die auf den ersten Blick die Theorie zu widerlegen scheinen, die man aber vorläufig beiseitelegt in der Hoffnung, daß man eines Tages eine (für die betreffende Theorie) günstige Lösung finden wird. Wenn wir nun fordern, daß eine Theorie, der gewisse Daten widersprechen, nicht in Diskussionen über Existenz und Nicht-Existenz verwendet werden dürfe, dann schalten wir damit nicht nur den Aristotelismus, *sondern auch jede auf ihn folgende physikalische Theorie aus.* Wir können dann weder die Relativitätstheorie in Aussagen über Raum und Zeit noch die Quantentheorie bei Diskussionen über den Determinismus verwenden. Wenn wir aber umgekehrt unsere Argumente an die beste Theorie anschließen wollen, die zu einer bestimmten Zeit zur Verfügung steht, dann müssen wir die Stichhaltigkeit der Argumente in Abschnitt 4 zugestehen.
Der problematische Charakter *jeder* wissenschaftlichen Theorie wird oft vor der Öffentlichkeit, ja selbst vor Studenten des Faches verborgen gehalten. Sowohl populäre Darstellungen als auch Lehrbücher verweilen bei den Erfolgen einer Theorie, sprechen aber kaum über ihre weitaus interessanteren Schwierigkeiten. Es gibt Forscher, die das für ein notwendiges Übel halten, denn nur Leute, die von einer Theorie fest überzeugt sind, werden hart an ihr arbeiten, um ihre Schwierigkeiten zu überwinden. Das ist reiner Unsinn. Denn man sagt ja hier, daß nur jene Menschen, denen die Theorie zunächst falsch erklärt worden ist, am Ende zeigen können, daß sie doch stimmt. Und was geschieht, wenn die Theorie zusammenbricht? Wer wird dann seine Erziehung überwinden und etwas ganz Neues vorschlagen können?
[5] Es wäre unhistorisch, hier die Relativität des Ortes, der Geschwindigkeit und vielleicht jeder Bewegung ins Spiel zu bringen. Der Ort oder die Lage hat bei Aristoteles physikalische Eigen-

nun noch Vögel gibt und da Kanonenkugeln leider nicht verlorengehen[6], sondern ihr Ziel sehr genau treffen, so müssen wir schließen, daß die Erde keine wie auch immer geartete Bewegung besitzt.

Im Hinblick auf dieses Argument kritisiert Ptolemäus[7] „gewisse Denker", die „sich ein Schema ausgedacht haben, das sie für besser halten, und sie glauben, man könne ihnen keine Tatsachen entgegenhalten, wenn sie um des Arguments willen behaupten, der Himmel ruhe, aber die Erde drehe sich um eine gleichbleibende Achse von West nach Ost, wobei sie eine Umdrehung in etwa einem Tag ausführt; oder aber Himmel und Erde drehten sich um dieselbe Achse, aber mit einer entsprechenden Geschwindigkeitsdifferenz, so daß ihre relative Situation erhalten bleibt. Was die himmlischen Erscheinungen angeht, so gibt es vielleicht

schaften: „... die charakteristischen Bewegungen der elementaren Körper ... zeigen nicht nur, daß der Ort etwas ist, sondern auch, daß er bestimmte Wirkungen ausübt. Alles bewegt sich zu seinem eigenen Ort, wenn es nicht gehindert wird, das eine nach oben, das andere nach unten ..." (Physik 208 b, zitiert nach der Ross-Ausgabe, Oxford 1930). Diese verschiedenen Eigenschaften der Örter erlauben uns, sie absolut zu unterscheiden und nicht nur hinsichtlich der Körper, die in ihnen ihren Sitz haben. Der Gedanke, daß die beobachteten Bewegungen in den *Gegenständen* (wie etwa in der Erde) und nicht in Örtern (wie etwa dem Weltmittelpunkt) ihre Ursache haben, ist eine alternative Theorie, deren Vorteile man erst nach dem Triumph des kopernikanischen Standpunktes sah. In gewissem Maße ist die allgemeine Relativitätstheorie eine Rückkehr zu aristotelischen Vorstellungen.

[6] Das Kanonenargument wurde oft benützt. Eine Diskussion vom Standpunkt einer neuen und noch nicht existierenden Dynamik findet sich bei Galilei in "Dialogue Concerning the two Chief World Systems", übersetzt von Stillman Drake, Berkeley u. Los Angeles 1953, S. 126 f. Eine sehr klare Formulierung der aristotelischen Position findet sich bei Buridan, „Fragen zu den vier Büchern des Aristoteles über Himmel und Welt", Buch 2, Frage 22, Abschnitt 9 (zitiert nach Clagett, a.a.O., Dokument 101): „Die letzte Erscheinung [die gegen die Drehung der Erde anzuführen ist] ist aber für die gegenwärtige Frage beweiskräftiger. Schießt man einen Pfeil senkrecht nach oben, so fällt er an derselben Stelle wieder herunter. Das könnte nicht so sein, wenn sich die Erde so schnell bewegt. Inzwischen wäre nämlich der Teil der Erde, von wo der Pfeil aufgestiegen ist, schon eine Meile entfernt. Die Verteidiger würden aber noch immer antworten, daß die Luft, die sich mit der Erde bewegt, den Pfeil mitführt; für uns scheint er sich auf einer einfachen Geraden zu bewegen, weil er mit uns mitgeführt wird. Deshalb nehmen wir die Bewegung, die ihm von der Luft mitgeteilt wird, nicht wahr. Diese Ausflucht hilft aber nicht, denn der starke Impetus, den der Pfeil beim Aufsteigen hat, würde der seitlichen Bewegung durch die Luft Widerstand leisten, und er würde sich also nicht so stark wie die Luft bewegen. Das entspräche dem Fall, wo die Luft von einem schnellen Wind bewegt wird. Dann bewegt sich der nach oben geschossene Pfeil ein Stück zur Seite, aber nicht so viel wie der Wind." Besteht auch nur der geringste Zweifel am empirischen Charakter dieser Argumentation?

[7] Zitiert nach Cohen-Drabkin, Source Book in Greek Science, New York 1948, S. 126 ff.

keinen Einwand gegen diese Theorie in ihrer einfachen Form; aber diese Leute vergessen, daß ihre Hypothese völlig lächerlich ist, wenn wir an die Verhältnisse um uns herum und in der Luft über uns denken."[8]

Ptolemäus unterscheidet hier, ebenso wie die klassische Physik, zwischen den rein *kinematischen* Aspekten einer Bewegung und den von ihr verursachten *Trägheitserscheinungen. Kinematisch* ist eine Rotation der Erde nicht unterscheidbar von einem Zustand, in dem die Erde ruht und der Himmel sich in entgegengesetzter Richtung dreht. Eine Rotation der Erde würde aber auch zu *dynamischen* Erscheinungen führen, die man im Detail vorhersagen kann. Die Erscheinungen treten nicht ein — also rotiert die Erde nicht. Man beachte, daß dieses Argument gegen die dynamische oder, wie man es auch nennen könnte, die absolute Bewegung der Erde genau so gebaut ist wie das Argument *für* die absolute Rotation der Erde, das man aus Foucaults Pendelversuch und der Veränderung von

---

[8] Ein anderer Beweis geht von der Lehre vom natürlichen Ort aus (die zur speziellen Theorie der Bewegung gehört, siehe Anm. 3). In dieser Lehre, die sich wiederum eng an die Erfahrung anlehnt, werden die Elemente des Universums nach den Örtern unterschieden, auf die sie sich hinzubewegen trachten: das Element Erde bewegt sich auf den Mittelpunkt zu, das Element Feuer nach der Peripherie, Wasser und Luft auf dazwischenliegende Örter. Manchmal scheint man dieses rein dynamische Verhalten der Elemente als ihre einzige *definierende Eigenschaft* anzusehen. Die Erde unterscheidet sich vom Feuer weder durch ihr Aussehen noch durch den Umstand, daß sie kühlt, während das Feuer brennt, *sondern allein dadurch, daß sie sich abwärts, das Feuer sich aber nach außen bewegt.* (Einzelheiten bei F. Solmsen, Aristotle's System of the Physical World, New York 1960, Kap. 11 ff.) Es wurde schon gezeigt (Anm. 5), wie diese Lehre dem Begriff des Ortes einen physikalischen Inhalt verleiht und dadurch einen (endlichen) absoluten Raum einführt. Damit ist der folgende Beweis gegen die Bewegung der Erde verbunden (Ptolemäus, zitiert nach Cohen-Drabkin, aaO., S. 126 f.): ,,Was die zusammengesetzten Körper im Weltall und ihre Eigenbewegung betrifft, so bewegen sich die leichten, die aus feinen Teilchen zusammengesetzt sind, nach außen, auf den Rand zu. Den Menschen scheint ihr Impuls 'aufwärts' gerichtet zu sein, denn wir nennen alles, was über unseren Köpfen ist, 'oben'; das ist aber die Richtung auf die Grenzfläche zu. Alle schweren Körper, die aus dichteren Teilchen zusammengesetzt sind, bewegen sich aber auf den Mittelpunkt zu. Sie scheinen 'nach unten' zu fallen; denn wir alle nennen wieder den Ort zu unseren Füßen 'unten', aber das ist jeweils die Richtung auf den Mittelpunkt zu. Dort sammeln sich die schweren Körper unter dem Einfluß des von allen Seiten gleichen gegenseitigen Widerstandes und Druckes an. Man kann sich so leicht vorstellen, daß die Masse der Erde im Vergleich zu den Dingen, die auf sie herunterfallen, sehr groß ist, so daß sie vom Aufprall der kleinen auf sie fallenden Körper, die außerdem von allen Seiten gleich häufig kommen, nicht affiziert wird. ... Hätte nun die Erde gemeinsam mit allen kleinen Körpern eine Bewegung, so würde sie wegen ihrer ungeheuren Größe viel schneller fallen als diese; Tiere und andere trennbare Gegenstände würden zurückbleiben und in der Luft schweben, während die Erde mit ihrer großen Geschwindigkeit ganz aus dem Weltall selber herausfliegen müßte. Man braucht sich das nur vorzustellen, um zu erkennen, wie lächerlich die Vorstellung ist."

Pendeluhren vom Äquator zum Pol hin abgeleitet hat[9]. Der einzige Unterschied liegt in dem verwendeten Trägheitsgesetz. Nach Aristoteles bleibt ein sich selbst überlassener Gegenstand in Ruhe[10]. Nach Newton bewegt er sich mit gleichbleibender Geschwindigkeit auf einer Geraden. Zur Zeit des Ptolemäus hatte man die Mängel der aristotelischen Physik noch nicht eindeutig erkannt. Wir kommen also zu dem Schluß, daß — abgesehen von dem hypothetischen Charakter *jedes* physikalischen Arguments — das Argument des Ptolemäus für die Bewegungslosigkeit der Erde untadelig war.

5   Die instrumentalistische Deutung der kopernikanischen Theorie

Diese Situation müssen wir uns vor Augen halten, wenn wir uns nunmehr daranmachen, den Streit um die kopernikanische Hypothese zu beurteilen. Im Lichte des eben gegebenen Arguments läuft der Versuch, diese Hypothese als richtige Wiedergabe der Verhältnisse in der Welt anzusehen, auf die Unterstützung einer unbegründeten Vermutung hinaus, die außerdem noch mit Tatsachen und wohlbegründeten Theorien im Widerspruch steht[11]. Zugegeben, das heliozentrische Weltbild lieferte eine einfachere Erklärung der zweiten Ungleichung der Planetenbewegung (der Schleifen) als das geozentrische. Aber deshalb lieferte es noch keine besseren Voraussagen. Und für die erste Ungleichung brauchte man noch immer Epizyklen. Die besondere Art, in der Kopernikus solche Epizyklen einführte, hat vielleicht die empirische Genauigkeit der Theorie verbessert.

---

[9] Newton unterschied zwischen relativer oder scheinbarer und absoluter oder wirklicher Bewegung, und er wies darauf hin, daß letztere an ihren dynamischen Wirkungen (Eimerexperiment) erkennbar sei. Der Streit zwischen den Vertretern einer relationalen Theorie des Raumes (zu ihnen gehörte Leibniz) und den Absolutisten geht der Argumentation des Ptolemäus im Text genau parallel. Ptolemäus zeigt, daß zwei mit Bewegung verbundene Situationen, die kinematisch äquivalent sind, dynamisch nicht äquivalent zu sein brauchen. *Diese Ansicht ist den Aristotelikern und den Verfechtern des absoluten Raumes gemeinsam.* Der einzige Unterschied liegt darin, daß die Newtonianer und die Aristoteliker wegen der verschiedenen Bewegungsgesetze verschiedene Erscheinungen als Anzeichen einer absoluten Bewegung ansehen.

[10] In Anm. 3 wurden einige Schwierigkeiten erwähnt, die diesem Gesetz entgegenstehen, und auf die Impetustheorie als einen möglichen Ausweg verwiesen. Wäre es da nicht naheliegend, das aristotelische Trägheitsgesetz durch das entsprechende Gesetz der Impetustheorie zu ersetzen und so eins der größten Hindernisse für die Bewegung der Erde aus dem Wege zu räumen? Das wäre tatsächlich ein möglicher Weg. Aber das unterstreicht nur eine Behauptung, die wir aufstellen werden, nämlich daß im Falle der kopernikanischen Hypothese der realistische Standpunkt keine Sache der reinen Philosophie und noch weniger eine „bevorzugte Redeweise" war. Ein Realist mußte auch die Physik ändern.

[11] Zu „wohlbegründet" siehe Anm. 4. Kopernikus war sich der dynamischen Schwierigkeiten in Verbindung mit der Bewegung der Erde wohl bewußt und versuchte deshalb, eine eigene Dynamik aufzustellen. Dasselbe gilt für Galilei, dessen Hauptwerk als der Versuch charakterisiert werden kann, zu zeigen, daß die Bewegung der Erde dynamisch nicht nur möglich, sondern sogar gefordert ist. Siehe seine Argumente im zweiten Tag des „Dialogs".

Aber *diese* Einzelheiten waren nicht an das heliozentrische Schema gebunden. Sie waren mathematische Hilfsmittel, ähnlich der Fourier-Zerlegung[12], die in den verschiedensten Situationen angewandt werden konnten. Man konnte sie zum Beispiel auch der geozentrischen Hypothese hinzufügen, wo sie ja auch zunächst entstanden waren. Wenn sich also „die neu zu berechnenden Tafeln als den alphonsischen, die auf dem ptolemäischen System beruhten, überlegen herausstellen sollten, dann wäre das ... nicht der heliozentrischen Hypothese selber zu verdanken, sondern nur den besseren Qualitäten der Details des neuen Systems."[13]. Es gab keine unabhängigen Gründe für die heliozentrische Theorie; diese war jedenfalls anfänglich eine Vermutung, die keine empirische Stütze hatte,[14] aber wichtigen Tatsachen widersprach. Das einzige, was man zu ihren Gunsten sagen konnte, war, daß sie die Berechnungen durch passende Koordinatentransformationen etwas vereinfachte. Das ist aus der mathematischen Physik wohlbekannt: viele sonst sehr unhandlichen Probleme sind sofort lösbar, wenn man ein passendes Koordinatensystem einführt. Das bedeutet nicht, daß dieses Koordinatensystem *dynamisch* vor anderen ausgezeichnet wäre; es braucht z.B. kein Inertialsystem zu sein. Die Lösbarkeit eines Problems, die Leichtigkeit der Berechnungen hängen schließlich von dem mathematischen Formalismus ebensosehr ab wie von der Natur. Der Formalismus kann Asymmetrien enthalten, die in der Natur nicht vorkommen. Wenn also die Probleme der Koordinatenastronomie leichter in einem heliozentrischen System behandelt werden können, dann bedeutet das nicht, daß die Sonne wirklich ruht und die Erde sich wirklich bewegt.

[12] Wenn ich mich recht erinnere, war es Norbert Wiener, der auf die mathematische Ähnlichkeit zwischen der Technik der Epizyklen und der Fourier-Zerlegung hinwies.

[13] Dijksterhuis, The Mechanization of the World Picture, Oxford 1961, S. 249. Vgl. auch T.S. Kuhn, The Copernican Revolution, Modern Library Paperbacks, New York 1957, S. 169: „Als Kopernikus mit der Hinzufügung von Kreisen zu Ende kam, lieferte sein umständliches heliozentrisches System so genaue Ergebnisse wie das ptolemäische, aber keine genaueren. Kopernikus hat das Planetenproblem nicht gelöst." Das Buch von Professor Kuhn enthält einen ausgezeichneten, halb fachtechnischen Vergleich des ptolemäischen und des kopernikanischen Systems.

[14] Das sollte deutlicher als irgendetwas anderes zeigen, wie falsch es ist zu behaupten, die Wissenschaft habe angefangen, als sich die Leute nicht mehr von Theorien beeindrucken ließen und sich statt dessen der Beobachtung zuwandten. Vor allem Galilei wird oft als ein Denker hingestellt, der von der Beobachtung ausging und sich streng an Bacons Methode hielt. Nach Herschel, The Cabinet of Natural Philosophy, Philadelphia 1831, S. 85, „widerlegte Galilei die aristotelischen Dogmen über die Bewegung durch direkte Berufung auf das Zeugnis der Sinne und durch höchst überzeugende Experimente". Und über Kopernikus hat Herschel folgendes zu sagen: „Durch die Entdeckungen von Kopernikus, Kepler und Galilei wurden die Irrtümer der aristotelischen Philosophie wirkungsvoll über den Haufen geworfen, und zwar durch einfachen Hinweis auf die Tatsachen der Natur." Wir haben aber gesehen, daß es keine „Naturtatsachen" gab, kein „Zeugnis der Sinne", auf das sich Kopernikus hätte berufen können. Das „Zeugnis der Sinne" sprach gegen seine

In Verbindung mit dem Argument von Abschnitt 4 kommen wir so zu dem Ergebnis, daß, vom Standpunkt der Zeitgenossen des Kopernikus aus, die kopernikanische Hypothese höchstens das Verdienst hatte, die *Berechnungen* der Planetenorte zu erleichtern. Ihr Verdienst lag nicht darin, daß sie eine neue *und wahre* Darstellung dessen gab, was in der Wirklichkeit vor sich ging. Das war eines der Argumente für die instrumentalistische Deutung des Kopernikus. Die dynamischen Einwände gegen die Bewegung der Erde zeigen, daß diese Deutung unangreifbar war.[15]

6 Die philosophischen Argumente für diese Deutung sind nicht die einzigen

An diesem Punkt ist es sehr wichtig zu betonen, daß das Argument in keiner Weise von einer allgemeinen philosophischen Ansicht über die Natur unserer Erkenntnis abhängt; keine derartige globale Annahme wird gemacht oder vorausge-

Theorie. Umgekehrt konnten sich die Aristoteliker auf die „Natur" berufen. Auch „ist es für die wissenschaftliche Revolution charakteristisch, daß ihre ersten und in gewissem Sinne wichtigsten Stadien vor der Erfindung der neuen Meßinstrumente durchlaufen wurden, vor dem Fernrohr, dem Mikroskop, dem Thermometer, der genauen Uhr, die später so unentbehrlich zur genauen Beantwortung der Fragen wurden, die in den Mittelpunkt des wissenschaftlichen Interesses rücken sollten." (A. C. Crombie, Medieval and Early Modern Science, Bd. 2, Doubleday-Anchor Books, S. 122.) Auch der Galilei-Mythos, nach dem Galilei von einem Experiment zum anderen eilte und „auf den schiefen Turm von Pisa stieg mit einer hundertpfündigen Kanonenkugel unter dem einen Arm und einer fünfzigpfündigen unter dem anderen" (ironische Bemerkung in Butterfield, The Origin of Modern Science, London 1957, S. 81), findet in der Geschichte keine Stütze. Dijksterhuis (aaO., S. 338) schreibt: „Im allgemeinen muß man Geschichten über Experimente Galileis oder seiner Gegner zurückhaltend beurteilen. Normalerweise wurden sie nur in Gedanken ausgeführt oder als Möglichkeit beschrieben." Insbesondere gibt es Beweise für „die völlige Haltlosigkeit des von den Anhängern des Galilei-Mythos hartnäckig verteidigten Glaubens, er habe das Gesetz der Quadrate durch Längen- und Zeitmessungen an fallenden Körpern gefunden, wobei er ein konstantes Verhältnis zwischen der Länge und dem Quadrat der Zeit bemerkte" (ebenda, S. 340). Das alles kann freilich einen Induktivisten wie Professor Dingle nicht davon abhalten (in der Ausgabe der Encyclopedia Britannica von 1961, Band 19, S. 95) zu wiederholen, „Galilei entdeckte das Fallgesetz dadurch, daß er maß, wie sich der zurückgelegte Weg mit der Zeit veränderte". Was zeigt, wie schwierig es für einen Induktivisten ist, historische Tatsachen richtig darzustellen.

Es ist auch erstaunlich, daß die ursprüngliche *Unvereinbarkeit* der modernen Wissenschaft mit Tatsachen und gut gestützten Theorien von der Methodologie noch nicht zur Kenntnis genommen worden ist. *Keine* der heute (1962) vorhandenen Methodologien hätte es Kopernikus gestattet, seine Theorie realistisch zu interpretieren. Mehr darüber später.

[15] Mit anderen Worten: die dynamischen Argumente laufen auf eine glatte *Widerlegung* der kopernikanischen Hypothese hinaus. Wenn wir diese Argumente so nehmen, wie sie dastehen, dann müssen wir die Hypothese als falsch ansehen. Das hindert die Hypothese freilich nicht an der richtigen Vorhersage astronomischer Tatsachen. Sie ist also noch immer ein gutes Vorhersageinstrument.

setzt. Das Argument hat es mit einer *bestimmten Theorie*, der heliozentrischen Hypothese, zu tun. Es stützt sich auf Tatsachen und physikalische Gesetze. Es zeigt, daß die Hypothese angesichts dieser Tatsachen und Gesetze nicht *wahr* sein kann; daß sie höchstens ein Voraussage*instrument* sein kann. Im vorliegenden Aufsatz befasse ich mich allein mit solchen spezifischen Argumenten (und das heißt natürlich, daß ich eine Methode finden muß, die die Erfindung grundloser und den Tatsachen widersprechender Vermutungen rechtfertigt.)

Nun sind solche konkreten Argumente bekanntlich nicht die einzigen Argumente im Streit zwischen Realismus und Instrumentalismus. Die angeführte Widerlegung der heliozentrischen Hypothese war nicht einmal die populärste. Ein großer Teil des Widerstandes gegen Kopernikus leitete sich von der Schwierigkeit her, seine Vorstellungen mit der Heiligen Schrift in der von den Kirchenvätern vorgeschlagenen Interpretation zu vereinbaren (diese Interpretation war nach dem Konzil von Trient bindend geworden). Dann gab es auch mehr philosophische Erwägungen, die eng mit dem Glauben zusammenhingen, daß nur solche Theorien als Beschreibung der Realität gelten konnten, für die es einen zwingenden *Beweis* gab. Beweise gab es aber für die kopernikanische Hypothese nicht, und es schien auch nicht wahrscheinlich, daß man sie finden würde. So konnte die Hypothese höchstens wieder als ein Voraussageinstrument betrachtet werden. Das ist der Gedankengang, auf dem Bellarmin *seine* Beurteilung des Falls aufgebaut zu haben scheint. Er schreibt an Pater Foscarini[16]: „Wenn es einen wirklichen Beweis gäbe, daß sich die Sonne im Mittelpunkt des Universums befindet, daß sich die Erde im dritten Himmel befindet, und daß sich nicht die Sonne um die Erde, sondern die Erde um die Sonne dreht, dann müßten wir bei der Interpretation von Schriftstellen, die das Gegenteil zu lehren scheinen, sehr vorsichtig zu Werke gehen ... Aber was mich betrifft, so glaube ich nicht an die Existenz solcher Beweise, ehe man sie mir vorgelegt hat. Es ist kein Beweis, daß, wenn die Sonne im Mittelpunkt des Universums und die Erde im dritten Himmel angenommen wird, alles genau so herauskommt wie wenn man anders herum vorgeht". Spätere Historiker haben das Argument wiederholt. „Die Logik war auf der Seite Osianders und Bellarmins", schreibt P. Duhem[17], „nicht auf der Seite Keplers und Galileis; die ersteren hatten die Bedeutung der experimentellen Methode genau begriffen, die letzteren irrten sich ... Nehmen wir an, daß die Hypothesen des Kopernikus alle bekannten Erscheinungen erklären können. Daraus kann man schließen, daß sie vielleicht wahr sind, aber nicht, daß sie notwendigerweise wahr sind, denn um die letzte Schlußfolgerung zu legitimieren, müßte man beweisen, daß kein anderes System von Hypothesen denkbar sei, das die Erscheinungen ebensogut erklärt." Hinter dieser Auffassung steht eine ganz bestimmte Erkenntnistheorie. Es werden verschiedene Arten von Erkenntnis unterschieden, und dementsprechend verschiedene Wahrheitsansprüche. Die Phy-

---

[16] Brief vom 12.4.1615, zitiert bei de Santillana, The Crime of Galileo, University of Chicago Press, 1955, S. 99 ff.

[17] Zitiert bei de Santillana, aaO., S. 107.

sik beschäftigt sich mit Ursachen, Substanzen, mit der wahren Beschaffenheit der Dinge, und sie kann ihre Behauptungen *beweisen;* die Astronomie macht nur Voraussagen und kann zu diesem Zweck falsche Hypothesen einführen[18]. Ein Erfolg beim Voraussagen in der Astronomie ist daher kein Anzeichen von Wahrheit und Wirklichkeitsbezug. Nur ein Beweis wäre es. Ich kann hier nicht erklären, warum diese Position sowohl unhaltbar als auch unerwünscht ist. Man wird mir aber vielleicht zugestehen, daß die Erklärung allgemeiner Art sein wird, sie ist eine Frage der reinen Philosophie, sie betrifft nicht *eine bestimmte,* sondern *jede mögliche* Theorie: die Gründe, die Bellarmin und Duhem veranlaßten, Osianders Instrumentalismus als dem Realismus Galileis „logisch überlegen" anzusehen, können rein philosophisch widerlegt werden.[19] *Es wäre aber ein großer Irrtum, zu glauben, daß damit alle Einwände gegen den heliozentrischen Standpunkt erledigt wären.* Die physikalischen Argumente aus Abschnitt 4 und 5 sind noch nicht widerlegt und heischen Antwort.

Es ist sehr wichtig, daß man diesen komplexen Charakter der Situation einsieht, denn sonst gibt man sich zu früh und zu leicht zufrieden. Wer nur mit den erkenntnistheoretischen Argumenten vertraut ist, der wird eine Widerlegung dieser Argumente und die Aufstellung einer anderen Erkenntnistheorie, in der sich auch Hypothesen auf Wirkliches beziehen können, als die Beendigung seiner Aufgabe ansehen; vielleicht läßt er sich sogar zu dem Glauben verführen, seine Erkenntnistheorie entscheide den Streit zwischen Realismus und Instrumentalismus ein für allemal zugunsten des ersteren. Das beeindruckt aber nicht die „Physiker", deren Argumente noch überhaupt nicht berührt wurden, und so ergibt sich eine sehr unerwünschte Spaltung von Physik und Philosophie, und schon vorhandene Differenzen zwischen den beiden Fächern werden noch vergrößert. Genau das geschieht heute in der Mikrophysik[20]. Wir haben sehr eindrucksvolle physikalische Argumente gegen eine realistische Interpretation der Quantentheorie.

---

[18] Genaueres bei Simplicius, Kommentar zur Physik des Aristoteles, zitiert nach T. L. Heath, Aristarchus of Samos, Oxford 1913, S. 275–276. Vgl. auch Duhem, La théorie physique, son objet, sa structure, Kap. 3.

[19] Eine Analyse und Widerlegung dieser Auffassung findet sich bei K. R. Popper, Three Views Concerning Human Knowledge, Contemporary British Philosophy, Bd. 3, 1956, S. 2 ff. Freilich übersieht Popper die physikalischen Argumente, die neben den allgemeinen philosophischen gebraucht wurden, und macht sich so die Sache etwas zu leicht.

[20] Andere Beispiele sind die kinetische Theorie der Materie und die Relativitätstheorie. Die kinetische Theorie des späten 19. Jahrhunderts wurde sowohl mit philosophischen Argumenten angegriffen, die auf die empiristische Unerwünschtheit der von ihr benützten abstrakten und unbeobachtbaren Begriffe hinwiesen, *als auch* mit physikalischen Argumenten, die die Unvereinbarkeit jeder kinetischen Theorie mit den Gesetzen der phänomenologischen Theorie, insbesondere dem zweiten Hauptsatz, zur Geltung brachten (Loschmidts Umkehrbarkeitseinwand; der Wiederkehreinwand von Poincaré-Zermelo). Eine rein philosophische Verteidigung des Atomismus reicht daher nicht aus. Es muß gezeigt werden, wie man die physikalischen Widersprüche beseitigen kann und wie weit sie überhaupt einen Einwand darstellen. Als die Relativitätstheorie in weiteren Kreisen (einschließlich philosophischen)

Es gibt auch mehr philosophische Argumente, die dasselbe Resultat zum Ziel haben, nämlich, daß die Quantentheorie ein Voraussageinstrument ist, aus dem keine realistischen Folgerungen gezogen werden können. Diese philosophischen Argumente gehen von der Annahme aus, daß nur Beobachtungsbegriffe eine realistische Interpretation zulassen, eine Annahme, die sich ein für allemal durch rein philosophische Argumente widerlegen läßt[21]. Wer nur mit der Philosophie vertraut ist, der wird das für das Ende der Debatte halten — was mit der Wahrheit nur wenig zu tun hat. „Diese Situation", schrieb ich[22] in einer Diskussion verschiedener Interpretationen der Quantentheorie, „erklärt den merkwürdig wirklichkeitsfremden Charakter vieler Diskussionen über die Grundlagen der heutigen Quantentheorie. Die Vertreter der Kopenhagener Schule sind von der Richtigkeit und Überlegenheit ihres Standpunktes überzeugt, für dessen Fruchtbarkeit sie konkrete Beweise haben. Wenn sie aber darüber schreiben, dann lenken sie die Aufmerksamkeit nicht auf die physikalischen Vorzüge dieses Standpunktes, sondern schweifen in die Philosophie ab, besonders in den Positivismus. Hier fallen sie philosophischen Realisten leicht zum Opfer, die die Fehler in ihren Argumenten bald aufdecken, ohne sie aber dadurch von der Falschheit ihres Standpunktes überzeugen zu können — und das mit Recht, denn dieser Standpunkt steht auf eigenen Füßen und braucht keine Unterstützung durch die Philosophie. So geht die Diskussion zwischen Physikern und Philosophen hin und her, ohne je zu etwas zu führen."

Es ist wichtig, einen solchen circulus vitiosus zu vermeiden und *den Instrumentalismus da anzugreifen, wo er am stärksten scheint, nämlich wo er sich auf Tatsachenargumente und nicht bloß auf allgemeine Philosopheme beruft.* Vorerst will ich aber die Quantentheorie zusätzlich zu dem bereits diskutierten Beispiel vorführen.

bekannt wurde, da schienen ihre wichtigsten Folgerungen ein Ausfluß der positivistischen Lehre, daß nicht existiert, was nicht meßbar ist. Sie wurde auch prompt von Realisten angegriffen, die ihre Verteidigung des Realismus gleichzeitig für eine Verteidigung und völlige Rehabilitation des absoluten Raum- und Zeitbegriffs hielten. Wieder wurde übersehen, daß die Relativitätstheorie auf wesentlich handfesteren Überlegungen beruhte, als sie eine positivistische Wissenschaftstheorie bieten kann. Man muß aber zugeben, daß in diesem Falle *die Physiker selbst* die Verwirrung stifteten. So stellt Bridgmans vielgelesene Logic of Modern Physics die Relativitätstheorie als den Übergang zu einer neuen Ära dar, in der Fragen der objektiven Existenz durch Fragen der Meßbarkeit abgelöst wurden, und Niels Bohr hat die Theorie ebenso interpretiert. Das erstaunlichste Beispiel für die im Text erwähnte Verwirrung sind aber die Diskussionen über die Quantentheorie.

[21] Eine solche Widerlegung ist in Poppers Aufsatz enthalten, der in Anm. 19 zitiert wurde. Eine andere Darstellung findet sich in meinem Aufsatz „Das Problem der Existenz theoretischer Entitäten", Kap. 3 dieses Bandes.

[22] Dieses Zitat und eine ausführlichere Behandlung des folgenden findet sich in meinem Essay "Problems of Microphysics", Pittsburgh Publications in the Philosophy of Science, Bd. 1, Pittsburgh 1962.

7   Quantentheorie; die Bohrsche Hypothese

Bald nachdem Planck das Wirkungsquantum eingeführt hatte[23], erkannte man, daß diese Neuerung zu einer Neufassung der Gesetze der Bewegung materieller Systeme führen mußte. Poincaré wies darauf hin,[24] daß man die Vorstellung einer kontinuierlichen Bewegung auf einer wohlbestimmten Bahn nicht aufrechterhalten konnte, und daß man nicht nur eine neue *Dynamik* brauchte, d.h. eine neue Theorie über wirkende Kräfte, sondern auch eine neue *Kinematik*, d.h. eine neue Theorie über die unter dem Einfluß dieser Kräfte stattfindenden Bewegungen. Sowohl Bohrs ältere Theorie als auch die Dualität des Lichts und der Materie verstärkten dieses Bedürfnis. Ein Problem der älteren Quantentheorie war die Wechselwirkung von mechanischen Systemen[25]. Angenommen, zwei Systeme, *A* und *B*, wirken so auf einander ein, daß ein Energiebetrag ϵ vom System *A* (Abb. 1) auf das System *B* übertragen wird. Während der Wechselwirkung hat

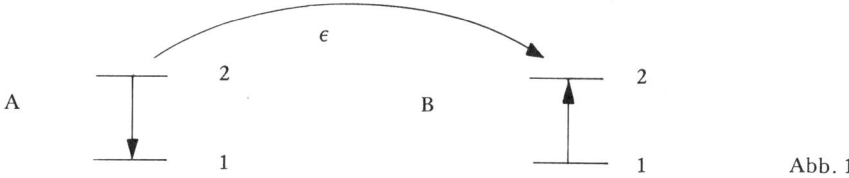

Abb. 1

das System *A* + *B* eine wohlbestimmte Energie. Die Erfahrung lehrt, daß die Übertragung von ϵ eine endliche Zeit braucht. Das scheint darauf hinzuweisen, daß sich der Zustand von *A* und *B* allmählich ändert, d.h. daß *A* allmählich von 2 auf 1 fällt und *B* allmählich von 1 auf 2 steigt. Eine solche Darstellung ist aber mit dem *Quantenpostulat* unvereinbar, nach dem sich ein mechanisches System entweder nur im Zustand 1 oder nur im Zustand 2 (falls es dazwischen keine möglichen Zustände gibt) und nicht dazwischen befinden kann. Wie können wir die endliche Übertragungszeit mit dem Nichtvorhandensein von Zuständen zwischen 1 und 2 vereinbaren?

Bohr[26] löste die Schwierigkeit auf Grund der Annahme, daß die dynamischen Zustände von *A* und *B* während der Wechselwirkung nicht mehr wohlbe-

---

[23] Ich meine Plancks „erste Theorie", in der sowohl die Absorption als auch die Emission als diskontinuierlicher Prozeß aufgefaßt wird (Verh. phys. Ges. Bd. 2 (1900), S. 237 ff.) und aus der auch eine raumliche Diskontinuitat folgt (vgl. Whittaker, History of the Theories of Aether and Electricity, Bd. 2, Edinburgh 1953, S. 103).

[24] Journal de Physique, Bd. 2 (1912), S. 1.

[25] Niels Bohr, Atomic Theory and the Description of Nature, Cambridge 1932, S. 65.

[26] Ich behaupte nicht, das sei die einzige Möglichkeit, die Schwierigkeit zu umgehen, aber es ist eine sehr vernünftige physikalische Hypothese, die noch durch kein gegen sie gerichtetes Argument widerlegt worden ist.

stimmt sind, so daß es sinnlos (und nicht nur falsch) ist, ihnen eine bestimmte Energie zuzuschreiben[27].

Diese einfache und kluge Hypothese wurde so oft verdreht, daß ein paar Worte der Erklärung nötig sind. Zunächst ist darauf hinzuweisen, daß der Begriff „sinnlos" das Argument nicht, wie manche Kritiker behaupten, wegen einer modischen Vorliebe für semantische Analysen anstelle der Untersuchung physikalischer Bedingungen betreten hat[28]. Es gibt ja schließlich bekannte klassische Beispiele dafür, daß sich Begriffe nur unter bestimmten Bedingungen anwenden lassen, sonst aber unanwendbar und damit sinnlos werden. Ein gutes Beispiel ist der Begriff der „Ritzbarkeit" (Mohs-Härteskala), der nur auf feste Körper anwendbar ist und sinnlos wird, wenn die Körper schmelzen. Zweitens sollte man beachten, daß die vorgeschlagene Lösung in keiner Weise auf *Wissen* oder *Beobachtbarkeit* Bezug nimmt. Es wird nicht gesagt, daß sich A und B während des Übergangs in einem uns *unbekannten* oder *unbeobachtbaren* Zustand aufhalten. Denn das Quantenpostulat schließt nicht nur die Kenntnis oder die Beobachtbarkeit der Zwischenzustände aus, sondern diese selbst. Man darf das Argument auch nicht so verstehen, wie es in vielen Darstellungen positivistisch eingestellter Physiker zu lesen ist, nämlich daß die Zwischenzustände nicht existieren, *weil* sie unbeobachtbar sind. Denn es bezieht sich ja auf ein Postulat, das Quantenpostulat, das Existenz und nicht Beobachtbarkeit zum Gegenstand hat. An diesem Punkt werden oft die abwegigsten Argumente vorgebracht. Physiker, die sich das positivistische Prinzip zu eigen gemacht haben, daß unbeobachtbare Dinge nicht existieren, versuchen die Unbestimmtheit der Zustandsbeschreibungen aus diesem Prinzip und der Unbeobachtbarkeit der Zwischenzustände herzuleiten. Philo-

[27] Mit dem Ausdruck „dynamischer Zustand" meine ich „Größen, die die Bewegung charakterisieren", wie die Örter und Impulse der Bestandteile des Systems und nicht Größen wie Masse und Energie, die das System als solches charakterisieren. Siehe Landau-Lifshitz, Quantum Mechanics, London 1958, S. 2, sowie N. Bohr, Atomic Physics and Human Knowledge, S. 90. Vgl. auch H. A. Kramer, Quantum Mechanics, New York 1957, S. 62.

[28] Man muß aber zugeben, daß die meisten Herleitungen der Unbestimmtheitsrelationen und besonders jene, die von Heisenbergs berühmten Gedankenexperimenten ausgehen, doch philosophische Theorien über den Sinn heranziehen. Diese Argumente (und andere, die von den Austauschrelationen der elementaren Theorie ausgehen) zeigen gewöhnlich nur, daß innerhalb eines bestimmten Intervalls *keine Messungen möglich sind,* oder daß das Produkt der mittleren Abweichungen bestimmter Größen *nicht unterhalb der Planckschen Konstante h* festgelegt werden kann. Der Übergang zu der Behauptung, es wäre *sinnlos,* den Größen in diesem Intervall bestimmte Werte zuzuschreiben, geschieht dann auf Grund des Prinzips, daß man von etwas, was nicht gemessen werden kann, nicht sinnvoll behaupten könne, es existiere. Das Argument ist natürlich nicht annehmbar, weil das Prinzip nicht annehmbar ist. Außerdem birgt es die Gefahr in sich, zu einem dogmatischen Glauben an das Ergebnis zu verführen. Denn während man eine physikalische Hypothese wie die im Text diskutierte mit Zurückhaltung annimmt, ist man allgemein geneigt, philosophischen Erwägungen, besonders wenn sie aus einem Sinnkriterium folgen, viel mehr argumentative Kraft zuzuschreiben.

sophen (sofern sie Antipositivisten sind) decken sofort die Schwäche dieses Arguments auf und glauben damit die Existenz oder wenigstens die physikalische Möglichkeit wohlbestimmter Zustände nachgewiesen zu haben. Das ist natürlich nicht richtig, denn wenn ein bestimmtes Argument fehlerhaft ist, dann bedeutet das ja nicht, daß es kein besseres geben könnte. Aber das bessere Argument wird von den Physikern kaum gebraucht, und so entsteht der Eindruck, es sei allein der Positivismus, dem man die merkwürdigen Eigenschaften der heutigen Quantentheorie zu verdanken hat[29].

Auch die Betonung der *Nicht-Voraussagbarkeit* ist unbefriedigend. Denn diese Redeweise legt wieder nahe, daß wir vielleicht besser voraussagen könnten, wenn wir nur mehr über die Dinge in der Welt wüßten, während Bohrs Vorschlag bestreitet, daß es etwas *gibt*, dessen Entdeckung unser Wissen vervollständigen könnte.

Der dritte Punkt ist ein Vorschlag zur Beseitigung der Schwierigkeiten im Zusammenhang mit der Kinematik unbestimmter Zustände, der oft in Verbindung mit der Wellenmechanik gemacht worden ist und der weiter unten ausführlicher besprochen wird. Nach diesem Vorschlag rühren die Schwierigkeiten bei der Analyse von Wechselwirkungen daher, daß die klassische Punktmechanik nicht die richtige Theorie für Mikrosysteme ist; die Zustandsbeschreibungen der klassischen Punktmechanik sind für die Beschreibung der Zustände atomarer Systeme nicht geeignet. Nach dieser Auffassung sollte man nicht die klassischen Begriffe wie Ort und Impuls beibehalten und unschärfer machen. Man muß völlig neue Begriffe einführen derart, daß sich Zustände und Bewegungen mit ihrer Hilfe wieder auf wohldefinierte Weise beschreiben lassen. Soll nun ein solches neues System für die Beschreibung der Quantenprozesse geeignet sein, so muß man in ihm das Quantenpostulat, eins der grundlegendsten mikrophysikalischen Gesetze, ausdrücken können; und das System muß daher auch Mittel zur Formulierung des Energiebegriffs besitzen. Ist aber dieser einmal eingeführt, dann erheben sich unsere obigen Betrachtungen mit unverminderter Kraft: wenn *A* und *B* Teile von *A* + *B* sind, dann kann man ihnen keine bestimmte Energie zuschreiben. Auch neue Begriffe führen also nicht zu einer wohlbestimmten, eindeutigen Kinematik. Besitzen wir nun einen Kalkül, der empirisch erfolgreich ist, aber mit Funktionen, Operatoren und anderen mathematisch wohlbestimmten Hilfsmitteln arbeitet, dann müssen wir schließen, daß dieser Wohlbestimmtheit und Unzweideutigkeit nichts in der wirklichen Welt entspricht. Mit anderen Worten: *wir müssen diese mathematischen Hilfsmittel rein instrumentalistisch*

---

[29] Dieser Ansicht ist Professor M. Bunge, der in Causality, Cambridge, Mass., Harvard University Press 1959, S. 328, folgendes schreibt: „Die empirische Unbestimmtheit der üblichen Interpretationen der Quantenmechanik folgt aus ihren idealistischen Voraussetzungen ..." Ähnliche Ansichten wurden gelegentlich von Bohm, Kaila, Landé und Popper geäußert. Zur Kritik siehe meinen Essay "Problems of Microphysics" sowie den Schlußabschnitt meiner Besprechung von Bunges Buch in Philosophical Review, Bd. 60 (1961), S. 396–405.

interpretieren. Es wäre also „ein Irrtum, zu glauben", schreibt Niels Bohr[30], „man könne den Schwierigkeiten der Atomtheorie [d.h. der Unbestimmtheit der Zustandsbeschreibungen] dadurch entgehen, daß man so nach und nach die Begriffe der klassischen Physik durch neue begriffliche Formen ersetzt." Diese Bemerkung ist im Zusammenhang mit der Interpretation der Schrödingerschen Wellenmechanik (Abschnitt 9) von großer Wichtigkeit.

Die empirische Brauchbarkeit der vorgeschlagenen Lösung zeigt sich etwa bei der natürlichen Linienbreite, die in gewissen Fällen erheblich sein kann (z.B. bei der Absorption, die zu Zuständen führt, die dem Auger-Effekt vorangehen).

Die Folge ist natürlich die *Aufgabe der klassischen Kinematik* und die instrumentalistische Interpretation jeder zukünftigen Quantentheorie, die mit mathematisch wohldefinierten Zustandsbeschreibungen arbeitet. Denn wenn während der Wechselwirkung weder *A* noch *B* in einem wohldefinierten Zustand sind, dann ist auch die Änderung dieser Zustände, d.h. die *Bewegung* von *A* und *B* nicht wohldefiniert. Genauer: man kann keinem Element von *A* oder *B* eine bestimmte Bahn zuschreiben. Wenn andererseits die Zustandsfunktion irgendeiner Quantentheorie sich in wohlbestimmter Weise entwickeln sollte, kann diese Entwicklung keine reale Bedeutung haben, es entspricht ihr kein Naturprozeß; sie ist höchstens ein Instrument zur Vorhersage von Beobachtungsergebnissen. Das ist wirklich ein sehr starkes Argument für den Instrumentalismus, und es läßt sich durch eingehende Untersuchung der Eigenschaften der Wellenmechanik weiter ausbauen. Poppers Bemerkung, „die Auffassung der Physik, wie sie von Kardinal Bellarmin und Bischof Berkeley begründet wurde, hat die Schlacht ohne einen weiteren Schuß gewonnen"[31], zeigt daher nur, daß ihr Autor weder die antikopernikanische Literatur, noch auch die besseren Argumente zur Interpretation der Quantentheorie kennt[32]. Nicht nur verfügte die instrumentalistische Position zur Zeit des Kopernikus über Argumente, die, jedenfalls vom Standpunkt der Zeitgenossen, viel stärker waren als die Argumente, die aus Bellarmins Erkenntnistheorie hervorgingen, sondern die moderne Physik hat *neue* physikalische Gründe gefunden, warum ihre wichtigste Theorie,

---

[30] Atomic Theory ..., S. 16

[31] Three Views Concerning Human Knowledge, Contemporary British Philosophy, Bd. 3 (1956), S. 2 ff.

[32] Ich stimme mit Professor Poppers Einschätzung des Instrumentalismus überein (1960). Ich bin auch wie er der Ansicht, daß man sich nicht mit einer Theorie zufriedengeben sollte, die höchstens instrumentalistisch interpretierbar ist, aber in realistischer Interpretation falsch wird. Drittens stimme ich mit Popper darin überein, daß im Falle der Quantentheorie eine solche Haltung gewöhnlich damit begründet wird, daß Theorien sowieso nur Voraussageinstrumente seien. Ich glaube aber auch, daß sich die instrumentalistische Position dem Physiker in der Quantentheorie aufdrängte, weil man einsah, daß die akzeptierte Theorie in realistischer Interpretation zu falschen Ergebnissen führen mußte. Der Instrumentalismus ist hier nicht bloße Wiederholung der philosophischen Idee, daß alles theoretische Denken nur instrumentellen Wert hat.

die Quantentheorie, nur ein Voraussageinstrument sein kann. Diese Gründe sind von derselben *Art* wie die des Ptolemäus: eine realistische Interpretation der Quantenmechanik würde zu falschen Voraussagen führen. Zwar gehen diese physikalischen Argumente oft fast zur Gänze in einem unannehmbaren Positivismus unter. Aber das bedeutet nicht, daß es sie nicht gibt und daß seit Bellarmin und Berkeley „kein weiterer Schuß mehr abgefeuert wurde“.

Man könnte nun versuchen, die Vorstellung einer wohlbestimmten Bewegung beizubehalten und nur die Beziehung zwischen der Energie und den Bestimmungstücken dieser Bewegung unbestimmt zu machen. Im nächsten Abschnitt werden wir sehen, daß dieser Versuch erheblichen Schwierigkeiten ausgesetzt ist.

8   Dualität von Licht und Materie; auch in der Quantentheorie beruht der Instrumentalismus nicht auf rein philosophischen Argumenten

Die Schwierigkeit liegt darin, daß die *Dualität des Lichts und der Materie* ein noch stärkerer Grund für die Aufgabe der klassischen Kinematik ist. Es muß hier allerdings beachtet werden, daß die Behandlung von Licht und Materie auf Grund eines allgemeinen Prinzips wie des Dualitätsprinzips etwas irreführend sein kann. Während z.B. die Idee der Position eines Lichtquants keinen wohlbestimmten Sinn hat[33], kann ein solcher Sinn der Position eines Elektrons zugewiesen werden. Ferner wird in diesem Bild die Kohärenzlänge des Lichts nicht erklärt. Sehen wir von solchen Einzelheiten ab, dann können wir folgendermaßen argumentieren:

Es ist behauptet worden[34], daß die Interferenzeigenschaften des Lichts und der Materie und die sich daraus ergebende Dualität nur ein Beispiel für statistisches Verhalten überhaupt seien, welches dann durch klassische Modelle wie Nagelbretter und Roulettespiele erläutert wird. Nach dieser Behauptung bewegen sich Elementarteilchen auf wohlbestimmten Bahnen und haben jederzeit einen wohlbestimmten Impuls. Manchmal gibt man zu, daß sich ihre Energie manchmal plötzlich und im Einzelfall unerklärlich ändert. Aber man hält daran fest, daß die *Zustände*, die diese plötzlichen Änderungen erfahren, immer wohlbestimmt bleiben.

Ich versuche jetzt zu zeigen, daß diese Annahme den Welleneigenschaften der Materie und den Erhaltungssätzen nicht gerecht wird. Dazu genügt es, die folgenden beiden Tatsachen der Interferenz zu betrachten: (1) Die Interferenzmuster hängen nicht von der Zahl der Teilchen ab, die sich zu einem bestimmten Augenblick in der Apparatur befinden; man erhält z.B. dasselbe Muster auf der

---

[33] Siehe z.B. E. Heitler, Quantum Theory of Radiation, Oxford 1957, S. 65; D. Bohm, Quantum Theory, Princeton 1951, S. 97 ff.

[34] Ein Beispiel ist A. Landé, From Duality to Unity in Quantum Mechanics, Current Issues in the Philosophy of Science, New York 1961, S. 350 ff. Vgl. auch meine Kritik im selben Band.

Fotoplatte, wenn man starkes Licht und kurze Belichtungszeit oder schwaches Licht und lange Belichtungszeit nimmt[35]. (2) Das Interferenzmuster bei zwei Spalten ist nicht einfach die arithmetische Summe der Interferenzmuster der einzelnen Spalten. Das Zwei-Spalten-Muster kann ein Minimum an einem Ort P haben, an dem das Ein-Spalt-Muster eine endliche Intensität aufweist (siehe Abb. 2). Die erste Tatsache zeigt, daß die Interferenz nicht auf eine Wechsel-

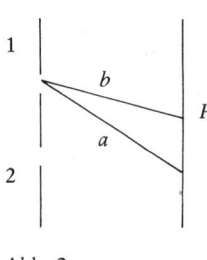

Abb. 2

wirkung zwischen den Teilchen zurückgeführt werden kann. Die zweite Tatsache gibt Anlaß zu folgender Überlegung: Wenn wirklich jedes Teilchen eine wohlbestimmte Bahn hat, dann beruht eine endliche Intensität in P darauf, daß sich ein Teilchen E auf b nach P bewegt hat. Solange Spalt 2 geschlossen ist, gibt es immer Teilchen, die sich durch 1 auf b bewegen. Betrachten wir ein solches Teilchen E im Augenblick seines Passierens durch 1. Öffnen wir Spalt 2 in diesem Augenblick, dann haben wir Verhältnisse geschaffen, unter denen E nicht nach P gelangen kann. Das Öffnen von Spalt 2 beeinflußt also die Bahn von E. Wie ist das möglich?

Fernwirkung ist keine befriedigende Erklärung. Die Erhaltungssätze (die auch in der Quantentheorie gelten) haben keinen Platz für die damit verbundene Energie. Außerdem[36] macht sich diese angebliche Wirkung nicht überall bemerkbar, sondern nur auf den Flächen, auf denen nach dem Wellenbild gleiche Phase herrscht. Die Rede von der Fernwirkung ist also nur eine etwas irreführende Art, das Wellenbild einzuführen.

Nach Popper[37] und Landé[38] braucht die Bahnänderung eines *einzelnen* Teilchens nicht erklärt zu werden. Dagegen erklärt die Änderung der physikalischen Bedingungen (die Öffnung von Spalt 2) das Auftreten eines neuen stochastischen Prozesses mit einem neuen Interferenzmuster. Diese Betrachtungsweise

[35] Für das Licht wurde das von Janossy gezeigt. Siehe das von der Ungarischen Akademie der Wissenschaften 1957 herausgegebene Büchlein, wo über frühere Experimente berichtet wird, sowie Janossy, Acta Physica Hungarica, Bd. 4 (1955), und Nuovo Cimento, Bd. 6 (1957).

[36] Der Gedanke der Fernwirkung wurde von Hans Reichenbach diskutiert und als mögliche Erklärung angesehen. Siehe seine Philosophic Foundations of Quantum Mechanics, Berkeley u. Los Angeles 1945, Abschn. 7. Reichenbach selbst entscheidet sich nicht für die Fernwirkung. Eine Diskussion von Reichenbachs Analyse und seiner Lösung (dreiwertige Logik) findet sich in meiner Notiz „Reichenbach's Interpretation of the Quantum Theory", Phil. Stud. Bd. 9 (1958), S. 47 ff. Vgl. auch Kap. 6 dieses Bandes.

[37] Observation and Interpretation, Hrsg. Körner, London 1957, S. 65 ff.

[38] Landés Vorschläge entsprechen in vieler Hinsicht denen von Popper. Ursprünglich (Quantum Theory, A Study of Continuity and Symmetry, New Haven 1955, bes. S. 24 ff.) akzeptierte Landé die Unbestimmtheit der Zustandsbeschreibungen. Später ließ er diese Annahme fallen.

ist indeterministisch, denn sie nimmt spontane individuelle Veränderungen an; ihr Indeterminismus ist ungefähr so radikal wie die der Kopenhagener Schule. Mit ihr hat sie auch die Betonung der Versuchssituation gemeinsam: Voraussagen gelten nur unter bestimmten Versuchsbedingungen, nicht allgemein. Sie unterscheidet sich aber von der Kopenhagener Schule dadurch, daß sie mit wohlbestimmten Bahnen arbeitet. Damit muß sie aber zugeben — und sie tut es auch[39] —, daß die Erhaltungssätze nur für eine große Menge von Teilchen in einer bestimmten Situation gelten, während sie im Einzelfall verletzt werden können. Und hier tauchen die Schwierigkeiten auf. Denn Energie und Impuls bleiben auch bei Wechselwirkungen zwischen einzelnen Elementarteilchen erhalten[40]. Die Annahme ist also unhaltbar, *es sei denn*, sie wird so ausführlich entwickelt, daß sie alle jene Experimente erklären kann, die die Physiker von der Gültigkeit der Erhaltungssätze auch im Einzelfall überzeugt haben. *Bevor* das geschehen ist (und niemand kann im voraus sagen, daß es nicht möglich ist!), ist die Hypothese von der Unbestimmtheit von Zustandsbeschreibungen wiederum die einzige befriedigende Erklärung. Diese Einschränkung gilt übrigens für alle Argumente, die ich zugunsten der Unbestimmtheit von Zustandsbeschreibungen und des instrumentalen Charakters jeder Quantentheorie, die die Zustände mit Hilfe mathematisch wohl definierbarer Funktionen beschreibt, entwickeln werde. Alle diese Argumente stützen sich auf gewisse empirische Resultate wie das Quantenpostulat, die Interferenzgesetze und die Gültigkeit der Erhaltungssätze im Einzelfall, und sie bemerken, daß man unter *diesen* Voraussetzungen den Instrumentalismus anerkennen muß.

Damit ist gezeigt, was vorhin behauptet wurde, nämlich daß der Instrumentalismus in der Quantentheorie keine rein philosophische Sache ist, die durch allgemeine Argumente zugunsten des Realismus hinwegdisputiert werden könnte. „Der quantentheoretische Instrumentalismus ist ein Ergebnis des Positivismus; der Positivismus ist falsch; also müssen wir die Quantentheorie realistisch interpretieren"[41] — dieses Argument ist ganz irrelevant und außerdem sehr irreführend. Es ist irreführend, weil es den Anschein erweckt, daß ein Realist die ψ-Funktion sofort realistisch interpretieren kann und daß einzig philosophische Vorurteile eine solche Interpretation verhindern. Und es ist irrelevant, weil es keinen Schritt zur Lösung der *physikalischen* Schwierigkeiten unternimmt, die mit der realistischen Position in der Mikrophysik verbunden sind. Eine realistische Alternative zum Gedanken der Komplementarität hat Aussicht auf Erfolg nur, wenn sie zeigen kann, daß gewisse experimentelle Ergebnisse nicht streng gültig sind. Sie erfordert den Aufbau einer *neuen Theorie* sowie den Nachweis, daß diese experimentell mindestens ebenso brauchbar ist wie die gegenwärtig vorliegende. Das ist keine leichte Aufgabe — aber sie wird von den rein philosophischen Verfechtern des Realismus in der Mikrophysik nicht einmal bemerkt.

[39] Persönliche Mitteilung von Professor K. R. Popper.

[40] Das wurde durch Experimente im Anschluß an den Compton-Effekt nachgewiesen, besonders durch die Experimente von Bothe und Geiger sowie Compton und Simon.

[41] Siehe Anm. 29.

Die Lage ist sogar noch mehr verwickelt. Wir sagten schon, daß auch die Physiker genau dieselben philosophischen Argumente gebrauchen, die die Philosophen für die einzigen Gründe zugunsten des Instrumentalismus halten. Es scheint, als hätten sie kein Zutrauen zu ihrer eigenen recht kräftigen Physik und suchten Unterstützung in mehr „fundamentalen" Bereichen. Darüber hinaus glauben viele Verfechter des „orthodoxen" Standpunkts, daß eine realistische Alternative zur gegenwärtigen Quantentheorie aus logischen oder empirischen Gründen unmöglich sei. Sie schlagen daher nicht nur eine Interpretation der bekannten experimentellen Ergebnisse auf Grund unbestimmter Zustandsbeschreibungen und des Instrumentalismus vor, sie schlagen auch vor, daß diese Interpretation *für immer beibehalten* und zur Grundlage jeder künftigen mikrophysikalischen Theorie gemacht werde. Das ist ein weiterer Fehler[42]. Was Wunder, wenn die Philosophen es schwierig finden, den guten Kern ihres Arguments unter all dem philosophischen Unsinn hervorzuholen, der ihn verdeckt.

9   Interpretation der Wellenmechanik

Die bisherigen Ausführungen lassen sich sogleich auf die Interpretation der Wellenmechanik anwenden. Die ältere Quantenmechanik war zwar experimentell sehr erfolgreich und auch fähig, eine Menge sonst beziehungsloser Tatsachen auf Grund einfacher Annahmen zu erklären, sie wurde aber von vielen Physikern als unbefriedigend angesehen. Ihre Hauptschwäche war die Art, in der sie klassische und nichtklassische Annahmen verband; sie brachte keine einheitliche Interpretation zustande. Für viele Physiker war sie deshalb nur ein Schritt auf dem Wege zu einer wirklich befriedigenden Theorie, die nicht nur richtige Voraussagen machen konnte, sondern auch einen gewissen Einblick in die Natur und Dynamik der Elementarteilchen vermittelte. Sicher gingen Bohr, Kramers, Heisenberg und ihre Mitarbeiter ganz anders vor. Ihr Hauptziel war nicht die Aufstellung einer neuen physikalischen Theorie über eine Welt, die unabhängig von Messung und Beobachtung existierte. Vielmehr wollten sie einen logischen Mechanismus für die Verwendung jener Teile der klassischen Physik finden, die noch zu richtigen Voraussagen führten. Der Anstoß dazu lag sicher in der überraschenden Tatsache, daß viele klassischen Gesetze auch auf der Mikroebene *streng gültig* blieben (etwa die in Abschnitt 8 besprochenen Interferenzgesetze). Das legte nahe, daß nicht die *Beseitigung* und *völlige Ersetzung* der klassischen Physik nötig war, sondern nur eine Modifikation. Wie dem auch sei, nicht alle teilten die Philosophie, die hinter dem *Korrespondenzdenken* stand. De Broglie und Schrödinger versuchten, eine ganz andere und völlig neue Theorie zur Beschreibung der Natur und des Verhaltens der Atome, der Moleküle und ihrer Bausteine zu entwickeln. Als diese Theorie fertig war, wurde sie von vielen als die lange erwartete einheitliche Mikrophysik begrüßt.

---

[42] Eine mehr detaillierte Darstellung dieses Irrtums findet sich in Abschnitt 7 von "Problems of Microphysics" (Anm. 22).

Die Hypothese der Unbestimmtheit der Zustandsbeschreibungen, so glaubte man, hatte nur die Unbestimmtheit und Unvollständigkeit der alten Theorie wiedergespiegelt; jetzt war sie nicht mehr nötig. Genauer: man nahm entweder an, die Zustände seien jetzt neue, aber wohldefinierte Größen (die ψ-Wellen), oder eine etwa verbleibende Unvollständigkeit hänge eben mit dem statistischen Charakter der Theorie zusammen, d.h. damit, daß die Wellenmechanik „in erster Linie eine Abart der statistischen Mechanik ist, ähnlich der klassischen statistischen Mechanik von Gibbs"[43]. Diese beiden Interpretationen sind noch im Umlauf. Ich hoffe, unsere Argumente im vorhergehenden Abschnitt haben klargestellt, daß eine solche Interpretation der Wellenmechanik zu Schwierigkeiten führen muß. Die einzige Voraussetzung der Hypothese der unbestimmten Zustandsbeschreibungen ist das Quantenpostulat und die Dualität des Lichts und der Materie (in Verbindung mit der Erhaltung der Energie und des Impulses im Einzelfall). Beide sind in der Wellenmechanik enthalten, welche daher jene Hypothese ebenso braucht und wiederum höchstens instrumentalistisch interpretiert werden kann. Eine genauere Untersuchung der beiden eben erwähnten Alternativen zeigt, daß das tatsächlich zutrifft[44].

Ich fasse zusammen: Jeder Versuch, das Verhalten der Elementarteilchen realistisch aufzufassen, muß zu Widersprüchen mit bewährten Theorien führen. Jeder solche Versuch läuft auf die Verteidigung einer Vermutung hinaus, für die keine guten Gründe vorliegen und die außerdem Tatsachen und wohlbewährten physikalischen Gesetzen widerspricht. Das ist der Haupteinwand, der heute gegen die Theorien von Bohm, Vigier, de Broglie und anderen vorgebracht wird. Er ähnelt den Einwänden, die zur Zeit Galileis gegen eine realistische Auffassung der Gedanken des Kopernikus erhoben wurden.

10 Gemeinsame Züge der kopernikanischen und der quantentheoretischen Situation

Ich wiederhole: Die Einwände gegen eine realistische Interpretation der kopernikanischen Hypothese und der Quantentheorie haben folgendes gemeinsam: sie weisen darauf hin, daß solche Interpretationen nicht nur nicht durch Tatsachen gestützt werden, sondern der Beobachtung und gut bestätigten physikalischen Gesetzen widersprechen. Im Falle der kopernikanischen Theorie fand man nun eine neue Dynamik, die besser war als die aristotelische – sie ging mehr ins einzelne und gestattete die Bewegung der Erde – und die außerdem dynamische Argumente zumindest für einen Teil der Bewegung der Erde, nämlich ihre Rotation, lieferte. Während diese Dynamik aufgebaut wurde, erhob sich eine Reihe von Schwierigkeiten für die aristotelische Theorie (Sonnenflecken, neue Sterne, Kometenbahnen u.a.). Die Hartnäckigkeit der Kopernikaner wurde also schließlich belohnt, und man erkannte, daß sie grundsätzlich recht hatten. Die realisti-

---

[43] E. C. Kemble, The Fundamental Principles of Quantum Mechanics, New York 1937, S. 55.
[44] Siehe § 3 von "Problems of Microphysics" (Anm. 22).

sche Position triumphierte als Ergebnis mühsamer Forschungen und schien sich dadurch als grundlegend richtig zu erweisen. Ist das nicht ein ausgezeichnetes Argument für den Realismus? Zeigt das nicht, daß die realistische Position die Forschung anspornt und den Fortschritt begünstigt, während der Instrumentalismus konservativer ist und die Gefahr der dogmatischen Erstarrung in sich birgt? Dieser Schluß wurde von vielen Denkern gezogen. Er ermöglichte es Boltzmann und den anderen Verfechtern der kinetischen Theorie, angesichts der manchmal sehr schwerwiegenden Einwände ihrer Gegner fest zu bleiben; und er inspiriert auch die heutigen Kritiker der Kopenhagener Interpretation. Er geht hervor aus einer sehr positiven und optimistischen Philosophie. Ich bin sehr geneigt, mich dieser Philosophie anzuschließen.*) Aber es entstehen große Schwierigkeiten, ja Absurditäten, wenn man sie konsequent durchzudenken versucht. Wir wollen jetzt diese Schwierigkeiten ins Auge fassen und wenn möglich beseitigen.

11 Die Tragkraft empirischer Einwände

Es ist klar, daß der schließliche Erfolg der kopernikanischen Theorie am Anfang nicht vorauszusehen war. Kein System von methodologischen Regeln kann jemals die grundsätzliche Richtigkeit einer gerade neu eingeführten Theorie garantieren; das folgt aus Humes Untersuchungen. Und wenn die Theorie den akzeptierten Tatsachen und Gesetzen widerspricht, dann scheint ihr Schicksal schon besiegelt. Der Glaube, daß der Erfolg doch noch kommen wird, der die Kopernikaner erfüllte, kann daher weder auf methodologische Erwägungen noch auf Tatsachen verweisen. Es ist ein metaphysischer Glaube. Wenn es nun für die Kopernikaner erlaubt war, einem solchen Glauben gemäß zu handeln, dann kann man auch nicht neuere metaphysische Annahmen zurückweisen. Zum Beispiel, es gibt keinen Grund, warum man heute nicht den Aristotelismus wieder einführen und das Beste hoffen sollte. Der Einwand, daß diese Theorie schon einmal ihre Chance hatte, zieht nicht: dasselbe traf auf die Hypothese der Erdbewegung zu, die in der Antike wohlbekannt war und unter dem Eindruck der Argumente des Aristoteles und seiner Nachfolger aufgegeben wurde. Öffnet aber ein solches Eingeständnis nicht der ungezügelten Spekulation Tür und Tor, begünstigt es nicht die Hohlwelttheorie, Wilhelm Reichs Orgonomie, die Dianetik[45], die Astrologie und andere verrückte Ideen? Heißt das nicht den Erfolg von Kopernikus (und, möchte man hinzufügen, von Boltzmann und Schrödinger[46]) mißbrauchen? Gibt es nicht einen wesentlichen Unterschied zwischen der kopernikanischen Vermutung und der Astrologie? Ich gebe zu: Kopernikus war sehr erfolgreich, die Astrologie etwas weniger. Aber ich spreche jetzt von der Haltung, die man gegenüber einer Theorie

---

*) (Das gilt für das Jahr 1960; siehe Nachtrag 1977).

[45] Eine amüsante Beschreibung dieser und anderer merkwürdiger Theorien findet sich bei Martin Gardner, Fads and Fallacies, New York 1952.

[46] Über die interessante Geschichte von Schrödingers frühen Versuchen, das Problem der Atomspektren zu lösen, siehe Diracs Brief in The Scientific Monthly, Bd. 79 (1954), Nr. 4.

einnehmen soll, *bevor* sie ihre Fruchtbarkeit bewiesen hat. Der Einwand nimmt an, man hätte den schließlichen Erfolg des Kopernikus *irgendwie voraussehen können,* und wir wüßten *im voraus,* daß die Orgonomie ein Hirngespinst ist, das mit der Wirklichkeit nicht das geringste zu tun hat. Aber wie können wir das wissen? Weil die Existenz des Orgon *mit der heutigen Physik unvereinbar* ist? Kopernikus widersprach der Physik seiner Zeit auf eine höchst klare und einfache Weise. Der Fall Orgon, seine Beziehung zur übrigen Physik, ist viel komplizierter und ungewisser. Oder sollen wir die Vorstellung vom Orgon oder aber — ein noch besseres Beispiel — die Hohlwelttheorie (die Erde ist hohl, und wir leben in ihrem Inneren) verwerfen, weil sie *absurd* ist? Kopernikus galt zu seiner Zeit auch als absurd. Man lese Luther, Francis Bacon und die Berufsastronomen der Zeit. All das scheint zu zeigen, daß es *vor* einem Erfolg (oder Mißerfolg) schwer und fast unmöglich ist, zwischen der Hypothese, daß sich die Erde durch das unendliche Weltall bewegt, und der Hohlwelttheorie, der Astrologie, der Ehrenhaftschen Physik zu wählen. Das ist die Schwierigkeit des oben beschriebenen optimistischen und naiven Realismus. Er ermöglicht es uns nicht, Wirkliches und Eingebildetes, fruchtbare Hypothesen und verrückte Ideen zu trennen. Wie kann diese Schwierigkeit behoben werden?

12   Ein Widerspruch zwischen neuen Ideen und alten Tatsachen noch kein Argument gegen die ersten

Sie kann nur behoben werden, wenn wir bereit sind, einige tief verwurzelte Vorurteile über die empirische Begründung von Hypothesen aufzugeben. Das fällt gar nicht schwer, sobald die Sache einmal ins rechte Licht gesetzt ist. Dazu müssen wir als erstes die Vorstellung aufgeben, daß die aristotelische Physik reiner Unsinn war, den kein sorgfältiger Denker jemals hätte akzeptieren können, und daß der Widerspruch zwischen ihr und der heliozentrischen Hypothese daher nicht als Argument gegen letzte in Betracht kam. Ich betone noch einmal, vom Standpunkt der empirischen Methode der Zeit war die aristotelische Physik so gut wie eine Theorie in dieser Zeit nur sein konnte. Sie wurde zum Teil durch die damals verfügbaren Erfahrungen gestützt, sie hatte mit gewissen Schwierigkeiten zu kämpfen — in alledem ähnelte sie sehr den genaueren Theorien, die wir heute haben[47]. Deshalb war es durchaus zulässig, sie in empirischen Argumenten gegen die kopernikanische Hypothese zu verwenden. *Gleichzeitig aber zeigt der schließliche Erfolg der letzteren, was empirische Argumente dieser Art wert sind. Sie sind keineswegs endgültig und unwiderruflich; und es ist möglich, ihre Voraussetzungen im Lichte weiterer Forschungen zu revidieren.* Und das ist gar nicht so seltsam. Die Gesetze, auf die man sich bei solchen Argumenten beruft (die Gesetze der aristotelischen Dynamik im Falle der kopernikanischen Hypothese; der zweite Hauptsatz der Thermodynamik im Falle der kinetischen Theorie; die Erhaltungssätze, das Quantenpostulat und die Interferenzgesetze im Falle der Quantentheorie), gehen immer weit über das hinaus, was die Erfahrung zeigen kann.

---

[47] Siehe Anm. 4.

Sie verwenden präzise Begriffe, während die Erfahrung bestenfalls ungenaue Kenntnisse vermittelt; und sie sind generelle Aussagen, während die Erfahrung nur eine endliche Anzahl von singulären Beobachtungssätzen liefern kann.[48] Ein neuer Standpunkt, der diesen Gesetzen widerspricht, braucht also deshalb nicht faktisch falsch zu sein, wenn der Widerspruch nur innerhalb der Grenzen der Ungenauigkeit und außerhalb der bekannten Tatsachen liegt. Nicht einmal eine singuläre Beobachtungsaussage muß als endgültig und unwiderruflich angesehen werden. Jede solche Aussage verwendet Begriffe, die zu einem ziemlich umfassenden Begriffssystem gehören, dessen Annahmen entweder ausdrücklich formuliert sind oder als „Gebrauchsregeln" für die Begriffe funktionieren. Ein Begriff, mit dem das Ergebnis einer (direkten) Beobachtung beschrieben wird, erhält seinen Sinn zum Teil von dem Eindruck, den die Beobachtungssituation hervorruft, und zum Teil von den Postulaten des Begriffssystems, zu dem er gehört. Er kann daher das Beobachtete richtig ausdrücken und trotzdem inadäquat sein, wenn einige dieser Postulate sich als unrichtig erweisen. Nicht einmal eine direkte Beobachtungsaussage ist also vor Kritik und Umformulierung geschützt.

In Anbetracht aller dieser Änderungsmöglichkeiten entscheidet die Diskrepanz zwischen einem neuen Standpunkt und anerkannten Theorien und Beobachtungen keineswegs über dessen Schicksal — selbst wenn die anerkannten Theorien so genau formuliert und gut bestätigt sind wie der zweite Hauptsatz der Thermodynamik oder das Gesetz von der Erhaltung der Energie. Jeder solche Widerspruch schafft ein Problem, das *weiter untersucht werden muß*, um festzustellen, ob es sich hier wirklich um einen Widerspruch zwischen Theorie und Tatsachen handelt und nicht vielmehr um einen Widerspruch zwischen einer Theorie und *dem noch ungeprüften Teil* einer anderen, oder zwischen einer Theorie und dem noch ungeprüften Teil eines Prinzips, das zum Teil den Sinn eines wichtigen Begriffs in einer Beobachtungsaussage festlegt. Niemand kann im voraus sagen, was eine solche weitere Untersuchung ergeben wird, und niemand sollte also einen Widerspruch zwischen seinen Lieblingsideen auf der einen Seite und Tatsachen und wohlbestätigten Theorien auf der anderen zum Anlaß nehmen, eine solche Untersuchung einzustellen.

13 Man kann aber Einwände erheben gegen gewisse Behandlungen des Widerspruchs

Das ist übrigens der Ort, an dem die Grenze zwischen „respektablen" Leuten und Cranks[49] gezogen werden muß. Der Unterschied besteht nicht darin, daß die

---

[48] Ausführlichere Behandlung in § 7 meines Essays "Explanation, Reduction, and Empiricism", Minnesota Studies in the Philosophy of Science, Bd. 3 (1962), sowie in § 4 von "How To Be a Good Empiricist", Delaware Studies in the Philosophy of Science, Bd. 1, New York 1963.

[49] Der Ausdruck "Crank" läßt sich kaum ins Deutsche übersetzen. Er umfaßt rabiate Weltverbesserer, unbeeinflußbare Verteidiger seltsamer Ideen, fast schon religiös angehauchte Prediger von barem Unsinn, Verrückte, Vernünftige mit großen blinden Flecken, arm im Geiste, einflußreiche Scharlatane. Ich lasse also den Ausdruck unübersetzt hier stehen.

einen Dinge vorschlagen, die einleuchten und Erfolg versprechen, während die anderen nur unplausible, absurde, zum Scheitern verurteilte Ideen zu bieten haben. Er *kann* nicht darin bestehen, weil wir nie im voraus wissen, welche Theorie Erfolg haben wird und welche nicht. Das zu entscheiden braucht lange Zeit, und jeder Schritt auf dem Wege dahin kann wieder revidiert werden. Noch kann die Absurdität eines Standpunkts als ein *allgemeines* Argument gegen ihn verwendet werden. Es ist vernünftig zu verlangen, daß eine Theorie, die man wählt, einem selbst einleuchtend erscheine. Das ist sozusagen Privatsache. Aber die Forderung, nur plausible Theorien in die Wissenschaft zuzulassen, geht zu weit. Nein — der Unterschied zwischen Cranks und „respektablen" Denkern liegt in der Forschung, die *nach* der Aufstellung eines Standpunktes durchgeführt wird. Der erstere begnügt sich gewöhnlich damit, den Standpunkt in seiner ursprünglichen, unentwickelten, metaphysischen Form zu verteidigen; er ist nicht bereit, ihn in den Fällen auf die Probe zu stellen, die seinem Gegner recht zu geben scheinen, ja er sieht da oft überhaupt kein Problem. Es ist diese weitere Untersuchung, mit ihren Einzelheiten, dem Bewußtsein der Schwierigkeiten und des allgemeinen Wissensstandes, der Berücksichtigung von Einwänden, die den „respektablen Denker" vom Crank unterscheidet, und *nicht* der ursprüngliche Inhalt der vertretenen Theorie. Wenn jemand glaubt, man müsse dem Aristoteles noch einmal eine Chance geben — laß ihn machen und sieh zu, was dabei herauskommt. Gibt er sich mit der Behauptung zufrieden, und fängt er nicht an, eine neue Dynamik auszuarbeiten, ahnt er nichts von den Anfangsschwierigkeiten seiner Position, dann ist das Ganze uninteressant. Gibt er sich aber nicht mit der heute vorhandenen Form des Aristotelismus zufrieden, versucht er, sie dem heutigen Stand der Astronomie, Physik und Mikrophysik anzupassen oder doch diesen Stand mit Gründen zu verändern, hat er neue Ideen, sieht er alte Probleme in einem neuen Licht, dann sei man froh, daß es Menschen mit ungewöhnlichen Gedanken gibt, und versuche nicht, ihn sogleich mit irrelevanten und abwegigen Argumenten aufzuhalten.

14 Behandelt man den Widerspruch richtig, dann kann man ihn lange aufrechterhalten

Ich glaube, es ist jetzt klar, *daß es nichts schadet,* wenn man wie Kopernikus oder Professor Bohm vorgeht, wenn man unbegründete Vermutungen einführt, die mit Tatsachen und anerkannten Theorien im Widerspruch stehen und auch noch absurd erscheinen — *falls* sich daran eingehende Untersuchungen anschliessen, wie im vorigen Abschnitt dargelegt. Es schadet nichts, so zu verfahren. Aber wir haben noch keinen einzigen Grund angegeben, warum man so verfahren *sollte.* Es gibt ja viele harmlose Tätigkeiten, an die aber niemand seine Zeit verschwenden würde. Man kann natürlich jenes Vorgehen durch Hinweis auf seinen *möglichen* Erfolg verteidigen. Aber es könnte ja auch die akzeptierte Theorie in Zukunft weiter Erfolg haben. Sie könnte alle Schwierigkeiten überwinden, und dann gäbe es keinen Grund, neue Ideen einzuführen und sich die ganzen mühsamen Untersuchungen aufzuladen, die damit verbunden sind. Also schiene es am besten zu warten, bis die gängige Theorie in Schwierigkeiten gerät, und sich *dann* nach neuen Theorien umzusehen.

Diese Ansicht ist weit verbreitet, denn sie scheint ja so vernünftig zu sein. Sie hat viel für sich, *vorausgesetzt, die Schwierigkeiten, in die eine Theorie geraten kann, treten stets ohne die Mitwirkung einer anderen Theorie zutage.* Nur dann ist der Rat zu warten, bis der akzeptierte Standpunkt zusammenbricht, vernünftig. Man kann aber zeigen, daß es *für jede Theorie potentielle Schwierigkeiten gibt, die nur mit Hilfe anderer Theorien entdeckt werden können.* Wenn das richtig ist, dann wird die Entwicklung von Alternativtheorien von dem Prinzip der Prüfbarkeit gefordert, daß der Wissenschaftler jede seiner Theorien unermüdlich überprüfen muß; und es wird weiterhin verlangt, daß die Alternativtheorien *in ihrer stärksten Form entwickelt werden sollen, d.h. als Beschreibungen der Wirklichkeit und nicht bloß als Voraussageinstrumente.* Auch wo der Realismus anerkannten Theorien und Tatsachen widerspricht, kann er noch immer durch methodologische Erwägungen gerechtfertigt werden. Im nächsten Abschnitt zeigen wir, wie die Entwicklung von Alternativtheorien die Prüfbarkeit der anerkannten Theorie erhöhen kann.

15 Zudem gibt es Argumente, die zeigen, daß man ihn einführen und aufrechterhalten soll

Das Argument ist ganz einfach. Wir betrachten eine Theorie T, die auf einem Gebiet D Voraussagen P macht; die wirklichen Verhältnisse P' seien von P verschieden, aber so wenig, daß es experimentell nicht erkennbar ist. T ist inkorrekt, aber wir können das nicht feststellen. Man kann nun seine Hoffnung auf neue experimentelle Methoden setzen, die P' und P voneinander trennen. Wenn aber der Unterschied genügend klein ist, dann ist diese Hoffnung nicht realistischer als die Hoffnung, eine neue Theorie könnte die Verhältnisse in der Natur besser erfassen. Die Entwicklung von Meßinstrumenten wird schließlich von den Ideen und Interessen der Wissenschaftler geleitet, und es ist unwahrscheinlich, daß sie automatisch zur Entdeckung aller Schwächen der anerkannten Theorien führen wird. Außerdem gibt es Fälle, in denen es *naturgesetzlich unmöglich* ist, Instrumente zu bauen, die den Unterschied zwischen P und P' direkt erfassen. Das Verhalten der Elektronen im Atom kann nie direkt untersucht werden, d.h. so, wie man es machen würde, wenn das Newtonsche Gesetz und das Coulombsche Gesetz die einzigen bekannten Gesetze wären und alle unsere Vorstellungen sich in diesem Rahmen bewegten. Noch kann man direkt zeigen, daß die Brownsche Bewegung durch die Übertragung von Wärmeenergie von der umgebenden Flüssigkeit auf die bewegten Teilchen zustandekommt, und das bedeutet, daß die Schwierigkeiten für den zweiten Hauptsatz der phänomenologischen Wärmelehre, die sich aus der Existenz Brownscher Teilchen ergeben, durch eine direkte Untersuchung ihres Verhaltens nie entdeckt werden können[50]. Drittens ist es sehr unwahrscheinlich, daß die Entdeckung problematischer Phänomene sofort zu ihrer richtigen Interpretation führen wird. Sind solche Phänomene genügend klein und unregelmäßig, dann werden sie als periphere Merkwürdigkeiten betrachtet, ganz so wie man heute die erstaunlichen Resultate von Professor Ehrenhaft nicht als Widerlegung physikalischer Theorien, sondern als seltsame Naturspiele ansieht. Alle diese Umstände wirken in derselben Richtung: sie haben die Tendenz, die Schwächen einer anerkannten Theorie vor uns zu verbergen.

Führen wir nun Alternativtheorien T', T'' usw. ein, die in D mit T unverträglich sind und P' statt P voraussagen. Wenn es uns nun gelingt, eine dieser Theorien so weit ausbauen, daß sie sich mit T hinsichtlich ihrer Einfachheit und Brauchbarkeit vergleichen läßt, wenn sie in allen Fällen bestätigt wird, in denen T bestätigt wurde, wenn sie ungelöste Probleme von T löst (siehe Anm. 4), wenn sie Voraussagen macht, die T nicht macht, und wenn diese sich auch bestätigen, dann werden wir T' zum Maßstab der Wahrheit machen und T als widerlegt betrachten — und das, obwohl noch keine *direkt* widerlegenden Instanzen für T gefunden worden sind. Deshalb fordert das Prinzip der Prüfbarkeit die Erfindung neuer Theorien, die den akzeptierten widersprechen, und damit haben wir auch die angekündigte methodologische Rechtfertigung des Realismus.

16 Und damit ist der Realismus auf jeden Fall als die methodologisch bessere Doktrin erwiesen

Ich fasse zusammen. Der Streit zwischen Realismus und Instrumentalismus hat viele Aspekte. Es gibt philosophische Argumente für den Instrumentalismus. Im vorliegenden Aufsatz wurden solche Argumente nur erwähnt, nicht diskutiert. Es gibt aber auch andere Argumente, die wohlbestimmte Theorien betreffen, wie die Quantentheorie oder die heliozentrische Hypothese und die sich auf spezifische Tatsachen und gut bestätigte Theorien gründen. Hier bedeutet eine Stellungnahme für den Realismus die Unterstützung unplausibler Vermutungen, für die es keine unabhängige Evidenz gibt und die Tatsachen und gut bestätigten Theorien widersprechen. Es wurde auch gezeigt, daß eine solche Unterstützung plausibel ist und aus dem Prinzip der Prüfbarkeit folgt. Daher ist der Realismus dem Instrumentalismus auch in diesen höchst schwierigen Fällen vorzuziehen.

Nachtrag 1977

Der Gegensatz, der später zur Debatte zwischen Realismus und Instrumentalismus führt, beginnt mit den Vorsokratikern, insbesondere mit Xenophanes und Parmenides. Parmenides spricht von „zwei Wegen", dem Weg der Wahrheit und dem Weg des trügerischen Scheins. Im ersten wird bewiesen, daß es keine Teile und keine Veränderung geben kann. Im zweiten nimmt man Veränderung als ge-

---

[50] Einzelheiten in § 7 von "Explanation, Reduction, and Empiricism".

geben an und versucht, sie durch die Eigenschaften zugrundeliegender Prinzipien (des Hellen und des Dunklen bei Parmenides) zu erklären. Es besteht kein Zweifel, daß die Argumente des Xenophanes und vielleicht sogar noch die Argumente des Parmenides gegen Ideen gerichtet waren, die bei Homer an der Tagesordnung sind und die Hesiod und Anaximander ganz ausdrücklich betonen. In Homer gibt es Veränderung, die Veränderung wird zum Teil durch die Götter bewirkt, und diese sind selbst veränderlich. Bei Hesiod sind Substanzen und Gesetze das Ergebnis einer Entwicklung, und die letzteren sind nur darum in Geltung, weil die Entwicklung zu einem Gleichgewicht entgegengesetzter Kräfte geführt hat. Das ist sehr „modern" — noch im 19. Jahrhundert gab es den Glauben an ewige Naturgesetze, und eine mehr dialektische Auffassung konnte sich nur schwer durchsetzen — und empirisch einwandfrei: Bewegung, Wechsel, Veränderung ist ein Grundphänomen der Welt, und selbst die Götter, die uns heute so fern und phantastisch erscheinen, waren zur Zeit Homers ein solider Bestandteil der menschlichen Erfahrung (vgl. Kapitel 9, Abschnitt 12). Die Ideen waren außerdem traditionell, selbst zur Zeit des Parmenides, denn Homer war die einzige Bildungsgrundlage, die die Griechen damals besaßen („Von Anfang an haben wir alle von Homer gelernt ...", schreibt Xenophanes). Wie es einigen Intellektuellen gelang, auf Grund schwer verständlicher Argumente und mit Hilfe abstrakter Prinzipien eine ganz anders geartete und sehr problembehaftete Weltansicht einzuführen *und dabei ernst genommen zu werden,* das ist ein Problem, zu dem auch heute noch keine befriedigende Antwort vorliegt. Bedenken wir doch, was hier geschah! Die Homerische Welt (deren Abbild wir in der spätgeometrischen Töpferei finden — vgl. Kapitel 17 meines Buches *Wider den Methodenzwang,* Frankfurt 1976) besteht aus komplexen Aggregaten, die auf mannigfache Weise zueinander in Beziehung treten. Der Mensch, zum Beispiel, ist nicht einfach ein (gegliederter) Körper mit Seele, er ist ein Aggregat von Gliedern, eine Art Gliederpuppe, die sich bewegt auf Grund von Vorgängen wie Einsicht, Zorn, Träumen, nach langer Ermüdung plötzlich auflodernder Kraft. Solche Vorgänge schließen sich nicht zu einem eignen 'seelischen' Bereich zusammen, denn ihre Ursachen sind denkbar verschieden: Träume sind „objektiv", sie treten von außen an den Menschen heran, „stehen über ihm"; leichte Schmerzen haben im Körper ihren Ursprung, plötzlicher Zorn wird oft von den Göttern in die Menschen hineingelegt, um ihre Handlungen zu verwirren und so die Geschichte in neue Bahnen zu lenken. Zur Beschreibung dieser mannigfachen Ereignisse reicht das naive Begriffssystem der neuen „Philosophie" nicht aus, und in der Tat kennt die Homerische Sprache sowohl „subjektive" als auch „objektive" als auch „subjektiv-objektive" Begriffe. Es gibt nicht einen Begriff des Wissens, oder der Erkenntnis, es gibt verschiedene Weisen, in denen sich der Mensch zur Umgebung in Beziehung setzen kann, und ihnen entsprechend gibt es verschiedene Ideen der Kenntnis dieser Welt. Diese Kenntnis ist also nichts Einheitliches. Sie ist, zum Beispiel, nicht einfach Übereinstimmung von Gedanken und Sachverhalt. Sie ist eine Sammlung von Ergebnissen, die unter verschiedenen Umständen gewonnen wurden, und sie wird auch so dargestellt: als *Listen* von Häfen mit dahinterliegenden Landstrichen und Völkern in den Periegesen, als

Listen von Göttern, Göttinnen, Königen, Reichen, Tieren, Pflanzen etc. in den viel früheren Schriften der Sumerer und Babylonier, als *Aufzählungen* wunderbarer und erschreckender Dinge (Nilflut, Erdbeben, Sonnenfinsternisse), jedes dieser Wunder mit einer nur auf es zutreffenden Erklärung verbunden. Gegenstände werden eingeführt durch Listen ihres Verhaltens unter verschiedenen Bedingungen, und selbst die Bewegung wird sprachlich in eine Reihe von Momentaufnahmen aufgelöst.

Dieser Vielfalt von Elementen, Beziehungen, Beschreibungen, Erklärungen setzt die neue Auffassung plötzlich *eine* zu erkennende Welt, *ein* erkennendes Subjekt, und *eine* zunächst notwendigerweise sehr unbestimmte und abstrakte Beziehung zwischen beiden, eben die *Erkenntnis*, entgegen. Das ist eine kindliche Vereinfachung der Phänomene und ihrer traditionellen Interpretation. Wie wird diese Vereinfachung unterstützt? Durch Denkoperationen, die bald mehr Autorität haben als die kräftigste Erfahrung und die ehrwürdigste Tradition und deren sich die Kundigen *und* die Laien mit großer Leidenschaft bedienen. In der beschriebenen Periode ist die Form der Denkoperationen gewöhnlich die: wenn A, dann entweder B oder C. Aber B und C ist nicht möglich, B und C sind die einzigen Alternativen, also ist auch A nicht möglich. Zum Beispiel: wenn Gott einen Anfang hat, dann kommt er entweder aus demselben oder aus etwas anderem. Kommt er aus demselben, dann handelt es sich um keinen Anfang, aus etwas anderem kann er nicht kommen, denn das wäre Schaffung aus dem Nichts. Also hat Gott keinen Anfang.

Diese Schlußform findet sich bei Parmenides, sie ist die grundlegende Schlußform der Zenonischen Argumente, sie ist auch implizit in der *Oresteia* des Aischylos: Unmögliches geschieht, ob nun Orest seine Mutter tötet oder nicht; also muß einen Schritt zurückgegangen werden; man muß die Struktur der Gesellschaft ändern, in der jede nur mögliche Handlung zu unmöglichen Ergebnissen führt. Es ist auch interessant zu sehen, welche Annahmen in die Beweise eingehen. Im zweiten Schritt des Beweises von der Ewigkeit Gottes wird angenommen, daß die Schaffung aus etwas anderem der Schaffung aus dem Nichts gleichkommt. Gott wird also dem reinen Sein gleichgesetzt, und dessen Gegensatz ist in der Tat das Nichtsein.

Man fragt sich nun, welche Relevanz solche Beweise für die Kritik der Tradition haben. Sie verwenden einen abstrakten Begriff des Seins und Schlußweisen, die seine Unerschaffbarkeit aus dieser abstrakten Natur herleiten. *Wenn* unsere Welt den Gesetzen eines solchen Seins gehorcht und *wenn* die Beweise stimmen, dann ist das Existierende in der Tat überall und immer dasselbe, und Veränderung kommt ihm nicht zu. Gleichermaßen: *wenn* es Götter gibt, die dem verwendeten Gottesbegriff entsprechen, dann waren sie immer da, haben sich nie verändert, und sind auch nicht viele. Erfahrung und Tradition bestreiten die Voraussetzung: die Welt, in der wir leben, ist nicht die Welt des Seins, auf die sich das Argument bezieht. Sie ist komplizierter, und ihre Komplexität ist nicht Ausfluß einer Theorie, sondern *des Augenscheins, der Sprache, der Erfahrung.* So, zumindest, könnte ein Vertreter der Homerischen Weltansicht argumentieren.

Wir wissen nicht, ob dieses Argument in dieser frühen Zeit wirklich erhoben worden ist. Es ist wahrscheinlich, daß man die traditionelle Ansicht von den Göttern, in der die Götter dem Menschen überlegen, aber ihm in vielfacher Hinsicht ähnlich, in der sie *menschlich* sind im Vergleich zum *unmenschlichen Monstrum* des Xenophanes und des Parmenides, verteidigt hat. Immer wieder hat sich der natürliche Gottesbegriff gegen den Gott der Philosophen erhoben. Der Beweis von den Eigenschaften des Seins aber wurde nicht als irrelevant abgelehnt, sondern nur als problematisch angesehen. Damit war bereits eine seiner wesentlichen Voraussetzungen akzeptiert, nämlich die Annahme, daß das abstrakte Sein, von dem die Rede ist, das Sein unserer Welt ist. *Ohne Argument ersetzte die Auffassung von der einen Welt und dem einen Geist das viel elastischere und komplexere Weltbild Homers.* So beginnt die Geschichte des *Rationalismus,* das heißt im wesentlichen die Geschichte seiner *Probleme,* und so beginnt auch die Erkenntnistheorie, die sich die Lösung dieser Probleme zur Aufgabe macht: die Erkenntnistheorie will Probleme lösen, die ihre eigenen Grundannahmen erst eingeführt haben. Und so beginnt auch die Verarmung der Sprache, die Verdünnung der Begriffe, die Abnahme an Anpassungsfähigkeit, der Dogmatismus, die eine Begleiterscheinung des Rationalismus waren und noch immer sind.

Es wäre interessant zu erfahren, welche besonderen Umstände diese Ersetzung des Realen, aber Komplexen, durch das Unreale, aber Einfache, des Menschlich-Göttlichen durch das Unmenschlich-Prinzipielle, begünstigt haben. Das ist eine bisher ungelöste Aufgabe der Ideengeschichte. Sicher sind die neuen Ideen eine *Intellektuellenideologie,* eine Ideologie von Gruppen, die gerne von der Wirklichkeit abschweifen oder sie im Lichte ihrer eigenen, einfachen, von der Praxis unberührten Begriffe sehen, und die die dazu nötigen intellektuellen und finanziellen Mittel haben. Aber wie gelang es dieser Ideologie zu triumphieren, wie gelang es ihr, ein reiches, vielseitiges, die Mannigfaltigkeit und Aufeinanderbezogenheit der Erfahrung bestens erfassendes Weltbild durch ihre Abstraktionen zu ersetzen, wie gelang es ihr, selbst die Sprache zu verwüsten und zu einem gefügigen Mittel ihrer engen Interessen zu machen?*) Auf diese Frage gibt es bis heute keine Antwort, weil das Problem, auf das sich die Frage bezieht, nur selten gesehen wird: nimmt man doch allgemein an, daß Vorsokratiker und insbesondere Parmenides einen großen Fortschritt, eine Bewegung auf richtige Wissenschaft hin darstellen. Für uns von Interesse ist, daß nun die Zweiteilung aufkommt, an der sich später Realismus und Instrumentalismus orientieren, die Zweiteilung nämlich zwischen (vielleicht nützlicher, sehr komplexer, aber sicher nicht wahrer) *Erscheinung* und (vielleicht unnützer, simpler, aber sicher wahrer) *Wirklichkeit.* Auch der Begriff der Wahrheit im modernen Sinn taucht erst jetzt auf. Er wird verwendet in durchaus bewertender Weise, zum Preise der neuen Ideologie, in der ja einfache Begriffe wie er Raum haben, und zur Abwertung der alten, in die sich Vereinfachungen wie *die* Wahrheit nicht einfügen lassen. Damit haben wir be-

---

*) Platon sah alle diese Probleme und hat sie immer wieder von verschiedenen Seiten her in Angriff genommen.

reits alle Elemente, die in den Debatten über den Realismus eine Rolle spielen sowie auch die Grundlage für eine Stellungnahme, die philosophischer, weil umfassender ist, als die Stellungnahme des beiliegenden Aufsatzes, der sich auf die Situation in den modernen Wissenschaften beschränkt: ist man an der Mannigfaltigkeit dieser Welt interessiert, liegt es einem daran, diese Mannigfaltigkeit zu akzentuieren, zum Vorschein zu bringen, statt sie zu verstecken oder in Verallgemeinerungen verschwinden zu lassen, dann wird man Abstraktionen nur eine instrumentelle Funktion zuschreiben, man wird in Theorien, Prinzipien (des Schönen, der Moral, des Wissens), Ideologien *Hilfsapparate* sehen, die dem mit der Vielfalt nicht Vertrauten wie einem Blinden durchs Leben helfen, man wird sie nicht für die wahren, aber stets nur ungenügend sich manifestierenden Prinzipien der Welt halten. Aber bisher ist es den Blinden gelungen, die Sehenden von der größeren Tiefe ihrer eigenen verminderten Sicht und ihres eigenen verminderten Verständnisses zu überzeugen ...

Aristoteles versucht, die Zweiteilung zwischen Erscheinung und Wirklichkeit zu überwinden, indem er zeigt, wie *dieselben* Formen sowohl die Natur als auch die Erfahrung gestalten und wie der Übergang der Formen von Gegenständen auf andere Gegenstände und von Gegenstände auf die Sinne alle Veränderung, die Veränderung, genannt „Wahrnehmung", eingeschlossen, erklärt. Seine Theorie ist ein Versuch, die abstrakten Schemata des Parmenides (und des Platon) mit der Fülle der Alltagserfahrung zu versöhnen. Allein sein Glaube an die Harmonie zwischen Mensch und Welt und sein Versuch, diese Harmonie durch Rückbeziehung der Formen auf die Erfahrung zu erhalten, führt zu einer Zweiteilung anderer Art, die schon viel spezieller ist und die erst später wirksam wird, nämlich zur Zweiteilung zwischen der *physikalischen Darstellung* eines Phänomens und seiner *mathematischen Beschreibung*.

Physikalisch ist, was sich in den Formen der Alltagssprache und deren Verallgemeinerungen beschreiben läßt. Physikalisch ist z.B. das Licht die Transparenz des Mediums im Zustand der Aktualität seiner Durchlässigkeit. Mathematisch werden Linien verwendet, um Phänomene zu erklären, wie das Phänomen der Reflexion. Bei Aristoteles stehen beide Beschreibungen oft unvermittelt nebeneinander. Spätere Denker, wie etwa Galen, versuchen sie in eine zu verschmelzen. Die Widersprüche, die sich dabei nicht vermeiden ließen, führen aber bald zu einer Unterscheidung zwischen *Physik* und *Spezialwissenschaften* (Optik, Astronomie, etc.). Die Physik erläutert die Grundprinzipien der Bewegung und die Natur des Bewegten. Sie strebt nach Wahrheit und ist, bei Aristoteles, aus sehr allgemeinen Zügen der Erfahrung gewonnen. Die Spezialwissenschaften machen Vorhersagen; sie wollen praktischen Erfolg und erreichen diesen durch seltsame mathematische Gebilde und oft mit Hilfe von Annahmen, die der Wahrheit widersprechen. So zum Beispiel verwendet die Astronomie Epizyklen und Äquanten. Dynamisch, d.h. auf Grund der empirisch bestätigten Bewegungslehre des Aristoteles, sind die so konstruierten Bewegungen unmöglich. Sie helfen aber bei der Vorhersage der Planetenörter. In dieser schon sehr speziellen Form wird die Unterscheidung für unser Problem relevant.

Dieses Problem besteht in der Frage, ob physikalische Theorien als wahre Beschreibungen der Welt oder als Instrumente zur Vorhersage von Beobachtungen interpretiert werden sollen. Es scheint identisch zu sein mit dem Problem der Astronomie in der Aristotelischen Tradition (und besonders bei Simplicius). Aber die Trennung von Physik und Philosophie, die auf die wissenschaftliche Revolution des 16. und 17. Jahrhunderts folgte, führte zu einer weiteren Komplikation und Spezialisierung. Denn wir haben jetzt *zwei verschiedene Arten von Gesetzen,* deren Widerspruch mit einer bestimmten Theorie diese zu einem Vorhersageschema degradieren (oder, bei den Positivisten, erheben) kann. Wir haben rein physikalische Gesetze, wie etwa das Quantenpostulat, die in einem bestimmten Bereich gelten und die man nicht mehr für absolut wahr hält; und wir haben „philosophische Gesetze", das heißt Gesetze, die die Natur unserer Erkenntnis im allgemeinen betreffen. Beispiel eines philosophischen Gesetzes ist die Behauptung, daß unser Wissen auf Beobachtungen beruht. Die Behauptung des Instrumentalismus kann sich jetzt also auf physikalische Gesetze (im Sinn der modernen Physik) stützen, sie kann sich auf philosophische Gesetze stützen, oder auf beides. Mach, zum Beispiel, verwarf die Atome (oder gestand ihnen höchstens eine instrumentelle Rolle zu) erstens, weil man sie nicht *beobachten* konnte (Widerspruch mit dem philosophischen Gesetz der prinzipiellen Beobachtbarkeit alles Physikalischen) und zweitens, weil die Atomtheorie der gutbestätigten phänomenologischen Thermodynamik *widersprach* (Widerspruch mit einem physikalischen Gesetz). Da philosophische Gesetze Allgemeingültigkeit beanspruchen, impliziert der philosophische Instrumentalismus eine Behauptung über *alle* Theorien. Andrerseits kann ein Widerspruch mit physikalischen Gesetzen nur eine *bestimmte* Theorie als ein Instrument der Vorhersage erweisen. So müssen wir also heute zwischen einem philosophischen und einem physikalischen Instrumentalismus unterscheiden.

(Die Unterscheidung ist praktisch, aber nicht sehr tief. „Philosophische Theorien" und physikalische Theorien unterscheiden sich hinsichtlich ihres Allgemeinheitsgrades sowie auch durch die Weise, in der sie untersucht werden. Physikalische Theorien werden untersucht, indem man sie dem Prozeß der wissenschaftlichen Forschung eingliedert. *Dasselbe wäre auch bei philosophischen Theorien möglich* — und Einstein und Niels Bohr zeigen, wie man dabei vorzugehen hat — wird aber nur selten getan, weil Philosophen dazu weder Geduld noch Talent haben. Natürlich drücken sie den Unterschied nicht so aus, sie sagen nicht, daß die Existenz von Sinnesdaten nicht der wissenschaftlichen Forschung überlassen wird, weil eine solche Forschung für Philosophen zu schwer wäre; sie sagen, daß es zur Erforschung von Sinnesdaten eigener (und eben sehr einfacher) Methoden bedürfe, daß solche Methoden für die Philosophie charakteristisch seien, und daß die Anwendung anderer Methoden eine Metabasis darstelle, was eine große philosophische Sünde ist. So wird Talentlosigkeit und Unkenntnis durch Redefinition der zu einer Untersuchung nötigen Kenntnisse in hohes Sachverständnis verwandelt.)

Demgemäß ist es nun nötig, den Realismus *zweimal* zu verteidigen, nämlich, erstens, durch Widerlegung der *allgemeinen* philosophischen Theorien, die sich ihm entgegenstellen und, zweitens, durch Untersuchung des Widerspruchs zwischen realistischen Theorien und *bestimmten* physikalischen Gesetzen. Philosophische Realisten oder Berufsrealisten, wie man sie auch nennen könnte, machen sich an die erste Aufgabe und lösen sie auf mehr oder weniger befriedigende Weise. Damit ist aber das Problem nicht beseitigt, denn die physikalischen Argumente harren noch immer der Widerlegung. Der vorliegende Aufsatz erläutert die Situation an zwei konkreten Fällen.

Abschnitt 5: Einige Behauptungen sind im Lichte der neueren Forschung leicht zu modifizieren. Das Hauptargument bleibt aber nach wie vor bestehen. Man vergleiche es mit dem Material in Kap. 6 bis 12 von *Wider den Methodenzwang*, Frankfurt 1976, das bis 1975 aufgeholt ist.

Abschnitte 7 und 8: Eine mehr detaillierte Darstellung der Situation zusammen mit einer Darstellung und Analyse der Bohrschen Philosophie findet sich in meinem Essay "On a Recent Critique of Complementarity", *Philosophy of Science* 1968/69 (in zwei Teilen).

Abschnitt 13: Der Unterschied zwischen „respektablen" Leuten und Cranks ist viel schwerer zu ziehen, als ich es bei Abfassung dieses Abschnittes noch gedacht habe. Es scheint mir heute durchaus vernünftig, an einer Theorie trotz Widerspruchs mit den Tatsachen und ohne genauere Untersuchung des Widerspruchs festzuhalten und zwar einfach darum, weil nie genügend Zeit und Mittel zur Lösung *aller* Schwierigkeiten vorliegen. Und ein "Crank", der meistens allein arbeitet, kann sich noch weniger den Luxus leisten, alle Probleme zu lösen, die im Verlauf der Entwicklung seiner Ideen auftauchen. Auch sollte man das Ausmaß seiner Kenntnisse nicht zu kritisch für oder gegen ihn einsetzen. Robert Mayer wußte nur wenig von der Blüte der zeitgenössischen Physik, der Himmelsmechanik, und ein solches Wissen hätte ihn mehr verwirrt als ihm geholfen. Und dann gibt es natürlich auch wohlinformierte Vertreter von Theorien, die alles genau kennen und es doch zu nichts bringen (Beispiel: Riccioli). Cranks sind Leute, die nicht in den wissenschaftlichen Betrieb einer bestimmten Zeit passen — aber Recht haben können sie doch, und sie haben auch oft Recht gehabt. Ihr „Mißerfolg" ist oft bloß ein Zeichen der Unbeweglichkeit der Wissenschaft.

Abschnitt 15: Das hier vorgeführte Argument beruht auf der Annahme, daß es gut ist, den empirischen Gehalt von Theorien zu vergrößern.

Eine solche Forderung ist sinnvoll in einem Universum, das sowohl qualitativ als auch quantitativ unbegrenzt ist. Das ist die Annahme der Schöpfer der modernen Wissenschaft: genau so, wie die kühnen Unternehmungen der portugiesischen und spanischen Seefahrer neue Länder und Kontinente entdeckt haben, genau so soll auch eine neue und kühne Wissenschaft den Horizont unserer Tatsachen erweitern. Und die Kühnheit wird sich lohnen, denn es gibt unbekannte Kontinente des Wissens, es gibt ein „Amerika des Wissens", das noch der Entdeckung harrt. Diese Erwartung gibt der Forderung nach Gehaltsvermehrung einen Sinn und erklärt auch, warum man sie akzeptieren soll.

Die Wissenschaftstheoretiker von heute haben keine solche Erwartung. Kosmologische Überlegungen liegen ihnen fern. Die Forderung der Gehaltsvermehrung „begründen" sie entweder gar nicht oder durch Hinweis auf die Tatsache, daß sie der modernen Wissenschaft zugrundeliegt (was nur zum Teil stimmt und außerdem die Autorität der Wissenschaft ohne Untersuchung akzeptiert), oder aber, weil man „in einem Brief an den Weihnachtsmann" um eine Wissenschaft mit Gehaltsvermehrung gebeten hat (so führt John Watkins die Forderung allen Ernstes ein, und man kann ihm auch zustimmen, denn in der Tat kann nur der Weihnachtsmann so fromme Wünsche erfüllen). Was Wunder, daß man heute kaum weiß, wie man die Forderung kritisieren soll.

Ein Rückblick auf den Ursprung der Forderung macht die Sache klar. Man kritisiert die Forderung, indem man zeigt, daß die Welt qualitativ und quantitativ *endlich* ist. Und man führt *diesen* Nachweis, indem man endliche Weltmodelle mit auf Endlichkeit abgepaßten Rationalitätstheorien entwickelt und sie mit unendlichen Modellen vergleicht. Haben sie Vorteile, dann akzeptiert man sie und verwandelt zugleich die noch brauchbaren Theorien aus der Unendlichkeitskosmologie in Instrumente der Vorhersage (klarerweise können auf unendlichen Modellen beruhende Theorien in einer endlichen Welt nur Instrumente sein).*) Verglichen mit einer solchen *kosmologischen* Untersuchung des Instrumentalismus erscheint mir heute meine eigene *methodologische* Kritik als ein typisches Beispiel rationalistischen Stumpfsinns.

---

*) Vgl. dazu Abschnitt 3 von Kapitel 13

Kapitel 6

Bemerkungen zur Verwendung nicht-klassischer Logiken in der Quantentheorie

1 Ontologische Interpretationen

2 Die Kopenhagen-Deutung

3 Einsteins Interpretation

4 Reichenbachs Interpretation

5 Mittelstaedt

1   Ontologische Interpretationen

Gegeben sei ein bestimmter Formalismus der Quantentheorie, etwa der von v. Neumann, und eine bestimmte Verbindung dieses Formalismus mit der Erfahrung, etwa Borns Regeln in der Form, in der sie in von Neumanns Darstellung auftreten. Wir nennen eine Interpretation einer Theorie, die sich aus der Verbindung ihres Formalismus mit der Erfahrung ergibt, eine *empirische Interpretation* und die resultierende Struktur von theoretischen und empirischen Aussagen ein zu der Theorie gehöriges *Voraussageschema.* Für einen Denker, der die Funktion einer Theorie in den Voraussagen allein sieht, ist die empirische Interpretation die einzig interessante.

In der Geschichte der Wissenschaften ist aber immer wieder versucht worden, aus einer Theorie mehr herauszuholen als Voraussagen. Es ist immer wieder versucht worden, Theorien als Weltbilder zu verstehen, die allgemeine Angaben über die Struktur des Universums machen. Das heißt, daß dem Formalismus und den empirischen Korrespondenzregeln weitere Elemente hinzugefügt werden. Diese Elemente gestatten einen Schluß auf Verhältnisse, die von Beobachtungen relativ unabhängig sind, und sie erlauben es dem Theoretiker, die Welt mit Hilfe eines empirisch interpretierten Formalismus auf einheitliche und von formalen Besonderheiten relativ unabhängige Weise zu sehen. Eine Gesamtheit von Elementen dieser Art nenne ich eine *ontologische Interpretation.*

Es ist ein Glaubenssatz fast aller empirischen Philosophien, daß die Wissenschaft, und überhaupt jede Art brauchbaren Wissens, mit empirischen Interpretationen allein auskommen muß. Was darüber hinausgeht, kann von der Erfahrung nicht kontrolliert werden und ist abzulehnen. Allgemeine Weltbilder aber, ob sie nun auf der Erfahrung beruhen oder nicht, sind seit Kant in einem noch viel weiteren Kreise von Philosophen suspekt. Eine psychologische Funktion wird man ihnen nicht absprechen — sie werden einen Denker fördern oder hindern, wie auch

Alkohol oder Kaffee oder sexuelle Abenteuer einen Denker fördern oder hindern
können. Zum *Inhalt* der untersuchten Theorien besteht aber nicht die geringste
Beziehung.

In den folgenden Bemerkungen wird versucht, diese weit verbreitete Einstellung zu widerlegen. Die Widerlegung geschieht durch den Nachweis, daß es möglich ist, für oder gegen verschiedene ontologische Interpretationen desselben Vor-
aussageschemas zu *argumentieren,* sowie durch Beispiele der verwendeten Argumente. Der Nachweis ist nicht zwingend, aber er legt doch nahe, daß in einer
ontologischen Interpretation mehr steckt als in einer Tasse Kaffee.

Als Beispiele werde ich drei verschiedene Interpretationen der Quantentheorie verwenden, nämlich die sogenannte Kopenhagen-Interpretation, Einsteins objektiv-statistische Interpretation sowie Interpretationen auf Grund nicht
klassischer Logiken. Ich werde zu zeigen versuchen, daß Einsteins Interpretation
den beiden anderen vorzuziehen ist.

2   Die Kopenhagen-Deutung

Hinter dem Namen ,,Kopenhagen-Deutung'' verbergen sich verschiedene
Ideen, die nicht leicht auf einen gemeinsamen Nenner zu bringen sind. Diese Ideen
wurden in den Jahren 1913 bis 1926 an Hand sehr konkreter Probleme und in
vielen Diskussionen entwickelt, im Jahre 1926 zum erstenmal systematisch dargestellt und im Jahre 1935, nach Einsteins grundlegendem Einwand, in endgültige Form gebracht. Was nun diese endgültige Form ist, darüber gehen die Meinungen auseinander. Heisenberg, Jordan und Pauli vertreten eine Version, die dem
Positivismus nahesteht, von Weizsäcker und neuerdings auch Heisenberg fügen
Elemente der Kantschen Philosophie hinzu, der Aristotelische Begriff der Poten-
tialität wird mobilisiert (von Heisenberg, Bohm sowie auch von Havemann in
seinem zwar aufsehenerregenden aber philosophisch unzureichenden Büchlein
Dialektik ohne Dogma), Rosenfeld sieht Beziehungen zum dialektischen Materialismus, während Bohr selbst sich von allen diesen Verbindungen mit Schul-
philosophien ausdrücklich distanziert hat. Bohrs eigener Standpunkt ist nur
schwer aus der Literatur zu entnehmen. In dieser Situation hilft nur eines: man
versucht ein konsistentes Bild zu konstruieren, das sich so nahe als möglich an
die Literatur, vor allem an die Bohrschen Schriften hält, ohne die historische
Richtigkeit voll garantieren zu können[1].

In einem solchen Bild wird nun der Bohrsche Begriff des Phänomens eine
wichtige Rolle spielen müssen. Ein *Phänomen* ist ein experimentelles Ergebnis
zusammen mit der Meßanordnung, die es hervorgebracht hat. Es ist ein komplexes makroskopisches Ereignis, das sich in der Alltagssprache oder, wenn
Details und Genauigkeit erfordert werden, in der Sprache der klassischen Physik
beschreiben läßt. Das Phänomen, das einem Stern-Gerlach-Experiment zugrunde

---

[1] Für eine mehr detaillierte Untersuchung cf. meinen Aufsatz ''Problems of Microphysics'',
in: *Frontiers of Science and Philosophy*, ed. R. Colodny, Pittsburgh 1962, London 1964.

liegt, würde also einschließen eine Beschreibung der Quelle des Teilchenstrahls und der Methode seiner Fokussierung, Angaben über den Magneten und die Feldstärke sowie Angaben über die schließliche Verteilung der Teilcheneinschläge auf der photographischen Platte (die Teilchenkoordinate nach Durchschreitung des Magneten ist hier der klassische Anzeiger des Spins). Es wird nun behauptet, daß die Aufgabe der Quantentheorie einzig in der Korrelation von Phänomenen in diesem Sinn, also in der Korrelation gewisser klassischer Ereignisse liegt, *und daß sie darüber hinaus nichts leistet.* Das bedeutet, daß wir uns hüten müssen, vertraute Züge der Kalkulation (wie etwa das Auftreten von Wellenfunktionen) als Anzeichen realer und objektiver Prozesse (Existenz objektiv realer Wellen) aufzufassen. Im Stern-Gerlach-Experiment z.B. setzt man zunächst eine Wellenfunktion für den ankommenden Teilchenstrom an, entwickelt sie dann in Spin-Eigenfunktionen, führt hierauf durch Wechselwirkung eine Separation der Eigenfunktionen und Korrelation mit den Ortskoordinaten der Teilchen herbei und reduziert schließlich beim Auftreffen auf die Platte diese örtlich aufgefächerte Wellenfunktion zu einem Wellenpaket. Der Formalismus, der sich auf diese Weise veranschaulichen läßt, führt zu korrekten Voraussagen, z.B. über die makroskopisch feststellbare Situation auf der photographischen Platte. Die Annahme aber, daß das Schema der Veranschaulichung reale Prozesse abbildet, die zwischen der Quelle und der Platte stattfinden, diese Annahme führt zu Schwierigkeiten und muß nach Ansicht der Kopenhagen-Deutung aufgegeben werden. Es ist hier nicht der Ort, auf diese Schwierigkeiten im einzelnen einzugehen; es genügt anzudeuten, daß sich Widersprüche mit Gesetzen ergeben, die auch in der Quantentheorie Geltung haben, etwa mit den Erhaltungssätzen für Energie und Impuls sowie den Gesetzen der Interferenz. Das sind die *physikalischen* Gründe, warum man sich weigert, dem Formalismus mehr aufzubürden als die Aufgabe, Korrelationen zwischen Phänomenen herzustellen. Es ist klar, daß diese physikalischen Gründe sich mit der *philosophischen* Vorliebe für Voraussageschemata ausgezeichnet vertragen. (Das hat manchmal den falschen Eindruck erweckt, daß die Quantentheorie einzig der Auswuchs einer bestimmten Philosophie sei, und daß es darüber hinaus keine weiteren Gründe zur Annahme der Kopenhagen-Deutung gäbe.) Ontologisch gesehen sind nunmehr Mikroobjekte nichts anderes als Bündel makroskopischer Situationen — sie sind anschauliche Hilfskonstruktionen, die uns die Handhabung des Formalismus erleichtern. Das Prinzip der *Komplementarität* gibt dann ungefähr an, unter welchen Bedingungen bestimmte Elemente des Bündels zum Vorschein kommen.

3 Einsteins Interpretation

In Einsteins Interpretation der Quantentheorie kann man Annahmen von verschiedenem Allgemeinheitsgrad unterscheiden. Ich werde mich hier nur mit der allgemeinsten Annahme befassen, mit der Annahme der Existenz verborgener Parameter. Die speziellen deterministischen Modelle, die Einstein manchmal vor Augen hatte, werden von den Argumenten nicht berührt und werden daher auch nicht verteidigt.

Nach Einstein gibt es Ereignisse, die durch nicht bekannte, von der Quantenmechanik nicht erfaßte und möglicherweise den Gesetzen der Quantenmechanik
nicht gehorchende Größen, sogenannte verborgene Parameter, beschrieben werden.
Vom Standpunkt dieser Interpretation aus betrachtet, ist die übliche Theorie
unvollständig und muß durch eine Dynamik individueller Prozesse ergänzt werden. Sie ist in dieser Hinsicht der statistischen Mechanik ähnlich. Die Größen
der statistischen Mechanik geben Durchschnittswerte an, und es bedarf zusätzlicher Größen, eben der verborgenen Parameter, um den Einzelvorgang vollständig
zu beschreiben. Weder der Zusammenhang dieser Größen untereinander noch der
Zusammenhang mit den Größen der Quantentheorie ist im Augenblick genau bekannt, obgleich es bereits verschiedene sehr interessante Ansätze gibt. Die folgenden Argumente befassen sich also nicht sosehr mit einer existierenden Theorie
als mit der Frage, ob es wissenschaftlich fruchtbar ist, ob es den wissenschaftlichen Fortschritt fördert, wenn Theorien mit verborgenen Parametern entwickelt
werden.

Diese Frage wird von den Vertretern der Kopenhagen-Deutung mit einem
glatten Nein beantwortet. Die Quantentheorie, so geht das Argument, ist eine
vollständige Theorie in dem Sinn, daß zu jeder Frage, die experimentell entscheidbar ist, im Prinzip eine Antwort gegeben werden kann. Im Prinzip — das heißt
hier: entweder mit Hilfe des grundlegenden Formalismus von Hermiteschen
Operatoren im Hilbertraum oder mit Hilfe neuer Variablen, die den Formalismus
ergänzen, ohne die eingebaute Unbestimmtheit aufzuheben. Die verborgenen
Variablen werden aber entweder wiederholen, was die Theorie sagt; dann sind sie
ein unnützer formaler Aufputz. Oder sie führen zu Voraussagen, die der Theorie
widersprechen; dann stehen sie im Widerspruch zur Erfahrung, die ja die Theorie
in hohem Grade konfirmiert. Wissenschaftlich fruchtbar sind sie auf keinen Fall.

Dieses weit verbreitete Argument, das manchmal durch detaillierten Nachweis des Widerspruchs oder angeblichen Widerspruchs zwischen der Idee verborgener Variablen und der üblichen Theorie ergänzt wird, ist nicht stichhaltig.
Erstens heißt vollständig hier nur: vollständig in bezug auf die Voraussage von
Phänomenen (im Bohrschen Sinn). Wir haben aber keine Garantie, daß Phänomene alle Sachverhalte in der Welt erschöpfen. Zweitens ist eine Theorie nicht
durch den Hinweis widerlegt, daß sie einer anderen Theorie widerspricht, auch
wenn diese andere Theorie in hohem Grade empirisch bestätigt ist. Es gibt immer
nur eine endliche Anzahl von Beobachtungen, und auch diese sind nur innerhalb
eines endlichen Ungenauigkeitsintervalls bestimmt. Theorien gehen über endliche
Information solcher Art weit hinaus. Es ist also wohl möglich, daß gewisse Annahmen, wie etwa die Annahme der Existenz verborgener Parameter, die einer
hochkonfirmierten Theorie, etwa der Quantentheorie, widersprechen, dennoch
empirisch einwandfrei sind. Aber — und nun kommt ein praktischer Einwand —
ist es nicht reinste Zeitverschwendung, phantastische Möglichkeiten zu kontem-
plieren, wenn man ohnehin schon das hat, was das einzige Ziel der Wissenschaft
ist, nämlich eine brauchbare und den Tatsachen entsprechende Theorie? Sollte
man nicht alle Anstrengungen auf diese Theorie konzentrieren, sie verbessern,

sie auf neue Bereiche ausdehnen, ihre philosophischen Konsequenzen untersuchen? Und steht nicht die frisch-fröhliche Erfindung neuer und stets neuer Ideen solcher Konzentration im Wege?

Es ist zuzugeben, daß eine leistungsfähige Theorie im Brennpunkt des Interesses stehen muß, und daß man vor allem sie untersuchen wird. Solche Untersuchung besteht unter anderem auch in der ständigen Überprüfung ihrer Richtigkeit. Theorien sagen mehr als die Tatsachen, auf denen sie beruhen, und sie können daher durch die Entdeckung neuer Tatsachen widerlegt werden. Es stellt sich nun heraus, daß man auf der Suche nach kritischen Tatsachen neuer und der untersuchten Theorien widersprechender Ideen nicht entbehren kann[2]. Je größer die Zahl dieser Ideen, desto reichhaltiger der empirische Gehalt der untersuchten Theorie. Die Verwendung von Ideen, die der gegenwärtigen Quantentheorie widersprechen, ist also durchaus im Sinne der empirischen Methode. Damit ist die Überlegenheit der Einsteinschen Interpretation, die die Konstruktion von Alternativen empfiehlt, über die Kopenhagen-Interpretation, die sie ablehnt, erwiesen.

4 Reichenbachs Interpretation

Wir beginnen nun mit der Untersuchung von Interpretationen, die annehmen, daß die Quantentheorie die Unzulänglichkeit der klassischen zweiwertigen Logik beweist, und die die Logik abändern wollen, um eine bessere Übereinstimmung zwischen Tatsachen und Theorie herbeizuführen. Ich habe nicht die Absicht, die Möglichkeit solcher Interpretationen ein für allemal zu bestreiten. Ich glaube aber, daß jene Fälle, die ich diskutieren werde, zu unerwünschten Konsequenzen führen, die ihre Unterlegenheit im Wettstreit mit den beiden eben erläuterten Interpretationen deutlich zeigen. Ich werde zuerst die einfachere, aber sogar formal unbefriedigende Deutung von Reichenbach besprechen und dann die weit besser überlegte Deutung von Mittelstaedt.

Der Krebsschaden von Reichenbachs Deutung läßt sich am besten an einem Vorschlag illustrieren, den Professor Putnam, ein Schüler Reichenbachs, vor einigen Jahren gemacht hat[3]. Putnam bemerkt, daß die Quantentheorie (er denkt hier an die *elementare* Quantentheorie) mit dem Prinzip der Nahewirkung unvereinbar ist. Er wünscht das Prinzip der Nahewirkung beizubehalten und schlägt daher vor, die Logik so abzuändern, daß der Widerspruch verschwindet. Nehmen wir für den Augenblick an, daß sich eine solche Änderung ohne fatale Rückwirkung auf andere Gebiete durchführen läßt, und betrachten wir die Folgen.

---

[2] Für Details vergleiche man meine "Note on the Problem of Induction", in: *Journal of Philosophy*, Vol. LXI (1964), p. 349 ss, sowie die beiden letzten Abschnitte von Kap. 5 dieses Bandes.

[3] "Three Valued Logic", in: *Philosoph. Studies*, Vol. VIII (1957), p. 73 ss. — Vgl. auch meine Kritik in: *Philosoph. Studies*, Vol. IX (1958), p. 49 ss.

Das Nahewirkungsprinzip ist in hohem Grade konfirmiert. Seine konfirmierenden Instanzen sind auf Grund des eben beschriebenen Widerspruchs (indirekt) widerlegende Instanzen der Quantentheorie (und umgekehrt sind auch die konfirmierenden Instanzen der Quantentheorie auf Grund des Widerspruchs indirekt widerlegende Instanzen des Nahewirkungsprinzips). Putnams Schachzug eliminiert diese Instanzen und vermindert dadurch den empirischen Gehalt der Quantentheorie und des Nahewirkungsprinzips. Er steht in Widerspruch zum Grundsatz, daß eine Theorie mit hohem empirischem Gehalt besser ist als eine Theorie mit niederem empirischem Gehalt. Er ist daher abzulehnen.

Nehmen wir nun an, daß der Gehalt einer Theorie nur von den direkt widerlegenden Instanzen abhängt. Dann fordert der Widerspruch zwischen zwei sehr grundlegenden Prinzipien noch immer zu einem *experimentum crucis* auf, das direkt das eine oder das andere Prinzip ausschließt und den Wissenschaftler zwingt, etwas Besseres an seine Stelle zu setzen. So ist man in dem von Putnam diskutierten Fall auch wirklich vorgegangen. Man hat relativistische Theorien entwickelt, wie etwa Diracs relativistische Theorie des Elektrons, und die verschiedenen relativistischen Feldtheorien, man hat aus ihnen Voraussagen hergeleitet, wie die Voraussage des Positrons, und hat dann durch Bestätigung dieser Aussagen sowohl die nicht relativistischen Theorien widerlegt als auch ihren empirischen Gehalt erhöht. Putnams Methode entfernt den Anstoß zu einem solchen Vorgehen. Allgemein angewendet, muß sie zu einer Stagnation der Wissenschaft führen. Es ist ja nunmehr durchaus möglich, eine grundlegende Entdeckung auf ein enges Gebiet zu beschränken und den Rest der Wissenschaften so zu lassen, wie er ist. Z.B. ist es möglich, das Postulat der Konstanz der Lichtgeschwindigkeit einzuführen, ohne entsprechende Veränderungen in den Transformationsgleichungen der Mechanik vorzunehmen. Das heißt aber, daß der Falsifikationsgrad unseres Wissens herabgesetzt, daß sein empirischer Gehalt vermindert und daß der Anstoß zur Entwicklung neuer und mehr allgemeiner Theorien beseitigt wird. Putnams Methode hält den Fortschritt der Wissenschaften auf.

Genau dasselbe ist von Reichenbachs mehr komplizierten Untersuchungen zu sagen[4]. Reichenbach bemerkt, daß es in der Quantentheorie sogenannte „Anomalien" gibt, und daß es diese Anomalien sind, die die Quantentheorie von der klassischen Physik unterscheiden. Seine Darstellung erweckt manchmal den Eindruck, daß Anomalien ungewöhnliche und bis jetzt noch nicht bemerkte physikalische Prozesse sind. Betrachten wir, um die Sache näher zu untersuchen, eine Lichtwelle, die auf einen Photomultiplikator zueilt, und vermindern wir die Intensität des Lichtes so weit, daß in einem makroskopischen Zeitraum die Ankunft nur eines Photons zu erwarten ist. Der Photomultiplikator spricht an. Was geschieht mit der Welle? Nehmen wir an, sie eilt ungestört weiter. Dann müssen wir, um den Erhaltungssätzen zu genügen, fordern, daß sie keine Energie mehr

---

[4] "Philosophic Foundations of Quantum Mechanics", in: *Univ. of California Press*, 1946. Für Details und weitere Literatur sei auch noch meine in Fußnote 3 zitierte Kritik erwähnt.

mit sich trägt. Nehmen wir an, die Welle schrumpft auf einen Punkt zusammen: dann stehen wir vor einem Vorgang, der nach der Wellengleichung nicht beschrieben werden kann und der sich auch auf keine Weise im Detail verfolgen läßt. Wellen ohne Energie, unzugängliche und plötzlich stattfindende Schrumpfungen von Wellen, das sind nun zwei Beispiele von den Prozessen, die Reichenbach Anomalien nennt. Eine weitere Anomalie ist das merkwürdige Verhalten von Mikroteilchen bei Interferenzvorgängen, wo es scheint, daß Kraftfelder, die mit keinem Energieaufwand verbunden sind, die Teilchen in die richtigen Bahnen leiten. Diese Beispiele machen es klar, daß Anomalien einfach merkwürdig beschriebene Vorgänge sind, die gewisse Auffassungen über Mikroteilchen widerlegen. Der photoelektrische Effekt z.B. widerlegt die Annahme, daß Licht ein physikalischer Wellenvorgang ist. Die Einführung von Gespensterwellen ohne Energie oder von unbeobachtbaren Änderungen des Zustandes der Wellen verschleiert diesen Umstand, indem sie ihn merkwürdig beschreibt (man könnte ja auf ähnliche Weise auch einen weißen Raben einen kranken schwarzen Raben nennen und dann von einer Anomalie des Gesetzes „Alle Raben sind schwarz" sprechen). Ähnlich widerlegt der Vorgang der Interferenz die Annahme, daß Licht einfach aus Teilchen besteht, was wieder durch die Redeweise von den energielosen Wechselwirkungen verschleiert wird. Kurz und bündig: Beschreibungen von Anomalien sind ganz künstliche ad-hoc-Hypothesen, die die Widerlegung bestimmter Annahmen (Licht besteht aus Teilchen; Licht besteht aus Wellen) verschleiern sollen. So gesehen sind die Anomalien natürlich kein besonderes Problem. Man beseitigt sie, indem man die ad-hoc-Hypothesen beseitigt, die Widerlegungen ernst nimmt und versucht, eine Theorie zu konstruieren, die erfolgreicher ist als das einfache Teilchenbild oder das einfache Wellenbild.

Reichenbach wählt einen anderen Weg. Er behält die ad-hoc-Hypothese bei und entschärft sie durch Zuschreibung des Wahrheitswertes „unbestimmt". Der empirische Gehalt der klassischen Vorstellungen, deren Fehler sich hinter jenen Hypothesen verbergen, wird dadurch vermindert, ohne daß die Vorstellungen durch etwas Besseres ersetzt würden. Die Verminderung des empirischen Gehaltes hat allein den Zweck, die klassischen Vorstellungen trotz auftretender Schwierigkeiten weiterhin beizubehalten. Abgesehen davon leidet Reichenbachs Methode auch an rein logischen Schwierigkeiten. Sie ist also abzulehnen.

5   Mittelstaedt

Peter Mittelstaedt vom Max-Planck-Institut für Physik und Astrophysik in München hat eine andere Abänderung der klassischen Logik vorgeschlagen, die auf der Linie der Untersuchungen von von Neumann und Birkhoff liegt und sich durch Klarheit und Durchsichtigkeit auszeichnet[5]. Es ist daher möglich, seine Ergebnisse in wenigen Worten zu zitieren und zu kritisieren.

---

[5] *Philosophische Probleme der Modernen Physik,* Mannheim 1963.

Wir betrachten das Schicksal von Teilchen in einem Interferenzexperiment durch die Spalten S und S'. A sei die Aussage, daß ein Teilchen an einem bestimmten Ort auf der photographischen Platte auftrifft, B die Aussage, daß das Teilchen Schlitz S passiert hat. Die Aussage, daß das Teilchen Schlitz S' passiert hat, ist dann $\bar{B}$, die Negation von B. Aus den Grundsätzen der Wahrscheinlichkeitsrechnung folgt, daß

$$P(A) = P(AB) + P(A\bar{B}) \tag{1}$$

Tatsächlich jedoch, wegen der Interferenz, gilt

$$P(A) = P(AB) + P(A\bar{B}) + I \tag{2}$$

wobei I der Interferenzterm ist. Diesen Widerspruch zwischen (1) und (2) erklärt Mittelstaedt damit, daß die Aussagen A, B etc. nicht mehr einen Booleschen Verband bilden. In diesem besonderen Fall gilt zum Beispiel nicht mehr

$$AB \vee A\bar{B} = A \tag{3}$$

sondern nur mehr

$$AB \vee A\bar{B} \rightarrow A \tag{4}$$

aber nicht

$$A \rightarrow AB \vee A\bar{B} \tag{5}$$

Nun ist es klar, daß bei der Aufstellung von (1) wie auch bei der Aufstellung von (2) das Teilchenbild verwendet worden ist. Nur im Teilchenbild haben sowohl B als auch $\bar{B}$ Sinn. Die Interferenzexperimente, also das Resultat (2), widerlegen nach der üblichen Auffassung das Teilchenbild, gehören also zum empirischen Gehalt des Teilchenbildes. Die Abänderung der Logik durch Elimination von (5) und Beibehalten von (4) allein (wir sehen hier sehr klar, wie die Änderung der Logik mit der *Abschwächung* möglicher Angriffe auf eine Theorie zusammenhängt: Schlußweisen, die früher gültig waren, werden eliminiert) entfernt die Interferenzexperimente aus dem empirischen Gehalt des Teilchenbildes, verringert den empirischen Gehalt dieses Bildes ohne Kompensationen anderswo und ist daher als mit der empirischen Methode im Widerspruch stehend abzulehnen.

6   Zusammenfassung

Drei ontologische Interpretationen der Quantentheorie wurden untersucht. Es wurde gezeigt, daß gewisse Weisen, die Logik abzuändern, den empirischen Gehalt unseres Wissens vermindern, ohne andere Vorteile zu bringen (außer natürlich den ,,Vorteil", daß alte und liebgewordene Vorstellungen weiterhin beibehalten werden können), und daß sie daher abzulehnen sind. Es wurde auch gezeigt, daß die detaillierte Durchführung der Einsteinschen Interpretation den empirischen Gehalt unseres Wissens erhöht und daher der Kopenhagen-Deutung vorzuziehen ist. Beides zeigt, daß man über ontologische Interpretationen oder ,,metaphysische" Interpretationen, wie man sie auch nennen könnte, argumentieren kann und daß solche Interpretationen daher nicht völlig in den Bereich der Psychologie abgeschoben werden können.

Kapitel 7

Die Wissenschaft und das Alltagsdenken

1. Linguistische Argumente spielen in der heutigen philosophischen Diskussion eine sehr wichtige Rolle. Man glaubt, daß sie altehrwürdige philosophische Thesen widerlegen und Blitzlösungen für philosophische Probleme liefern könnten. Sollte sich das als richtig herausstellen, so hätten wir damit ein sehr wirksames Ausscheidungswerkzeug in der Hand, das schon anwendbar wäre, *ehe* eine Theorie so weit entwickelt ist, daß sie empirisch geprüft werden kann. Doch ein solches Werkzeug wäre ein zweischneidiges Schwert. Indem es die philosophische Spekulation beschneidet, könnte es auch die wissenschaftliche Forschung einengen. Es könnte sogar den wissenschaftlichen Fortschritt zum Stillstand bringen. Diese Vermutung hat mich veranlaßt, die Sache etwas genauer zu untersuchen.

Dabei halte ich mich eng an einen einzigen Aufsatz aus der linguistischen Schule: Professor Malcolms "Moore and Ordinary Language"[1]. Dieses Vorgehen schien mir besser, als eine Vielzahl von Gesichtspunkten ins Spiel zu bringen. Malcolms Aufsatz ist klar und einfach geschrieben. Er frönt nicht jener Distinguiertheit, die Schwierigkeiten mit Brillanz zudeckt. Er ist aber trotzdem typisch für die Einstellung, die ich untersuchen möchte.

2. Moore hat behauptet: „Das 'Weltbild des Alltagsverstands' ist in gewissen Beziehungen völlig wahr."[2] Für diese seine Auffassung hat Moore niemals Gründe angeführt[3]. Daher hält Malcolm, der sich Moores Auffassung anschließt, dessen Methode des Philosophierens − seine Art, einer Lehre entgegenzutreten, die aus allgemeinen Gründen Aussagen wie „Ich bin absolut sicher, daß ich jetzt in meinem Arbeitszimmer sitze und an Martina denke" nicht als wahr gelten läßt − zusammen mit diesen Aussagen selbst für unvollständig, für einen „ersten Schritt"[4]. Malcolm selbst geht weiter und legt *Argumente* für die Wahrheit der von Moore herangezogenen Aussagen vor. Genauer, er legt unter anderem Argumente gegen

---

[1] "Moore and Ordinary Language", in *The Philosophy of G.E. Moore.* Seitenzahlen ohne weiteren Hinweis beziehen sich im folgenden auf diesen Aufsatz.

[2] "A Defense of Commonsense", wieder abgedruckt in *Philosophical Papers*, London 1959, S 44

[3] Jedenfalls ist mir davon nichts bekannt; dasselbe gilt für die Autoren über Moore, die ich befragt habe. Warnocks Behauptung (*English Philosophy in 1900*, S. 22 f.), daß „Moore ganz außerordentlich darauf bedacht war, immer genau zu sagen, was er meinte", und daß seine Behauptung der *Wahrheit* bestimmter Aussagen deshalb nicht dahin mißverstanden werden sollte, als hätte er sie einer weiteren Analyse für zugänglich gehalten, weist in die gleiche Richtung.

[4] S. 367.

Behauptungen vor wie „Es gibt keine materiellen Gegenstände"; „Kein materieller Gegenstand existiert, wenn er nicht wahrgenommen wird"; „Von keiner empirischen Aussage kann man wissen, daß sie wahr ist"; „Keine empirische Aussage kann jemals gewiß sein". Im Augenblick beschäftige ich mich nur mit den ersten beiden Aussagen, da sie Tatsachenbehauptungen sind. Malcolms Angriff auf die beiden letzten Aussagen wird kurz in Abschnitt 10 behandelt werden. Die jetzige Erörterung ist wichtig für die Wissenschaften, zum Beispiel für die Physiologie: die Aussage „Es gibt in dieser Welt nur materielle Gegenstände und materielle Vorgänge" könnte auf ganz ähnliche Weise angegriffen und zurückgewiesen werden.

3. Wenn ich Malcolm richtig verstehe, dann hat sein Argument gegen „Es gibt keine materiellen Gegenstände" und sein Grund, diesen Satz eine „philosophische Paradoxie" zu nennen, die folgende Gestalt. Die Aussage ist keine falsche Tatsachenbehauptung. Ihr Irrtum besteht darin, daß sie „die Sprache falsch verwendet"[5]. Wenn ein Kind beim Eintreten in ein Zimmer voller Möbel sagen würde „Hier gibt es keinen einzigen materiellen Gegenstand", „so würde man lächeln und seinen Sprachgebrauch korrigieren"[6]. Auf den Einwand, daß jemand, der an Gespenster glaubt, „Es gibt keine Gespenster" ähnlich widerlegen könne, entgegnet er, das Wort „Gespenst" habe zwar einen deskriptiven Sinn (man könnte es in einem deskriptiven Satz verwenden, wenn es Gespenster gäbe), lasse sich aber erklären, ohne „daß ein Beispiel für die zutreffende Verwendung des Wortes" vorgezeigt wird, während das bei „materieller Gegenstand" (ebenso bei „hinten", „unten", „früher", „später") nicht möglich sei[7]. Niemand „hätte ... den Unterschied zwischen 'einen materiellen Gegenstand sehen' und 'ein Nachbild sehen' lernen können ... ohne wirklich einmal materielle Gegenstände gesehen zu haben"[8]. Ergebnis: „Bei allen Ausdrücken, deren Sinn *gezeigt* werden muß und nicht erklärt werden kann, wie es bei 'Gespenst' möglich ist, folgt aus ihrer Zugehörigkeit zur Umgangssprache, daß es schon viele Situationen der von ihnen beschriebenen Art gegeben hat; anderenfalls hätten nicht so viele Menschen den richtigen Gebrauch dieser Ausdrücke gelernt. Wenn also eine philosophische Paradoxie behauptet, ihr Gebrauch führe immer zu einer falschen Aussage, dann genügt also zu ihrer Widerlegung völlig der Nachweis, daß es sich um einen *umgangssprachlichen Ausdruck* handelt."[9]

4. Zur Kritik dieses Arguments führe ich zunächst etwas mehr Nebensächliches an: Das Argument geht davon aus, daß es einen klaren und eindeutigen Unterschied gibt zwischen Ausdrücken, deren Sinn *gezeigt* werden muß und nicht erklärt werden kann, und Ausdrücken, deren Sinn *erklärt* werden kann und daher nicht gezeigt zu werden braucht. Um Malcolms Methode zur Widerlegung „philosophischer Paradoxien" anwenden zu können, müßte man ein klares Kriterium dafür haben, welcher Sinn erklärt werden kann und welcher nicht. Doch nirgends

[5] S. 365.
[6] S. 355.   [8] S. 361.
[7] S. 360 f.   [9] S. 361.

in dem Aufsatz wird ein solches Kriterium angegeben — es wird einfach ohne weitere Begründung behauptet, „materieller Gegenstand" (und, so vermute ich, auch „Bewußtseinsvorgang") gehöre zur zweiten Klasse. Das bedeutet, daß das Problem, das im Zusammenhang mit der Mooreschen Philosophie aufgeworfen wurde, nämlich ihr Dogmatismus, nur an einen anderen Ort verschoben und nicht gelöst worden ist. Und was mich betrifft, so gibt es kaum einen Unterschied zwischen einer Philosophie, die erklärt „Das und das ist *wahr"*— Punktum — und daraus dann allerlei ableitet, und einer Philosophie, die erklärt „Das und das läßt sich nicht erklären, sondern nur zeigen"— Punktum — und ihre Ableitungen mit dieser Prämisse beginnt.

5. Aber — und das ist der Ausgangspunkt eines viel ernsteren Einwands — wie kann man den Sinn von „materieller Gegenstand" überhaupt jemandem „zeigen"? Nach Malcolm (und nach Moore, der hier von ihm verteidigt wird) enthält der Ausdruck den Gedanken der nicht wahrgenommenen Existenz. Er enthält auch den Gedanken, daß der einzige Einfluß, den ein Beobachter auf einen materiellen Gegenstand ausüben kann, ein *kausaler* ist. Das Verhalten eines Beobachters, der auf einen materiellen Gegenstand nicht kausal einwirkt, läßt dessen wichtige Eigenschaften alle unverändert, etwa seine Größe, seine Masse, seine Farbe (und zwar die *objektive* Farbe, nicht die *wahrgenommene*) sowie die Frequenz jedes periodischen Vorgangs, der in seinem Inneren ablaufen könnte. Wir nennen diese beiden Gedanken den der unbeobachteten Existenz und den der *Unabhängigkeit vom Beobachter.* Und unser Problem lautet jetzt: Wie kann man diese beiden Gedanken „zeigen", statt sie zu erklären? Und welches Verfahren gilt als ein „Zeigen" etwa der Unabhängigkeit vom Beobachter?

6. Es liegt auf der Hand, daß Beobachtungsergebnisse dazu nicht genügen. Beobachtungsergebnisse lassen viele verschiedene Interpretationen zu[10]. Sie können nicht zu einem eindeutigen Sinn führen. Es liegt auch auf der Hand, daß kein Beobachtungsergebnis *unmittelbar* dem Gedanken der unbeobachteten Existenz oder der Unabhängigkeit vom Beobachter entsprechen kann. Beim „Zeigen" des Begriffs eines materiellen Gegenstandes muß also noch etwas anderes hinzukommen, das keine Beobachtung ist, aber im Zusammenhang mit Beobachtungsergebnissen verwendet wird. Dieses zusätzliche Element besteht in Anweisungen zum richtigen Gebrauch von Wörtern für materielle Gegenstände.

Wittgenstein (und einige seiner nominalistischen Vorläufer wie etwa Berkeley) haben deutlich gemacht, daß solche Anweisungen nicht immer in sprachlichen Erklärungen (in Definitionen) bestehen. Sprachliche Erklärungen und Definitionen *setzen voraus,* daß ein großer Teil der benützten Sprache bereits verstanden ist. Es muß also eine Art der Unterweisung im richtigen Gebrauch von Ausdrücken geben, die zwar Worte verwendet, aber nicht deren Verständnis *voraussetzt* und doch *schließlich* zum Verständnis führt. An eine solche Unter-

---

[10] Dazu siehe meinen Aufsatz "An Attempt at a Realistic Interpretation of Experience", *Proc. Arist. Soc.,* **58** (1958), insbes. Abschn. 4 u. 5, Kap. 1 des vorliegenden Bandes.

weisung scheint Malcolm zu denken, wenn er behauptet, daß der Sinn gewisser Ausdrücke gezeigt werden müsse und nicht erklärt werden könne.

7. Nun kann man leicht zeigen, daß der Erfolg dieser nicht erklärenden Lehrmethode (deren sich Eltern und Erzieher bedienen) *keineswegs die Existenz materieller Gegenstände voraussetzt;* der Erfolg der Methode (also das Vorkommen richtig gebrauchter Wörter für materielle Gegenstände in der Umgangssprache) ist also kein Anzeichen für die Existenz materieller Gegenstände. Denn wie geht die Methode vor? Der Lehrer zeigt dem Schüler verschiedene Gegenstände und bringt ihm durch Gesten, durch Sprechen in Gegenwart und in Abwesenheit der Gegenstände die richtigen Reaktionen bei. Der Schüler wird von seinen *Wahrnehmungen* (der gezeigten Gegenstände und der Anweisungen des Lehrers) beeinflußt *und nicht von den Gegenständen selbst.* Blinde Schüler müssen ganz anders unterrichtet werden, desgleichen Schüler mit bestimmten Wahrnehmungsanomalien. Jeder Gegenstand oder Vorgang, jede Beziehung oder Manipulation, die zu den nötigen Wahrnehmungen führt, ist also zur Erklärung des Sinns von Worten über materielle Gegenstände geeignet. Es läßt sich zeigen, daß die Mächtigkeit der Menge der Gegenstände, die diese Bedingung erfüllen, mindestens aleph eins ist. Es gehören dazu Gegenstände, die sich nur unmerklich von materiellen Gegenständen im Sinne Malcolms und Moores unterscheiden, zum Beispiel Gegenstände, die vom Beobachter abhängen, aber in so geringem Maße, daß sich kein Unterschied wahrnehmen läßt; ebenso Gegenstände, die sämtliche Wahrnehmungseigenschaften materieller Gegenstände besitzen, aber keine materiellen Gegenstände sind. Aus der Existenz von Unterhaltungen über materielle Gegenstände in der Umgangssprache folgt also (unter der — sehr zweifelhaften — Voraussetzung, daß der Begriff des materiellen Gegenstandes nur gezeigt und nicht erklärt werden kann) nicht die Existenz *materieller* Gegenstände, sondern die Existenz *gewisser* Gegenstände (Beziehungen, Vorgänge usw.) *aus einer sehr viel umfassenderen Klasse von Gegenständen,* deren Extension nicht einmal wohldefiniert ist. Damit endet unsere Kritik an Malcolms Auflösung der „Paradoxie", daß es keine materiellen Gegenstände gibt. Die Anwendung auf Malcolms Auflösung von „Es gibt keine Bewußtseinsvorgänge" ist klar.

8. Malcolms Argument ist ein Beispiel des sogenannten „Paradigmaarguments". Man kann das Argument kurz so formulieren: Die Extension von Begriffen, die durch Hinweis *gelehrt* worden sind und werden müssen (man beachte, daß man hier nicht den gewöhnlich mit dem Begriff der Hinweis-*Definition* verbundenen Gedankenkomplex voraussetzt!), ist nicht die leere Klasse. Das Argument ist unrichtig, denn der Sinn der meisten durch Hinweis gelehrten Begriffe ist wesentlich reichhaltiger als die beim Hinweisen verwendeten Wahrnehmungen. So enthält etwa der Begriff des materiellen Gegenstandes die Vorstellung der nicht wahrgenommenen Existenz wie auch der Unabhängigkeit vom Beobachter, während die Wahrnehmung immer nur *mehr oder weniger* stabile und *mehr oder weniger* von der Stellung des Betrachters unabhängige Gegenstände[11] zeigt. Da

---

[11] Die Diskussion geht von einer stark vereinfachten und insoweit unrichtigen Darstellung des Lehrens (und Lernens) durch Hinweis aus. Es wird angenommen, daß Schüler und

nun Wahrnehmungen (in Verbindung mit den Anweisungen) für die Einführung des Begriffs *ausreichen,* gewährleistet das Vorhandensein dieses Begriffs (oder des entsprechenden Sprachgebrauchs) nicht die Existenz der Gegenstände in seiner Extension. Schließt man also vom Bestehen eines durch Hinweis gelehrten Sprachgebrauchs auf die Existenz eines Gegenstandes, so geht man unzulässig von Wahrnehmungen zu Gegenständen über, die diese Wahrnehmungen hervorrufen[12].

Lehrer zu Beginn des Unterrichts genau die gleichen Wahrnehmungen haben und daß der Schüler lediglich in der Sprache noch nicht bewandert ist. Diese Voraussetzung ist in der Wirklichkeit fast nie erfüllt. Das Lehren einer Sprache mit wohlbestimmten Kategorien und Begriffen führt sehr oft zu einer entscheidenden Veränderung der Wahrnehmungen des Schülers. Was zunächst nur vage und undeutlich wahrgenommen wurde, wird bestimmt; zunächst unverbundene Eindrücke werden zu einem Ganzen zusammengefaßt, und die Erwartung führt zur Wahrnehmung solcher Ganzheiten, auch wenn viele ihrer Bestandteile fehlen. Ein gutes Beispiel ist die Verbesserung des Hörens, die sich bei musikalischer Unterweisung einstellt. Auf diese Weise kann das Lernen einer Sprache die Zahl der Wahrnehmungen erhöhen, die als Verifikationen des ideologischen Hintergrunds der betreffenden Sprache gelten — ein weiterer Grund, warum das Paradigmaargument nicht funktioniert.

[12] Gellner (*Words and Things,* London 1959, S. 34) meint, die Berufung auf Paradigmen beruhe auf einer Verwechslung von Sinn und Bedeutung oder zwischen Gebrauch und korrektem Gebrauch. Diese Kritik ist etwas ungerecht. Wenn man nicht annehmen will, daß alle unsere Ideen angeboren sind, dann muß man zugeben, daß es Methoden zum Lehren gewisser Ideen gibt, und wenn diese Ideen empirisch relevant sein sollen, dann muß das Lehrverfahren die Gegenstände heranziehen, auf die sich die Ideen beziehen sollen. Das ist der vernünftige Kern der Vorstellungen, die sich mit dem Paradigmaargument verbinden. Doch das Argument ist hinfällig, weil es *eine zu einfache Beziehung* zwischen unseren (nicht angeborenen) Ideen und den Gegenständen annimmt, auf die sie sich beziehen sollen. Es setzt voraus, daß *der Gegenstand selbst* nötig sei, um den richtigen Gebrauch empirisch relevanter Ausdrücke zu lehren; doch in Wirklichkeit sind nur bestimmte *Wahrnehmungen* in Verbindung mit bestimmten Auffassungen nötig. Die Wahrnehmungen können Täuschungen, und die Auffassungen können falsch sein. Ein unmittelbarer Übergang vom Sprachgebrauch zur Existenz ist daher unmöglich, auch in den Fällen (die es vielleicht gar nicht gibt), in denen keine Erklärung möglich ist und der Sinn gezeigt werden muß. (Zur Kritik dieser Unterscheidung siehe auch J. W. N. Watkins, "Farewell to the Paradigm-Case Argument", *Analysis,* 18 (1957), 25 f., sowie die Entgegnung von Professor Flew, ebenda, 34 ff.)
Man könnte den Übergang von Wahrnehmungen zu Gegenständen induktiv zu rechtfertigen versuchen. Das Paradigmaargument wäre dann eine Spezialform eines induktiven Arguments. Soweit ich sehe, wird das Argument gewöhnlich nicht so aufgefaßt, doch man kann es so auffassen. Der Versuch übersieht freilich (1) daß die Wahrnehmungen nicht von einer eindeutigen Art von Gegenständen hervorgerufen werden (dazu siehe den obigen Text), sondern daß viele verschiedene Gegenstände die gleiche Wirkung haben; (2) daß die Einfachheitsbedingungen, nach denen man vielleicht eine Wahl unter den Kandidaten treffen könnte, (a) kaum jemals eine eindeutige Art von Gegenständen auszeichnen und alle anderen ausschließen und (b) höchstwahrscheinlich zu ganz anderen Gegenständen führen, als sie auf Grund des Arguments in seiner gewöhnlichen Deutung postuliert werden (so im Falle der materiellen Gegenstände — siehe unten, Abschn. 15); und (3) daß es keine „Induktion" gibt. Jedenfalls scheint sich keiner der Philosophen, die sich des Arguments bedienen, der

9. Daß dieser Übergang trotzdem gemacht wird, das verweist auf eine andere, recht überraschende Eigenschaft von Paradigmaargumenten: Die Existenz materieller Gegenstände wird daraus gefolgert, daß in der Umgangssprache Wörter für materielle Gegenstände gebraucht werden. Die Verfahren, die zu diesem Sprachgebrauch geführt haben, bestehen im Vorführen gewöhnlicher Situationen in Verbindung mit entsprechenden sprachlichen Anweisungen. Der Gedanke, der Erfolg dieser recht primitiven Methode liefere einen Existenzbeweis, setzt voraus, daß der Begriff eines materiellen Gegenstandes gewissermaßen eine Wiederholung der beim Lehren verwendeten Situationen ist: Tische sind Gegenstände, auf denen man sitzen kann, unter denen man sich verstecken kann, die sich nicht von selbst bewegen, sondern mit Kraftaufwand bewegt werden müssen, und so weiter. Das ist eine recht armselige Analyse selbst der umgangssprachlichen Begriffe. *Die Philosophen der Umgangssprache unterschätzen die Sprache, auf die sie ihre entscheidendsten Argumente gründen*[13].

Ein anderes Beispiel: die Begriffe „hinauf" und „hinunter" werden auf eine solche Weise gelehrt, daß man folgern möchte, sie könnten nur in Zusammenhängen wie „Komm herunter und iß dein Frühstück" oder „Warum kommst du nicht herauf und trinkst mit uns?" sinnvoll verwendet werden. Doch von allem Anfang an haben selbst ganz gewöhnliche Menschen diese Begriffe bis weit in die Astronomie hinein ausgedehnt. Das populäre Argument, die Erde könne keine Kugel sein, weil sonst die Antipoden „herunterfallen" würden, ist eines der auffälligsten Beispiele dieser Verwendungsweise, das übrigens auch ganz deutlich die Notwendigkeit einer Berichtigung umgangssprachlicher Begriffe zeigt[14]. Oder man nehme den Begriff der Festigkeit. An einer sehr bekannt gewordenen Stelle[15] kritisiert Miss Stebbing „die unsinnige Leugnung der Festigkeit" materieller Gegenstände, zu der einige Autoren aufgrund der kinetischen Theorie der Materie und der Elektronentheorie gekommen seien[16]. Sie begründet ihren Vorwurf damit, daß wegen der kinetischen Theorie ein Tisch nicht zusammenbricht, wenn man sich auf ihn setzt, und daß Gegenstände, die man auf ihn stellt, nicht in ihm versin-

---

manchmal recht komplizierten Probleme im Zusammenhang mit dem Begriff der Induktion und der Einfachheit bewußt zu sein. Als induktives Argument wäre die Berufung auf Paradigmen geradezu kindisch.

[13] Ihr Glaube an die Richtigkeit des Paradigmaarguments ergibt sich unmittelbar daraus.

[14] Weitere Diskussion und Literaturangaben finden sich S. 85 ff. in meinem Essay "Explanation, Reduction, and Empiricism", *Minnesota Studies in the Philosophy of Science*, Bd. 3.

[15] Das in dieser Passage verwendete Argument wird beifällig erwähnt von J. O. Urmson in seinem Aufsatz "Some Questions Concerning Validity", *Essays in Conceptual Analysis*, Oxford 1956, S. 120 ff. Miss Stebbing, so lautet es dort (S. 121 f.), „zeigt schlüssig, daß das Neue an der wissenschaftlichen Theorie nicht, wie leider behauptet wurde," (warum „leider"?) „darin besteht, daß die Unbrauchbarkeit der deskriptiven Umgangssprache gezeigt würde". Doch abgesehen von solchen „trivialen" Anwendungen (122) steht Professor Urmson dem Argument kritisch gegenüber.

[16] *Philosophy and the Physicists*, London 1937, S. 53.

ken. Das Argument möchte darauf hinaus, daß „Festigkeit" im umgangssprachlichen Gebrauch diese Alltagsereignisse umfaßt und weiter nichts. Das ist keinesfalls richtig. Im Begriff der Festigkeit liegen nicht nur Behauptungen über Makro-Vorgänge, sondern auch über den Mikro-Aufbau der Gegenstände, auf die er angewandt wird. Das heißt, er behauptet nicht nur ihre Undurchdringlichkeit, sondern er behauptet auch — direkt oder indirekt —, daß Körper undurchdringlich sind, *weil sie aus lauter kompakter Materie bestehen*[17].

Die bisher erwähnten Beispiele — man könnte noch viele weitere anführen — stützen die Hypothese, die ich schon vor einiger Zeit in Betracht gezogen habe, daß viele Philosophen, die sich auf die „Umgangssprache" berufen, in Wirklichkeit von einer von ihnen selbst verfertigten *Idealsprache* reden, einer vorsichtigen Sprache, die sich wenig festlegt und daher vor Korrekturen ziemlich sicher ist (darin ähnelt sie der Sinnesdatensprache der Positivisten), oder von einer operationalistischen Sprache — nur nicht von irgendeiner wirklich gesprochenen Sprache[18].

Das bringt natürlich ein Argument völlig zum Einsturz, das oft herangezogen wird: das Argument mit dem empirischen Erfolg. Der Kern dieses Arguments besteht in der Annahme, daß eine Sprache, die verwendet wird und schon lange verwendet wurde, damit ihre Eignung erwiesen hat: man kann sie für einen getreuen Spiegel der Wirklichkeit halten. Und nun stellt sich heraus, daß die Sprache, von der die linguistischen Philosophen *tatsächlich* ausgehen (freilich mit gewissen Ausnahmen, zu denen der verstorbene Professor Austin zählt, mindestens in seinen mehr linguistischen Launen), von niemandem gesprochen wird und somit den angeblichen praktischen Erfolg der englischen Umgangssprache gar nicht für sich in Anspruch nehmen kann. Die Situation ist also folgende: Das Argument mit dem praktischen Erfolg zieht nicht. Und auch wenn es zöge, hätten es die linguistischen Philosophen gar nicht benutzt, denn sie stützen ja Untersuchungen nicht auf die Alltagssprache, sondern auf eine künstliche Sprache (die freilich in gewissen Kreisen immer mehr zur Alltagssprache wird).

10. Alle bisher behandelten Argumente betreffen kosmologische Annahmen. Wie im letzten Absatz von Abschnitt 2 dargelegt, müssen linguistische Argumente, die *Logik, Verhalten* und *Methode* betreffen, anders behandelt werden. Ihre Schwächen haben nicht unmittelbar mit dem Thema des vorliegenden Aufsatzes zu tun. Doch ihre interessanten Züge können in aller Kürze dargelegt werden, und das lohnt sich auch.

---

[17] Nach dem *Oxford English Dictionary* bedeutet „fest" ("solid") unter anderem „frei von leeren Räumen, Höhlungen, Lücken u.ä.; das Innere ist völlig erfüllt … von materieller Substanz; von dichter und massiver Beschaffenheit; aus Teilchen bestehend, die fest und stetig zusammenhängen".

[18] Das könnte der Grund sein, warum einige Empiristen, unter ihnen Professor Feigl, die Umgangssprache für eine ideale Beobachtungssprache ansehen: ihr Gebrauch, so meinen sie, verpflichtet uns nicht zur Annahme weitreichender Voraussetzungen.

Betrachten wir zunächst das Argument gegen „Keine empirische Aussage ist jemals und unter allen Umständen gewiß". Nach Malcolm[19] liegt ein Mißbrauch der Sprache vor: „Wenn ein Kind, das die Sprache lernt, in einem Raum mit Stühlen sagen würde, es sei 'sehr wahrscheinlich', daß Stühle da seien, dann würde man lächeln *und seinen Sprachgebrauch korrigieren*." Nach diesem Argument verstößt die Weigerung, das Wort „gewiß" zu gebrauchen, in manchen Situationen gegen die Regeln der Umgangssprache. Daher könne diese Weigerung nicht als lobenswerter philosophischer Scharfsinn gelten, sondern komme nur bei Leuten vor, die Deutsch nicht beherrschen.

Nun möchte ich an dieser Stelle nichts gegen den Punkt vorbringen, der den richtigen Gebrauch von „gewiß" betrifft. Es ist wohl möglich (aber ich habe da meine Zweifel), daß Wittgenstein und Moore recht haben und daß die Umgangssprache empirische Aussagen enthält, die mathematischen Aussagen insofern stark ähneln, „als sie nicht durch Erfahrungen widerlegt werden können"[20]. Die Frage ist, ob das ein befriedigender Zustand ist, oder ob man nicht den Sinn solcher Aussagen so abändern sollte, daß sie widerlegbar werden. Der Gehalt einer Aussage steigt mit der Anzahl der Aussagen, die als Widerlegungen gelten können. Schließt die Aussage überhaupt nichts aus, gilt sie in allen möglichen Welten, dann kann sie nicht die Welt, in der wir leben, oder Tatsachen in ihr auszeichnen, sie ist also empirisch leer, bloßer Ballast. Sprachen, die solchen Ballast enthalten, sollten umgebaut werden, so daß sie als ein wirksameres und informativeres Kommunikationsmittel funktionieren können. Einige Aussagen der verbesserten Sprache werden natürlich die Regeln der alten, unbefriedigenden Sprache verletzen. Diese Verletzungen sind das Ergebnis kritisch geplanter Veränderungen und nicht kindliche Fehler; sie sind also zu begrüßen. Verwirft man sie aufgrund von Tatsachenargumenten bezüglich des wirklichen Sprachgebrauchs, so verwirft man *Vorschläge* zur Verbesserung durch Hinweis auf die zu verbessernden *Tatsachen* — ein ausgezeichnetes Beispiel für einen sogenannten „naturalistischen Fehlschluß". Nun nehme man an, eine Sprache sei so reformiert worden, daß sie keine unwiderlegbaren, doch scheinbar empirischen Aussagen mehr enthält. Dann ist „X ist gewiß", wobei „gewiß" so viel heißen soll wie „unwiderlegbar" oder „unkorrigierbar", in dieser Sprache für alle empirischen Sätze falsch, ebenso auch „X ist gewiß unter den Bedingungen C" (das berücksichtigt Austins Analyse, nach der die Gewißheit keine Eigenschaft einer bestimmten Klasse von Aussagen ist, sondern eine Eigenschaft, die eine Aussage unter bestimmten Umständen haben und unter anderen Umständen nicht haben kann[21]). Natürlich bedeutet „gewiß" vielleicht nicht immer „unwiderlegbar" (in der Umgangssprache bedeutet es das anscheinend nicht) — doch was es auch bedeuten mag, „X ist gewiß" kann uns jetzt nicht bezüglich X in Sicherheit wie

---

[19] s. 345 f. Hervorhebung im Original.

[20] Dazu siehe Malcolms Aufzeichnungen zu Wittgensteins Vorlesungen von 1949, veröffentlicht in *Ludwig Wittgenstein, A Memoir*, Oxford 1958, S. 87 ff. Das Zitat steht auf S. 89.

[21] Siehe *Sense and Sensibilia*, Kap. 10.

gen, es kann uns nicht einreden, die Frage der Wahrheit von X sei „erledigt"[22], selbst dann nicht, wenn wir die „bestmöglichen Gründe" für diesen Glauben hätten[23].

11. Ich komme jetzt auf den Aufsatz von Malcolm und auf seine Argumente zur Widerlegung von Aussagen wie „Es gibt keine materiellen Gegenstände" zurück. Es gibt eine Stelle in diesem Aufsatz, an der Malcolm scheinbar die Frage des empirischen Beweismaterials zusätzlich zur Frage des paradigmatischen Gebrauchs aufwirft. Er überlegt, auf wieviele Weisen einige von Moores wahren Sätzen sich als falsch herausstellen könnten, und erwähnt zwei: die Sätze könnten in sich widersprüchlich sein, und sie könnten empirisch falsch sein. Auf die erste Möglichkeit gehe ich nicht ein. Zur zweiten bemerkt Malcolm: „Der einzige Grund für die Behauptung, daß Leute, die den Ausdruck verwenden, immer etwas Falsches sagen, könnte die Behauptung sein, die *Erfahrung* zeige, daß die von dem Ausdruck beschriebene Situation nie aufgetreten sei und nie auftreten werde. Doch es unterliegt nicht dem geringsten Zweifel, daß der Philosoph keine empirischen Daten für seine Paradoxie vorlegt."[24] Dazu sind zwei Bemerkungen angebracht, eine mehr allgemeine und eine mehr spezielle.

12. Die allgemeinere Bemerkung lautet: Malcolm und ähnlich denkende Philosophen gehen davon aus, daß sich philosophische Positionen nur *sprachlich* von den Vorstellungen des Alltagsverstands unterscheiden und daher nicht als Ausgangspunkte des Fortschritts gelten können. Daraus folgt, daß weder unabhängige empirische Beweise noch unabhängige Argumente (unabhängig von den Vorstellungen des Alltagsverstands) zu ihrer Verteidigung taugen. Es gibt keine solchen Daten und keine solchen Argumente, und zwar nicht bloß zufällig, sondern wegen der Beschaffenheit dieser Positionen selbst. Sie stehen auf eigenen Füßen und können sich ihre Daten selbst schaffen, sie brauchen keine Unterstützung von außen.

Das Interessante ist nun, daß es *tatsächlich* philosophische Positionen mit genau diesen Eigenschaften gibt. Ein dogmatisches System, das aus der Luft gegriffen ist, das sich nicht auf Argumente einläßt, aber gleichzeitig absolute Wahrheit für sich in Anspruch nimmt, das seine Thesen vor uns hinstellt, die man dann nur noch annehmen oder bleiben lassen kann, ein System, das nur durch sich selbst erklärt wird, ein solches System kommt in der Tat den Vorstellungen sehr nahe, die manche linguistischen Philosophen von der Philosophie zu haben scheinen.

Ist ein solches System hinreichend allgemein, so kann es vielleicht selbst die gewöhnlichsten Situationen mit seinen seltsamen Kommentaren versehen. Da

---

[22] Ebenda, S. 115.

[23] Der Satzteil nach Anm. 22 widerlegt die Induktionstheorie, wie sie z.B. formuliert wurde von P. Edwards, ''Russell's Doubts about Induction'', *Mind*, **58** (1949), 230 ff., und wie sie angedeutet wurde in Wittgensteins *Philosophischen Untersuchungen*, § 116, §§ 477–485. Vgl. auch die Diskussion bei A. Pap, *Analytische Erkenntnislehre*, Wien 1955, S. 104 ff.

[24] S. 358.

man keine unabhängige Information bekommt, kann ein Nominalist oder ein Kontextualist (in Sinnfragen) das System nur anhand dessen verstehen, was es in *solchen* Situationen sagt. Da es kein überschüssiges Beweismaterial und keine überschüssigen Argumente gibt, muß er zu dem Schluß kommen, daß das System nichts weiter leistet als gewöhnliche Situationen recht ungewöhnlich zu beschreiben; das heißt, er muß zu dem Schluß kommen, es liege lediglich eine witzlose Veränderung des Sinnes vor. Dogmatische Philosophien leisten also keinen Beitrag zu unserer Erkenntnis, sie beschreiben lediglich gewöhnliche und wohlbekannte Verhältnisse auf ungewöhnliche und weniger bekannte Weise. Ich neige dazu, mich diesem Urteil anzuschließen. (Es ist keineswegs besonders neu oder revolutionär — siehe Galileis Argumente gegen die Wortschiebereien einiger seiner Gegner.)

Doch es ist eine Sache, *einer bestimmten Philosophie* vorzuhalten, daß sie die Erkenntnis nicht fördert und nur rein verbale Veränderungen einführt; und es ist etwas ganz anderes, wenn man diese Thesen auf *jede* philosophische Position anwendet, die zu einer nachhaltigen Reform von Meinungen und Sprache führen könnte. Es kann durchaus sein, daß einmal ein Denker „keine empirischen Daten für seine Paradoxie vorlegt" (daß er keine empirischen Daten für die Behauptung vorlegt, es gebe keine materiellen Gegenstände, oder für die Behauptung, alle Gedanken seien materielle Vorgänge). Empirische Daten sind nicht immer leicht zu finden. Philosophen, die die Atomtheorie diskutierten, widmeten der Frage der empirischen Evidenz nur geringe Aufmerksamkeit. Doch das macht die Atomistik nicht zu einer paradoxen Theorie im Sinne Malcolms; es bedeutet auch nicht, daß die Atomisten empirisches Beweismaterial für die Wahrheit ihrer Theorie als irrelevant angesehen hätten. Und gleiches läßt sich von jeder der paradoxen Aussagen aus Malcolms Liste sagen. Nur wenn man zeigen könnte, daß die Philosophen, die diesen Auffassungen anhängen, sie als *absolut wahr* betrachten und sowohl unabhängige Argumente als auch Nachprüfungen als irrelevant ansehen, nur dann wäre Malcolms Standpunkt auch nur einigermaßen einleuchtend. (Außerdem könnte man ihn dann sehr viel einfacher und direkter verteidigen.)[25]

---

[25] Die traditionellen Philosophen hatten eine sehr hohe Meinung von ihrer Disziplin und hielten sie für wesensverschieden von allem anderen, besonders von den Wissenschaften (die Philosophie führt zur Gewißheit, die Wissenschaften allerhöchstens zur Wahrscheinlichkeit). Diese Auffassung von der Philosophie haben auch viele moderne Philosophen (vgl. Wittgenstein: „Das Wort ‘Philosophie’ muß etwas bedeuten, was über oder unter, aber nicht neben den Naturwissenschaften steht." *Tractatus* 4.111). Auch ihnen erscheint die Philosophie als etwas Eigenständiges und ganz anderes als die wissenschaftliche Forschung — die Frage ist nur, *was* das wohl sein kann. (Über die interessanten Dilemmas, in die man auf diese Weise geraten kann, unterrichte man sich z.B. in Kap. 1 von Watsons Buch *On Understanding Physics* (Cambridge 1938), das völlig unter dem Einfluß Wittgensteins steht.) Es kann nicht das Vorschlagen von Betrachtungsweisen oder Theorien sein. Denn entweder sind diese Theorien prüfbar, dann gehören sie zur Wissenschaft; oder sie sind nicht prüfbar, nicht argumentierend und damit philosophisch im herkömmlichen Sinne, und dann sind sie unbrauchbar (das folgt

13. Ich komme jetzt zu meinem zweiten und spezielleren Punkt. Malcolm sagt, ein Philosoph, der die Existenz materieller Gegenstände leugne, habe keine empirischen Beweise dafür, daß „die von dem Ausdruck [„materieller Gegenstand"] beschriebene Situation nie aufgetreten sei und nie auftreten werde". Kurz, er habe keine falsifizierende Evidenz gegen „Es gibt materielle Gegenstände" (wir nennen diesen Satz S) *und daher kein Recht, mit S unverträgliche Aussagen auch nur in Betracht zu ziehen* (außer vielleicht als Beispiele für falsche oder absurde Aussagen). Das *Prinzip* (wir nennen es P) hinter diesem Schachzug lautet: führe niemals eine Theorie ein, die einer wohlbestätigten und allgemein anerkannten Theorie widerspricht, es sei denn, die letzte Theorie ist bereits widerlegt. Das ist ein sehr plausibles Prinzip, es hat unter den Wissenschaftlern und Philosophen eine ganze Menge Anhänger. Ein Wissenschaftler könnte es folgendermaßen zu stützen versuchen. Er gibt vielleicht zu, daß die Erfahrung nie eine einzige Theorie auszuzeichnen und alle anderen auszuschließen vermag. Da die Erfahrung beschränkt und unbestimmt ist, stützt sie oft auch miteinander unverträgliche Theorien[26]. Ist eine dieser Theorien allgemein anerkannt, dann muß man zugeben, daß die anderen nicht durch Tatsachengesichtspunkte *ausgeschlossen* werden können. Es gibt aber noch immer gewichtige Gründe gegen ihre Einführung. Schlimm genug, könnte ein Verfechter des obigen Prinzips sagen, daß die anerkannte Auffassung und die gebräuchliche Sprache[27] nicht durchgehend empirisch gestützt ist und durch die Tatsachen nicht eindeutig ausgewählt wird. Eine weitere Theorie ebenso unbefriedigender Art würde nichts bessern; auch habe es nicht viel Sinn, die anerkannten Theorien oder die gebräuchliche Sprache durch mögliche Alternativen ersetzen zu wollen. Eine solche Ersetzung ist keine einfache Sache. Man muß neue Grammatikregeln, einen neuen Formalismus lernen, bekannte Probleme müssen neu durchgerechnet werden. Man braucht neue Lehrbücher, neue Studienpläne; Beobachtungstatsachen müssen neu interpretiert werden. Und was ist die Frucht dieser ganzen Anstrengungen? Eine andere Theorie, eine andere Sprache, die vom empirischen Standpunkt aus nicht den geringsten Vorzug gegenüber der abgeschafften Theorie oder Sprache

---

aus der kontextualistischen Theorie des Sinns, die von fast allen linguistischen Philosophen vertreten wird, und ganz gewiß von Wittgenstein). Ergebnis: es gibt keine philosophischen Theorien. Doch diese rein sprachliche Konsequenz einer rein sprachlichen Unterscheidung ist nicht alles. Es gibt sehr wohl unprüfbare Ideen, die aber nicht dogmatisch aufrechterhalten werden, sondern mit dem Ziel entwickelt werden, sie konkreter und detaillierter zu machen. Diese Ideen sind gewiß nicht unbrauchbar, und die Sinnänderungen, die sich aus ihrer Einführung ergeben, sind nicht uninteressant oder willkürlich. Doch auch diese Ideen, die *weder wissenschaftlich noch philosophisch im Sinne der Unbrauchbarkeit sind*, werden mit den dogmatischen Systemen zusammen in eine Kategorie geworfen und abgelehnt. Weitere Einzelheiten in Anm. 35.

[26] Einzelheiten finden sich in meinem Essay in Bd. 3 der *Minnesota Studies in the Philosophy of Science*.

[27] Ich setze natürlich ständig voraus, daß die Brauchbarkeit dieser Sprachen *nachprüfbar* sei (was höchstwahrscheinlich nicht zutrifft).

hätte. Der einzige wirkliche Fortschritt, so würde ein Verfechter des Prinzips P fortfahren, ergibt sich aus *neuen Tatsachen*. Diese werden entweder die laufenden Theorien und die Sprache, in der sie ausgedrückt sind, stützen, oder sie werden zu ihrer Abänderung zwingen, indem sie ganz genau angeben, wo jene nicht stimmen. In beiden Fällen haben wir wirklichen Fortschritt und nicht bloß willkürliche Veränderung. Das richtige Vorgehen besteht also darin, die anerkannte Auffassung und die gebräuchliche Sprache mit möglichst vielen relevanten Tatsachen zu konfrontieren. Die Ausschließung von Alternativen ist dann eine Sache der Zweckmäßigkeit: ihre Erfindung ist nicht nur nutzlos, sie behindert auch den Fortschritt, indem sie Zeit und Arbeitskraft beansprucht, die für etwas Besseres verwendet werden können. Und die Funktion des Prinzips P liegt genau darin: es schneidet solche unfruchtbaren Diskussionen ab und zwingt den Wissenschaftler zur Konzentration auf die Tatsachen, die schließlich die einzigen annehmbaren Richter einer Theorie sind. So also würde der praktisch arbeitende Wissenschaftler seine Konzentration auf eine einzige Theorie und den Ausschluß aller empirisch möglichen Alternativen verteidigen[28].

Es lohnt sich, den vernünftigen Kern dieses Arguments zu wiederholen: Theorien und Sprachen sollen nicht verändert werden, außer es gibt dafür zwingende Gründe. Der einzige zwingende Grund, eine Theorie zu ändern, ist Nichtübereinstimmung mit den Tatsachen. Eine Diskussion widersprechender Tatsachen führt daher zum Fortschritt, eine Diskussion widersprechender Alternativtheorien dagegen nicht. Daher besteht das richtige Vorgehen in der Vermehrung der relevanten Tatsachen, nicht dagegen in der Vermehrung der empirisch haltbaren, aber der gegebenen Theorie widersprechenden Alternativtheorien. Man könnte vielleicht hinzufügen, daß formale Verbesserungen wie Erhöhung der Eleganz, Einfachheit, Allgemeinheit und des systematischen Zusammenhangs nicht ausgeschlossen werden sollten. Doch hat man diese Verbesserungen einmal durchgeführt, so scheint die Sammlung von Tatsachen zum Zwecke der Prüfung in der Tat die einzige dem Wissenschaftler verbleibende Aufgabe zu sein.

Dies die Gründe, die man für das Prinzip anführen könnte, das ich aus Malcolms Bemerkung über den Mangel an Daten gegen die Existenz materieller Gegenstände herausdestilliert habe. Diese Gründe gehen weit über alles hinaus, was sich im linguistischen Lager und insbesondere in Professor Malcolms Aufsatz findet. Ich bin aber bereit, den Zweifel für Professor Malcolm zählen zu lassen, und ich habe daher versucht, seinen Standpunkt so überzeugend und interessant wie möglich zu beschreiben. Es wird sich bald herausstellen, daß selbst diese Argumente unhaltbar sind. Ich muß aber den Leser daran erinnern, daß der linguistische Standpunkt viel schwächer begründet und viel undeutlicher ist, als ich ihn hier formuliert habe.

---

[28] Eingehenderes Material über das Bestehen dieser Haltung und ihren Einfluß auf die Entwicklung der Wissenschaften findet sich in meinem Aufsatz "How to be a Good Empiricist", *Delaware Publications in the Philosophy of Science,* Bd. 2.

14. Das im letzten Abschnitt dargestellte Argument ist völlig in Ordnung, *sofern die zur Prüfung zu sammelnden Tatsachen bestehen und unabhängig davon zugänglich sind, ob man Alternativtheorien oder -sprachen betrachtet oder nicht.* Diese Voraussetzung, von der die Beweiskraft des Arguments aus dem letzten Abschnitt ganz entscheidend abhängt, nenne ich die Voraussetzung der relativen Autonomie von Tatsachen oder das Autonomieprinzip. Dieses Prinzip behauptet nicht, daß die Entdeckung und Beschreibung von Tatsachen unabhängig von *jeglicher* Theorie- und Sprachkonstruktion geschehen kann. Es behauptet aber, daß die Tatsachen, die zum empirischen Gehalt einer Theorie gehören und die in der entsprechenden Sprache beschrieben werden, unabhängig davon verfügbar sind, ob man Alternativen zu *dieser* Theorie betrachtet oder nicht. Es ist mir nicht bekannt, daß diese sehr wichtige Annahme jemals ausdrücklich als eigenes Postulat der empirischen Methode formuliert worden wäre. Doch ist sie offensichtlich bei fast allen Untersuchungen über Fragen der Bestätigung und Prüfung vorausgesetzt. Alle diese Untersuchungen gehen von einem Modell aus, in dem eine *einzige* Theorie oder eine *einzige* Sprache mit einer Klasse von Tatsachen (oder Beobachtungsaussagen) verglichen wird, die irgendwie als „gegeben" angenommen werden. Ich behaupte, das ist ein viel zu einfaches Bild der wirklichen Verhältnisse.

Tatsachen und Theorien, Tatsachen und Sprachen hängen viel enger miteinander zusammen, als das Autonomieprinzip annimmt. Nicht nur hängt die Beschreibung jeder einzelnen Tatsache von *irgendeiner* Theorie ab (die natürlich sehr verschieden von der zu prüfenden Theorie sein kann). Es gibt auch Tatsachen, die überhaupt nur mit Hilfe von Alternativen zu der zu prüfenden Theorie ans Licht gebracht werden können und einfach nicht mehr zugänglich sind, wenn diese Alternativen ausgeschlossen werden. Das zeigt, daß man bei der Erörterung von Fragen der Prüfung und des empirischen Gehalts eine *ganze Klasse sich teilweise überschneidender, empirisch haltbarer, aber einander widersprechender Theorien* ins Auge fassen muß. Im vorliegenden Aufsatz wird ein solches Modell der Prüfung nur ganz grob skizziert. Doch vorher möchte ich ein Beispiel diskutieren, das sehr klar die Bedeutung von Alternativtheorien für die Entdeckung von Tatsachen zeigt.

Bekanntlich ist das Brownsche Teilchen ein perpetuum mobile zweiter Art, und seine Existenz widerspricht dem zweiten Hauptsatz der phänomenologischen Wärmelehre. Es gehört also zu den für dieses Gesetz relevanten Tatsachen. Hätte man nun diese Beziehung zwischen dem Gesetz und dem Brownschen Teilchen unmittelbar auffinden können, d.h. durch eine Untersuchung der beobachtbaren Konsequenzen der phänomenologischen Wärmetheorie ohne Benützung einer Alternativtheorie? Diese Frage spaltet sich naheliegenderweise in zwei Fragen auf: (1) Hätte die *Relevanz* des Brownschen Teilchens auf diese Weise entdeckt werden können? (2) Hätte man zeigen können, daß es tatsächlich dem zweiten Hauptsatz *widerspricht*? Die Antwort auf die erste Frage lautet: wir wissen es nicht. Man kann einfach nicht sagen, was geschehen wäre, wenn nicht einige Physiker die kinetische Theorie ins Auge gefaßt hätten. Ich vermute aber, daß in diesem Falle das Brownsche Teilchen als eine Anomalie betrachtet worden wäre,

ganz so wie einige der erstaunlichen Effekte von Professor Ehrenhaft[29], und daß
es nicht den entscheidenden Platz erlangt hätte, den es in der heutigen Theorie
einnimmt. Die Antwort auf die zweite Frage lautet einfach: nein. Man mache
sich doch klar, was die Entdeckung der Unverträglichkeit des Brownschen Teilchens mit dem zweiten Hauptsatz erfordert hätte! Sie hätte erfordert: (a) die
Messung der genauen *Bewegung* des Teilchens, um die Veränderungen seiner
kinetischen Energie plus der zur Überwindung des Widerstands der Flüssigkeit
verbrauchten Energie festzustellen, und (b) die genaue Messung der Temperatur
und des Wärmeflusses im umgebenden Medium, um darzutun, daß jeder hier
auftretende Verlust durch eine Zunahme der Energie des bewegten Teilchens
und die Arbeit gegen den Flüssigkeitswiderstand ausgeglichen wurde. Derartige
Messungen sind experimentell unmöglich[30]. Man kann weder die Wärmeüber-
tragungen genau messen noch den Weg des Teilchens genau genug verfolgen.
Daher ist eine „direkte" Widerlegung des zweiten Hauptsatzes, die sich nur
auf die phänomenologische Wärmetheorie und die „Tatsachen" der Brownschen Bewegung stützt, unmöglich. Und bekanntlich erfolgte ja die Widerlegung auf ganz andere Weise, vermittels der kinetischen Theorie und ihrer Anwendung durch Einstein bei der Berechnung der statistischen Eigenschaften
der Brownschen Bewegung[31]. Dabei wurde die phänomenologische Wärmelehre in den größeren Zusammenhang der statistischen Physik eingebaut und
zwar *auf eine Weise, die das Prinzip* P *verletzte;* und danach wurde ein experimentum crucis durchgeführt (die Untersuchungen von Svedberg und Perrin).

Man kann zeigen[32], daß dieses Beispiel typisch ist für die Beziehung zwischen ziemlich allgemeinen Theorien oder Betrachtungsweisen und „den Tatsachen". Sowohl die Relevanz als auch der widerlegende Charakter vieler ganz
entscheidender Tatsachen läßt sich nur mit Hilfe anderer Theorien feststellen,
die zwar mit den bekannten Tatsachen übereinstimmen, nicht aber mit der zu
prüfenden Auffassung. Und wenn das so ist, dann wird man, ehe man solche
widerlegenden Tatsachen auffinden kann, möglicherweise erst Alternativen
zu der betreffenden Auffassung erdenken und ausarbeiten müssen, also Theorien, deren Hauptgrundsätze mindestens einigen Grundsätzen der anerkannten
Auffassung widersprechen, und Sprachen, deren Grammatik sich von der der
gängigen Sprache (die eine natürliche sein kann) unterscheidet. Verlangt man,
eine Sprache solle unverändert bleiben, solange keine Tatsachen entdeckt sind,

---

[29] Ich habe diese Effekte unter sehr verschiedenen Bedingungen beobachtet und bin sehr viel
weniger geneigt, sie als bloße Kuriositäten anzusehen, als die heutige Wissenschaft.

[30] Vgl. R. Furth, Z. *Physik,* **81** (1933), 143—162.

[31] Dazu vgl. A. Einstein, *Investigations on the Theory of the Brownian Motion,* New York
1956; dort finden sich alle einschlägigen Arbeiten Einsteins und eine umfassende Biblio-
graphie von R. Furth. Zu den experimentellen Arbeiten siehe J. Perrin, *Die Atome,* Leipzig 1920.

[32] Vgl. meinen Essay "Problems of Empiricism", *Pittsburgh Publications in the Philosophy
of Science,* Bd. 2.

die den in ihrer Grammatik steckenden Grundsätzen widersprechen, dann zäumt man also das Pferd beim Schwanze auf. Die Erfindung ungewöhnlicher Theorien und Sprachen *kommt zuerst*; der nächste Schritt besteht darin, daß man *mit ihrer Hilfe* die Mängel des status quo aufzuspüren versucht[33]. Das Schicksal der Idee der Beobachter-Unabhängigkeit ist ein ausgezeichnetes Beispiel für das eben Gesagte.

15. Diese Idee, die wir in Abschnitt 9 kurz erwähnten, gehört zur Newtonschen Physik wie auch zur Alltagsauffassung von den materiellen Gegenständen. Ihre Unrichtigkeit wurde folgendermaßen erkannt. Zuerst tauchten in der Elektrodynamik gewisse Schwierigkeiten auf, die eine Lösung verlangten (Fehlen von Wirkungen zweiter Ordnung der Bewegung). Eine zeitlang nahm man an, eine Lösung lasse sich im Rahmen der klassischen Physik finden; man nahm nämlich an, es handle sich um Schwierigkeiten der *Anwendung* der klassischen Vorstellungen und nicht ihrer Grundprinzipien. Hier lieferte Lorentz eine anscheinend befriedigende Erklärung. Einstein dagegen vermutete einen Fehler in der klassischen Auffassung selbst, und er stellte eine Theorie auf, die dem Gedanken der Unabhängigkeit vom Beobachter widersprach. Beim Vergleich dieser Theorie mit der klassischen Lösung (und dabei darf man die allgemeine Relativitätstheorie nicht vergessen, die nur auf der Grundlage der speziellen Relativitätstheorie, aber keinesfalls auf der Grundlage der Lorentzschen Ideen entwickelt werden konnte) zeigten sich so große Vorzüge der neuen Theorie, daß sie schließlich angenommen wurde. Dies beruhte natürlich auch auf dem empirischen Erfolg der Ideen der speziellen und der allgemeinen Relativitätstheorie. Doch es ist festzuhalten, daß diesem empirischen Erfolg nicht etwa ein vollständiges empirisches Versagen der klassischen Betrachtungsweise, *für sich genommen, vorausging*. Deren Versagen war vielmehr eine *Folge* des Erfolgs der neuen Theorie, und es hätte ohne diesen nicht demonstriert werden können. Gewiß, die alte Theorie befand sich in Schwierigkeiten. Jede Theorie hat zu jeder Zeit mit Schwierigkeiten zu kämpfen. Die Frage ist, ob die Schwierigkeit der klassischen Physik eine *grundsätzliche* war, oder ob sie sich mittels weiterer *klassischer* Hypothesen beheben ließ. Es liegt auf der Hand, daß die Antwort auf diese Frage nicht durch Sammlung weiterer *Tatsachen* gefunden werden konnte. Keine noch so große Menge von Tatsachen, seien sie auch noch so sorgfältig ermittelt, kann zeigen, daß es keine klassischen Hypothesen gibt, die gewisse Schwierigkeiten beheben. Die einzige mögliche Unterstützung eines solchen Gedankens besteht in der Entwicklung einer anderen *Theorie* (und zwar einer grundsätzlich nichtklassischen), die die

---

[33] Einige der Gründe hängen natürlich mit der – in Anm. 11 kurz diskutierten – Tatsache zusammen, daß umfassende Betrachtungsweisen sich selbst ihr Beweismaterial schaffen, das dann (so die „unmittelbare" Erfahrung von Dämonen und Hexen) nur mit Hilfe anderer Theorien aus den Angeln gehoben werden kann, die andere Deutungen für die gewöhnlichsten Verhältnisse bereitstellen und damit eine kritische Beurteilung auch der klarsten und unmittelbarsten Erfahrung ermöglichen.

Schwierigkeit „in ein Prinzip verwandelt"[34], die Folgen dieses Prinzips feststellt und das resultierende Gesamtgebäude mit dem Gebäude der klassischen
Physik vergleicht. Und so ging Einstein tatsächlich vor.

Die Unabhängigkeit vom Beobachter wurde also nicht durch damit unverträgliche Beobachtungen widerlegt, auch nicht durch die Erkenntnis, daß die
entsprechende Sprache unzweckmäßig sei. Sie wurde widerlegt durch die Aufstellung und Bestätigung einer Theorie, die auf der *Abhängigkeit vom Beobachter* fußte, *und sie hätte auf keine andere Weise widerlegt werden können.*
Aus alledem folgt natürlich, daß es materielle Gegenstände im oben erklärten
Sinne (d.h. Gegenstände, die vom Beobachter unabhängig sind und auch existieren, wenn sie nicht beobachtet werden) *nicht gibt.* Und da Tische, Stühle, Bücher-
schränke in der Argumentation Malcolms (und anderer) als materielle Gegenstände gelten, so folgt, daß auch sie nicht existieren. Das klingt gewiß seltsam, doch
es ist um nichts seltsamer als die Leugnung von Engeln, Dämonen oder des Teufels
in den Augen derjenigen, die in diesem Glauben aufgewachsen waren und dazu-
hin Erfahrungen hatten wie Stimmen, eine teilweise gespaltene Persönlichkeit,
Furcht vor Verführung und ähnliches. Und man darf nicht vergessen, daß für sie
die Geisterwelt — auch wenn sie von bösen Geistern bevölkert war — viel wichtiger *und viel gewisser* war als die vergängliche materielle Welt der Tische, Stühle
und philosophischen Bücher[35].

16. Wir sind jetzt endlich in der Lage, die Vermutung zu untermauern, die
wir im ersten Abschnitt formuliert haben. Unsere Untersuchung hat folgendes
ergeben: Erstens ist gezeigt worden, daß Sprachen, die von vielen gebraucht
werden und ihren praktischen Zweck durchaus erfüllen, nicht aus diesem Grund
allein einen Ausgangspunkt für kosmologische Argumente abgeben können.
Zweitens ist gezeigt worden, daß die Brauchbarkeit weitverbreiteter Sprachen
mit Hilfe anderer Sprachen und anderer Auffassungen untersucht werden muß.
Eine unmittelbare Konfrontation mit „den Tatsachen" genügt nicht. Eine solche
Untersuchung ist umso gründlicher, je größer der Unterschied zwischen der untersuchten Sprache (Auffassung) und der/den anderen, die dabei verwendet werden. Wie genau auch eine Sprache die Tatsachen wiederzugeben scheint, wie allgemein ihre Verbreitung und wie notwendig ihre Existenz in den Augen ihrer
Benutzer auch erscheinen mag — ihre faktische Relevanz kann erst behauptet

---

[34] Einstein, „Zur Elektrodynamik bewegter Körper", *Annalen d. Physik,* **17** (1905), wieder
abgedruckt in Lorentz-Einstein-Minkowski, *Das Relativitätsprinzip,* Leipzig 1923. Das Zitat
steht in der letzteren Ausgabe auf S. 26.

[35] Wittgenstein gibt anscheinend zu, daß Tatsachenentdeckungen zur Revision eines Begriffssystems zwingen können: „Wer glaubt, gewisse Begriffe seien schlechtweg die richtigen,
wer andere hätte, sähe eben etwas nicht ein, was wir einsehen, — der möge sich gewisse sehr
allgemeine Naturtatsachen anders vorstellen, als wir sie gewohnt sind, und andere Begriffs-
bildungen als die gewohnten werden ihm verständlich werden." (*Philosophische Untersuchungen,* Teil 2, Abschn. 12.) Doch ich glaube nicht, daß er deutlich macht, daß sich diese
„sehr allgemeinen Tatsachen", falls sie existieren, *nur mit Hilfe eines auf sie zugeschnitte-*

werden, *nachdem* sie mit Alternativen konfrontiert worden ist; *diese müssen also erfunden und im einzelnen entwickelt sein, ehe man von praktischem Erfolg oder empirischer Relevanz reden kann.* Umgekehrt gilt: eine Methode, der die Entwicklung neuer Sprachen nicht paßt oder die Behauptungen wie „Es gibt keine materiellen Gegenstände" als a priori unsinnig betrachtet, macht es unmöglich, die Gültigkeit der in der gängigen Sprache steckenden Vorstellungen zu untersuchen, womit sie diese zu metaphysischen Dogmen macht. Der Fortschritt der Wissenschaft oder jeder vernünftigen Untersuchung, die gerade in der Überwindung von Vorurteilen besteht, wird durch eine solche Methode schwer gestört. Zweifellos muß die Frage, was beibehalten werden soll — die Methode der linguistischen Philosophie, die darin besteht, daß man ungeprüfte Vorurteile einbalsamiert und zur Ruhe legt, oder die rationale Methode von Kritik und Erkenntnisfortschritt — zugunsten der letzteren beantwortet werden.

nen Begriffssystems bemerkbar machen können, das daher von der gebräuchlichen Sprache, welche es auch sei, sehr verschieden sein muß. Ein solches Begriffssystem läßt sich nicht im Handumdrehen aufbauen. Es muß zunächst in Form eines nicht prüfbaren, also *philosophischen* Standpunkts eingeführt werden, der dem bereits in Gebrauch befindlichen Begriffssystem widerspricht und eine wesentlich andere Grammatik besitzt als die übliche Sprache. Doch gleich dieser erste Schritt wird verhindert durch Wittgensteins Forderung: „Die Philosophie darf den tatsächlichen Gebrauch der Sprache in keiner Weise antasten." (*Philos. Unters.*, § 124.)

Es gibt Philosophen — zu ihnen gehört mein früherer Kollege Professor Stanley Cavell —, die zugeben, daß die Umgangssprache Veränderungen nötig haben könnte, die aber gleichzeitig bestreiten, daß diese durch *philosophische Überlegungen* zustande gebracht werden könnten. Im Zusammenhang mit dem obigen Wittgensteinzitat erklärt Professor Cavell: „Obwohl es natürlich beliebig viele Möglichkeiten gibt, die Umgangssprache abzuändern, bringt das *Philosophieren* keine zuwege." (Ich zitiere aus einem Manuskript, das mir Professor Cavell vor der Veröffentlichung zur Verfügung gestellt hat.) Im einzelnen wiederholt er die Behauptung, ein Philosoph, der eine angeblich absurde These verteidige wie „Es gibt keine materiellen Gegenstände" oder „Keine Aussage ist gewiß", behaupte gar nichts vom Alltagsverstand Abweichendes. Vielmehr formuliere er bloß diese Auffassung auf irreführende Weise. „Die Annahme, *von der sowohl [der] Kritiker der Umgangssprache als auch [der] Verteidiger der Tradition ausgeht*, nämlich daß [philosophische] Ausdrücke nicht im gewöhnlichen Sinne gemeint seien, macht gerade solche Aussagen zunichte ..." (Hervorhebung im Original). Das ist völlig richtig, falls die philosophische Aussage dogmatisch und ad hoc ist, falls aus ihr also nicht weiter folgen soll als bereits Bekanntes. Doch sie braucht nicht so gemeint zu sein. Sie könnte der erste Schritt sein bei der Entwicklung eines neuen Begriffssystems, das nach hinreichender Präzisierung Behauptungen liefert, die gewissen Behauptungen in der alten Sprache echt widersprechen. Er scheint (wie auch viele heutige Physiker) zu übersehen, daß eine solche Entwicklung eines Systems nicht einfach ist, und daß ein Denker (oder eine Tradition), der eine solche neue Art des Redens (und Denkens und Sehens) entwickeln möchte, sich vielleicht lange Zeit mit der Idee der Nichtexistenz materieller Gegenstände tragen kann, ohne ihr schon einen konkreten Inhalt geben zu können (ein sehr gutes Beispiel ist die Frühgeschichte des Atomismus). Wird ihm nun dieser erste Schritt verboten, weil er nichts besagt, so kann er den zweiten Schritt nicht tun, und eine Wandlung der von Cavell (und, wie er sagt, von Wittgenstein) zugelassenen Art *kommt nie zustande.* Cavells Kritik schaltet sicher eine *dogmatische* Philosophie aus, für die ein solcher erster Schritt auch der letzte und die Sache abgeschlossen ist. Doch er scheint auch anzunehmen, daß jede Philosophie in diesem Sinne dogmatisch sein müsse (und hier folgt er natürlich den Spuren seines Meisters Wittgenstein — vgl. Abschn. 11 meines Essays „Wittgenstein's 'Philosophical Investigations' ", *Phil. Rev.,* **64** (1955)), was keineswegs richtig ist. Man braucht kein Wittgensteinianer zu sein, um zu erkennen, wie unfruchtbar dogmatisches Denken ist.

Kapitel 8

Theater als Ideologiekritik
Bemerkungen zu Ionesco

Mit Nachtrag 1977

1. Ionesco ist ein Hauptvertreter des „Theaters des Absurden"[1]. Man wirft ihm vor, daß ihm „die Kunst als eine völlig eigengesetzliche Tätigkeit [gilt], die mit Dingen, die außerhalb der Vorstellung des Künstlers liegen, wenig Verbindung haben" [90][2]. Seine Stücke, seine kritischen Essays, bestätigen diesen Vorwurf. In den Stücken absurdes Geschehen, Auflösung der Sprache, Auseinanderfallen gewohnter Zusammenhänge; in den Essays Betonen der Autonomie der Kunst, unnachgiebige Ablehnung des Strebens nach Belehrung und nach Popularität [„Ich kann mir gut ein Theater ohne Publikum vorstellen. Das Publikum wird von selbst kommen..." (39)]. Der Schluß „Ionesco und seine Jünger brechen die Verbindung zum Leben ab" [91 — Tynan] scheint mehr als gerechtfertigt.

Der Schluß scheint mehr als gerechtfertigt, weil man sich nicht überlegt hat, *warum denn* so sehr auf der Reinheit des Theaters bestanden wird, und weil man gelegentliche Scherze des mutwilligen Autors sogleich zu ästhetischen Theorien aufgeblasen hat. Man hat übersehen, daß die ideologischen Elemente entfernt werden, um die Spannung zwischen Kunst und Ideologie und damit die Möglichkeit einer künstlerischen Kritik von Ideologien zu vergrößern. Ionesco besteht ja gar nicht darauf, die Entwicklung der Kunst für immer von der Nicht-Kunst abzusondern, ihre „Verbindung zum Leben abzubrechen", wie sich Tynan tendenziös, aber wenig genau ausdrückt. Ganz im Gegenteil — zu einem *Zusammenstoß* soll es kommen, zu einer *Kritik* ideologischer Bestandteile unseres Daseins, die so verhärtet sind, daß sie sich einem Zugriff des Denkens entziehen. Ionescos Theater steht dem Theater Brechts, das er „nicht liebt" [130] viel näher, als es auf den ersten Blick scheinen mag. Das ist seine positive Seite: die fatale Wirkung ideologischer Denksysteme hat er gut beobachtet, und die Mittel, die er zu ihrer Auflösung ersonnen hat, sind sicher wirkungsvoller als manches abstrakte ideologiekritische Rezept. Aber seine Kritik hat Grenzen. Man bemerkt diese Grenzen sofort, wenn man sich nach den Prinzipien fragt, auf denen sie beruht. Dann sieht

---

[1] Vgl. Kapitel 1 und Kapitel 3 von Martin Esslins Buch: The Theatre of the Absurd. New York 1961.

[2] Kenneth Tynan in: Argumente und Argumente, Berlin 1964. Zahlen in eckigen Klammern sind Seiten dieses Buches.

man, daß Ideologien nicht gegeneinander ausgespielt werden, sondern daß versucht wird, sie durch Vergleich mit einer angeblich unerschütterlichen Grundlage menschlicher Existenz zu entlarven. Wie Bacon, den er hier fast völlig wiederholt, wird Ionesco nur von den Ideologien seiner Gegner gestört, und auch von ihnen nur dort, wo sie sich ganz offenkundig aufdrängen. Seine eigenen Ideen, seine Werke sowie jene Teile der Werke anderer, die er akzeptiert, gelten ihm als Tatsachen, die dem Wechsel der Interpretationen entrückt sind. Figuren von Stücken „leben weiter, wenn ihre 'Aussage' längst überholt ist" [112]. Und wie bei Bacon hat seine Auflösung der Ideologien anderer die Verhärtung und Unkenntlichmachung jener Ideen zur Folge, deren er sich selbst bedient. Bis auf diese eine Einschränkung ist Ionesco ein kritischer Rationalist. Und bis auf diese eine Einschränkung ist seine Kunst in der Tat eine „Befreiung, … als das Wiedererlernen einer intellektuellen Freiheit, deren wir uns entwöhnt, die wir vergessen haben, aber unter deren Fehlen sowohl diejenigen leiden, die sich frei glauben, ohne es zu sein (weil die Vorurteile sie daran hindern), als auch die, die glauben, daß sie unfrei sind oder nicht frei sein können" [77].

2. Ideologie wird von Idee, Wissenschaft, Philosophie getrennt[3]. Die Struktur einer Ideologie, ihr Zweck, ihre Wirkung auf die Gläubigen wird trefflich beschrieben. Struktur: Ideologien sind allumfassend, aber auf nichtssagende Weise: „Man könnte sich die Frage nach der Gültigkeit jeglicher Ideologie stellen. Von dem Augenblick an, in welchem man ein Kunstwerk, ein Ereignis, ein politisches oder wirtschaftliches System, die Geschichte oder das Wesen des Menschen als dieses oder auch jenes bestätigen kann …; von dem Augenblick an, in welchem mehrere Interpretationen ohne große innere Widersprüche die Tatsachen zu erklären oder durch ihr System zu schlucken scheinen (und alle Interpretationen scheinen die Tatsachen zu erklären); von dem Augenblick an, in welchem man, wenn man will, finden kann (und man findet immer), daß die historischen Tatsachen eine Ideologie bestätigen oder Wasser auf ihre ideologische Mühle leiten, aber nicht nur auf diese, sondern auch auf jene ideologische Mühle —, kann bewiesen werden, daß keine Ideologie zwingend ist, daß sie die Einstellung eines einzelnen ist, eine persönliche Wahl, und also keine objektive Wahrheit" [64][4].

Eine wirkliche Erklärung bietet die Ideologie natürlich nicht: Sie „umgibt [den zu erklärenden Gegenstand] ohne [ihn] zu durchdringen" [89]. Sie bezieht ihn auf „monolithische Dogmen, Architekturen aus Klischees", deren Beschreibungen „ihre Bedeutung verloren haben" [242], und die daher nichts besagen, obgleich sie überall Anwendung finden und damit eine fast himmlische Allwissenheit an den Tag legen. Sie produziert „Automatismen der Sprache und des menschlichen

---

[3] Die Wissenschaft „formuliert objektive Wahrheiten" [39]; wissenschaftliche Theorien können einander widersprechen, sie sind nicht bloß verschiedene und doch vereinbare Universalvokabulare [31]. Siehe auch die nächste Fußnote.

[4] „Bleibt die Wissenschaft", fährt dieses Zitat fort, „und die künstlerische Schöpfung"; *beide* werden also von der Ideologie abgesetzt. Ionesco steht der Wissenschaft freundlicher gegenüber als Beckett. Auch darin ähnelt er Brecht.

Verhaltens", die einen weiten Bereich des Handelns in inhaltslose Reaktionen verwandeln [176]. Noch ist es denen, die so von einer Ideologie geformt sind, möglich, sich ohne weiteres von ihr zu befreien. Eine Ideologie „verbirgt" zwar „das Reale" [242], schirmt es gründlich ab. Das bedeutet aber nur, daß *diese* Einschränkung der Phantasie wegfällt. Dafür ist der Zwang der „kristallisierten, erstarrten Sprache", der „vorfabrizierten Patentlösungen" [88] auf unser Denken und auf unsere Leidenschaften [424] nur um so größer. Eine „Form der Unterdrückung" liegt hier vor [37], eine „Verkalkung" unseres Lebens und der Geschichte [52], die aus diesem Leben hervorgeht. Eine „Trennwand zwischen Geist und Realität" erhebt sich, „Barrikaden zwischen Mensch und Mensch" werden errichtet [202 f.]. Die *Funktion* aller dieser Maßnahmen besteht aber gewöhnlich darin, daß sie ein „Alibi" schaffen für „Epidemien, die sich unter dem Deckmantel der Vernunft und Ideen verbergen, aber nichtsdestoweniger schwere Kollektivkrankheiten darstellen" [194]. Diese Funktion kann vor den mehr „aufgeklärten" „Intellektuellen" durch verschiedene Manöver verborgen werden, zum Beispiel durch das fashionable Manöver der „Entmythologisierung". Aber auch dieses Verfahren „ersetz[t] [bloß] Tabus durch Tabus, die gegen Tabus sind, und die viel mehr im Wege stehen als die alten Tabus. [Es] entmystifizier[t] ... und kette[t] uns damit nur an. [Es gibt] uns ein starres Vokabular: eine neue Sprache, die blind macht und betrügt" [139 — eine gute Beschreibung der Kritik, die Platon an den Mythen der Vorsokratiker geübt hat].

3. Es lohnt sich, diese klare und meisterhafte Charakterisierung in einer etwas anderen Sprache zu wiederholen, die die positiven Elemente von Ideologien — in den Augen ihrer Anhänger — hervortreten läßt, und die damit ihren Einfluß selbst auf kluge Leute plausibel macht. Eine Ideologie, sagt Ionesco, „schluckt alle Tatsachen durch ihr System" [63]; sie ist allumfassend; ihre Begriffe und Wendungen erlauben es uns, jede Begebenheit von ihrem Standpunkt aus darzustellen. Was immer geschieht — die Wahrheit der Ideologie ist garantiert. Also: eine Ideologie hat nicht *zufällig* den Vorteil, wahr zu sein. Sie ist notwendigerweise *absolut wahr*.

Absolute Wahrheit fällt nun nicht einfach vom Himmel. Ein System, das immer richtig antwortet, will sorgfältig aufgebaut sein. Ausweichmanöver sind nicht zugelassen. Man soll den Eindruck haben, daß ein zunächst widerspenstiger Fall nicht einfach beiseite geschoben, sondern wirklich bewältigt wird. Und die Möglichkeit, *jeden* problematischen Fall zu bewältigen, soll nicht ganz vom Genie des einzelnen abhängen — wie könnte man sonst Jünger finden —, das heißt es soll allgemeine *und lehrbare* Methoden geben, die Erfolge garantieren. Solche Methoden setzen eine Einheitlichkeit des Aufbaus voraus, ein Abgestimmtsein von Hypothesen auf den einen Zweck — umfassende Erklärungen zu erzeugen. Die alten Mythen brachten diese Leistung automatisch zustande, als Resultat einer Jahrtausende währenden Entwicklung. Aber zwischen ihnen und den neueren Ideologien liegen Perioden der Skepsis, in denen es scheint, daß keine Behauptung für immer der Kritik standhalten könne. *In diesen Umständen* war das bewußte Konstruieren eines umfassenden Denksystems, dessen absolute Wahrheit sich beweisen ließ, eine wirkliche Entdeckung, ein wirklicher Fortschritt[5]; bis man dann einsah, daß man zwar absolute Wahrheit erreicht, aber den Kontakt mit einer vom Denken und vom Handeln unabhängigen Welt verloren hatte[6]. Daß man zwar ein Erklärungssystem meisterte, aber auf Kosten einer Einschränkung der Spontaneität des Denkens und Handelns: Die Grundprinzipien und die Methoden ihrer Anwendung waren ja nunmehr der Kritik entzogen, sie waren auf einfache Weise lehrbar, und es genügte, die ihnen entsprechenden Reaktionen mechanisch zu fixieren. Solche Fixierung war nicht nur ausreichend, sondern auch notwendig, denn nur der härteste Mechanismus des Denkens konnte die Absolutheit garantieren. Mit der Zunahme der Sicherheit, mit dem graduellen Verschwinden der „Fremdartigkeit der Welt" [22] ging daher eine zunehmende Erstarrung menschlicher Reaktionen, ein Verschwinden der Freiheit Hand in Hand − alles das unbemerkt, solange das Ideal absoluten Wissens noch unberührt dastand. Die Täuschung wurde erst durch den Fortschritt der Wissenschaften und der Künste aufgehoben, und nun erst stehen wir vor der *Wahl*[7]: Hypothesen, wie sie die Wissenschaft verwendet, oder absolutes Wissen, wie es uns die Ideologien versprechen und auch tatsächlich bieten; und, wenn die Wahl auf die erste Alternative fällt, vor der *Aufgabe*, uns so weit wie nur möglich von jenen Mechanismen zu befreien, die das Leben in einer von Ideologien durchsetzten Umgebung in uns eingeprägt hat. Wie läßt sich diese Aufgabe lösen?

4. „Um sich vom Alltäglichen, von der Gewohnheit der geistigen Trägheit loszureißen, die uns die Fremdartigkeit der Welt verbergen, hat man wirklich Keulenschläge nötig − bevor man die Wirklichkeit neu zusammensetzt, muß man sie gleichsam auflösen" [22][8]. Es gibt verschiedene „Techniken", die eine solche Auflösung fördern. Diese Techniken sind oft fast ununterscheidbar von den

---

[5] Man vergleiche zum Beispiel R. H. Popkins Deutung der Rolle des Descartes in Kapitel IX seines Buches The History of Skepticism from Erasmus to Descartes, New York 1964, insbesondere S. 135: „Obgleich die traditionelle Deutung des Descartes in ihm einen wissenschaftlichen Feind des Scholastizismus und der Orthodoxie sah, der für ein neues Zeitalter intellektueller Freiheit und Abenteuer kämpfte, geht man jetzt allmählich zu einer mehr konservativen Deutung über, nach der Descartes den mittelalterlichen Standpunkt angesichts der Neuigkeiten der Renaissance wiederherstellen wollte."

[6] Im 20. Jahrhundert erscheint diese Einsicht als das sogenannte erste Grundprinzip des logischen Empirismus („Alle apriorischen Sätze sind analytisch"). Die Anwendung auf das weite Gebiet ideologischer Diskussion verdanken wir Professor K. R. Popper.

[7] Für eine mehr ins einzelne gehende Darstellung vgl. meine Vorlesung 'Knowledge without Foundations', Oberlin 1961.

[8] Man kann die Argumente von Berkeley und Hume tatsächlich als Versuche betrachten, sich durch „Keulenschläge" „vom Alltäglichen, von der Gewohnheit der geistigen Trägheit loszureißen. Zu einer „neuen Zusammensetzung" führen diese Argumente allerdings nur nebenbei. Ganz im Gegenteil: Es wird versucht, die üblichen Regeln der Zusammensetzung explizit herauszustellen und Gesetze für ihr Funktionieren anzugeben, so daß der Akt des ihnen Folgens nicht als ein Akt des Erkennens von Gegenständen mißverstanden werde (Berkeley, zum

Techniken der Verfremdung, die Ionesco kritisiert und lächerlich macht[9]. Zum Beispiel: „abgegriffene Klischees der Alltagssprache ... [werden] bis zum Äußersten getrieben" [23], die dem Theater eigentümliche „Vergröberung der Effekte" wird im Exzess angewendet [21]. Phantastische Elemente werden eingeführt, die dazu dienen, „durch den Kontrast den 'Realismus' aufzuheben und damit zu unterstreichen" [23]; ein burlesker Text wird mit dramatischem Spiel, ein dramatischer Text mit burleskem Spiel kombiniert [178]: man „spielt gegen den Text" [22]. Theatereffekte werden gesteigert, bis zur „Auflösung, zum Auseinandernehmen der Sprache" [21]. Elemente des Vaudeville [29], des Zirkus [42] werden erprobt, und überhaupt werden „für den Dramatiker dieselben Möglichkeiten, zu experimentieren [gefordert], wie sie die Wissenschaftler haben" [48; 53 f.]. Kurzum: „Im Theater ist alles erlaubt" [24].

Während so im Detail die alten Formen zerfallen, während scheinbar irrelevante Elemente sich den Zerfallsprodukten hinzugesellen und die Verwirrung dadurch nur noch vergrößern, entstehen zur Überraschung, zunächst auch des Autors selbst, neue Einheiten, die neuen Gesetzen unterliegen. Der „Mechanismus des Theaters verselbständigt sich" [176]: „Auf den Proben [zur *Kahlen Sängerin*] stellte man fest, daß das Stück eine Bewegung hat. Obwohl es keine Handlung hat, hat es Handlungen, einen Rhythmus, eine Entwicklung ohne Intrige. Eine abstrakte Entwicklung. [Diese] Parodie des Theaters [war also] noch mehr Theater, als das Theater selbst, weil sie karikaturengleich seine charakteristischen Merkmale verstärkt[e] und hervor[hob]" [179].

Es sind diese selbständigen Einheiten, bestehend aus selbständigen abstrakten Handlungen und aus „frei lebenden Figuren" [192], die Ionesco meint, wenn er von einem autonomen Theater spricht [29, 76, 99, 141, 142]. Aber es wäre falsch anzunehmen, daß ihre Autonomie und ihr abstrakter Charakter eine über das Ästhetische hinausgehende Funktion verhindern muß. Die „Verbindung zum Leben", die Tynan so am Herzen liegt [91], bricht durchaus nicht ab. Nur wird „das Leben" eben nicht durch gehobene Darstellung bestätigt, sondern mit Hilfe von Übertreibung und Karikatur kritisiert. Das Theater „verstärkt durch Unsinn die Wahrheit nach dem Prinzip der Karikatur" [138]. Der Zerfall der üblichen Theaterformen läßt den Zerfall anderer Formen des Verhaltens ahnen, deutet ihn an. Gemeinplätze, Redensarten [61], die Hohlheit der Sprache [126], die darin sich zeigende Hohlheit des Denkens [242], seine Erstarrung [88] werden auf diese Weise kritisiert. Es ist die besondere Eigenart dieser Kritik, daß sie sich nicht „einer neuen Sprache, die blind macht und uns betrügt", bedient, sondern des *Humors*, des *Lachens*, und dieses „läßt kein Aufstellen ... neuer Tabus zu"

Beispiel, will zeigen, daß „die *gewöhnliche Ansicht* mit der meinen übereinstimmt" [Commonplacebook]. Erst Mach *zweifelt an diesen Regeln selbst* und zieht neue Weisen des Konstituierens von Gegenständen in Betracht. Sein Zurückgreifen auf *Elemente* findet in der Kunst seiner Zeit, z.B. im Pointillismus, eine interessante Parallele. Vgl. O. Külpe, Die Realisierung, Band 1.

[9] Vgl. Impromptu, sowie z.B. [198].

[139]: „Der Humor rückt das tragische und zum Spott herausfordernde Wesen des Menschen ungetrübt klar ins Bewußtsein. Nur wenn man der Intelligenz volle Entfaltungsfreiheit läßt, ist Humor möglich. Erst dann läßt sich im Humor Wahrheit finden" [138]. „Humor ist Freiheit" [42; 117; 139].

Die Kritik mit Hilfe humorvoll-tragischer Karikaturen setzt ein, sobald eine Ausdrucksform, eine Denkform Allgemeingut geworden ist. „Denn eine Ausdrucksform, die schon Allgemeingut geworden ist, alles, was sich so gut wie durchgesetzt hat, ist auch eine Form der Unterdrückung" [37]. „In diesem Sinn ist jeder Künstler mehr oder weniger, je nach seinen Kräften, ein Revolutionär. Wenn er nachahmt, wiederholt oder lehrhaft wird, ist er nichts. Der Dichter scheint also oft unfreiwillig, einfach durch die Tatsache seines Daseins, gegen eine Tradition anzukämpfen" [45; vgl. 77]. Die Künste und alle die Züge, die zunächst den Eindruck des Ungewöhnlichen und Lebensfremden erwecken, dienen somit „dem Wiedererlernen einer Geistesfreiheit, deren wir uns entwöhnt, die wir vergessen haben" [77]. Sie bereiten keine „Flucht ins Unwirkliche" vor [78], sondern sind Mittel, die uns festzustellen erlauben, wieviel Wirklichkeit im Gewohnten und für wirklich Gehaltenen steckt.

„Zum Realismus. Kürzlich besuchte ich zufällig eine Ausstellung internationaler Malerei. Da gab es 'abstrakte' Bilder … und gegenständliche Bilder: Impressionisten, Nachimpressionisten und 'sozialistische Realisten'. Im Sowjetischen Pavillon gab es selbstverständlich nur 'sozialistische Realisten'. Diesen Werken fehlte das Leben: Heldenporträts in starrer, konventioneller, irrealer Pose, Matrosen und Freischärler in eroberten Schlössern, akademisch bis zur Unwahrscheinlichkeit … Die Verhältnisse haben sich umgekehrt: Die Maler des sozialistischen Realismus sind offensichtlich Formalisten und Akademiker gewesen: gerade weil sie, statt den hauptsächlichen Wert auf den Inhalt zu legen, sich viel zu viel mit den formalen Ausdrucksmitteln beschäftigt haben … Die formalen Mittel haben sich gegen sie selbst gewendet. Ihre Mittel haben sich gerächt und die Realität erstickt" [100 f.][10].

---

[10] Zum Problem der „realistischen Darstellungsweise" vgl. Kapitel 8 von E. Gombrichs Art and Illusion, New York 1960. Ein wichtiger Teil des Arguments besteht hier in dem Hinweis, daß das Problem der Darstellung eines Sachverhaltes in einem fremden Medium immer mehr als eine Lösung zuläßt, und daß die Auswahl einer dieser Lösungen als der „wirklichen" nur aufgrund der Gewohnheit, nicht aber aufgrund eines objektiven Vorteils erfolgt. Sogenannte Primitive können Photographien nicht erkennen. In einem Lande, wo Bäume mit dem Kopf in die Erde gerammte Riesen sind, wird die erkannte Photographie verkehrt gehalten. Selbst Künstler, wie Bela Balasz, die sich von Jugend auf im Sehen übten, hatten Schwierigkeiten, den Zusammenhang der Handlungen der ersten Filme zu erkennen (Balasz über Chaplin). Es ist also alles Sache der Übung und der Gewohnheit. Aber gerade solche Gewohnheit bedarf wegen ihres unbewußten und unvernünftig-zwingenden Charakters der kritischen Untersuchung. Gerade sie darf nicht dem Zufall überlassen werden!
Im Fall des Theaters ist die Situation noch dadurch kompliziert, daß etwa das klassische Drama auf dem Umweg über einen eigenartigen psychologischen Mechanismus die von ihm

Aber wie bekommt man die „Realität", den „Inhalt" in den Griff, wo doch jede Darstellung an eine bestimmte Form gebunden und ohne sie gar nicht möglich ist? Indem man den Inhalt nicht mit der *einen* Form verwechselt, deren man sich üblicherweise bedient. Diese Verwechslung aufzuheben, ist nicht leicht. Von Kind an sind wir einer Erziehung unterworfen, die unser Sehen der Welt, unser Handeln in ihr in eine bestimmte Richtung lenkt, die andere Möglichkeiten unterdrückt oder in das Reich der Phantasie verweist. Der Begriff der Wirklichkeit wird so aufgebaut, und er hängt an genau jenen mechanischen Elementen unseres Denkens und Handelns, von denen weiter oben, in Abschnitt 3, die Rede war. Man macht diese Elemente sichtbar, indem man sie entweder übertreibt und dadurch verzerrt und schließlich auflöst; oder indem man sie mit einem ganz anderen Gebäude von Aktionen konfrontiert und damit ihre Einzigartigkeit und vielleicht sogar ihre relativen Vorzüge aufhebt. Ionescos Stücke tun beides in einem, obgleich die Abneigung des Autors gegen jegliche Ideologie ihn die erste Alternative vorziehen läßt. Nur ein Beispiel, um zu zeigen, wie das in der Praxis aussieht. *Jakob oder der Gehorsam* beginnt mit dem Versuch einer Familie, den renitenten Sohn zur Heirat zu bewegen. Die üblichen Argumente, die üblichen Schachzüge werden angewendet. Ich würde es vorziehen, das Stück ohne Masken zu spielen, so natürlich wie nur möglich, und ich würde die absurden Elemente nur ganz allmählich und fast unbemerkt sich einschleichen lassen, so daß die Verfremdung erst spät einsetzt, aber dann mit um so größerer Wirksamkeit. Der Zuschauer erkennt dann, wie sehr er von einer Handlung mitgerissen und belebt wurde, die im Grunde nichts anderes ist als das Ablaufen eines Mechanismus; und er wird den Schock um so härter spüren, da er nun weiß, daß dieser Mechanismus sein Leben auch außerhalb des Theaters beherrscht.

Es ist angebracht, schon hier auf eine gewisse Zweideutigkeit im Werke Ionescos zu verweisen, der sich, so scheint es, bis jetzt kein einziger Autor hat entziehen können (der frühe Piscator vielleicht ausgenommen). Da ist einmal die kritische Intention. Diese Intention muß sich an die Gesetze der Psychologie halten und die Kritik *mit ihrer Hilfe* so eindrucksvoll wie nur möglich gestalten. Das hat Brecht gesehen und, erfolglos, versucht. Aber die Stücke, die Ionesco schreibt, dienen nicht nur der Kritik. Sie sollen auch „ewige Wahrheiten" darstellen (auf dieses Element kommen wir gleich zu sprechen). Dieses zweite Element, das zunächst auch nur um der Kritik willen angekündigt wird, macht sich

vorgeführten Handlungen auf den Zuschauer überträgt und ihn dadurch ohne sein Wissen formt. Lenz und Schiller haben dies dunkel gesehen, und letzterer hat daher auch in der Braut von Messina den ideologischen Gehalt in den Chor verlegt. Die komplette Analyse verdanken wir aber auf der einen Seite Bert Brecht und auf der anderen Seite den Erforschern der Technik der Gehirnwäsche. Es ist zu vermuten, daß Aristoteles diese Ergebnisse bereits gekannt und bei seinen Regeln des dramatischen Aufbaus bewußt eingesetzt hat. Vgl. auch Brecht, 'Realistische Kritik' in: Über Lyrik, Edition Suhrkamp 1964: Realistische Kritiker „fragen sich nicht, ob sie in einer Beschreibung die Wirklichkeit wiederfinden, sondern eine bestimmte Beschreibungsart".

oft genug selbständig und lenkt die Aufmerksamkeit des Zuschauers nicht mehr auf die leeren Stellen seines eigenen Lebens, sondern auf die mögliche Fülle und Verständlichkeit dessen, was auf der Bühne vorgeht *und damit zurück zu einer indirekten Rechtfertigung des Lebens, das er führt.* Solche Widerspenstigkeit des Materials hat Brecht schon an seiner *Mutter Courage* erfahren müssen. Eine ähnlich unbeabsichtigte Wirkung hat auch die *Ermordung des Marat* von Peter Weiß. Zweifelsohne sind hier die Mittel der Verfremdung ganz bewußt eingesetzt. Ein Kenner der Theorie fühlt sich leicht irritiert durch dieses perfekte Schulbeispiel einer Überlagerung verschiedener Mechanismen der Verfremdung. Aber die klug und fast nach dem Handbuch aufgebauten Effekte erreichen ihr Ziel nicht. Sie veranlassen den Zuschauer nicht, eine viel zu oft als selbstverständlich hingenommene Wirklichkeit nun mit Hilfe der vom Autor zur Verfügung gestellten Krücken klar und kritisch zu *betrachten* und vielleicht *abzulehnen.* Sie machen sich selbständig, sie werden Teile einer Darstellung, die den Zuschauer *täuscht.* Statt den Blick zu klären, vermischen sich die Wahnsinnsszenen mit der Wirklichkeit und trüben sie. Anstelle der kritischen Analyse einer klaren Wirklichkeit tritt das unkritische Anglotzen eines mit Wahnsinn behafteten Lebens. Vielleicht war das auch die Absicht des Autors, der ja in seinem letzten Stück alle Prätensionen aufgegeben hat, das Publikum zur freien kritischen Betrachtung anzuleiten. Wie dem auch sei — selbst die besten Methoden haben die Tendenz, sich zu verselbständigen, und selbst der gewissenhafteste Autor kann der Versuchung erliegen, „Theater zu machen", das heißt, durch Illusion zu betören und zu täuschen. Aber davon später. Hier sei nur angegeben, wie Ionesco einen ganz normalen Verlauf, ein Argument, das wir voll unterschreiben, durch eine mikroskopische Modifikation in Frage stellt.

Mutter Jacob (weinend) beginnt: „Mein Sohn, mein Kind, nach allem, was wir für dich getan haben, nach all den Opfern. Niemals hätte ich dich dieser Dinge für fähig gehalten. Du warst meine größte Hoffnung ... Und du, ja du bist es noch immer, nein, bei Gott, ich kann nicht glauben, daß du so hartnäckig sein kannst. Aber dann liebst du ja deine Eltern nicht mehr, du liebst überhaupt niemand mehr, nicht deine Schwester, nicht deine Kleider, nicht deinen Großvater ..." Die perfekte Anklage. Etwas banal zwar, aber was anders soll eine arme naturalistische Mutter schon tun? Vielleicht ist diese Banalität sogar noch rührend. Mit Abscheu denken wir an Fälle, die wir selbst erlebt haben, unsere Sympathie ist erweckt, bis dann dieses eine Wort — *deine Kleider!* —, das so gut in die Predigt zu passen scheint, die ganze Wortblase zum Platzen bringt und alle die Gefühle, Regungen, Einstellungen, die ganze Weltanschauung, die auf ihr beruht. Auf das eine oder das andere Wort kommt es ja gar nicht mehr an. Es wird ja gar nicht *gesprochen*; ein Ritual wird mechanisch vollzogen. Nicht nur in diesem einzelnen Falle, sondern fast immer und fast überall. So führt ein einziger kleiner Trick, richtig angewendet, zur Kritik einer ganzen Lebensform.

5. Aus diesem Beispiel und aus den Überlegungen, die ihm vorausgingen, läßt sich die folgende Lehre ziehen. Ein kritischer Rationalismus, der sich die Aufgabe stellt, unser Wissen und Verhalten zu untersuchen und durch Kritik

zu verbessern, wird der Beiträge der Künstler nicht entraten können. Denker wie Brecht und Ionesco haben die Struktur von Weltanschauungen nicht nur abstrakt untersucht, sie haben sich nicht nur einfach zur Kritik *entschlossen,* sie haben außerdem auch genau studiert, wie man der Kritik *psychologisch* zum Erfolg verhelfen kann. Die Forderung, kritisch zu sein, ist *leer,* solange man nicht weiß, unter welchen Umständen man ihr gehorchen kann; sie ist *gefährlich,* solange man nicht Gründe angeben kann, die zeigen, daß eine Gesellschaft, in der sie befolgt wird, die Menschen glücklicher macht. Praktische Überlegungen wie diese sind bisher von den Erkenntnistheoretikern fast völlig vernachlässigt worden[11]. Das liegt an der übertriebenen Aufspaltung unseres Wissens in Teilgebiete. Außerdem würden sich viele Philosophen weigern, eine radikale Kritik, wie Ionesco sie beabsichtigt, überhaupt in Betracht zu ziehen. Es ist ja in der Philosophie auch heute noch üblich, nach *Grundlagen* für unser Wissen und unser Handeln zu suchen, und die Alltagswelt wird dabei vielfach als gegeben vorausgesetzt. Selbst die Wissenschaft hat nach den verschiedenen ,,Revolutionen" des 20. Jahrhunderts die Idee der Grundlage noch nicht aufgegeben und hat versucht, einen Kompromiß zwischen dieser Idee und der tatsächlichen Entwicklung der Wissenschaft zu schließen. Dieses Überleben des Dogmatismus in Wissenschaft und Philosophie hat zum Teil historische Gründe. Der Dadaismus und die ihm verwandten Strömungen des Kubismus, Surrealismus, Expressionismus blieben auf die Kunst beschränkt. In der Philosophie, in der Mathematik, in der Physik machte man sich nach den Katastrophen der Jahrhundertwende, die man nicht bewußt herbeigeführt hatte, sondern die auf sehr unerwartete Weise aufgetaucht waren, die alles eher als erwünscht waren, sofort wieder daran, aufzubauen und soviel wie nur möglich von der alten Sicherheit wiederzugewinnen. Nur in der Kunst wurde die Kritik ganz bewußt und radikal bis zur Auflösung der einfachsten Elemente von Darstellung und Mitteilung getrieben. Daß es sich dabei um *Kritik* handelte, vor allem um *Ideologiekritik,* und nicht einfach um den Selbstausdruck unartikulierter, aber doch eingebildeter Menschen, sieht man sofort, wenn man etwa die theoretischen Essays der frühen Dadaisten liest[12].

---

[11] Sie werden aber nunmehr von Wissenssoziologen und Wissenspsychologen in gesteigertem Maße angestellt. Es ist zu erwarten, daß eine Verbindung zwischen Wissenspsychologie, moderner Kunst und kritischer Philosophie dem kritischen Rationalismus endlich alle zur Kritik nötigen Werkzeuge in die Hand geben wird.

[12] Vgl. etwa die Manifeste, Pamphlete, Proteste, die Huelsenbeck in 'Dada', Rowohlt 1964, wieder gesammelt hat; Raoul Hausmann: ,,Ich verlache Wissenschaft und Kultur, diese elenden Sicherungen einer ... Gesellschaft" [33]; ,,militärische Versfüße wechselten ab mit Arien der Güte und Menschlichkeit" [34]; Van Doesburg: ,,Der Dadaist weiß genau, wie man Geist produziert. Von heiligem Widerwillen gegen die elfenbeinernen Klosetts unserer 'großen Männer' erfüllt ..." [43]; ,,Kunst ... hat einen Wert, solange man auf die atavistischen und fetischistischen Gefühle der Menschen spekulieren kann" [44]; Huelsenbeck: ,,Naturalismus war psychologisches Eingehen auf die Motive des Bürgers ... und psychologisches Eingehen brachte, mochte man sich auch dagegen sträuben, eine Identifikation mit

Eine solche Auflösung kann sehr lehrreich sein. Sie kann uns zeigen, wie komplex selbst der einfachste Satz einer „normalen" Sprache ist, und wie gering die Kontrolle ist, die wir über ihre Elemente besitzen. Wir dürfen uns aber noch viel mehr von ihr erwarten. Physiologen haben neuerdings auf die schweren Schädigungen verwiesen, die der normale Erziehungsprozeß in unserem Zentralnervensystem anrichtet. Wir „lernen" viel mehr, unsere Reaktionen werden schon von Kind auf in viel höherem Maße eingeschränkt, als zum intelligenten Überleben nötig ist. Eine Methode des *aktiven Verlernens* könnte uns helfen, wenigstens einen Teil dieser Einschränkung zu reversieren. Verfahrensweisen, Denkprozesse, die wir automatisch durchführen, würden dadurch dem Bewußtsein und der Kritik zugänglich. Es scheint mir, daß das Theater von Ionesco die Bruchstücke einer solchen Methode liefert.

6. Aber um ganz erfolgreich zu sein, muß es von jenen Elementen gereinigt werden, die es noch immer mit der dogmatischen Tradition verbinden. Wir lernen diese Elemente kennen, wenn wir die Abhandlungen Ionescos lesen. Es ist dann leicht, sie auch in den Stücken zu identifizieren.

Ionesco verabscheut alle Ideologie. Er versucht, sie aus der Kunst auszuschalten. Lehrstücke lehnt er also ab — sie „töten die Kunst" [77] und können außerdem nur geschrieben werden, wenn man schon alles weiß [197]. Das Theater ist auch nicht das adäquate Medium zur Vermittlung von Ideen, es kann die Ideen „nur vergröbern". Es vereinfacht sie auf gefährliche Weise. Es verkleinert und erniedrigt sie" [19]. „… ein Kunstwerk, das einzig und allein ideologisch ist, [ist] unnütz, tautologisch, und weniger als die Lehre, … von der es sich herleitet. Seine Lehre käme in Vortrags- und Gesprächsform besser zum Ausdruck. Ein ideologisches Stück ist lediglich die Vulgarisierung einer Ideologie" [86].

Ideologie enthält das Theater Ionescos also nicht — zumindest ist dies nicht die Absicht. Es ist aber darum nicht ohne allen Gehalt [98, 75]. Ganz im Gegenteil, es wird behauptet, daß „ein Theaterstück mit eigenen Mitteln zur Entdeckung bestimmter Realitäten, bestimmter grundlegender Wahrheiten führen muß" [76]. Es hat „eine eigene Sprache, ein eigenes Verfahren, einen eigenen Weg, den es freizulegen gilt, wenn es zu den objektiv vorhandenen Realitäten gelangen will" [53], zur „Wiederentdeckung allgemeiner Wahrheiten" (29). Solche Wahrheiten sind inhaltsreicher, stabiler, lebendiger als die Ideologien. Das wird am Beispiel

den verschiedenen bourgeoisen Moralen mit sich" [113]; Herzfelde: Dadaismus „war eine politisch begründete Absage an die Kunst, speziell an den Expressionismus" [245]; man vergleiche auch die Zitate in DuMont: Dada, Kunst und Antikunst, hgg. Hans Richter. Schwitters: „Die abstrakte Dichtung löste, und das ist ein großes Verdienst, das Wort von seinen Assoziationen und wertete Wort gegen Wort; speziell Begriff gegen Begriff, unter Berücksichtigung des Klanges" [151]; hier also ganz konsequente Ausnutzung der Methode der Alternativen. Der politische Hintergrund des ersten Weltkrieges und die Haltung der meisten Bürger zu ihm darf nicht vergessen werden. Im Vergleich zum Ideenreichtum der Zwanzigerjahre ist der Neodadaismus eine traurige Kopie, die zeigt, wie sehr der Irrationalismus inzwischen fortgeschritten ist — bis auf wenige, sehr wenige Ausnahmen.

des Gerichtshofes erläutert. „Der Staatsanwalt, der den Angeklagten (wie es seiner Rolle entspricht) angreift, der Verteidiger, der ihn (wie es sein Beruf ist) verteidigt, sind tendenziös. Sie sind parteiisch ... Der Gerichtspräsident ist der Papst, der Staatschef und alle jene mit der Bibel, dem Gesetzbuch, den Dogmen in der Hand, die die Kühnheit haben zu urteilen. Der Zeuge erzählt eine Geschichte. Oder nicht einmal das. Er legt dar, wie ihm die Tatsachen erschienen sind ... Nach dem Gerichtshof gibt es Berufungsinstanzen. Wenn die Urteile voneinander abweichen, bleibt die aufgenommene Zeugenaussage dieselbe. Es ergibt sich (somit) die folgende paradoxe Lage: Die Zeugenaussage (die wohlgemerkt Zeugnis von etwas ist) wird schließlich zu einer Art Zeugnis an sich, autonom und bleibend, während die Gerichtshöfe um sie kreisen, sich widersprechen, und einer nach dem anderen vorübergehen ... Die Zeugenaussage ... ist das Kunstwerk" [108 f.].

Hier wird also der Gegensatz eingeführt zwischen einem unveränderlichen Kern, einer „Realität an sich" [141] und den wechselnden Interpretationen und Zielsetzungen, denen dieser Kern in verschiedenen historischen Perioden unterworfen ist. „Was sind sie – dieser Tempel und diese Symphonie? Ganz einfach Strukturen. Ich habe es nicht ... nötig zu wissen, daß dieses Gebäude eine Betstätte ist. Seine Bestimmung ist von geringer Bedeutung. Nach ihr wird nicht gefragt, sie nimmt nicht, sie fügt nicht dazu. Sie verleiht dem Gebäude weder Halt, noch nimmt sie ihn. Das Gebäude ist, dadurch zeichnet es sich aus, konstruiert. Übrigens ist dieser Tempel nur Tempel gewesen, weil ich will, daß es ein Tempel gewesen ist. Ich kann ihm seine Eigenschaft als Tempel absprechen, aber auf keinen Fall seine Eigenschaft als Gebäude. Er kann zu etwas dienen oder auch nicht. Aber er muß nicht zu etwas dienen, um eine Gebäude zu sein ... man kann es auch als Kaserne oder Garage benutzen" [141].

Die Interpretationen sind nun nicht nur flüchtig, sie sind auch oberflächlich. „Wir sind alle Teil eines geschichtlichen Zusammenhanges und gehören in einen bestimmten geschichtlichen Augenblick. Aber dieser geschichtliche Augenblick ist weit davon entfernt, uns vollständig in Anspruch zu nehmen. Im Gegenteil – er drückt nur den unwesentlichen Teil von uns aus" [25]. Die Interpretationen, die Denksysteme und die Ideologien, die aus diesen unwesentlichen Teilen fließen, verbergen das Reale [242]. Der Künstler aber ist wie der wahre Philosoph fähig, das Reale direkt zu erforschen [31] und durch „Laboratoriumsarbeit" bloßzulegen [53]. Was ist dieses Reale? Wie stellt man es fest?

„Was mich persönlich stark beschäftigt, mich zutiefst interessiert und engagiert, ist das Problem des Menschen in seiner Ganzheit, ob sozial oder übersozial. Das Übersoziale findet sich da, wo der Mensch zutiefst allein ist. Vor dem Tod zum Beispiel. Für den Sterbenden gibt es keine Gesellschaft mehr. Und auch dann, wenn ich erwache, für mich und die Welt, und mir plötzlich bewußt oder erneut bewußt werde, daß ich bin, daß ich existiere, und daß etwas ist, was mich umgibt. Daß mich bestimmte Dinge umgeben, daß mich eine Art Welt umgibt ..." [131; 104]. Dieses Übersoziale wird entdeckt, indem man den eigenen Einfällen frei folgt, mit Hilfe einer ursprünglichen Intuition [77]. Ein Widerspruch zu echtem Wissen kann nicht entstehen, „denn die Strukturen des Alls spiegeln sich wahrscheinlich in den Strukturen des Geistes wieder" [99], in den Archetypen [28, 126, 188], deren Universalität in der Traumerfahrung aller Menschen ihre übersoziale Einheit beweist. Die Wiederentdeckung der Archetypen muß oft den Weg des Formalismus gehen [29], denn nur dieser gibt uns die Mittel an die Hand, die erstarrten und schon nicht mehr bemerkten Formen des Alltags und der Geschichte aufzulösen und so die Realität freizulegen [53].

Diese Zitate zeigen, daß die Ideologiekritik Ionescos mit der Bacons viel gemeinsam hat. Ideologien werden nicht kritisiert, indem man sie gegeneinander ausspielt und so zu verbessern sucht; sie werden kritisiert oder sollen kritisiert werden *durch Vergleich mit einer unerschütterlichen und allgemeinen Wirklichkeit,* die durch besondere Methoden entdeckt werden kann und deren Beschreibung dann auch nicht mehr *ein* ideologisches Element enthält. Die Tricks, von denen weiter oben, in Abschnitt 4, die Rede war, tun also zweierlei. Sie zeigen die Schwäche vorhandener Denkgebäude. Und sie legen allgemeine und ewige Wahrheiten frei, die nunmehr die Stelle der Denkgebäude einnehmen. Aber, so können wir fragen, wer garantiert uns, daß wir nun nicht einer viel mehr sublimen Ideologie zum Opfer fallen? Einer Ideologie, die, weil im *allgemein Menschlichen* und nicht nur in einer bestimmten Epoche verhaftet, viel tiefer und fester sitzt als alle die lokalen Entartungen, die Ionesco mit seinen Methoden bloßstellen und auflösen will? Und welch merkwürdige Auffassung der Freiheit wird uns hier vorgetragen? Es ist zuzugeben, daß erstarrte Denksysteme die Freiheit behindern. Aber daraus folgt noch nicht, daß die völlige Beseitigung jeglicher Ideologie die Freiheit vergrößert. Ideologien sind Bestandteile der stets wechselnden kulturellen Umgebung des Menschen, sie sind Bestandteile jener Sammlung von „Zufälligkeiten", die Ionesco für „den unwesentlichsten Teil von uns" hält [25]. Nun ist es schon wahr, daß die Kultur eine einfache Form der Freiheit einschränkt, jene nämlich, die darin besteht, daß man auf Reize unmittelbar reagiert und Trieben unmittelbar folgt. Die Kultur entfernt uns mehr und mehr vom Dasein der Amöbe. Aber sie schafft gerade durch diese Einschränkung des Mechanischen das Phänomen der *menschlichen* Freiheit. Sie schafft es und schränkt es nur zu oft wieder ein, indem sie Ideologien einen Einfluß auf uns zugesteht, der fast so unerbittlich ist wie der Einfluß der „ewigen Wahrheiten" Ionescos. Diese überflüssige Einschränkung kann nicht dadurch beseitigt werden, daß man das ganze System beseitigt, das an ihr krankt, und auf eine primitivere Stufe des Daseins zurückkehrt. Nicht die Beseitigung des historisch Zufälligen brauchen wir, sondern die Beseitigung jener krankhaften Tendenzen in ihm, die sich zu notwendigen Bestandteilen des Menschseins machen wollen. *Diese* Tendenzen hat Ionesco trefflich kritisiert, und hier sollen wir ihm folgen. Aber die neue Ideologie, die er uns unter dem Deckmantel ewiger struktureller Wahrheiten einflößen will, müssen wir zurückweisen.

Nachtrag 1977

Ich habe diese kleine Abhandlung über das Theater in meine Aufsatzsammlung aufgenommen, weil sie die engen Beziehungen illustriert, die zwischen Erkenntnis und Kunst bestehen. Die Erkenntnis- (Wissenschafts-)theorie leugnet zwar solche Beziehungen, aber nur darum, weil sie die beschriebenen Gegenstände, d.h. die Wissenschaft und die Kunst nicht kennt. Nun ist es schon wahr, daß es Produkte der Kunst und der Wissenschaft gibt, die so weit auseinanderliegen, daß man sich die Frage stellen muß, ob sie beide von Menschen geschaffen sind — aber ähnliche Abgründe gibt es auch innerhalb der Kunst und innerhalb der Wissenschaften. Andererseits hat Aristoteles die Tragödie philosophischer genannt als die Geschichte, weil sie Strukturen und Gesetze zeigt, während es die Geschichte nur mit Einzelfällen zu tun hat. Das hat auch Brecht nicht bestritten, aber er hat beschlossen, die Gesetze so vorzuführen, daß ihre Aufnahme durch den Zuschauer dessen kritische Fähigkeiten vergrößert und nicht zum Einschlafen bringt. Damit machte Brecht wiederum einen Beitrag zur Wissenschaft. In der Wissenschaft wird ja Forschung und Darstellung gewöhnlich getrennt. Die Forschung ist trotz allen Bemühens nach Systematik voll von Zufällen; Bruchstücke von Gedanken werden diskutiert; um nicht zu ihnen passende Bruchstücke vermehrt; Unsinn verwandelt sich in Sinn; Sinn wird Unsinn, ungrammatische Sätze (gemessen an der Grammatik fertiger und zur festlichen Vorführung gereinigter Theorien) sind an der Tagesordnung. Man weiß heute, wie diese scheinbare Ordnungslosigkeit Entdeckungen fördert und daß ein strengeres Vorgehen den Fortschritt oft behindern muß. In der *Darstellung* der Ergebnisse spielt aber dieses Wissen keine Rolle, was heißt, daß man aus der Darstellung von Forschungsergebnissen allein für die Forschung nichts lernen kann und an den für die Forschung so wichtigen Gedankensprüngen gehindert wird. Die Übertragung Brechtscher Methoden der Darstellung in die Wissenschaft verdeutlicht den Konflikt und verflüssigt so wieder den vorübergehend erstarrten Ablauf der Forschung. Die Zentralperspektive, um ein ganz anderes Gebiet zu betreten, wurde nicht von Wissenschaftlern, sondern von Künstlern erfunden, kritisiert, verbessert, und dasselbe gilt von zahlreichen Phänomenen des physischen Raums und des Sehraums. Panofsky hat in seinen Abhandlungen gezeigt, wie oft sich abstraktes Denken und konkrete Formung bei Künstlern verbinden und wie die künstlerische Auffassung und Darstellung der Umwelt durch eine 'wissenschaftliche' Problemstellung mitbestimmt wird.

Die Scheidung zwischen Wissenschaft und Kunst ist aber nicht nur sachlich unrichtig, sie ist auch schädlich, wenn sie ernst genommen wird. Sie raubt der Wissenschaft die gefällige Form (um die noch Galilei bemüht war) und der Kunst den Inhalt. Sie schreibt der Phantasie nicht die wirkliche Welt als Gegenstand zu, sondern einen von dieser Welt sorgfältig getrennten Bereich, und fördert dadurch jenen Mangel an Bildung, der sich immer dann einstellt, wenn fachliche Kompetenz, das heißt die perfekte Beherrschung bestimmter beschränkter Mittel an die Stelle des Versuchs tritt, *alle nur denkbaren* Mittel zur Erkenntnis und Veränderung der Natur und des Menschen einzusetzen. Vergessen wir also diese irreführenden Unterscheidungen und verwenden wir alle Fähigkeiten des Menschen, verwenden wir seinen Verstand, seine Gefühle, seine Phantasie, verwenden wir farbreiches Sprechen Seite an Seite mit beherrschter Sachlichkeit, um eine Erkenntnis zu schaffen, die nicht nur *sachlich besser* ist als was wir heute besitzen, sondern auch *unterhaltsamer.*

Zweiter Teil

Die Autorität der Wissenschaften

Kapitel 9

Kuhns Struktur wissenschaftlicher Revolutionen
Ein Trostbüchlein für Spezialisten?[1]

> „Seit Jahren schon hänge ich Leute auf,
> aber einen solchen Radau hab' ich noch
> nie erlebt!" (Bemerkung Edward 'Lefty'
> Miltons, des 'Erhebenden', Scharfrichters
> auf Halbtagsdauer von Rhodesien, anläßlich
> von Kundgebungen gegen die Todesstrafe.
> „Es war ihm von Berufs wegen unmöglich, die
> Aufregung zu verstehen" schreibt das *Time
> Magazine* vom 15. März 1968.

1   Einleitung

In den Jahren 1960/61, als Kuhn Mitglied des philosophischen Instituts der Universität Kalifornien in Berkeley war, hatte ich die Gelegenheit, mit ihm über verschiedene Aspekte der Wissenschaft Gespräche zu führen. Ich habe von diesen Diskussionen eine Unmenge gelernt, und ich sehe die Wissenschaft seither in einem völlig neuen Licht.[2] Aber während ich Kuhns *Probleme* zu erkennen glaubte, und während ich versuchte, gewisse *Aspekte* der Wissenschaft zu verstehen, auf die er verwiesen hatte (Beispiel: die Allgegenwart von Anomalien), war es mir ganz unmöglich, seine *Wissenschaftstheorie* zu akzeptieren. Und die allgemeine *Ideologie,* die meiner Ansicht nach den Hintergrund seiner Überlegungen bildete, schien mir noch größeren Einwänden ausgesetzt. Diese Ideologie, so glaubte ich, war nicht mehr und nicht weniger als die Grundlage für ein eingebildetes und kurzsichtiges Spezialistentum. Den Fortschritt des Wissens würde sie hemmen, und sie würde auch jene antihumanitären Tendenzen stärken, die ein so beunruhigender Zug der nachnewtonschen Naturwissenschaft sind.[3] In allen diesen Punkten blieben meine Diskussionen mit Kuhn ergebnislos. Mehrmals unterbrach er eine lange Predigt von mir mit dem Hinweis, daß ich ihn mißverstanden hätte, oder daß unsere Ansichten einander näher stünden, als ich es hätte erscheinen lassen. Wenn ich nun heute an unsere damaligen Debatten zurückdenke,[4] so scheint es mir, daß ich mit meinen Zweifeln nicht völlig im Irrtum war. Meine Ansicht wird erhärtet durch den Umstand, daß so gut wie alle Leser von Kuhns *Struktur* das Werk in ähnlicher Weise verstehen und daß gewisse Tendenzen in der modernen Soziologie und Psychologie das Ergebnis genau dieser Interpretation sind. Ich hoffe also, daß mir Kuhn verzeihen wird, wenn ich unsere alten Debatten wieder aufwärme, und daß er es mir nicht übelnehmen wird, wenn ich mich in meinem Versuch zur Kürze gelegentlich etwas schroff ausdrücke.

---

[1] Eine frühere Fassung dieses Essays erschien als Beitrag zum Symposium *Criticism and the Growth of Knowledge* ed. by Imre Lakatos and Alan Musgrave, Cambridge 1970. (In dt. Übersetzung unter dem Titel: Kritik und Erkenntnisfortschritt, Braunschweig 1974) Ich habe den Aufsatz zum Teil umgeschrieben und um eine Diskussion der Geschichte des Problems der Inkommensurabilität vermehrt.

[2] Die Kritik gewisser Züge der zeitgenössischen Methodologie in meinen Aufsätzen "Problems of Empiricism, Part II" in Colodny (ed.) *The Nature and Function of Scientific Theory,* Pittsburgh 1969 und "Against Method" Band IV der *Minnesota Studies for the Philosophy of Science,* Minneapolis 1970, sind verspätete Zeichen dieses Einflusses. Vgl. auch den Nachtrag.

[3] Vgl. meinen Aufsatz "Classical Empiricism" in Butts (ed.) *The Methodological Heritage of Newton,* Oxford 1970.

[4] Einige dieser Debatten fanden im ehemaligen *Café Old Europe* auf der Telegraph Avenue statt und amüsierten die anderen Kunden durch ihre laute, aber freundliche Vehemenz.

2   Zweideutigkeit der Darstellung

Sooft ich Kuhn lese, erhebt sich für mich die folgende Frage: Haben wir es hier mit *methodologischen Vorschriften* zu tun, die uns anweisen, wie der Wissenschaftler vorgehen *soll,* oder handelt es sich um eine bloße *Beschreibung* der Tätigkeiten, die man gewöhnlich wissenschaftlich nennt? Kuhns Schriften, so scheint es mir, lassen keine eindeutige Antwort auf diese Frage zu. Sie sind unbestimmt in dem Sinn, daß sie beide Auslegungen gestatten und unterstützen. Diese Unbestimmtheit (deren stilistischer Ausdruck und deren geistige Wirkung an ähnliche Unbestimmtheiten bei Hegel und Wittgenstein erinnern) ist durchaus nicht von nebensächlicher Bedeutung. Sie hat einen entscheidenden Einfluß auf Kuhns Leser, und sie führt dazu, daß diese ihr eigenes Fach auf eine Weise betrachten und in einer Art behandeln, die nicht von Vorteil ist. Viele Sozialwissenschaftler haben mir erklärt, daß sie nun endlich gelernt hätten, wie ihr Fachgebiet in eine „Wissenschaft" verwandelt werden könne, wobei sie natürlich meinen, daß die Verwandlung einer *Verbesserung* gleichkommt. Das Rezept besteht ihrer Ansicht nach aus den folgenden Elementen: Einschränkung der Kritik; Reduktion der Anzahl umfassender Theorien auf eine; Schaffung einer Normalwissenschaft, die diese eine Theorie als Paradigma hat.[5] Studenten sind von pluralistischen Spekulationen abzuhalten, die mehr unruhigen Kollegen müssen auf Vordermann gebracht und zu „ernster" Arbeit gezwungen werden. *Ist das die Situation, die Kuhn erreichen will?*[6] Ist es seine Absicht, eine historisch-wissenschaftliche Rechtfertigung für das wachsende Bedürfnis nach Identifikation mit einer Gruppe zu besorgen? Verlangt er, daß jede Wissenschaft den monolithischen Charakter, sagen wir, der Quantentheorie von 1930 bis 1950 nachahme? Denkt er, daß eine so

---

[5] Siehe z.B. Reagan in *Science,* Vol. III (1967) p 1385: „Wir [d.h. die Sozialwissenschaftler] sind noch in einem Zustand, der nach Kuhn als 'vorparadigmatisch' bezeichnet werden muß; Übereinstimmung über Grundbegriffe und theoretische Annahmen muß erst zustandekommen."

[6] Die Physiologie, die Neurophysiologie und gewisse Teile der Psychologie sind der zeitgenössischen Physik darin weit überlegen, daß sie die Diskussion von Grundlagen zu einem wesentlichen Teil selbst einer hochspezialisierten Untersuchung machen können. Begriffe sind nie völlig stabil, sie bleiben offen, und werden bald durch die eine, bald durch die andere Theorie beleuchtet. Nichts deutet darauf hin, daß die Forschung durch die mehr 'philosophische' Einstellung behindert wird, die nach Kuhn einer solchen Prozedur zugrundeliegt − vgl. *Criticism* etc., p. 6. (Der *Mangel* an Klarheit in der Idee der Wahrnehmung hat zum Beispiel zu interessanten Untersuchungen geführt, von denen einige ganz unerwartete und hochwichtige Ergebnisse gezeitigt haben. Vgl. Epstein *Varieties of Perceptual Learning,* 1967, besonders pp 6−18.) Ganz im Gegenteil, man findet bessere Einsicht in die Grenzen unserer Kenntnisse, ihrer Verbundenheit mit der menschlichen Natur, und eine größere Vertrautheit mit der Geschichte des Gegenstandes. Vergangene Ideen werden nicht nur in der *Geschichte* des Faches festgehalten, sie werden auch bei der Lösung aktueller Probleme des Faches selbst *aktiv eingesetzt.* Muß man nicht zugeben, daß all das in einem günstigen Gegensatz zur humorlosen Hingebung und dem verkrampften Stil einer 'Normalwissenschaft' steht?

aufgebaute Disziplin Vorteile hat? Daß sie zu besseren, zahlreicheren, interessanteren Ergebnissen führen wird? Oder ist seine Popularität unter Soziologen bloß ein unbeabsichtigter Nebeneffekt einer Schrift, deren einziges Ziel darin besteht zu berichten, *„wie es wirklich gewesen"* ohne auch nur ein einziges Werturteil über das Berichtete? Aber wenn das das einzige Ziel ist, warum dann die Mißverständnisse? Und warum der zweideutige und gelegentlich sehr moralisierende Stil?

Ich habe die Vermutung, daß die Zweideutigkeit *beabsichtigt* ist, und ich glaube, daß Kuhn ihre propagandistischen Möglichkeiten voll auszunützen gedenkt. Auf der einen Seite sucht er nach einer soliden, „objektiven", historischen Basis für Werturteile, die er, wie auch viele andere Denker, für willkürlich und „subjektiv" zu halten scheint. Andrerseits sieht er sich nach einer zweiten Widerstandslinie für den Rückzug um: auf den Einwand, daß Werte sich nicht aus Tatsachen herleiten lassen, kann er entgegnen, daß keine Ableitung vorliegt, sondern nur reine Beschreibung. Meine erste Frage ist also die: Warum die Zweideutigkeit? Wie soll man sie verstehen? Was hält Kuhn von Anhängern wie den eben beschriebenen? Haben sie ihn mißverstanden? Oder sind sie die rechtmäßigen Anhänger einer neuen Sicht der Wissenschaft, die er einzuführen gedenkt?

3   Rätsellösen als ein Kriterium der Wissenschaft

Lassen wir nun das Problem der Darstellungsweise beseite und nehmen wir an, daß Kuhn in der Tat nichts anderes geben will, als eine *Beschreibung* gewisser einflußreicher Ereignisse und Institutionen.

Nach dieser Deutung ist es die Existenz einer Tradition des Rätsellösens, die die Wissenschaften *de facto* von anderen Tätigkeiten unterscheidet. Die Unterscheidung ist „viel sicherer und unmittelbarer", sie ist „zugleich ... weniger unbestimmt und ... mehr fundamental"[7] als eine Unterscheidung, die sich auf andere und in der Wissenschaft ebenfalls vorhandene Eigenschaften stützt. Wenn nun die Existenz einer rätsellösenden Tradition wirklich so wichtig ist, wenn sie es ist, die eine spezifische und wohl erkennbare Disziplin aufbaut und charakterisiert, dann sehe ich nicht, wie es uns gelingen soll, etwa die Oxford Philosophie oder, um ein noch extremeres Beispiel zu wählen, das *organisierte Verbrechertum* aus unseren Betrachtungen auszuschließen.

Das organisierte Verbrechertum ist ja zweifellos Rätsellösen *par excellence.* Jede Behauptung, die Kuhn über die Normalwissenschaft aufstellt, bleibt wahr, wenn wir das Wort „Normalwissenschaft" durch die Worte „organisiertes Verbrechertum" ersetzen; und jede Behauptung, die er über den „individuellen Wissenschaftler" niedergeschrieben hat, paßt auch z.B. auf den individuellen Einbrecher und Tresorknacker.

---

[7] Vgl. *Criticism* etc., p 7

Kriminelle kümmern sich sicher nur wenig um die Grundlagenforschung[8], obwohl es auch hier hervorragende Individuen gibt, wie etwa Dillinger, die neue und revolutionäre Ideen einführen.[9] Der Berufsverbrecher kennt die rohen Umrisse der zu erwartenden Phänomene, und so „hört er im Großen und Ganzen auf, ein Entdecker zu sein …; zumindest ist er kein Erforscher des Unbekannten mehr [von einem Einbrecher erwartet man ja schließlich, daß er alle Tresortypen kennt; und wenn der Durchschnittseinbrecher dieses Wissen auch nicht immer besitzt, so hat es der Fachmann ganz sicher]. Er bemüht sich vielmehr, das Bekannte zu artikulieren und zu konkretisieren [zum Beispiel, er will die individuellen Eigentümlichkeiten des besonderen Geldschrankes kennenlernen, den er vor sich hat], und er entwirft zu diesem Zwecke spezielle Apparate und spezielle Formen der grundlegenden Theorie."[10] Mißerfolg bedeutet mangelnde „Kompetenz in den Augen der professionellen Kumpane"[11], und es ist immer „das Individuum [der individuelle Einbrecher] und nicht die gängige Theorie [z.B. die gängige Theorie des Elektromagnetismus], die die Probe zu bestehen hat";[12] „der Arbeiter, nicht seine Geräte tragen die Schuld".[13] Und so können wir Schritt für Schritt weitergehen, bis zum letzten Posten auf Kuhns Liste. Die Situation wird nicht besser, wenn man auf die Existenz von *Revolutionen* verweist. Erstens befassen wir uns ja mit der These, daß die *Normalwissenschaft* durch die Tradition des Rätsellösens charakterisiert wird. Zweitens gibt es keinen Grund, warum Verbrecher hinter Wissenschaftlern in der Meisterung von Schwierigkeiten zurückbleiben sollten. Und wenn der Druck, der von einer zunehmenden Zahl von Anomalien ausgeht, in der Tat zuerst in eine Krise und dann zu einer Revolution führt, dann wird doch die Krise umso früher auftreten, je größer der Druck ist. Der Druck auf die Mitglieder einer Verbrecherbande und auf ihre „professionellen Kumpane" ist nun sicher viel größer als der Druck auf die Wissenschaftler — die letzten haben ja kaum je etwas mit der Polizei zu tun (was sie nicht unbedingt weniger verbrecherisch macht). Wohin wir uns auch wenden — die Unterscheidung, die wir suchen, tritt nicht zu Tage.

Das Ergebnis ist keinesfalls überraschend. Denn Kuhn, wie wir ihn jetzt interpretieren und wie er auch oft selbst verstanden sein will, hat ja etwas sehr Wichtiges versäumt. Er hat es versäumt, das *Ziel* der Wissenschaft zu diskutieren. Selbst der kleinste Schwindler weiß, daß er, neben Erfolg und Popularität bei seinesgleichen, vor allem eines will: Er will Geld. Er weiß auch, daß seine normale

---

[8] Vgl. Kuhn, 'The Function of Dogma in Scientific Research' in Alistair Crombie (ed.) *Scientific Change*, London 1967, 357

[9] Dillinger hat die Technik des Bankeinbruchs verbessert, indem er Generalproben in lebensgroßen Modellen der Zielbank, die er auf seiner Farm erbaute, abhalten ließ. Er widerlegte so Andrew Carnegie's "Pioneering don't pay".

[10] Kuhn, 'Dogma', 363

[11] *Criticism*, 9; vgl. auch 7 und Fußnote 1 auf S. 5

[12] *Criticism*, 5

[13] *Criticism*, 7; vgl. auch *The Structure of Scientific Revolutions*, Chicago 1962, 79.

kriminelle Tätigkeit ihn diesem gewünschten Gegenstand näherbringt. Er weiß, daß sein Einkommen und seine Stellung auf der Rangleiter des Verbrechertums mit seiner Tüchtigkeit im Rätsellösen und seiner Anpassungsfähigkeit an die Gemeinschaft der Verbrecher zunimmt. Geld ist sein Ziel. Was ist das Ziel des Wissenschaftlers? Und, gegeben das Ziel, ist die Normalwissenschaft der Weg, auf dem man es erreicht? Oder sind Wissenschaftler (und Oxford Philosophen) weniger rational als Einbrecher und Heiratsschwindler, und „tun sie, was sie tun"[14] ohne Rücksicht auf ein Ziel? Das sind die Fragen, die sich erheben, wenn man sich auf den rein beschreibenden Aspekt der Kuhnschen Darstellung beschränken will.

4   Die Funktion der Normalwissenschaft

Um diese Fragen zu beantworten, müssen wir jetzt nicht nur die *tatsächliche Struktur* von Kuhns Normalwissenschaft ins Auge fassen, wir müssen uns auch ihre *Funktion* überlegen. Die Normalwissenschaft, sagt Kuhn, ist eine *notwendige Voraussetzung von Revolutionen.*

Nach diesem Teil des Arguments hat die stumpfsinnige Tätigkeit, die mit der „reifen" Wissenschaft verbunden ist, weitreichende Einflüsse sowohl auf den *Inhalt* unserer Ideen, als auch auf ihre *Solidität.* Diese Aktivität, diese Beschäftigung mit „winzigen Rätseln" beschleunigt den Fortschritt und führt zu einem genauen Aneinanderpassen von Theorie und Realität. Sie tut das aus verschiedenen Gründen. Erstens wird der Wissenschaftler vom akzeptierten Paradigma geführt: „Ein Blick auf Baconsche Naturgeschichten oder auf den vorparadigmatischen Entwicklungszustand einer Wissenschaft zeigt, daß die Natur zu kompliziert ist, um auch nur annähernd blindlings erforscht zu werden."[15] Dieser Gesichtspunkt ist nicht neu. Der Versuch, Kenntnisse zu erlangen, braucht Anweisungen; er kann nicht mit dem Nichts beginnen. Genauer: man braucht eine Theorie, einen Gesichtspunkt, der es dem Forscher ermöglicht, Wesentliches von Irrelevantem zu trennen, und der ihn informiert, in welchen Bereichen die Forschung am ehesten zu nennenswerten Ergebnissen führen wird.

Diesem wohlbekannten Gedanken gibt Kuhn eine neue Wendung. Er verteidigt nämlich nicht nur den *Gebrauch* theoretischer Annahmen, sondern er empfiehlt darüber hinaus die *exklusive Auswahl* einer bestimmten Menge von Ideen, die monomanische Beschäftigung mit einem einzigen Gesichtspunkt. Sein Grund ist erstens, daß eine solche Prozedur in der Wissenschaft, so wie er sie sieht, eine wichtige Rolle spielt. Davon war bereits die Rede (Ambiguität Beschreibung–Vorschrift). Aber Kuhn hat auch einen zweiten Grund, der nicht so klar ist, weil seine Voraussetzungen nicht ausdrücklich formuliert werden. Kuhn macht seinen Vorschlag, weil er glaubt, daß seine Befolgung am Ende zum Sturz genau jenes Paradigmas führen wird, auf das die Wissenschaftler sich zunächst beschränken. Wenn selbst der konzentrierteste Versuch, die Natur in

---

[14] "I am doing what I am doing" – ein Lieblingswort J. L. Austins
[15] Kuhn, [Dogma], 363

die Kategorien dieses Paradigmas zu zwingen, fehlschlägt; wenn die wohlbestimmten Erwartungen, die ein Denken in diesen Kategorien erweckt, immer
wieder enttäuscht werden; dann sind wir *gezwungen,* uns nach neuen Ideen
umzusehen. Und wir sind gezwungen nicht von einer abstrakten Diskussion
von Möglichkeiten, die die Wirklichkeit nicht berührt, sondern nur von unseren
Sympathien und Antipathien gelenkt wird,[16] wir sind gezwungen durch Prozeduren, die einen engen Kontakt mit der Natur hergestellt haben und die darum
der Natur selbst eine Chance geben, uns zu korrigieren. Die Debatten der *Vorwissenschaft* mit ihrer universellen Kritik und ihrer hemmungslosen Vermehrung
von Ideen wenden sich „ebenso oft gegen die Mitglieder anderer Schulen, als ...
an die Natur".[17] Die *reife Wissenschaft,* besonders in den ruhigen Perioden unmittelbar vor dem Ausbruch des Sturmes, scheint ihre Fragen an die Natur selbst
zu richten und hat daher das Recht, eine bestimmte *und objektive* Antwort zu
erwarten. Zu einer solchen Antwort braucht man mehr als eine Sammlung regel-
los aufgelesener Tatsachen. Man braucht aber auch mehr als eine ewig anhaltende
Diskussion verschiedener Ideologien. Was man braucht, ist das Konzentrieren
auf *eine* Theorie und den energischen Versuch, die Natur dem Schema dieser
Theorie anzupassen. Dies, glaube ich, ist der wichtigste Grund, warum Kuhn
die Ablehnung eines schrankenlosen Kampfes zwischen alternativen Weltan-
sichten, die seiner Ansicht nach von der reifen Wissenschaft getroffen wird, nicht
nur als eine *historische Tatsache,* sondern auch als einen *vernünftigen Schritt*
verteidigen würde. Ist diese Verteidigung akzeptabel?

5   Drei Schwierigkeiten des funktionellen Arguments

Kuhns Verteidigung ist akzeptabel, *vorausgesetzt,* Revolutionen sind wünschenswert und vorausgesetzt auch, jener besondere Weg, auf dem die Normalwissenschaft zu Revolutionen führt, ist wünschenswert.

Nun ist es nicht leicht zu sehen, wie Kuhn die Erwünschtheit von Revolutionen begründen könnte. Revolutionen verursachen einen Wechsel von Paradigmen. Aber wenn wir die Beschreibung akzeptieren, die Kuhn von einem
solchen Wechsel, oder „Gestalt Switch" gibt, dann ist es nicht möglich zu sagen,
daß der Wechsel die Lage *verbessert* hat. Prä- und postrevolutionäre Paradigmen
sind ja oft inkommensurabel.[18] Dies ist die erste Schwierigkeit des funktionellen
Arguments.

---

[16] „Wenn man Vermutungen über die Wahrheit der Dinge bloß auf Grund von Hypothesen
vorschlägt, dann sehe ich nicht ein, wie man auch das geringste Ausmaß an Sicherheit in
der Wissenschaft bestimmen kann; denn es ist immer möglich, Hypothesen auszudenken,
eine nach der anderen, die dann wieder zu neuen Schwierigkeiten führen." (Newton, Brief
an Paries, in Turnbull (ed.) *The Correspondence of Isaac Newton* Bd. I (1959), 163—197)

[17] Kuhn, *Struktur,* 13

[18] Vgl. *unten,* Abschnitt 10

Zweitens müssen wir jene Züge untersuchen, die Lakatos die „Feinstruktur" des Übergangs von Normalwissenschaft zu Revolution genannt hat. Diese Feinstruktur mag Elemente enthüllen, die wir nicht billigen können. Solche Elemente würden uns zwingen, andere Zufahrten zu Revolutionen in Betracht zu ziehen. Es ist ja sehr wohl denkbar, daß Wissenschaftler ein Paradigma aufgeben, weil sie enttäuscht sind, und nicht, weil sie Argumente besitzen. (Umbringen der Vertreter des *status quo* wäre eine weitere Möglichkeit, ein Paradigma zu beseitigen.[19]) Wie gehen Wissenschaftler *wirklich* vor? Und welches Vorgehen ist *wünschenswert?* Eine Untersuchung dieser Fragen führt zu einer zweiten Schwierigkeit des funktionellen Arguments.

Um diese Schwierigkeit so klar wie nur möglich vorzustellen, werde ich zunächst zwei *methodologische Probleme* ins Auge fassen: Kann man Gründe finden für jene Verfahren, die nach Kuhn die Normalwissenschaft charakterisieren, d.h.: Festhalten an einer Theorie angesichts von *prima facie* widerlegenden Beobachtungen, logischen und mathematischen Gegenargumenten. Und, angenommen wir finden solche Gründe — ist es dann möglich, die Theorie aufzugeben, ohne ihnen zu widersprechen?

Der Vorschlag, aus einer Anzahl von Theorien jene auszuwählen, die die fruchtbarsten Ergebnisse verspricht, und sie trotz beträchtlicher Schwierigkeiten festzuhalten, sei im folgenden das *Prinzip der Beharrlichkeit* genannt.[20] Das erste Problem besteht in der Frage, wie dieses Prinzip begründet werden kann und wie man Allianzen mit Paradigmen ändert, ohne es zu verletzen. Man vergesse nicht, daß es sich hier um ein *methodologisches* Problem handelt und nicht um die Frage, wie die Wissenschaft *de facto* vorgeht. Wir behandeln das Problem, weil wir hoffen, daß seine Diskussion unsere historische Wahrnehmung schärfen und uns zu interessanten historischen Entdeckungen führen wird.

---

[19] So wurden oft *religiöse* oder *politische* Lehren verdrängt. Das Prinzip existiert auch heute noch, nur ist der Mord nicht mehr die akzeptierte Methode. Der Leser sollte auch Plancks Bemerkung in Betracht ziehen, daß Theorien verschwinden, weil ihre Verteidiger sterben, und nicht weil sie widerlegt worden sind.

[20] Diese Formulierung des Prinzips geht auf einen Einwand von Isaac Levi anläßlich einer Diskussion der hier besprochenen Probleme zurück.

Das Prinzip der Beharrlichkeit, wie es oben im Text formuliert wird, darf nicht mit Putnams *Regel der Beharrlichkeit* (Putnam in *The Philosophy of Rudolf Carnap*, Evanston 1963, 772) verwechselt werden. Putnams Regel verlangt, daß eine Theorie beibehalten werde, „*solange* sie den Daten nicht widerspricht"; dagegen verlangt Kuhns Prinzip (und ihm folgend auch das meine), *daß man an einer Theorie auch dann festhält, wenn es Daten gibt, die ihr widersprechen.* Diese stärkere Version stellt Probleme, die in Putnams Methodologie gar nicht auftauchen, und die sich meiner Ansicht nach nur dann lösen lassen, wenn man bereit ist, *zu jeder Zeit der Entwicklung unserer Kenntnisse* eine Mehrzahl von einander widersprechenden Theorien zu verwenden. Es scheint, daß weder Putnam, noch Kuhn, diesen Schritt machen wollen. Aber während Kuhn das Bedürfnis für Alternativen sieht (siehe unten) verlangt Putnam, daß ihre Zahl immer entweder auf eins, oder auf null reduziert werde (*ebd.* 770).

Die Lösung ist denkbar einfach. Das Prinzip der Beharrlichkeit ist vernünftig, weil Theorien entwicklungsfähig sind — man kann sie verbessern — und weil sie am Ende vielleicht gerade jene Schwierigkeiten lösen werden, deren Erklärung ihnen zunächst nicht gelang. Außerdem ist es keineswegs klug, sich allzusehr auf experimentelle Ergebnisse zu verlassen. In der Tat, es wäre sehr überraschend, ja geradezu verdächtig, wenn es sich herausstellen sollte, daß alle verfügbare Evidenz eine einzige Theorie unterstützt und das selbst dann, wenn die Theorie wirklich wahr sein sollte. Verschiedene Experimentatoren sind geneigt, verschiedene Irrtümer zu begehen, und es braucht lange Zeit bis alle Experimente auf einen gemeinsamen Nenner gebracht sind.[21] Diesen Argumenten zugunsten der Beharrlichkeit würde Kuhn noch hinzufügen, daß eine Theorie *Kriterien* der Vortrefflichkeit, des Versagens und der Rationalität bereitstellt, und daß man also eine Theorie auch im Interesse rationaler Diskussion so lange wie nur möglich beibehalten sollte. Der wichtigste Punkt ist jedoch der folgende. Es kommt kaum je vor, daß „Theorie" und „Tatsachen" unmittelbar verglichen werden. Was als relevante Evidenz gilt und was nicht, das hängt nicht allein von der Theorie, sondern auch von anderen Disziplinen ab, die man „Hilfswissenschaften" nennen könnte (Lakatos hat den treffenden Ausdruck „Prüfstein Theorien"[22] vorgeschlagen). Hilfswissenschaften fungieren als zusätzliche Prämissen bei der Ableitung prüfbarer Behauptungen. Sie können aber auch die Beobachtungssprache selbst infizieren und die Begriffe zur Verfügung stellen, die bei der Formulierung experimenteller Resultate verwendet werden. So braucht eine Überprüfung der kopernikanischen Theorie einerseits Annahmen über die irdische Atmosphäre und den Einfluß der Bewegung auf bewegte Körper (Dynamik); andrerseits bedient man sich gewisser Vermutungen über die Beziehung zwischen Sinneswahrnehmung und „Welt" (Erkenntnistheorien, Theorien teleskopischen Sehens einbegriffen). Die Annahmen der ersten Art haben die Funktion von Prämissen, während die der zweiten Art darüber entscheiden, welche Sinneseindrücke der Wahrheit entsprechen. Sie ermöglichen also nicht bloß die *Auswertung* unserer Beobachtungen, sie *bauen* diese Beobachtungen erst *auf*. Nun haben wir keine Garantie dafür, daß ein grundlegender Wechsel in unserer Kosmologie, wie zum Beispiel der Wechsel vom geostatischen zum heliostatischen Standpunkt, von einer Verbesserung aller relevanten Hilfswissenschaften begleitet sein wird. Wer würde zum Beispiel erwarten, daß der Erfindung des kopernikanischen Weltbildes und des Teleskops sogleich die zugehörige physiologische Optik folgen wird? Grundlegende Theorien und Hilfsdisziplinen sind nur selten „in Phase". Als Ergebnis erhalten wir widerlegende Instanzen, die nicht die neue Theorie verdammen, sondern bloß andeuten, daß sie sich im Augenblick dem Rest der Wissenschaft nur mit Schwierigkeit einfügt. Man

---

[21] Man brauchte etwa 25 Jahre, bevor die Störungen in der Wiederholung des Michelson-Morley Experiments durch D. C. Miller befriedigend erklärt wurden. H. A. Lorentz hatte schon lange vor diesem Zeitpunkt die Hoffnung auf eine Lösung aufgegeben.

[22] Vgl. seine Abhandlung in *The Problem of Inductive Logic*, Amsterdam 1968.

muß also Methoden entwickeln, die es erlauben, Theorien angesichts klarer und eindeutig widerlegender Tatsachen beizubehalten, und das selbst dann, wenn prüfbare Erklärungen für den Widerspruch nicht sogleich bei der Hand sind. Das Prinzip der Beharrlichkeit (das ich nur der leichteren Behaltbarkeit wegen ein 'Prinzip' nenne) ist ein erster Schritt zum Ausbau solcher Methoden.[23]

Wenn wir uns das Prinzip der Beharrlichkeit zu eigen machen, dann reichen selbst eindeutige und sonnenklare Tatsachen nicht mehr zur Widerlegung einer Theorie T aus. Aber wir können *andere* Theorien verwenden, T', T'', T''', etc., die die Schwierigkeiten von T *hervorheben* und gleichzeitig auch Mittel für ihre Lösung versprechen. In diesem Fall wird die Elimination von T vom Prinzip der Beharrlichkeit selbst gefordert.[24] Wenn also die Änderung von Paradigmen unser Ziel ist, dann müssen wir bereit sein, Alternativen zu T einzuführen und zu artikulieren oder, wie wir es auch ausdrücken werden, wir müssen bereit sein, ein *Prinzip des Proliferierens* zu akzeptieren. Das Vorgehen im Sinne eines solchen Prinzips ist *eine* Methode, Revolutionen hervorzurufen. Es ist eine *rationale* Methode. Ist es die Methode, derer sich die Wissenschaft *de facto* bedient? Oder halten Wissenschaftler an ihren Paradigmen bis zum bitteren Ende fest, bis Ekel, Frustrierung, Langeweile das Weiterschreiten vereiteln? Was geht wirklich am Ende einer normalen Periode vor? Wir sehen, unser kleines methodologisches Märchen schärft unseren Blick für die Geschichte und hilft uns, detaillierte Fragen zu stellen.

Leider muß ich sagen, daß ich Kuhns Ausführungen an dieser Stelle aber schon ganz unzureichend finde. Auf der einen Seite hebt er beharrlich die dogmatischen,[25] autoritären[26] und engstirnigen[27] Züge der Normalwissenschaft hervor, die Tatsache, daß die Normalwissenschaft das Denken vorübergehend einengt,[28] daß der Wissenschaftler, der an ihr teilnimmt, „im großen und ganzen aufhört, ein Entdecker, oder zumindest ein Entdecker von etwas Unbekanntem zu sein; er bemüht sich vielmehr, das Bekannte zu artikulieren und zu konkretisieren ...“[29], so „daß es [beinahe immer] das Individuum ist, und nicht [die rätsellösende Tradition oder] die gängige Theorie, der die Prüfung gilt“.[30] „Der Ar-

---

[23] Details über den 'Phasenunterschied' zwischen Theorien und Hilfswissenschaften findet man in meinem Aufsatz 'Problems of Empiricism, Part II loc. cit. Der Gedanke liegt schon bei Lakatos *Proofs and Refutations* vor; für Lenin und Trotzki ist er ein Gemeinplatz.

[24] Das ist natürlich nicht die ganze Geschichte — aber die Skizze genügt für unsere Zwecke. Man beachte, daß auch Kuhns Argument für die Beharrlichkeit (das Bedürfnis nach einem rationalen Hintergrund für Argumente) nicht verletzt wird, da die bessere Theorie natürlich auch bessere Maßstäbe der Rationalität mit sich bringt.

[25] Kuhn, 'Dogma', 349

[26] Ebd. 393

[27] Ebd. 350

[28] Ebd. 393

[29] Ebd. 363

[30] *Criticism*, p. 5

beiter, nicht seine Geräte, trägt die Schuld" am Mißlingen einer Untersuchung.[31] Kuhn vergißt natürlich nicht, daß eine spezielle Naturwissenschaft, wie zum Beispiel die Physik, mehr als eine rätsellösende Tradition enthalten mag, aber er betont die „Quasi-Unabhängigkeit" dieser Traditionen, und er behauptet, daß eine jede „von ihren eigenen Paradigmen geleitet wird und ihre eigenen Probleme verfolgt".[32] Eine Tradition beruht auf *einem* Paradigma, nicht auf mehreren. Das ist eine Seite der Geschichte.

Andrerseits verweist Kuhn darauf, daß Rätsellösen durch mehr „philosophische" Argumente ersetzt wird, sobald es eine Wahl zwischen konkurrierenden Theorien gibt.[33]

Wenn nun die Normalwissenschaft *de facto* so monolithisch ist, wie Kuhn sie erscheinen läßt, woher kommen dann die konkurrierenden Theorien? Und warum sollte Kuhn sie ernst nehmen und es ihnen gestatten, den Stil der Argumentation aus einem „wissenschaftlichen" („rätsellösenden") in einen „philosophischen" zu verwandeln?[34] Ich erinnere mich sehr gut, wie Kuhn Bohm dafür kritisiert hat, daß er die Einförmigkeit der zeitgenössischen Quantentheorie stört. Bohms Theorie darf also den Argumentationsstil *nicht* verändern. Aber Einstein, den Kuhn im obigen Zitat erwähnt, hat dieses Recht und zwar wohl darum, weil seine Theorie zur Zeit fester verschanzt ist als die Bohms. Bedeutet dies, daß die Vermehrung von Theorien nur dann erlaubt ist, wenn die konkurrierenden Alternativen bereits ein solider Bestandteil der Tradition geworden sind? Scheinbar nicht — denn die Vorwissenschaft, die genau diesen Zug besitzt, gilt als der Wissenschaft unterlegen. Außerdem: Die Physik des 20. Jahrhunderts *kennt* ja eine Tradition, die die allgemeine Relativitätstheorie vom Rest der Physik isoliert und sie auf sehr große Bereiche einschränken will. Warum unterstützt Kuhn nicht *diese* Tradition, die mit seiner Ansicht von der „Quasi-Unabhängigkeit" gleichzeitiger Paradigmen so gut übereinstimmt? Und umgekehrt: Wenn die Existenz konkurrierender Theorien einen Wechsel im Stil des Argumentierens mit sich führt, müssen wir dann nicht diese angebliche Quasi-Unabhängigkeit bezweifeln? Es ist mir nicht gelungen, in Kuhns Schriften eine befriedigende Antwort auf diese Frage zu finden.

Verfolgen wir das Problem ein wenig weiter! Kuhn hat nicht bloß *zugegeben,* daß die Existenz einer Mehrzahl von Theorien den Stil des Argumentierens verändert. Er hat auch einem solchen Pluralismus eine wohlbestimmte *Funktion* zugeschrieben. Mehr als einmal hat er darauf verwiesen[35] — und zwar in voller Übereinstimmung mit unseren kurzen methodologischen Bemerkungen —, daß

---

[31] *Criticism*, p. 7; vgl. auch *Structur*, 79.

[32] Kuhn 'Dogma', 388

[33] *Criticism*, p. 7

[34] 'Philosophisch' in Kuhns und Poppers Sinn, aber *nicht* im Sinne, sagen wir, der zeitgenössischen linguistischen Philosophie

[35] Vgl. Kuhn in *Isis* Bd. 52 (1961) und mein Hinweis in *Minnesota Studies* Bd. III (1962), p. 32

Widerlegungen ohne die Hilfe von Alternativen nicht möglich sind. Ja mehr noch
— er hat ziemlich eingehend geschildert, wie Anomalien von Alternativen vergrößert werden, und er hat erklärt, wie eine solche Vergrößerung am Ende Revolutionen herbeiführt.[36] Er hat also im Grunde zugegeben, daß Wissenschaftler
Revolutionen im Einklang mit unserem kleinen methodologischen Modell kre-
ieren *und nicht,* indem sie ein Paradigma erbarmungslos der Welt aufzwingen
und es fallen lassen, wenn die Probleme allzu groß werden.

Dies alles führt nun sogleich zu Schwierigkeit Nummer drei, zum Verdacht
nämlich, daß die normale oder ,,reife" Wissenschaft, so wie sie Kuhn beschreibt,
nicht einmal eine historische Tatsache ist.

6   Gibt es eine Normalwissenschaft?

Fassen wir die Behauptungen zusammen, denen wir bisher bei Kuhn begegnet sind. Erstens wurde behauptet, daß Theorien *nur* mit der Hilfe von Alternativen widerlegt werden können. Dann hieß es, daß der Pluralismus von Theorien
auch eine *historische Rolle* beim Stürzen von Paradigmen spielt: Paradigmen
wurden gestürzt, weil Alternativen die bestehenden Anomalien vergrößert haben.
Und schließlich hat Kuhn noch geltend gemacht, daß es Anomalien zu jeder Zeit
in der Geschichte von Paradigmen gibt.[37] Der Gedanke, daß Theorien Jahrzehnte,
ja sogar Jahrhunderte hindurch fehlerlos sind, bis dann eine große Widerlegung
auftaucht und sie kaltstellt — dieser Gedanke, behauptet Kuhn, ist reiner Mythos.
Nun, wenn dies zutrifft, warum sollen wir dann nicht *sogleich* mit der Vermehrung von Theorien beginnen und *nie* erlauben, daß eine normale Wissenschaft
zustandekommt? Und setzen wir zuviel voraus, wenn wir annehmen, daß auch
Wissenschaftler diese Einsicht hatten und daß normale Perioden, wenn es sie
überhaupt jemals gab, nie sehr lange gedauert haben und sich nicht auf allzu
große Gebiete erstreckt haben können? Ein kurzer Blick auf ein Beispiel, nämlich auf das vorige Jahrhundert, scheint zu zeigen, daß dies in der Tat der Fall
war.

Im zweiten Drittel des vorigen Jahrhunderts gab es zumindest drei verschiedene und einander ausschließende Paradigmen. Diese waren: (1) das *mechanische Weltbild,* das in der Astronomie, in der kinetischen Theorie, in den verschiedenen mechanischen Modellen der Elektrodynamik und auch in den biologischen Wissenschaften zum Ausdruck kam, in den letzten insbesondere in der
Medizin (hier war Helmholtz' Einfluß ein entscheidender Faktor); (2) eine Gruppe von Ideen, die mit der Entdeckung einer unabhängigen phänomenologischen

---

[36] Eine kleine Störung, der Behandlung im Rahmen des gegebenen Paradigmas noch leicht zugänglich, ,,mag von einem anderen Gesichtspunkt aus als ein Gegenbeispiel und damit als
die Quelle einer Krise gelten" (Kuhn *Structure,* 79). ,,Der astronomische Vorschlag des
Kopernikus *schuf* eine wachsende Krise für ... das Paradigma, aus dem er hervorgegangen
war" (ebd. p. 74, meine Hervorhebung).

[37] Kuhn, *Structure,* 80 ff und 145.

Wärmelehre zusammenhing, von der man später fand, daß sie der Mechanik widersprach; (3) ein dritter Standpunkt, der implizit in Faradays und Maxwells *Elektrodynamik* vorhanden war, und der durch Hertz von mechanischen Zutaten befreit wurde.

Diese Paradigmen waren durchaus nicht „quasi unabhängig". Ganz im Gegenteil! Es war ihre *aktive Wechselwirkung,* die den Zusammenbruch der „klassischen" Physik herbeiführte. Die Schwierigkeiten, die später die spezielle Relativitätstheorie hervorbrachten, hätten ohne die Spannung, die zwischen Maxwells Theorie und Newtons Mechanik bestand, gar nicht erscheinen können. (Einstein hat die Situation schön und einfach in seiner Autobiographie beschrieben; Weyl gibt einen gleich kurzen, wenn auch mehr technischen Bericht in seinem Werk *Raum, Zeit, Materie;* Poincaré beschreibt sie schon im Jahre 1899 und dann wieder 1904 in seinem St. Louis Vortrag). Noch konnte man das Phänomen der Brownschen Bewegung zu einer direkten Widerlegung der Phänomenologischen Theorie verwenden.[38] Die kinetische Theorie mußte von Anfang an in die Berechnungen eingeführt werden. Auch hier hat Einstein, Boltzmann folgend, den Weg gewiesen. Die Untersuchungen, die zur Entdeckung des Wirkungsquantums führten, vereinigten so verschiedene, unvereinbare, ja zum Teil sogar inkommensurable Disziplinen wie die Mechanik (die kinetische Gastheorie, so wie sie in Wiens Ableitung seines Strahlungsgesetzes auftritt), die Thermodynamik (Boltzmanns Gleichverteilungsprinzip) und die Wellenoptik. Ein Betonen der „Quasi Unabhängigkeit" dieser Disziplinen hätte die Entdeckung unmöglich gemacht. Selbstverständlich nahmen nicht alle Wissenschaftler der Epoche an der Debatte teil, und eine Mehrzahl der Gelehrten mag sich auch weiterhin mit „kleinen Rätseln" beschäftigt haben. Wenn man aber Kuhns eigene Arbeit ernst nimmt, dann war es nicht *diese* Kleinarbeit, die den Fortschritt bewirkte, sondern die Tätigkeit der pluralistisch denkenden Minderheit (sowie natürlich auch die Tätigkeit jener Experimentatoren, die die Probleme der Minderheit verfolgten und ihre merkwürdigen Voraussagen untersuchten). Und man kann wohl die Frage stellen, ob die Mehrheit das Lösen alter Rätsel nicht inmitten der Revolutionen *und selbst nachher noch* fortsetzte. Ist diese Annahme wahr, dann fällt Kuhns Darstellung, die pluralistische und monistische Perioden *zeitlich trennt,* zur Gänze in sich zusammen.[39]

---

[38] Vgl. meine Besprechung in Abschnitt VI von 'Problems of Empiricism' in Colodny (ed.) *Beyond The Edge of Certainty* 1965

[39] Man könnte einwenden, daß die rätsellösende Tätigkeit zwar *nicht genügt,* um eine Revolution herbeizuführen, daß sie aber sicher *nötig ist,* denn sie schafft das Material, das dann am Ende zu den Schwierigkeiten führt: Das Rätsellösen ist für einige der Bedingungen verantwortlich, von denen der wissenschaftliche Fortschritt abhängt. Dieser Einwand wird von den Vorsokratikern widerlegt, die Fortschritte erzielten (ihre Theorien haben sich nicht bloß *geändert,* sie sind auch *besser geworden*), ohne kleinen Rätseln die geringste Aufmerksamkeit zu schenken. Natürlich haben sie nicht das Pattern Normalwissenschaft-Revolution-Normalwissenschaft etc. produziert, in dem professionelle Stupidität regelmäßig durch philo-

7   Plädoyer für den Hedonismus

Es scheint also, daß das Wechselspiel zwischen Beharrlichkeit und Proliferieren, das wir in unserem kurzen methodologischen Märchen beschrieben haben,
ein wesentlicher Zug auch der tatsächlichen Entwicklung der Wissenschaften
ist. Nicht das Rätsellösen scheint für das Wachstum unserer Erkenntnis verantwortlich zu sein, sondern das aktive Wechselspiel verschiedener, hartnäckig ver-
teidigter Ansichten. Es ist das Erfinden von neuen Ideen oder die Wiederbelebung von alten Ideen und der Versuch, ihnen einen würdigen Platz im Wettstreit
zu sichern, das zum Sturz alter und vertrauter Paradigmen führt. Neue Ideen
treten ständig auf. Aber nur während der Revolution richtet sich die Aufmerksamkeit auf sie. Dieses Schwanken der Aufmerksamkeit drückt keinen tiefen
strukturellen Wandel aus, wie etwa einen Übergang von Rätsellösen zu philosophischer Spekulation und Grundlagenforschung. Es ist nichts anderes als ein
psychologischer Wechsel des Interesses und ein soziologischer Wandel der öffentlichen Meinung.

Das ist also das Bild der Wissenschaft, das aus unserer kurzen Analyse hervorgeht. Ist es ein schönes Bild? Zeigt es, daß das Studium der Wissenschaft die Mühe
wert ist, die man auf es verwendet? Ist das Vorhandensein einer Lebensform wie
der Wissenschaft, die Tatsache, daß wir mit ihr leben, daß wir sie studieren und
verstehen müssen, ein Vorteil? Oder hat die Wissenschaft die Tendenz, unser Verständnis zu verderben und unsere Glückseligkeit zu vermindern?

Es ist heutzutage sehr schwer, solche Fragen im richtigen Lichte zu sehen.
Was lobenswert ist und was nicht, hängt in solchem Ausmaße von existierenden
Institutionen und Lebensformen ab, daß wir kaum je zu einer richtigen Bewertung dieser Institutionen und dieser Lebensformen selbst kommen.[40] Besonders
die Wissenschaften sind von einer Aura der Vortrefflichkeit umgeben, die jede
Untersuchung ihrer Vorteile oder Nachteile hemmt. Phrasen, wie „Suche nach
der Wahrheit" oder „höchstes Ziel der Menschheit", werden großzügig verteilt.
Es besteht kein Zweifel, daß sie ihren Gegenstand veredeln — aber sie entfernen
ihn auch aus dem Bereich kritischer Diskussion. (Kuhn ist hier noch einen Schritt
weitergegangen; selbst dem langweiligsten und stumpfsinnigsten Teil der Wissen-

---

sophische Ausbrüche unterbrochen wird, um dann auf 'höherer Stufe' wiederzukehren.
Aber das ist kein Nachteil, denn wir können nun zu jeder Zeit aufgeschlossen sein und nicht
nur inmitten einer Katastrophe. Außerdem, ist nicht die Normalwissenschaft voll von 'Tatsachen' und 'Rätseln', die nicht dem gängigen Paradigma, sondern einem früheren Vorgänger
angehören? Und ist es nicht der Fall, daß Anomalien oft von den Kritikern eines Paradigmas
eingeführt werden, statt von ihnen als *Ausgangspunkte* der Kritik benützt zu werden? Aber
wenn das wahr ist, folgt es dann nicht, daß es der Pluralismus ist und nicht das Pattern
Pluralismus-Normalität-Pluralismus etc., das die Wissenschaft charakterisiert? So daß Kuhns
Position nicht nur methodologisch unhaltbar sondern auch historisch falsch wäre?

[40] Moderne analytische Philosophen versuchen zu zeigen, daß eine solche Bewertung auch aus
logischen Gründen unmöglich ist. Darin folgen sie nur Hegel, ohne daß sie sein Wissen, seine
umfassende Bildung und seinen Humor besäßen.

schaft — der Normalwissenschaft — schreibt er eine gewisse Würde zu). Aber warum sollte ein Produkt der menschlichen Einfallskraft die Fragen verbieten, denen es seine Existenz verdankt? Warum sollte die bloße *Existenz* dieses Produkts uns hindern, die allerwichtigste Frage zu stellen, nämlich die Frage, ob Glückseligkeit und Freiheit seit dem Aufstieg der modernen Wissenschaften zugenommen haben? Fortschritt ist immer dadurch erreicht worden, daß man wohlverschanzte und wohlbegründete Lebensformen an unpopulären und grundlosen Werten gemessen hat. So hat sich der Mensch schrittweise von Furcht und von der Tyrannei ungeprüfter Systeme befreit. Unsere Frage heißt darum: Welche Werte wählen *wir*, um die Wissenschaften von heute auf ihre Brauchbarkeit zu untersuchen?

Es scheint mir, daß die Glückseligkeit und die volle Entfaltung individueller menschlicher Wesen auch heute noch als höchster Wert gelten muß. Dieser Wert schließt andere Werte nicht aus, die aus institutionalisierten Lebensformen folgen (Beispiele sind Wahrheit, Mut, Selbstverleugnung und so weiter). Er kann auch diese anderen Werte fördern, aber nur in dem Ausmaß, in dem sie zum Fortschritt des Individuums beitragen. Ausgeschlossen wird der Mißbrauch institutionalisierter Werte zur Verurteilung und vielleicht gar zur Elimination jener Menschen, die ihr Leben anders einrichten wollen. Ausgeschlossen wird auch der Versuch, kleine Kinder so zu „erziehen", daß sie ihre vielfachen Talente verlieren und auf ein enges Gebiet des Denkens, des Handelns, des Fühlens eingeschränkt werden. Der Grundwert menschlicher Glückseligkeit und Selbstvervollkommnung fordert also eine Methodologie und eine Reihe von Institutionen, die uns befähigen, so wenig wie nur möglich von unseren Fähigkeiten zu verlieren und unsere eigenen Neigungen so weit wie nur möglich zu verwirklichen.

Nun besagt das kleine methodologische Märchen, das wir in Abschnitt 6 skizziert haben, daß eine Wissenschaft, die unsere Ideen zu entfalten versucht und die rationale Mittel zur Beseitigung auch der fundamentalsten Vermutungen verwendet, ein Prinzip der Beharrlichkeit zusammen mit einem Prinzip des Proliferierens verwenden wird. Es muß erlaubt sein, Ideen angesichts von Schwierigkeiten *beizubehalten*, und es muß erlaubt sein, neue Ideen *einzuführen*, selbst wenn die populären Ansichten voll gerechtfertigt und ganz fehlerlos zu sein scheinen. Wir haben auch gefunden, daß die Wissenschaft, so wie sie wirklich vorliegt — oder zumindest jener Teil der Wissenschaft, der für Wandel und Fortschritt verantwortlich ist, sich nicht allzusehr von diesem Ideal unterscheidet. Aber das ist doch ein glückliches Zusammentreffen! Wir befinden uns in vollem Einklang mit unseren eben ausgedrückten Wünschen! Proliferieren: das heißt, daß auch das ausgefallendste Erzeugnis menschlicher Gehirne nicht unterdrückt zu werden braucht. Ein jeder darf seinen Meinungen nachgehen, und die Wissenschaft, als kritisches Unternehmen aufgefaßt, profitiert von solcher Tätigkeit. Beharrlichkeit: das heißt, daß man ermutigt wird, nicht nur den eigenen Neigungen zu *folgen,* sondern auch sie weiter zu entwickeln, sie mit Hilfe von Kritik (was einen Vergleich vorhandener Alternativen einschließt) auf eine höhere Stufe der Artikulation zu erheben, sodaß ihre Verteidigung auf einer höheren Stufe des Bewußtseins stattfindet. Das Zusammenspiel von Proliferieren und Beharrlichkeit bedeutet auch die Fortsetzung, auf höherer Stufe, der biologischen Entwicklung der Arten, und es mag sogar die Tendenz zu nützlichen *biologischen* Mutationen fördern. Ja, es mag das einzig mögliche Mittel sein, das unsere Spezies vor dem Stagnieren bewahren kann. Dies halte ich für das letzte und wichtigste Argument gegen eine „reife" Wissenschaft, so wie sie Kuhn beschreibt. Ein solches Unternehmen ist nicht nur schlecht ausgedacht und nicht existent; seine Verteidigung ist auch unvereinbar mit einer humanitären Einstellung.

8   Eine Alternative: Lakatos' Modell der wissenschaftlichen Veränderung

Stellen wir nun das Bild der Wissenschaft, das meiner Ansicht nach die Kuhnsche Darstellung ersetzen muß, in seiner Gänze vor!

Dieses Bild ist eine Synthese der folgenden zwei Entdeckungen. Erstens enthält es die Entdeckung Poppers, daß die Wissenschaft durch eine kritische Diskussion alternativer Ansichten gefördert wird. Zweitens enthält es Kuhns Entdeckung der Funktion der Beharrlichkeit, die er − meiner Ansicht nach irrtümlich − durch Einführung beharrlicher *Perioden* zu beschreiben versuchte. Die Synthese besteht in der Behauptung von Lakatos (entwickelt in seinen eigenen Bemerkungen zu Kuhn), daß Proliferieren und Beharrlichkeit nicht *aufeinander folgen,* sondern immer *zugleich vorhanden sind.*

Wenn ich eben von „Entdeckungen" geredet habe, so will ich damit nicht sagen, daß die erwähnten Ideen neu sind, oder daß sie nun in neuer Form erscheinen. Ganz im Gegenteil! Einige der Ideen sind uralt. Die Idee, daß das Wissen durch einen Kampf von Alternativen fortschreitet und daß es von einem Ideenpluralismus abhängt, wurde, wie Popper selbst betont, von den Vorsokratikern eingeführt, Mill (*On Liberty*) hat sie dann zu einer allgemeinen Philosophie weiter entwickelt. Die Idee, daß der Kampf der Alternativen auch in der *Wissenschaft* entscheidend ist, findet sich, nach Mill, vor allem bei Mach (*Erkenntnis und Irrtum*) und Boltzmann (*Popularwissenschaftliche Vorlesungen*), die beide unter dem Einfluß des Darwinismus standen. Beharrlichkeit betonen jene dialektischen Materialisten, die extreme „idealistische" Gedankenflüge verurteilen. Und die Synthese ist das Wesen des dialektischen Materialismus, so wie er in den Schriften von Engels, Lenin und Trotzky formuliert vorliegt. Unter „analytischen" oder „empiristischen" Philosophen von heute, die immer noch allzusehr unter dem Einfluß des Wiener Kreises stehen, sind diese Dinge nur wenig bekannt. *Für sie* handelt es sich also in der Tat um echte, wenn auch sehr verspätete „Entdeckungen".

Nach Kuhn ist die reife Wissenschaft eine *Aufeinanderfolge* von normalen Perioden und Revolutionen. Normale Perioden sind monistisch: Wissenschaftler versuchen Rätsel zu lösen, die sich daraus ergeben, daß man die Welt mit Hilfe eines einzelnen Paradigmas verstehen will. Revolutionen sind pluralistisch, bis dann ein neues Paradigma auftaucht, das genügend Unterstützung erhält, um als Grundlage einer neuen normalen Periode zu dienen.

Diese Darstellung läßt die Frage offen, wie der Übergang von einer normalen Periode zu einer Revolution zustandekommt. In Abschnitt 6 haben wir gesehen, wie man den Übergang vernünftig gestalten kann: Das zentrale Paradigma wird mit alternativen Theorien verglichen. Professor Kuhn scheint diese Ansicht zu teilen. Ja, er weist darauf hin, daß sich die Wissenschaft auch tatsächlich so entwickelt. Der Pluralismus beginnt *vor* einer Revolution, und er ist eines der Mittel, das sie herbeiführt. Aber das heißt, daß seine Theorie an einem wichtigen Punkt fehlerhaft ist. Man proliferiert nicht erst *im Verlaufe einer* Revolution, man proliferiert schon *vorher*. Ein wenig Nachdenken und ein bißchen mehr Geschichte zeigen uns dann, daß das Proliferieren der Revolution nicht nur *unmittelbar vorhergeht*, sondern *zu jeder Zeit* stattfindet. Die Wissenschaft, so wie wir sie kennen, ist nicht eine zeitliche Aufeinanderfolge von normalen Perioden und Perioden des Pluralismus, sie ist ihre *Juxtaposition*.

So gesehen besteht der Übergang von der Vorwissenschaft zur reifen Wissenschaft nicht in der *Ersetzung* hemmungslosen Proliferierens und universeller Kritik durch eine Tradition des Rätsellösens, sondern in der *Ergänzung* jener Tätigkeiten durch diese; oder, besser ausgedrückt, die reife Wissenschaft *vereinigt* in sich zwei sehr verschiedene Traditionen, die oft voneinander getrennt sind, die Tradition einer pluralistischen philosophischen Kritik und eine mehr praktische (und weniger humanitäre — siehe Abschnitt 6) Tradition, die die Möglichkeiten eines gegebenen Materials (einer Theorie, eines Stücks Materie, eines Gehirns) erforscht, ohne durch Schwierigkeiten abgeschreckt zu werden, und ohne Rücksicht auf alternative Weisens des Denkens (und des Handelns). Wir haben von Grote, und Burnet gelernt, daß die erste Tradition eng mit der Kosmologie der Vorsokratiker verbunden ist. Das beste Beispiel für die zweite Tradition ist die Art, in der sich die Mitglieder einer geschlossenen Gesellschaft zu ihrem grundlegenden Mythos verhalten. Kuhn hat vermutet, daß die reife Wissenschaft in der *Aufeinanderfolge* dieser beiden Denk- und Handlungsmuster besteht. Er hat insofern Recht, als er das normale oder konservative oder antihumanitäre Element bemerkt hat. Das ist eine interessante Entdeckung. Doch er hat auch Unrecht, denn er stellt das Verhältnis dieses Elements zu den mehr philosophischen Prozeduren falsch dar. Ich schlage vor, in Übereinstimmung mit dem Modell von Lakatos, daß das wahre Verhältnis ein Verhältnis der *Gleichzeitigkeit* und der *Wechselwirkung* ist. Darum spreche ich im folgenden von der normalen *Komponente* und der philosophischen *Komponente* der Wissenschaft und nicht von normalen oder revolutionären *Perioden*.

Es scheint mir, daß eine solche Darstellung zahlreiche Schwierigkeiten sowohl logischer als auch faktischer Art überwindet, die Kuhns Standpunkt so faszinierend, aber auch so unbefriedigend machen.[41] Zieht man sie in Betracht,

---

[41] Nehmen wir nur ein Beispiel. Kuhn schreibt (*Criticism* p. 6), daß Fachleute für die normale und nicht für die außergewöhnliche wissenschaftliche Praxis ausgebildet werden; wenn sie dennoch beim Ausbau und der Ersetzung von Theorien, auf denen die normale Wissenschaft

so darf man sich durch den Umstand nicht beirren lassen, daß die normale Komponente beinahe immer eindrucksvoller ist als der philosophische Teil. Wir untersuchen ja nicht die *Größe* der Elemente der Wissenschaft, sondern ihre *Funktion* (ein Staubkorn kann eine Fabrik zum Stillstand bringen, und ein intellektueller Zwerg kann eine Epoche revolutionieren). Noch darf uns die Tatsache zusehr beeindrucken, daß die meisten Wissenschaftler die 'philosophische' Komponente als etwas ansehen, das außerhalb ihrer Wissenschaft liegt, und daß sie diese Ansicht durch Hinweis auf ihre eigene philosophische Unbildung kräftig *unterstützen* können. Denn nicht *sie* sind es, die fundamentale Verbesserungen herbeiführen, sondern Denker, die die *aktive Wechselwirkung* der normalen und der philosophischen Komponente fördern (Diese Wechselwirkung besteht fast immer in der Auflösung des Wohlverschanzten und Unphilosophischen durch das Periphere und Philosophische). Nun, alle diese Dinge zugegeben, warum scheint es, daß der Zustand der Wissenschaft so klar erkennbaren Schwankungen unterworfen ist? Wenn die Wissenschaft aus der *ständigen* Wechselwirkung eines normalen und eines philosophischen Teils besteht, wenn es diese Wechselwirkung ist, die sie weitertreibt, warum werden dann ihre revolutionären Elemente nur so selten sichtbar? Genügt nicht dieser Umstand allein schon, um Kuhns Darstellung der meinen gegenüber zu unterstützen? Ist es nicht typisch philosophische Sophisterei, eine so offenbare historische Tatsache bestreiten zu wollen?

Ich glaube, daß die Antwort auf diese Frage auf der Hand liegt. Die normale Komponente ist groß und wohlverschanzt. Eine Änderung in der normalen Komponente fällt also auf. Dasselbe gilt für den Widerstand, den die normale Komponente möglichen Änderungen entgegensetzt. Dieser Widerstand tritt in den Vordergrund und wird besonders stark in jenen Perioden, in denen eine größere Umwälzung unmittelbar bevorzustehen scheint. Er richtet sich gegen die philosophische Komponente, und er lenkt die Aufmerksamkeit auf sie. Die jüngere Generation, immer begierig, neue Dinge kennen zu lernen, stürzt sich auf das neue Material und studiert es mit Hingabe. Journalisten, immer auf der Ausschau nach Schlagzeilen — je absurder, desto besser — veröffentlichen die neuen Entdeckungen (und das sind jene Elemente der philosophischen Komponente, die den gängigen Ideen in einem bestimmten Fach und im Alltagsdenken radikal widersprechen, die aber doch eine gewisse Plausibilität und vielleicht sogar einige Unterstützung in den Tatsachen haben). Das sind einige Gründe für den Unterschied, den man wahrnimmt. Ich glaube nicht, daß wir uns nach tieferen Gründen umzusehen brauchen.

beruht, höchst erfolgreich sind, so ist dies eine *Merkwürdigkeit*, die erklärt werden muß. Dieser Erfolg ist sicher eine Merkwürdigkeit in Kuhns Darstellung. Nach unserem Schema brauchen wir nur darauf zu verweisen, daß Revolutionen meistens von Mitgliedern der philosophischen Komponente herbeigeführt werden, die die normale Praxis nicht nur *kennen*, sondern auch fähig sind, sie aus einer anderen als der normalen Perspektive zu sehen. Einsteins 'unnormale' Laufbahn war eine wesentliche Voraussetzung seiner revolutionären Beiträge zur Physik. Das hat er selbst gesagt.

Was nun die Veränderung der normalen Komponente selbst betrifft, so haben wir keinen Grund zu erwarten, daß sie einem klar erkennbaren und logisch durchsichtigen Schema folgen wird. Kuhn, wie auch schon andere Philosophen vor ihm (ich denke hier vor allem an Hegel), nimmt an, daß eine *große* wuchtige historische Änderung nach logischen Gesetzen ablaufen und daß die Veränderung einer *Idee* vernünftig sein muß in dem Sinn, daß ein Zusammenhang besteht zwischen der *Tatsache* der Veränderung und dem *Inhalt* der sich verändernden Idee. Das wäre eine plausible Annahme, wenn man es nur mit vernünftigen Leuten zu tun hätte: Veränderungen in der *philosophischen* Komponente lassen sich höchstwahrscheinlich als Ergebnisse klarer und eindeutiger Argumente erklären. Aber anzunehmen, daß Leute, die dem Wechsel aus reiner Gewohnheit Widerstand leisten, die jede Kritik liebgewordener Dinge mit finsterem Blick aufnehmen, deren höchstes Ziel es ist, kleine Rätsel auf einer Grundlage zu lösen, die weder bekannt noch verstanden ist; anzunehmen, daß Menschen von diesem Schlag ihre Allianzen auf vernünftige Weise ändern werden, das heißt doch, den Optimismus und die Suche nach Vernunftgründen zu weit treiben. Die normalen Elemente, jene Elemente also, die von der Mehrheit unterstützt werden, können sich ändern, weil der jüngeren Generation nichts mehr daranliegt, ihren Vorfahren zu folgen, weil ein Meinungsbildner plötzlich neue Ideen hat, weil ein einflußreiches Mitglied des Establishment gestorben ist und (vielleicht wegen seiner argwöhnischen Natur) keine einflußreiche Schule hinterlassen hat, oder aber, weil eine mächtige nicht-wissenschaftliche Institution das Denken in eine bestimmte Richtung zwingt.[42] Revolutionen sind Manifestationen einer Veränderung der normalen Komponente, die nicht auf Grund von Ideen allein erklärt werden kann. Sie sind Stoff für *Anektoden*, obgleich sie die rationalen Elemente der Wissenschaft vergrößern und uns so lehren, was die Wissenschaft *sein könnte*, wenn es nur mehr vernünftige Menschen in ihr gäbe.

---

[42] Es ist plausibel anzunehmen, daß *einer* der Gründe für den Übergang zur reifen Wissenschaft mit ihren verschiedenen 'quasi-unabhängigen' Traditionen im Dekret der römisch-katholischen Kirche gegen die kopernikanische Weltanschauung zu suchen ist. „Dieses muß beachtet werden, wenn man, wie noch neuerdings, die Sonderentwicklung der Einzelwissenschaften ohne sicheren und bewußten philosophischen Untergrund und Zweck als eine Eigentümlichkeit der italienischen Kultur des 17. Jahrhunderts deutet, die in keinem Zusammenhang mit der Verurteilung Galileis steht. [Benedetto Croce, La Critica Band xxvi, 1926, 133 ff]. Eine solche Auffassung hängt von der irrigen Anschauung ab, daß sie ein bloß *äußerer* Druck war, der die Entwicklung geistiger Anlagen nicht stören konnte. In dessen wurde das römische Urteil als ein Gewissenszwang empfunden, von dem man sich nur um den Preis des Lebens und des Heils befreien durfte. In der frommen und unterwürfigen Welt, die im Sinne der Gegenreformation erzogen und geleitet wurde, empfand niemand die Not und den Mut einer so gewaltsamen Aufgabe teuerster Güter und strenger Gewohnheiten des Gefühls. Die Pflege der Einzeldisziplinen wurde freigegeben. Niemandem wurde verwehrt, den Himmel zu durchforschen, die physikalischen Erscheinungen zu ergründen, mathematisch zu denken, naturgeschichtlich zu forschen und alle Ergebnisse dieser regen

9   Die Rolle des rationalen Denkens in der Wissenschaft

Soweit habe ich Kuhn von einem Standpunkt aus *kritisiert,* der mit dem von Lakatos fast identisch ist. In diesem Abschnitt möchte ich Kuhn gegen Lakatos *verteidigen.* Genauer: Ich möchte zeigen, daß die Wissenschaft irrationaler *ist,* als Lakatos und Feyerabend₁ (der unwissende, ahnungslose Popper₁₃, Verfasser der vorhergehenden Abschnitte und des Aufsatzes "Problems of Empiricism") zugeben wollen[43], und daß sie auch irrationaler *sein muß.*

Dieser Übergang von Kritik zu Verteidigung bedeutet nicht unbedingt, daß ich meinen Standpunkt verändert habe. Noch läßt er sich aus meinem (ziemlich weit entwickelten) Zynismus gegenüber dem Business Wissenschaft(stheorie) allein erklären. Dieser Übergang hängt eher mit der Natur der Wissenschaft selbst zusammen, mit der Tatsache, daß sie verschiedene Aspekte hat, daß sie sich nicht leicht vom Rest der Geschichte trennen läßt, daß sie immer alle Talente und alle Narrheiten der Menschen ausnützt und weiter ausnützen wird. Ein Konflikt in der Argumentation, ein Übergang von einem Standpunkt zu einem anderen bringt diese Mannigfaltigkeit zum Vorschein, die sie enthält; er zwingt uns, eine Entscheidung zu treffen, er zwingt uns dieses vielköpfige Monstrum entweder zu *akzeptieren* und von ihm verschlungen zu werden, oder es nach unseren Wünschen zu *verändern.* Sehen wir also zu, welche Einwände sich gegen das Lakatos Modell des Erkenntnisfortschritts im allgemeinen und des Fortschritts der Wissenschaften im besonderen erheben lassen!

Lakatos beginnt seine Darstellung mit einer Kritik populärer Methodologien.[44] Ihren Krebsschaden sieht er darin, daß die vorgeschlagenen Theorien *sogleich nach ihrer Geburt* kritisiert werden: Eine Theorie muß widerspruchsfrei, wohlformuliert, klar, mit den Tatsachen im Einklang sein, man muß angeben können, unter welchen Umständen man bereit ist, sie zu verwerfen, und

---

Geistestätigkeit in den Dienst der materiellen Kultur zu stellen. Geistliche und Orden, selbst die am Schicksal Galileis mitverantwortlichen Jesuiten gingen mit Eifer und Hingabe diesen Einzelaufgaben nach. Aber sowohl das Gewissen der einzelnen, wie die überallhin wirkenden 'directeurs de conscience', die Behörden und die Schulen, die Kirche und die Staaten überwachten mit Argusaugen diesen nunmehr leichten Kampf um das Wissen, damit niemand sich erkühne, seine Ergebnisse auf die geheiligten Gebiete der philosophischen Spekulation, der Moral oder der Theologie zu verpflanzen. Deshalb hob Galileis Verurteilung den alten und unmöglichen Ausweg der doppelten Wahrheit nicht auf, sondern sanktionierte ihn für die Ewigkeit." (Leonardo Olschki *Geschichte der neusprachlichen wissenschaftlichen Literatur* Bd. 3 (1927), 400; vgl. auch Wohlwill, *Galilei und sein Kampf um die Kopernikanische Lehre* Bd. 2 (1926) Kap. ix mit einer ausführlichen Skizze der Entwicklung nach Galileis Tod). *So kam die reife Wissenschaft zustande* — zumindest in den römisch-katholischen Ländern.

[43] Die Indizes sind eine ironische Kritik von Lakatos' Methode in *Criticism* etc., wo die Aufspaltung eines Denkers in zwei, drei Phantome zum erstenmal durchgeführt wird.

[44] Vgl. seinen ausgezeichneten und bahnbrechenden Aufsatz in *Criticism.*

so weiter. Eine Theorie ist zu verwerfen schon dann, wenn sie nur *einer* dieser Bedingungen nicht genügt. Man verlangt also, daß die Forderung der Rationalität — und die ist in den methodologischen Regeln verkörpert — auf der Stelle, *instantan* erfüllt werde.

Die Forderung instantaner Rationalität kritisiert Lakatos auf zweifache Weise.[45] Erstens kritisiert er sie durch Hinweis auf die Tatsache, daß die Physiker *de facto* nicht so vorgehen: Sie verwenden Theorien, die den aufgestellten Bedingungen nur selten genügen. Lakatos gibt zahlreiche Beispiele für dieses „regelwidrige" Verhalten.[46] Zweitens kritisiert Lakatos die Forderung instantaner Rationalität, indem er darauf hinweist, *daß sie sich in dieser Welt nicht erfüllen läßt* (dieser Teil des Arguments von Lakatos ist nicht sehr klar; ich habe versucht, ein besseres Argument zu geben; vgl. weiter unten in diesem Abschnitt, sowie in Kap. 12 von *Against Method*): in *dieser* Welt, mit ihren mannigfachen Störungen, der Vielschichtigkeit historischer Prozesse, der Eigenwilligkeit menschlicher Gehirne, sind wir *gezwungen,* unvollkommene, inkonsistente, faktisch inadäquate Theorien für geraume Zeit zu verwenden, und wir werden vielleicht nie ohne sie auskommen. Wir müssen also die schwere Kunst erlernen, Erkenntnis mit unvollständigen Mitteln *zu erlangen* und gefundene Erkenntnis in unvollständiger und fehlerhafter Sprache *auszudrücken.* Aber obwohl Theorien weder *de facto* sofort beurteilt werden, und obwohl es auch nicht vernünftig wäre, sie auf Grund einer solchen Beurteilung auszuschließen, ist es nach Lakatos dennoch möglich, über die *Entwicklung* von Theorien ein rationales Urteil zu fällen. Zum Beispiel man kann feststellen, daß spätere Formen der Theorie an Gehalt zugenommen haben und daß der Überschußgehalt bestätigt worden ist. In diesem Fall spricht Lakatos von einer progressiven Problem- (oder Theorien-)Verschiebung. Oder man kann feststellen, daß der Gehalt fortwährend abnimmt, und daß auch keine neuen Bestätigungen eintreten. In diesem Fall spricht Lakatos von degenerierenden Problem- (Theorien-)Verschiebungen. Urteile, die instantane Rationalität ausdrücken, werden ersetzt durch Urteile, die rationale Züge von *Entwicklungen* feststellen oder ihre Abwesenheit beklagen. Es scheint also, daß der Wissenschaftsbetrieb zwar nicht rational ist nach den Grundsätzen der *Instantanrationalität*, daß er aber noch immer rational ist, wenn man diese Grundsätze durch die mehr liberalen Grundsätze einer *Prozeßrationalität* ersetzt.

Sehen wir nun zu, welche Folgen diese Ersetzung in der Praxis hat:

Die Urteile, die die gängigen Methodologien über wissenschaftliche Theorien fällen, sind zugleich eine Grundlage für die Behandlung dieser Theorien: negative Urteile führen zur Eliminierung; positive Urteile erlauben uns, die Theorien weiter beizubehalten. Sowohl die *Beurteilung* als auch die *Behandlung* von Theorien ist

---

[45] Eine mehr detaillierte Analyse findet sich in Kapitel 16 meines Buches *Wider den Methodenzwang,* Frankfurt 1976, sowie Abschnitt 3 von Kapitel 11.

[46] Vgl. Abschnitt 3c und 3d seines Aufsatzes in *Criticism.* Ich selbst habe eine ähnliche Kritik durchgeführt in "Problems of Empiricism, Part II", "In Defence of Classical Physics" *Studies in History and Philosophy of Science,* May 1970 und in anderen Schriften.

hier rational, d.h. in Übereinstimmung mit den gewählten methodologischen Regeln. Bei Lakatos aber gehen Beurteilung und Behandlung verschiedene Wege. Das Urteil, daß eine Theorie im Verlaufe ihrer Entwicklung zu degenerativen Verschiebungen geführt hat, oder daß sich Widersprüche vermehrt haben, genügt nicht, um sie zu beseitigen – „Theorien können sich aus Degenerationstälern wieder erheben"[47]. In der Tat, es gibt keinen Umstand, wenn Lakatos die Beseitigung einer Theorie direkt fordern würde. Was er fordert, ist, daß die Vertreter degenerierender Theorien weder Geld noch Publikationsmöglichkeiten erhalten. Wenn eine degenerierende Theorie verschwindet, dann liegt das also nicht mehr an *Argumenten* auf Grund von Regeln, sondern an *sozialen Drücken,* die mit Hilfe der Regeln indirekt herbeigeführt werden. Über diesem soziologisch-psychologisch-historischen Gedränge erhebt sich das Luftgebäude der neuen methodologischen Vorschriften in unberührbarer Klarheit. Rationalen Einfluß auf den Prozeß der Wissenschaft hat dieses Luftgebäude nicht. Es ist ein reines *Ornament*. Wir schließen, daß Lakatos den Rationalismus im Sinne von Regeln, die das Verhalten auf dem Wege von Argumenten direkt beeinflussen, aufgegeben hat und daß er praktisch (wenn auch nicht in Worten) zum Irrationalismus übergegangen ist.

Genau dieselbe Situation beobachten wir bei Popper. Auch hier treten Worte wie „Vernunft", „Rationalität" mit ermüdender Regelmäßigkeit auf – aber sie bleiben Worte, denn der historische Prozeß ist einer Regelung durch sie nicht mehr zugänglich. Nach Popper brauchen wir keinen „bestimmten Bezugsrahmen für unsere Kritik", wir können selbst die fundamentalsten Regeln revidieren und die grundlegendsten Forderungen fallen lassen, wenn sich andere Maßstäbe der Vortrefflichkeit als notwendig erweisen. Ist eine solche Stellungnahme irrational? Impliziert sie, daß die Wissenschaft irrational ist? *Ja und nein. Ja* – denn es gibt nun keine Reihe von Regeln mehr, die uns, entweder als Teilnehmer oder als Historiker, die den Ablauf der Ereignisse rekonstruieren wollen, durch alle Labyrinthe des Denkens und der Wissenschaft führen könnte. Man kann die Geschichte zwar immer in ein solches Muster *zwingen,* aber die Ergebnisse werden dann ärmer sein und viel weniger interessant als die wirklichen Ereignisse. *Nein* – denn jede besondere Episode ist rational in dem Sinn, daß einige ihrer Züge durch Gründe und mit Hilfe von Regeln erklärt werden können, die entweder zur Zeit ihres Eintretens bereits anerkannt waren, oder die sich doch im Laufe ihrer Entwicklung Anerkennung verschafften. *Ja* – denn selbst diese Regeln und Gründe, *die sich von Zeitalter zu Zeitalter ändern,* reichen nie aus, um alle wichtigen Züge einer besonderen Episode zu erklären. Wir müssen Zufälle, Vorurteile, materielle Bedingungen (wie zum Beispiel das Vorhandensein eines bestimmten Typus von Glas in einen bestimmten Lande und nicht in einem anderen), die Wechselfälle des Ehelebens (Ohm!) und außerehelicher Affären, Versehen, Oberflächlichkeit, Stolz und noch viele andere Dinge mit in Betracht ziehen, um das Bild zu vervollständigen. *Nein* – denn in das Klima der unter-

---

[47] *Criticism,* 164

suchten Periode versetzt und mit einer lebhaften, neugierigen Intelligenz begabt, hätten wir noch viel mehr sagen können, wir wären fähig gewesen, Versehen und Zufälle zu überwinden, und selbst die launischste Ereignisreihe zu 'rationalisieren'. Aber — und damit kommen wir zu einem entscheidenden Punkt — wie wird der Übergang von gewissen Maßstäben zu anderen herbeigeführt? Genauer: Was geschieht mit unseren Maßstäben (im Gegensatz zu unseren Theorien) während einer Periode der Revolution? Ändern sie sich auf Poppersche Weise, auf dem Wege einer kritischen Diskussion von Alternativen, oder gibt es Prozesse, die sich jeder rationalen Analyse entziehen? Das ist eine der von Kuhn gestellten Fragen. Sehen wir zu, wie sie beantwortet werden kann!

Daß Maßstäbe nicht immer auf Grund von Argumenten akzeptiert werden, hat Popper selbst betont. Kinder, schreibt er „lernen andere nachzuahmen ... und sie lernen so Verhaltensregeln als feste, 'gegebene' Regeln aufzufassen ... Dinge wie Sympathie und Phantasie können eine wichtige Rolle in dieser Entwicklung spielen."[48] Dasselbe gilt für Erwachsene, die weiterlernen wollen, und die bestrebt sind, sowohl ihre Kenntnisse als auch ihre Sentivität zu verbessern. Es ist gewiß nicht plausibel anzunehmen, daß zwar Kleinkinder auf die leiseste Anregung hin in völlig neue Verhaltensweisen hinübergleiten, daß jedoch den Erwachsenen dasselbe nicht gelingt und die fragliche Veränderung der Krone erwachsener Tätigkeit, der Wissenschaft, ganz unzugänglich wäre. Außerdem ist es sehr wahrscheinlich, daß katastrophale Veränderungen, wiederholte Enttäuschungen eingeschlossen, Krisen in der Entwicklung unseres Wissens unsere Verhaltensschemata ändern und vielleicht sogar vervielfachen werden, wie ja auch eine ökologische Krise zu einer Vermehrung von Mutationen führt. All das kann ein völlig natürlicher Prozeß sein, wie das Größenwachstum, und die einzige Funktion rationaler Auseinandersetzung liegt vielleicht darin, daß sie die geistige Spannung steigert, die dem Verhaltensausbruch vorangeht, *und ihn verursacht.* Nun — ist das nicht genau die Art von Veränderung, die wir in Perioden wissenschaftlicher Revolutionen erwarten dürfen? Schränkt sie nicht die Wirksamkeit von Argumenten ein? Zeigt nicht das Auftreten solcher Veränderungen, daß die Wissenschaft, die schließlich einen Teil der Evolution des Menschen ausmacht, nicht ganz rational *ist* und auch nicht ganz rational *sein kann?* Denn wenn es Ereignisse gibt, nicht unbedingt Argumente, die uns *verursachen,* neue Maßstäbe zu akzeptieren, müssen dann die Verteidiger des *status quo* nicht neben Argumenten auch *konträre Ursachen* bereitstellen? Und wenn die alten Formen des Argumentierens als konträre Ursachen zu geringe Wirkung haben, ist es dann nicht nötig, entweder das Spiel aufzugeben oder stärkere und mehr 'irrationale' Mittel heranzuziehen? (Es ist sehr schwer und vielleicht ganz unmöglich, die Einflüsse einer Gehirnwäsche mit Argumenten zu bekämpfen.) Auch ein ganz und gar puritanischer Rationalist wird dann gezwungen sein, Argumente beiseite zu lassen

---

[48] Popper, 'Facts, Standards, and Truth: a further criticism of relativism', *Addendum 1* der vierten Auflage von *The Open Society and Its Enemies* Bd. ii (1962), 390

und seine Zuflucht zu wirksameren Mitteln der Meinungsänderung wie etwa der *Propaganda* zu nehmen und zwar nicht darum, weil seine Argumente *nicht* mehr *gültig* wären, sondern weil die *psychologischen Bedingungen* verschwunden sind, die ihnen Wirksamkeit verleihen. Und was nützt das beste Argument, wenn es den Hörer kalt läßt?

Ein orthodoxer Popperianer, der solche Fragen in Betracht zieht, wird zugeben, daß neue Maßstäbe in der Tat auf sehr irrationale Weise *erfunden, akzeptiert* und an andere *weitergegeben* werden können, aber er wird betonen, daß immer noch die Möglichkeit bleibt, sie *nach* ihrer Erfindung zu kritisieren, und daß es diese Möglichkeit ist, die die Rationalität unseres Wissens garantiert. „Worauf können wir uns ... verlassen?" fragt Popper am Ende einer Umschau nach möglichen Quellen für Maßstäbe[49] „was sollen wir akzeptieren? Die Antwort heißt: Was immer wir auch akzeptieren mögen, sollen wir nun versuchsweise glauben, und wir müssen uns erinnern, daß wir auch im besten Fall nur partielle Wahrheit (oder Richtigkeit) besitzen, daß wir fortwährend ... Fehler begehen und falsche Urteile fällen, nicht nur in Bezug auf Tatsachen, sondern auch in Bezug auf die Maßstäbe, die wir uns angeeignet haben. Zweitens sollten wir unserer Intuition (selbst versuchsweise) nur dann vertrauen, wenn sie als das Ergebnis vieler Proben unserer Phantasie entstanden ist, als das Ergebnis vieler Irrtümer, vieler Prüfungen, vieler Zweifel und der gründlichsten Kritik."

Dieser Hinweis auf Prüfungen und auf Kritik, die die Rationalität der Wissenschaft und vielleicht sogar unseres ganzen Lebens garantieren sollen, kann nun entweder *wohldefinierte Verfahrensweisen* meinen, ohne die eine Kritik oder eine Prüfung nicht stattfinden kann, oder aber er ist rein *abstrakt*, sodaß es an uns liegt, ihn bald mit diesem, bald mit jenem konkreten Inhalt auszufüllen. Der erste Fall ist eben diskutiert worden. Im zweiten Fall haben wir es wieder mit einem verbalen Ornament zu tun, genau so wie auch Lakatos' Verteidigung seiner eignen „objektiven Maßstäbe" sich als ein rein verbales Ornament erwies. Die Fragen, die wir weiter oben gestellt haben, bleiben in beiden Fällen ohne Antwort.

In gewisser Hinsicht wird sogar diese Situation von Popper beschrieben, der sagt, daß „der Rationalismus notwendigerweise weit davon entfernt ist, umfassend oder in sich abgeschlossen zu sein."[50] Aber die Frage, die Kuhn stellt, ist nicht, ob unser Verstand Grenzen *hat*; die Frage ist, *wo* diese Grenzen *liegen*. Liegen sie außerhalb der Wissenschaft, sodaß die Wissenschaft selbst ganz rational bleibt, oder sind irrationale Veränderungen ein wesentlicher Teil selbst des scheinbar rationalsten Unternehmens, das der Mensch erfunden hat? Enthält das historische Phänomen „Wissenschaft" Bestandteile, die sich einer rationalen Analyse entziehen? Kann das abstrakte Ziel, der Wahrheit näher zu kommen, in völlig rationaler Weise erreicht werden, oder ist es vielleicht jenen unzugänglich, die den Entschluß gefaßt haben, sich nur auf Argumente zu verlassen? Das sind die Probleme, denen wir uns nun zuwenden.

---

[49] 391
[50] *Open Society* Kapitel 24

Popper und Lakatos machen sich die Lösung dieser Probleme denkbar leicht. Für die Wissenschaftstheorie lehnen sie eine Diskussion der „Mobpsychologie"[51] ab und betonen starrsinnig die wesentliche Rationalität der *gesamten* Wissenschaft. Nach Popper kann man zum Beispiel immer beurteilen, welche von zwei Theorien der Wahrheit näher kommt, selbst wenn beide Theorien durch eine katastrophale Umwälzung, wie eine wissenschaftliche Revolution, voneinander getrennt sind. (Eine Theorie ist der Wahrheit näher als eine andere, wenn die Klasse ihrer wahren Konsequenzen, ihr sogenannter Wahrheitsgehalt, den Wahrheitsgehalt der anderen Theorie übertrifft, ohne eine Vergrößerung des Falschheitsgehaltes.) Und wie werden die Probleme beseitigt, die wir eben kurz skizziert haben? Durch eine typisch „frivole Distinktion" im Sinne Bacons: Rationalität herrscht unbestritten in der „dritten Welt" wissenschaftlicher Propositionen[52], während die skizzierten Probleme nur in der ersten Welt physischer Ereignisse und in der zweiten Welt psychologischer Ereignisse auftreten. In dieser 'dritten Welt', wächst das Wissen ohne Hindernisse und ohne Umwege über soziale Drücke und psychologische Schwächen. Leider aber hat es der Wissenschaftler auch mit der Welt der Materie und des (psychologischen) Denkens zu tun. Oder vielmehr, er hat es nicht „auch" mit dieser Welt zu tun, sondern mit ihr *ausschließlich*. Und Regeln, die das Umherschweben in der reibungslosen „dritten Welt" ermöglichen, sind sicher ganz unbrauchbar zur Beherrschung der experimentellen, theoretischen, sozialen und psychologischen Probleme, die in der ersten und der zweiten Welt auftreten (außer man nimmt an, daß Gehirne, ihre Idiosynkrasien, Experimente auch in der dritten Welt vorkommen — ein Punkt, der aus Poppers Bericht nicht klar wird.[53]) Die zahlreichen Abweichungen vom geraden und faden Pfade der Rationalität, die wir in der historisch vorliegenden Wissenschaft bemerken, sind vielleicht *notwendig*, wenn wir mit dem spröden Material, das uns zur Verfügung steht (Instrumente, Gehirne, philosophische Träumereien), einen Fortschritt herbeiführen wollen.[54]

[51] *Criticism*, 180

[52] 178

[53] Ich verweise auf Poppers Aufsätze "Epistemology without a Knowing Subject" in *Proceedings of the Third International Congress for Logic, Methodology and Philosophy of Science,* Vienna 1968 und "On the Theory of the Objective Mind" *Proceedings of the XIV International Congress of Philosophy,* Bd. i (1968). Im ersten Aufsatz werden Vogelnester in die dritte Welt versetzt (341), und es wird eine Wechselwirkung zwischen der dritten Welt und den übrigen Welten angenommen. Sie werden in die dritte Welt versetzt *wegen ihrer Funktion.* Aber wenn *das* das Prinzip der Zuteilung ist, dann gibt es in der dritten Welt auch Steine und Bäche, denn ein Vogel kann auf einem Stein *sitzen* und in einem Bach *ein Bad nehmen.* Alles, was von einem Organismus wahrgenommen wird, seine ganze Umwelt, muß auch in der dritten Welt vorhanden sein, und diese wird also die gesamte materielle Welt, alle Irrtümer der Menschheit, sowie auch die gesamte „Mobpsychologie" (Lakatos) enthalten.

[54] Wie Popper und Lakatos unterscheidet auch Stegmüller ['Das Problem der Induktion: Humes Herausforderung und moderne Antworten' in H. Lenk (ed.) *Neue Aspekte der Wissenschafts-*

Aber wir brauchen diesen Einwand gar nicht weiter verfolgen. Wir brauchen nicht darauf verweisen, daß die wirkliche Wissenschaft sich von ihrem Abbild in der dritten Welt vielleicht *in genau der Hinsicht* unterscheidet, die einen Fortschritt ermöglicht.[55] Denn das Poppersche Modell des Annäherns an die Wahrheit versagt schon im Bereich der Ideen selbst. Es versagt, weil es *inkommensurable Ideen* gibt.

10   Inkommensurabilität A: Historische Bemerkungen

Mit dem Problem der Inkommensurabilität betreten wir ein Gebiet, das voll ist von Fallgruben, Fußangeln, Schreckschüssen, und in dem die Rhetorik eine weitaus größere Rolle spielt als anderswo. Beginnen wir also mit einigen historischen Bemerkungen.

Nach Kuhn haben verschiedene Paradigmen (A) verschiedene *Begriffe,* (B) verschiedene *Wahrnehmungen* (Mitglieder verschiedener Paradigmen denken also nicht nur anders, sie sehen die Dinge auch anders) und, (C), verschiedene *Methoden* der Forschung und Bewertung von Forschungsergebnissen oder verschiedene *Rationalitätstheorien,* wie es Lakatos ausdrücken würde. Kuhn hat nie angegeben, unter welchen Umständen diese *Verschiedenheiten* weiter zu einer

---

theorie Vieweg 1971] zwischen dem informalen Gang der Wissenschaft, wie er etwa in einem Ideenaustausch von Physikern stattfindet, und einem mehr rationalen Diskurs, den er „Wissenschaftstheorie" nennt. Zwar sind seine Kriterien der Rationalität andere als die von Lakatos und Popper, aber der Unterschied zwischen der bestimmten und verbindlichen [30] Welt seiner „Wissenschaftstheorie" und dem „unverbindlichen Plaudern" der Wissenschaftler, in das sich manche irrationalen Züge einmischen, besteht doch. Aber könnte es nicht sein, daß Irrationalität und Unverbindlichkeit *wesentlich* sind, wenn wir *in dieser Welt* von einer halbwegs brauchbaren Theorie zu einer besseren fortschreiten wollen? Könnte es nicht sein, daß die Methoden der „dritten Welt" von Popper und Lakatos und der „Wissenschaftstheorie" von Stegmüller *in dieser Welt* zu einem Zusammenbruch alles Wissens, und nicht zu seiner Verbesserung führen? Meine historischen Untersuchungen geben Anlaß zu einem solchen Verdacht. Auf jeden Fall liegt aber hier ein Problem vor, das *untersucht* werden muß und nicht einfach mit Schlagworten wie „Präzision", „Rationalität" etc. abgetan werden kann.

Ähnlich läuft die Kritik, die Dorling an meinem Aufsatz "Problems of Empiricism, Part ii" übt [*British Journal for the Philosophy of Science* June 1972]. „Man würde denken" schreibt Dorling „daß ein Wissenschaftstheoretiker an der Auswahl und der detaillierten Analyse vor allem jener wissenschaftlichen Argumente interessiert sein würde, die rational rekonstruierbar scheinen", und er wirft mir vor, daß ich Argumente dieser Art überhaupt nicht erwähne. Nun, ich erwähne sie nicht aus zwei Gründen. Erstens, weil sie kaum auffindbar sind, und zweitens, weil es nicht *diese* Argumente sind, die den Fortschritt der Wissenschaft herbeigeführt haben, sondern jene mehr „irrationalen" Schachzüge, die einer Rekonstruktion widerstehen. Ich betone „irrationale" Züge nicht einfach aus Zuneigung zur Irrationalität (obwohl ich eine solche Zuneigung nicht bestreiten kann), sondern weil sie eine höchst wichtige Funktion im Fortschritt der Wissenschaften haben.

[55] Vgl. "Problems of Empiricism, Part ii", *loc. cit.*

Unvergleichbarkeit von Paradigmen führen. In der Diskussion des Problems wird oft angenommen, daß schon die bloße Existenz der Verschiedenheiten, ganz gleich wie groß und wie beschaffen, die Paradigmen unvergleichbar macht.

Kuhn wurde zum Teil von Hanson antizipiert. Hanson zeigte an gut gewählten Beispielen, wie Wahrnehmungen von Ideen abhängen, und wie sie sich mit der Natur dieser Ideen ändern. Er zeigte auch an Hand seiner Diskussion des Korrespondenzprinzips, daß die Existenz von formalen Verknüpfungen zwischen zwei Theorien noch nicht eine Verbindung der Inhalte garantiert.[56] Das hatte Bohr im Zusammenhang mit der Quantentheorie schon in den Zwanzigerjahren betont,[57] allerdings ohne Nachwirkungen in der Philosophie. Kuhn und Hanson sind nicht von Bohr beeinflußt, sondern von den späteren Ideen Wittgensteins, die auch ein Anstoß zu meinen eigenen Untersuchungen waren (siehe oben, Nachtrag zu Kapitel 1).

In diesen Untersuchungen beschränkte ich mich bald auf die begriffliche Seite der Beziehung zwischen Paradigmen oder, wie ich mich ausdrücke, Theorien, also auf Probleme im Bereich (A). In der Veröffentlichung, die im ersten Kapitel abgedruckt ist und die im Jahre 1958 erschien, zugleich mit Hansons *Patterns of Discovery* und vier Jahre vor Kuhns *Struktur,* betrachtete ich den fiktiven Fall, daß sich die Begriffe von zwei Theorien nicht zueinander in Beziehung setzen lassen oder, wie ich es ausdrücken will, daß die Theorien *deduktiv getrennt* sind. Die in der Veröffentlichung eingeführte Interpretation von Theorien und Beobachtungsaussagen schließt diesen Fall selbst dann nicht aus, wenn die Theorien miteinander im Wettstreit stehen, und wenn experimenta crucis zur Entscheidung angestellt werden. Ein Vergleich ist in diesem Fall also möglich, nur kann er sich nicht auf semantische Elemente, wie etwa auf den Sinn von Beobachtungssätzen stützen. Ich erwog also andere, nicht semantische Beziehungen und verwendete sie zur Interpretation der entscheidenden Experimente. Hierauf suchte ich die Bedingungen deduktiven Getrenntseins näher zu bestimmen. *Bloße Verschiedenheit* der Begriffe oder der Theorien reicht dazu nicht aus.[58] Auch genügt es nicht zu zeigen, daß gewisse Begriffe der ersten Theorie sich nicht mit gewissen Begriffen der zweiten Theorie verbinden lassen. Vielmehr muß die Situation so

---

[56] Vgl. Kapitel 6 von *Patterns of Discovery* sowie mein Kommentar in *Phil. Rev.* Bd. 69, insbesondere S. 251. Poppers Bemerkung (*Criticism,* s 57), daß ,,der Übergang von Newtons Gravitationstheorie zur Einsteinschen Theorie kein irrationaler Sprung sein kann'', weil Newtons Theorie ,,aus der Einsteins als eine ausgezeichnete Annäherung folgt'', enthüllt nur seine Unfähigkeit, formale und inhaltliche (semantische) Überlegungen zu trennen. Gute Denker können schnell springen, und Kontinuität formaler Beziehungen hat nichts mit der Kontinuität der Interpretationen zu tun, wie jeder weiß, der mit der berüchtigten 'Ableitung' des Newtonschen Gravitationsgesetzes aus den Keplerschen Gesetzen vertraut ist.

[57] *Zs. Physik* Bd. 13 (1922), insbesondere S. 144.

[58] Das zeigte ich an einem Beispiel im *Journal for Philosophy* 1965 ('On the "Meaning" of Scientific Terms', Abschnitt 2)

sein, daß die Verwendung auch nur *eines* Satzes oder *eines* Begriffes der einen Theorie die Verwendung *aller* Sätze und aller Begriffe der anderen Theorie unmöglich macht. Man kann sich eine solche Situation erklären, wenn man sich die in Abschnitt 3 des Nachtrags zu Kapitel 1 kurz erwähnten sinngebenden Prinzipien vor Augen führt, und wenn man annimmt, daß es Prinzipien gibt, von denen der Sinn eines jeden Satzes einer Sprache abhängt (Details dazu in Kap. 17 von *Wider den Methodenzwang*). Solche universellen Prinzipien beeinflussen alle Sätze einer gegebenen Sprache. Sie durchqueren die Sprache und stellen Verbindungen zwischen entlegenen Bereichen her. Hebt man sie auf, dann hebt man auch den Sinn auf, der auf ihnen beruht, und die Sprache hört auf, eine Sprache zu sein. Die Aufhebung kann durch einen einzigen Satz bewerkstelligt werden, der andere und mit den erwähnten unvereinbare Sinnprinzipien einführt. Ich erklärte also Theorien für deduktiv getrennt, wenn die eine Theorie zusammen mit ihren ontologischen Konsequenzen die Falschheit der ontologischen Konsequenzen der anderen Theorie impliziert.[59] In Band III der *Minnesota Studies*, der im selben Jahr wie Kuhns *Struktur* herauskam, habe ich Beispiele für diese Situation angegeben. Heute halte ich eine solche Erklärung für viel zu formal, und ich habe sie durch informelle Zusammenfassungen detaillierter Untersuchungen des Wandels sinngebender Prinzipien ersetzt (im 17. Kapitel von *Wider den Methodenzwang*). Was dabei wichtig ist, ist, daß bei mir Inkommensurabilität nie etwas anderes bedeutet hat, als deduktive Trennung. Inkommensurabilität in meinem Sinn impliziert also nie Unvergleichbarkeit.[60]

Als nächstes kommt die Frage, ob eine Änderung von Begriffen eine Änderung von *Wahrnehmungen* nach sich zieht. Wie Hanson nahm ich ursprünglich einen solchen Effekt als ganz selbstverständlich an. Dann erkannte ich aber, daß die Frage durch empirische Untersuchungen und nicht durch fromme Wünsche zu lösen ist. Es gibt zweifellos Fälle, in denen begriffliche Änderungen von Wahrnehmungsänderungen begleitet sind. Aber es gibt auch andere Fälle, in denen die Wahrnehmung selbst von umfangreichen begrifflichen Änderungen unberührt bleibt.[61] In *Wider den Methodenzwang* warne ich daher gegen einen „Schluß von Stil (Sprache) auf Kosmologie und Erfahrungsweise"[62] und gebe genau an, unter welchen Umständen der Schluß berechtigt und plausibel ist.

Auch Frage (C), die Frage nach der Veränderung von Methoden, ist eine empirische Frage. Und dabei muß man unterscheiden zwischen (a) speziellen Methoden, die auf bestimmte Bereiche beschränkt sind (Methoden der Temperaturmessung, Methoden der Längenmessung) und, (b), Methoden, die jeder

---

[59] Zum Begriff der 'ontologischen Folge' vgl. Kapitel 1, Abschnitt 3 dieses Bandes

[60] Wie das Stegmüller behauptet; vgl. seine Diskussion der Inkommensurabilität in *Theorienstrukturen und Theoriendynamik* Berlin 1973. Stegmüller verwechselt Kuhns Analyse mit der meinen, stellt beide falsch dar und löst sie mit unzureichenden Mitteln. Vgl. meine Kritik in Abschnitt 6 von 'Changing Patterns of Reconstruction' BJPS 1977.

[61] Vgl. Text zu Fußnoten 50 ff meiner 'Reply to Criticism' *Boston Studies* Vol. ii (1965)

[62] *Against Method*, 238 ff

wissenschaftlichen Untersuchung zugrundeliegen. Vertreter des kritischen Rationalismus geben zu, daß sich Methoden der Art (a) ändern und so zu *unvereinbaren* Ergebnissen führen können. Die Ergebnisse, so sagen sie, sind aber noch immer *vergleichbar*, und zwar auf Grund von Methoden der Art (b). In *Against Method* zeige ich zweierlei. Erstens, daß es allgemeine Methoden der Art (b) nicht gibt und, zweitens, daß die verwendeten nicht-allgemeinen Methoden sich gelegentlich ändern. So zum Beispiel gab es im Verlauf der sogenannten Kopernikanischen Revolution nicht nur eine Änderung von Theorien und grundlegenden Prinzipien, sondern auch eine Änderung von Methoden. Es ist also nicht möglich, die Kopernikanische Revolution als einen rationalen Vorgang im Sinne einer bevorzugten Methode zu rekonstruieren, so wie das Lakatos und Zahar in ihrer berühmten Analyse versuchen.[63] Der Einwand ist auch nicht zu umgehen, indem man annimmt, daß die Methoden der modernen Wissenschaft (falls es solche gibt) *wesentlich* rational, die vorhergehenden Methoden des Aristoteles *wesentlich* irrational sind, — wobei dann der Übergang von Irrationalität zu Rationalität natürlich selbst rational ist. Die Annahme beruht ja nicht auf Argumenten, sondern nur auf einem frommen Glauben. Es ist schon wahr, daß die Aristoteliker eine andere Philosophie hatten als die Vertreter der modernen Wissenschaften, und daß sie dem *plus ultra* der letzten mehr beschränkte Prinzipien entgegensetzten (Vgl. meinen Aufsatz 'In Defence of Aristotle' — im Erscheinen). Aber ihre Philosophie war nicht ohne Resultate. Sie gab uns eine allgemeine Bewegungslehre, also eine Physik, die umfassender war als die Physik von heute (und deren Trägheitsgesetz bis ins 19. Jahrhundert in der Forschung eine wichtige Rolle spielte), dazu eine Lehre von der Erkenntnis, eine Astronomie, Biologie, Politik, Ideengeschichte, Ethik, Theorie des Dramas, Verfassungsgeschichte, Psychologie. Alle diese Disziplinen waren eine direkte Folge der Anwendung dieser Philosophie, *sie wurden von ihr geschaffen,* während umgekehrt der kritische Rationalismus kein einziges Wissensgebiet hervorgebracht hat — er ist ja nur ein etwas anämischer und sehr fehlerhafter Extrakt einer bereits vorhandenen Wissenschaft, und diese kam ohne seine Hilfe zustande. Auch ist sein Sachbezug ein sehr beschränkter — man konzentriert sich auf gewisse Karikaturen der Wissenschaft, sogenannte 'Rekonstruktionen'; zur Ästhetik, zur Dramaturgie, zur Ethik, zur Ideengeschichte bestehen nur die dünnsten Bezüge, und über die Torheiten der Aufklärung ist man hier auch nicht hinausgekommen. Worauf gründet sich also das Urteil der 'Rationalität' des kritischen Rationalismus und der 'Irrationalität' des Aristoteles? Es ist, wie gesagt, ein frommer Glauben, wie auch so viele andere Bestandteile dieser Pseudophilosophie. Zugegeben — Aristoteles ist heute nicht populär — aber auch das ist nicht das Ergebnis einer 'rationalen' Entwicklung. Der Aristotelismus wurde beiseitegeschoben und überschrieen, weil es ihm im entscheidenden Augenblick an intelligenten Anhängern fehlte (es wird interessant sein zu sehen, wie sich der kritische Rationalismus nach dem Tode von Lakatos weiterentwickeln wird).

---

[63] 'Why did Copernicus supersede Ptolemy?' in R. Westman (ed.) *The Copernican Achievement,* Berkeley and Los Angeles 1975

Zusammenfassend sieht man also, daß eine Kombination von Änderungen in den Bereichen A, B und vor allem C sicher zu der Unvergleichbarkeit führen kann, die Kuhn im Auge hat, und zu einem entsprechenden Umspringen ganzer Lebensformen. Untersuchen wir nun, was dabei in Bereich A geschieht!

11 Inkommensurabilität B: Einige systematische Bemerkungen

Wenn wir uns auf Teil A, das heißt, den begrifflichen Teil der Beziehung von Paradigmen beschränken, so entdecken wir, daß es gelegentlich sehr schwer ist, aufeinanderfolgende Theorien unter Berücksichtigung ihrer Gehaltsklassen zu vergleichen. Ein oft gebrauchtes Schema ist das folgende: T wird von T′ verdrängt. T′ erklärt, warum T versagt (in F); T′ erklärt auch, warum T mindestens teilweise erfolgreich war (in S); und T′ macht zusätzliche Vorhersagen (in A). Dieses Schema ist nur dann brauchbar, wenn es Aussagen gibt, die sowohl

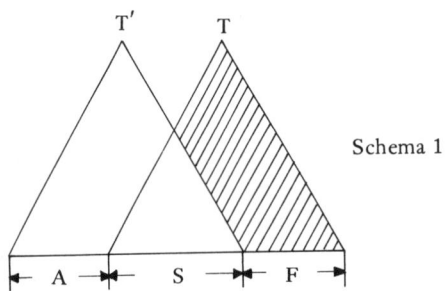

Schema 1

aus T als auch aus T′ folgen (mit oder ohne Hilfe von Definitionen, Korrelationshypothesen etc. etc.) Aber es gibt Fälle, die uns zu einem Vergleichsurteil einladen, ohne daß die eben erwähnten Bedingungen erfüllt wären. Ein Urteil, das den Vergleich von Gehaltsklassen involviert, ist unter solchen Umständen nicht möglich. Es kann zum Beispiel nicht gesagt werden, daß T′ der Wahrheit näher ist, als T. Wann treten solche Fälle ein?

Die allgemeine Erklärung wurde bereits gegeben: Fälle der eben erwähnten Art treten ein, wenn eine Theorie die universellen Prinzipien der anderen Theorie suspendiert oder, spezieller ausgedrückt, wenn die Behauptung *irgendeines* Satzes der einen Theorie *jeden* Satz der anderen Theorie nicht nur falsch, sondern unanwendbar und in diesem Sinn sinnlos macht. Gibt es Beispiele für Theorienpaare, die inkommensurabel sind in diesem Sinn? (Man beachte, daß inkommensurable Theorien in dem hier erläuterten Sinn nicht ganz voneinander getrennt sind, sondern daß ihre Sprachen in einer sehr subtilen Beziehung stehen.)

Bei der Beantwortung der Frage müssen wir uns zunächst vor Augen halten, daß die Feststellung 'Theorien A und B sind vergleichbar' oder 'Theorien A und B sind inkommensurabel' noch kein vollständiger Satz ist. Theorien wie die Relativitätstheorie oder die Quantentheorie können auf verschiedene Weise interpretiert werden. Sie sind inkommensurabel in gewissen dieser Interpretationen, nicht inkommensurabel in anderen. Der Instrumentalismus zum Beispiel macht alle jenen Theorien vergleichbar, die dieselbe Beobachtungssprache haben. Natürlich sind auch in diesem Fall nicht *alle* Begriffe der Theorien vergleichbar, denn man kann Vergleichbarkeit in den 'höheren Regionen' durch geeignet gewählte Definitionen verhindern. Die Beobachtungssätze kann man aber sicher vergleichen, und das reicht zur Vergleichbarkeit nach Schema 1 hin. Auch ist es leicht einzusehen, daß die naiven Bilder, die sich manche Wissenschaftslogiker von der Wissenschaft machen, immer vergleichbar sein werden, denn es fehlt ihnen ja die für die Wissenschaft charakteristische und die Inkommensurabilität nötige Komplexität. Andrerseits will ein Realist eine einheitliche Darstellung sowohl beobachtbarer als auch unbeobachtbarer Tatsachen geben, und er wird zu diesem Zweck die abstraktesten Begriffe der Theorie verwenden, mit der er sich beschäftigt. Aber selbst realistische Deutungen von wissenschaftlichen Theorien können bei Vereinbarkeit der dabei verwendeten universellen Prinzipien und speziellen Annahmen noch deduktiv verknüpfbar sein. Die Behauptung der Inkommensurabilität von zwei Theorien setzt also voraus, daß wir unter den vielen möglichen Interpretationen zwei ganz besondere Interpretationen gewählt haben, und daß diese besonderen Interpretationen vor den anderen gewisse Vorzüge haben, so daß es 'natürlicher' erscheint, die Theorien in ihrem Licht zu sehen. Welche Interpretationen kommen dabei in Frage?

Wie schon im Nachtrag zu Kapitel 5 erwähnt, sind jene Interpretationen zu wählen, die im Verlauf der wissenschaftlichen Forschung eingeführt wurden und die also nicht nur allgemeinen philosophischen Prinzipien genügen, sondern auch noch konkrete wissenschaftliche Probleme gelöst haben. Die Kopenhagener Deutung der Quantentheorie (in der von Bohr entwickelten Form — Heisenbergs Ideen sind anders und weisen gewisse Fehler auf) ist eine solche Interpretation. Sie zeigt nicht nur eine gewisse Einheitlichkeit, sie erklärt auch so verschiedene und scheinbar unvereinbare Tatsachen wie die Interferenzgesetze, den Compton-Effekt, die Erhaltungssätze, die Durchdringung von Potentialschwellen und dergleichen mehr. Natürlich kann ein Philosoph sich leicht eine andere Interpretation erträumen, — aber er sehe dann nur zu, wie er mit den erwähnten Tatsachen fertig wird! Wird es ihm gelingen, sie alle zu erklären? Werden seine Erklärungen sachhaltig sein, oder rein verbal (wie Bohms erste Alternative?) Werden sie konkret genug sein, um die qualitative Darstellung komplizierter Fälle ohne detaillierte Rechnungen zu gestatten? Das sind die Fragen, deren Beantwortung uns den Nachteil 'prinzipiell möglicher' Alternativen und den Vorteil der Kopenhagener Deutung so recht vor Augen führt. Es wird also die letzte gewählt. Sie aber macht die Quantentheorie inkommensurabel mit der klassischen Mechanik.[64]

---

[64] Eine mehr detaillierte Besprechung dieser Debatte findet sich in meinem Essay 'On a Recent Critique of Complementarity' *Philosophy of Science* 1968/69 (zwei Teile). In einfacherer Form wird das Problem in Abschnitt 7 ff von Kapitel 5 des vorliegenden Bandes besprochen.

Ein zweites Beispiel ist die Beziehung der speziellen Relativitätstheorie (SR) zur klassischen Mechanik (CM). SR lädt uns nicht bloß ein, *unbeobachtete* Längen, Massen, Dauern umzudenken. Diese Theorie zieht den relationalen Charakter *aller* Längen, Massen, Dauern nach sich, ganz gleich, ob diese nun beobachtet, unbeobachtet, beobachtbar, unbeobachtbar sind. Die Ausdehnung der Begriffe einer neuen Theorie auf alle ihre Konsequenzen, Beobachtungsberichte eingeschlossen, kann nun die Interpretation dieser Konsequenzen sosehr verändern, daß sie aus den Gehaltsklassen (Wahrheitsgehalt *und* Falschheitsgehalt) der Rivalen verschwinden. In diesem Fall liegt Inkommensurabilität vor. Die Beziehung zwischen SR und CM ist ein ausgezeichnetes Beispiel für diesen Prozeß.

Zunächst sind die Begriffe der Länge (der Masse, der Zeitdauer), so wie sie in SR verwendet werden, und die entsprechenden Begriffe von CM *verschiedene* Begriffe. Sie sind zwar in beiden Fällen Beziehungsbegriffe und sehr komplexe Beziehungsbegriffe (man denke nur an die Längenbestimmung auf Grund der Wellenlänge einer vorgegebenen Spektrallinie), aber die relativistischen Begriffe enthalten ein Element (Abhängigkeit von der Geschwindigkeit), das im klassischen Bereich nicht vorkommt. Wenn man den relativistischen Standpunkt einnimmt, dann ist also eine Aussage, in der dieses Element fehlt, nicht falsch, sondern es liegt überhaupt noch keine Aussage vor (genau so liegt keine Aussage vor, wenn man von einem Berg sagt, er sei einen halben rechten Winkel hoch ohne den Ort anzugeben, von dem aus er so hoch erscheint[65]). Vom Standpunkt der Relativitätstheorie aus ist also die ganze klassische Physik nicht nur falsch, sondern sinnlos. Ich wiederhole, daß dies *nur für eine bestimmte Interpretation* der Relativitätstheorie und der klassischen Mechanik zutrifft, und daß die genannten Folgen bei anderen Interpretationen, *die durchaus möglich sind,* nicht mehr eintreten. Die gewählte Interpretation definiert relativistische Begriffe auf Grund relativistischer Prinzipien und nicht auf dem Umweg über die bereits als falsch erkannten Prinzipien der klassischen Physik. Sie besitzt eine Ökonomie, Symmetrie und Reinheit, die anderen Interpretationen fehlt, und wird daher in zunehmenden Ausmaß verwendet.[66] Zu betonen ist auch, daß das relativistische

---

[65] Solche Beispiele und ihre Beziehung zur Deutung der Relativitätstheorie finden sich in Philipp Franks ausgezeichnetem Buch *Relativity, A Richer Truth,* das es verdient, anstelle der schwerfälligen Formalisierungen zu treten, die heute auf diesem Gebiete Klarheit schaffen wollen.

[66] Vgl. wieder Frank, *a.a.O.,* sowie Marzke und Wheeler 'Gravitation and Geometry I: the geometry of space-time and geometrodynamical standard meter' in Chiu-Hoffman (eds) Gravitation and Relativity New York 1963. Die Autoren adoptieren das sehr vernünftige Prinzip (das sie von Bohr und Rosenfeld, *Kgl. Danske Videnskab. Selskab Mat.-Phs. Medd.,* Bd. 12, No 8, 1933 übernehmen), daß „jede saubere Theorie aus sich selbst Mittel schaffen soll, die Quantitäten zu definieren, von denen sie handelt". Nach diesem Prinzip darf die Relativitätstheorie nur solche Messungen von Raum und Zeit erlauben, die frei sind von jeder Bezugnahme auf ein Wirkungsquantum [Atomuhren und/oder minimale Entfernungen] oder auf „starre Stäbe" [48], und vor allem muß die Lichtgeschwindigkeit eine mehr fundamentale Rolle erhalten, als ihr in der klassischen Physik zukommt. Marzke und Wheeler

Schema uns zwar häufig *Zahlen* gibt, die sehr nahe an den Zahlen des klassischen Schemas liegen, daß aber daraus die Vergleichbarkeit der *Begriffe* noch lange nicht folgt (vgl. hydrodynamische Modelle in der Elektrodynamik; darum werden elektrische Ströme noch nicht zu Wasser). Selbst im Fall v/c → 0, der genau identische Zahlenwerte gibt, fallen die Begriffe nicht zusammen, denn die Bedingung der Anwendbarkeit (oder Nicht-Anwendbarkeit) besteht unabhängig vom numerischen Wert der gemachten Vorhersagen und unabhängig von der Relativgeschwindigkeit (tritt man ganz nahe an einen Berg heran, dann wird der Erhebungswinkel ein rechter; aber der Erhebungswinkel geht dadurch nicht in die in Metern ausgedrückte objektive Höhe über). Auch im Ruhesystem bleiben relativistische Begriffe von den klassischen verschieden: die Ruhmasse ist nicht die klassische Masse.[67] Die begriffliche Diskrepanz infiziert also auch die gewöhnlichsten Umstände: Der relativistische Begriff einer bestimmten Form, wie etwa der Form des Abschiedsbriefes meiner Geliebten, oder einer Zeitfolge, wie zum Beispiel der Ereignisreihe, daß ich jetzt „verdammt nochmal!" sage, wird sich ebenfalls von den entsprechenden klassischen Begriffen unterscheiden. Es ist daher vergeblich zu erwarten, daß uns genügend lange Ableitungen schon wieder zu den klassischen Begriffen zurückführen werden.[68] Die Konsequenzklassen von SR und CM sind unvergleichbar.

Ich werde nun einige Einwände besprechen, die sich nicht gegen diese besondere Analyse der Beziehung von SR und SM wenden, sondern gegen die *Möglich-*

---

konstruieren Uhren und Längenmaßstäbe, die die Eigenschaften des Lichts und die Bahnen träger Teilchen verwenden [53–56]. Die Gleichheiten, die mit solchen Uhren und solchen Maßstäben gemessen werden, sind transitiv in einer relativistischen Welt, intransitiv in einer klassischen Welt: Der relativistische Gleichheitsbegriff ist in der klassischen Welt nicht anwendbar. Die Ergebnisse von Entfernungsmessungen sind invariant gegenüber Translationen in einem relativistischen Universum, nicht invariant gegenüber Translationen in einem klassischen Universum. Zwei verschiedene Ereignisse sind durch eine endliche Entfernung getrennt in einem klassischen Universum, nicht immer so getrennt in einem relativistischen Universum. Die Maßeinheit ist das Intervall zwischen den beiden effektiven Äquinoktien des Jahres 1900, und sie läßt sich mit jedem (räumlichen und zeitlichen) Intervall auf invariante (gegenüber Translationen) Weise vergleichen. Kein solcher Vergleich ist im klassischen Fall möglich. Wir sehen, daß sich relativistische Raumzeitintervalle auf nicht zirkuläre Weise in den Begriffen der Relativitätstheorie selbst definieren lassen [62]. Die definierten Intervalle sind inkommensurabel mit klassischen Intervallen.

Man kann also den Raumzeitrahmen allein auf die Elemente der Relativitätstheorie gründen, und alle Vermischung mit früheren Denkweisen vermeiden. Sehr elegant stellt sich dieses Vorgehen im sogenannten k-Kalkül dar: vgl. Synge 'Introduction to General Relativity' in de Witt und de Witt (eds) *Relativity, Groups, and Topology* New York 1964, Kap. II; zum k-Kalkül vgl. Bondi *Assumption and Myth in Physical Theory*, 29 sowie Bohm *The Special Theory of Relativity*, Kap. xxvi.

[67] Zu diesem Punkt vgl. A. St. Eddington *The Mathematical Theory of Relativity*, Cambridge 1924, S 33

[68] Ein Einwand von Professor J. W. N. Watkins

keit oder *Erwünschtheit* inkommensurabler Theorien (fast alle Einwände gegen die Inkommensurabilität sind von dieser Art). Die Einwände enthalten methodologische Ideen, die wir kritisieren müssen, wenn wir unsere Freiheit gegenüber den Wissenschaften vergrößern wollen.

Ein sehr populärer Einwand geht von der Fassung des Realismus aus, die ich weiter oben geschildert habe. Ich sagte: „Ein Realist will eine einheitliche Darstellung sowohl beobachtbarer als auch unbeobachtbarer Tatsachen geben, und er wird zu diesem Zweck die abstraktesten Begriffe der Theorie verwenden, mit der er sich beschäftigt." Er verwendet diese Begriffe entweder, um Beobachtungssätze mit einem Sinn zu *versehen,* oder um ihre übliche Deutung durch eine andere Deutung zu *ersetzen* (z.B. er verwendet die Ideen von SR, um die gewöhnliche CM-Interpretation von Alltagsaussagen über Figuren und zeitliche Folgen etc. zu verändern.) Im Gegensatz dazu hat man geltend gemacht, daß theoretische Ausdrücke interpretiert werden, indem man sie entweder mit einer bereits existierenden Beobachtungssprache, oder mit einer Theorie verbindet, die schon mit einer solchen Beobachtungssprache in Beziehung steht, und daß sie ohne eine Verbindung dieser Art überhaupt keinen kognitiven Sinn haben. So schreibt z.B. Carnap:[69] „es gibt keine unabhängige Interpretation für L_T [die Sprache, in der eine gewisse Theorie oder eine bestimmte Weltanschauung formuliert wird]. Das System T, [das aus den Axiomen der Theorie und den Ableitungsregeln besteht], ist selbst ein uninterpretiertes Postulatsystem. [Seine] Ausdrücke erhalten eine indirekte und unvollständige Interpretation durch die Tatsache, daß einige von ihnen durch [Korrespondenzregeln] C mit Beobachtungsausdrücken verbunden sind." Wenn nun theoretische Ausdrücke keine „unabhängige Interpretation" haben, dann können sie auch nicht zur Korrektur der Interpretation von Beobachtungsaussagen verwendet werden, die ja die einzige und ausschließliche Quelle ihres Sinnes sind. Der Realismus, den wir beschrieben haben, ist dann eine unmögliche Doktrin.

Dieser Einwand beruht auf dem Leitgedanken, daß neue und abstrakte Sprachen nicht auf direktem Wege eingeführt werden können, sondern daß sie zuerst mit einer bereits vorhandenen und vermutlich stabilen Beobachtungssprache verbunden werden müssen.[70]

---

[69] 'The Methodological Character of theoretical Concepts', *Minnesota Studies* Bd. i (1756), S 47

[70] Oft wird ein noch konservativeres Prinzip verwendet, wenn man die Logik von Sprachen diskutiert, die sich von der unseren wesentlich unterscheiden. So schreibt Stroud, *Synthese* 1968, daß „es möglich sein muß, jede angeblich neue Denkweise in die Begriffswelt unseres gegenwärtigen linguistischen und begrifflichen Apparats einzufügen und auf ihrer Grundlage zu verstehen"; daraus folgt dann, (172) daß „eine „Alternative" entweder etwas ist, das wir schon verstehen, und daher für uns bereits sinnvoll ist, oder es handelt sich um überhaupt keine Alternative". Dabei wird übersehen, daß man eine bisher unverstandene Alternative wie eine neue und unbekannte Sprache *lernen* kann, d.h. nicht auf Grund von *Übersetzungen,* sondern indem man mit den Sprechern der Sprache *lebt.*

Der Leitgedanke wird widerlegt durch Erläuterung des Weges, auf dem Kinder ihre Muttersprache, und Völkerkundler und Linguisten die Sprache eines neuentdeckten Stammes lernen.

Das erste Beispiel ist auch aus anderen Gründen lehrreich, denn die Inkommensurabilität spielt eine wichtige Rolle in den frühen Monaten der menschlichen Entwicklung. Wie Piaget und seine Schule bemerkt haben,[71] entwickelt sich die Wahrnehmung des Kindes durch verschiedene Stufen, bis sie ihre relativ stabile, erwachsene Form erreicht. Es scheint eine Stufe zu geben, auf der Gegenstände sich genau wie Nachbilder verhalten,[72] und sie werden auch als solche behandelt: Das Kind folgt dem Gegenstand mit den Augen, bis er verschwindet, aber es versucht nicht, ihn wiederzufinden, obwohl der Versuch nur die geringste physische (oder intellektuelle) Anstrengung verlangt, und obwohl das Kind zu dieser Anstrengung schon fähig ist. Das Kind hat nicht einmal die *Tendenz* zu suchen — und das ist auch völlig in Ordnung, „begrifflich" gesprochen: Es wäre ja in der Tat sinnlos, nach einem Nachbild zu „suchen". Der „Begriff" des Nachbildes sieht eine solche Operation nicht vor.

Die Ankunft des Begriffes oder des Wahrnehmungsbildes materieller Gegenstände verändert die Situation auf dramatische Weise. Wir bemerken eine drastische Neuorientierung von Verhaltensweisen und, wie man vermuten kann, auch des Denkens. Nachbilder und verwandte Gegenstände existieren zwar immer noch, aber sie sind nicht leicht zu finden und müssen mit Hilfe spezieller Methoden entdeckt werden (man kann also sagen, daß die frühere visuelle Welt *buchstäblich verschwindet*). Solche Methoden gehen von einem neuen begrifflichen Schema aus (Nachbilder treten *in Menschen* auf, nicht in der physikalischen Außenwelt, sie sind *an Menschen* gebunden), und sie können nicht zu den Phänomenen der früheren Stufe zurückführen (darum müßten diese Phänomene eigentlich auch mit einem anderen Namen bezeichnet werden, wie etwa 'Pseudo-Nachbilder'). Weder Nachbilder noch Pseudonachbilder nehmen in der neuen Welt eine spezielle Position ein. Zum Beispiel, man behandelt sie nicht als *Evidenz,* auf der der neue Begriff des materiellen Gegenstandes ruht. Noch kann man sie verwenden, um diesen Begriff zu *erklären:* Die Nachbilder tauchen *mit ihm zusammen* auf, sie fehlen in einem Bewußtsein, das materielle Gegenstände noch nicht erkennen kann, und Pseudonachbilder verschwinden, sobald eine solche Erkenntnis stattfindet. Man muß zwar zugeben, daß jede Stufe eine Art 'Beobachtungsbasis' besitzt, die besonders beachtet wird, und von der man eine Menge von Anregungen empfängt. Aber diese Basis (1) ändert sich von Stufe zu Stufe; und (2)

J. Giedymin [*British Journal for Philosophy of Science* Feb. 1971, 39] hat bestritten, daß der „Leitgedanke" des Textes je von einem Empiristen vertreten worden sei. Das wird widerlegt durch Hempel's Versuch, diesen Leitgedanken zu kritisieren [vgl. seine Aufsätze in *Minnesota Studies* Band iv und v] sowie durch seine eigenen früheren Gedanken [vgl. *Philosophy of Natural Science,* New York 1966, Chapter 6]. Vgl. auch Nachtrag zu Kap. 1

[71] Vgl. Piaget *The Construction of Reality in the Child* 1954

[72] *Op. cit.,* s 5 f

sie ist ein *Teil* des begrifflichen Apparats einer gegebenen Stufe, und *nicht* die eine und ausschließliche Quelle aller Interpretationen.

Wenn man diese Umstände in Betracht zieht, so erhebt sich der Verdacht, daß die Familie der Begriffe, die sich um den Begriff des 'materiellen Gegenstandes' gruppieren, und die Familie der Begriffe, die sich um den Begriff eines „Pseudonachbildes' gruppieren, inkommensurabel sind in genau dem Sinn, der hier in Frage steht. Ist es nun vernünftig zu erwarten, daß begriffliche Änderungen dieser Art nur in der Kindheit vorkommen? Sollen wir die Tatsache begrüßen — falls es sich um eine Tatsache handelt —, daß ein Erwachsener in einer stabilen Begriffswelt und in einem stabilen Begriffssystem stecken geblieben ist, das er zwar auf mannigfache Weise modifizieren kann, dessen allgemeine Umrisse aber ein für allemal zum Stillstand gekommen sind? Ist die Annahme nicht viel realistischer, daß grundlegende Änderungen mit Inkommensurabilität noch immer möglich sind, und daß man sie fördern sollte, um den Übergang zu einer höheren Stufe des Wissens und des Bewußtseins nicht auszuschließen? Außerdem ist die Frage der Beweglichkeit des erwachsenen Stadiums ohnehin eine empirische Frage, die durch *Forschung* zu *untersuchen* und nicht durch methodologische *Entscheidung* zu *erledigen* ist. Der Versuch, die Schranken eines gegebenen Begriffssystems zu durchbrechen, ist ein wesentlicher Teil einer solchen Forschung.

Faßt man nun das zweite Element der Widerlegung, das Gebiet anthropologischer Feldforschung ins Auge, so sieht man, daß, was hier mit gutem Recht vermieden wird, immer noch ein grundlegendes Prinzip der zeitgenössischen Vertreter der Philosophie des Wiener Kreises ist. Nach Carnap, Feigl, Nagel, Hempel und anderen erhalten die Ausdrücke einer Theorie ihre Interpretation auf indirekte Weise, indem sie mit einem anderen Begriffssystem, das heißt entweder mit den Begriffen einer älteren Theorie oder mit einer Beobachtungssprache[73], verbunden werden. Ältere Theorien und Beobachtungssprachen werden nicht wegen ihrer theoretischen Vorzüge verwendet (Vorzüge haben sie sicher keine, denn sie sind gewöhnlich bereits überholt). Sie werden verwendet, weil sie „von einer Sprachgemeinschaft als Kommunikationsmittel benützt werden."[74] Nach dieser Methode wird z.B. die Relation „ ... hat größere relativistische Masse, als ..." teilweise dadurch interpretiert, daß man sie mit vorrelativistischen Ausdrücken verbindet (also entweder mit klassischen oder mit Alltagsausdrücken), die „allgemein verstanden" werden (vermutlich als Ergebnis vorhergehenden Lernens im Zusammenhang mit rohen Meßmethoden). Das ist noch schlimmer als

---

[73] Zum folgenden vgl. auch meine Besprechung von E. Nagels Buch *The Structure of Science* im *British Journal for the Philosophy of Science* Bd. 17 (1966), 237–249. Hempel ist inzwischen von der Methode der Interpretation auf Grund des Zweisprachenmodells abgerückt. Wissenschaftliche Theorien, sagt er nun, lernt man wie auch andere Sprachen, und bei diesem Lernen treten theoretische Begriffe und Beobachtungsbegriffe eng miteinander verbunden auf. Vgl. seine Aufsätze in den *Minnesota Studies* Bd. iv und v.

[74] Carnap, *loc. cit.*, 40. Vgl. auch Hempel, *Philosophy of Natural Science*, 74 ff.

die einst so populäre Forderung, zweifelhafte Stellen (oder Gedanken) aufzu-
hellen, indem man sie ins Lateinische übersetzt. Latein wurde gewählt wegen
seiner Präzision und Klarheit, und weil es begrifflich reicher war als die sich
langsam entwickelnden vulgären Idiome. Die Wahl einer Beobachtungssprache
oder einer älteren Theorie als Basis für Interpretationen geschieht aber darum,
weil sie „bereits verstanden wird", also, weil sie *populär* ist. Außerdem: Wenn
die vorrelativistischen Ausdrücke, die ja der Wirklichkeit sehr fernstehen — insbesondere angesichts der Tatsache, daß sie einer überholten Theorie angehören —
direkt gelehrt werden können, zum Beispiel mit Hilfe von kruden Messungs-
methoden (und wir müssen annehmen, daß sie so gelehrt werden können, oder
das ganze Schema fällt in sich zusammen), warum können wir dann die relativistischen Begriffe nicht *direkt* und *ohne* Hilfe der Begriffe eines anderen Idioms
einführen? Und schließlich verlangt schon der gewöhnliche Hausverstand (wenn
auch nicht der Hausverstand mancher Philosophen), daß das Lehren und das
Lernen neuer und unbekannter Sprachen nicht mit irrelevantem Material belastet
werde.[75] Linguisten machen uns darauf aufmerksam, daß eine völlig befriedigende Übersetzung niemals möglich ist, selbst dann nicht, wenn man komplexe
Kontextdefinitionen verwendet.[76] Das ist Grund für die Wichtigkeit anthropologischer *Feldstudien*, wo man eine Sprache *von allem Anfang an* lernt, und für
die Verwerfung von Studien, die auf vollständiger oder teilweiser *Übersetzung*
beruhen. *Doch gerade was in der Linguistik und der Anthropologie als Ana-
thema gilt, ist die Basis der Interpretationsverfahren der logischen Empiristen*,
nur daß hier eine *mythische* „Beobachtungssprache" das *wirklich vorhandene*
Englisch oder Deutsch oder Französisch der Anthropologen einnimmt. Beginnen
wir auch hier mit Feldstudien und untersuchen wir die Sprache neuer Theorien
nicht in den Definitionsfabriken des Zweisprachenmodells, sondern in der Gesellschaft jener Metaphysiker, Experimentatoren, Theoretiker, Dramatiker, Kurti-
sanen, die neue Weltanschauungen aufgebaut haben. Damit endet die Diskussion
des Leitprinzips des ersten Einwandes gegen den Realismus und die Möglichkeit
inkommensurabler Theorien.

Als nächstes kommt ein Sack voll von vermischten Bemerkungen, die nie auf
systematische Weise dargestellt worden sind, und die sich mit wenigen Worten
erledigen lassen.

Zu Beginn ist da der Verdacht zu beruhigen, daß Beobachtungen, die ihre
Interpretation von einer neuen Theorie empfangen, nicht mehr fähig sind, diese
Theorie zu widerlegen. Der Verdacht wird entfernt durch den Hinweis, daß die

---

[75] Das ist auch die Auffassung von Bohr und Rosenfeld. Vgl. Fußnote 66.

[76] Poppers Hinweis [*Criticism* etc., p 56], daß man doch übersetzen und neue Sprachen lernen
könne, beweist nur die Intelligenz und Vielseitigkeit des Menschen. Er beweist nicht die
begriffliche Vergleichbarkeit von Sprachen: Eine „Übersetzung" läßt ja meistens subtile
begriffliche Unterschiede verschwinden, die verschiedene Sprachen zu unvergleichbaren
Ordnungsmitteln unserer Welt machen. Siehe auch weiter unten.

Vorhersagen einer Theorie von den Postulaten, den mit ihnen verbundenen grammatischen Regeln *sowie auch* von den Anfangsbedingungen abhängen, während der Sinn der primitiven Begriffe von den Postulaten (und den mit ihnen verbundenen grammatischen Regeln) allein abhängt. Es ist also möglich, eine Theorie durch eine Erfahrung zu widerlegen, die vollkommen in ihren Begriffen interpretiert ist.

Eine andere Bemerkung, die man oft hört, ist, daß es *entscheidende Experimente* (Kreuzexperimente, *experimenta crucis*) gibt, die eine von zwei angeblich inkommensurablen Theorien widerlegen und die andere erhärten. Beispiel: Das Michelson-Morley Experiment, die Massenveränderung der Elementarteilchen, der transversale Dopplereffekt widerlegen CM und erhärten SR. Auch dieses Problem läßt sich leicht lösen: Wenn wir den Standpunkt der Relativität annehmen, so finden wir, daß die Experimente, *die jetzt natürlich mit Hilfe relativistischer Begriffe beschrieben werden* (d.h. wir verwenden in allen Aussagen die relativistischen Begriffe von Länge, Dauer, Geschwindigkeit und so fort[77]) für die Theorie relevant sind, und daß sie sie erhärten. Nehmen wir den klassischen Standpunkt (mit oder ohne Äther) ein, so finden wir wieder, daß die Experimente, die jetzt in den ganz anderen Begriffen der klassischen Physik beschrieben werden, ungefähr in der Weise, in der sie schon Lorentz beschrieben hatte, relevant sind, aber wir finden, daß sie den klassischen Standpunkt *unterminieren.* Warum sollten wir Begriffe besitzen, die es uns erlauben zu sagen, daß es *dasselbe* Experiment ist, das die eine Theorie erhärtet und die andere widerlegt? Aber haben wir nicht selbst solche Begriffe benützt? Nun, es ist leicht, wenn auch etwas umständlich, das eben Gesagte *ohne* Behauptung einer Identität von Experimenten auszudrücken. Zweitens widerspricht die Identifikation unserer These natürlich nicht, denn in diesem Fall *verwenden* wir ja weder die Begriffe der klassischen Physik noch die der Relativität, wie es während einer Prüfung geschieht; wir *reden* nur *über sie* und über ihr Verhältnis zur physikalischen Welt. Die Sprache, in der sich *diese* Diskussion vollzieht, kann klassisch, relativistisch oder Alltagssprache sein. Es hilft nichts, wenn man darauf verweist, daß sich Wissenschaftler in der beschriebenen Situation auf viel weniger komplexe Weise verhalten. Wenn sie das tun, dann sind sie entweder Instrumentalisten (siehe oben) oder sie irren sich: Viele Wissenschaftler interessieren sich heutzutage nur für *Formeln,* während wir hier *Interpretationen* diskutieren. Wahrscheinlich ist es, daß sie CM und SR so gut beherrschen und so schnell von der einen Theorie auf die andere übergehen, daß sie sich in einem einzigen Gebiete ohne Unterteilungen zu bewegen scheinen:[78] Inkommensurabilität stört die *Wissenschaftler* nicht, denn der genaue Sinn von Aussagen hat für sie kein großes Interesse.

---

[77] Beispiele für solche Beschreibungen finden sich in Synge, *op. cit.*

[78] Aus dem schnellen Übergehen hat Popper wieder auf begriffliche Ähnlichkeit der beiden Theorien geschlossen. Sein Argument, daß die approximative Ableitbarkeit der Newtonschen Theorie aus der Einsteinschen Theorie die begriffliche Ähnlichkeit der beiden zeige, ist erstaunlich für einen Denker, der andere Ableitungen (wie etwa die „Ableitung" von

Ein weiterer Einwand bemerkt, daß eine Zulassung inkommensurabler Theorien uns nicht erlauben würde festzustellen, ob eine neue Theorie die Frage behandelt, von der sie ausgeht, oder ob sie nicht in andere und irrelevante Gebiete abwandert. Es wäre zum Beispiel nicht möglich zu entscheiden, ob sich eine neue physikalische Theorie mit den Eigenschaften von Raum und Zeit befaßt, oder ob ihr Verfasser nicht irrtümlich eine biologische Behauptung aufgestellt hat. Aber solche Kenntnisse braucht man nicht. Gibt man die Tatsache der Inkommensurabilität einmal zu, dann verschwindet die Frage, die dem Einwurf zugrundeliegt. (Der begriffliche Fortschritt macht es oft unmöglich, gewisse Fragen zu stellen; wir können zum Beispiel nicht mehr nach der absoluten Geschwindigkeit eines Gegenstandes fragen – zumindest solange nicht, als wir die Relativitätstheorie ernst nehmen. Probleme werden oft nicht *gelöst,* sondern *aufgelöst.*) Aber ist das nicht ein ernser Verlust für die Wissenschaft? Keineswegs! Fortschritte wurden oft durch genau dasselbe „Abwandern in andere Gebiete" erzielt, dessen Unentscheidbarkeit nun den Kritiker sosehr erregt. Aristoteles sah die Welt als einen Super*organismus,* d.h. als ein *biologisches* Wesen, während ein wesentliches Element der neuen Wissenschaft von Galilei und Descartes auf dem Gebiet der Medizin und Biologie ihre *rein mechanistische* Auffassung ist. Soll man solche Entwicklungen verbieten? Und wenn man sie nicht verbietet, was bleibt dann von dem Vorwurf übrig?

Ein verwandter Einwand beginnt mit dem Begriff der *Erklärung* oder der *Reduktion* und betont, daß diese Begriffe eine begriffliche Kontiuität voraussetzen (andere Begriffe können mit genau demselben Argument verbunden werden). In unserem obigen Beispiel: Soll die Relativitätstheorie die noch brauchbaren Teile der klassischen Physik erklären, dann kann sie mit dieser nicht inkommensurabel sein! Die Antwort liegt wieder auf der Hand. Warum sollte ein Vertreter der Relativitätstheorie sich für das Schicksal der klassischen Mechanik interessieren, außer als Teil einer historischen Übung? Von einer Theorie kann mit Recht nur *eines* verlangt werden, nämlich daß sie die *Welt* korrekt beschreibe, d.h. die Gesamtheit jener Tatsachen, die durch das Begriffsgerüst der Theorie selbst festgelegt werden.[79] Was haben die Prinzipien der Erklärung mit *dieser* Forderung zu tun? (Daß sie nicht zur Unwiderlegbarkeit der Theorie führt, wurde bereits weiter oben gezeigt.) Ist es nicht vernünftig anzunehmen, daß ein Standpunkt wie der der klassischen Mechanik, der sich schon des öfteren als mangelhaft erwiesen hat, auch nicht ganz adäquate Begriffe besitzen wird, und ist es nicht vernünftig zu versuchen, seine Begriffe durch die Begriffe einer mehr adä-

Newtons Gesetz der allgemeinen Schwere aus Keplers Gesetzen) so trefflich für die in ihnen auftretenden interpretativen Sprünge kritisiert hat.

[79] Ein Neurophysiologe, der an der Erklärung der Epilepsie interessiert ist, wird sich wohl kaum verpflichtet fühlen, Sätze, wie „Hans stand gestern unter dem Einfluß eines Schütteldämons" in sein Explanandum aufzunehmen. Warum sollte ein Relativist klassische Feststellungen in *seinem* Explanandum herumschleppen, wo doch das Verhältnis in beiden Fällen genau dasselbe ist? Vgl. auch Fußnote 66.

quaten Kosmologie zu ersetzen? Außerdem — warum sollte man den Begriff
der Erklärung mit der Forderung nach begrifflicher Kontinuität zwischen Explanans und Explanandum belasten? Der Begriff der Erklärung ist schon des
öfteren als zu eng befunden worden (Forderung der logischen Ableitbarkeit,
was Konsistenz zwischen Explanans und Explanandum impliziert), und man
war gezwungen, ihn aufzulockern, um partielle und statistische Verbindungen
sowie Approximationen einschließen zu können. Nichts hindert uns daran,
noch eine Auflockerung vorzunehmen, etwa durch Zulassung von „Erklärungen durch Äquivokation".

12   Inkommensurabilität C: Nichtwissenschaftliche Beispiele

Es ist nicht uninteressant zu bemerken, daß das Phänomen der Inkommensurabilität auch außerhalb der Wissenschaften eine wichtige Rolle spielt.
Im Bereich der visuellen Wahrnehmung gibt es Bedingungen, die bei gleich-
bleibendem physikalischen Reiz das Sehen bestimmter Strukturen einmal erlauben, dann wieder verbieten. Das Bild auf der nächsten Seite kann als junges
Mädchen oder als alte Frau gesehen werden, aber es ist nicht möglich, beide
Sehensweisen zugleich zu realisieren und dann einen Vergleich, ein „entscheidendes Experiment" anzustellen. Die kleine Figur unten zeigt auf sehr dramatische Weise, wie gewisse objektiv gesehene Strukturen *verschwinden,* sobald
sich andere Strukturen, die ihnen benachbart sind, in den Vordergrund drängen.
Wir haben hier ein kleines Modell vom Vorgang des „Aufwachens", der mit dem
Übergang von einem Standpunkt zu einem damit inkommensurablen verbunden
ist (vgl. auch das weiter oben über die *Entwicklung* der menschlichen Wahrnehmung Gesagte).

Stellen wir uns nun vor, daß der Beobachter, der durch den physikalischen
Reiz zu einer Wahrnehmung veranlaßt wird, eine Sprache spricht, die die Welt
in ganz bestimmter Weise aufteilt und organisiert, zum Beispiel eine Sprache,
in der Menschen und Dinge *Aggregate von Teilen* ohne „zugrundeliegende Substanz" sind. Die Sprache Homers scheint eine Sprache dieser Art zu sein.[80]
Zunächst gibt es in ihr kein Wort für den menschlichen *Leib. Soma* ist die Leiche,
nicht der lebendige Leib, *demas* ist Akkusativ der Spezifikation, bedeutet soviel
wie 'der Gestalt nach', Bezugnahme auf Glieder (γυῖα: die in den Gelenken
sich bewegenden Glieder; μέλεα: die Glieder in ihrer Muskelkraft), d.h. auf ein
Aggregat, ersetzt in vielen Fällen unsere Rede von einem Körper und seinen
Modifikationen, während in anderen Fällen Flächen, wie χροός: die Ober-

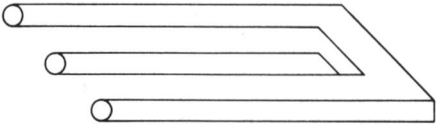

---

[80] Zum folgenden vgl. B. Snell, *Die Entdeckung des Geistes*

fläche des Körpers, den Dienst tun muß. Gedanklich bringt es also der Homerische Schreiber höchstens zu einer *Gliederpuppe,* die allerdings in eine Fülle
von erstaunlichen Handlungen verwickelt wird.

Ähnliches gilt vom *Innenleben.* Dem Zerfallen des Körpers in Teile entspricht
das Zerfallen von Einstellungen, „geistigen" Prozessen, Emotionen und dergleichen in verschiedene Ereignis- und Handlungsgruppen, die in ihrer Quantität, nicht
in ihrer Intensität beschrieben werden, und die man kettenartig aneinanderfügt.
„Niemals geht Homer in seiner Beschreibung von Ideen und Emotionen über die
rein räumliche oder quantitative Definition hinaus; niemals versucht er, ihre spezielle und nicht physikalische Natur zu ergründen".[81] Der Anstoß für Handlungen
und selbst für Ereignisse des „Innenlebens" liegt nicht in der „Autonomie des
Subjekts", von der die Sprache (und auch die bildliche Darstellung — siehe weiter
unten) keine Ahnung haben,[82] der Anstoß liegt in *weiteren* Handlungen, zum

---

[81] Snell, *op. cit.,* 18

[82] Es gibt zwar den Begriff des Menschen *selbst,* aber der wird durch keine 'Synthese von
innen her' unterbaut.

Beispiel in den Handlungen der *Götter*. Und das ist auch genau die Weise, in der das „Innenleben" *erfahren* wird: Träume, ungewöhnliche psychologische Ereignisse wie plötzliches Erinnern, plötzliches Vergessen, schnell aufbrausender Zorn, plötzliche Zunahme von Energie in der Schlacht und anderen Handlungen, die von der Norm abweichen, werden nicht nur durch göttlichen Einfluß *erklärt*, sondern auch als fremde Eingriffe *erfahren*. Der Traum des Agamemnon „eilt zu den rüstigen Schiffen Achaias" − der *Traum* eilt, und nicht nur eine Figur in ihm, „geht ins Gezelt" und „tritt ihm [Agamemnon] zum Haupt" [*II*. B 8−20]. Man *hat* nicht einen Traum, man *sieht* ihn, man sieht auch ganz offenbar, wie er sich naht und wieder entfernt (gelegentlich läßt sich dieses „sich Nahen" und „sich Entfernen" auch heute noch beobachten, etwa beim Einschlafen, wo man dann wahrnimmt, wie hypnagogische Halluzinationen sich allmählich erweitern und schließlich den Liegenden ganz umgeben; oder umgekehrt, beim plötzlichen Aufwachen, wo das Traumbild sich vom Rücken her zusammenzieht und schließlich als eine winzige Bühne in der Ferne entschwindet.) Die Traumerfahrung ist also hier ganz anders als bei uns. Die plötzlich eintretende Zunahme von Energie während eines Kampfes, die entweder spontan, oder als Ergebnis von Gebeten eintritt, ist ein objektiver Prozeß, der auch im Tier stattfinden kann, und er wird im Menschen zusätzlich als ein von außen kommender Zufluß von Energie *gefühlt*: „Doch der Menschen Gedeihn vermehrt und vermindert Kronion" [*II*. Y 242]. Das ist nicht bloß eine *objektive* Beschreibung, sondern auch eine Beschreibung des *Gefühls* der Mitteilung einer Kraft von außen, die den Menschen „mit großer Stärke erfüllt" [*II*. N 60]. Der Umstand, daß Homer Gründe selbst für jene psychischen und psychologischen Ereignisse gibt, die wir heute oft als zufällig auftauchende und wieder verschwindende Anwandlungen des Körpers und der Seele ansehen, läßt sie im Bewußtsein deutlicher hervortreten und gibt ihnen eine objektive Qualität: Regelmäßigkeit definiert gedanklich und perzeptuell. Diese objektive Qualität wieder bestätigt das Wechselspiel der Götter, das zu ihrer Erklärung dient; es macht diese Götter zu sichtbaren, fühlbaren, erfahrbaren Einflüssen in der Welt: „Die Götter sind da. Daß wir dies als gegebene Tatsache mit den Griechen erkennen und anerkennen, ist die erste Bedingung für das Verständnis ihres Glaubens und ihres Kultus. Daß wir wissen, sie sind da, beruht auf einer Wahrnehmung, sei sie innerlich oder äußerlich, mag der Gott selbst wahrgenommen werden oder etwas, in dem wir die Wirkung eines Gottes erkennen".[83] Das Band zwischen Handlungen, psychophysischen Ereignissen sowohl in Göttern als auch in Menschen ist viel enger geknüpft, als im Alltag von heute − „für Homer und für den frühen Denker im allgemeinen gibt es keinen Zufall"[84] − allerdings auf Kosten der leiblichen, wie auch der seelischen Einheit, auf Kosten der 'Substanz' der Homerischen Gliederpuppe.

Der Homerische Mensch *ist* somit weit weniger kompakt, als das spinnenartig-sensitive Subjekt von heute, und er *bemerkt* das auch. Er ist nicht kompakt

---

[83] Wilamowitz-Moellendorf, *Der Glaube der Hellenen*, Bd. i 1955, 17

[84] Dodds, *The Greeks and the Irrational*, University of California Press 1963, 6

im *körperlichen* Sinn — sein Leib besteht aus einer Vielzahl von Gliedern, Oberflächen, Teilen, die oft genug im Vergleich mit toten Dingen wie Walzen, Kugeln, Kreisel etc. beschrieben werden: Wie eine *Walze* rollt der Leib des Hippolochos durch das Kampfgetümmel, nachdem ihm Agamemnon Glieder und Kopf abgeschlagen hat [Λ 146]; wie ein *Kreisel* taumelt Hektor [Ξ 412]; wie eine *geknickte Mohnkapsel* fällt der Kopf eines zu Tode Getroffenen zur Seite [Θ 302]; und so weiter.[85] Er ist auch nicht kompakt im *seelischen* Sinn, denn „psychische" Ereignisse sind nicht auf ein inneres Kraftzentrum, auf eine „Seele" bezogen, sie treten von außen an das Gliederbündel heran: „Der Homerische Mensch hat keinen einheitlichen Begriff dessen, was wir eine 'Seele', oder eine 'Persönlichkeit' nennen".[86] Weiterhin ist er nicht kompakt im *ideologischen* Sinn, er duldet einen Eklektizismus in der Religion, fremde Götter und Mythen werden ohne Zögern übernommen, verschiedene Varianten desselben Mythos bleiben nebeneinander bestehen, ohne daß der Versuch gemacht würde, Widersprüche zu beseitigen (puritanische Logomanen haben sich über diese Freiheit und diesen Liberalismus sehr geärgert). Es gibt keine Priesterschaft, es gibt keine Dogmen. Toleranz gegen eine Vielfalt von Meinungen über Welt und Dinge, Abwesenheit jeder theoretischen Ausschließlichkeit, Fehlen apodiktischer Behauptungen über Welt und Götter sind das Kennzeichen der Zeit, in der er lebt. (Diese Toleranz wirkt noch bei den frühen Ioniern nach, die ihre Ideen als gefällige persönliche Spekulationen vortragen, ohne einen Konflikt mit den traditionellen Ideen auch nur zu beabsichtigen. Popper hat diese freie Vereinigung freier Geister in einen rechthaberischen Debattierklub verwandelt.) Und schließlich spiegelt sich der Mangel an Kompaktheit auch in der Auffassung der Erkenntnis, die wir in den Epen treffen. Die Musen von *Ilias* B 484 ff haben *Kenntnisse*, nicht *Erkenntnis*, und sie besitzen jene,, weil sie den Dingen *nahe* sind, und weil sie die *Summe* aller Dinge kennen, nicht aber, weil sie die Reise von Erscheinung zum Wesen und damit zur Erkenntnis mühelos durchgeführt haben. Ein Denker ist *viel*wissend und *viel*denkend [πολύφρων; πολύμητις] und nicht *tief*wissend und *tief*denkend [βαϑύφρων; βαϑυμήτης], wie in der späteren lyrischen Dichtung. *Wissen* bedeutet nicht Vordringen von „Erscheinungen" zu einem „Wesen", sondern richtige Plazierung im Verhältnis zum Objekt (Prozeß, Aggregat) und Aufaddieren der dabei gewonnenen Kenntnisse. Über diese Kenntnisse kommt man nicht hinaus. Bezweifeln kann man einen Bericht, oder einen vagen Eindruck — aber diese haben mit den Dingen nur sehr wenig zu tun. Vor allem sind sie nicht „Erscheinungen" der Dinge. Andrerseits bemerkt man, richtig plaziert, *das Ding selbst, so, wie es sich in dieser Situation verhält*, und nicht etwa bloß eine Erscheinung. Wie auch in der künstlerischen Darstellung (siehe weiter unten) schließt die volle Kenntnis eines Dinges die volle Kenntnis aller seiner Teile ein, und diese Teile können auch Prozesse sein, nicht nur Dinge.

---

[85] Vgl. Gebhard Kurz, *Darstellungsformen menschlicher Bewegung in der Ilias*, Heidelberg 1966

[86] Dodds, 15

So betrachtet verliert das im Wasser gebrochen aussehende Ruder seine skeptische Kraft, die ihm in einem späteren Zusammenhang zugeschrieben wird. Ebensowenig, wie das Sitzen des schnellfüßigen Achilles zu Zweifeln an seiner Schnellfüßigkeit Anlaß gibt — ganz im Gegenteil, man müßte seine Schnellfüßigkeit
bezweifeln, wenn es sich herausstellte, daß er im Prinzip nicht sitzen kann —
ebensowenig kann uns auch das im Wasser gebrochene Ruder an seiner Geradheit
in der Luft zweifeln machen — ganz im Gegenteil, man müßte seine Geradheit
bezweifeln, wenn es sich herausstellen sollte, daß es im Wasser im Prinzip nicht
gebrochen aussehen kann. Das im Wasser gebrochene Ruder ist nicht ein *Aspekt*
des Ruders, dem seine Geradheit in der Luft als ein anderer Aspekt gleichberechtigt zur Seite tritt, so daß sich die Frage erhebt, wie das Ruder nun „wirklich"
beschaffen sei, es ist vielmehr eine besondere *Situation* des „wirklichen" Ruders,
die mit seiner Geradheit in der Luft nicht nur vereinbar ist, sondern sie geradezu
fordert.[87] Soweit eine kurze Beschreibung gewisser *begrifflicher* Züge der Homerischen Epen.

Diese begrifflichen Züge geben Anlaß zu *Einstellungen*, die dann ihrerseits
zu besonderen *Wahrnehmungen* der Reize der Umwelt führen. Die Wahrnehmungen (und auch nicht perzeptuelle Elemente des Begriffssystems) finden nun in
der *Kunst* ihren Niederschlag. Betrachten wir also die Kunst, die dem Homerischen Begriffssystem entspricht!

Diese Kunst ist der *späte geometrische Stil,* in dem Figuren und Ornamente
miteinander kombiniert auftreten. Die Figuren sind konventionell, „mit präziser
Abstraktion ausgeführt":[88] Kopf mit klarem Kinn, dünner Nacken, dreieckiger
Körper, dünne Arme und Beine, keine individuellen Züge, keine Typen (alter
Mann, dicker Mann etc.) Hier also ist die Gliederpuppe sichtbar vorgestellt! Die
Puppe führt schematische Handlungen aus — man findet gewisse Standardstellungen oft wiederholt —, die sich in Homerischen Formeln beschreiben lassen. Figuren sind überbestimmt — der Tote des Leichenzuges auf dem Attischen Krater
im Dipylonstil wird mit zwei Armen, zwei Beinen, Dreieckstorso, Kopf im Profil
ausgestattet, in der Tat, er ist einfach ein stehender Mensch in der Vollkraft seiner
Existenz, der um 90 Grad gedreht worden ist. Alle seine Lebensaspekte tragend,
wird er zusätzlich in die Todes*lage* versetzt, die also sein Aussehen nicht *modifiziert*, sondern zu ihm *dazukommt*. Ebenso hebt der Dichter den lachenden Aspekt
der Aphrodite hervor, wenn sie sich tränenreich beklagt [E 375], oder nennt
Achilles „schnellfüßig" [Ω 559], wenn er mit Priam beim Gespräch sitzt. Ein

---

[87] Diese Analyse der Ruderillusion findet sich auch in Austin, *Sense and Sensibilia*, New York
1962, wo der Homerische Standpunkt, ohne erwähnt zu werden, den Vereinheitlichungsbestrebungen späterer Philosophen gegenüber verteidigt wird. Zum Begriff des Wissens vgl.
auch B. Snell, *Die Ausdrücke für den Begriff des Wissens in der vorplatonischen Philosophie,*
Berlin 1924

[88] T. B. L. Webster, *From Mycenae to Homer*, New York 1964, 292. Webster sieht hier eine
Antizipation des Rationalismus und der Philosophie. Was dazu noch fehlt, ist allerdings
die „unterliegende Substanz".

extremes Beispiel ist die Darstellung eines von einem Löwen halb verschlungenen Rehs[89]: Der Löwe ist wild, das Reh ist friedlich, der Löwe verschlingt das Reh — diese Ideenreihe tritt im Bild als ein im Löwen schon halb verschwundenes *friedlich* aussehendes Reh auf, d.h. dem wilden Löwen und dem friedlichen Reh wird der Akt des Verschlingens wieder *einfach hinzugefügt*. Ereignisse, die zu anderen Ereignissen hinzutreten, werden dadurch nicht modifiziert, sie werden wie die Glieder einer Kette aneinandergereiht. In X 398 schleift Achilles Hektor hinter sich her, ,,es erhob sich Staub, der Kopf aber *lag* ganz im Staub, rings fielen die dunklen Haare auseinander ...‘‘[90] — d.h. selbst die schnellste und wildeste Bewegung enthält wie eine Momentaufnahme den *Zustand* des Liegens. Bei Gegenständen führt derselbe Prozeß zur Ersetzung räumlicher Beziehungen durch *sichtbare Listen*: Die Wagen im Leichenzug des oben erwähnten Kraters haben Räder *plus* Boden *plus* Füße *plus* Beine des Fahrers, während man in spätmykeni-

Athen, Nationalmuseum. Dipylon Stil

Vom Fragment einer Tonvase (Athen) im
Louvre. Seeschlacht 9. bis 8. Jahrh. vor Christus

scher Zeit *verdeckt*, was nicht zu sehen war. Das frontal gesetzte Auge, das in mykenischen Vasen vorkommt, dann in den geometrischen Silhouetten verschwindet, taucht in Umrißzeichnungen wieder auf und dauert bis in das 6. Jahrhundert fort, auf ernsten, wie auch auf heiteren Bildern (die Heraklesvase). Man stellt es nicht als ein *Organ des Leibes* dar, das an dessen Bewegungen teilnimmt, oder sie lenkt, man fügt es als *Element einer Aufzählung* hinzu: ,,Und außerdem hat dieser Mensch, wie jeder Mensch, auch noch ein Auge‘‘. Figuren, Erzählungen, Situationen sind Bündel von sichtbar dargestellten Begriffen, die bald nach optischen, bald nach rein gedanklichen Prinzipien aneinandergereiht werden, denen aber ein verbindendes Prinzip, eine ,,unterliegende Substanz‘‘ fehlt.

---

[89] Hampe, *Die Gleichnisse Homers und die Bildkunst seiner Zeit*, Tübingen 1952
[90] Kurz, *op. cit.*, 50

Die „unterliegende Substanz" fehlt selbst noch in der archaischen Zeit, die den Menschen mit erheblich größerem Detail ausstattet als die geometrische Periode, und die ihn in lebhafte Episoden verflicht: „Wie lebhaft und aktiv die archaischen Helden auch immer sein mögen, sie scheinen sich nicht aus eigenem Willen zu bewegen. Ihre Gesten sind *explanatorische Formeln,* die den Handlungen von außen auferlegt werden, um zu *erklären,* welche Art von Handlung stattfindet. Ein anderes entscheidendes Hindernis in der überzeugenden Darstellung des Innenlebens ist der merkwürdig unbeteiligte Charakter des archaischen Auges. Es zeigt, daß eine Person lebt, kann sich aber nicht an die Forderung einer spezifischen Situation anpassen. Selbst wo es dem Künstler gelingt, eine scherzhafte oder eine tragische Stimmung abzubilden, erinnern diese Faktoren der veräußerlichten Geste und des unbeteiligten Blickes an die übertriebene Bewegtheit eines Puppenspiels."[91] Auch die archaische *Statue* ist aus Gliedern zusammengesetzt, die wie selbstständige Teile wirken, und der Übergang vom Seitenanblick zum Frontalanblick, die beide relativ vollständig sind (das Profil ist ein vollständiges Profil und entspricht dem vollständigen Profil in der Malerei), ist abrupt, d.h., beide Ansichten sind hier wieder einfach als Teile des Objekts *aneinandergereiht.*

Diese Züge verschwinden als eine Folge von Entwicklungen, deren genauere Umstände noch nicht sehr klar sind, die aber zu neuen Begriffen, neuen Darstellungsmitteln und einer völlig neuen *Sicht* (im optischen wie auch im begrifflichen Sinn) führen. Die Entwicklungen sind: Die Entdeckung des Subjekts in der Lyrik; die Scheidung zwischen Wahrheit und Schein bei der Kritik Homers und damit die allmähliche Scheidung zwischen wahrheitsproduzierender Philosophie (und Wissenschaft) und unterhaltsamer Kunst; der Versuch einer einheitlichen Darstellung, der gegenüber dann alle Einzeltatsachen als „Erscheinungen" an ontologischem Wert verlieren; die Akzentuierung dieses Versuchs bei Parmenides; die Erfindung der harmonischen Körperdarstellung in der Plastik und der Perspektive in der Malerei und Zeichnung (die Erfindung der Perspektive ist hier besonders wichtig, denn sie lehrt uns, Verkürzungen etc., die in der früheren Kunst oft als *natürliche Teile* einem Gegenstand hinzugefügt wurden, als standpunktbedingte Illusionen zu verstehen *und zu sehen:* Verkürzungen treten im Gesichtsfeld natürlich immer auf, *aber erst jetzt werden sie ein voll integrierter Teil der Wahrnehmung und konstituieren sie auf neue Weise*). Es ist klar, daß der neue essentialistische Mythos, der sich auf diese Weise erhebt, inkommensurabel ist mit dem vorhergehenden Mythos der Gliederpuppen, Aggregate, Listen. Man akzeptiert entweder den einen — dann haben *alle* Eindrücke eine bestimmte, „stückhafte" Bedeutung, nämlich die Bedeutung von Teilen, die dem Ganzen gleichberechtigt an die Seite treten — oder den anderen, dann *verwandeln sich* die Eindrücke aus *Teilen,* aus wirklich an und für sich bestehenden Gegenständen, in *Erscheinungen,* die auf einen Beobachter bezogen sind, und von seinem Standpunkt abhängen. So verschwinden Götter, Dämonen, lebendige Prinzipien aus

---

[91] W. Hanfmann, *American Journal for Archaeology,* Vol. 61, 74

der Welt, die sie einst bevölkerten und belebten, und machen abstrakten Prinzipien Platz, die unter der Herrschaft eines abstrakten und unpersönlichen 'ersten Gedankens' oder 'ersten Bewegers' stehen. Das unmenschliche Monstrum des Xenophanes, von ihm mit solchem Stolz eingeführt, ist ein erster Schritt in dieser Entwicklung. So wird die Welt entzaubert und dem Menschen fremd gemacht und zwar nicht auf Grund von *Argumenten,* sondern auf Grund einer überheblichen *Intellektuellenideologie,* die bald die älteren Ansichten verdrängt (vgl. Nachtrag zu Kap. 5). Moderne Übergänge zwischen inkommensurablen Theorien sind keineswegs so dramatisch, aber sie teilen mit dem eben erwähnten Prozeß den Umstand, daß die neue Theorie die Sprache der alten (und damit die mit ihr verbundenen Beobachtungen) nicht *ergänzt* oder *modifiziert,* sondern *gänzlich aufhebt.* Genauer erkläre ich die Verhältnisse in Kap. 17 von *Wider den Methodenzwang.*

13 Inkommensurabilität D: Vergleich von inkommensurablen Theorien

Inkommensurable Theorien, das ergab sich in Abschnitt 11, lassen sich unter Verwendung ihrer eigenen Erfahrungen widerlegen und kontrollieren. Ihr *Gehalt* kann nicht verglichen werden. Noch ist es möglich, ein Urteil über ihre *Wahrheitsnähe* zu fällen, es sei denn, man bleibt innerhalb der Grenzen einer bestimmten, allgemeineren Theorie. Innerhalb solcher Grenzen, das heißt unter Voraussetzung bestimmter *kosmologischer* Strukturen sind diese Methoden durchaus brauchbar. Sie verlieren ihre Brauchbarkeit, wenn man Theorien isoliert, d.h. ohne jeden kosmologischen Hintergrund vergleichen will, also so, wie das in der Wissenschaftstheorie geschieht. In diesem Fall ist also über die Vorteile einer Theorie im Vergleich mit einer anderen *hinsichtlich der Wahrheit* nichts mehr auszumachen. Aber es gibt andere Vergleichsmethoden.

Da sind zum Beispiel *formale* Kriterien: Eine lineare Theorie ist einer nicht linearen Theorie vorzuziehen, da es einfacher ist, Lösungen zu erhalten. Das war eines der wichtigsten Argumente gegen die nicht lineare Elektrodynamik von Mie, Born und Infeld. Das Argument wurde auch gegen die allgemeine Relativitätstheorie verwendet, bis dann die Entwicklung von Computern mit großer Schnelligkeit die numerischen Berechnungen vereinfachte. Oder: Eine kohärente Theorie ist einer nicht kohärenten vorzuziehen (das war Einsteins Hauptargument gegen Alternativen zur Relativitätstheorie). Eine Theorie, die zahlreiche und gewagte Approximationen verwendet, um ihre Tatsachen zu erreichen, ist weniger attraktiv als eine Theorie, die nur wenige und sichere Approximationen braucht. Die Zahl der vorhergesagten Tatsachen ist ein weiteres Kriterium.

Nichtformale Kriterien verlangen Übereinstimmung mit einer zugrundegelegten Theorie. Diese kann eine physikalische Theorie sein (so ergibt sich die Forderung der relativistischen Invarianz oder der Übereinstimmung mit den grundliegenden Quantengesetzen) oder eine metaphysische Theorie (wie etwa Einsteins 'Realitätsprinzip').

Ein interessanter Zug der formalen Vergleichsmethoden ist nun, daß es schwer ist, sie 'objektiv' zu formulieren. Nehmen wir zum Beispiel die Einfachheit oder die Kohärenz. Eine einfache oder kohärente Theorie ist im allgemeinen schwerer zu handhaben, als eine weniger einheitliche; Vorhersagen werden länger, 'Tatsachen' lassen sich mit den Hilfsmitteln der Theorie nur auf Umwegen erfassen. Legt man einen allgemeinen Glauben an die Einfachheit der Natur zugrunde, dann hat man den kosmologischen Rahmen, der zur Anwendung wahrheitsartiger Begriffe über die Grenzen von Theorien hinweg nötig ist. Will man diesen Glauben erforschen, dann kann die Einfachheit nur als eine Eigenschaft unseres theoretischen Apparates aufgefaßt werden, und wird dann nicht mehr aus 'objektiven' Gründen akzeptiert, sondern aus Bequemlichkeit (oder aus Masochismus, im Fall der Bevorzugung von komplexen Theorien).

Weiterhin ist es interessant zu sehen, daß formale Kriterien oft zu widerstreitenden Ergebnissen führen: Eine Theorie macht zahlreiche Vorhersagen, und ist daher akzeptabel, sie macht aber diese Vorhersagen auf Grund gewagter Approximationen und ist daher wieder nicht so akzeptabel. Eine Theorie *ist* einfach, sie besitzt eine gewisse 'innere Harmonie' und ist daher akzeptabel. Aber gerade diese innere Harmonie verhindert ihre einfache und direkte *Anwendung,* und so ist sie wieder nicht so akzeptabel. Der letzte Fall ist durchaus nicht aus der Luft gegriffen, er spielt in den Diskussionen über die Grundlagen der Quantentheorie eine wichtige Rolle. Den Anhängern der orthodoxen Schule war diese Theorie vor allem darum genehm, weil sie eine relativ direkte Berechnung vieler verschiedener Fälle gestattete. Sie schien das Ideal eines Vorhersageschemas in ausgezeichneter Weise zu erfüllen. Für Einstein war gerade dieser Umstand ein Grund zur Kritik. Wir sehen, daß die Verwendung jener Vergleichsmethoden, die bei inkommensurablen Theorien in Geltung bleiben ein 'subjektives' d.h. nicht mehr wahrheitsbezogenes Element in die Wissenschaft einführt.[92] Und da Inkommensurabilität vor allem unter weit ausgreifenden, sehr allgemeinen und in diesem Sinn relativ 'metaphysischen' Theorien zu finden ist, so können wir schließen, daß der Fortschritt der Wissenschaft, d.h. ihre Bewegung weg von den 'harten Tatsachen der Erfahrung' und hin auf umfassende Prinzipien, dem Wissenschaftler eine Freiheit zurückgibt, die er schon lange verloren zu haben schien. Ist das ein Nachteil, wie es uns Popper und seine Genossen einreden wollen? Sehen wir uns die Sache näher an!

14 Inkommensurabilität E: Auflösung des Realismus

Zunächst ist es klar, daß ein Unternehmen, dessen menschlichen Charakter jedermann sehen kann, beträchtliche Vorzüge besitzt gegenüber einem Unternehmen, das sich als 'objektiv' und als menschlichen Handlungen und Wünschen unzugänglich gebärdet.[93] *Die Wissenschaften sind schließlich unser eigenes Werk,*

[92] Es macht dabei keinen Unterschied, ob die gebrauchten 'subjektiven' Beschlüsse von einem Individuum oder eine Gruppe autorisiert werden.
[93] Zu diesem Problem der 'Entfremdung' vgl. Marx, *Zur Kritik der Hegelschen Rechtsphilosophie*

eingeschlossen alle die strengen Maßstäbe, die sie uns aufzuerlegen scheinen. Es ist gut, wenn man sich diese Tatsache so oft wie nur möglich vor Augen führt. Es ist gut, wenn man so oft wie nur möglich daran denkt, daß die Wissenschaft, so wie wir sie heute kennen, *nicht unvermeidlich ist,* und daß wir eine Welt aufbauen können, *in der sie und ihre Maßstäbe nicht die geringste Rolle spielen* (eine solche Welt wäre meiner Ansicht nach vergnüglicher als die Welt, in der wir jetzt leben). Und was könnte uns diese Tatsache besser erläutern als die Einsicht, daß die Wahl zwischen Theorien, die allgemein genug sind, um die Grundlage für ein umfassendes Weltbild abzugeben, von subjektiven Entschlüssen abhängig ist? Daß die Wahl unserer grundlegenden Kosmologie (Materialismus; Biologismus; Mythen persönlicher Götter) eine Frage des Geschmacks ist?

Zweitens sind Geschmacksfragen einer argumentativen Behandlung durchaus nicht unzugänglich. Man kann Gedichte auf Grund ihrer Grammatik, ihrer Klangstruktur, ihres Bildablaufs und ihres Rhythmus miteinander vergleichen, und sie auf solcher Grundlage bewerten (vgl. Ezra Pound über den Fortschritt in der Poesie)[94]. Selbst die zarteste und vergänglichste Stimmung läßt sich analysieren, und sie *muß* analysiert werden, wenn man sie auf vergnügliche Weise darstellen will, oder wenn ihre Darstellung zu einer Bereicherung des emotionalen (kognitiven, perzeptuellen) Inventars des Lesers führen soll. Jeder Dichter, der nicht einfach so vor sich herredet, vergleicht, verbessert, argumentiert, bis er die richtige Formulierung dessen findet, was er sagen will.[95] Ist es nicht schön, daß derselbe Prozeß auch in den Wissenschaften eine Rolle zu spielen scheint? Zumal da er die Wissenschaft aus einer strengen und anspruchsvollen Herrin in eine attraktive und nachgiebige Kurtisane verwandelt, die jeden Wunsch ihres Liebhabers ahnt und sofort zu erfüllen sucht. Es liegt natürlich an uns, ob wir einen Drachen oder ein Miezekätzchen als unsere Gesellschaft vorziehen. Meine eigene Wahl brauche ich wohl kaum zu erklären.

Diese Ergebnisse, die ein neues Licht auf die Rolle der *Methodologie* werfen, haben auch Folgen im Gebiet der *Kosmologie.* Sie zeigen, daß eine gewisse Form des Realismus sowohl zu eng ist als auch im Konflikt mit der wissenschaftlichen Praxis steht. Die Positivisten haben einmal geglaubt, daß sich die Wissenschaft im Grunde nur mit Beobachtungen beschäftigt. Die Wissenschaft ordnet Beobachtungen und klassifiziert sie, aber sie geht nicht über Beobachtungen hinaus. Der wissenschaftliche Wandel ist ein Wandel von Klassifikationsschemen, der durch eine irreführende Verdinglichung der Schemen dramatisiert wird. Kritiker des Positivismus haben immer darauf verwiesen, daß es mehr Dinge in dieser Welt gibt und geben muß als bloße Beobachtungen. Es gibt da Organismen, Felder,

---

[94] *A Guide to Kulchur*

[95] Vgl. Brecht, *Über Lyrik,* Suhrkamp 1969, 119. In meinen Vorlesungen bespreche ich die Ähnlichkeit zwischen der Entdeckung einer neuen Theorie für bekannte Tatsachen und der Inszenierung eines bekannten Theaterstücks: der Text hier vertritt die Tatsachen dort. Sowohl diese als auch jene können geändert werden, um Übereinstimmung mit einer neuen Idee herbeizuführen.

Kontinente, Elementarteilchen, Scheidungen, Morde und anderes mehr. Die Wissenschaft entdeckt diese Dinge, eines nach dem anderen, bestimmt ihre Eigenschaften und ihre wechselseitigen Beziehungen. Sie entdeckt sie und beschreibt sie, *ohne sie im geringsten zu verändern.* Das ist die realistische Position.

Der Realismus kann nun als eine *besondere Theorie* über die Beziehung zwischen Welt und Mensch aufgefaßt werden, die ihrerseits der Entwicklung und Verbesserung fähig ist, oder als eine *Voraussetzung der wissenschaftlichen Erkenntnis* (und der Erkenntnis im allgemeinen). Es scheint, daß die meisten Berufsrealisten von heute, und darunter natürlich auch der strenge Papst der kritischen Rationalisten, Sir Karl Popper, den Realismus im letzten Sinn auffassen — sie sind Dogmatiker. Aber selbst die erste Alternative stellt sich nun als unzulänglich heraus. Um das zu zeigen, brauchen wir nur darauf zu verweisen, wie oft sich die Welt als ein Ergebnis einer Veränderung in unseren grundlegenden Theorien geändert hat. Denn wir können sicher nicht annehmen, daß sich zwei inkommensurable Theorien auf einen und denselben objektiven Sachverhalt beziehen (diese Annahme setzt voraus, daß beide Theorien zumindest dieselbe *Bedeutung* — im Sinne Freges — haben. Aber wie können wir das behaupten, wenn sie beide zusammen niemals sinnvoll sind? Außerdem lassen sich Behauptungen über eine Bedeutung nur dann prüfen, wenn man die Bedeutungen selbst, d.h. die objektiven Situationen, die die Bedeutungen sind, im Detail beschreiben kann — aber da erhebt sich sofort wieder unser Problem der Vergleichbarkeit der Beschreibungen). Wenn wir also nicht annehmen wollen, daß sich Theorien auf überhaupt nichts beziehen, was immerhin möglich ist, dann müssen wir zugeben, daß inkommensurable Theorien verschiedene Welten einführen, und daß die Änderung von der einen Welt zur anderen durch die Änderung von der einen Theorie zur anderen veranlaßt wird. Wir dürfen natürlich nicht sagen, daß die Änderung der Theorien die Änderung der Welten *verursacht hat.* Aber seit Bohrs Analyse des Falles von Einstein, Podolsky und Rosen gibt es ja die Unterscheidung zwischen Änderungen, die durch kausale Wechselwirkung hervorgerufen werden, und anderen Änderungen, die auf eine Änderung der *Bedingungen* zurückzuführen sind, unter denen man von Situationen bestimmter Art sprechen kann. Wir meinen die letzten, wenn wir sagen, daß eine Änderung universaler Prinzipien eine Änderung der Welt veranlaßt. Das eliminiert die Idee einer von unserer Erkenntnistätigkeit unabhängigen Welt aus der allgemeinen Philosophie und schränkt sie auf besondere Theorien ein. Unsere erkennende Tätigkeit beeinflußt also auch das festeste Stück der Welteinrichtung — sie bringt die Götter zum Verschwinden und ersetzt sie durch Atomhaufen im leeren Raum. Details finden sich in der Dissertation von Gonzalo Munévar, *Radical Knowledge,* Berkeley 1975.

Nachtrag 1977

Eine frühere Fassung dieses Aufsatzes wurde für den Kongreß für Wissenschaftstheorie, London 1965, geschrieben, aber dort nicht vorgetragen. Sie ist in *Criticism and the Growth of Knowledge* (zu deutsch: *Kritik und Erkenntnisfortschritt*, Vieweg 1974) abgedruckt. Die Abschnitte 1 bis 9 unterscheiden sich von dieser früheren Fassung nur durch stilistische Veränderungen, Abschnitt 11 ist umgeschrieben, die Abschnitte 10, 12, 13 und 14 sind neu.

Es fällt mir sehr schwer zu sagen, was ich von Kuhn gelernt habe. Auf Argumente reagiere ich nur selten (siehe Abschnitt 2 des Nachtrags zum ersten Kapitel), was nicht ausschließt, daß mir die Lehre eines Arguments Jahre später und in ganz anderem Zusammenhang aufgeht. Ich glaube, die Kuhnsche Idee der Allgegenwart von Anomalien ist eine solche Lehre. Eigentlich ist sie ja eine Selbstverständlichkeit, und jeder Wissenschaftlicher wird zugeben, daß eine Theorie, die mit *allen* relevanten Experimenten übereinstimmt, ein Traumding ist, das in der Wirklichkeit nicht vorkommt. Aber es ist ein großer Schritt vom Zugeben dieser Tatsache zu den wieder sehr einfachen Folgerungen, die Kuhn daraus gezogen hat, nämlich, daß eine wissenschaftliche Methode eine Methode der Handhabung von Theorien sein muß, die eigentlich als ‚widerlegt' zu gelten haben. Diese Folgerungen habe ich in Abschnitt 5 besprochen und gleich wieder mit Hilfe von methodologischen Regeln zu behandeln gesucht — und das fiel nicht schwer — ich brauchte ja nur meine alten Gründe für den Theorienpluralismus an die durch die Anomalien geschaffene Situation anzupassen.[96] Zur Zeit der Abfassung von Abschnitt 5 habe ich also auf Kuhn reagiert, indem ich *gewisse* methodologische Regeln (einfache Falsifikationsregeln) durch andere ersetzte, ohne die Idee einer Methodologie, d. h. einer Sammlung von allgemeinen Regeln, die die Wissenschaft von außen lenkt, selbst aufzugeben. Dieser weitere Schritt war das Ergebnis nicht eines Arguments, sondern einer Situation, die mir die Naivität einer solchen abstrakten Wissenschaftslenkung so recht deutlich vor Augen führte. Im Jahre 1968 hielt ich in Hamburg einen Vortrag über die Kopernikanische Revolution. Am Tag darauf kam es zu Diskussionen mit Prof. C. F. von Weizsäcker und den Mitgliedern seines Seminars, und zwar vor allem über die Deutung der Quantentheorie.

Ich verteidigte mit guten abstrakten Argumenten die Notwendigkeit, Ideen wie die Idee der verborgenen Variablen in jedem Stadium der Forschung Seite an Seite mit der orthodoxen Auffassung zu entwickeln. Als Grund gab ich das allgemeine Prinzip an, daß Alternativen den empirischen Gehalt der im Zentrum der Betrachtung stehenden Theorien erhöhen und Schwierigkeiten akzentuieren. Demgegenüber betonte Professor von Weizsäcker die konkreten Argumente, die zum Aufbau der Kopenhagener Interpretation geführt hatten (vgl. hier meine Bemerkung zu abstrakten und konkreten Argumenten gegen

---

[96] Das tat ich zum erstenmal in ‚Reply to Criticism', *Boston Studies* Vol. II 1965, indem ich Alternativen auch einsetzte, um Anomalien zu akzentuieren, und so ihre Gefährlichkeit zu vergrößern.

Ende des Nachtrags zu Kapitel 1 und Kapitel 5). Allmählich sah ich ein, daß die konkreten Argumente konkrete Probleme betrafen und also fruchtbar waren, während die abstrakten Argumente nur dazu dienten, ebenso abstrakte Prinzipien verbal auf neue Bereiche auszudehnen. Heute würde ich sagen, daß abstrakte Prinzipien immer nur an der Hilfe zu messen sind, die sie uns bei der Lösung konkreter Probleme geben. Tragen sie nichts zu dieser Lösung bei, behindern sie die Lösung, halten sie sie auf, verdecken sie vielleicht sogar die Probleme, die eine Lösung verlangen, dann sollte man nicht versuchen, sie mit Gewalt durchzusetzen. So ging mir ganz plötzlich der Kontrast auf zwischen dem Reichtum der konkreten Erfahrungswelt auf der einen Seite und der Armut, der ausgemergelten Dürre abstrakter Überlegungen auf der anderen — und so änderte sich auch meine Einstellung zur Methodologie und Ideengeschichte.

Ich darf hier auch nicht den Einfluß von David Bohm und von Arne Naess vergessen. Ich erinnere mich noch ganz genau, wie Arne mich wegen meiner ,Grausamkeit gegenüber von Theorien' etwas ironisch zur Rechenschaft zog: Kranke Theorien werden sofort umgebracht. Wieder hatte diese Bemerkung im Augenblick keinen Einfluß auf mich, aber der Umstand, daß sie mir im Gedächtnis blieb, scheint zu zeigen, daß sie langsam, aber unsichtbar und unmerklich in meinem Gehirn umherwühlte.[97] David Bohm aber hat immer wieder darauf verwiesen, daß widerlegte Theorien zurückkehren können, wenn auch in einer etwas veränderten Form. So wurde ich mit einer mehr dialektischen Betrachtungsweise bekannt.

Ganz anders liegt die Situation in der Frage der Inkommensurabilität (vgl. Abschnitt 10 sowie wieder den Anhang zum ersten Kapitel). Hier hatte ich einen Teil der von Kuhn vorgeschlagenen Ideen schon lange vorher und in größerem Detail untersucht. Die Idee einer Normalwissenschaft habe ich aber von Anfang an bekämpft (vgl. ,Explanation, Reduction and Empiricism' *Minnesota Studies* Vol. III 1962).

---

[97] Ein Ergebnis dieser Wühlarbeit ist ,Reply to Criticism' (vgl. die vorhergehende Fußnote), wo ich angebe, warum ,falsifizierte' Theorien nicht beseitigt werden dürfen.

Kapitel 10

Von der beschränkten Gültigkeit methodologischer Regeln

> Ordnung ist heutzutage meistens
> dort, wo nichts ist. Es ist eine
> Mangelerscheinung.
> BRECHT

1   Einleitung

Daß die Anwendung klarer, wohlbestimmter, und vor allem „rationaler" Regeln *gelegentlich* Resultate bringt, ist nicht zu bezweifeln. Eine Unmenge von Entdeckungen verdankt ihre Existenz dem systematischen Vorgehen der Entdecker.

Daraus folgt aber nicht, daß es Regeln gibt, denen *jeder* Akt des Erkennens und *jede* wissenschaftliche Untersuchung gehorchen muß. Ganz im Gegenteil: die Existenz eines solchen Regelgebäudes, einer solchen „Logik der Forschung", die alles Denken durchdringt, ohne es auch nur im geringsten zu hemmen, ist ganz unwahrscheinlich. Die Welt, in der wir leben, ist sehr komplex. Ihre Gesetze liegen nicht offen zutage, sondern treten uns in mannigfacher Verkleidung entgegen (Astronomie, Atomphysik, Theologie, Psychologie, Physiologie und dergleichen). Unzählige Vorurteile gehen in jede wissenschaftliche Handlung ein und machen sie erst möglich. Es ist also zu erwarten, daß jede Regel, auch die „fundamentalste", nur in einem beschränkten Bereich erfolgreich sein wird und daß ihre gewaltsame Anwendung außerhalb dieses Bereiches die Forschung stören und vielleicht sogar zum Stillstand bringen muß. Dafür sogleich einige Beispiele.

2   Das erste Beispiel: Newtons Regel iv

Es ist ein Gemeinplatz in der Wissenschaft, daß neue Ideen, Hypothesen, Theorien erst dann eingeführt werden dürfen, wenn der orthodoxe Standpunkt mit der Erfahrung in Widerspruch geraten ist. Neue Ideen müssen von empirischen Schwierigkeiten der akzeptierten Lehren ausgehen. Ohne solche Schwierigkeiten ist ihre Erfindung ohne Zweck und ihre Diskussion reine Zeitverschwendung. „Der stete Fortschritt der Wissenschaften", schreiben E. Schücking und O. Heckmann in diesem Sinn[1], „war unserer Ansicht nach nur darum möglich, weil es Wissenschaftler für unzulässig hielten, neue Theorien *vor* der empirischen Widerlegung der älteren Konzeptionen vorzuschlagen." „Die Erfindung von Alternativen", schreibt T. S. Kuhn[2], „kommt in der Wissenschaft nur selten vor … Der Grund ist klar: Die Verfertigung neuer Werkzeuge gilt in der Wissenschaft, wie auch in der Industrie, als eine Extravaganz, zu der man sich nur dann entschließt, wenn es die Umstände fordern." Newton, auf den diese Einstellung im Grunde zurückgeht[3], drückt sie gelegentlich mit Hilfe der folgenden Regel aus: „In den experimentellen Wissenschaften darf man Sätze, die man induktiv aus den Phänomenen hergeleitet hat, nicht durch Hypothesen kritisieren. Denn wenn es erlaubt wäre, Hypothesen gegen Induktionen einzusetzen, dann könnte man ja induktive Argumente, auf denen alle Experimentalwissenschaft beruht, ständig mit Hilfe von alternativen Hypothesen beiseite schieben. Induktiv erschlossene Sätze, denen es an Präzision mangelt, sind nicht durch Hypothesen, sondern durch genauere und vollständigere Beobachtungen zu korrigieren."[4] In den *Principia* erscheint dieselbe Regel als *Regel iv*, und sie lautet jetzt so: „In den Experimentalwissenschaften haben Sätze, die durch allgemeine Induktion aus Phänomenen hergeleitet sind, als wahr oder als fast wahr zu gelten *ungeachtet jeder konträren Hypothese,* die man sich vorstellen kann, bis dann andere Phänomene auftauchen, die sie entweder präzisieren, oder Ausnahmen feststellen." Soweit der *Inhalt* der Regel, die wir als unser erstes Beispiel gewählt haben.

Ihre *Funktion* ist die folgende: sie diskreditiert Ideen, die dem orthodoxen Standpunkt widersprechen.

Schon Newton verlangt, daß nur solche Hypothesen über das Licht zugelassen werden, die mit der von ihm aufgestellten Theorie vereinbar sind[5]. Im 19. Jahrhundert wendet man gegen die kinetische Theorie der Materie ein, daß sie der

---

[1] World Models, Proceedings of the xith Solvay Conference, 19, 1.

[2] The Structure of Scientific Revolutions, Chicago 1962, 70.

[3] Was auch Schücking und Heckmann betonen. Loc. cit.

[4] A. Koyré, Newtonian Studies, London 1966, 269.

[5] Alle Hypothesen über das Licht müssen „mit meiner Theorie übereinstimmen". Brief an Oldenburg, 7. Dez. 1675 (The Correspondence of Isaac Newton I, Cambridge University Press 1959, 362). Vgl. auch Abschnitt 5 und 6 des Briefes an Oldenburg vom 11. Juni 1672, op. cit., 177. Zur Rolle von Regel iv in der Debatte über das Licht vgl. meinen Aufsatz: Classical Empiricism, in: The Methodological Heritage of Newton (ed. Butts), Oxford & Toronto 1969. Goethe hat in seiner Farbenlehre die Situation sehr klar gesehen.

(angeblich gut bestätigten) phänomenologischen Thermodynamik widerspricht[6], und fast gelingt es, sie aus der Wissenschaft zu verdrängen[7]. Die Argumente gegen verborgene Parameter in der Quantentheorie haben genau dieselbe Struktur[8], nur ersetzt nun die Quantentheorie die Thermodynamik als Argumentationsbasis. Und selbst in der Kosmologie, in der die Spekulation doch größere Freiheit zu haben pflegte als in den sublunaren Teilen der Naturwissenschaft, will man dem Denken neuerdings auf ähnliche Weise Schranken setzen[9]. Wir sehen: Regel iv hat großen Einfluß auf die konkrete Entwicklung der empirischen Forschung[10]. Es ist daher wichtig, ihre Grenzen näher zu bestimmen, das heißt jene Umstände, in denen sie die Forschung behindert und vielleicht sogar zum Stillstand bringt.

3   Grenzen der Regel

Wir betrachten zu diesem Zweck eine Theorie T, die einen Mikroprozeß P' voraussagt. In Wirklichkeit liegt der Mikroprozeß $P'' \neq P'$ vor. P'' löst einen Makroprozeß M aus, der sich mit verhältnismäßig einfachen Mitteln beobachten läßt. Man kann also sagen, daß M die Theorie T auf dem Umweg über P' und P''

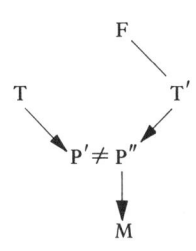

widerlegt. Zusätzlich nehmen wir an, daß sich P' und P'' mit experimentellen Mitteln im Prinzip nicht unterscheiden lassen: es gibt Naturgesetze, die die Möglichkeit einer solchen Unterscheidung verbieten. Dann ist T *de facto* durch M widerlegt, ohne daß ein Wissenschaftler, der nur T und „die Tatsachen" in seinen Überlegungen verwendet, diesen Umstand je entdecken könnte. Und M, statt zum Gehalt von T beizutragen, wird als eine Kuriosität beiseitegeschoben.

[6] Die Argumente, die den Widerspruch zeigen, sind zusammengefaßt in: ter Haar, Revs. Mod. Phys. 27 (1957), 289 ff.

Zur Analyse: Paul und Tatjana Ehrenfests Artikel in der Encyclopädie der Mathematischen Wissenschaften iv, 2, Artikel iv, 32; Leipzig, Teubner 1911. Vgl. auch Ernst Mach, Wärmelehre, Leipzig 1897, und Zwei Aufsätze, Leipzig 1912.

[7] Das gilt vor allem für den Europäischen Kontinent: von Smoluchowski, Phys. Zs. 13 (1912) 1070 und Oeuvres 2 (1927), 361 ff. In England war das Bauen von Modellen nationale Ehrensache. Vgl. Stanley Goldberg, In Defence of the aether: The British Response to Einstein's Special Theory of Relativity, 1905–1911, Historical Studies in the Physical Sciences 2, Philadelphia 1971.

[8] Diskussion und Literatur in Abschnitt 1 und 9 meines Essays: Problems of Microphysics, in: Frontiers of Science and Philosophy (ed. Colodny), Pittsburgh 1962.

[9] „Unserer Ansicht nach ist es gute Politik, wenn man Theorien, wie die von Bondi, Gold, und Hoyle vorgeschlagenen nicht weiter verfolgt, bis man starke Evidenz für die fortwährende Erzeugung von Energie und Impuls findet." Schücking–Heckmann, op. cit., 2.

[10] Von der Wissenschaftstheorie soll hier nicht die Rede sein, denn diese hat in den letzten Jahrzehnten gegenüber der Wissenschaft keine eigenen Ideen entwickelt. Anbetend richtet sie ihre Augen auf die Wissenschaft und ist bereit, auch die kleinste Wendung der letzten sofort zu imitieren.

Die *Brownsche Bewegung* von in Flüssigkeiten suspendierten Teilchen erfüllt alle eben erwähnten Bedingungen. Sie wird ausgelöst von der Molekularbewegung P″ der umgebenden Flüssigkeit, aber Schwankungserscheinungen in der Flüssigkeit und in den Meßinstrumenten machen es unmöglich, diesen Prozeß der Auslösung sowie den Unterschied zwischen P′ und P″ experimentell festzustellen[11]. *De facto* ist das Brownsche Teilchen ein perpetuum mobile der zweiten Art. Dieser Umstand bleibt aber dem Experimentator, der sich weigert, weitere Theorien zur Auskunft heranzuziehen, für immer verborgen.

Wir führen nun eine Theorie T′ ein, die T widerspricht, P″ und den Zusammenhang zwischen P″ und M voraussagt und die auch andere und bisher unbekannte Tatsachen F erfolgreich erklärt. Eine solche Theorie belehrt uns, daß M mit T im Widerspruch steht. Wir widerlegen also T mit Hilfe einer Tatsache, deren Relevanz und widerlegender Charakter nur auf dem Umweg über eine Alternative von T ermittelt werden kann.

Auch diese Situation hat in der Theorie der Brownschen Bewegung ihr Gegenstück: T′ ist die kinetische Theorie der Materie, der Zusammenhang zwischen T′, P″ und M ist enthalten in Einsteins Theorie der Brownschen Bewegung, und F ist etwa die Formel $\overline{x^2} \sim t$, die von Perrin untersucht und bestätigt wird.

Nun verbietet uns Regel iv, Alternativen zu einer Theorie ernst zu nehmen, die noch nicht in empirische Schwierigkeiten geraten ist. T′ ist eine Alternative von T. T, *für sich betrachtet,* ist empirisch einwandfrei. Die Tatsache M, die T widerlegt, ist entweder nicht bekannt, oder sie gilt als eine Kuriosität, die mit T sicher nichts zu tun hat[12]. Ihre Relevanz läßt sich nur mit Hilfe von T′ demonstrieren — aber dieser Weg ist uns versperrt. Regel iv befiehlt uns, auf die erste Schwierigkeit von T zu warten, verhindert aber gerade durch diesen Befehl die Entdeckung der ersten Schwierigkeit. Sie zäumt das Pferd beim Schwanz auf und sollte zumindest in unserem Beispiel aufgehoben werden.

Wie unterscheidet sich nun unser Beispiel von anderen? Es unterscheidet sich allein durch die *Ergebnisse* der Anwendung von Alternativen, durch einen Umstand also, der erst *nach* vollzogener Übertretung vorliegt. *Vor* diesem kriminellen Akt ist T eine ganz gewöhnliche Theorie und M eine isolierte Tatsache, die sich in nichts von anderen isolierten Tatsachen unterscheidet. Die Theorie T hat sogar gewisse Vorzüge, sie ist in hohem Maße bestätigt, sie ist interessant, hat Anwendungen in der Industrie, in der Kosmologie, in der Naturphilosophie und selbst in der Journalistik (Wärmetod der Welt). *Man muß Regel iv übertreten, um herauszufinden, ob eine Übertretung angebracht war.* Das heißt aber, daß eine Übertretung von Regel iv unter allen Umständen *erlaubt* und *geboten* ist.

---

[11] Details und Literatur findet man in Abschnitt iv meines Aufsatzes: Problems of Empiricism, in: Beyond the Edge of Certainty (ed. Colodny), Prentice Hall 1965.

[12] So wurde die Brownsche Bewegung auch für geraume Zeit aufgefaßt. Zusätzlich gab es experimentelle Evidenz *gegen* ihre Auffassung als ein Molekularphänomen: F. M. Exner, Notiz zu Browns Molekularbewegung, Ann. Phys. 2 (1900), 843. Exner stellte fest, daß die Bewegung eine Größenordnung unter der vom Gleichverteilungssatz geforderten Bewegung liege.

Es ist also etwa erlaubt und geboten, *verborgene Variablen* in die Quantentheorie einzuführen und ihre Konsequenzen zu studieren. Es ist ja durchaus möglich, daß gewisse Schwierigkeiten der Theorie, wie zum Beispiel die Unendlichkeiten der Feldtheorie, in der Vernachlässigung solcher Parameter ihre Ursache haben. Der Einwand, daß verborgene Parameter in der Quantentheorie bislang nichts ausgerichtet haben, übersieht, daß sich eine komplizierte Theorie nicht so im Handumdrehen herstellen läßt: es dauerte mehr als 2000 Jahre, bevor die Atomtheorie in wissenschaftlich befriedigender Weise vorlag. Und auch die orthodoxe Theorie hat es ja nicht zu weit gebracht und leidet an fundamentalen Schwierigkeiten. Zur richtigen Beurteilung dieser Schwierigkeiten sind Alternativen dringend nötig. Und wir sind ja schon viel weiter, als der Kritiker annimmt, und befinden uns bereits im Stadium entscheidender Experimente[13]. Dem weiteren Ausbau von Alternativen zur orthodoxen Quantentheorie steht also nichts mehr im Wege.

Die kinetische Theorie der Materie und die Theorie verborgener Parameter waren „alte" Theorien[14], das heißt, nach Ansicht einflußreicher Gruppen waren sie vom wissenschaftlichen Fortschritt bereits überholt. Das Beispiel der Brownschen Bewegung (und andere Beispiele) zeigen uns, daß ein solches „Überholen" ein vorläufiges und zeitlich beschränktes Phänomen ist, das durch weitere Forschung wieder rückgängig gemacht werden kann. Das Motiv für diese weitere Forschung ist oft eine gewisse metaphysische Einstellung, die eine Kosmologie aus persönlichen Gründen bevorzugt. Persönliche Motive können auf Grund unserer Ergebnisse verstärkt werden durch den Hinweis, daß Alternativen den empirischen Gehalt der orthodoxen Ansichten vergrößern und ihre Beseitigung erleichtern. Das gilt besonders für jene Theorien, die die Wissenschaft überrumpelt haben, und die nun ohne Rivalen dastehen. Solche Theorien waren zwar einmal in einen Kampf mit Rivalen verwickelt, und sie gingen auch siegreich aus diesem Kampf hervor — aber das bedeutet nur, daß Fehler oder scheinbare Fehler der Rivalen zufällig *vor* ihren eigenen Fehlern entdeckt wurden. Man kann keinesfalls schließen, daß sie nun selbst ganz ohne Fehler sind oder daß ihre ehemaligen Widersacher erschöpft sind und zur Kritik nicht mehr taugen. Es stand ihnen ja nur beschränkte Zeit zur Verfügung, und sie wurden nie völlig ausgenützt. Umgekehrt brach auch die theoretische Kritik der orthodoxen Ideen durch reinen Zufall frühzeitig ab. Die Wiederbelebung „alter" Theorien ist also immer vernünftig und hat auch immer Aussicht auf Erfolg.

So zum Beispiel ist es vernünftig und lehrreich, wenn man die Entwicklungslehre, die heute die Biologie fast ohne Einschränkung beherrscht, mit der Menschenlehre von Genesis und von Enuma Elish vergleicht und wenn man der materialistischen Kosmologie der modernen Physik und Astronomie von neuem

---

[13] Vgl. Clauser—Horne—Shimony—Holt in: Physical Review, Letters 23 (1969), 880. Das Experiment wird gegenwärtig in Berkeley vorbereitet. (1971)

[14] Dieses Urteil gilt für die kinetische Theorie am europäischen Kontinent etwa im Jahre 1860, für verborgene Parameter etwa im Jahre 1930 (bis etwa 1955).

die Kosmologie des Aristoteles und die Lehren des Pimander gegenüberstellt, wobei allerdings Sorge zu tragen ist, daß die letzten im Detail ausgearbeitet werden und daß Bultmannsche Kastrationsversuche unterbleiben[15]. Fortschritt wurde oft erzielt durch eine „Kritik aus der Vergangenheit" der eben beschriebenen Art: Nach Aristoteles und Prolemaios galt die Idee der Bewegung der Erde als ein für allemal überholt („Dergleichen Möglichkeiten erscheinen ja schon bei dem bloßen Gedanken unglaublich lächerlich", schreibt Ptolemäus[16])

---

[15] Der Versuch der Entmythologisierung geht „davon aus, die Anstöße hinwegzuräumen, die für den modernen Menschen daraus erwachsen, daß er in einem durch die Wissenschaft bestimmten Weltbild lebt." R. Bultmann, Antwort an Karl Jaspers, in: Jaspers—Bultmanns, Die Frage der Entmythologisierung, München 1954, 61. „*Das eigentliche Problem ist das hermeneutische*", fährt Bultmann fort (op. cit., 62), „d.h., die Interpretation der Bibel und der kirchlichen Verkündigung in *der* Weise, daß diese als ein den Menschen anredendes Wort verstanden werden können." Kurz, und weniger bombastisch: das eigentliche Problem ist ein Problem der *Propaganda*, wobei Ideen, die einen „modernen Menschen" stören, sorgfältig beiseitezulassen sind. Nun ist der „moderne Mensch" „davon überzeugt, daß ein Leichnam nicht wieder lebendig werden und aus dem Grabe steigen kann, daß es keine Dämonen und keine magisch-kausale Wirkung gibt" (62), also muß der „Pfarrer in Predigt und Unterricht" eine nicht-buchstäbliche Auffassung „von der körperlichen Auferstehung Jesu, von Dämonen oder von magisch-kausaler Wirkung" vertreten. Eine solche Auffassung fällt Bultmann nicht schwer, denn er glaubt, „daß der Mythos mißverstanden ist, wenn die Wirklichkeit, von der er redet, als ‚empirische Realität' " interpretiert wird (63, Anmerkung). Von einem solchen Mißverständnis kann nun nicht die Rede sein. Mythen enthalten oft einen empirischen Kern, der von den „Tatsachen" dann genauso gut oder manchmal sogar noch besser bestätigt wird als die wissenschaftlichen Ideen, die mit ihnen zur Zeit ihrer Hochblüte konkurrierten. (Ein eindrucksvolles Beispiel wird von Trevor—Roper diskutiert in seinem Essay: The European Witch Craze, Harper Torchbooks 1968. Vgl. auch die Schriften von Evans—Pritchard, Lévi—Strauß, de Santillana und anderen.) Und wenn ein solcher Kern sich nicht findet, dann ist er doch potentiell vorhanden und kann durch Entwicklung des Mythos an die Oberfläche gebracht werden. Aber — und damit kommen wir zu einem weitaus wichtigeren Punkt — wer garantiert uns denn die Richtigkeit jener Ideen, an denen der „moderne Mensch" so sehr hängt, daß ein „Pfarrer in Predigt und Unterricht" nicht weiterkommt, außer er stimmt mit ihnen voll und ganz überein? Sind diese Ideen der Kritik entrückt? Und wie hat man sich von ihrer Richtigkeit überzeugt? Welche konkrete Untersuchung hat bewiesen, oder auch nur wahrscheinlich gemacht, daß es keine Dämonen gibt? Die Annahme ist zwar ein Teil der Wissenschaft (selbst dies ist nicht völlig sicher: vgl. die Debatten zur Interpretation der Quantentheorie sowie die Jungsche Lehre von der menschlichen Seele), aber hat man sie je *direkt* untersucht? Ist es nicht vielmehr der Fall, daß man sie nur darum annimmt, weil *andere* Teile der Wissenschaft erfolgreich sind und weil man diesen Erfolg unkritisch auf den Rest ausdehnt, ohne das Bedürfnis nach einer unabhängigen Nachprüfung zu verspüren? Und wie führt man eine solche direkte Nachprüfung aus? Ist die wissenschaftliche Methode nicht so gebaut, daß Dämonen, wenn sie existieren, ihr für immer entgehen müssen? Außer man beginnt mit der Annahme selbst, entwickelt sie im Detail und spürt nur der Evidenz mit *ihrer* Hilfe nach? Ein solches Vorgehen verlangt aber, daß man Mythen wörtlich nimmt und opportunistische Kastrationsversuche von vornherein ablehnt.

[16] Handbuch der Astronomie (ed. Manitius) I, Leipzig 1963, 18.

– aber Kopernikus, Kepler, Galilei nehmen sie wieder auf und führen sie zum Siege. Die Hermetischen Schriften spielten eine nicht unbedeutende Rolle in diesem Prozeß[17], und sie wurden selbst vom großen Newton noch studiert[18]. Entwicklungen wie diese sind nicht überraschend, wenn man bedenkt, daß keine Idee je in allen ihren Verzweigungen untersucht wird und daß kein Standpunkt je alle Chancen erhält, die er verdient. Theorien werden beiseitegeschoben und von „modernen" Ideen überholt, lange bevor sie eine Gelegenheit haben, ihre Tugenden in vollem Lichte zu zeigen. Und ältere Ansichten und Mythen erscheinen nur darum so völlig verdienstlos, weil man sie entweder nicht versteht[19], oder weil ihr Gehalt von Forschern untersucht wird, deren Kenntnis von Physik und Astronomie weit unter der Kenntnis ihrer Urheber liegt[20]. Wo man aber die älteren Ansichten ernst nimmt, da besteht die Möglichkeit interessanter Entdeckungen selbst im Zentrum der Wissenschaft. So haben zum Beispiel einige Physiologen der materialistischen Schule jüngst gefunden, daß die Phänomene des Wudu eine klare, wenn auch nicht zu gut verstandene *materielle* Basis haben, und daß ihr Studium zum Verständnis menschlicher Funktionen und vielleicht sogar zu einer Revision moderner Theorien beitragen kann[21]. Verschließen wir uns

---

[17] Vgl. zum Beispiel den dritten Dialog von Brunos Aschermittwochsmahl. Zur Rolle der Hermetischen Schriften in der Renaissance vgl. Frances Yates, Giordano Bruno and the Hermetic Tradition, London 1963 und die dort gegebene Literatur. Für Einschränkungen vgl. die Artikel von Mary Hesse und Eward Rosen im 5. Band der Minnesota Studies for the Philosophy of Science (ed. Stüwer) Minneapolis 1970.

[18] J. M. Keynes, Newton the Man, in: Essays and Sketches in Biography, New York 1956.

[19] Im Gegensatz zu ihren Vorläufern (Galilei, Kepler, Newton etc.) sind Wissenschaftler von heute mit der Geschichte ihrer Disziplin nur sehr wenig vertraut und kennen ältere Theorien nur in den gröbsten Umrissen, und oft bis zu Unkenntlichkeit verzerrt. Das ist besonders in den physikalischen Wissenschaften der Fall. In den *biologischen* Wissenschaften ist eine gewisse historische Bildung manchmal noch zu finden, und sie wird gelegentlich sogar zur Kritik der „modernen" Theorien eingesetzt in genau derselben kultivierten Weise, in der Kopernikus und Galilei Theorien der Antike der Schulphilosophie ihrer eigenen Zeit entgegenstellten.

[20] Angesichts der großen Präzision in der Klassifikation von Pflanzen und Tieren, die man in älteren Mythen und bei nicht-westlichen Stämmen findet, und angesichts der wichtigen Rolle, die die Astronomie in vielen Mythen spielt (man denke nur an die Mythen der Polynesier) „erhebt sich der Wunsch, daß jeder Ethnologe ein Fachmann sei auch in der Mineralogie, der Botanik, der Zoologie, und sogar in der Astronomie", schreibt Claude Lévi–Strauß, La Pense Sauvage, Englische Übersetzung, Chicago 1966, 45. Diese Bedingung ist nur selten erfüllt. Der astronomische, biologische, physikalische Gehalt von Mythen geht also bei den üblichen Übersetzungen und Erklärungen verloren und wird durch vages und sinnloses Gerede ersetzt, aus dem dann sogenannte Studenten der menschlichen Natur auf den „primitiven" Geisteszustand der Erfinder schließen, wo doch die Primitivität einzig und allein in ihren eigenen Köpfen zu finden ist. Vgl. auch de Santillana–von Dechend, Hamlet's Mill, Boston 1969.

[21] Vgl. C. R. Richter, The Phenomenon of Unexplained Sudden Death, in: Physiological Bases of Psychiatry (ed. W. H. Gantt), Springfield 1958, 112 ff. Entscheidende Vorarbeit wurde

nicht solchen Möglichkeiten auf Grund der eingebildeten Vorstellung, daß die Exzellenz der Gegenwart und die völlige Absurdität der Vergangenheit oder nicht-westlicher Formen der Erkenntnis nun schon ein für allemal erwiesen ist.

4   Anwendung auf das Induktionsproblem

Das Induktionsproblem besteht in der Frage, wie man Theorien mit Hilfe der Erfahrung auszeichnen kann. Dabei macht man stillschweigend die Annahme, daß die ausgezeichneten Theorien größere Sicherheit bieten als ihre weniger konfir-mierten Alternativen. Unsere Überlegungen zeigen, daß solche Sicherheit durch das Auftreten unsicherer Rivalen empfindlich gestört werden kann. Statt der Re-gel: verwende in der Wissenschaft nur hochkonfirmierte und daher sichere Theo-rien — sollte also die Regel: prüfe die Sicherheit der sicheren Theorien mit Hilfe unsicherer Theorien — zumindestens *gelegentlich* angewendet werden. Tut man dies, so gibt man auch den Unterschied zwischen sicheren und unsicheren Theo-rien auf und damit alle jene Theorien der Induktion, die ihn erklären und recht-fertigen wollen: das Induktionsproblem erweist sich als der klassische Fall eines Scheinproblems[22].

Ebensowenig ist es nach Einschränkung der Regel iv möglich, sinnvoll von einer „Annäherung an die Wahrheit" zu sprechen. Die Art des Wissens, die ent-steht, wenn man Alternativen zur Kritik verwendet, kennt kein Hinstreben auf einen idealen Standpunkt. Es gibt keine Theorie, die allmählich in den Vorder-grund tritt und ihre Rivalen verdrängt — jede Theorie, die die Tendenz hat zu solcher Alleinherrschaft, wird ja sofort durch eine Alternative in Schranken gewie-sen. Wir haben es also mit einem ständig wachsenden See von relativ unverein-baren Ideologien zu tun, die sowohl einander als auch das Bewußtsein des Wissen-schaftlers zu immer größerer Artikalution zwingen. Man erhält keine endgültigen Resultate, und kein Standpunkt wird je für immer aus der Debatte ausgeschlossen. Plutarch and Diogenes Laertius, nicht aber Dirac und von Neumann lehren uns, wie ein Wissen dieser Art *darzustellen* ist. Die Aufgabe des Wissenschaftlers aber besteht weder in der „Suche nach der Wahrheit", noch in der „Lobpreisung Gottes", noch auch in der „Systematisierung von Beobachtungen". Seine Auf-gabe ist, daß er „die schwächere Sache zur stärkeren macht", wie die Sophisten sich ausgedrückt haben, und so unsere Ideen in Bewegung erhält. Das wird in der Folge noch klarer hervortreten[23].

geleistet von W.B. Cannon, Bodily Changes in Pain, Hunger, Fear and Rage, New York 1915 und „Voodoo" Death, American Anthropologist, N.S. xliv (1942). Vgl. auch Kapi-tel IX von Cl. Lévi–Strauß, Strukturale Anthropologie, Frankfurt 1967.

[22] Vgl. meinen Aufsatz: A Note on the Problem of Induction, Journal of Philosophy 1964.

[23] Imre Lakatos, der zwar gut schreiben, aber nur schlecht lesen kann, hat die obigen Argumen-te so dargestellt, als hätte ich nur die *psychologische* Wirkung von Alternativen beschrieben, und hat dann seinerseits ihre *logische* Funktion im Prozeß der Widerlegung hervorgehoben (Popper on Demarcation and Induction, in: Schilpp (ed.), The Philosophy of Sir Karl Popper, Evanston 1971, Anm. 50 und Text). Auf diese logische Funktion kam es mir immer an, und sie versuchte ich seit über 10 Jahren darzulegen.

5 Das zweite Beispiel: Widerlegung durch die Erfahrung

Die Regel, daß eine Theorie, die der Erfahrung widerspricht, aus der Wissenschaft ausgeschlossen und durch eine bessere Theorie ersetzt werden muß, wurde von Aristoteles erfunden[24], von Newton mit Nachdruck wiederholt[25], und sie spielt eine wichtige Rolle in der Methodologie der modernen Wissenschaften[26]. Dennoch existieren diese nur darum, weil die Regel auf Schritt und Tritt verletzt wird. *Es gibt nämlich keine einzige Theorie, die mit allen Tatsachen in ihrem Bereich übereinstimmt.* Und ich spreche dabei nicht von Gerüchten oder von den Ergebnissen schlampiger Prozedur. Die Schwierigkeit, von der ich spreche, wird erzeugt von Experimenten und Messungen der höchsten Präzision und Zuverlässigkeit.

Es ist zweckmäßig, wenn man an dieser Stelle zwischen numerischen Schwierigkeiten und qualitativen Fehlschlägen einer Theorie unterscheidet. Der erste Fall ist einfach zu beschreiben: eine Theorie macht eine gewisse Voraussage, und diese Voraussage ist verschieden vom experimentell ermittelten Wert. Numerische Schwierigkeiten sind in der Wissenschaft an der Tagesordnung.

So zum Beispiel war die Newtonsche Theorie der Gravitation, dieses unerreichte Vorbild theoretischer Vollkommenheit, von allem Anfang an im Widerspruch mit der Erfahrung[27], und es gibt auch heute noch „zahlreiche Diskrepanzen zwischen Beobachtung und Theorie"[28] (wir sprechen hier vom nicht-relati-

---

[24] de coelo 306a7, 293a27; de gen. et corr., 325a13. An. Prior. 43a14 macht die Ähnlichkeit mit neueren Theorien der Falsifikation noch größer.

[25] Vgl. meinen Artikel: Classical Empiricism, op. cit.

[26] Sogar Putnam in seinem relativ liberalen Artikel: Degree of Confirmation, in: Schilpp (ed.), The Philosophy of Rudolf Carnap, Evanston 1963, 772 fordert, daß eine Theorie beibehalten werde, „*außer* sie widerspricht den Daten".

[27] Für eine Übersicht vergleiche man Kapitel iv und v von Whewell: History of the Inductive Sciences ii, London 1857, Neudruck Frank Cass & Co. Ltd., 1967.

[28] Brower—Clemence, Methods of Celestial Mechanics, New York 1961, v. Vgl. auch R.H. Dicke, Remarks on the Observational Basis of General Relativity, in: Hong—Yee Chiu, W. F. Hoffmann (eds.), Gravitation and Relativity, New York 1964, 1 ff. Eine mehr eingehende Diskussion einiger Schwierigkeiten der klassischen Himmelsmechanik findet man in Kap. iv und v von J. Chazy, La Théorie de la Relativité et la Méchanique Céleste, i, Paris 1928. — Ahnungslos wie alle Wissenschaftstheoretiker preist Reichenbach Newton für seine anfängliche Weigerung, seine Gravitationstheorie trotz Widerspruchs mit der Erfahrung zu publizieren: „[Newton] war nicht bereit, auch die faszinierendste Theorie vor die Tatsachen zu setzen, und er legte daher sein Manuskript zurück in die Schreibtischlade" (The Rise of Scientific Philosophy, Univ. of California Press 1961, 101 f.). Und er fährt fort: „Die Geschichte Newtons ist eine der besten Illustrationen der Methode der modernen Wissenschaft". Reichenbach übersieht, daß die Episode, die er beschreibt (und *falsch* beschreibt — siehe L.T. Moore, Isaac Newton. A Biography, New York 1962, Kap. 9 und 11), in der Wissenschaft wie auch in Newtons Leben die Ausnahme ist und nicht die Regel. Newtons Methodologie und seine Verstöße gegen sie sind beschrieben in meinem Aufsatz: Classical Empiricism, op. cit.

vistischen Bereich). Das Bohrsche Atommodell war auch nicht nur einen Augenblick lang frei von experimentellen Mängeln, aber Bohr und seine Anhänger fuhren fort, es in ihren Untersuchungen zu verwenden[29]. Dasselbe gilt von der speziellen Relativitätstheorie. Diese Theorie ging nicht von Tatsachen aus, wie so oft behauptet wird[30], sondern von gewissen theoretischen Schwierigkeiten[31]. Eine ihrer Vorhersagen wurde in weniger als einem Jahr experimentell widerlegt[32], ohne daß aber Einstein diesen Umstand sehr ernst genommen hätte[33].

[29] Für Details vgl. Kapitel 2.2 und 3 von Max Jammer, The Conceptual Development of Quantum Mechanics, New York 1966. Zur Analyse siehe Imre Lakatos,, Methodology of Scientific Research Programs, in: Lakatos—Musgrave (eds.), Criticism and the Growth of Knowledge, Cambridge 1970, 140 ff. sowie John L. Heilbron und Thomas S. Kuhn, The Genesis of Bohr's Atom, in: Historical Studies in the Physical Sciences (ed. McCormmach), Philadelphia 1969. Für die Probleme der Vorbohrschen Atommodelle vgl. man Kapitel iii von John Heilbronns Dissertation, Berkeley 1964.

[30] R. A. Millikan, Albert Einstein on his Seventieth Birthday, Revs. Mod. Phys. 21 (1949), 343 f. R. B. Leighton, Principles of Modern Physics, New York 1959, 5. The Feynman Lectures of Physics i, Reading Mass. 1963, 15—3. Und so weiter.

[31] Siehe die beiden ersten Seiten von: Zur Elektrodynamik bewegter Körper, Annalen der Physik 1905. Einstein selbst hat des öfteren behauptet, daß das Experiment von Michelson und Morley ihm „erst nach 1905" bekannt geworden sei: R. S. Shankland, Conversations with Albert Einstein, Am. Journ. Phys. 31 (1963), 48. Zum ganzen Problem des empirischen Ursprungs der Relativitätstheorie vgl. G. Holton, Einstein, Michelson and the Crucial Experiment, Isis 60 (1969), 133—197.

[32] W. Kaufmann, Über die Konstitution des Elektrons, Ann. Phys. 19 (1906), 487. Kaufmann betrachtet die Meßergebnisse als mit der Lorentz—Einstein Theorie „unvereinbar". Lorentz äußerte sich wie folgt: " ... it seems very likely that we shall have to relinquish this idea altogether" (Theory of Electrons, 2. Aufl., 213). Ehrenfest war derselben Ansicht: „Zur Stabilitätsfrage bei den Bucherer—Langevin Elektronen", Phys. Zs. 7 (1906), 302. Poincaré schreibt (Wissenschaft und Methode, Leipzig 1914, 209): „In ihrer neuen Form haben diese Versuche (eben die Versuche Kaufmanns) der Theorie Abrahams Recht gegeben. Das Relativitätsprinzip hätte also nicht die entscheidende Rolle, die man ihm zuzuschreiben versucht war." Und er wiederholt (261): „Das eine Experiment von Kaufmann revolutioniert zugleich die Mechanik, die Optik und die Astronomie." Poincaré hat Einsteins Abhandlung in seinen Schriften nie erwähnt, und diese empirische Schwierigkeit kann als zumindest ein Grund dafür angesehen werden. Vgl. S. Goldberg, Poincaré's Silence and Einstein's Relativity, British Journal for the History of Science 5 (1970), 73 ff. — Nach Kaufmann nahm Bucherer die Untersuchung der Frage auf (Phys. Zs. 1908, 1909) und kam zu einem entgegengesetzen Resultat (vgl. die Fußnote auf S. 209 von Poincaré, op. cit.). Worauf dann Bestelmeyer wieder die Kaufmannschen Resultate erhielt. Und so weiter.

[33] Jahrbuch der Radioaktivität und Elektronik 4 (1907), 439. Einstein gibt die Richtigkeit der Kaufmannschen Berechnungen zu, sowie die Unmöglichkeit, zu diesem Zeitpunkt systematische experimentelle Fehler zu entdecken. Seine eigene Theorie gibt er aber trotzdem nicht auf, denn er hält sie für befriedigender, weil umfassender als die existierenden

Alternativen. Auch den Schwierigkeiten der allgemeinen Relativitätstheorie gegenüber betont Einstein stets „die Vernunft der Sache" und hält eine „Verifikation durch kleine Effekte" für nicht sehr wichtig. Vgl. die Briefe an Michele Besso und Karl Seelig, zitiert nach G. Holton, Influences on Einstein's Early Work, Organon 3 (1966), 242 und Karl Seelig, Albert Einstein, Zürich 1960, 271.

Diese Gleichgültigkeit gegenüber empirischen Resultaten kam besonders in den Vordergrund im Jahre 1952, als die Untersuchungen Freundlichs über die Lichtablenkung am Sonnenrand und die Rotverschiebung zu Werten zu führen schienen, die mit der Theorie nicht übereinstimmten. Born (Brief an Einstein vom 4. Mai 1952, zitiert nach: The Born—Einstein Letters, New York 1971, 190) sieht die Situation wie folgt: "It really looks as if your formula is not quite correct. It looks even worse in the case of the red shift; this is much smaller than the theoretical values towards the center of the sun's disk, and much larger at the edge. What could be the matter here? Could it be a hint of non-linearity?" Einstein (Brief vom 12. Mai 1952, op. cit., 192) antwortet: "Freundlich ... does not move me in the slightest. Even if the deflection of light, the perihelial movement or line shift were unknown, the gravitation equations would still be convincing because they avoid the inertial system (the phantom which affects everything but is not itself affected). It is really strange that human beings are normally deaf to the strongest arguments while they are always inclined to overestimate measuring accuracies."

Man muß sich diese Stellen vor Augen halten, um Feigls oft wiederholten Bericht von Einsteins Prager Vorlesung des Jahres 1920 im richtigen Licht zu sehen. Feigl schreibt (Minnesota Studies 5, Minneapolis 1970, 9): "If ... Einstein relied on 'beauty', 'harmony', 'symmetry' and 'elegance' in constructing ... his general theory of relativity, it must nevertheless be remembered that he also said (in a lecture in Prague, 1920 — I was present then as a very young student): 'If the observations of the red shifts in the spectra of massive stars don't come out quantitatively in accordance with the principles of general relativity, then my theory will be dust and ashes'." Ich bezweifle nicht Herbert Feigls Bericht, aber ich bezweifle, daß Einstein es mit dieser Behauptung sehr ernst gemeint hat. Seine Betrachtungen zu Freundlichs Resultaten, die wir eben zitiert haben, zeigen dies ganz deutlich. Und den Einwand, daß es sich hier um die metaphysische Degeneration eines alternden Empiristen handelt, kann man sofort durch den Hinweis auf den Artikel des Jahres 1907 entkräften (zitiert zu Beginn dieser Fußnote), in dem man genau dieselbe Haltung findet. Vgl. auch G. Holtons Aufsatz in: Daedalus 1967, 636 ff., besonders 651.

Andere historische Bemerkungen, die Feigl zur Unterstützung seines Empirismus heranzieht, lassen sich auf ähnliche Weise entkräften. Feigl behauptet, daß es möglich ist, empirische Tatsachen ohne Rekurs auf Theorien festzustellen und niederzuschreiben. "Among the countless examples that are ready at hand, let me mention just a few: The phenomenon of Brownian motion can be describet independently of the explanations given by Einstein and Smoluchowski ..." (op. cit., 8) — das ist in der Tat der Fall, aber die präzisesten Beschreibungen, die vor Einstein vorhanden waren, *waren falsch,* und es bedurfte der Einsteinschen Theorie, um bessere Meßmethoden zu finden. Vgl. Fußnote 12 des vorliegenden Aufsatzes und Text, sowie Fußnoten 90—92 und Text.

Etwas später fand dann die entscheidende Widerlegung der Theorie durch D.C. Miller fast alle Wissenschaftler auf der Seite der Theorie[34]. Ähnliches gilt von der allgemeinen Relativitätstheorie. Zugegeben, die Theorie war in gewisser Hinsicht sehr erfolgreich[35]. Aber auch hier gab es neben den auffallenden und erregenden Erfolgen eine Reihe von Mißerfolgen. Die Theorie konnte die Bewegung der Knotenlinien von Mars (5") und Venus (10") auf keinen Fall erklären[36], und sie befindet sich nun erneut in Schwierigkeiten, vor allem auf Grund der neuen Berechnung der Merkurbahn durch Dicke und andere[37].

Diese Beispiele lassen sich beliebig vermehren. In der Tat, wir können mit Zuversicht behaupten, daß es für jede Theorie, die nicht völlig leer und ohne Interesse ist, Bereiche gibt, in denen sie der Erfahrung quantitativ widerspricht, und andere Bereiche, in denen sie qualitativ versagt. Es ist nicht leicht, solche Bereiche zu entdecken, denn es gibt verschiedene Methoden, sie unsichtbar zu machen. *Textbücher* erwähnen die Schwierigkeiten in der Regel nicht. Ganz im Gegenteil: Sie betrachten die dargestellte Theorie mit derselben frommen Gläubigkeit, mit der ein konservativer Katholik die unbefleckte Empfängnis der Jungfrau Maria zur Kenntnis nimmt. *Originalabhandlungen* sind nicht weniger irreführend, denn sie verdecken den *Weg*, auf dem die Schwierigkeiten zum

---

[34] Ich nenne die Widerlegung „entscheidend", daß sie zur Zeit trotz *abstrakter* Zweifel genauso gut ausgeführt war wie das Experiment von Michelson und Morley. Lorentz studierte Millers Untersuchungen für viele Jahre, konnte aber den Fehler, den er zu finden *hoffte*, nicht finden. Die Erklärung wurde erst mehr als 25 Jahre nach dem Millerschen Experiment entdeckt. Vgl. R. S. Shankland, A New Analysis of the Interferometer Observations of Dayton C. Miller, Revs. Mod. Phys. 27 (1955), 167 ff. sowie: Conversations etc., Am. Journ. Phys. 31 (1963), 47 ff., insbesondere 51, und Fußnote 19 und 34. Man vergleiche auch die Diskussion der Conference on the Michelson—Morley Experiment, berichtet in: Astrophysical Journal 68 (1928), 341 ff.

Zum Michelson Experiment bemerkt Born schon im Jahre 1922 [Brief an Einstein vom 6. August 1922, op. cit., 73 f.]: "The Michelson experiment is one of those which seem definitely apriori" und fügt in der Bemerkung hinzu: "When I was in the United States in 1925/26 Miller's measurements were still frequently being discussed. I therefore went to Pasadena to see a demonstration of the apparatus on top of Mt. Wilson. Miller was a modest little man who very readily allowed me to operate the enormous interferometer. I found it very shaky and unreliable; a tiny movement of one's hand or alight cough made the interference fringes to unstable that no readings were possible. From then on I completely lost faith in Miller's results. I knew from my visit to Chicago in 1912 that Michelson's own apparatus was very reliable and his measurements accurate."

[35] Gewisse Messungen der Ablenkung nahe der Sonnenscheibe und der Merkurbahn sind Beispiele. Man muß aber bedenken, daß die Berechnung der Merkurbahn von der Newtonschen Mechanik wesentlichen Gebrauch macht: über 5000" der Bewegung des Merkurperiheliums werden rein klassisch berechnet, und nur für die verbleibenden 43" wird der Formalismus der allgemeinen Relativitätstheorie in Gang gesetzt.

[36] Chazy, i, 230.

[37] Dicke, loc. cit.

Vorschein kommen, und verfälschen dadurch ihren Charakter. Es bedarf also oft recht ausführlicher Untersuchungen, um die allgegenwärtige Tatsache der Fehlschläge selbst unserer besten Theorien auszugraben und glaubwürdig zu machen.

Was eben über numerische Schwierigkeiten gesagt wurde, gilt in noch größerem Ausmaße von den *qualitativen Fehlschlägen* einer Theorie. Sie sind zahlreich, aber unbekannt. Die folgenden Beispiele (die sich ebenfalls beliebig vermehren lassen) sind bemerkenswert:

Nach Newton besteht das Licht aus *Strahlen* verschiedener Brechbarkeit und nur sehr geringer frontaler Ausdehnung. Man kann diese Strahlen trennen, vereinigen, reflektieren, brechen, durch teilweise Absorption schwächen, aber man kann sie nie in ihrer inneren Konstitution ändern. Ziehen wir nun in Betracht, daß die Oberfläche eines Spiegels Unebenheiten besitzt, die größer sind, als die seitliche Ausdehnung der Strahlen, so sehen wir sofort, daß die Strahlentheorie Spiegelbilder nicht zu erklären vermag: wenn das Licht aus Strahlen besteht, dann muß sich ein Spiegel wie eine rauhe Oberfläche verhalten und er muß aussehen wie eine Wand[38]. Newton gibt das zu, behält aber seine Theorie bei und beseitigt die Schwierigkeit mit Hilfe einer *ad hoc* Hypothese: „Die Reflexion eines Strahls wird nicht durch einen einzelnen Punkt des reflektierenden Körpers bewirkt, sondern durch eine Fähigkeit dieses Körpers, die sich über seine ganze Oberfläche erstreckt."[39]

Newton beseitigt die qualitative Diskrepanz zwischen Theorie und Tatsache mit Hilfe einer *ad hoc* Hypothese. In anderen Fällen hält man selbst dieses Manöver für unnötig. Man behält die Theorie bei *und versucht ihre Nachteile zu vergessen*. Ein Beispiel ist die Einstellung zu Keplers Regel, nach der ein durch eine Linse beobachteter Gegenstand am Schnittpunkt der das Auge treffenden Strahlen gesehen wird[40]. Die Regel sagt voraus, daß man einen im Brennpunkt gele-

---

[38] Umgekehrt haben Galileo und vor ihm schon Oresme geschlossen, daß der Mond kein Spiegel sein kann. Vgl. Galilei Dialogue Concerning the Two Chief World Systems (tr. Drake), University of California Press 1953, 71 ff. sowie Nicole Oresme, Le Livre du Ciel et du Monde (ed. A. D. Menut und A. J. Denomy), Madison 1968, 457: „Noch sehen wir das Licht der Sonne im Monde wie in einem Spiegel, denn in diesem Falle würde der Mond nicht so aussehen, wie wir ihn kennen; die Sonne würde vielmehr bloß in einem kleinen Teil jenes Bereichs des Mondes erscheinen, der erhellt ist, und würde manchmal überhaupt nicht gesehen werden; auch würde sie zu verschiedenen Zeiten an verschiedenen Orten des Mondes gesehen werden …"

[39] Opticks, New York 1952, 255. Zur Diskussion dieses Beispiels vgl. man auch: Classical Empiricism.

[40] Vgl. Kepler, Ad Vitellionem Paralipomena, in: J. Kepler, Gesammelte Werke, hg. im Auftrag der Deutschen Forschungsgemeinschaft und der Bayrischen Akademie der Wissenschaften, II, München 1939, 72. Eine detaillierte Diskussion der Geschichte der Regel und ihres Einflusses findet sich in Vasco Ronchi, Optics the Science of Vision, New York 1957. Den üblen Einfluß der Regel auf die Brillenmacherkunst beschreibt von Rohr, Das Brillenglas als optisches Instrument, Berlin 1934, 1 f. Vgl. auch Gullstrands Zusätze zu Teil I der englischen Übersetzung von Helmholtz, Physiologischer Optik, New York 1962, 261 ff.

genen Gegenstand in unendlicher Ferne erblicken wird. „Im Gegenteil dazu",
schreibt I. Barrow,

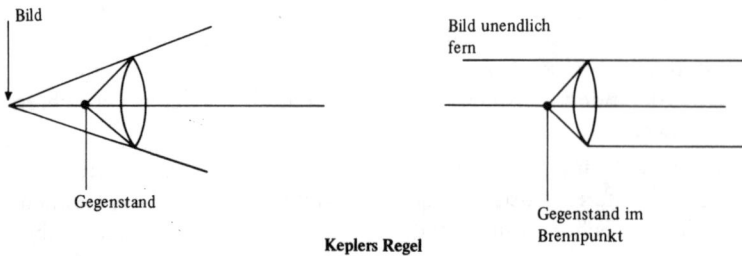

Keplers Regel

Newtons Lehrer und Vorläufer in Cambridge[41], „zeigt uns die Erfahrung ganz
deutlich, daß (ein im Brennpunkt gelegener Gegenstand) je nach der Lage des
Auges in verschiedenen Entfernungen zu liegen scheint; und fast nie sieht man
ihn in größerer Ferne, als mit dem unbewaffneten Auge; im Gegenteil, er erscheint gelegentlich viel näher ... Alles das steht in offenkundigem Widerspruch
mit unseren Prinzipien. Ich aber", setzt Barrow seine Darstellung fort, „werde
mich weder durch diese, noch durch irgendeine andere Schwierigkeit bewegen lassen, eine Theorie aufzugeben, die der Vernunft so ganz ausgezeichnet
entspricht."

Barrow *erwähnt* die Schwierigkeit, und er *betont*, daß er die Theorie dennoch beibehalten will, weil sie „der Vernunft so ganz ausgezeichnet entspricht".
Die Superempiristen des 20. Jahrhunderts gehen genauso vor, sind aber viel
eher geneigt, die Schwierigkeiten, die ihnen begegnen, zu verdecken.

So enthält die klassische Elektrodynamik von Maxwell-Lorentz die Konsequenz, daß die Bewegung eines freien Teilchens selbstbeschleunigt ist[42]. Schließt
man die Selbstenergie des Elektrons in die Berechnung ein, so erhält man für
Punktladungen divergierende Ausdrücke, während endlich ausgedehnte Ladungen
die relativistisch geforderten Transformationseigenschaften für Teilchen nur dann
ergeben, wenn man höchst künstliche und unüberprüfbare Drücke und Scherun-
gen innerhalb des Elektrons einführt[43]. Die Schwierigkeit verbleibt in der Quantentheorie, wird aber dort durch das Verfahren der Renormalisierung teilweise
überdeckt. Das Verfahren besteht darin, daß man die Ergebnisse gewisser Berechnungen streicht und durch die Beschreibung der tatsächlich beobachteten Verhält-

---

[41] Lectiones XVIII Cantabrigiae in Scholis publicis habitae in quibus Opticorum Phenomenon
genuinae Rationes investigantur ac exponentur, London 1969, 125 f. Die Stelle wird von
Berkeley in seinem Angriff auf die traditionelle „objektive" Optik verwendet: Towards a
New Theory of Vision, Werke (ed. Frazer), London 1901, 137 ff.

[42] Vgl. D. K. Sen, Fields and/or Particles, New York 1968, 10. In der nicht relativistischen
Approximation ist der Faktor $\exp[\,^3/_2\,mc^3/e^2]$, wobei m die beobachtete Teilchenmasse.

[43] Vgl. H. Heitler, The Quantum Theory of Radiation, 3. Aufl. Oxford 1954, 31.

nisse ersetzt. Man gibt damit implizit zu, daß die Theorie unüberwindliche qualitative Fehler besitzt, aber man formuliert dieses Eingeständnis in einer Weise, die den Eindruck erweckt, es sei eine neue Theorie entdeckt und nicht eine alte Theorie widerlegt worden[44]. Was Wunder wenn philosophisch ungeschulte Autoren den Eindruck erhalten, „daß alle Evidenz mit gnadenloser Eindeutigkeit die Übereinstimmung unbekannter Wechselwirkungen mit dem grundlegenden Quantengesetz beweist"[45]?

Ein höchst überraschendes Beispiel einer qualitativen Schwierigkeit und ihrer allmählichen Überwindung ist die Geschichte der sogenannten „Kopernikanischen Revolution".

Dieses faszinierende und höchst lehrreiche Ereignis wurde in der Vergangenheit verschiedentlich interpretiert, so zum Beispiel:

(1) als der Übergang von einer metaphysischen Periode, die durch Spekulation beherrscht war, zu einer Periode der Beobachtung. Kurz, aber drastisch: die Vorgänger des Kopernikus lasen ihre Astronomie in *Büchern*, Kopernikus aber wandte seine Augen zum *Himmel* und entdeckte so die wahre Astronomie. Diese Interpretation hat heute kaum mehr Anhänger[46].

(1a) als der Übergang von einer komplizierten und überladenen Theorie zu einer viel einfacheren Theorie. Diese Interpretation, die auch heute noch populär ist, trifft auf Schwierigkeiten[47].

(2) als der Übergang von einer widerlegten Theorie zu einem neuen Standpunkt, der den Schwierigkeiten der widerlegten Theorie gewachsen ist. Das ist die Interpretation von Schücking und Heckmann.

(3) als eine historische Illusion, verursacht durch ungenügende Kenntnis der mittelalterlichen Physik und Astronomie. Das ist (etwas vergröbert) die Position Duhems[48].

[44] Neben diesem methodologischen Einwand ist die Renormalisierungstheorie auch faktischen Schwierigkeiten ausgesetzt. Zum ganzen Problemkomplex vgl. die Diskussionen der 12. Solvay Konferenz, The Quantum Theory of Fields, New York, London 1962, vor allem die Beiträge von Heitler und Feynman. Born [The Born—Einstein Letters, 105] nennt die Renormalisierung kurzerhand einen "almost grotesque trick".

[45] L. Rosenfeld in: Observation and Interpretation, London 1957, 44.

[46] Daß sie überhaupt entstehen konnte, ist wohl auf die mangelnde Kenntnis des Erzempirikers Aristoteles zurückzuführen (Empiriker beginnen oft zu träumen, wenn sie sich der *Geschichte* ihrer Disziplin zuwenden), sowie auf den traurigen Eindruck, den die Aristoteliker des 16. und 17. Jahrhunderts auf ihre Zeitgenossen machten. Vgl. dazu vor allem L. Olschki, Geschichte der Neusprachlichen Wissenschaftlichen Literatur, 3 Bde., Neudruck Vaduz 1965.

[47] Diese Interpretation bezieht sich nur auf die sogenannte „mathematische Astronomie", d. h. auf die Berechnung von Rektaszension und Deklination ohne Rücksichtnahme auf Änderung der Leuchtkraft und auf dynamische Gesetze. Sie wird untersucht in R. Palter, An Approach to the History of Early Astronomy, Studies in the History and Philosophy of Science, August 1970.

[48] Zu dieser Interpretation vgl. Abschnitt 9 von Agassi, Towards an Historiography of Science, History and Theory Beiheft 2.

Das Urteil der Zeitgenossen und unmittelbaren Nachfolger des Kopernikus ist verschieden, je nachdem man seine Theorie als ein Rechenschema oder als eine neue physikalische Beschreibung des Universums auffaßt. Im ersten Falle ist die Bewegung der Erde rein fiktiv wie eine Koordinatentransformation, die man ausführt, um die Lösung mathematischer Probleme zu erleichtern, ohne dabei die Existenz besonderer physikalischer Prozesse anzunehmen[49]. Diese Form der Theorie drang über Reinholds *Prutenische Tafeln*[50] langsam in die Fachastronomie ein[51].

Im zweiten Fall schreibt man der Erde zwei Bewegungen zu[52]: sie rotiert um ihre Achse, und sie bewegt sich um die Sonne. Diese Form der Theorie war im 16. und im frühen 17. Jahrhundert Einwänden ausgesetzt, die ernsthaft genug waren, um sie als widerlegt zu betrachten[53]. Wir unterscheiden dynamische Einwände, die vor allem gegen die Rotation der Erde gerichtet sind, und optische Einwände. Die dynamischen Einwände versuchen zu zeigen, daß die Idee der Rotation der Erde im Widerspruch steht mit gewissen einfachen und weithin bekannten *Tatsachen,* vorausgesetzt man kombiniert diese Tatsachen mit einer hochbestätigten und plausiblen *Theorie* der Bewegung. Sie haben dieselbe Struktur wie die Argumente, die heute die Bewegung der Erde mit Hilfe des Foucaultschen Pendels beweisen wollen, nur daß die Aristotelische Dynamik anstelle der Dynamik Newtons tritt. Die optischen Einwände weisen auf den Widerspruch zwischen der tatsächlichen Helligkeitsänderung der Planeten, vor allem des Mars und der Venus, und der Helligkeitsänderung, die aus der Änderung ihrer Entfernung gegenüber der Erde im Kopernikanischen System zu erwarten ist.

Galilei formuliert die Einwände auf die folgende Weise:

„Wenn wir uns zusammen mit der Erde mit so großer Geschwindigkeit nach Osten bewegen, dann müßten alle anderen Gegenstände, die mit der Erde nicht fest verbunden sind, eine scheinbare Bewegung von genau der gleichen Geschwindigkeit nach Westen aufweisen; die Vögel der Luft und die Wolken, die der Bewegung der Erde nicht folgen können, müßten also im Westen zurückbleiben. Auch Gegenstände, die man von hochgelegenen Orten fallen läßt, wie Steine, die

---

[49] Diese Auffassung der Gestirnbewegungen ist in der Spätantike und im Mittelalter allgemein akzeptiert. Vgl. P. Duhem, To Save The Phenomena, Chicago 1969.

[50] Prutenicae Tabulae Coelestium motuum, Wittenberg 1551.

[51] Wie langsam, das sieht man, wenn man die Textbücher der Zeit untersucht. Dies geschieht in Francis R. Johnson, Astronomical Textbooks in the 16th-Century, in: Science, Medicine and History. Essays in Honour of Charles Singer i, Oxford University Press 1953, 285 ff. und in Lynn Thorndyke, History of Magic and Experimental Science v und vi.

[52] *Drei* bei Kopernikus: vgl. den Commentariolus (tr. Rosen), in: 3 Copernican Treatises, Dover 1959, 63 f. Die dritte Bewegung kann wegbleiben, wenn man annimmt, daß die Achse der Erde bei der Bewegung um die Sonne sich selbst parallel bleibt: Kepler, Weltgeheimnis (ed. Kaspar), München 1936, Kapitel 1, Anmerkung 17.

[53] Die Theorie, sagt Galilei im Saggiatore, ist „sicherlich falsch": Drake—O'Malley (eds.), The Controversy on the Comets of 1618, Philadelphia 1960, 185.

man von der Spitze eines Turmes fallen läßt, würden nicht am Fuße des Turmes ankommen; denn während der Zeit, die der Stein auf seinem geradlinigen Wege zur Erde in der Luft verbringt, würde diese von ihm hinweeilen und sich nach Osten bewegen, so daß sie ihn als Ergebnis in einem vom Fuße des Turmes weit entfernten Platze empfängt, genau so wie Steine, die man vom Maste eines schnell bewegten Schiffes fallen läßt, nicht am Fuße des Mastes ankommen, sondern mehr gegen das Heck. Und man würde auch sehr klar erkennen, daß Gegenstände, die man senkrecht emporwirft, bei ihrer Rückkehr die Erde in großem Abstand vom Abwurfpunkte treffen. Und auch der Pfeil, den man zum Himmel schießt, würde nicht in der Nähe des Schützen niederfallen."[54]

„Die Erfahrungen, die der jährlichen Bewegung [der Erde] widersprechen, haben ... noch größere Kraft [als die dynamischen Argumente gegen die Rotation, die eben erwähnt wurden]. Mars, wenn nahe bei, müßte sechzigmal größer sein als in der Lage seiner größten Entfernung. Kein solcher Unterschied läßt sich feststellen. Vielmehr ist der Planet in Opposition zur Sonne nur vier- oder fünfmal so groß als zur Zeit der Konjunktion, wenn er hinter den Strahlen der Sonne verschwindet.

Eine weitere und noch größere Schwierigkeit entsteht im Falle der Venus. Wenn sich dieser Planet nach Kopernikus um die Sonne bewegt, dann müßte er sich nun auf dieser, nun auf jener Seite von ihr befinden und sich im Ausmaße des Durchmessers der Venusbahn auf uns und von uns weg bewegen. Seine Scheibe sollte uns also im Augenblick der größten Annäherung etwas weniger als vierzigmal so groß erscheinen, wie wenn sich der Planet jenseits der Sonne und nahe der Konjunktion befindet. Und doch ist der Unterschied unmerklich[55]."

[54] Trattato Della Sfera. Opera (Edizione Nazionale ed. Favaro) ii, 224. Dieser Traktat ist noch ganz im Ptolemäischen Geiste abgefaßt und hält sich sogar in seiner Struktur an die Ptolemäischen Textbücher. Es ist interessant zu sehen, daß Steine in bewegten Schiffen hier nicht am Fuße des Mastes ankommen. Später kehrt Galilei die „Fakten" um und verwendet nun den Umstand, daß Steine selbst bei schnell bewegten Schiffen am Fuße des Mastes ankommen, als ein Argument *gegen* Aristoteles. Was zeigt, daß es sich um ein *Gedankenexperiment* handelt, dessen Ausgang jeweils den Bedürfnissen des zu erreichenden Resultats angepaßt wird. *Wirkliche* Experimente wurden durchgeführt, aber ihre Resultate waren alles eher als eindeutig. Vgl. A. Armitage, The Deviation of Falling Bodies, Annals of Science 5 (1941—47), 342 ff. und A. Koyré, Metaphysics and Measurement, Cambridge 1968, 89 ff. Von *dieser* Seite war im 16. und frühen 17. Jahrhundert keine Hilfe zu erwarten.

Das Argument selbst hat eine lange und interessante Geschichte. Es findet sich in Aristoteles: de coelo 296b22. Ptolemäus verwendet es im 7. Kapitel des ersten Buches seines Hauptwerkes. An derselben Stelle verwendet es auch Kopernikus, versucht es aber im 8. Kapitel zu entkräften: Kreisbewegungen (ed. Menzzer), Thorn 1879, 18 f. Die Rolle des Arguments im Mittelalter wird beschrieben in Kapitel 10 von M. Clagett, The Science of Mechanics in the Middle Ages, Madison 1959.

[55] Dialogue Concerning of Chief World Systems, Englische Übersetzung von Stillman Drake, Berkeley/Los Angeles 1953, 334. Galilei nimmt für die Variation der Entfernung von der Erde die Verhältnisse 1 : 8 (Mars) und 1 : 6 (Venus) — op. cit., 321 f. — und läßt die Leucht-

kraft im Verhältnis mit den sichtbaren Oberflächen variieren. Die Zahlen für die Entfernungen erhält man aus dem Commentariolus oder aus den Kreisbewegungen, wenn man die erste Epicycel im ersten und die Exzentrizität im zweiten in Betracht zieht. Im Commentariolus sind die Werte für Mars wie folgt: Radius der Erdbahn, 25; Radius des Deferenten, 38; Radius der ersten Epicycel, 5 (für diese Zahlen siehe Rosen, op. cit., 74, 77). Also ist das Verhältnis $50 + (38 - 25) + 5/(38 - 25) - 5 \sim 8$. In den Kreisbewegungen sind die Werte (Menzzer, 330): Radius der Erdbahn, 6580; Radius der Marsbahn, 10 000; Exzentrizität der Marsbahn, 1460. Des Claudius Ptolemäus Handbuch der Astronomie (ed. Manitius), ii, Leipzig 1963, 198, 197 gibt für das Verhältnis von Exzenterradius: Epicycelradius: Exzentrizität $60 : 39p30' : 6$ und damit wieder einen ähnlichen Wert für das Verhältnis von Perigäumdistanz zu Apogäumdistanz.

Die Schwierigkeit wird neben Galilei auch vom vielfach verleumdeten Osiander in seiner berüchtigten Vorrede zum Hauptwerk des Kopernikus erwähnt: ,,Es ist ... nicht erforderlich, daß diese Hypothesen wahr, ja nicht einmal, daß sie wahrscheinlich sind, sondern es reicht schon allein hin, wenn sie eine mit den Beobachtungen übereinstimmende Rechnung ergeben — es müßte denn jemand in der Geometrie und Optik so unwissend sein, daß er den Epicycel der Venus für wahrscheinlich und ihn für die Ursache davon hielte, daß sie um vierzig Grade und darüber zuweilen der Sonne vorausgeht, zuweilen ihr nachfolgt. *Denn wer sieht nicht, wie bei dieser Annahme notwendig folgen würde, daß der Durchmesser dieses Planeten in der Erdnähe mehr als viermal, der Körper selbst aber mehr als sechzigmal so groß erscheinen müßte als in der Erdferne, und dem widerspricht doch die Erfahrung jedes Zeitalters.*" Kreisbewegungen (ed. Menzzer), 1, Hervorhebungen von mir. Die hervorgehobene Stelle, die von allen Kritikern des Osiander unterdrückt wird, stellt seinen Instrumentalismus und den Instrumentalismus seiner Zeitgenossen in ein neues Licht. Wir wissen, daß diese Philosophie aus theologischen und aus taktischen Gründen vertreten wurde (Brief Osianders an Rheticus vom 20. April 1541, wiederabgedruckt in K. H. Burmeister, Georg Joachim Rheticus iii, Wiesbaden 1968, 25) und auch darum, weil sie in die astronomische Tradition gut paßte (Brief vom selben Tage an Copernicus, übersetzt in Duhem, op. cit. 68). Aber der Instrumentalismus Osianders hatte auch physikalische Gründe auf seiner Seite, und zwar genau dieselben Argumente, die Galileo fast ein Jahrhundert später in seinem Dialog publizierte. Es zeigte sich ja, daß die kopernikanische Theorie, realistisch interpretiert, von den Tatsachen widerlegt wird. Diesen Umstand muß man vor Augen haben, wenn man Karl Poppers bombastisch-sentimentalen Aufsatz: Three Views Converning Human Knowledge, in: Conjectures and Refutations, Basic Books 1962, 97 ff. sich zu Gemüte führt (dasselbe gilt für Poppers *Bewertung* der Quantentheorie; hier wie dort spürt er instrumentalistischen Ideen mit Hooverschem Eifer nach, ohne die physikalischen Argumente für diese Ideen mit auch nur einem Worte zu erwähnen). Oder wenn man bei Dean White liest (A History of the Warfare of Science with Theology, Dover Books, i, 123): "But Osiander's courage failed him: he dared not launch the new thought boldly. He wrote a grovelling preface, endeavouring to excuse Copernicus for his novel idea ..." Wäre es besser gewesen, wenn Osiander mutig eine Theorie eingeführt hätte, für deren Falschheit er Argumente hatte, die selbst ein Galilei noch für sehr überzeugend hielt?

Das Argument des Osiander wird von Bruno diskutiert (Das Aschermittwochsmahl, Werke i, übersetzt von Ludwig Kuhlenbeck, Leipzig 1904, 87 ff.) und entschieden abgelehnt: ,,Aus der scheinbaren Größe eines leuchtenden Körpers läßt sich niemals auf seine wirkliche Größe oder Entfernung schließen". Galilei hat am Argument größeres Interesse, denn er versucht ja zu zeigen, daß das Fernrohr die beschriebene Schwierigkeit überwindet. Den *Ursprung* des Arguments darf man wohl darin zu suchen haben, daß die *Ptolemäische* Theorie Durch-

Und er beschreibt die Situation der Kopernikanischen Lehre auf die folgende Weise:

„Ihr wundert Euch, daß die Pythagoreische Ansicht so wenig Anhänger gefunden hat. Ich staune, daß überhaupt der eine oder der andere sie angenommen und ihr angehangen hat. Ich kann nicht genug die Geisteshöhe derer bewundern, die sich ihr angeschlossen und sie für wahr gehalten, und die durch die Lebendigkeit ihres Geistes den eigenen Sinnen Gewalt angetan, derart daß sie, was die Vernunft gebot, über die offenbarsten gegenteiligen Sinneseindrücke zu stellen vermochten. Daß die von uns bereits geprüften Argumente gegen die tägliche Rotation der Erde [siehe das erste Zitat oben] ungemein viel Bestechendes haben, haben wir früher gesehen, und allein der Umstand, daß sie von den Anhängern des Ptolemäus, von der Schule des Aristoteles und all ihrem Gefolge anerkannt wurden, ist schon ein sehr triftiger Grund für ihre Bedeutsamkeit. Die Erfahrungen aber, welche man gegen die jährliche Bewegung anführt [das zweite Zitat], scheinen in so offenbarem Widerspruch zu dieser Lehre zu stehen, daß — ich wiederhole es — meine Bewunderung keine Grenzen findet, wie bei Aristarch und Kopernikus die Vernunft in dem Maße die Sinne hat überwinden können, daß ihnen zum Trotz die Vernunft über ihre Leichtgläubigkeit triumphiert hat."[56]

Wir haben also hier eine vierte Interpretation des Übergangs von der mittelalterlichen Kosmologie zur Kosmologie des Kopernikus: Kopernikus bietet weder neue Tatsachen, die als induktive Basis seiner eigenen Ideen gelten könnten, noch kennt er Beobachtungen, die Ptolemäus widerlegen, aber in Übereinstimmung mit seiner Theorie stehen[57]. Ganz im Gegenteil: beide Theorien, Kopernikus wie auch Ptolemäus, haben Schwierigkeiten, die erste vielleicht sogar größere als die letzte. Die Kopernikaner geben aber trotzdem nicht auf, sondern bestehen auf der Richtigkeit ihrer Lehre. Geführt von der „Lebendigkeit ihres Geistes" vergewaltigen sie die Sinne und führen die Vernunft zum Siege.

messer oft nicht richtig wiedergab, aber dennoch als ein Instrument zur Berechnung von Längen und Breiten beibehalten wurde: die Theorie war also nicht eine Beschreibung von tatsächlich ablaufenden Vorgängen („Solche Bahnen findet man nicht im Himmel", schreibt Bicard in seinen Quaestiones Novae in libellum de Sphaera Joannis de Sacro Bosco, Paris 1552, zitiert nach Duhem, op. cit., 74 — wir führen sie nur ein, um jenen, die Astronomie lernen, zu zeigen, wie man die Bewegungen der himmlischen Körper retten kann."). Dieser Standpunkt ließ sich dann leicht auch auf die Schwierigkeiten der Kopernikanischen Theorie übertragen.

[56] Zitiert aus Galileo Galilei, Sidereus Nuncius. Nachricht von neuen Sternen (hg. H. Blumenberg), Sammlung Insel 1965, 208.

[57] „... die Planetentheorien des Ptolemaios und der meisten anderen Astronomen (sind) mit den numerischen Daten in Übereinstimmung ...", schreibt Kopernikus, Commentariolus (ed. Rosen), 57.

6   Methodologische Bemerkungen

Diese Beispiele, die sich beliebig vermehren lassen, zeigen uns, daß die wissenschaftliche Praxis mit logischen und erkenntnistheoretischen Forderungen nur selten im Einklang steht. In der Tat — es gibt kein Prinzip, das in der Geschichte der Wissenschaften nicht wiederholt verletzt worden wäre, eingeschlossen selbst so „grundlegende" und „evidente" Prinzipien wie das Prinzip der Widerspruchsfreiheit. Wissenschaftliche Theorien, so wie sie in der Geschichte der Wissenschaften vorliegen, sind nicht nur unsicher und der Widerlegung ständig ausgesetzt, sie sind in jedem Augenblick ihrer Existenz auch bereits widerlegt, sie sind in numerischen Schwierigkeiten, sie weisen schwere qualitative Fehler auf, ad hoc Hypothesen verkleben Löcher in der Beweisführung und Risse in der Verbindung mit den Tatsachen, innere Widersprüche sind fast nie vermieden. Nicht stolze Kathedralen haben wir vor uns, sondern baufällige Ruinen, architektonische Mißbildungen, deren prekäres Dasein von ihren Baumeistern durch unschönes Flickwerk nur mit Mühe verlängert wird. *Das* ist die wissenschaftliche Wirklichkeit. Von *ihr* ist in der Erkenntnistheorie und der Wissenschaftstheorie kaum die Rede. Wie ist diese Diskrepanz zu erklären? Und welche Folgen ergeben sich aus ihr für die Bewertung methodologischer Regeln? Das ist das Problem, zu dem ich in diesem Aufsatz eine Antwort skizzieren will.

Ein erster Grund für die Diskrepanz liegt in der täuschenden Weise, in der wissenschaftliche Theorien (seit Euklid) in der Wissenschaft selbst dargestellt und diskutiert werden. Von Neumanns Buch *Mathematische Grundlagen der Quantenmechanik*[58], das heute viele Nachfolger hat, ist ein ausgezeichnetes Beispiel. Schritt für Schritt werden hier Begriffe eingeführt, geklärt, Probleme werden gestellt, gelöst, und so erhebt sich allmählich ein Gebäude von imposanter Klarheit und Präzision auf einfachen und leicht verständlichen Grundlagen. Die Verwirrung der älteren Quantentheorie, so scheint es, sind nun endgültig überwunden. Aber fragen wir uns doch, in welcher Beziehung dieses sublime Hirngespinst zur Wirklichkeit steht! Das heißt, fragen wir uns, (1) wie die *Zuordnung* zwischen den hypermaximalen Operatoren der Theorie und konkreten Meßapparaten beschaffen ist; (2) wie man *Voraussagen* macht nach vollzogener Zuordnung; (3) wie man diese Voraussagen *überprüft* — und wir werden sehen, daß der Eindruck der Vollkommenheit nur darum entstehen konnte, weil man den einen oder den anderen friedlichen Winkel der Ruine „Quantenmechanik" schon für das ganze Gebäude hielt: die Antwort auf (1) lautet, daß „für die Mehrheit von Observablen (wie xyp) niemand ernsthaft an die Existenz eines Meßinstruments glaubt"[59]. In der Praxis bedient man sich hier noch immer des älteren Korres-

---

[58] Springer, Berlin 1932.

[59] E.P. Wigner, The Problem of Measurement, Am. Journ. Physics, 31 (1963), 14. — „Die Quantenmechanik", schreibt Schrödinger zu dieser Situation (Nuovo Gimento, 1955, 3), „behauptet, daß sie letztlich und direkt nur mit aktualen Beobachtungen zu tun hat, da diese die einzig wirklichen Dinge sind, die einzige Informationsquelle, und daß die erlangte Information nur *sie* betrifft. Die Meßtheorie wird sorgfältig so formuliert, daß sie erkennt-

pondenzprinzips. Was (2) betrifft, so ist zu sagen, daß gewisse wichtige Voraussagen im Rahmen der Theorie nur dann möglich sind, wenn man *andere* Gesetze willkürlich verändert[60]. Drittens ist die Überprüfung von Voraussagen beträchtlich eingeschränkt durch die Weise, in der Koinzidenzzähler Ereignisse klassifizieren. Und vergessen wir nicht die qualitativen Schwierigkeiten der Theorie, die in Abschnitt 5 erwähnt wurden. Die Klarheit, Präzision und Einfachheit, die wir in von Neumanns Buch und in anderen Lehrbüchern der theoretischen Physik finden, ist also, wie alle irdische Vollkommenheit, *bloßer Schein*[61]. *Es ist dieser Schein, auf den formallogische Überlegungen wie die Spielereien der „Dialoglogik" vor allem ihre Anwendung finden und an dem die Wissenschaftstheorie ihr Bild von der Wissenschaft als ein widerspruchsfreies und logisch geordnetes Satzsystem entwickelt.* Der Nachweis, daß ein System von Regeln oder eine „Logik" („Methodologie") in *diesem* Bereich zu interessanten Ergebnissen führt, hat mit der Frage ihrer Brauchbarkeit in der Wissenschaft, das heißt, in dem widerspruchsvollen Gesamtbau: präzise Theorie plus spezielle Annahmen plus vage Voraussetzungen plus Zuordnungsregeln plus operationale Erklärungen plus Approximationen (die der willkürlichen Präzision bald den Garaus machen) plus qualitativen Fehlern (die schnell hinter den Approximationen verschwinden)

nistheoretisch unangreifbar wird. Aber was ist der Sinn dieses ganzen erkenntnistheoretischen Getues, wenn wir es nicht mit wirklichen und vollblütigen Beobachtungen zu tun haben, sondern mit bloß vorgestellten Ergebnissen?" Bridgeman [The Nature of Physical Theory, Dover 1963, 188 f.] schreibt, daß die Quantentheorie auf den ersten Blick eine durch und durch operationale Theorie zu sein scheint. Dieser Eindruck wird dadurch erreicht, daß man „einige der mathematischen Symbole ‚Operatoren', ‚Observablen' usf. nennt. Aber trotz der Existenz eines mathematischen Symbolismus dieser Art sind die entsprechenden physikalischen Operationen sehr unklar ... und das zumindest in dem Sinne, daß es nicht klar ist, wie man nun ein idealisiertes Meßinstrument für eine beliebige gegebene Messung konstruieren soll."

[60] J. M. Cook, Journ. math. Phys. 36 (1957), 82 ff. hat bewiesen, daß sich das Streuproblem im Hilbertraum nur für Potentiale lösen läßt, für die $\iiint |V(xyz)| dx dy dz < \infty$, was das Coulomb Potential ausschließt. Man löst das Problem mit Hilfe eines geeigneten Cutoff, das heißt, man ändert das Potential einzig zu dem Zweck, eine Verbindung zwischen Theorie und Tatsachen dennoch herzustellen.

[61] Die Probleme der älteren Quantentheorie sind also durchaus nicht alle gelöst, sie sind zum Teil an andere Stelle verschoben und dadurch unsichtbar gemacht. Die ältere Quantentheorie, in der alle Schwierigkeiten offen zutage liegen und in der der vorläufige Charakter selbst präziser Formalismen sehr klar zum Ausdruck kommt, ist in dieser Hinsicht weitaus „ehrlicher", als ihre modernen Nachfolger (dasselbe gilt von allen Versionen der Wissenschaft, die das Euklidische Ideal zu verwirklichen suchen). „Ehrlichkeit" ist hier im Sinne Einsteins gemeint — vgl. seine Kritik der Hilbertschen Darstellungsweise physikalischer und mathematischer Theorien in der Postkarte an Ehrenfest vom 24. Mai 1916, wiederabgedruckt in Carl Seelig, Albert Einstein, Zürich 1960, 276. — Die Diskrepanz zwischen Formalismus und wirklicher Welt, die für die Euklidische Methode so charakteristisch ist, geht auf Parmenides zurück. Vgl. A. Szabó, The Origins of Euclidean Axiomatics. Londoner Vorlesungen, November 1966, (MS ed. von B. Burgoyne).

plus Theorie der Apparate plus „Erfahrung" (deren Natur niemals erklärt wird) plus philosophische „Athmosphäre", schon fast gar nichts zu tun.

Aber selbst ein solcher irrelevanter Nachweis wird in der Methodologie, der Logik und der Erkenntnistheorie nur selten versucht. Das sind ja spezielle und in sich geschlossene Disziplinen, die ihre Probleme ohne fremde Hilfe lösen können und müssen[62]. Man fragt also nicht, ob Prinzipien, Regeln, methodologische Vorschriften geeignet sind, den *historischen Prozeß* „Wissenschaft" in eine bestimmte Richtung zu lenken, man kümmert sich nicht im geringsten darum, ob die von den Regeln geforderte Tätigkeit eine psychologisch, physisch, historisch, finanziell etc. *mögliche* ist, man vergleicht in fröhlicher Unbekümmertheit Regeln mit anderen Regeln und macht jenes Regelsystem, das aus diesem abstrakten Kampf als Sieger hervorgeht, zur Grundlage „der Wissenschaft" oder „des Wissens" oder „der Vernunft". Es ist, als sei man von einer abstrakten Vorstellung des *Tanzes* so fasziniert, daß man sie entwickelt und im Detail aufbaut, ohne auf die anatomischen und physiologischen Eigentümlichkeiten menschlicher *Leiber* mit auch nur einem Worte einzugehen. Wie können wir diese Flucht vor der Wirklichkeit vermeiden? Wir beantworten die Frage mit Hilfe einer Diskussion von zwei Methodologien, die in der Wissenschaftstheorie eine wichtige Rolle gespielt haben und noch immer spielen; ich meine die Methode der Verifikation, und die Methode der Falsifikation.

Die Methode der Verifikation (nimm nur solche Theorien in die Wissenschaft auf, die verifizierbar und auch bereits verifiziert sind[63]) unterliegt dem *logischen* Einwand, daß allgemeine Sätze aus singulären Sätzen nicht hergeleitet werden können: die Forderung, unsere Wissenschaft nur aus verifizierten Sätzen aufzubauen, vernichtet sie in der Form, in der wir sie kennen, ohne etwas Vergleichbares an ihre Stelle zu setzen. Die Methode der Falsifikation (nimm nur solche Theorien in die Wissenschaft auf, die falzifizierbar, aber noch nicht falsi-

---

[62] Die Erkenntnistheorie ist „von durchaus anderer Art, als die Realwissenschaften: sie erkennt nicht ein Sein, sondern setzt ein Ziel und Normen für geistiges Handeln" schreibt V. Kraft, Erkenntnislehre, Wien 1960, 32. Demgemäß werden philosophische Positionen, wie etwa der Solipsismus überwunden nicht durch Forschung, sondern durch den *Entschluß*, Annahmen zu verwenden, „die über das im Erlebnis Gegenwärtige hinausführen" [219]. – Oder: entscheidend für die Erkenntnistheorie ist „das Studium einer in weitem Ausmaß autonomen dritten Welt objektiven Wissens" [Popper, Epistemology without a Knowing Subject, in: Rootselaar–Staal (eds.), Logic, Methodology, and Philosophy of Science, Amsterdam 1968, 337], die „vom Menschen geschaffen ist" [Popper, On the Theory of the Objective Mind) Proc. xiv Int. Congress of Philosophy I, Wien 1968, 29], die aber doch zu einem subjektlosen Typus von Wissen Anlaß gibt [Epist ..., 335]. – Oder: „Wir haben bereits gesehen, daß Philosophie und Historiographie im Grunde nicht aufeinander reduziert werden können, ganz gleich, wie eng sie nun in der Praxis zusammenarbeiten mögen": Mc Mullin, The History and Philosophy of Science – a Taxonomy, Minnesota Studies v (1970), 60. Vgl. auch Agassi, Historiography, Fußnoten 19 ff. und Text.

[63] Details und Literatur bei L. L. Laudan, From Testability to Meaning, MS London 1968.

fiziert sind[64]) hat keine vergleichbaren Schwierigkeiten, und eine Wissenschaft, die sie verwendet, scheint ein mögliches Unternehmen zu sein. Soweit eine *rein logische* Kritik.

Die Beispiele in Abschnitt 5 legen die Vermutung nahe, daß eine Wissenschaft, die dem Falsifikationsprinzip gehorcht, *in unserer Welt* auf unüberwindliche Hindernisse stößt: jedes Gesetz, das wir entdecken, ist von Störungen umgeben, die groß genug sind, es zu widerlegen. *In dieser Welt* vernichtet auch die Methode der Falsifikation die Wissenschaft, ohne etwas Vergleichbares an ihre Stelle zu setzen. Eine rein logische Untersuchung von Methodologien reicht also nicht aus. Welche Elemente müssen wir der Logik hinzufügen, um unsere Kritik zu vervollständigen?

Nach der Auffassung einer einflußreichen Schule ist es die *wissenschaftliche Praxis,* die über die Wahl methodologischer Regeln entscheidet. Regeln, die in dieser Praxis eine Rolle spielen, werden akzeptiert; Regeln, die in ihr nicht aufzufinden sind oder die akzeptierten Regeln widersprechen, werden beseitigt. Eine „induktive Kritik" dieser Art übersieht, daß eine „Praxis", das heißt, eine Reihe von Handlungen die ihr angeblich zugrundeliegenden Regeln selbst dann nicht eindeutig bestimmt, wenn man voraussetzen darf, daß Regeln in ihr niemals verletzt, übersehen, vergessen, falsch angewendet werden, das heißt, wenn man voraussetzen darf, daß Wissenschaftler mit traumwandlerischer Sicherheit immer das Richtige tun. Die Praxis, die wissenschaftliche Theorien trotz widersprechender Tatsachen weiter verwendet, könnte z.B. auf den folgenden Regeln beruhen: (1) sie enthält kein Falsifikationsprinzip; (2) sie enthält ein Falsifikationsprinzip, erkennt aber nur eine ganz spezielle Gruppe von Umständen als „Tatsachen" an; (3) sie enthält ein Falsifikationsprinzip, setzt aber widersprechende Tatsachen nur dann ein, wenn sie eine alternative Theorie bestätigen; (4) sie enthält ein Falsifikationsprinzip, setzt es aber erst dann ein, wenn eine neue Theorie Zeit gefunden hat, sich zu entwickeln; (5) das Aufgeben von Theorien bleibt dem Geschmack überlassen, und Tatsachen haben damit direkt nichts zu tun; und so weiter. Aber die Voraussetzung selbst ist ja ganz unglaublich. Die Regeln, die wir suchen, sind nur selten explizit formuliert. Sie leiten die Praxis nicht durch Bücher, die leicht zu konsultieren wären, sondern auf dem Umweg über Imponderabilien wie Takt und Fingerspitzengefühl, und *deren* Deutung ist nicht jedem Wissenschaftler in gleichem Maße zugänglich. Außerdem überschneiden sich in der Wissenschaft zahlreiche und teilweise in Konflikt stehende Traditionen (darin unterscheidet sich die Wissenschaft ganz wesentlich vom Schachspiel, in dem widersprechende Traditionen längst zu einer Einheit verschmolzen sind[65]).

---

[64] Cf. K. Popper, Conjectures and Refutations, Basic Books 1962, 54: "So long as a theory stands up to the severest test we can design, it is accepted; if it does not, *it is rejected*". 241: "the new theory should be *independently testable*. That is to say, apart from explaining all the *explicanda* which the new theory was designed to explain, it must have new and testable consequences ..."

[65] Dies wird in der Wittgensteinschen Tradition übersehen, in der man sich gerne mit oberflächlichen Analogien zufrieden gibt.

Wie wäre es sonst zu erklären, daß Wissenschaftler das logisch unmögliche Verifikationsprinzip so oft in ihrer eigenen Praxis zu finden glaubten? (Die entschlossene Anwendung von Regel iv beruht unter anderem auf diesem Glauben.) Außerdem ist es klar, daß die *Tatsache* der Befolgung gewisser Regeln uns noch lange nicht zur Annahme der befolgten Regeln *zwingt.* Die Tatsache mag zwar der „Kern der Wissenschaft" sein — aber sollen wir die Wissenschaft schon darum akzeptieren, weil sie nun einmal da ist? Ist nicht die Wissenschaft selbst das Ergebnis einer Kritik früherer Lebensformen, und lädt nicht dieser Umstand zu ihrer eigenen Kritik nur um so dringender ein? „Auch die ‚gesamte Wissenschaft' könnte ja schließlich irren."[66] Eine Kritik methodologischer Regeln durch Vergleich mit der wissenschaftlichen Praxis allein kann uns also nicht befriedigen. Sie ist *nicht möglich* und wäre, wenn möglich, *unzureichend,* weil auf der dogmatischen Annahme einer bestimmten Lebensform beruhend.

Es ist diese Einsicht, die schon im alten Griechenland zur Entwicklung von rein abstrakten Methodologien geführt hat. Abstrakte Methodologien fassen unser Wissen als einen idealen Zustand auf, den es in unserer Welt nur selten gibt, und der verschiedenen Hindernissen zum Trotz verwirklicht werden muß. Das Ideal wird durch Regeln näher umschrieben, und man bemüht sich, eine Praxis zu schaffen, die den Regeln genau entspricht. Die Regeln selbst werden verschieden motiviert, so zum Beispiel (bei Platon) durch den Hinweis, daß sie zur Wahrheit führen, oder (bei Mill) durch den Hinweis, daß die zugeordnete Praxis eine der menschlichen Freiheit förderliche Umgebung bietet[67]. Auch diese Lösung des Methodenproblems ist unzureichend, wie wir am Anfang des gegenwärtigen Abschnitts gesehen haben. Eine rein abstrakte Methodologie mag logisch befriedigen, sie mag ein erdachtes Ziel wie die Wahrheit oder die Freiheit *im Denken* erreichen, sie mag auch unserer Auffassung von einem menschenwürdigen Leben entsprechen, aber wir haben keine Garantie, daß die von ihr beschriebene Tätigkeit *in dieser Welt* verwirklicht werden kann.

Imre Lakatos, der den letzten Einwand aus der Ferne bemerkt hat, versucht, ihm durch eine höchst ingeniöse *Synthese* praktischer und abstrakter Überlegungen zu entgehen. Er gründet seinen Vorschlag auf zwei Beobachtungen: (1) Wissenschaftler streiten sich über die *allgemeinen Prinzipien* der Forschung. Ihre Ideen über *konkrete Errungenschaften* oder ihre „normativen Basisurteile", wie sich Lakatos ausdrückt, waren aber in den letzten zwei Jahrhunderten durchwegs dieselben[68]. (2) Basisurteile sind nicht immer vertrauenswürdig. Sie sind vertrauenswürdig in der Physik, verdächtig in der Astrologie und in den Sozialwissenschaften[69]. Außerdem löst sich in diesen Disziplinen auch hier die Einmütigkeit des Urteils auf, so daß nun alles fraglich ist, Prinzipien *und* Basisurteile. Die erste

---

[66] K. Popper, Logik der Forschung, Wien 1935, 3.

[67] Vgl. J. St. Mill, On Liberty und die Diskussion dieses Essays in Abschnitt 3 meines Aufsatzes: Against Method, Minnesota Studies, Minneapolis 1970.

[68] History and Its Rational Reconstructions, MS Boston 1970, 31 ff.

[69] 51.

Beobachtung führt Lakatos zur Forderung, daß methodologische Regeln oder, allgemeiner, Theorien der Rationalität „abzulehnen [sind], wenn sie akzeptierten ‚Basiswerturteilen' der wissenschaftlichen Elite widersprechen"[70]: der Maßstab methodologischer Regeln liegt in der „wissenschaftlichen Alltagsweisheit (common scientific wisdom)"[71], die in den Basisurteilen ihren Ausdruck findet. Genauso wie sich empirische wissenschaftliche Theorien über empirischen Basissätzen erheben, die sie dann von einem allgemeinen Standpunkt aus erklären, genauso erheben sich auch Theorien der Rationalität über den *Basiswert*urteilen der wissenschaftlichen Elite und bilden einen allgemeinen Hintergrund für *ihre* Erklärung. Die zweite Beobachtung macht solche Verallgemeinerungen wenigstens teilweise von philosophischen Prinzipien abhängig. Als Ergebnis erhalten wir einen *Dualismus (Pluralismus) von Autoritäten,* in dem die partikuläre Autorität von Basisurteilen, die nur konkrete einzelne Fälle betrifft, die allgemeine Autorität philosophischer (mathematischer) Prinzipien bald kritisiert, bald von ihr kritisiert wird. Basisurteile sind fundamental in den „reifen Wissenschaften" wie in der Physik, vorausgesetzt, sie befinden sich in einem Stadium des Fortschritts und der Erweiterung. Hier orientiert sich die Methodologie an der Logik der Einzelfälle. „Wenn aber eine wissenschaftliche Schule zu einer Pseudowissenschaft ausartet, dann mag es von Vorteil sein, wenn man eine methodologische Debatte mit Gewalt herbeiführt"[72], d.h., wenn man philosophischen Prinzipien zeitweilig den Vorrang gibt.

Diese Lösung der von uns erhobenen Frage scheitert an den folgenden Schwierigkeiten.

Erstens ist die „wissenschaftliche Alltagsweisheit", d.h. die Sammlung aller singulären normativen Basisurteile der wissenschaftlichen Elite, auch in der reifsten Wissenschaft weder alltäglich, noch weise. Das läßt sich zeigen mit Hilfe von Beispielen, wie etwa dem folgenden: Nach Popper, den Lakatos auf Grund seiner Rekonstruktion der Wissenschaft kritisiert, ist eine Theorie wissenschaftlich nur dann, wenn es von vorneherein feststeht, welche Beobachtungen sie widerlegen[73], und sie muß aufgegeben werden, sobald man die erste widerlegende Instanz entdeckt[74]. Andererseits wurde Newtons Theorie „von hervorragenden Wissenschaftlern hoch eingeschätzt"[75], obwohl sie zu jeder Zeit ihrer Existenz mit zahlreichen Tatsachen im Widerspruch stand, und obwohl eine klare Definition ihres empirischen Gehalts (im Popperschen Sinn) nie existierte. „Newtons Theorie ist wissenschaftlich", ist somit ein normatives Basisurteil im Sinne von

---

[70] 31; vgl. auch 32, 36, 39, 43, 46, 50.

[71] 50.

[72] Lakatos, op. cit., 51.

[73] Conjectures and Refutations, 38, fn. 3.

[74] Conjectures and Refutations, 54, 241. Vgl. auch das Zitat in Fußnote 64 des vorliegenden Aufsatzes.

[75] Lakatos, op. cit., 34.

Lakatos. Also, schließt Lakatos, ist Poppers Definition der Wissenschaft widerlegt[76]. Aber beachten wir doch, wie die Basisurteile, auf die er sich stützt, in
diesem besonderen Fall zustandekommen! Max Born[77] preist Newtons Mechanik im Glauben, daß sie aus Beobachtungstatsachen logisch folgt (im 19. Jahrhundert ist die Annahme viel häufiger zu finden; Ausnahmen sind Hegel und
Duhem[78]). Die Mehrzahl der Newtonianer unterstützt die Theorie, weil sie ihrer
Ansicht nach ohne Fehl dasteht. Newton selbst behauptet, die Theorie direkt
und ohne Seitenblicke auf Alternativen aus „Phänomenen" hergeleitet zu haben.
Das sind die Gründe, die zu den Basisurteilen führen, deren „wissenschaftlicher
Weisheit" Lakatos so großes Vertrauen schenkt. Und vergessen wir nicht, daß Einsteins Theorie in den Jahren 1907 und 1908 von einer großen Anzahl von Physikern abgelehnt wurde, weil sie den Tatsachen widersprach[79]. Basisurteile sind also
auch nicht so allgemein, wie Lakatos annehmen möchte. Und das ist ein Ergebnis,
das durch weitere Untersuchung wiederholt bestätigt wird: die Idee einer „wissenschaftlichen Alltagsweisheit", d.h. die Idee einer umfassenden Klasse von singulären Werturteilen, die *vernünftig* und in der Wissenschaft *allgemein* akzeptiert sind,
diese Idee ist nichts als eine *Chimäre.* Damit löst sich der „Dualismus von Autoritäten" in nichts auf.

Nehmen wir nun an, daß es wirklich einen soliden Kern von normativen
Basisurteilen gibt. Dann bleibt es doch noch immer unentschieden, wann dieser
Kern und wann sein Gegner im Dualismus, d.h., wann philosophische Prinzipien
in den Vordergrund treten sollen. Lakatos schiebt philosophische Prinzipien in
den Vordergrund, sobald die zugrundeliegende Wissenschaft „zu einer Pseudowissenschaft entartet" (siehe oben, Text zu Fußnote 72). Aber wie entscheidet
er, was eine Pseudowissenschaft ist und was nicht? Er trifft die Entscheidung auf
Grund einer „rationalen Rekonstruktion der Wissenschaft"[80], die von normativen
Basisurteilen ausgeht. Das setzt voraus, daß diese Basisurteile eine gewisse Einheitlichkeit aufweisen, was nach seiner eigenen Ansicht gerade dann nicht zutrifft, wenn philosophische Prinzipien in den Vordergrund treten sollen. Das
Kriterium der Pseudowissenschaft, das Lakatos verwendet, setzt also schon voraus,
was gezeigt werden soll, d.h., daß gute Wissenschaft einheitliche Basisurteile produziert.

Drittens ist auch Lakatos den Einwänden ausgesetzt, die weiter oben gegen
eine Kritik auf Grund der wissenschaftlichen *Praxis* erhoben wurden. Lakatos
versucht zwar nicht, *allgemeine* Regeln aus dieser Praxis zu gewinnen — ein solches Unternehmen führt seiner Ansicht nach zu keinem einheitlichen Resultat —,
er beschränkt sich auf das Herauspräparieren *singulärer* Bewertungen, eben
seiner „normativen Basisurteile". Die Kritik mit *solchen* Mitteln nimmt an, daß

---

[76] Ebenda.

[77] Natural Philosophy of Cause and Chance, London 1948, 129 ff.

[78] Für Hegel sehe man die Encyclopädie (ed. Lasson), 235 ff.

[79] Vgl. Fußnoten 32—37 des vorliegenden Aufsatzes und Text.

[80] Op. cit., 41.

die Wissenschaft zumindest in konkreten Fällen schon die bestmögliche Prozedur gefunden hat. Das ist kindlicher Optimismus. Die Wissenschaft kennt methodologische Revolutionen Seite an Seite mit Revolutionen im Inhalt ihrer Theorien. Der Übergang von der Aristotelischen zur galileischen Betrachtungsweise ist ein Beispiel. Solche Revolutionen überwerfen nicht nur den einen oder den anderen besonderen Standpunkt, sondern *alle* Ideen, die auf Grund bestimmter Verfahren gefunden wurden, Basisurteile eingeschlossen. Eine Kritik, die Basisurteile ungeschoren läßt, ist also viel zu zahm. Und wenn die *Wissenschaft* im Konkreten so vollkommen ist, warum ist es nicht der Mythos? Was sind die Umstände, die die moderne Wissenschaft auszeichnet, oder ist ihre Vollkommenheit nun ein Glaubenssatz, der nicht mehr weiter hinterfragt werden darf? Wir sehen, daß die Methodenkritik von Lakatos, abgesehen von der Falschheit ihrer Voraussetzungen, sich viel zu früh zufrieden gibt. Verwenden wir nun unser Beispiel (Verifikationismus vs. Falsifikationismus), um den Weg zu einer mehr vernünftigen Philosophie zu erkunden!

Die Methode der Falsifikation ist besser als die Methode der Verifikation. Ein Argument auf Grund normativer Basisurteile würde darauf verweisen, daß Wissenschaftler unverifizierte Theorien mit Lob überhäufen und daß die Kritik von Theorien ihnen wichtiger ist als ihr Beweis. Dieses Argument ist unbefriedigend. Die Urteile, von denen es ausgeht, sind oft falsch begründet. Sie sind das Resultat schwerer Irrtümer und als Grundlagen methodologischer Schlüsse ganz ungeeignet: die Newtonsche Theorie, die *de facto* mit zahlreichen Tatsachen in Widerspruch steht, wird gepriesen, weil man glaubt, daß sie aus Tatsachen logisch folgt. Andere Theorien, wie etwa die allgemeine Relativitätstheorie, werden kritisiert, weil sie von der Erfahrung zu weit entfernt sind. Ein besseres Argument gegen den Verifikationismus besteht in der Bemerkung, daß Verifikation logisch unmöglich, Falsifikation aber logisch möglich ist. *Dieses* Argument bedient sich gewisser allgemeiner Beziehungen zwischen Sachverhalten, es ist ein *logisches Argument.*

Die Methode der Falsifikation ist besser als die Methode der Verifikation. Sie ist aber noch immer der Kritik ausgesetzt. Nach Lakatos bemerkt man, daß „respektable" Theorien (Normatives Basisurteil!) mit klaren experimentellen Tatsachen fast immer im Widerspruch stehen. Auch dieses Argument ist unbefriedigend: die Quantentheorie, die sich in qualitativen und quantitativen Schwierigkeiten befindet, wird akzeptiert nicht *trotz* dieser Schwierigkeiten, sondern weil „alle Evidenz mit gnadenloser Eindeutigkeit die Übereinstimmung aller Wechselwirkungen mit dem grundlegenden Quantengesetz beweist"[81]. Und wo die Diskrepanz zwischen Tatsachen und Theorie die Bewußtseinsschwelle der Wissenschaftler durchdringt, da wird die Theorie von der großen Mehrheit der Wissenschaftler auch wirklich abgelehnt[82]. Wir sehen wieder, wie *unvernünftig* und wie *widerspruchsvoll* normative Basisurteile sind, und wie wenig sich die

[81] Vgl. Fußnote 45 und Text.
[82] Vgl. Fußnoten 32—37 und Text.

Einstellung der „wissenschaftlichen Elite" als Grundlage für methodologische Diskussionen eignet. Ein besseres Argument besteht *hier* in dem Hinweis, daß die Gesetze der Welt, in der wir leben, von zahlreichen Störungen umgeben und teilweise sogar verdeckt sind. Die Methode der Falsifikation (die ein wichtiger Bestandteil der Methode des Aristoteles war[83]) fördert die Wissenschaft, solange solche Störungen hinter den experimentellen Irrtümern verschwinden, oder solange man sie als „Monstren" betrachtet, die zu grundlegenden Gesetzen in keiner Beziehung stehen[84]. Man hat dann den Eindruck, der so charakteristisch ist für die Aristotelische Philosophie, daß die Naturgesetze offen daliegen, und störrische Beobachtungen gelten mit Recht als ein Beweis der Fehlerhaftigkeit unserer *Theorien*, nicht aber der von uns verwendeten *Methoden*. Ein Problem entsteht, sobald die Störungen eine alltägliche Affaire werden, was für die moderne Wissenschaft ja auch in der Tat zutrifft (vgl. die kleine Materialiensammlung in Abschnitt 5). Wir sind nun vor die folgende Alternative gestellt: (a) wir behalten die Methode der Falsifikation bei und ziehen den Schluß, daß ein „Wissen" im Sinne dieser Methode in unserer Welt nicht möglich ist[85]; (b) wir ändern unsere Idee des Wissens, ersetzen sie durch eine mehr abstrakte (weniger empirische, weniger kritische) Idee und wählen eine mehr liberale Methodologie als Basis. Viele Wissenschaftler verhalten sich instinktiv, als hätten sie sich die eben beschriebene Schwierigkeit bewußt überlegt und dann Alternative (b) akzeptiert. Eine Untersuchung ihrer Gründe zeigt, wie bereits angedeutet, daß von einer bewußten Analyse nicht die Rede sein kann. Es ist eine Kombination von Irrtümern, falschen Schlüssen, Vorurteilen, Gier, schierem Eigensinn, mit anderen Worten, es ist nicht die Vernunft, sondern die *List der Vernunft*, die Wissenschaftler *manchmal* in diese Richtung führt. Auf „Basisurteile" ist also kein Verlaß. Man muß sie ersetzen durch *kosmologische Hypothesen*, wie etwa durch die Hypothese, daß Naturgesetze in unserer Welt nicht manifest sind, und durch die Auswahl von Regeln, die in einer von solchen Hypothesen beschriebenen Welt nicht versagen.

[83] Vgl. Fußnote 24.

[84] Vgl. Kurt Lewin, Der Übergang von der Aristotelischen zur Galileischen Denkweise in Biologie und Psychologie, Erkenntnis i (1931).

[85] Dieser Schluß wurde schon von den Verfassern der Hippokratischen Schrift „Die Alte Medizin" gezogen: die Naturphilosophen stellten allgemeine Prinzipien auf, während die medizinische Praxis zeigt, daß jede Substanz eine bestimmte Wirkung nur unter gewissen Umständen, zu gewissen Zeiten, mit bestimmten Personen etc. hat. Anstelle der Theorienbildung hat also die Behandlung konkreter Fälle zu treten. Die Einstellung wurde in der hellenistischen Zeit unter dem Einfluß des Skeptizismus verstärkt. Vgl. L. Edelstein, Empirie und Skepsis in der Lehre der griechischen Empirikerschule, Quellen und Studien zur Geschichte der Naturwissenschaften und der Medizin 3, 4, Berlin 1933, 45 ff. In der hellenistischen Zeit führte dann dieses Argument auch zu einer neuen Interpretation der Erfahrung: loc. cit. Fußnote 24.

Eine dritte Möglichkeit besteht darin, daß man das Problem nicht bemerkt und mißfällige Theorien durch Hinweis auf ihren offenkundigen Widerspruch mit „den Tatsachen" beiseiteschiebt. Die Kritik des Marxismus von Bernstein und Popper gehört in diese Kategorie.

Diese *kosmologische Kritik* methodologischer Regeln gibt sich weder mit einem *abstrakten* Vergleich (von Regeln mit anderen Regeln), noch mit einem Vergleich von Methode und *Praxis*, noch auch mit einer *Kombination* beider Verfahren zufrieden. Die Wissenschaft soll in einer bestimmten Welt, unter bestimmten historischen, psychologischen, physikalischen Bedingungen fortschreiten — also müssen diese Bedingungen berücksichtigt werden. Man berücksichtigt sie, indem man kosmologische Hypothesen aufstellt und dann Regeln vorschlägt, die in einer von diesen Hypothesen beschriebenen Welt zu interessanten und reichhaltigen und ... Ergebnissen führen können, wobei „ ... “ beliebige zusätzliche Forderungen ausdrückt. Die erste kosmologische Hypothese, mit der man das Verfahren beginnt, wird natürlich auf die übliche Weise gefunden und gerechtfertigt (für Ausnahmen siehe weiter unten), das heißt, man bedient sich bei ihrer Aufstellung der herkömmlichen methodologischen Prozedur. Die Prozedur wird kritisiert, durch andere Prozeduren ersetzt, die zu weiteren Hypothesen führen, bis dann endlich eine Methodologie gefunden ist, die eine bestimmte kosmologische Hypothese sowohl rechtfertigt, als auch von ihr empfohlen wird. Schematisch:

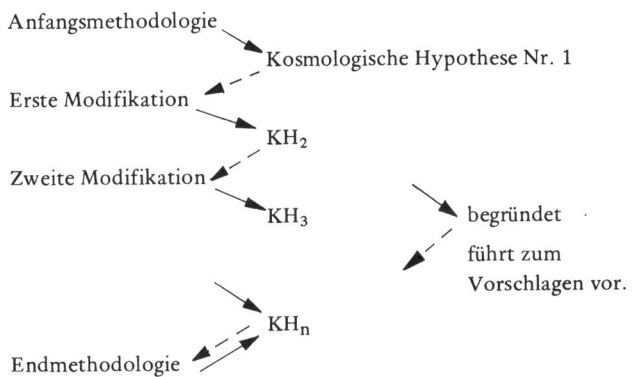

Wir kommen nun zur Frage, wo man die *Evidenz* für kosmologische Hypothesen findet. Der Hinweis, daß man ja nur Beobachtungen und Experimente anzustellen braucht, die dann auf die übliche Weise zu Hypothesen führen, genügt nicht, denn die „übliche Weise“, das heißt, die akzeptierte Methodologie entscheidet nicht nur über Hypothesen, sondern auch über jene Umstände, die als „Tatsachen“ den Rahmen der Wissenschaft betreten können. Umstände, die den Regeln dieser Methodologie nicht gehorchen, werden als Irrtümer, abergläubische Einbildungen, Träume, Mythologeme beiseitegeschoben. Der Ehrentitel „Tatsache“ kommt ihnen nicht zu. Selbst methodologisch zulässige Beobachtungen, die einer populären Theorie zuwiderlaufen, gehen in die Darstellung der Situation dieser Theorie nur selten ein, und oft wird ihnen die wissenschaftliche

Relevanz überhaupt abgesprochen[86]. Gerade solche Beobachtungen, gerade solche Pseudotatsachen sind aber für unsere Kritik von höchster Relevanz. Sie sind Evidenz für kosmologische Hypothesen, die *andere* Maßstäbe, darunter auch andere Unterscheidungen zwischen Tatsachen und Pseudotatsachen nahelegen. Wo finden wir die Berichte, die sie enthalten?

Wir finden sie sicher nicht in den offiziellen Darstellungen unseres Wissens, die schon nach bestimmten Gesichtspunkten ausgewählt und verfaßt sind; noch kommen sie vor in der offiziellen Geschichte der Wissenschaften, denn diese versucht alle Irrtümer und alle Evidenz zu verbergen, die nach den heutigen Theorien nie hätte erscheinen dürfen. Wir finden die gewünschten Berichte in den mehr obskuren Winkeln und Nischen der *allgemeinen Geschichte*, der Ideengeschichte, der Geschichte des Aberglaubens, des Irrtums, der Verblendung.

---

[86] So zum Beispiel hat man Tatsachen, die die Idee der Besessenheit vom Teufel oder die Idee dämonischer Einflüsse direkt zu unterstützen schienen, für lange Zeit unterdrückt, und damit die Entwicklung einer humanistischen Psychologie für Jahrhunderte verzögert. Die Autoren des Malleus Malleficarum, schreibt Gregory Zilboorg, The Medical Man and the Witch during the Renaissance, Baltimore 1935, 49 f. „besitzen ein ziemlich vollständiges Wissen der Symptomatologie der Geisteskrankheiten, und sie verwenden dieses Wissen, um Hexen zu entdecken. Sie kannten die hysterischen Anästhesien, welche sie mit Hilfe der Folter sorgfältig untersuchten, und in der gleichen Weise brachten sie die Phänomene des extremen pathologischen Mutismus in den Vordergrund, wie man sie so oft unter katatonischen Schizophrenen findet. Sie sprechen von verschiedenen Verrenkungen des Leibes — sicher hysterische Konvulsionen … und sie haben buchstäblich jede Art von Neurosis oder Psychosis beschrieben, die wir heute bei unserer psychiatrischen Arbeit finden." „Der Malleus … könnte mit einigen kleinen Veränderungen als ein ausgezeichnetes modernes Textbuch der klinischen deskriptiven Psychiatrie des 15. Jahrhunderts dienen, wenn man nur das Wort ‚Hexe' durch ‚Patient' ersetzt und den Teufel ganz beseitigt." (p. 58). In jener Zeit „wurde das gesamte Feld der klinischen Psychiatrie von Theologen behandelt …" (p. 78) — und dieser Umstand allein reichte hin, nicht nur die Theorien, sondern auch die faktischen Berichte des Malleus für geraume Zeit als bloße Träume zu behandeln. O. Temkin berichtet eine ähnliche Entwicklung in anderen Gebieten der Medizin. The Falling Sickness, Baltimore 1945, 225 ff. In der Astronomie und der tellurischen Physik war es nicht anders. Zusammenhänge zwischen Astronomie und Biologie wurden in älteren Zeiten von der Astrologie studiert, d.h. sie „wurden zumindest *studiert und nicht völlig vernachlässigt,* wie es heute unter dem Einfluß eines zunehmenden und unvollständigen Positivismus allgemein üblich ist. Hinter dem eingebildeten Glauben an einen physiologischen Einfluß der Sterne lag eine starke, wenn auch verworrene Einsicht in die Wahrheit, daß die Tatsachen des Lebens vom Sonnensystem in einer gewissen Weise abhängen. Wie alle primitiven Eingebungen der Intelligenz des Menschen bedurfte auch dieses Gefühl der Korrektur durch die positive Wissenschaft, nicht aber der Zerstörung; obwohl es in der Wissenschaft wie in der Politik leider nur schwer möglich ist, ohne eine kurze Periode der Elimination zu reorganisieren …" A. Comte, Philosophie Positive, Paris, Littré 1836, iii, 273 ff. Man vgl. Fußnoten 20, 21 und Text sowie auch Galileis Theorie der Gezeiten, die auf die Weigerung zurückgeht, himmliche Einflüsse auf irdisches Geschehen anzuerkennen: Dialogue (ed. Drake), 419 ff.

Auch ältere wissenschaftliche Journale, die heute längst vergessen sind und die der Tyrannei einer bestimmten Methode noch nicht unterworfen waren, enthalten eine Fülle von „Tatsachen" der von uns benötigten Art. Oberflächlich gesehen gleicht also die kosmologische Kritik einer Kritik auf Grund der wissenschaftlichen Praxis. Beide beginnen mit der Geschichte. Aber während diese in der Geschichte nach Regeln sucht, denen die Praxis *de facto* gehorcht, und gefundene Regeln als schlagende Argumente in methodologischen Debatten verwendet, ist jene vor allem an Umständen, Tatsachen, Pseudotatsachen etc. interessiert, die als Ausgangspunkte für kosmologische Verallgemeinerungen in Frage kommen. Die Verallgemeinerung dienen dann als Kriterien der Realisierbarkeit von Anweisungen, Regeln, methodologischen System, die selbst erst auf Grund von *Entschlüssen* erhalten werden. Hier Interesse am Einzelfall, der ja auch anders interpretiert oder geändert werden könnte, dort Untersuchung dessen, was in unserer Welt *möglich* ist, und Ablehnung unmöglicher Forderungen. Die kosmologische Analyse von Methodologien begeht nicht den Fehler zu glauben, daß das bloße *Dasein* einer Praxis zur Kritik von philosophischen Prinzipien schon genügt. Auf den Hinweis, daß Wissenschaftler widerlegte Theorien verwenden, ohne auch nur mit der Wimper zu zucken, antwortet sie mit den Denkern der abstrakten Schule, daß die Wissenschaft von heute ganz sicher nicht das Ende aller Weisheit ist, und daß Unvernunft nicht schon darum Vernunft wird, weil sie Bataillone von Nobelpreisträgern hinter sich hat. Sie gibt sich aber auch nicht mit der philosophischen Plausibilität oder der logischen Exzellenz einer Regel zufrieden. Ganz im Gegenteil — sie betrachtet es als einen ernsten Einwand, wenn gezeigt wird, daß ein abstrakt beschriebenes und logisch lobenswertes Verfahren in der Praxis nicht nur nicht vorkommt, sondern aus (physikalischen, physiologischen, historischen etc.) Gründen *nicht vorkommen kann.* Auch diese Art von Kritik beginnt in der Geschichte, aber sie fragt nicht, was tatsächlich geschieht, sondern welche Handlungsabläufe Aussicht auf Erfolg haben und welche zum Scheitern verurteilt sind. Wir sehen: die Rolle der Geschichte ist in beiden Fällen durchaus verschieden.

Die Verschiedenheit muß besonders in jenen Fällen betont werden, in denen wir *historische Verallgemeinerungen* Seite an Seite mit kosmologischen Verallgemeinerungen in unseren methodologischen Argumenten verwenden. Der Versuch, unsere Kenntnis zu vermehren, hängt ja nicht nur von der Physik ab. Er hängt ab in vielleicht noch größerem Ausmaß von den historischen Umständen (Ideologien, Institutionen, wissenschaftlichen und anderen Anregungen), in denen Probleme gestellt, analysiert und gelöst werden, sowie von den Gesetzen, denen solche Umstände gehorchen. Auch diese Gesetze können die Realisierung von Forderungen verhindern, und sie sind ein weiteres Element, das wir bei der Kritik von Methodologien in Betracht ziehen müssen. Sie sind oft recht trivial und sicher nicht ausnahmslos gültig, und es wäre vielleicht besser, das Wort „Gesetz" durch ein anderes Wort zu ersetzen. Andererseits liegen hier *Tendenzen* vor, die dem Willen des einzelnen nicht ohne weiteres unterliegen, die ihm als ein objektiver Widerstand entgegentreten (Beispiel: die Zähigkeit von Traditionen) und die sich nicht nur in einem bestimmten Zeitalter, sondern in weit voneinander abliegenden Stadien der Entwicklung der Wissenschaften bemerkbar machen. Das Wort „Gesetz", wenn man es nicht zu ernst nimmt, ist also doch in einem gewissen Ausmaß gerechtfertigt. Beispiele erklären besser als abstrakte Überlegungen, worum es sich handelt:

(1) Die Kenntnis von Beobachtungsinstrumenten (Auge, Brillenglas, Lupe, Teleskop), ja selbst das bloße Interesse an ihnen ist oft viel weniger entwickelt als die Kenntnis der Welt, die wir mit ihrer Hilfe erforschen. Physik, Astronomie etc. und Physiologie sind fast nie „in Phase", die letzte folgt den ersten in weitem Abstand[87].

(2) Die physiologischen Annahmen, die man in einer bestimmten Periode für wahr hält, sind nur selten explizit formuliert. Die große Mehrzahl geht in die Beobachtungssprache ein, sie konstituiert die Regeln dieser Sprache und damit auch den Inhalt der Beobachtungsbegriffe.

(3) Theorien werden besonders von jenen Ideen gefördert, die mit ihnen übereinstimmen (dies scheint ganz trivial zu sein, führt aber zu einem wichtigen Argument gegen empiristische Wissenschaftstheorien — siehe weiter unten). Mehr speziell: eine moderne physiologische (psychologische) Theorie gedeiht leichter in der Gegenwart einer modernen Astronomie als in der Gegenwart von überholten Vorstellungen: Die Physiologie will den Zusammenhang zwischen

---

[87] Das ist ein Spezialfall einer viel allgemeineren Gesetzmäßigkeit, die schon von Marx als die „Unegalität der historischen Entwicklung" festgehalten wurde. Vgl. Das Elend der Philosophie und besonders die Einführung zur Kritik der Politischen Ökonomie, Dietz Verlag, Berlin 1963, 257. Trotzky [zitiert aus: The First Five Years of the Communist International II, New York 1953, 5] beschreibt dieselbe Situation: „Der Witz der Sache liegt darin, daß die verschiedenen Aspekte des historischen Prozesses — die Wirtschaft, die Politik, der Staat, das Wachstum der Arbeiterklasse — sich nicht gleichzeitig und auf parallelen Linien entwickeln." Vgl. auch Lenin, "Left wing" Communism, an Infantile Disorder, Peking 1965, 59 betreffend die Tatsache, daß verschiedene Ursachen eines Ereignisses nicht immer in Phase sind und daß sie in solchen Fällen zu keiner Wirkung führen. In einer anderen Form befaßt sich die These von der „unegalen Entwicklung" mit der Tatsache, daß der Kapitalismus in verschiedenen Ländern und in verschiedenen Teilen desselben Landes verschieden weit entwickelt ist. Dieser Typus kann zu inversen Relationen zwischen den begleitenden Ideologien führen: „Im zivilisierten Europa mit seiner reich entwickelten Maschinenindustrie, seiner reichen und vielfältigen Kultur und seinen verschiedenen Konstitutionen hat man nun einen Punkt erreicht, an dem die herrschende Bourgeoisie, ängstlich über das Wachstum und die zunehmende Stärke des Proletariats, zurückgebliebene, absterbende und mittelalterliche Dinge unterstützt ... Aber im jungen Asien wächst eine mächtige demokratische Bewegung, sie verbreitet sich und gewinnt an Stärke" (Backward Europe und Advanced Asia, Collected Works 19, 99 f.). Zu dieser sehr interessanten Situation, die es verdient, von der Wissenschaftstheorie näher beachtet zu werden, vergleiche man auch A. G. Meyer, Leninism, Cambridge 1957, Kap. 12 sowie L. Althusser, For Marx, Vintage Books 1970, Kapitel 3 und 6, dt. Ausg. Frankfurt 1969 (Althussers Wissenschaftstheorie ist jedoch im dunkelsten Mittelalter des Denkens befangen). Zur Gesamtfrage vgl. auch Mao Tse-Tungs Essay: Über den Widerspruch, insbesondere Abschnitt iv.

objektivem Reiz und subjektiver Empfindung entdecken, und sie wird schneller fortschreiten, wenn eine adäquate Darstellung des objektiven Reizes schon vorliegt, oder wenn man zumindest eine Auswahl zwischen verschiedenen Darstellungen dieses Reizes besitzt.

Diese drei Tendenzen oder „Gesetze" haben den folgenden Effekt auf die Struktur unseres Wissens.

Erstens ist die *Störung* des Erkenntnisprozesses durch Vorgänge in unseren Instrumenten und Sinnesorganen (Groß- und Kleinhirn eingeschlossen) selbst bei einer hochentwickelten Astronomie und Physik der wissenschaftlichen Erfassung unzugänglich; es gibt nur selten eine brauchbare Erklärung für die Abweichungen, die aus ihnen resultieren, und diese Abweichungen dürfen also nicht gegen neue Theorien ausgespielt werden, selbst wenn sie die Grenzen der Meßgenauigkeit überschreiten.

Zweitens widersprechen die *Beschreibungen* von Beobachtungstatsachen einer Theorie oft nur darum, weil die Begriffe, in denen sie abgefaßt sind, auf ältere Theorien zurückgehen. Der Widerspruch ist in diesem Fall nicht zwischen Theorie und „Tatsache", sondern zwischen neuer Theorie und älterer Theorie, aber die ältere Theorie zeigt sich nicht offen, sondern verbirgt sich in scheinbar ganz harmlosen Beobachtungsberichten.

Drittens ist es aus den eben erwähnten Gründen und auch wegen „Gesetz" Nummer drei oft angemessen, scheinbar fundamentale und längst für sicher gehaltene Annahmen, wie etwa die Annahme der relativen Permanenz unserer Meßinstrumente, und unserer Aufzeichnungen durch ungeprüfte Konjekturen zu ersetzen, die das Beobachtungsmaterial mit neuen und zweifelhaften Theorien harmonisieren.

Die Diskrepanz zwischen der kopernikanischen Theorie und den Ergebnissen der direkten Beobachtung, die im Text zu Fußnoten 54 und 55 dieses Aufsatzes skizziert wurde, illustriert diese Erwägungen auf ganz ausgezeichnete Weise. Betrachten wir kurz den Einwand auf Grund der Helligkeiten von Mars und Venus[88].

Die *beobachtete* Helligkeit des Mars und der Venus ändert sich im Laufe eines Jahres viel weniger, als man auf Grund der Kopernikanischen Berechnungen annehmen sollte. Für den naiven Realimus, der eine genaue Entsprechung zwischen äußerem Reiz und optischem Eindruck annimmt, bedeutet das die Falschheit der kopernikanischen Lehre. Das war auch die Position der Aristoteliker. Sie besaßen ja eine detaillierte Theorie der Wahrnehmung, die mit ihrer Physik im Einklang stand und die durch einfache Erfahrungen vollauf bestätigt wurde[89]. Andrerseits kann man vermuten, daß das menschliche Auge die Umwelt nicht immer richtig wiedergibt, daß es, wie Galilei sich ausdrückt, „seine eigenen Hin-

---

[88] Für eine mehr detaillierte Behandlung, die auch die Rolle des Teleskops in Betracht zieht vgl. meinen Aufsatz: Problems of Empiricism Part ii, in: Pittsburgh Studies for the Philosophy of Science 4, Pittsburgh 1970. Die Rolle der „Gesetze" (1)—(3) wird in diesem Aufsatz ausführlich diskutiert.

[89] de anima II, v—vii, xii.

dernisse in den Akt des Sehens einführt"[90]. Eine Theorie dieser Hindernisse besitzt Galilei nicht, was ihn den Aristotelikern gegenüber nur dann in den Nachteil versetzt, wenn man die unter (1) erwähnte Phasendifferenz vergißt. Zieht man sie in Betracht, so ergeben sich die folgenden Möglichkeiten:

(1) Wir nehmen an, daß das Problem der Helligkeit von Mars und Venus einen Fall darstellt, der die Gültigkeit des naiven Realismus selbst in seiner hochentwickelten Aristotelischen Form einschränkt, *und enthalten uns des Urteils,* bis eine mehr eingehende Erforschung der Sinnesorgane zu einer alternativen Theorie geführt hat. Die Kopernikanische Theorie der Gestirne ist der Aristotelischen Theorie der Perzeption dieser Gestirne voraus, also muß man *warten,* bis die Physiologie die Astronomie eingeholt hat.

(2) Wir enthalten uns des Urteils *nicht*, wir erklären die noch völlig hypothetische Kopernikanische Lehre für *wahr,* wir bauen sie aus und verwenden sie als ein Hilfsmittel zum Aufspüren der gesuchten neurophysiologischen Prinzipien. Der naive Realismus aber wird trotz seines massiven Fundaments aus den Betrachtungen entfernt. Das ist das Verfahren, das Galilei wählt, obwohl die Propaganda mit dem Teleskop es uns nicht leicht macht, seine Züge zu entdecken[91]. Darin zeigte er staunenswerte Voraussicht, denn das Phänomen der *Irradiation,* das für die Diskrepanz teilweise verantwortlich ist, ist auch heute noch nicht voll erfaßt. (Man suche es nur in Davsons vierbändigem Werk *The Eye!*)

Überlegungen wie diese zeigen, daß die „Orthodoxe Auffassung von der Natur unserer Theorien"[92], die heute weit verbreitet ist, mit der Wissenschaft nur sehr wenig zu tun hat. Nach dieser Auffassung besteht unser Wissen aus Schichten von verschiedener Sicherheit, so daß man von Tatsachen über sichere Gesetze, hochbestätigte Theorien zu höchst zweifelhaften Hypothesen allmählich aufsteigt. Die Untersuchung zweifelhafter Hypothesen bedient sich verschiedener Hilfsannahmen, und diese werden gewöhnlich durch „vorhergehende Konfirmationen ... ,sichergestellt‘, (so daß es) unvernünftig wäre, sie zu bezweifeln, wenn andere, und mehr ,riskante‘ Hypothesen kritisch untersucht werden."[93] Der Aufbau des Schichtensystems „Wissen" beginnt also von unten und schreitet langsam nach oben fort. Kritik richtet sich auf die oberen Regionen und läßt die „Basis" relativ unberührt, zumindest solange man Ideen in jenen Regionen vergleicht. „Allgegenwärtige Annahmen wie etwa die Annahme der relativen Permanenz unserer Meßinstrumente und unserer Aufzeichnungen sind ,theoretisch‘ (das heißt, nicht völlig sicher und in abstrakten Begriffen formuliert) nur dann, wenn man sie von einem tieferen erkenntnistheoretischen Standpunkt aus betrachtet, und man stellt sie nicht in Frage, wenn man versucht, experimentell zwischen rivalisierenden Theorien in den physikalischen,

---

[90] Dialogue (ed. Drake), 335.

[91] Für Details vgl. man wieder Problems of Empiricism, Part ii, loc. cit.

[92] Das ist der Titel des Leitaufsatzes von Feigl in: Minnesota Studies for the Philosophy of Science 4.

[93] Feigl, loc. cit., 10.

biologischen und Sozialwissenschaften zu entscheiden.‟[94] Im Gegensatz dazu zeigt unsere kleine Analyse der Situation zur Zeit Galileis, daß eine „allgegenwärtige Annahme" wie der naive Realismus, der „durch vorhergehende Konfirmationen ‚sichergestellt' " ist und der „theoretisch" ist nicht in irgendeinem praktischen Sinn, sondern in dem höchst ätherischen Sinn einer superkritischen Erkenntnistheorie, doch mit Gewinn nicht bloß bezweifelt, sondern sogar beseitigt wird, während man die höchst „riskante" Hypothese von der Bewegung der Erde (man fasse nur die Situation im späten 16. und frühen 17. Jahrhundert richtig ins Auge) den widersprechenden Beobachtungen zum Trotz weiterhin beibehält. Es ist von Gewinn, wenn man die neue Auffassung des Wissens, die nun die Schichtentheorie ersetzen muß, etwas genauer untersucht und beschreibt.

7 Die Erkenntnis als ein historischer Prozeß

Methodologie und Erkenntnistheorie haben wissenschaftliche Probleme fast immer *sub specie aeternitatis* betrachtet: man vergleicht Sätze mit anderen Sätzen ohne Rücksicht auf ihre historische Entwicklung, und ohne in Betracht zu ziehen, daß sie vielleicht verschiedenen historischen Perioden angehören. So zum Beispiel stellt man die Frage, welches Licht Beobachtungen, Anfangsbedingungen, grundlegende Prinzipien, philosophische Überlegungen auf eine bestimmte Theorie werfen. Die Antworten, die man auf diese Frage erhält, sind sehr verschieden. Nach einer Schule ist es möglich, Konfirmationsgrade aus dem gegebenen Material zu berechnen und die Theorie mit ihrer Hilfe zu beurteilen. Andere verwerfen jede Art von Konfirmationslogik und vergleichen Theorien nach ihrem Gehalt und der Zahl der gefundenen Widerlegungen. Wieder andere Denker geben sich der Illusion hin, daß Theorien aus Beobachtungen logisch abgeleitet werden können. Für alle diese Schulen ist es aber selbstverständlich, daß genaue Beobachtungen und klare Prinzipien das Schicksal einer Theorie schon entscheiden, daß man sie jetzt und hier verwenden muß, entweder um die vorgeschlagene Theorie zu beseitigen, oder um sie zu konfirmieren, oder gar um sie zu beweisen.

Eine solche Prozedur ist nur dann sinnvoll, wenn man annehmen kann, daß die Elemente unseres Wissens — unsere Theorien, unserer Beobachtungen, die Prinzipien unserer Argumente — *zeitlose Wesenheiten* sind, die alle gleich vollkommen und gleich zugänglich sind und die in gewissen Beziehungen zueinander stehen, ganz gleich, welche Ereignisse nun zu ihrer Entdeckung geführt haben. Diese Annahme ist weit verbreitet. Sie liegt der bekannten Unterscheidung zwischen einem Kontext der Entdeckung und einem Kontext der Rechtfertigung zugrunde, und man drückt sie oft aus, indem man sagt, daß die Wissenschaft sich mit Propositionen, nicht aber mit Aussagen oder Behauptungen befaßt. Sie übersieht aber, daß die Wissenschaft als ein komplizierter und höchst inhomogener *historischer Prozeß* aufgefaßt werden muß, in dem vage und unzusammenhängende Antizipationen zukünftiger Ideologien sich Seite an Seite mit höchst spitzfindigen theoretischen Systemen und versteinerten Denkformen entwickeln. Gewisse

---

[94] 13.

Elemente dieses Prozesses liegen in ordentlich niedergeschriebenen (publizierten) Kompendien vor, während andere eine mehr unterirdische Existenz führen und nur durch Kontrast, das heißt, durch Vergleich mit neuen und ungewöhnlichen Ideen entdeckt werden können. Zahlreiche Konflikte und Widersprüche haben ihre Wurzel in dieser Heterogeneität des Materials und sind ohne theoretische Bedeutung. Sie gleichen den Problemen, die entstehen, wenn ein Hochspannungswerk in der Nachbarschaft einer gotischen Kathedrale benötigt wird. Diese Unebenheit der Wissenschaft wird manchmal bemerkt, so in der Behauptung, daß physikalische Gesetze und biologische Gesetze verschiedenen begrifflichen Systemen angehören und nicht ohne weiteres miteinander verglichen werden können. Aber in den meisten Fällen und insbesondere beim Vergleich von Beobachtung und Theorie projizieren unsere Methodologien alle Elemente der Wissenschaft und die verschiedenen historischen Schichten, denen sie angehören, auf ein und dieselbe Ebene und vergleichen dann die Karikaturen, die man in dieser Ebene findet. Das ist genau so vernünftig wie der Versuch, einen Boxkampf zwischen einem Kleinkind und einem erwachsenen Athleten zu arrangieren, verbunden mit der triumphierenden Ankündigung, daß der Erwachsene den Sieg ganz sicher erringen wird. (Die Geschichte der klassischen Atomtheorie und die viel kürzere Geschichte verborgener Variablen in der Quantentheorie ist voll von schwachsinnigen Bemerkungen dieser Art; dasselbe gilt für die Geschichte der Psychoanalyse und die Geschichte des Marxismus.) Es ist klar, daß wir bei unserer Untersuchung neuer theoretischer Vorschläge die historische Situation mit in Betracht ziehen müssen. Sehen wir zu, auf welche Weise dies unser Urteil beeinflussen wird!

Die geozentrische Hypothese und die aristotelische Wissenschaftstheorie sind ideal aufeinander eingespielt. Die Wahrnehmung unterstützt die Theorie der Bewegung, die die unbewegte Erde zur Folge hat, und ist ihrerseits ein Spezialfall einer mehr umfassenden Bewegungslehre, die Ortsbewegung, Zunahme und Abnahme, qualitative Änderungen, Entstehen und Vergehen und weitere spezielle Vorgänge behandelt. Nach dieser umfassenden Lehre besteht die Bewegung und in der Tat jede Art von Veränderung in dem Übergang einer Form von der Ursache auf den beeinflußten Körper, und sie kommt zum Stillstand, sobald der letzte genau dieselbe Form besitzt, die die Ursache am Beginn des Prozesses kennzeichnete. Auch die Wahrnehmung ist nach dieser Theorie ein Prozeß, bei dem die Form des wahrgenommenen Gegenstandes das Wahrnehmungsorgan auf dem Umweg über ein Medium betritt. Die Form ist wieder im Wahrnehmungsorgan genau dieselbe wie im wahrgenommenen Gegenstand, so daß der Wahrnehmende in einem gewissen Sinn die Eigenschaften des wahrgenommenen Gegenstandes annimmt[95].

Eine Physiologie dieser Art, die eigentlich nichts anderes ist als eine sehr weit entwickelte Version des naiven Realismus (siehe Abschnitt 6), hat keinen Raum für Diskrepanzen zwischen Beobachtung und Realität. „Der Naturbegriff der Tradition war mit einer Art von *Sichtbarkeitspostulat* verbunden, das so-

---

[95] „Was sieht, besitzt in einem gewissen Sinn auch selbst Farbe." de anima 425b24.

wohl der Endlichkeit des Universums als auch der Vorstellung seiner auf den Menschen bezogenen Zweckmäßigkeit und Zentrierung entsprach. Daß es in der Welt für den Menschen nicht nur zeitweise und vorläufig, sondern seiner natürlichen Ausstattung definitiv Entzogenes und Unsichtbares geben könnte, war eine der Antike wie dem Mittelalter unbekannte, unter bestimmten metaphysischen Voraussetzungen auch unvollziehbare Unterstellung."[96] Auch erlaubt die Theorie nicht die Verwendung von *Instrumenten*, denn Instrumente (Teleskope, Mikroskope etc.) stören die Prozesse im Medium, die für eine genaue Übertragung der Formen verantwortlich sind. Wir erhalten Formen, die mit der Gestalt des wahrgenommenen Gegenstandes nicht mehr übereinstimmen, sogenannte *Illusionen* – und solche Illusionen sieht man auch in der Tat bei einem Blick in Hohlspiegel oder in Gläser mit runden Außenflächen: man sieht Bilder mit farbigen Rändern, verzerrten Umrissen, verschwommenem Detail, an falschem Ort lokalisiert[97]. Astronomie, Physik, Psychologie, Philosophie arbeiten bei Aristoteles zusammen und erzeugen ein System, das kohärent, umfassend, rational und empirisch adäquat ist[98].

Dieses System und die Evidenz, die es unterstützt, wird von den Nachfolgern des Kopernikus kurzerhand geleugnet. Nach Ansicht der Kopernikaner gibt es kosmische Prozesse mit fabelhaftem Ausmaß, *die in unserer Erfahrung keine Spur hinterlassen.* Die existierenden Beobachtungen gelten daher nicht mehr als Tests der neuen Gesetze, die vorgeschlagen werden. Sie sind mit diesen Gesetzen nicht direkt verbunden, und es ist möglich, daß sie zu astronomisch interessanten Ereignissen in überhaupt keiner Beziehung stehen. *Heute,* und *nachdem* der Erfolg der kopernikanischen Wissenschaft uns gelehrt hat, daß die Beziehung zwischen dem Menschen und der ihn umgebenden Welt viel komplexer ist, als Aristoteles annahm, sind wir in der Lage zuzugeben, daß die Kopernikaner in der Tat eine korrekte Vermutung ausgesprochen haben. Der Beobachter und die Grundgesetze sind voneinander getrennt (1) durch die speziellen physikalischen Bedingungen der Beobachtungsplattform, d.h. der im Raume schnell dahineilenden Erde (Effekte der irdischen Schwere; Trägheitsgesetz; Corioliskräfte; atmosphärische Einflüsse wie zum Beispiel die Refraktion; und so weiter), (2) durch die Idiosynkrasien der Beobachtungsinstrumente wie des menschlichen Auges (Irradiation; Nachbilder, laterale Inhibition benachbarter Netzhautelemente; und so weiter); sowie (3) von älteren Ideen, die in die Be-

---

[96] Hans Blumenberg (Hg.), Galileo Galilei Sidereus Nuncius. Nachricht von neuen Sternen, Sammlung Insel 1965, 13.

[97] Zur Rolle dieser Illusionen in den Argumenten über die Aristotelische Philosophie vergleiche man V. Ronchi's Aufsatz in: Scientific Change (ed. Crombie), London 1963.

[98] Wie jedes andere „System" ist natürlich auch das Aristotelische voll von Lakunen, Widersprüchen, Ausflüchten, und spätere Schriften des gelehrten Verfassers sind nicht immer mit frühen Schriften im Einklang. Vgl. I. Düring, Aristoteles, Heidelberg 1966. *Potentiell* ist aber das System viel einheitlicher, als jedes ihm nachfolgende. Ein Hinweis auf Aristoteles meint immer dieses potentielle System (dessen Teile von seinen Nachfolgern in immer größerem Ausmaße verwirklicht wurden) und *nicht* das corpus Aristotelicum.

obachtungssprache eingedrungen sind und die diese Sprache zu automatischen
Verkündern des naiven Realismus machen (man vergleiche die Ausführungen
in Abschnitt 6, Punkt 2). Beobachtungen können also wohl einen Beitrag des
beobachteten Gegenstandes enthalten, aber dieser Beitrag wird gewöhnlich von
anderen Effekten verdeckt und gelegentlich auch völlig verdrängt. Um dies einzusehen, betrachte man das Bild eines Fixsternes, so wie wir es durchs Teleskop
sehen. Dieses Bild ist zunächst einmal durch Refraktion, Aberration und Schwere-
effekte seitlich verschoben. Es enthält das Spektrum des Sternes nicht in seiner
gegenwärtigen Gestalt, sondern aus einer lange vergangenen Zeit (im Falle extra-
galaktischer Noven kann es sich um Millionen von Jahren handeln) und verzerrt
durch Dopplereffekt, galaktische Materie und so weiter. Die Ausdehnung und
die innere Struktur des Bildes hängt *völlig* vom Teleskop und dem Auge des Beobachters ab: es ist das Teleskop, das entscheidet, wie groß die Beugungsscheib-
chen sind, und es ist das menschliche Auge, das entscheidet, wieviel von dieser
Struktur dem Beobachter bewußt wird. Man braucht Übung *und eine Menge von
theoretischen Annahmen,* um den Beitrag der Quelle des schließlich wahrgenommenen Bildes zu isolieren und für einen Test vorzubereiten. Das heißt aber, daß
man nicht-Aristotelische Kosmologien erst dann überprüfen kann, wenn man
Beobachtungen und Gesetze durch *Hilfswissenschaften* miteinander verbunden
hat, die die komplexen Prozesse zwischen Auge und Gegenstand und die noch
schwierigeren Prozesse zwischen Cornea und Gehirn beschreiben. Im Kopernikanischen Fall brauchen wir eine neue *Meteorologie* (im guten alten Sinne des
Wortes: eine Wissenschaft der Dinge, die sich zwischen Mond und Erdoberfläche
ereignen), eine *physiologische Optik,* eine neue *Dynamik* und so weiter. Beobachtungen werden relevant erst, *nachdem* die von diesen Wissenschaften beschriebenen Prozesse zwischen Auge und Welt eingeschoben worden sind. Auch die
Sprache, in der wir unsere Beobachtungen beschreiben, muß genau untersucht
werden, so daß die neue Kosmologie nicht durch eine verborgene Zusammenarbeit
von sinnlichen Eindrücken und älteren Ideen betrogen wird. Also: *eine Überprüfung der Kopernikanischen Lehre setzt ein neues Weltbild voraus, mit neuen
Ansichten vom Menschen und von seiner Fähigkeit zu wissen.*

Nun ist es klar — und damit wiederholen wir nur, was im letzten Abschnitt
über die „Phasendifferenz" zwischen Physik und Psychologie gesagt wurde —,
daß der Aufbau eines solchen neuen und komplexen Weltbildes nicht im Handumdrehen geschehen kann. Es ist sehr unwahrscheinlich, daß die Idee der Bewegung der Erde sogleich alle nötigen Hilfswissenschaften produziert. Heute
Kopernikus — morgen Helmholtz, das ist nicht nur unwahrscheinlich, das ist
prinzipiell unmöglich, wenn wir uns die Natur des Menschen, der ihn umgebenden Gesellschaft und die Kompliziertheit der physischen Welt nur ein wenig
überlegen. Und doch ist ein Test erst dann sinnvoll, wenn alle die beschriebenen
Wissenschaften schon klar und einfach formuliert vorliegen.

Wir müssen also zunächst *warten* und eine Menge von Beobachtungen *igno-
rieren.* Daran hat bis jetzt kein einziger Empiriker gedacht. Ohne das Bedürfnis
für neue Typen von Beobachtungen und neue Typen von Kriterien auch nur zu
ahnen, bringen Empiriker neue Theorien sogleich mit dem status quo zusammen

und verkünden triumphierend die Trivialität: „Die Theorie widerspricht den Tatsachen und den akzeptierten Prinzipien." Sie haben natürlich ganz recht, aber nicht in dem von ihnen intendierten Sinn. In einem frühen Stadium der Entwicklung einer neuen Theorie zeigt der Widerspruch ja nur, daß sie *neu* ist und *verschieden* von alten Theorien, Begriffen, Beobachtungen. Ein Werturteil ist damit noch nicht gefällt. Ein solches Werturteil setzt voraus, daß die Gegner auf gleicher Stufe stehen. Wie müssen wir vorgehen, um einen fairen Vergleich zustandezubringen?

Der erste Schritt ist klar: wir müssen die neue Kosmologie beibehalten, bis sie von den nötigen Hilfswissenschaften ergänzt ist. Wir müssen sie beibehalten, obwohl klare und unzweideutige Beobachtungen mit ihr im Konflikt stehen. Wir können natürlich versuchen, unser Vorgehen durch den Hinweis zu erklären, daß die kritischen Beobachtungen irrelevant oder illusorisch sind, aber einen objektiven Grund für eine solche Erklärung haben wir nicht. Die Erklärung ist nichts weiter als eine *verbale Geste,* eine höfliche Einladung, an der Entwicklung der neuen Kosmologie aktiv teilzunehmen. Noch ist es uns möglich, die akzeptierte Theorie der Wahrnehmung zu widerlegen. Diese Theorie erklärt die existierenden Beobachtungen für relevant und gibt Gründe für diese Behauptung, die durch unabhängige Evidenz konfirmiert werden (siehe weiter oben über die Aristotelische Theorie der Wahrnehmung). Die neue Theorie wird also ganz absichtlich von den Daten abgeschnitten, die ihren Vorgänger unterstützen — man vermehrt mit Absicht ihren „metaphysischen" Charakter. Eine neue Periode in der Geschichte der Wissenschaften beginnt somit, von einem empirischen Standpunkt aus betrachtet, mit einem *Schritt zurück* — wir kehren zurück in ein früheres Stadium, als Theorien noch vager waren und geringeren empirischen Gehalt besaßen. Dieser Schritt zurück ist nicht bloßer Zufall, er hat eine wohlbestimmte Funktion, er ist wesentlich, wenn wir den *status quo* überholen wollen, denn er gibt uns die Zeit und die Freiheit, die nötig ist, die neuen Ideen im Detail zu entwickeln und die nötigen Hilfswissenschaften zu finden.

(Der „Schritt zurück" ist also eigentlich ein Schritt nach vorne. Und da jede Idee, die einem gegebenen Erfahrungs- (und Prinzipien-)material widerspricht, zum Zentrum einer neuen Kosmologie werden kann, so ist es immer von Vorteil, wenn man Erfahrung und Experiment nicht zu ernst nimmt. Eine Ausnahme liegt nur dann vor, wenn die Sinne oder die Apparate selber auf Grund einer festgefahrenen Ideologie bezweifelt werden. In diesem Fall kehrt sich das Argument um, und es ist nun die Erfahrung, die verwendet wird, um einen Fortschritt herbeizuführen.)

Der „Schritt zurück" ist also wirklich wesentlich — aber wie können wir den Gegner überzeugen, daß er unseren Vorschlägen folgen soll? Wie können wir ihn aus seinem wohldefinierten, komplizierten und empirisch höchst erfolgreichen System herauslocken und ihn an einer unfertigen und absurden Hypothese interessieren? An einer Hypothese, die noch dazu von einer Beobachtung nach der anderen widerlegt wird, wenn man sich nur die Mühe nimmt, sie mit den Eindrücken unserer Sinne und den Ergebnissen unserer Experimente zu vergleichen? Wie können wir ihn überzeugen, daß der Erfolg des *status quo* nur scheinbar ist, und daß sich Beweise dafür in etwa 500 Jahren einstellen werden, wenn wir *jetzt und hier* kein einziges Argument auf unserer Seite haben? (Und man bedenke, daß die Illustrationen, die ich weiter oben verwendet habe, ihre Kraft vom Erfolg der klassischen Physik herleiten und den Kopernikanern nicht zur Verfügung standen. *Sie* konnten einzig die Philosophie des Heraklit, des Demokrit und der Skeptiker zu ihren Gunsten anführen.) Die Vernunft, die „wissenschaftliche Methode" hilft uns hier nicht weiter. Wir müssen „irrationale Methoden" einsetzen. Wir brauchen diese Methoden, um eine Überzeugung aufrecht zu erhalten, die nichts anderes ist als ein blinder Glaube, bis dann die Mittel vorhanden sind, die es uns erlauben, diesen blinden Glauben in sonnenhelle Einsicht zu verwandeln.

Es ist dieser Zusammenhang, der den Aufstieg einer neuen weltlichen Klasse mit einer neuen Ideologie und Verachtung für die „Schulweisheit" so ungeheuer wichtig macht. Das barbarische Latein der Scholaren (das mit dem nicht weniger barbarischen „Alltagsenglisch" der Oxford „philosophen" eine Menge gemeinsam hat), die intellektuelle Armut der akademischen Wissenschaft, ihre Weltfremdheit, die man bald als Nutzlosigkeit interpretiert, ihre Verbindung mit der Kirche — alle diese Elemente werden nun mit der Aristotelischen Kosmologie zusammengeworfen, und die Verachtung für sie überträgt sich auf jedes einzelne Aristotelische Argument[99]. Diese „Schuld durch Assoziation" macht die Argumente nicht weniger „rational" — aber sie reduziert ihren Einfluß auf die Gedanken jener, die bereit sind, den Ideen des Kopernikus zu folgen. Denn Kopernikus steht nun für Fortschritt auch in anderen Bereichen, er ist ein Symbol für die Ideale einer neuen Klasse, die zurückblickt auf die klassische Periode von Platon und Cicero und vorausblickt auf eine freiere und offene Gesellschaft. Die Assoziation von Astronomie und historischen und Klassentendenzen produziert also nicht neue Argumente. Noch bestimmt sie die Form der Gesetze, die es zu entdecken gilt (die letzte Annahme findet sich oft bei überenthusiastischen und leicht oberflächlichen Interpreten der Marxistischen Lehre vom Zusammenhang zwischen „Überbau" und „Unterbau"). Diese Assoziation führt aber zu einem starken Glauben an Kopernikus — und das ist alles, was wir brauchen. Galilei beutet die Verwirrung mit Meisterschaft aus und erweitert sie durch seine eigenen Tricks, Scherze, non sequiturs.

Das ist die Situation, die wir analysieren und begreifen müssen, wenn wir die Auseinandersetzung zwischen „Vernunft" und „Irrationalität", „Methode" und „Anarchismus im Denken" im rechten Lichte wollen. Die Vernunft, die ja immer mit einer bestimmten Methode kombiniert auftritt, gibt zu, daß die Ideen, die wir einführen, um unser Wissen zu erweitern und zu vermehren, unter Umständen in sehr chaotischer Weise *entstehen*, und daß der *historische Ursprung* einer Kosmologie von Klassenvorurteilen, Leidenschaft, persönlichen Idiosyn-

---

[99] Für diese Situation vergleiche man L. Olschkis hervorragendes Werk: Geschichte der Neusprachlichen Wissenschaftlichen Literatur, 3, Neuabdruck Vaduz 1965. Man sehe auch R. F. Jones, Ancients and Moderns, California 1965, Kap. v und vi.

krasien, Stilfragen wohl abhängen mag. Sie fordert aber, daß wir bei der *Beurteilung* solcher Ideen den Regeln einer bestimmten Methodologie streng folgen (darauf läuft auch die Unterscheidung zwischen einem „Kontext der Entdeckung" und einem „Kontext der Rechtfertigung" hinaus, von der in der modernen Wissenschaftstheorie so oft die Rede ist). Unser historisches Beispiel (das auf die in Abschnitt 6 beschriebene Weise zu verallgemeinern wäre) zeigt aber das folgende: es gibt Situationen, in denen selbst die liberalste Methodologie und die liberalste Auffassung von den Gesetzen der Vernunft eine Idee beseitigen würde, die später in der Wissenschaft eine große Rolle spielt. Die Idee wurde vorgeschlagen, sie überlebte, und sie ist nun im Zentrum der Astronomie. Sie überlebte, weil sich Vorurteile, Leidenschaften, Verblendung, Einbildung, Irrtümer, stumpfsinniger Starrsinn, kurz alle jene Elemente, die den „Kontext der Entdeckung" charakterisieren, den Diktaten der Vernunft *entgegenstellten,* und weil diese irrationalen Elemente am Ende *überwogen.* Anders ausgedrückt: *Der Kopernikanismus und andere „rationale" Ideen existieren heute nur darum, weil „die Vernunft" in ihrer Vergangenheit häufig überstimmt wurde.* (Die Umkehrung ist auch wahr: der Glauben an den Teufel, der Hexenwahn und andere „irrationale" Ideen haben ihren Einfluß verloren, weil die Vernunft im Verlauf *ihrer* Geschichte häufig überstimmt wurde[100].)

Wir können nun ruhig annehmen, daß die kopernikanische Theorie wissenschaftlich einwandfrei ist. Also war es von Vorteil, daß sie bis auf den heutigen Tag überlebte. Also war es weiter von Vorteil, daß „die Vernunft" im 16. und frühen 17. Jahrhundert überstimmt wurde. Die Kosmologen dieser Jahrhunderte hatten nun nicht das Wissen, das wir heute besitzen, sie wußten nicht, daß die Lehren des Kopernikus zu einem einwandfreien System führen würden. Sie wußten nicht, welche der vielen zu ihrer Zeit existierenden Ideen bei irrationaler Verteidigung zu rationalen Ergebnissen führen würden. Sie konnten nur raten, ohne Argumente, einzig ihren Neigungen folgend. In dieser Hinsicht ist aber unsere Situation genau dieselbe. Also ist es auch heute sinnvoll, aller Methode zum Trotz seiner eigenen Neigung zu folgen und zu behaupten, daß die Wissenschaft von einem solchen Verfahren eines Tages Nutzen ziehen wird. Denn es ist in der reichen und komplexen Umgebung der Geschichte der Natur wie auch der Gesellschaft und nicht in den luftleeren Stuben der Methodologen, daß die Wissenschaft sich zu bewähren hat. Die Regeln der letzten reichen für ihren Betrieb nicht nur nicht aus, sondern sie legen ihr auch Fesseln auf, die ihre zukünftige Entwicklung und damit die Entwicklung unseres Bewußtseins ernsthaft gefährden.

---

[100] Aufklärer wie Lecky, White und andere brüsten sich oft mit den guten Diensten, die die Vernunft bei der Beseitigung des Hexenwahns angeblich geleistet hat. Diese optimistische Auffassung der Vergangenheit entspricht nicht den Tatsachen. Es gab sowohl Argumente als auch Gelehrte, die die Hexenkunst aus der Erfahrung und einfachen physischen oder psychologischen Prinzipien beweisen konnten. Irrationale Einflüsse waren es, die dieser Monstrosität am Ende den Garaus machten. Für eine faszinierende Darstellung mit massenhafter Literatur vgl. man H. R. Trevor-Roper, The European Witch Craze, Harper Torchbooks 1969.

8   Rolle der Methodologie

Was können wir in dieser Situation von der Methodologie erwarten? Was sind die Regeln, denen wir folgen müssen, um in der Wissenschaft, aber auch in der Praxis (wie etwa in der Politik) zu brauchbaren Resultaten zu kommen? Welche Schritte führen zum Erfolg, welche Schritte sind zu vermeiden? Nach den angestellten Überlegungen ist die Antwort klar: Regeln, die unter allen Umständen gelten, lassen sich zwar aufstellen, man kann sie unter Umständen sogar mit Gewalt durchsetzen — *aber immer auf Kosten der Möglichkeit fundamentalen Fortschritts* (wobei das Wort „Fortschritt" so zu verstehen ist, wie es der Verteidiger einer bestimmten Regel versteht, also verschieden für verschiedene soziale und professionelle Gruppen). Will man sich den Weg zu solchem Fortschritt nicht abschneiden, so bleibt nur eines: man gibt zu, daß es allgemein gültige Regeln, daß es eine allgemeine Methodologie, die unabhängig von Geschichte, Psychologie, Physik, Gottesglauben unsere Schritte unerbittlich lenkt, *einfach nicht gibt* (das ist auch der Grundgedanke aller dialektischen Philosophien). Selbst die scheinbar trivialsten Forderungen haben ihre Grenzen und müssen unter Umständen aufgegeben werden. Ist es zum Beispiel nicht evident, daß ein Forscher oder eine Forschungsgruppe ein Problem um so besser bewältigen kann, je mehr über relevante Umstände bekannt ist? Mehr Wissen, größere Aussicht auf Erfolg — das scheint jedermann für ein ganz selbstverständliches Prinzip zu halten. Es ist aber durchaus nicht selbstverständlich. Zu viel Detail verwirrt das Denken und nimmt ihm die Fähigkeit, einfache Lösungen zu komplexen Problemen zu finden. Ist es nicht evident, daß eine *klare und präzise* Lösung einer unklar-schillernden vorgezogen werden muß? Durchaus nicht. Die „klare" Lösung verbirgt die Oberflächlichkeit und Ambiguitäten, die jeden Schritt des Denkens begleiten und ihn erst möglich machen[101]. Man hält das Resultat für makellos und wendet sich anderen Dingen zu. Klare Lösungen sind wie moderne Kanäle — sie lenken die Forschung in eine Richtung und schalten Alternativen aus. Man sieht nicht weiter, als es die Mauern des eigenen Kanals erlauben. Drittens, steht es nicht fest, daß wir nur widerspruchslose Theorien verwenden dürfen? D.h., ist es nicht geboten, eine Theorie von Widersprüchen zu befreien, bevor man sich ihre anderen Züge näher ansieht? Durchaus nicht. In der Geschichte der Wissenschaften folgt eine widerspruchsvolle Theorie T" oft einer widerspruchsvollen Theorie T', *bevor* man sich über ihre logischen Eigenschaften allzu klar geworden ist, und diese Abfolge würde durch die Suche nach einer widerspruchsfreien und logisch einwandfreien Form unendlich hinausgezögert werden. Außerdem löst das Streben nach logischer Vollkommenheit den „Oberbau" der Wissenschaft von der prädiktiv-experimentellen Praxis und zwingt den Wissenschaftler, die Verbindung auf höchst unsaubere Weise wiederherzustellen (siehe das Beispiel in Abschnitt 6). Der Teufel verschwindet aus den Textbüchern, fühlt sich aber dafür in der Praxis nur um so

---

[101] Vgl. die kurzen Bemerkungen in Fußnote 61.

wohler[102]. Und so weiter. Jede methodologische Regel, die man der Praxis oder der Wissenschaft aufzwingen möchte, hat (auf Grund von psychologischen, historischen, soziologischen etc. Gesetzen) unerwünschte Konsequenzen. Erkennt man diese Konsequenzen, so wird man oft gezwungen, die Regel einzuschränken oder ganz zu beseitigen.

Wie also geht man in einem konkreten Falle vor? Wie löst man ein theoretisches Problem? Wie initiiert man politische Veränderung?

Man geht so vor, wie ein normaler Mensch vorgeht, der ein bestimmtes Problem, etwa ein politisches Problem, lösen will. Man informiert sich zuerst einmal, nicht zu sehr, aber auch nicht zu wenig. (Was „viel" und was „wenig" ist, hängt von der Situation ab, sowie von der Eigentümlichkeit der eigenen Denkprozesse.) Dann entscheidet man, ob man das Problem allein lösen kann, oder ob es der Hilfe anderer bedarf. Wenn das letzte, dann folgt die Auswahl nach Charakter, Intelligenz, emotionaler Stabilität, Geschlecht und dergleichen. Soll es sich um eine freie Vereinigung handeln oder um einen streng organisierten Stoßtrupp. An dieser Stelle *mag es* von Nutzen sein, die Debatte zwischen Marx und Bakunin oder zwischen Lenin und seinen mehr „liberalen" Gegnern in der Partei zu studieren, vorausgesetzt, die Zeit reicht, und die Umstände (die Gehirne der kleinen Gruppe eingeschlossen) erfordern ein solches Vorgehen. Dann kommt die Frage der Handlung. Soll man publizieren oder Bomben werfen? Soll man versuchen durch Überredung (hier wieder Alternativen: Massenversammlungen oder Hausbesuche) oder durch Einschüchterung vorzugehen. Die Entscheidung auf alle diese Fragen hat in der konkreten historischen Situation zu geschehen, in der sie gestellt werden, und kann nicht vorweggenommen werden, nicht einmal in der vagsten und allgemeinsten Weise. Selbst die Existenz von Berufen mit strengen Maßstäben ethischer und theoretischer Art (Medizin, Physik) führt nicht mit Notwendigkeit in eine bestimmte Richtung — denn warum soll man der Physik oder der Medizin oder irgendeiner anderen Sekte schon darum folgen, weil sie nun einmal da ist? Und der Hinweis auf vergangenen „Erfolg" (Atombombe, etc.) kann uns sicher nicht beruhigen, denn die Beziehung zwischen Theorie und Technologie und Erfindung ist alles andere als klar (man sehe wieder Abschnitt 6).

---

[102] Gegen die Verwendung widerspruchsvoller Theorien wird noch immer der kindliche Einwand erhoben, daß ein Widerspruch jeden Satz impliziert. Das ist erstens nicht wahr. Sätze sprudeln nicht von selbst aus anderen Sätzen hervor, man muß sie aus ihnen *ableiten*, und wenn man die Ableitung intelligent genug gestaltet (intelligenter etwa als ein einfach programmierter Computer), so tritt kein Problem auf. Zweitens ist der Einwand, wenn es sich überhaupt um einen Einwand handelt, ein Einwand gegen die *Logik*, *nicht* gegen die Physik. Logiker haben eben bis heute noch nicht ein formales System erfunden, das es uns gestatten würde, die immer widerspruchsvollen Theorien der Physik adäquat zu hantieren. Die Logik, die sie uns anbieten, explodiert bei der Anwendung auf die Physik und ist also nutzlos. Das Argument, daß die Physik und nicht die Logik verbessert werden müsse, klingt wie das Argument des Erfinders einer neuen Medizin, die Kranke nur dann heilt, wenn sie völlig frei von Bakterien sind, die sie aber sonst umbringt. Nur würde eben ein Arzt nie auf die Idee verfallen, auf diese Weise zu argumentieren!

Dann kommen „moralische" Probleme, wie die Frage, ob die Wahrheit immer gesagt werden solle, oder ob es (dem Politiker, dem Wissenschaftler etc. etc.) erlaubt sei zu täuschen, zu lügen. Probleme wie diese setzen voraus, daß man metaphysische Monstren wie „die Wahrheit", „die Gerechtigkeit" etc. etc. ernst nimmt − Entscheidungen an allen Ecken und Enden. Unter modernen Philosophen hat wohl Lenin die Situation am besten dargestellt: „Die Geschichte im allgemeinen, und die Geschichte der Revolutionen im besonderen ist immer reicher an Gehalt, vielfältiger, vielseitiger, lebendiger, und subtiler als die besten Parteien [die besten Gruppen, Professionen, Individuen] ... es sich vorstellen können ... Daraus folgen zwei sehr wichtige praktische Folgerungen. Erstens, daß [eine Gruppe, die ihre Aufgabe erfüllen will] *alle* Formen, Aspekte, Methoden sozialer Aktivität beherrschen muß, ohne Ausnahme; zweitens, daß [eine solche Gruppe] bereit sein muß, schnellstens von der einen Form zur anderen überzugehen."[103] Furchtsame und unsichere Menschen, die nur dann handeln, wenn sie ein Führer, selbst ein abstrakter Führer, wie eine methodologische Regel an der Hand leitet, haben nicht viel Aussicht auf Erfolg. Auch verseuchen sie die Athmosphäre mit ihrer Bereitschaft, ihre Freiheit aufzugeben. Methodologische Regeln müssen den Umständen angepaßt und ständig neu erfunden werden. Das vergrößert Freiheit, Menschenwürde und Aussicht auf Erfolg.

[103] „Linker Radikalismus", die Kinderkrankheit des Kommunismus. Zitiert nach der Englischen Ausgabe, Peking 1965, 100. Die Abhandlung ist ein ausgezeichnetes Gegengift gegen die puritanischen Troglodyten der „Neuen Linken".

Kapitel 11

Bemerkungen zur Geschichte und Systematik des Empirismus

I   Alltagserfahrung; der klassische Empirismus

(1) Daß unser Tatsachenwissen auf der *Erfahrung* beruht, oder zumindest, daß es der Erfahrung nicht widersprechen darf, ist heute fast schon ein Truismus. Was ist nun dieses Ding — die Erfahrung — und warum soll man ihr so unbedingt vertrauen?

Auf die erste Frage hatte die *Aristotelische Philosophie* eine einfache Antwort zur Hand. Erfahrung — das ist, was uns unsere *Sinne* unter *normalen Umständen* (Tageslicht, wacher Beobachter; Abwesenheit ungewöhnlicher physikalischer Bedingungen) vermitteln, und was wir in der *Alltagssprache* beschreiben und an andere weitergeben. Die so definierte Erfahrung ist außerdem vertrauenswürdig, denn die Elemente des Universums sind (im großen und ganzen) harmonisch aufeinander abgestimmt. Harmonie herrscht insbesondere zwischen den Sinnesorganen eines Lebewesens und ihrer objektiven Funktion, die im Falle der Wahrnehmung in der korrekten Darstellung der Umwelt besteht. Wir können heute die allgemeinen Züge dieser Harmonie evolutionistisch erklären und damit weiter bestätigen. Das beantwortet die zweite Frage. Der Empirismus des Aristoteles ist also sowohl *klar* — man weiß, worauf man sich beruft, wenn man sich auf die Erfahrung beruft — als auch *rational*: man weiß auch, oder man kann zumindest Gründe angeben, *warum* man sich auf die Erfahrung beruft[1].

---

[1] Aristoteles ist der erste radikale Empirist in der Geschichte des Denkens. Er wendet sich gegen jedes „Spekulieren auf Grund weniger Beobachtungen" [*de gen. et corr.*, 316a10]; er betont, daß alle Prinzipien „nach ihren Ergebnissen beurteilt werden müssen, insbesondere nach ihren letzten Ergebnissen. Im Falle ... der Naturwissenschaft aber sind diese letzten Ergebnisse die Sinneseindrücke" [*de coelo*, 306a15]. Er kritisiert jene Denker, „die eine Theorie und nicht die Ţ⸱tsachen ihre Ideen bestätigen lassen" [*de coel.*, 293a25 s].

Die Aufklärung des 16. und 17. Jahrhunderts, der wir die moderne Wissenschaft, die moderne Philosophie, die Spaltung des Christentums und andere wichtige Elemente des modernen Denkens verdanken, ist noch immer betont empiristisch. Ihre Hauptvertreter, ihre Apologeten sowie die meisten älteren Historiker gebärden sich, als sei der Empirismus erst jetzt erfunden worden, und als seien die vorhergehenden Philosophien nichts als eine Sammlung von

Der Verlust eines Sinnes ist für ihn mit dem Verlust eines wohldefinierten Wissensgebietes gleichbedeutend [*An. Post.*, 81a37]. Spätere Aristoteliker schreiben ihm die Meinung zu, daß, wer einem Sinn widerspricht, mit dem Verlust dieses Sinns bestraft zu werden verdient [Galilei, *Dialoge über die Zwei hauptsächlichen Weltsysteme*, p. 32 der Ausgabe von Stillman Drake, University of California Press, 1953]. Er kritisiert den Lehrer, der eine empirisch beweisbare Idee, welche den Intuitionen seines Schülers widerspricht, ohne Beweis diskutiert [*An. Post.*, 76a30]. *Physikalische Körper* werden als wahrnehmbar *definiert* [cf. die kurze Auseinandersetzung mit Parmenides und Melissus in *de coelo*, 298b17 ss, sowie die Einschränkung in 302b31], und die *Elemente* werden so ausgewählt, daß sowohl den wahrnehmbaren Gesetzen der Bewegung und Veränderung als auch den empirischen Bedürfnissen der Medizin und Biologie Genüge getan wird [cf. Kapitel 17 von F. Solmsen, *Aristotle's System of the Physical World*, New York 1960. Zu den aristotelischen Bewegungsgesetzen cf. auch A. Koyré, "Influence of Philosophical Trends on the Formulation of Scientific Theories", in: *The Validation of Scientific Theories*, ed. Ph. Frank, Boston 1954, p. 192 ss]. Dem Tastsinn kommt dabei eine besondere Rolle zu, denn „ohne ihn kann ein Tier nicht überleben" [*de An.*, 434b14; cf. auch 413b4, 414a4, 415a5, 435a13 sowie wieder Solmsen, op. cit.]. Sinnestäuschungen, Täuschungen des Tastsinns eingeschlossen [*de somn.*, 460b20], gehen darauf zurück, daß wir „Erscheinungen nicht nur dann wahrnehmen, wenn der entsprechende Gegenstand einen Sinn reizt, sondern auch wenn der Sinn allein gereizt wird, vorausgesetzt, der Reiz stimmt mit dem vom Gegenstand verursachten Reiz überein" [*de somn.*, 460b23; das ist auch die Erklärung von Träumen: *de somn.*, 459a5]. Nun sind Teile der Natur, und insbesondere Lebewesen, unter gewöhnlichen Umständen mit dem Rest der Natur in Harmonie, und Bewegung tritt ein, weil sie einem bestimmten Zweck dient — der Erhaltung des Kosmos, der Erhaltung des Gleichgewichts im Universum [*Physik*, ii. 8]. Irrtümer kommen vor [*Phys.*, 199a33], aber sie sind selten. Irrtümer der Beobachtung, die eine Disharmonie zwischen Erscheinung und Objekt im Gefolge haben, lassen sich außerdem bewußt vermeiden, indem man außergewöhnliche Reizungen der Sinnesorgane vermeidet (siehe oben). Solange sich der Beobachter an den Normalfall hält, solange er seine Beobachtungen unter normalen Umständen anstellt, so lange braucht er entstellende Verzerrungen nicht zu befürchten. Die Gesamtheit der Eindrücke aber, die der Beobachter im Prinzip unter normalen Umständen versammeln kann, konstituieren das, was man heute die *Alltagserfahrung* nennt. Erfahrung im Sinne des Aristoteles, die empirische Grundlage des Aristotelischen Wissens ist also die Alltagserfahrung und diese ist wegen ihrer Stellung im Universum und wegen der Stabilität des Universums einer Veränderung nicht ausgesetzt. Damit ist die Behauptung im Text begründet. Zur Rolle der Alltagserfahrung bei Aristoteles vergleiche man auch noch Owen, ΤΙΘΈΝΑΙ ΤΑ ΦΑΙΝΌΜΕΝΑ in Aristotle hrsg. von Moravcsik, New York 1967.

Vorurteilen[2]. Das trifft in gewissem Ausmaße auch zu. Die Aristoteliker des 15. und 16. Jahrhunderts, die Kollegen des Galilei, waren in der Tat oft engstirnige und oberflächliche Denker, denen es darauf ankam, den Buchstaben, nicht aber den Sinn der Philosophie ihres Meisters gegen jede Neuerung zu verteidigen. Aber Engstirnigkeit kann jede Philosophie verderben. Was uns interessiert, ist nicht sosehr die Manifestation einer bestimmten Lehre in dunkleren oder helleren *Köpfen*; was uns interessiert, ist die *Struktur* der Lehre und die intellektuellen Möglichkeiten, die sie bietet. Von einem solchen Standpunkt aus gesehen ist der neue oder klassische Empirismus, der sich im 16. und 17. Jahrhundert erhebt und der die Wissenschaft und die Philosophie bis auf unsere Zeit beherrscht, weder klar noch rational.

(2) Dieser *klassische Empirismus* wird von Galilei vorbereitet, von Newton systematisch dargestellt und zur Festigung der eben entstehenden klassischen Physik verwendet. Bacon verdankt man Argumente, die einerseits den Anschein erwecken, daß eine Entität, genannt „die Erfahrung", noch immer eine grundlegende Rolle im Aufbau von Theorien spielt, die es aber andrerseits erlauben, sehr verschiedene Dinge als diese „Erfahrung" anzusprechen. Gerade das ist der entscheidende Zug des Baconismus: man beruft sich auf eine *Autorität* und erhält dadurch eine Handhabe, unerwünschte Theorien zu beseitigen. Die Autorität bleibt aber *unbestimmt*, verschiedene Auffassungen sind möglich je nach den Ideen, die man vertritt und rechtfertigen will. Man hat also doch wieder freie Hand, man kann zum Beispiel die *relativen* Vorzüge der Theorie — ihre größere Einfachheit; ihre Fähigkeit zu konkreten Voraussagen; die Reduzierbarkeit dieser Voraussagen auf einige wenige Prinzipien — *verabsolutieren* und zum allein gültigen Maßstab des Erfolgs erheben. Ein Teil der Theorie, der besonders einleuchtet und den Experimente besonders gut illustrieren, wird unter diesen Umständen leicht zum Richter über den Rest — und es ist klar, daß ein solcher Richter nur loben kann. Gegen sein Urteil kommt man nicht auf, *außer* man erfindet eine neue Theorie, macht sie noch plausibler und die von ihr geschaffene Autorität noch eindrucksvoller. Im Grunde spielt man also *Parteiparolen* gegeneinander aus, obgleich man diesen Parteistreit als einen Prozeß ganz anderer Art beschreibt. Dieser Zwiespalt ist charakteristisch für den klassischen Empirismus. Stellen wir nun diese Lehre in ihren Einzelheiten vor!

---

[2] Das kennzeichnet vor allem die englische Tradition. Galilei lehnt Aristoteles nicht ab, er kritisiert nur jene Aristoteliker, die trotz neuer Information nicht über den Meister hinausgehen wollen.

II   Galileis Kritik der Alltagserfahrung

A   Übersicht

(3) Daß die Alltagserfahrung, auf der sich die Aristotelische Theorie erhebt, als Grundlage der astronomischen Forschung nicht taugt, hat *Galilei* wiederholt betont. Unsere Sinne sind *zu schwach*, um die Jupitermonde, die Sternennatur der Nebelflecken, kleinere Sonnenflecken, Details der Mondoberfläche, die Sichelnatur der Venus und anderes mehr zu entdecken. Eine unermeßliche Zahl von Fixsternen bleibt dem Auge für immer verborgen (B 216 f; 368; vgl. BN 81 f.)[3]. Dann wieder sagen sie *zu viel*, so zum Beispiel, wenn sie den scheinbaren Durchmesser der Planeten und vor allem der Fixsterne um den „Haarkopf" (338), die „kleine strahlende Krone" (336), die „große Fackel" (362) der Irradiation vermehren. Es gibt auch komplexe Phänomene, die in der Natur überhaupt kein Gegenstück haben: ein heller Fixstern erscheint näher als eine ferne Kerze, die einen schwachen Stern vortäuscht (367)[4]. Wer „in einer heiteren Nacht nach den Sternen blickt, dem erscheint ihre Entfernung eine wenige Miglien, die Fixsterne scheinen … nicht im mindesten weiter entfernt als Jupiter oder Saturn, ja nicht einmal als der Mond. Doch ohne soweit auszuholen, denk(e man) nur an die Streitigkeiten zwischen den Astronomen und den peripatetischen Philosophen betreffs der Entfernung der neuen Sterne in der Kassiopeia und im Schützen, von denen jene sie zu den Fixsternen rechnen, diese sie für näher als den Mond halten. So unfähig sind unsere Sinne", unsere auf die durchschnittlichen Entfernungen des Alltags eingestellten Sinne, „große Entfernungen von den allergrößten zu unterscheiden" (B 214; 366; vgl. 382). Ein Wanderer, der nachts die Straße entlang eilt, kann sehen, wie ihm der Mond mit gleicher Geschwindigkeit über die Hausdächer hinweg nachfolgt „wie eine Katze, die von Dach zu Dach hüpft … eine Erscheinung, die ohne Hilfe des Verstandes die Sinne ganz sicher täuschen würde" (256)[5].

---

[3] Der Buchstabe B bezieht sich auf: Galileo Galilei, Sidereus Nuncius, *Nachricht von neuen Sternen,* herausgegeben und eingeleitet von Hans Blumenberg, Sammlung Insel 1, Frankfurt am Main 1965. BN meint dasselbe Buch, aber zitiert aus Sidereus Nuncius (B allein bezieht sich auf die Zitate aus dem Dialog). Zahlen ohne Buchstaben sind Seitenangaben in Stillman Drakes Ausgabe des Dialogs. Wegen der beschränkten Zeit war es mir nicht möglich, eine andere als die englische Ausgabe für vollständige Zitate heranzuziehen.

[4] Für eine detaillierte Untersuchung dieses Phänomens, die zeigt, wie richtig Galilei die psychologische Situation beurteilt hat, cf. *Explorations in Transactional Psychology,* ed. Kilpatrick, New York 1961, p. 45: "The Balloon Demonstration". Die Verhältnisse des gestirnten Himmels werden hier genau wiederholt. Man vergleiche auch Vasco Ronchis *Optics, The Science of Vision,* New York 1957. Dieses Buch macht es klar, wie wenig die Probleme untersucht sind, denen Galilei sein Augenmerk zuwendet.

[5] Man beachte, daß Galilei die Irrtümer der Sinne in astronomischen Bereichen untersucht. *Irdische* Sinnestäuschungen waren den Aristotelikern wohlbekannt. Zu den beschriebenen Phänomenen cf. auch Ronchi, op. cit.

Schließlich ist die Auskunft der Sinne oft so eng mit *theoretischen Annahmen* verbunden, daß die Betrachtung ungewöhnlicher Hypothesen durch die harten Tatsachen der Beobachtung selbst ausgeschlossen erscheint. Das gilt für einige der wichtigsten Argumente gegen die Rotation der Erde. Betrachten wir zum Beispiel das Argument, daß die Erde ruhen muß, da ein fallender Körper andernfalls nicht eine vertikale, sondern eine schiefe Bewegung ausführen würde:

„Simplicio: So ist es; ... wenn die Erde sich bewegte, so würde die Bewegung des Steins schräg, und nicht lotrecht sein.

Salviati: Da habt ihr nun selber klar und deutlich den Fehlschluß des Aristoteles und Ptolemäus entdeckt; es wird dabei als bekannt vorausgesetzt, was bewiesen werden soll.

Simp.: Wieso? Mir scheint ein tadelloser Syllogismus vorzuliegen und nicht eine *petitio principii*.

Salv.: Ihr sollt hören, wieso. Sagt mir doch — nimmt man nicht beim Beweise die Schlußfolgerung als unbekannt an?

Simp.: Natürlich. Denn sonst wäre es überflüssig, sie zu beweisen.

Salv.: Der *terminus medius* aber muß feststehen, nicht wahr?

Simp.: Das muß er — sonst würde man *ignotum per aeque ignotum* beweisen wollen[6].

Salv.: Unsere zu beweisende und mithin unbekannte Schlußfolgerung ist die Unbeweglichkeit der Erde, nicht wahr?

Simp.: So ist es.

Salv.: Und ist nicht die Prämisse, die feststehen muß, der gerade lotrechte Fall des Steines?

Simp.: Allerdings ist das die Prämisse[7].

Salv.: Aber haben wir nicht eben gezeigt, daß wir keine Kenntnis davon haben können, ob die Fallinie gerade und lotrecht ist, wenn nicht zuvor bekannt ist, daß die Erde feststeht? Bei eurem Syllogismus hängt also die Zuverlässigkeit der Prämisse von der Unzuverlässigkeit der Behauptung ab. Ihr seht also, welch arger Fehlschluß das ist." (B 170 f; 140).

[6]   Galilei macht sich hier, wie auch Shakespeare und Ben Johnson, über das überflüssige Latein der Aristoteliker lustig.

[7]   Es ist nicht unangebracht zu bemerken, daß diese Prämisse *erst durch die Kopernikanische Lehre* aus dem Denkzusammenhang des Alltags herausgelöst wird. Nicht eine direkte Analyse, sondern der Vergleich mit alternativen Ideen bringt sie zutage. Dasselbe wiederholt sich drei Jahrhunderte später, wenn Einstein die Annahme der Existenz unendlich schneller Signale mit Hilfe der Relativitätstheorie aus dem Denkzusammenhang der klassischen Physik herauslöst. Dies ist eine wichtige Eigenschaft von Vorurteilen: man entdeckt sie nicht, wenn man direkt nach ihnen sucht. Man entdeckt sie nur durch den Widerstand, den sie der Betrachtung alternativer Ideen entgegensetzen und der sich in dem Gefühl bemerkbar macht, daß diese Ideen völlig absurd sind. Die richtige Methode der Untersuchung von Vorurteilen besteht also darin, daß man absurde Ideen vorschlägt, im Detail ausarbeitet und in ihren Folgen analysiert. Vgl. dazu auch Abschnitt iii.

Dieselbe Bemerkung gilt für das Kanonenargument, nach dem ein vertikal abgeschossenes Projektil nur bei ruhender Erde zum Ausgangspunkt zurückkehrt. Andernfalls trägt uns die Erde „viele Meilen nach Osten ... und die Kugel fiele dann genau so weit nach Westen" (126). Hier liegt wiederum der Fehler, „das Mißverständnis ... darin, daß ... dasjenige als wahr vorausgesetzt wird, was in Frage steht. Denn stets hält der Gegner im Geiste daran fest, daß die Kugel vom Zustand der Ruhe ausgeht, wenn sie beim Abfeuern aus dem Geschütz herausgeschleudert wird. Ein Ausgehen vom Zustande der Ruhe kann aber nur stattfinden unter Voraussetzung der Unbewegtheit des Erdballs, und dies ist gerade die in Frage stehende Behauptung" (B 186: 174). „Der Irrtum des Aristoteles, des Ptolemaios, des Tycho ... liegt also in der fixen und beständigen Idee, daß die Erde ruht. Diese Idee wird man nicht los, selbst dann nicht, wenn man versucht, über die Bewegung zu philosophieren. In dem weiteren Argument (Fall eines Steines von einem Turm) vergißt man, daß der Stein, solange er noch auf dem Turm liegt, sich genau so wie die Erde bewegt oder nicht bewegt; man nimmt stillschweigend an, daß die Erde ruht ... und daß der Stein seine Reise vom Ruhezustand aus beginnt" (171): der Ausgangspunkt des Argumentes ist nicht die unverfälschte sinnliche Erfahrung, sondern „die vom Denken begleitete Erfahrung" (255) — nur daß eben in diesem besonderen Argument und in allen ihm Ähnlichen Erfahrung und Denken zu einer fast untrennbaren Einheit verschmolzen erscheinen: „der Stein beginnt seine Reise vom Ruhezustand".

Eine dreifache Kritik ist also nötig an der Alltagserfahrung. Erstens, sie ist *nicht detailliert genug,* um uns den wahren Bau der Welt zu zeigen. Zweitens, sie *täuscht uns* wegen der Idiosynkrasie der Sinne, die „ihre eigenen Hindernisse in den Wahrnehmungsprozeß einführen" (335; B 15). Drittens, sie ist nicht „reine Erfahrung", *ist nicht frei von theoretischen Annahmen,* und ihre Verwendung im Argument ist oft eng mit Ideen verknüpft, die erst selbst der Untersuchung bedürfen.

Wie beantwortet man diese Kritik? Ja, wie ist eine solche Kritik überhaupt möglich? Womit wird die Alltagserfahrung verglichen, wenn man sagt, sie sei zur Erfassung der Wirklichkeit ungenügend? Wer ist der Richter zwischen der Alltagserfahrung und den neuen Quellen des Wissens, die Galilei anscheinend besitzt? Hat Galilei überhaupt einen besseren, einen mehr untrüglichen Zugang zur Wirklichkeit gefunden? Und wenn dieser angeblich bessere Zugang wieder seine Fehler haben sollte — „wie können wir uns dann jemals vom Irrtum befreien?" (383 — Simplicio, der Alltagsphilosoph spricht hier). Wie können wir überhaupt vom Irrtum *reden,* wenn alle unsere Beobachtungsmittel immer suspekt sind und höchstwahrscheinlich suspekt bleiben werden? Woran messen wir die Brauchbarkeit unserer Wahrnehmung? Was ist die Instanz, die uns sagt, daß wir ihr nicht trauen können? Das sind die Fragen, die uns die Galileische Kritik der Alltagserfahrung aufzwingt und deren Schwierigkeit und Subtilität eines der Motive ist für den wiederholten Erfolg, für die ewige Wiederkehr von Populärphilosophien, die angesichts der Probleme, der vielen offenen Fragen einer kritischen Philosophie und einer kritischen Wissenschaft auf die Sicherheit pochen, die uns die Alltagserfahrung im engen Bereich unseres Alltagslebens, in der Küche, beim Kricket, im Schlafzimmer gibt und scheinbar immer geben wird. Wie hat Galilei diese Fragen beantwortet?

Wir beginnen die Darstellung mit Galileis Kritik jener theoretischen Annahmen, die sich so unmittelbar an die Sinneseindrücke anschließen, daß es scheint, als sprächen hier die Sinne selbst. Solche Annahmen nennen wir weiterhin *natürliche Interpretationen*.

B   Die theoretische Komponente der Erfahrung

(4) In der Geschichte des Denkens gelten natürliche Interpretationen entweder als *apriorische Voraussetzungen* der Wissenschaft oder als *Vorurteile*, die man vor Beginn jeder ernsthaften Untersuchung beseitigen muß. Kant und die linguistischen Philosophen von heute gehen mit ihren sehr verschiedenen Talenten den ersten Weg, Bacon den zweiten[8]. Galilei ist einer jener ganz seltenen Denker, die natürliche Interpretationen weder *für immer beibehalten*, noch *völlig beseitigen* wollen, sondern die auf eine *kritische Diskussion* dringen. Er sagt das nicht immer ausdrücklich — ganz im Gegenteil: er versucht mit seinen Methoden der Wiedererinnerung den Eindruck zu erwecken, daß sich im Grunde nichts geändert hat. Seine Einstellung den natürlichen Interpretationen gegenüber ist aber dennoch relativ klar. Sie sind notwendig. Die Erforschung der Wirklichkeit kommt mit den Sinnen allein nicht aus, sondern braucht die „von der Vernunft begleiteten Sinne" (255). „Es ist daher besser, wenn man die Erscheinungen selbst (hier den vertikalen Fall eines Steines) beseite schiebt — was diese Erscheinungen betrifft, sind wir ja ohnehin einig — und wenn wir die Macht der Vernunft verwenden, um entweder ihre Wirklichkeit zu bestätigen, oder die Weise zu enthüllen, in der sie uns täuscht" (256). Die „Wirklichkeit der Erscheinungen untersuchen" das heißt aber: die Richtigkeit jener natürlichen Interpretationen untersuchen, die mit der Erscheinung im Alltagsdenken Hand in Hand gehen, die uns die Erscheinung direkt als einen Prozeß oder als einen objektiven Gegenstand vorstellen, die gar nicht mehr als separate Annahmen empfunden werden.

Galilei vollzieht die Untersuchung, indem er die Interpretationen zuerst explizit herausstellt, indem er sie dann durch andere und vielleicht nicht ganz so intuitive Annahmen ersetzt, und indem er schließlich zeigt, daß der Ablauf der Erscheinungen nach der Ersetzung besser oder zumindest gleich gut herauskommt.

Unter den neuen Annahmen, den neuen Interpretationen spielt natürlich die *Bewegung der Erde* (Rotation, Revolution) die Hauptrolle. Die Untersuchung soll ja zeigen, daß die Sinne, richtig gedeutet, dieser Hypothese nicht überall widersprechen oder, um Galilei selbst zu zitieren, „daß alle *irdischen* Ereignisse, aus denen man gewöhnlich schließt, daß die Erde ruht und die Sonne und die Fixsterne sich bewegen, notwendigerweise genau so ablaufen würden, wenn die

---

[8]   Bacon beschreibt natürliche Interpretationen sehr plastisch als "operation[s] of the mind which follow close upon the senses" [*Nov. Organ.*, Vorrede].

Erde sich bewegte, und die anderen in Ruhe verharrten" (416)[9]. Aber die Bewegung der Erde muß mit weiteren Annahmen kombiniert werden, wenn die
Identität der Sinneseindrücke gewahrt werden soll. Diese weiteren Ideen sind
nach Galilei weder *willkürlich*, noch sind sie das Resultat *experimenteller Untersuchung*[10]. Sie sind *wohlbekannte Dinge,* die dem Gedächtnis für den Augenblick entschwunden sind, derer man sich aber bei günstiger Gelegenheit mit
Leichtigkeit entsinnt[11]. Sehen wir zu, wie diese Methode der Ersetzung verborgener, aber psychologisch wirksamer theoretischer Annahmen durch andere,
bekannte, aber schlecht erinnerte Annahmen funktioniert!

[9]   124 sagt dasselbe, bezieht sich aber nicht auf Ereignisse, sondern auf Erscheinungen. Cf.
      auch 132.

[10] „So habt ihr nicht hundert Experimente angestellt, ja nicht einmal ein einziges, und sprecht
      doch mit solcher Sicherheit", beklagt sich Simplicio [145]. „Ohne Experimente", antwor-
      tet Salviati (der im Argument „die Rolle des Kopernikus spielt" [131; 256]) „bin ich meiner
      Sache sicher ... und auch ihr wißt, daß sich die Dinge gar nicht anders verhalten können."

[11] (i) „Ihr, Simplicio, könnt nun sehen, wie Ihr bereits selbst mit der Tatsache vertraut ward,
      daß die Erde genau so leuchtet wie der Mond, und daß es nicht meiner Unterweisung, son-
      dern gewisser, Euch bereits bekannter Dinge bedurfte, um Euch die Wahrheit dieses Um-
      stands nahezulegen" [89 s].

      (ii) Salviati: „Die Auflösung des Problems hängt von gewissen Daten ab, die Ihr genau so
      kennt und glaubt, wie ich, die Euch aber nicht weiter auffallen, und so fehlt Euch die Lö-
      sung. Ohne Euch nun diese Lösung zu lehren — Ihr habt sie ja bereits — werde ich Euch
      veranlassen, den Einwand einfach dadurch zu erledigen, daß Ihr Euch jener Daten ent-
      sinnt" [das Problem ist die Frage, ob eine rotierende Erde nicht Gegenstände von ihrer
      Oberfläche abschleudern muß].

      Simplicio: „Ich habe Eure Argumentationsweise schon geraume Zeit studiert, und ich habe
      den Eindruck, daß Ihr der platonischen Ansicht zuneigt, daß *nostrum scire sit quoddam
      reminisci.* So beseitigt doch meinen Zweifel, indem Ihr mir sagt, wie Ihr zu dieser Idee
      steht."

      Salviati: „Wie ich zu Platon stehe, kann ich Euch durch Worte und Taten zeigen ..."
      [190 s] — und beide deuten darauf hin, daß Galilei sich der Anamnesislehre als einer
      praktischen Handhabe bei der Argumentation bedient, die verschiedene Teile des Alltags-
      denkens und des Alltagswissens enger verbindet als der Alltagsmensch, *und die dadurch
      das Alltagsdenken aus einer losen Sammlung von Erinnerungen, Vorurteilen, Annahmen,
      Mythen in ein einheitliches Weltbild verwandelt.* Das Element der *Verwandlung* allerdings
      geht bei dieser Methode völlig verloren. Verfolgen wir nur das zweite Argument weiter:
      Simplicio (akzeptiert den ersten Schritt der Untersuchung der Zentrifugalkraft): „ich
      glaube, ich bin dieser Sache sicher", worauf Salviati antwortet: „genau so wie Ihr den
      Anfang wußtet, werdet Ihr auch das Ende wissen — oder vielmehr, dieses Wissen ist schon
      jetzt in Eurem Besitz" [193]. An einer späteren Stelle wird Simplicio aufgefordert, „den
      Schluß zu seinem eigenen Erstaunen selbst zu ziehen, so daß Ihr seht, wie gut Ihr die Sache
      versteht, trotz Eures festen Glaubens, sie nicht zu verstehen" [322]. Sagredo drückt seine
      Bewunderung dieser Methode aus, und fährt fort (die Diskussion befaßt sich mit der Ver-
      wendung eines Teleskops auf Schiffen): „So werde zum Unterschied einmal auch ich fähig

(5) Unsere Sinne informieren uns „ganz aus der Nähe, und in einem völlig klaren Medium, daß sich fallende schwere Körper in gerader Linie und recht-winkelig zur Erdoberfläche bewegen. Nach Kopernikus aber täuscht uns der Gesichtssinn selbst in so offenkundigen Dingen, und die Bewegung ist gar nicht gerade, sondern gemischt, teils gerade, teils kreisförmig" (248)[12].

Unter den bestmöglichen Umständen sieht man klar und deutlich eine vertikale Bewegung. Nach Kopernikus, der die Erde rotieren läßt, müßte die Bewegung schief und leicht gekrümmt sein. Zieht man das Verhältnis zwischen der Fallgeschwindigkeit in weniger als 10 Sekunden und der Rotationsgeschwin-digkeit der Erde in mittleren Breiten in Betracht, so ergibt sich eine ganz kolos-sale Abweichung von der Vertikalen. Wir müssen schließen, entweder, daß die Kopernikanische Annahme den Tatsachen nicht entspricht, oder daß uns die Sinne selbst in ganz einfachen Dingen irreführen. Im letzten Fall wird „das Krite-rium der Wissenschaft selbst (die sinnliche Erfahrung) erschüttert, und vielleicht

sein, Euch beide etwas zu lehren. Und da mir der Vorgang der Befragung viel Licht auf die Dinge zu werfen scheint, und außerdem die Genugtuung gibt, den Unterredner Dinge sagen zu lassen, von denen er nicht wußte, daß er sie wußte ..." [251].

(iii) Sagredo: „... ich sage Euch — wenn jemand die Wahrheit nicht selbst weiß, dann kann ein anderer ihm dieses Wissen unmöglich beibringen. Ich kann Euch wohl Dinge zeigen, die weder wahr noch falsch sind; was jedoch die Wahrheit betrifft — d.h. das Notwendige, das, was keinesfalls anders sein kann — so weiß es jeder Mensch von durchschnittlicher Intelligenz entweder selbst, oder er kann es nie wissen. Und ich bin sicher, daß Salviati (der „die Rolle des Kopernikus spielt" [131]) genau so denkt, wie ich" [157 s].

(iv) Gelegentlich wird das Erinnern durch Beseitigung entgegengesetzter Hypothesen erleichtert: Salviati: „Inzwischen will ich einige Vermutungen aufstellen, nicht, um Euch was Neues zu lehren, sondern um eine entgegengesetzte Vermutung zu beseitigen und zu zeigen, wie die Dinge wirklich stehen ..." [226].

Das „Ansammeln von Erinnerungen zu einem bestimmten Zweck" [Wittgenstein, *Philo-sophische Untersuchungen* passim], nämlich zum Zweck der Unterstützung der Koperni-nischen Lehre, ist also in der Tat eine wichtige Methode Galileis, und Professor Watkins' Vorwurf (den er anläßlich der weiter oben zitierten Stelle 193 erhebt) "But at this point Galileo's epistemological caginess rather reasserts itself ..." [*Hobbes*, p. 63] scheint zu-mindest in diesem Punkt ungerechtfertigt. Es ist wahr — eine *verbale* Antwort wird auf die Frage des Simplicio an der *angegebenen Stelle* nicht geboten. Eine solche Antwort erscheint aber an *anderen* Stellen. Und außerdem wird die Antwort, die Salviati im Sinne hat durch seine Tätigkeit, sowie durch Sagredos Kommentare über diese Tätigkeit mehr als klar gemacht. Ich würde also nicht von „erkenntnistheoretischem Zaudern", sondern vielmehr von „artistischer Spannung" reden. Die Methode der Anamnesie ist zweifellos eines der wichtigsten Instrumente in Galileis Argument!

12 Man beachte, daß dieses Argument von dem im letzten Abschnitt kritisierten verschieden ist. *Dort* wurde die Geradlinigkeit der Bewegung *angenommen*, und die Kritik bestand in dem Hinweis, daß Geradlinigkeit nur dann angenommen werden kann, wenn man schon weiß, daß die Erde ruht. Hier zeigen uns die Sinne, daß die Bewegung eine geradlinige und keine schiefe ist, und das Problem besteht in der Frage, wie sich dieses Zeugnis der Sinne mit der Annahme der Bewegung der Erde vereinbaren läßt.

sogar völlig aufgegeben" (248)[13]. Der Schluß ist zwingend, *vorausgesetzt* es besteht eine einfache Abbildbeziehung zwischen beobachteter Bewegung und wirklicher Bewegung. Wenn jeder Körper an und für sich nur eine „absolute" Bewegung besitzt, und wenn sich diese Bewegung mit Hilfe der Sinne eindeutig feststellen läßt, dann erhebt sich in der Tat ein Widerspruch zwischen den Tatsachen des senkrechten Falls und der Kopernikanischen Lehre. Der Widerspruch besteht aber nur so lange, als man Bewegungs*erscheinungen* naiv-realistisch als objektive *Vorgänge* anspricht und ihre Abwesenheit als das Fehlen objektiv-realer Bewegung.

Galilei weist nun darauf hin, daß wir Bewegung keinesfalls immer so einfach auffassen. Ganz im Gegenteil, man kann sich leicht Situationen vergegenwärtigen, in denen in einer Hinsicht Bewegung, in anderer aber Ruhe herrscht. Oder Situationen, in denen zwar *ein Prozeß* vorliegt, in denen man aber ohne Widerspruch von *verschiedenen Bewegungen* reden kann. Solche Beschreibungen fließen ganz natürlich aus der Alltagssprache, so daß die *Erinnerung* ausreicht, um eine Antwort auf das Argument am Beginn dieses Abschnitts zu finden:

„Sagredo: Angenommen, während meiner ganzen Fahrt von Venedig nach Alexandrette habe sich eine Schreibfeder an Bord befunden; wenn nun die Spitze derselben vermocht hätte, ein sichtbares Merkzeichen ihres Weges zu hinterlassen, wie beschaffen wäre diese Spur, dieses Merkmal, diese Linie?

Simplicio: Sie würde eine Linie hinterlassen haben, die sich von Venedig bis dorthin erstreckte, nicht vollständig gerade, oder besser gesagt, nicht in vollkommenem Kreisbogen, sondern bald mehr, bald weniger gebogen, je nachdem das Fahrzeug bald mehr, bald weniger geschwankt hat. Diese stellenweisen Ausbiegungen aber von einer oder zwei Ellen nach rechts oder links, nach oben oder unten würden bei einer Länge von vielen hundert Miglien eine geringe Änderung an dem gesamten Linienzug hervorbringen, so daß sie kaum bemerkbar wären. Man könnte daher die Linie ohne wesentlichen Fehler als Teil eines vollkommenen Kreises betrachten.

Sagredo: Es wäre also die eigentliche, richtige, wahrhafte Bewegung jener Federspitze geradezu ein vollkommener Kreisbogen gewesen, wenn die Bewegung des Fahrzeugs ohne ein Schwanken der Wellen sanft und ruhig vor sich gegangen wäre. Wenn ich nun selbige Feder beständig in der Hand gehalten und sie nur hie und da einen oder zwei Finger breit da- und dorthin bewegt hätte, welche Änderung würde das in der Hauptsache an dem außerordentlich langen Linienzug hervorgebracht haben?

Simplicio: Eine noch geringere, als wenn bei einer geraden Linie von tausend Ellen Länge stellenweise eine Abweichung von der absoluten Geradheit um die Breite eines Flohauges stattfände.

---

[13]   Zitiert nach Chiaramonti, *De Tribus Novis Stellis*, ein antikopernikanischer Traktat des Jahres 1572, mit Neuauflagen in den Jahren 1600 und 1609.

Sagredo: Hätte also ein Maler bei seiner Abfahrt vom Hafen mit jener Feder auf ein Blatt Papier zu zeichnen begonnen und wäre mit der Zeichnung bis zur Ankunft in Alexandrette fortgefahren, so hätte er durch Bewegung der Feder ein ganzes Historienbild mit vielen völlig richtig konstruierten und in tausend und abertausend Richtungen schattierten Figuren herstellen können, mit Landschaft, Bauten, Tieren und anderen Dingen, obgleich die eigentliche, wahre, absolute Bewegung, welche die Federspitze ausführt, nur eine zwar lange, aber höchst einfache Linie darstellen würde. Was die dem Maler eigene Tätigkeit betrifft, so hätte er aufs Haar dasselbe gezeichnet, wenn das Schiff stillgestanden hätte. Daß aber von der außerordentlich langen Bahn der Feder keine andere Spur bleibt als die auf das Papier gezeichneten Striche, rührt daher, daß die bedeutende Bewegung von Venedig nach Alexandrette dem Papier und der Feder sowie allen im Schiffe befindlichen Dinge gemeinsam zukam. Die winzigen Bewegungen aber nach vor und rückwärts, nach rechts und links, die von den Fingern des Malers der Feder, nicht aber dem Blatt mitgeteilt wurden, konnten, weil sie der Feder eigentümlich waren, ihre Spur auf dem Papier zurücklassen, das solchen Bewegungen gegenüber unbewegt blieb. Ganz ebenso ist es richtig, daß, wenn die Erde sich dreht, die Fallbewegung des Steines in Wirklichkeit eine lange Linie von vielen hundert, ja tausend Ellen darstellt. Wenn er seine Spur in eine ruhende Atmosphäre oder auf sonst eine Fläche einzeichnen könnte, so würde sie als eine außerordentlich lange schräge Linie erscheinen. Der Teil der gesamten Bewegung aber, welcher dem Stein, dem Turm, und uns gemeinsam zukommt, ist für uns unmerklich und gleichsam nicht vorhanden; bloß der Teil gelangt zur Wahrnehmung, an welchem sich weder der Turm noch wir uns selbst beteiligen, und dies ist schließlich die Bewegung, welche der Stein bei seinem Fall längs des Turmes zurücklegt (B 183 f; 172 f).

Oder:

Salviati: Nehmen wir an, ihr seid in einem Boot und fixiert mit euren Augen die Spitze des Mastes. Glaubt ihr nun, daß eine schnelle Bewegung des Bootes euch zwingen wird, eure Augen ständig neu zu orientieren, um den fixierten Punkt im Blick zu behalten? Müßt ihr etwa seiner Bewegung mit den Augen folgen?

Simplicio: Das ist nicht nötig; und diese Bemerkung gilt nicht nur für das Sehen. Wenn ich mit einem Gewehr auf einen Punkt des Segels ziele, so brauche ich das Ziel nicht um Haaresbreite zu ändern, wie immer sich auch das Boot bewegt.

Salviati: Und die Erklärung liegt einfach darin, daß die Bewegung, die das Boot dem Segel mitteilt, auch auf euch und eure Augen übertragen wird. Eine zusätzliche Bewegung der Augen selbst ist nicht nötig, und die Mastspitze scheint daher in Ruhe zu verharren. (Man kann die Sache noch deutlicher machen)[14]. Man vergleiche die Sehstrahlen vom Auge zum Mast mit Schnüren, die zwischen den zwei Punkten des Bootes gespannt sind. Dann sieht man, daß diese Schnüre ... ihre Position beibehalten, ob sich das Boot nun bewegt oder ob es ruht.

---

[14] Die nachfolgende Darstellung bis zum Ende dieses Paragraphen wurde von Galilei nach der Publikation der ersten Auflage dem Text hinzugefügt.

Nun überträgt dieses Argument auf die Rotation der Erde und auf den Stein, der auf der Turmspitze ruht. Solange der Stein hier liegt, wird seine Bewegung von den Sinnen nicht bemerkt, da sowohl ihr als auch der Stein eine und dieselbe Bewegung besitzt, nämlich jene Bewegung, die nötig ist, um mit dem Turm Schritt zu halten. Ihr braucht also die Richtung eures Blicks nicht zu ändern. Nun laßt den Stein fallen, und gebt ihm also eine nach unten gerichtete Bewegung. Diese neue Bewegung besitzt er allein. Ihr nehmt daran nicht teil. Sie vermischt sich mit der kreisförmigen Bewegung, die der Stein mit dem Auge teilt und die daher noch immer unbemerkt bleibt. Die senkrechte Bewegung allein wird beobachtet, denn um ihr zu folgen, müßt ihr eure Augen allmählich von oben nach unten gleiten lassen" (249 f).

Diese Überlegungen, die scheinbar nichts Neues bringen, sondern nur „bekannte Tatsachen zum Zwecke des Arguments versammeln"[15] zeigen, daß man *zwei Arten von Bewegung* unterscheiden muß: Bewegung, die der Beobachter mit dem beobachteten Gegenstand teilt; und Relativbewegung zwischen Beobachter und Gegenstand. Gemeinsame Bewegung ist „nicht operativ", das heißt, sie „wird von den Sinnen nicht bemerkt, wird nicht wahrgenommen, hat überhaupt keine Wirkung" (171). Die Relativbewegung allein ist den Sinnen zugänglich. Umgekehrt läßt sich nunmehr das Urteil der Sinne nicht mehr verwenden, um eine gemeinsame Bewegung von Beobachter und Erde auszuschalten. Der Widerspruch zwischen dem Urteil der Sinne und der Idee der Rotation der Erde verschwindet. Das Argument ist beendet. Es ist so simpel, so einleuchtend, scheinbar so klar, daß man vielleicht mit etwas Ungeduld zu mehr profunden Dingen fortschreiten möchte. Ein solches Urteil übersieht, daß erkenntnistheoretische Prinzipien eingeschmuggelt worden sind, die selbst heute noch nicht völlig verstanden, und die schon gar nicht unterstützt werden. Wir müssen also die Analyse einige Schritte weiter treiben.

(6) Das Argument im vorhergehenden Abschnitt betrifft eine natürliche Interpretation, die ein fixer Bestandteil der Alltagserfahrung ist, oder die zumindest zur Zeit Galileis ein fixer Bestandteil der Alltagserfahrung war[16]. Es handelt sich um die Idee des „operativen Charakters" aller Bewegung (171) oder, um bekannte philosophische Termini zu verwenden, die hier genau zutreffen, es wird die *naiv-realistische Auffassung von der Bewegung* untersucht. Nach dieser Auffassung ist die *gesehene Bewegung* identisch mit der *wirklichen Bewegung*. Besser gesagt: das naive Bewußtsein trifft gar nicht erst diese Unter-

---

15 Wittgenstein, *Philosophische Untersuchungen*. Die Tendenz ist allerdings im Falle Wittgensteins eine sehr verschiedene. Galilei will seine Leser in das Kopernikanische Gebäude hineinlocken, und hinweg vom Alltagsdenken. Wittgensteins Absicht ist die *Erhaltung* des Alltagsdenkens und der Nachweis, daß jedes Problem, das innerhalb des Alltags *entsteht*, auch innerhalb des Alltags *seine Lösung hat*.

16 „Ihr seid nicht der erste", sagt Salviati zu Simplicio, „dem diese nicht operative Qualität gemeinsamer Bewegung ganz und gar nicht gefällt" [171]. Und er versucht zu zeigen, wie unvernünftig es ist, überrascht zu sein, „wenn man [eine fortwährende heftige Bewegung] nicht fühlt" [255]. Cf. auch Fußnote 22 und Text.

scheidung und überbrückt sie dann mit Hilfe einer Korrelationshypothese, sondern es beschreibt, empfindet, faßt die gesehene Bewegung direkt als die wirkliche Bewegung auf[17]. Der Philosoph kann nun im Gedanken den naiven Bewegungsbegriff vom beobachteten Phänomen der Bewegung trennen. Der Alltagsmensch tut das auch — er nimmt an, daß sich Gegenstände bewegen, wenn man sie nicht sieht, und er gibt zu, daß uns Fehler unserer Wahrnehmungsorgane hindern können, der objektiven Bewegung in allen Einzelheiten zu folgen. Bewegungstäuschungen wie der wandernde Mond, den Galilei zitiert (256), sind ihm wohlbekannt (obgleich sie nicht immer für eine Täuschung gehalten und oft als Evidenz für mysteriöse Vorgänge angesehen werden)[18]. Aber es gibt *paradigmatische Fälle*, in denen es einfach psychologisch sehr schwer und fast unmöglich ist, eine Täuschung zuzugeben, selbst wenn man sich abstrakt die Möglichkeit einer Täuschung weiterhin vor Augen hält. Es sind diese paradigmatischen Fälle, und nicht die Ausnahmen oder die Randerscheinungen, auf die sich der naive Realismus stützt. Das sind auch die Situationen, in denen man das Bewegungsvokabular zu allererst gelernt hat. Man hat von klein auf gelernt, auf die paradigmatischen Erscheinungen ganz unmittelbar mit Begriffen zu reagieren, die den naiven Realismus eingebaut haben und die also im Fall einer direkten Beobachtung Bewegung und Bewegungserscheinung unlöslich verbinden. Die so gelernte und von der Erfahrung ständig neu bestätigte Verbindung ist sehr stark. Sie führt zu einer Sprache, die in einem weiten Bereich ein effektives, empirisch adäquates Mittel der Mitteilung darstellt. Es bedarf gut konstruierter Instrumente und einer kraftvollen Polemik, um sie aufzulösen, oder um sie auch nur kritisch zu betrachten[19]. Solche psychologische Verbindungen zwischen Erlebnissen und

---

[17] Zu den Problemen wahrgenommener Bewegung vgl. zum Beispiel p. 267 ss in Merleau-Pontys *Phenomenology of Perception*, London 1964, sowie die Untersuchungen von Michotte und anderer phänomenologischer Psychologen.

[18] Es muß erst untersucht werden, wie oft solche angebliche „Täuschungen" vom Commonsense als direkte empirische Evidenz für den Hexenglauben, für die Existenz von Dämonen, für die Existenz sublimer Beziehungen zwischen dem Himmel und der Erde aufgefaßt worden sind. Ich wage die Hypothese, daß uns solche Untersuchungen die Existenz einer soliden empirischen Basis für alle Art von Aberglauben und damit die Notwendigkeit einer veränderlichen Erfahrung im Verlauf des Fortschritts unseres Wissens zeigen werden: Eine stabile Erfahrung, an der man hartnäckig festhält, führt ihrerseits zu einer hartnäckigen Unterstützung von Vorurteil und Aberglauben.

[19] „Der Naturbegriff der Tradition", schreibt H. Blumenberg [op. cit., p. 13], „war mit einer Art von *Sichtbarkeitspostulat* verbunden, das sowohl der Endlichkeit des Universums als auch der Vorstellung seiner auf den Menschen bezogenen Zweckmäßigkeit und Zentrierung entsprach. Daß es in der Welt des Menschen nicht nur zeitweise und vorläufig, sondern seiner natürlichen Ausstattung definitiv Entzogenes und Unsichtbares geben könnte, war eine der Antike wie dem Mittelalter unbekannte, unter bestimmten metaphysischen Voraussetzungen auch unvollziehbare Unterstellung." Das ist zweifellos wahr, obwohl ein wenig übertrieben für die Zeitgenossen Galileis. Was die Antike betrifft, so scheint die Existenz der Atomisten die Behauptung zu widerlegen. Vgl. weiter unten, Abschnitt 10.

Begriffen sind jenen Philosophen wohlbekannt, die ungewohnte Ideen vertreten und die versuchen, diesen Ideen eine Chance im Wettstreit der Hypothesen zu bieten. Jeder Materialist hat am eigenen Leibe erfahren, wie leicht es ist, neue Vorschläge durch Produktion erlernter Reaktionen psychologisch zu entgiften (*nicht* sie zu widerlegen). Das 'Argument' „ich weiß doch, was Schmerzen sind, oder was Gedanken sind, und ich weiß auch, daß sie mit materiellen Vorgängen schon gar nichts zu tun haben — die primitivste Introspektion zeigt mir das", hat er bis zum Überdruß gehört, und immer wieder hat er wiederholen müssen, daß die Stärke der Verknüpfung *eines* Begriffssystems mit unseren Erlebnissen gar nichts besagt, wenn wir die Brauchbarkeit eines anderen *und noch nicht verknüpften* Begriffssystems untersuchen wollen. Wie zieht sich Galilei aus dieser psychologischen Schlinge? Wie gelingt es ihm, einer scheinbar absurden *und der Erfahrung widersprechenden* Behauptung Gehör zu verschaffen?

Er verwendet einen psychologischen Trick. Der Trick macht ihn zum Sieger im Argument, verdeckt aber die neue Einstellung zur Erfahrung, die mit dem klassischen Empirismus beginnt.

Galilei „erinnert" uns daran, daß es Situationen gibt, die wir alle kennen, und in denen sich der nicht operative Charakter einer gemeinsamen Bewegung von Sinnesorgan und beobachtetem Objekt *genau so unerbittlich aufdrängt*[20] wie die Idee des operativen Charakters *aller* Bewegung unter anderen Umständen (die letzte Idee ist also nicht die einzige natürliche Interpretation, die wir kennen). Die Situationen sind: Vorgänge in einem Boot, in einer gut gefederten Kutsche, kurz, in begrenzten Systemen, die groß genug sind, den Beobachter aufzunehmen und ihm die Ausführung verschiedener Experimente zu gestatten. Hier ist die Annahme des nicht operativen Charakters gemeinsamer Bewegung sinnfällig und natürlich[21]. Die Idee des operativen Charakters *aller* Bewegung stellt sich aber ein, wenn sich ein begrenzter Gegenstand mit nicht zu vielen Teilen in einer weiten stabilen Umgebung bewegt, wenn also etwa ein Pferd durch die Wüste trabt, oder wenn ein Stein einen Turm herabfällt. Wir werden nun überredet, unser verborgenes und in der Erinnerung aufbewahrtes Wissen zu mobilisieren und die Bewegung der Erde vom ersten und nicht vom zweiten Standpunkt aus zu beurteilen. Der Entschluß, dieser Einladung zu folgen, bringt *ganz automatisch* die Idee der Relativbewegung ins Spiel — darin liegt der Trick — und löst den Konflikt zwischen Sinneserfahrung und Kopernikanischer Lehre (vgl. das folgende Schema).

Betrachten wir nun die Situation von einem mehr abstrakten Standpunkt aus. Zu Beginn liegen zwei Begriffssysteme vor. Das eine faßt die Bewegung als einen absoluten Vorgang auf, der auf jeden Fall Wirkungen hinterläßt, darunter auch Wirkungen auf die Sinne. Vielleicht ist die Beschreibung etwas idealisiert,

---

[20] „Das ist eine gute und vernünftige Lehre", sagt Simplicio, „und völlig in Übereinstimmung mit der peripatetischen Philosophie" [116].

[21] Allerdings nur unter gewissen idealen Umständen, wie der Abwesenheit von Trägheitskräften. Cf. weiter unten, Abschnitt 7.

aber die Argumente der Gegner des Kopernikus, die Galilei selbst zitiert (124 f;
248; 171; 255) zeigen, daß die Tendenz, in solchen Begriffen zu denken, weit
verbreitet war und ein ernstes Hemmnis darstellte für die Diskussion alternativer
Ideen. Zeitweilig findet man sogar eine noch primitivere Begriffsstufe, in der
selbst Begriffe wie „oben" und „unten" einen absoluten Sinn erhalten, wie wenn
gefragt wird, „ob denn die Erde nicht zu schwer sei, um über die Sonne hinweg
anzusteigen, und dann den ganzen Weg wieder zurückzufallen" (327); oder wenn

Paradigma I: Bewegung kompakter Gegenstände in stabiler, großräumiger Umgebung. Wild vom Jäger beobachtet.		*II:* Bewegung von Gegenständen in Booten, Kutschen und anderen relativ zu einer stabilen Umgebung bewegten Systemen	
Natürliche Interpretation: Operativer Charakter aller Bewegung		Nur Relativbewegung ist operativ	
Lotrechter Fall des Steines *beweist*	Bewegung der Erde *sagt voraus*	Lotrechter Fall des Steines *beweist*	Bewegung der Erde *sagt voraus*
↓	↓	↓	↓
Ruhe der Erde	schiefer Fall des Steines	keine *Relativbewegung* zwischen Ausgangspunkt und Erde	keine Relativbewegung zwischen Ausgangspunkt und Stein

der Einwand erhoben wird (330), daß die Rotation der Erde eine vertikale Gebirgswand allmählich in eine horizontale Landschaft überführe, so daß man nur einige Stunden zu warten brauche, um ein steiles Gebirge mühelos zu ersteigen.
Galilei in seinen Randbemerkungen zum Text des *Dialogs* nennt dies „restlos
kindische Gründe, die nur Schwachköpfe von der Ruhe der Erde überzeugen
können", und er erklärt im Text „es (sei) nicht nötig, über Leute wie diese nachzudenken ... oder ihre Narrheiten ernst zu nehmen" (327)[22]. Wir sehen aber

---

[22] Die Idee, daß es im Universum eine absolute Richtung gibt, hat eine interessante Geschichte. Sie stützt sich offenkundig auf die Struktur des Gravitationsfeldes an der Erdoberfläche oder in jenem engen Teil der Erdoberfläche, den der Beobachter kennt und bewohnt, und verallgemeinert die hier gemachte Erfahrung. Diese Verallgemeinerung wird selten als eine separate Hypothese in Betracht gezogen, sie beeinflußt vielmehr die *Grammatik* (im neueren Sinn der linguistischen Philosophie) selbst der Alltagssprache *und gibt damit dem Begriffspaar 'oben-unten' einen absoluten Sinn. Laktantius,* der Kirchenvater des 4. Jahrhun-

trotzdem, daß der absolute Bewegungsbegriff ein „wohlverschanzter" Begriff war ("well entrenched", wie Professor Nelson Goodman sich ausdrückt)[23], und daß der Versuch, ihn zu beseitigen, auf Widerstand stoßen mußte.

Das zweite Begriffssystem verwendet die Idee der Relativität der Bewegung und ist in seinem Bereich auch wohlverschanzt. Es ist nun Galileis Ziel, das erste System in allen Fällen, himmlische und irdische Vorgänge eingeschlossen, durch das zweite zu ersetzen. Der naive Realismus in bezug auf die Bewegung soll *völlig aufgegeben* werden.

Nun geht dieser naive Realismus, wie weiter oben bemerkt, bei der Beschreibung gewisser Situationen (Paradigma i) direkt in die Beobachtungsbegriffe ein. Die Beobachtungssprache enthält hier die Idee der Effektivität *aller* Bewegung. Oder, in materialer Sprechweise, die *Erfahrung* ist in diesen Situationen eine Erfahrung von absolut bewegten Gegenständen. Ziehen wir dies in Betracht, so sehen wir, daß Galileis Vorschlag auf eine teilweise Revision der Beobachtungssprache oder der Erfahrung hinausläuft. Eine Erfahrung, die der Bewegung der Erde zum Teil *widerspricht,* wird in eine Erfahrung verwandelt, die sie, zumindest was „die irdischen Vorgänge betrifft" (132; 416), voll *bestätigt*[24]. Das ist

---

derts, setzt einen solchen absoluten Sinn voraus, wenn er fragt [*Divinae Institutiones,* iii, de falsa sapientia]: „Will man wirklich so verbohrt sein, daß man die Existenz von Menschen annimmt, deren Füße sich über ihren Köpfen befinden? Oder von Gebieten, wo jene Dinge, die bei uns herabfallen, in die Höhe steigen? Wo Bäume und Früchte nicht in die Höhe, sondern nach unten wachsen?" Der gleiche Sprachgebrauch liegt bei jenen Leuten, bei jener „Masse ungelehrter Menschen" vor, die die Frage erheben, warum denn die Antipoden nicht von der Erde „herab"fallen [Plinius, *Naturgeschichte,* ii 161−166]. Die Versuche der Vorsokratiker (Thales, Anaximenes, Xenophanes), für die Erde eine Unterstützung zu finden, die sie am „Herab"fallen hindert [Artist., *de coelo,* 294a12 ss] zeigt, daß fast alle frühen Philosophen mit der einzigen Ausnahme des Anaximander in diese Denkweise verstrickt waren. (Zu den Atomisten, die annehmen, daß die Atome ursprünglich alle in eine Richtung, nämlich „nach unten" fallen, cf. M. Jammer, *Concepts of Space,* p. 11). *Sogar Galilei,* der sich über die Idee des Herabfallens der Antipoden gehörig amüsiert [331], spricht gelegentlich von der „*oberen Hälfte* des Mondes" [65], wobei er jene Hälfte meint, „die wir auf der Erde nicht sehen". Und vergessen wir nicht, daß einige linguistische Philosophen von heute, die „zu stupide sind, um ihre eigenen Grenzen zu erkennen" [327], die absolute Bedeutung des Paares „oben-unten" zumindest *lokal* wiederbeleben wollen. Die Macht der primitiven Begriffsstufe einer anisotropen Welt, die Galilei *auch* bekämpfen mußte, darf also keinesfalls unterschätzt werden!

23   *Fact, Fiction, and Forecast,* Cambridge 1955. Cf. auch Fußnoten 16 und 19.

24   „Es ist einfach nicht zutreffend, daß das kritische Heilmittel gegen [die Aristotelische] Naturphilosophie ein Mehr an *Erfahrung* gewesen sei. Die Art von Erfahrung, die zum Bruch mit dem Aristotelismus führte, war eine bereits auf bestimmte Phänomene abgestellte, nach ihnen ausgewählte und eingerichtete, unter determinierten Bedingungen gestellte, also *experimentelle* Erfahrung. Diese Art von Erfahrung bietet sich nicht unmittelbar dar, und erschöpft sich nicht in anschaulicher Gegebenheit: sie bestätigt, oder widerlegt Annahmen hinsichtlich eines bestimmten, zumindest prinzipiell meßbaren

der tatsächliche Vorgang. Galilei will uns aber einreden, daß sich nichts geändert hat, daß das zweite Begriffssystem schon universell *vorhanden* war, wenn auch nicht universell *bewußt*. Sowohl sein Vertreter im Dialog, Salviati, als auch sein vorgestellter Opponent, Simplicio, als auch der intelligente Laie Sagredo bringen daher die Methode des Arguments mit Platons Lehre von der Anamnesis in Verbindung[25] — ein kluger taktischer Zug, typisch Galilei, ist man geneigt zu sagen, der uns aber nicht über die wahre Entwicklung, über die wirklich revolutionären Ergebnisse des Arguments täuschen darf.

Der Widerstand gegen die Annahme, daß eine gemeinsame Bewegung nicht operativ ist (171!), wird dem Widerstand vergessener Ideen gleichgesetzt, die man erst an die Oberfläche locken muß. Gut! Akzeptieren wir diese *Deutung* des Widerstandes! Machen wir aber ernst mit der Tatsache seiner *Existenz*! Dann müssen wir doch zugeben, daß er den *Gebrauch* der relativistischen Ideen einschränkt, so daß sie nunmehr nur noch in einem Teilbereich der Erfahrung auftreten. Außerhalb dieses Bereichs sind sie „vergessen", also nicht aktiv. Außerhalb dieses Bereichs herrscht aber nicht völliges Chaos. Andere Begriffe sind hier am Werk — eben jene Absolutbegriffe, die sich vom ersten Paradigma herleiten. Sie sind hier nicht nur am Werk, sondern auch empirisch völlig einwandfrei. In Schwierigkeiten gelangt man nicht, solange man nur innerhalb der Grenzen des ersten Paradigmas bleibt. „Die Erfahrung" — wenn man darunter die Gesamtheit aller beobachteten Tatsachen aus allen Bereichen versteht, jede mit den in ihrem Bereich adäquaten Begriffen beschrieben — *diese* Erfahrung kann also niemand zu der von Galilei beabsichtigten Änderung zwingen. Das Motiv kommt aus einer ganz anderen Quelle.

Aspekts des Gesamtphänomens. Aber solche regulierte Erfahrung kann nicht am Anfang eines theoretischen Umbruchs stehen. Am Anfang steht vielmehr die Distanzierung von unserer alltäglichen Erfahrung als solcher, der Verdacht, daß diese uns mit unserem Selbstverständnis beliefernde Erfahrung weder die normale noch die totale physikalische Wirklichkeit darbietet, daß sie partiell und provinziell ist, daß die einfachen Gesetzmäßigkeiten in ihr durch zusätzliche Faktoren verdeckt sind ..." [Blumenberg, op. cit., p. 36 s]. Man vergleiche zu diesem Punkt auch Herbert Butterfield, *The Origins of Modern Science*, London 1957, besonders p. 80: "It was commonly argued, even by the enemies of the Aristotelian system, that that system itself could never have been founded, except on the footing of observation and experiments — a reminder necessary perhaps in the case of those university teachers of the sixteenth and seventeenth century who still clung to the old routine and went on commenting too much (in what we might call a 'literary' manner) upon the works of the ancient writers. We may be surprised to note, however, that in one of the dialogues of Galileo, it is Simplicius, the spokesman of the Aristotelians — the butt of the whole piece — who defends the experimental method of Aristotle against what is described as the mathematical method of Galileo ... What ist more remarkable still is the fact that the science in which experiment reigned supreme — the science which was centred in laboratories even before the beginning of modern times — was remarkably slow, if not the slowest of all, in reaching its modern form. It was long before alchemy became chemistry ..."

[25] Cf. Fußnote 11.

Das Motiv kommt erstens aus dem Wunsch, „das Ganze auf wunderbar einfache Weise in Harmonie ... mit seinen Teilen" stehend zu sehen (B 212; 341 —
dies ist, wie Galilei das Motiv des Kopernikus beschreibt) — also aus dem „typisch
metaphysischen" Drang nach einheitlichem Verstehen und damit nach einheitlicher begrifflicher Darstellung[26]. Und dieser Wunsch ist bei Galilei wieder eng mit
der Absicht verbunden, die Idee der Bewegung der Erde, der er sich ganz ver-
schrieben hat[27], empirisch akzeptabel zu machen. Die Idee der Bewegung der Erde
steht dem ersten Paradigma näher als dem zweiten — zumindest zur Zeit Galileis
war dies der Eindruck. Das ist die Quelle der Stoßkraft der Aristotelischen Argumente[28]. Die Beseitigung der Stoßkraft fordert die Subsumtion des ersten Paradigmas unter das zweite und die Ausdehnung des relativen Bewegungsbegriffs auf
alle Erscheinungen. Die Anamnesislehre funktioniert dabei als ein psychologischer
Hebel, dessen geschickte Manipulation die Idee des nicht operativen Charakters
gemeinsamer Bewegung allmählich in alle Bereiche überfließen läßt. Wir sind nun
bereit, die Relativbegriffe nicht nur auf Boote, Kutschen, Vögel, sondern auch auf
die „feste wohlgegründete Erde" als ganzes abzuwenden und wir haben den Eindruck, daß diese Bereitschaft schon immer vorhanden war, jedoch nicht ins Bewußtsein trat. Dieser Eindruck ist sicher irreführend — er ist das Resultat der Galileischen Propaganda. Wir täten viel besser daran, die Situation anders zu beschreiben, als eine Änderung unseres Begriffssystems und — da es sich um Begriffe handelt, die in natürliche Interpretationen eingehen und mit den Sinneseindrücken
auf die direkteste und unmittelbarste Weise verbunden sind — als eine *Änderung
der Erfahrung*[29], die es uns erlaubt, die Kopernikanische Lehre ohne Schwierigkeiten zu akkommodieren. Es ist dieser Schritt, welcher den Übergang von der
Aristotelischen Erkenntnistheorie zur Erkenntnistheorie des klassischen Empirismus konstituiert.

---

[26] Cf. damit den noch immer vorhandenen Widerstand gegen universelles Begreifen, wie er
      zum Beispiel in Professor Austins „Philosophie" sehr deutlich sich bemerkbar macht.
      Was damals die Wissenschaft förderte, ja *schuf*, wird heute als 'Metaphysik' lächerlich
      gemacht und beiseite geschoben.

[27] „Die Erfahrung einer sich ihm gegen seine Intention und Absicht aufzwingenden Wahrheit
      hatte er nie gemacht und war wohl dazu auch nicht disponiert" [Blumenberg, op. cit.,
      p. 41 s] — ein etwas hartes Urteil angesichts der Modifikationen in Galileis Bewegungslehre
      vom frühen *de motu* zu den *Discorsi*.

[28] Cf. auch Fußnote 19. Natürlich ist Blumenbergs Beschreibung eine Idealisierung. Der vor-
      sokratische Atomismus, der Platonismus, die Dämonenlehren — alles das ist übersehen.
      Wir befinden uns aber dennoch nahe an *einem* Zug der vielschichtigen spätmittelalter-
      lichen Tradition.

[29] Man kann dieser Deutung der Galileischen Resultate entgegenhalten, daß die Sinnesein-
      drücke ja keine Veränderung erleiden, und daß sie allein die Grundlage unseres Wissens
      sind. Das ist erstens nicht wahr (siehe Abschnitt ii/C, weiter unten). Zweitens wird selbst
      in jenen Argumenten, in denen man sich auf stabile Sinneseindrücke stützt, übersehen, daß
      Sinneseindrücke ohne Deutung weder für noch gegen eine Theorie sprechen, und daß in
      unserem Falle gerade die Kombination *Sinneseindruck plus Deutung* in Frage steht. Dieser

Gegensatz zwischen unveränderlichen und der Täuschung nicht unterworfenen *Sinnesein-drücken* und veränderlicher und der Täuschung im großen Stil unterworfener *Erfahrung* ist bei Galilei *terminologisch* nicht fixiert. Die *Begriffe* sind aber vorhanden, obzwar es nicht leicht ist, sie aus ihrer Umgebung herauszulösen.

Die Möglichkeit von *Sinnes*täuschungen wird von Galilei oft hervorgehoben und gelegentlich [257] vom Aristoteliker Simplicio bestätigt. Es ist auch davon die Rede, daß ,,die Vernunft die Sinne überwinden [kann], so daß sie ihnen zum Trotz bestimmt, welche Annahmen getroffen werden" [328; B 208 ist etwas zu schwach]. Hier kann nicht von Sinneseindrücken die Rede sein, die ja stumm sind und nicht erst überwunden werden brauchen, sondern nur von natürlichen Interpretationen, die sich so eng an die Sinne anschließen, daß die Sinne selbst zu reden scheinen. Galilei macht in einer längeren Darstellung klar, daß genau das gemeint ist: Simplicio begegnet der Behauptung des nicht-operativen Charakters der irdischen Bewegung, insbesondere der Behauptung, daß wir auch eine Bewegung, die uns selbst ständig innewohnt, nicht fühlen [255], mit einem Zitat aus Chiaramontis bereits erwähntem Text: ,,daraus müssen wir dann mit Notwendigkeit schließen, daß unsere Sinne bei der Beurteilung wahrnehmbarer Dinge, welche sich ganz in der Nähe befinden, völlig fehlbar und stupide sind. Welche Wahrheit können wir zu erringen hoffen, wenn wir ihren Ursprung auf eine so täuschende Fakultät gründen?" Darauf antwortet nun Salviati, der Vertreter des Kopernikus: ,,Die Lehre, die ich daraus ziehen möchte, ist noch nützlicher und hat noch größere Sicherheit. Wir lernen, daß wir in bezug auf das, was uns die Sinne beim ersten Eindruck vorstellen, vorsichtiger und weniger vertrauensselig sein müssen. Denn es ist sehr leicht möglich, daß uns die Sinne täuschen. Und ich wünsche, dieser Autor würde sich nicht solche Mühe geben, uns auf Grund unserer Sinne zu überzeugen, daß diese Bewegung fallender Körper eine einfache gerade Bewegung ist und keine andere Bewegung, und er sollte nicht zornig werden und sich darüber beklagen, daß eine so einfache und klare Sache in Frage gestellt wird. Dies gibt den Anschein, er glaube, daß jene, die die Geradheit der Fallbewegung leugnen und die sie zu einer Kreisbewegung machen, *den Stein wirklich auf einem Bogen fallen sehen* — er appelliert ja an ihre Sinne und nicht an ihre Vernunft, um den Effekt zu klären. Das aber, Simplicio, ist nicht der Fall. Denn ebenso wie ich ... einen Stein nie habe anders fallen sehen als gerade herunter, ebenso glaube ich, daß auch jeder andere Mensch dieselbe Erscheinung beobachtet. *Es ist daher besser, wenn man die Erscheinungen selbst beiseite schiebt* — was sie betrifft, sind wir ja ohnehin alle einig —, und wenn wir die Macht der Vernunft verwenden, um entweder ihre Wirklichkeit zu bestätigen oder die Weise zu enthüllen, in der sie uns täuscht" — worauf dann Sagredo als weiteren Beweis der Leichtigkeit von Sinnestäuschungen die Erscheinung des einem Wanderer folgenden Mondes beschreibt: ,,Hier scheint es, als laufe eine Katze die Dächer entlang ... und diese Erscheinung würde ohne das Zwischentreten der Vernunft die Sinne nur zu offenkundig täuschen" [256; Hervorhebung von mir].

Beginnen wir mit dem letzten Beispiel. Der Wanderer hat den Eindruck, daß der Mond ihm nachfolgt, und dieser Eindruck führt zu einer Sinnestäuschung, außer wir ziehen die Vernunft zu Rate. Der Einsatz der Vernunft verwandelt nun den Eindruck nicht in einen anderen (genau so wie im Falle des Kopernikanischen Arguments der Eindruck der Fallbewegung sich nicht ändert — die Bewegung wird nicht bogenförmig). Die Sinnestäuschung besteht also nicht darin, daß unsere Sinne uns den falschen Eindruck vorsetzen (Täuschungen dieser Art kommen auch vor. Die Irradiation ist ein Beispiel. Sie sind aber nicht Gegenstand des gegenwärtigen Arguments). Sie besteht darin, daß sich an den Eindruck *ganz automatisch* ein Urteil anschließt, eine natürliche Interpretation, und dieses

Die Erfahrung hört nun nämlich auf, jene unveränderliche und fundamentale Rolle zu spielen, die ihr Aristoteles zuschreibt. Die Kopernikanische Lehre macht die Erfahrung „flüssig", wie sie auch das starre Himmelsgewölbe auflöst und flüssig macht, „so daß sich ... jeder Stern für sich selbst bewegt" (120). Einem Empiristen, dem die Erfahrung die Grundlage alles Wissens ist, auf der er aufbaut und an der er überprüft, wird damit der Boden unter den Füßen hinweggezogen. Nicht nur das physische Fundament, auf dem er steht — eben die „feste, wohlgegründete Erde" —, sondern auch das theoretische Fundament beginnt zu wanken. Es ist klar, daß eine empirische Philosophie, die eine solche flüssige, wankende, veränderliche Erfahrung verwendet, neue methodologische Prinzipien braucht, so daß Theorien nicht mehr asymmetrisch durch Hinweis auf eine unerschütterliche Basis beurteilt werden. Die Schwäche der *klassischen Physik* besteht darin, daß man zwar intuitiv den geforderten neuen Prinzipien folgt — zumindest die großen und unabhängigen Denker wie Newton oder Faraday oder Boltzmann tun das —, daß aber die *offizielle Doktrin*, die Hausphilosophie der klassischen Physik, eben der klassische Empirismus nach wie vor die Illusion einer Grundlage alles Wissens und damit einer stabilen Erfahrung aufrechterhält. Selbst die *Ergebnisse* fort-

Urteil ist fehlerhaft. Die enge psychologische Assoziation von Erscheinung und Urteil macht uns glauben, *daß die Sinne selbst reden* [cf. genau diese Wendung auf p. 56: „Die Sinne sagen mir ..."], und die Falschheit des Urteils fällt damit anscheinend auf *sie* zurück. Aber — und damit ziehen wir das Resumee aus Salviatis Rede — der Sinneseindruck steht ja gar nicht in Frage; ihn leugnet niemand. Was zur Diskussion steht, was die „Macht der Vernunft" ermitteln soll, ist die Wahrheit des Urteils, das aus der geradlinigen Bewegung relativ zum Turm geradlinige absolute Bewegung deduziert. „Es ist daher besser, wenn man" bei der Diskussion dieser Frage „die Erscheinungen selbst beiseite schiebt ..."

Der Hinweis auf „die Sinne" involviert also in der Tat zwei ganz verschiedene Begriffe. Einmal meint man den unmittelbaren Eindruck, die „Erscheinung", oder sogar die „Empfindung" der späteren Philosophie (Galilei jedoch scheint mit der Abstraktion nur selten so weit zu gehen). Dieser Eindruck wird nicht bestritten, und von einer Täuschung kann daher auch nicht die Rede sein. Dann wieder meint man mit dem Hinweis auf die Sinne das Kombinat Eindruck plus Urteil; oder Erscheinung plus natürliche Interpretation; oder was die spätere Philosophie *Erfahrung* (und die noch spätere Philosophie, in der 'formalen Redeweise' einen *Beobachtungssatz der physikalischen Dingsprache*) nennt. Von Täuschung kann man jetzt reden, und ein Zweifel an der Botschaft der so verstandenen Sinne ist ganz am Platz.

Der Aristoteliker versteht nun den Hinweis auf die Botschaft der Sinne in der eben erläuterten Weise, er meint ja die *Alltagserfahrung*, in der Sinnes*eindruck* und natürliche *Interpretation* unlöslich verbunden sind, oder jedenfalls so eng, daß eine völlige Trennung nur mit sehr kluger Taktik herbeigebracht werden kann (cf. den in der ersten Fußnote erwähnten Aufsatz von Owen). Noch will Galilei selbst die sinnlichen *Urteile* beseitigen; ganz im Gegenteil — er braucht „die von der Vernunft begleiteten Sinne" [255], um seine Position zu stützen. Darüber hinaus versucht er die Kopernikanische Lehre zumindest ebenso eng in den Sinnen zu verankern als die Lehre von der Ruhe der Erde schon mit den Sinnen verankert ist. Es handelt sich also in der Tat um den Versuch, *die Erfahrung selbst zu verändern* und zwar so, daß der Bewegung der Erde von dieser Seite her keine Gefahr mehr droht.

schrittlicher Forschung werden so dargestellt, als habe man sie aus „der Erfahrung" herausdestilliert (Newton war darin ein unübertrefflicher Meister). Die *Geschichte* der Wissenschaft aber, von der das weitere Publikum, Philosophen eingeschlossen, lernt „was denn Wissenschaft eigentlich sei", geht von dieser falschen und tendenziösen Darstellung aus und verstärkt dadurch den Glauben an die Existenz, und an die unbeschränkte Herrschaft solider Tatsachen. Diese Manöver der Verhüllung, Verdrehung, des tendenziösen Arguments beginnen mit Galileis Versuch, neue Ideen unter dem Deckmantel der Wiedererinnerung einzuführen, als hätte man sie schon immer geglaubt, und als seien sie außerdem in völliger Übereinstimmung mit einer vorgegebenen unerschütterlichen Autorität. Das gilt ganz besonders für die Diskussion des Trägheitsgesetzes im *Dialog*.

(7) Die Idee des nicht operativen Charakters gemeinsamer Bewegung enthält nämlich eine Komponente, die wir noch nicht diskutiert haben. Bewegung wird *bemerkt*, wenn man die Sinnesorgane ständig neu einstellen muß, um dem beobachteten Körper zu folgen. Ist eine solche Neuorientierung nicht nötig, dann wird auch keine Bewegung wahrgenommen. Das ist der Kern des Arguments am Ende von Abschnitt 5. Man kann noch hinzufügen, daß Erscheinungen, wie das Aufgehen der Sonne und der Sterne „nur in Beziehung auf die Erde sinnvoll bestimmt werden können. Um dies zu beweisen — entfernt nur die Erde, und nichts verbleibt vom Aufgang und Untergang der Sonne und des Mondes" (117).

Diese Überlegungen schließen nicht aus, daß gemeinsame Bewegung eine Veränderung entweder im Zustand der bewegten Körper oder im Zustand anderer Körper hervorruft und damit vielleicht auch die relative Lage der bewegten Körper beeinflußt. Galilei leugnet auch die Existenz solcher *dynamischer* Wirkungen, oder genauer, es wird behauptet, daß *gewisse* gemeinsame Bewegungen den Zustand und die Vorgänge zwischen bewegten Gegenständen nicht beeinflussen (ein schnell anfahrender Wagen belehrt einen bald, daß das nicht für alle Bewegungen gilt[30]).

Diese Vorzugsstellung wird von Galilei der *Kreisbewegung* zugeschrieben: Körper, die sich gemeinsam und ohne Reibungswiderstand um das Zentrum der Erde bewegen „kommen nie zum Stillstand" (147). Auch ihre relativen Lagen behalten sie bei. Die „tägliche Bewegung ist (demnach) zugleich … die natürliche Bewegung aller Teile des Erdballs und ist ihnen unauslöschlich eingeprägt. Daher

---

[30] Galilei erwähnt diese Einschränkung nicht und spricht oft so, als meine er alle möglichen Bewegungen. „Insofern etwas in Bewegung ist und als Bewegung wirkt, existiert es nur relativ zu Dingen, die an ihr nicht teilnehmen" [116]. „*Wie immer* wir auch die Erde bewegen, wahrnehmbare Wirkungen treten nicht auf, solange wir uns auf irdische Gegenstände beschränken" [114]. „Es ist also klar, daß eine Bewegung, an der viele Dinge teilnehmen, hinsichtlich der Beziehung dieser Dinge aufeinander leer und folgenlos ist, da sich ja unter ihnen nichts ändert [der in Frage stehende Punkt!], und da sie nur insofern operativ ist, als wir die betrachteten Körper zu anderen, nicht so bewegten Körpern in Beziehung setzen" [116].

hat denn auch der Stein auf der Turmspitze zunächst die Tendenz, sich in 24 Stunden um das Zentrum des Ganzen zu bewegen, ganz gleich, an welcher Stelle er sich befindet" (142; 171; 242).

Die Ersetzung des naiven oder „absoluten" Bewegungsbegriffs bedeutet also bei Galilei auch noch die Annahme eines zirkulären Trägheitsgesetzes und, darüber hinaus, die Präponderanz der Kreisbewegung über andere Bewegungsarten. Am ersten Tag des Dialogs wird erörtert, daß die Harmonie des Universums nur dann gewahrt bleibt, wenn die Kreisbewegung den Normalzustand, eine geradlinige Bewegung aber das Ergebnis vorübergehender Störungen darstellt: „Wir können sagen, daß die Bewegung entlang einer Geraden nur zum Transport des Materials zu Bauzwecken dient. Was aber einmal gebaut ist, das bleibt entweder unbewegt oder bewegt sich im Kreise" (20)[31]. Dadurch, bemerkt Sagredo, der intelligente Laie des Dialogs, „wird also die gerade Bewegung völlig abgeschafft, sie tritt in der Natur nicht auf. Sogar jene Funktion, die ihr am Beginn zugeschrieben wurde – die Wiederherstellung des Gleichgewichts – verschwindet nun und wird von der Kreisbewegung übernommen" (167).

Zur Rechtfertigung seiner neuen Bewegungslehre setzt Galilei zunächst wieder seine Wiedererinnerungsmaschine ein. Simplicio: So habt ihr nicht hundert Experimente angestellt, ja nicht einmal ein einziges und sprecht doch mit solcher Überzeugung ...? Salviati: Ohne Experimente bin ich meiner Sache sicher, denn es muß geschehen, wie ich sagte, und ich kann hinzufügen, daß auch ihr wißt, daß sich die Dinge gar nicht anders verhalten können, wie sehr ihr auch vorgebt, es nicht zu wissen ... Aber ich habe solches Talent in der Analyse der Gedanken anderer, daß ich euch selbst gegen euren Willen zum Geständnis bringen werde (145). Schritt für Schritt wird Simplicio zum Zugeständnis gebracht, daß ein Körper, der sich ohne Reibung auf einer Fläche bewegt, „die weder nach unten noch nach oben geneigt ist", die also konzentrisch ist zur Erdoberfläche „sich ohne Aufhören, das heißt, fortwährend, bewegen muß" (148, 147). Was dann

---

[31] „Es ist schon des öfteren gesagt worden, daß die Kreisbewegung dem Ganzen und den Teilen angemessen ist, wenn sie sich in der optimalen Anordnung befinden; die geradlinige Bewegung bringt hingegen unordentliche Teile zur Ordnung zurück. Trotzdem wäre es besser zu sagen, daß sie sich niemals in gerader Linie bewegen, ganz gleich, ob es sich nun um den Zustand der Ordnung oder um den Zustand der Unordnung handelt, sondern in gemischter Bewegung, die vielleicht sogar einen Kreis ergibt. Wir aber sehen nur einen Teil dieser Mischbewegung, und zwar den geraden Teil; der kreisförmige Rest bleibt ungesehen, weil wir selbst an dieser Bewegung teilnehmen. Das gilt für Raketen, die sich nach oben und nach allen Richtungen bewegen, wir aber können die Kreiskomponente nicht entdecken, da wir uns selbst so bewegen" [242 f.]. Cf. auch Galileis Zusatz [B 227]: „Ich behaupte, kein Ding bewegt sich von Natur geradlinig. Gehen wir dazu über, dies näher zu erörtern. Die Bewegungen aller Himmelskörper sind kreisförmig; Schiffe, Wagen, Pferde, Vögel, alles bewegt sich kreisförmig um den Erdball; die Bewegungen der Teile der Tiere sind sämtlich kreisförmig: kurz, wir werden zur Annahme genötigt, daß nur *gravia deorsum* und *levia sursum* sich scheinbar gerade bewegen; aber auch dessen sind wir uns nicht gewiß, wenn nicht zuerst bewiesen wird, daß der Erdball selbst sich nicht bewegt."

sofort zur Nutzanwendung führt, daß ein Stein, den man von der Mastspitze eines Schiffes fallen läßt, parallel zum Mast fortschreitet, da ja sowohl Schiff als auch Stein an der Kreisbewegung der Erde teilnehmen (148). Die einzelnen Schritte bestehen in der Analyse und Verallgemeinerung entweder einer wohlbekannten Beobachtungstatsache (eine Stahlkugel auf schiefer Fläche rollt herunter [145]) oder eines Idealfalls (Elimination aller Reibung und aller Neigung führt zu konstanter Geschwindigkeit [147]). Die Kraft des Arguments leitet sich her von der intuitiven Plausibilität der diskutierten Fälle sowie natürlich auch von dem Umstand, daß die Tatsachen der groben Beobachtung nach wie vor befriedigend herauskommen. Die Ähnlichkeit zwischen irdischen und himmlischen Vorgängen, die sich besonders anläßlich der Diskussion der Mondoberfläche am ersten Tag aufdrängte, erhöht die Plausibilität der Schlußfolgerung. Und wieder wird der wahre Sachverhalt durch die verwendete Methode verdeckt, es bleibt verborgen, daß eine revolutionäre neue Idee vorliegt, die dem naiv-realistischen Beobachtungsabsolutismus und der damit verbundenen Erfahrung ins Gesicht schlägt, und die nur nach einer Änderung dieser Erfahrung akkommodiert werden kann. „Der Stein fällt", heißt jetzt nämlich nicht mehr „er bewegt sich in einer zentralsymmetrischen Welt auf die im Zentrum befindliche Erde zu, 'die ihn dort, ohne sich im geringsten zu bewegen, erwartet und schließlich empfängt'" (125); der Fall wird vielmehr in Komponenten zerlegt, eine sichtbar, die übrigen unsichtbar *und der Beobachtung auch niemals direkt zugänglich*; und die Beschreibung der sichtbaren Komponenten erschöpft nur einen Teil des vorliegenden Tatbestandes. *An der Erdoberfläche* führt die Änderung zu einer neuen Auffassung von der Bewegungserfahrung (wenn auch nicht der Sinneseindrücke von der Bewegung), die die Erdbewegung zuläßt, ohne mit anderen, ähnlich umgedeuteten Erfahrungstatsachen in Widerspruch zu geraten. Das Argument ist hier zum Großteil qualitativ und recht überzeugend. (*Am Himmel* kann die Idee der zirkulären Trägheit ohne Epizyklen die Planetenbahnen auch nicht annähernd richtig wiedergeben und führt zu einer Diskrepanz von mehreren Graden. Diese Diskrepanz wird nie diskutiert.) Das Ergebnis aller Adaptionen ist aber die Einsicht, daß das Ptolemäische System und die mit ihm assoziierte Theorie der Bewegung nicht das einzig *mögliche* System und die Alltagserfahrung nicht die einzig mögliche Erfahrung ist. Ein *Beweis* der Bewegung der Erde ist noch nicht gegeben (vgl. 274).

(8) Zusammenfassend können wir also Galileis Vorgehen wie folgt beschreiben. Eine neue Idee der Bewegung und ein neues Trägheitsgesetz wird eingeführt. Beide Ideen stehen im Widerspruch zur Alltagserfahrung, können aber nach Abänderung der begrifflichen Komponente dieser Erfahrung wenigstens teilweise akkommodiert werden. Das *Motiv* zur Einführung ist der Glaube an die Richtigkeit des Kopernikanischen Systems — wegen seiner Einfachheit und Schönheit. Die *Methode* der Einführung ist anamnetisch — es wird vorgegeben, daß es sich um wohlbekannte Tatsachen handelt, die jedermann weiß, die sich aber dem Gedächtnis vorübergehend entzogen haben. Die Neuerung, die ganz phantastische Verallgemeinerungen einschließt (von der langsamen Bewegung eines Bootes auf die vieltausendmal schnellere Bewegung der Erde), wird dadurch verborgen und

die Zustimmung des Lesers mit falschen Gründen erschmeichelt. Dieser *Dualismus zwischen revolutionärer Theorie,* die nicht einmal die Erfahrung mehr als eine unveränderliche Grenze anerkennt, *und konservativer Propaganda* für die Theorie ist charakteristisch für den klassischen Empirismus. Der klassische Empirismus ist auf diese Weise bei Galilei angedeutet, *aber er ist noch nicht die Regel.* Ganz im Gegenteil — Galilei preist an anderer Stelle Kopernikus ganz ausdrücklich dafür, daß er an seiner Theorie trotz offenkundigen Widerspruchs mit den Tatsachen der Erfahrung festgehalten hat.

C   *Die sinnliche Komponente der Erfahrung*

(9) „Ich kann nicht genug die Geistesgröße derer bewundern, die sich (der Kopernikanischen Lehre) angeschlossen, und sie für wahr gehalten; die durch die Lebendigkeit ihres Geistes den eigenen Sinnen Gewalt angetan, derart, daß sie, was die Vernunft gebot, über die offenbarsten gegenteiligen Sinneseindrücke zu stellen vermochten ... Die Erfahrungen, welche man gegen die jährliche Bewegung der Erde anführte[32], scheinen in so offenbarem Widerspruch zu dieser Lehre zu stehen, daß — ich wiederhole es — meine Bewunderung keine Grenzen findet, wie bei Aristarch und Kopernikus die Vernunft in dem Maße hat die Sinne überwinden können, daß sie ihnen zum Trotz die Herrin über ihre Gedanken werden konnte" (B 208; 328). Der Leitfaden der Vernunft ist aber die *Harmonie* des Kopernikanischen Weltsystems:

„Kopernikus selbst schreibt, er habe bei seinen ersten Studien die astronomische Wissenschaft auf Grund der unveränderlichen Voraussetzungen des Ptolemäus neu zu gestalten versucht und die Bewegungstheorie der Planeten derart verbessert, daß die Rechnungen mit den Erscheinungen und die Erscheinungen mit den Rechnungen sehr wohl übereinstimmten, nur insoweit jedoch, als man einzeln Planet für Planet vornahm. Er fügt aber hinzu, daß er damals versucht habe, den Gesamtbau aus den Einzelkonstruktionen zusammenzusetzen; da sei daraus ein Ungetüm, eine Chimäre entsprungen, zusammengesetzt aus den ungleichartigsten, völlig unvereinbaren Gliedern, so daß zwar die Aufgabe des rechnenden Fachastronomen eine befriedigende Lösung gefunden habe, nicht aber habe der Astronom als Philosoph sich daran genügen lassen können[33]. Da er aber sehr wohl einsah, daß, wenn schon die Himmelserscheinungen aus falschen Annahmen heraus allenfalls eine Erklärung finden konnten, dies noch weit besser auf Grund wirklich zutreffender Voraussetzungen möglich sein müsse, so begann er sorgfältig nachzuforschen, ob einer der bedeutenden Männer des Altertums der Welt einen anderen Bau zugeschrieben habe als den allgemein gebilligten des Ptolemäus. Er fand nun, daß einige Pythagoreer der Erde speziell die tägliche Drehung,

---

[32] Beispiel: die scheinbare Helligkeit des Mars ändert sich weit weniger, als die Änderung seiner Entfernung von der Erde im Kopernikanischen System fordert. Nach Galilei ist eine Variation im Verhältnis 1 : 60 zu erwarten [321; 334]. Die beobachtete Variation ist jedoch bloß 1 : 4 oder 1 : 5 [334].

[33] Eine zeitgemäße Kritik gewisser Verfahrensweisen in der Quantenfeldtheorie.

andere ihr auch die jährliche Bewegung beigelegt hatten. Da machte er sich denn daran, mit diesen beiden neuen Voraussetzungen die Erscheinungen und Besonderheiten der Planetenbewegung in Übereinstimmung zu bringen ... Als er nun schließlich sah, daß das ganze in wunderbar einfacher Weise in Harmonie stand mit seinen Teilen, so nahm er das neue Weltsystem auf, und fand in ihm Befriedigung" (B 211 f; 341).

Nach dieser Darstellung führt Kopernikus sein System ein, nicht weil die ptolemäische Astronomie zum Voraussagen nicht mehr taugt[34], sondern weil ihr Voraussagemechanismus zwar empirisch adäquat, doch ohne innere Harmonie ist, und er hält dieses System angesichts widersprechender Tatsachen aufrecht, weil er der gefundenen Harmonie mehr traut als der sinnlichen Wahrnehmung[35]. Die Arbeit Galileis im *Dialog* besteht nun vor allem darin, zu zeigen, daß eine Kritik und eine Änderung der *Erfahrung* den Widerspruch zum Verschwinden bringt. Nicht die Theorie wird an die Erfahrung, sondern die Erfahrung wird an die Theorie angeglichen. Die Diskrepanzen „sind so augenscheinlich, so sinnlich greifbar, daß, ginge nicht ein höherer, über den natürlichen Sinn erhabener Sinn Hand in Hand mit der Vernunft, auch ich aller Wahrscheinlichkeit nach mich sehr viel widerspenstiger gegen die Kopernikanische Lehre gezeigt hätte, als ich es jetzt tue, wo eine heller als gewöhnlich leuchtende Fackel mich erleuchtet hat" (B 208 f; 328).

Der „höhere Sinn", der die Alltagserfahrung ersetzen soll, wird in zweifacher Weise erreicht. Erstens, durch eine *begriffliche Revision* dieser Erfahrung. Davon war in den vorhergehenden Abschnitten die Rede. Zweitens — und das ist der eigentliche Gegenstand des Zitats — durch eine *Veränderung des sinnlichen Elements*. Der „höhere Sinn", die „heller als gewöhnlich leuchtende Fackel", das ist nämlich Galileis Teleskop: „Nachdem es in unserem Zeitalter Gott gefallen hat, dem menschlichen Geist eine so wunderbare Erfindung zuzugestehen, welche die Schärfe unseres Blicks vier-, sechs-, zehn-, zwanzig-, dreißig- und vierzigmal zu vervielfältigen vermag, sind unendlich viele Gegenstände, die uns entweder infolge ihrer Entfernung oder wegen ihrer extremen Kleinheit unsichtbar waren, mit Hilfe des Fernrohrs deutlich sichtbar geworden" (B 15; 335). Das Teleskop „bringt den Himmel näher" (56); zeigt Details des Mondes (66; 100); vervollkommnet die Kraft des Auges (263); „die Nebelflecke waren zuerst bloß kleine weiße Flecken — haben wir sie vielleicht mit unserem Teleskop in Anhäufungen

---

[34] Die Methode der Epizyklen ist ein Spezialfall der Fourierzerlegung und kann daher zur beliebig genauen Darstellung fast jeder himmlischen Bewegung verwendet werden. Cf. zu diesem Punkt N. R. Hanson, "The Mathematical Power of Epicyclical Astronomy", in: *Isis* 51, 1960, p. 150—158.

[35] Diese kurze Darstellung reicht schon hin, um Professor Heckmanns Behauptung zu widerlegen, daß „der stetige Fortschritt der Wissenschaft ... nur darum möglich ist, weil es Wissenschaftler nicht für richtig halten, neue Theorien einzuführen, solange die Beobachtung sie nicht zwingt, die älteren Ideen aufzugeben" [E. Schücking und O. Heckmann, "World models", in: *Institut International de Physique Solvay Onzieme Conseil de Physique*, Bruxelles 1958, p. 1; Galilei wird als ein Musterbeispiel angeführt].

zahlreicher Sterne verwandelt?" (369; B 217) „Es ist wirklich etwas Großes, zu den zahlreichen Mengen von Fixsternen, die mit unserem natürlichen Vermögen bis zum heutigen Tag wahrgenommen werden konnten, unzählige andere hinzuzufügen und offen vor Augen zu stellen, die vorher niemals gesehen worden sind ...

Was aber alles Erstaunen weit übertrifft und was mich hauptsächlich veranlaßt hat, alle Astronomen und Philosophen zu unterrichten ist die Tatsache, daß ich nämlich vier Wandelsterne gefunden habe, die keinem unserer Vorfahren bekannt gewesen und von keinem beobachtet worden sind" (BN 21s).

Diese Einschätzung der Funktion des Fernrohres, die uns heute so selbstverständlich erscheint und die auch von Galilei als selbstverständlich vorgetragen wird — er ist seiner Sache genau so sicher wie die gegenwärtigen Proponenten von Untertassen und "little green men", als sei es das natürlichste Ding in der Welt von einem eben erfundenen rätselhaften Instrument astronomische Aufklärung zu erwarten —, führt weitere ungewöhnliche Elemente in das zeitgenössische Denken ein. „Der Naturbegriff der Tradition", schreibt Hans Blumenberg[36], „war mit einer Art von *Sichtbarkeitspostulat* verbunden, das sowohl der Endlichkeit des Universums als auch der Vorstellung seiner auf den Menschen bezogenen Zweckmäßigkeit und Zentrierung entsprach. Daß es in der Welt des Menschen nicht nur zeitweise und vorläufig, sondern seiner natürlichen Ausstattung definitiv Entzogenes und Unsichtbares geben könnte, war eine der Antike wie dem Mittelalter unbekannte, unter bestimmten metaphysischen Voraussetzungen auch unvollziehbare Vorstellung." „Diese Männer", schreibt A. Köstler[37] über die Gegner Galileis, die sich weigerten, sein Fernrohr zu benützen, „waren vielleicht ein wenig geblendet von Leidenschaft und Vorurteil, aber sie waren nicht so dumm, wie es heute scheinen mag. Galileis Teleskop war das beste, das es gab, aber es war noch immer ein unhandliches Instrument ohne Befestigung und mit so kleinem Gesichtsfeld, daß ein zeitgenössischer Schriftsteller bemerkte, es sei nicht sosehr bemerkenswert, daß Galilei die Monde des Jupiter gefunden hätte, als daß er den Jupiter selbst gefunden habe. Erfahrung und Handfertigkeit waren nötig, um die Röhre zweckmäßig zu verwenden, und diese besaß außer Galilei niemand. Fixsterne erschienen gelegentlich doppelt. Galilei selbst war unfähig zu erklären, warum und wie das Instrument funktionierte; und der Siderius Nuncius bewahrt in diesem wichtigen Punkt ein verdächtiges Schweigen. Es war daher nicht völlig unvernünftig, wenn sich der Verdacht erhob, daß die verwaschenen Lichtpunkte, die das tränende und ermüdete Auge an der brillengroßen Linse wahrnahm, optische Illusionen der Atmosphäre oder Erscheinungen in dem mysteriösen Instrument selbst sein könnten[38]. Genau das wurde in einem sensationellen Pamphlet

---

[36] op. cit., p. 13. Cf. die Einschränkung in Fußnote 28.

[37] *The Sleepwalkers*, p. 369.

[38] Galilei selbst hat gelegentlich dieses Argument aufgenommen, so z.B. in der Debatte über die Natur der Kometen (deren superlunare Lage er bestritt). Cf. z.B. die *Abhandlung über die Kometen* seines Schülers Guiducci, bes. die Stelle über die Gültigkeit parallaktischer Messungen. [Drake-O'Malley, *The Controversy on the Comets of 1618*, Philadelphia, p. 39.] Cf. Galileis eigene Abh. im selben Buch, p. 162 ss, Abschn. VIII u. IX.

Widerlegung des Sidereus Nuncius behauptet, das ein junger Dummkopf namens Horky, ein Assistent Maginis, publizierte." Die ganze Kontroverse über optische Illusion, Reflexionen von leuchtenden Wolken, über die Unverläßlichkeit von Zeugenaussagen[39] erinnert an eine ganz ähnliche Kontroverse 300 Jahre später: die fliegenden Untertassen. Auch hier vereinigten sich Emotion und Vorurteil mit technischen Schwierigkeiten und machten es unmöglich, klare Schlüsse zu ziehen. Und auch hier war es nicht ganz unvernünftig, wenn ernste und gewissenhafte Gelehrte sich weigerten, die photographische „Evidenz" zu inspizieren, aus Angst, sich lächerlich zu machen. Ähnliche Überlegungen treffen auf die Weigerung von sonst ganz offenen Gelehrten zu, sich mit den zweifelhaften Phänomenen okkulter Seancen zu befassen. Die Jupitermonde bedrohten das Weltbild der nüchternen Scholaren von 1610 nicht weniger als die extrasensorische Perzeption im Jahre 1950. Professor Ronchi[40] hat darauf verwiesen, daß Galileis Prozedur dem alten Prinzip *non potest fieri scientia per visum solum*

---

[39]   Zu den Schwierigkeiten, in die das Auge durch Kombination mit optischen Instrumenten gebracht wird, cf. Ronchi, op. cit.

[40]   In seinem Beitrag zum Symposium *Scientific Change,* ed. Crombie, London 1963. Cf. auch meine Analyse in *BJBS* XV, Nr. 59, 1965. Die zitierten Stellen sind auf den Seiten 550 und 552. Cf. auch p. 625.

Im *Dialog* geht Galilei kurz auf den Vorwurf ein, das Teleskop sei wegen der durch die Linsen erzeugten Illusionen unbrauchbar: „Es ist doch erstaunlich, daß sie [die Urheber des Vorwurfs] sich die Fähigkeit zusprechen sollten, ein solches Instrument zu beurteilen, ohne es jemals überprüft zu haben, und es besser zu kennen als jene, die damit Tausende und Tausende von Experimenten angestellt haben und jeden Tag neu anstellen" [336]. Zu ernst darf man die „Tausende von Experimenten" bei Galilei wohl nicht nehmen, die manchmal nichts anderes sind, als eine „rhetorische Formel" [B 47]. Auch die „Behauptung Galileis, er sei, nachdem er den Bericht von dem holländischen Fernrohr erhalten habe, durch mathematische Berechnung zur Nachkonstruktion des Apparates gekommen, ist wohl cum grano salis zu verstehen; denn von irgendwelchen Berechnungen findet man bei ihm nichts, und in der brieflichen Nachricht, die er von seiner ersten Konstruktion gab, sagt er, daß er gerade keine besseren Linsen zur Hand gehabt habe. Sechs Tage später reiste er mit einem besseren Exemplar selbst nach Venedig und machte es dem Dogen Leonard Donati zum Geschenk. Das sieht nicht nach Berechnung aus, sondern nach Probieren. Die Berechnung lag wohl auf einem anderen Gebiet, und da war sie richtig, denn zur Belohnung erhöhte der Rat am 25. August 1609 sein Gehalt auf das Dreifache" [Hoppe, *Geschichte der Optik,* Leipzig 1926, p. 32].

Aber selbst eine große Zahl von Versuchen, selbst langwieriges Probieren, hätte bei Abwesenheit einer Theorie nicht viel genützt. Wie Professor Ronchi berichtet [mitgeteilt von Prof. W. Salmon] wurden die verzerrenden Effekte von Linsen auf Jahrmärkten zur Belustigung verwendet. Das war *eine* Gruppe von Tatsachen. Linsen waren als Augengläser schon lang in Gebrauch. Das war eine *andere* Gruppe von Tatsachen. Das Fernrohr führte zu neuen Entdeckungen, die aber nicht von jedermann wiederholt werden konnten [Ronchi, loc. cit., p. 549]. Es vergrößerte nicht alle Gegenstände in gleichem Ausmaße, *verkleinerte* sogar gewisse Fixsterne (Irradiation − cf. die Analyse weiter unten im Text). Dieses Wirrwarr ist ohne eine Theorie völlig undurchsichtig.

widersprach, ohne neue Gründe für die Zuverlässigkeit des nunmehr durch weitere Linsen komplizierten Gesichtssinns angeben zu können. Von der Optik „hatte Galilei überhaupt keine Ahnung"; er mußte sich „einfach auf seinen starken Glauben (an die Brauchbarkeit des Fernrohrs) verlassen."

Überlegungen wie diese werden heute in steigendem Maße verwendet, um die Vernünftigkeit der Aristotelischen Gegner des Galilei, die Unvernünftigkeit Galileis und die Notwendigkeit eines starken, unvernünftigen Glaubens für den Fortschritt der Wissenschaften zu zeigen. So schreibt Ronchi: „Galilei illustriert, wie sehr Vernunft und Logik schaden können, während ein reiner Glaube — trotz seiner Unvernünftigkeit, trotz seines unlogischen Charakters — zu sehr nützlichen Ergebnissen führen kann[41]." Whitehead hatte schon früher ähnliche Gedanken entwickelt[42]. Es steht also nicht nur eine beschränkte historische These auf dem Spiel — wie ist Galilei vorgegangen? Hat er logisch argumentiert? Hat er seinen Vorurteilen freien Lauf gelassen? Hat er durch Argumente überzeugt oder die Leute einfach durch die Wucht seiner Rede überrannt[43]? Was auf dem Spiel steht, ist der *Rationalismus*, den wir bisher für eines der wichtigsten Elemente der abendländischen Philosophie gehalten haben. Die Ergebnisse in bezug auf das Teleskop, die wir eben zitiert haben, spielen ja dem Irrationalismus direkt in die Hände. Wenn nicht einmal die Naturwissenschaft von der Vernunft erobert werden kann; wenn ein irrationaler Glaube, mit verbalem Talent verbunden, zum Fortschritt führt, während ein logisch und sachlich einwandfreies Argument Irrtum und Vorurteil unterstützen muß; wie kann man da fordern, daß sich weit weniger strenge Disziplinen, wie die Geschichte, die Politik, die Dichtkunst, die Dramaturgie festen Regeln unterwerfen? Wir sehen, daß der Streit um das Teleskop und der verwandte Streit um die richtige Deutung der Bewegungserscheinungen weit über die Geschichte der Wissenschaft hinaus von Bedeutung ist. Lassen wir uns also nicht von dramatischen Formulierungen verführen, sondern gehen wir etwas vorsichtiger zu Werke!

---

[41] Ronchi, *loc. cit.*, p. 552.

[42] *Science and the Modern World.*

[43] In einem Brief des Monsignore Querengo an Kardinal Alessandro d'Este vom 20. Jänner 1616 heißt es [zitiert nach de Santillana, *The Crime of Galileo*, Chicago 1955, p. 112 s. De Santillanas Buch enthält viele interessante Bemerkungen über Galileis öffentliches Verhalten]: „Wir haben hier Signor Galilei, der in Versammlungen von interessierten und neugierigen Menschen oft viele Leute hinsichtlich der Ideen des Kopernikus in Verwirrung bringt, welche Ideen er selbst für wahr hält … Er diskutiert oft in der Mitte von fünfzehn oder zwanzig Gästen, die scharfe Angriffe gegen ihn erheben, bald in diesem Hause, bald in jenem. Aber er ist so wohl verschanzt, daß er ihnen ins Gesicht lacht; und obwohl seine Zuhörer wegen der Neuigkeit seiner Ideen nicht überzeugt sind, so zeigt er ihnen doch, daß der größere Teil der Argumente, mit denen ihn seine Gegner widerlegen wollen, null und nichtig ist. Letzten Montag insbesondere, im Hause des Federico Ghislileri brachte er wunderbare Dinge zustande. Und was mir am meisten gefiel, war, daß er zuerst die gegnerischen Gründe ausbaute und verstärkte und zwar mit Gründen, die völlig unbesiegbar schienen. Ihre nachfolgende Zerstörung machte dann seine Gegner nur noch lächerlicher."

(10) Zunächst ist es ja gar nicht gesagt, daß das Aufgeben gewisser Regeln der Forschung gleichbedeutend ist mit dem Übergang zum Irrationalismus. Warum sollte die Vernunft an die natürlichen Sinne ohne Instrument gebunden sein? Und ist es nicht möglich, daß die Brauchbarkeit neuer Begriffssysteme oder neuer Quellen von Sinneseindrücken nur durch *Ausprobieren* ermittelt werden kann, so daß der erste Schritt in der frechen *Verwendung* neuer Begriffe und neuer Instrumente besteht, als seien sie schon die richtigen Kategorien und die richtigen Quellen unseres Wissens, erst der zweite Schritt aber in einer kritischen Diskussion der Schwierigkeiten, zu denen eine solche begrifflich-sinnliche Revision vielleicht führt? Im Abschnitt 6 wurde angedeutet, wie die Unmittelbarkeit, mit der sich gewisse Begriffe im Zusammenhang mit Beobachtungen aufdrängen, das Ergebnis einer *Schulung* ist, die in frühester Jugend beginnt. Diese Unmittelbarkeit, eine der stärksten psychologischen Wurzeln des naiven Realismus, ist ein direktes Maß nicht der *Zweckmäßigkeit* der Begriffe oder ihrer *Übereinstimmung mit einer objektiven Welt*, sondern vielmehr der *Stärke sowie des Erfolgs des absolvierten Trainings. Teilweise* Übereinstimmung mit der Wirklichkeit muß natürlich bestehen, sonst könnte das Training nicht mit Erfolg durchgeführt werden. Aber diese teilweise Übereinstimmung legt niemals ein einziges Begriffssystem unter Ausschluß aller anderen fest. Es wird ja immer extrapoliert, und zwar in Bereiche, in denen eine direkte Überprüfung mit den gegebenen Begriffen und Sinnen kaum möglich ist (Ausdehnung von Paradigma i auf die Erdbewegung). Und schließlich erhebt sich selbst im Falle einer strikten Kompartmentalisierung die Frage, ob man es nicht mit einer schöneren und einfacheren Darstellung versuchen sollte. Die Alltagsbegriffe, die in der Aristotelischen Physik eine so wichtige Rolle spielen, sind „gewachsen" unter Bedingungen, die engen praktischen Interessen dienen, und sind nicht unbedingt das beste Material zur astronomischen Darstellung. Ist es da nicht angebracht, neue Begriffe zu versuchen? Und müssen wir diese neuen Begriffe nicht genau so fest mit unseren Erlebnissen verknüpfen wie ihre populären Vorläufer, um ihre Brauchbarkeit auch in alltäglichen Situationen voll und ganz einschätzen zu können? Und bedeutet das nicht, daß wir zunächst für geraume Zeit so handeln müssen, *als seien sie schon der perfekte Spiegel der Wirklichkeit*, ohne daß es nötig wäre, spezielle Argumente anzuführen, die ihren Vorteil noch *vor* dieser entschlossenen Verwendung beweisen? Galileis Demagogie erhält so eine völlig rationale Funktion. Sie ist ein Schritt auf dem Wege zur unvoreingenommenen, vergleichsweisen Beurteilung alternativer Standpunkte. Dasselbe gilt für die neuen sinnlichen Mittel, die er uns scheinbar ohne alle Theorie bietet. So gesehen führt uns selbst die haarsträubende Hartnäckigkeit nicht in den Irrationalismus, solange sie nur der *Vorbereitung* einer neuen Weltansicht dient, d.h. solange ihr Zweck nur darin besteht, dem Kopernikanischen System *intuitive* Gleichberechtigung mit dem System des Ptolemäus zu verschaffen, so daß das Geschäft der Untersuchung nicht durch einen gegenteiligen psychologischen Zwang gestört wird (124). Aber Galileis Position ist ja viel besser, als eben angenommen: Er bietet ja viel mehr, als er in diesem vorbereitenden Stadium brauchen würde! Er führt *Argumente* an, die sich mit denen seiner Gegner durchaus messen können.

Ich weiß nicht, wie stark der Einfluß des Skeptizismus in Italien zur Zeit Galileis war. Die Schriften des Sextus Empiricus wurden 1569 in Frankreich auf lateinisch veröffentlicht. Die Reformation, die Verbreitung der Kopernikanischen Lehre, das Anwachsen wissenschaftlicher Kritik auf allen Gebieten führten zu einem intuitiven Skeptizismus, dem sich viele Denker anschlossen[44]. Ist es nicht möglich, daß diese intuitive philosophische Einstellung stärker war, als die traditionelle Geschichte (die einzig die Aristotelischen Gegner und vielleicht den Platonismus erwähnt) vermuten lassen? In diesem Fall wäre die Umgebung, die Galilei adressierte, viel mehr aufgelockert gewesen, und die Schlagkraft seiner Argumente größer[45]. Galilei selbst macht auf die Relativität der Sinneseindrücke in einer Weise aufmerksam, die der skeptischen Tradition bestens entspricht: „Auf welcher Grundlage nennt man die Sterne klein? Etwa darum, weil sie uns klein erscheinen? Ist (es) denn nicht bekannt, daß dies einzig auf das Instrument zurückzuführen ist, mit dem wir sie beobachten — unsere Augen? So daß wir sie nach einem Wechsel an Instrumenten genauso groß sehen würden, als wir wünschen? Wer weiß — vielleicht erscheinen sie der Erde, die sie ohne Sinnesorgane wahrnimmt, ganz riesig und ihrer wahren Größe entsprechend?" (371). Teleologische Argumente werden ähnlich entkräftet: „Zuviel maßen wir uns an, scheint mir, Signor Simplicio, wenn wir meinen, einzig die Sorge um uns erschöpfe das Wirken der Weisheit und Macht Gottes ... Ich halte es für die größte Anmaßung, ja Narrheit, die man begehen kann, wenn man sagt: weil ich nicht weiß, wozu mir Jupiter oder Saturn nütze sind, darum sind sie überflüssig, ja gar nicht in der Natur vorhanden. Dabei weiß ich als armer törichter Mensch noch nicht einmal, wozu mir Adern, Knorpeln, Milz oder Galle dienen; ja, ich wüßte nicht einmal, daß ich Galle, Milz oder Nieren besitze, wenn sie mir nicht oft in aufgeschnittenen Leichnamen gezeigt worden wären ... Oh anmaßende, nein freventliche Unwissenheit des Menschen!" (B 215 ff; 367 f). Die Wiederbelebung des Atomismus führt in die gleiche Richtung, und genau dasselbe kann man von den platonischen Neigungen Galileis und seiner Freunde sagen[46], die es ihm erlauben, den Sinneseindruck, oder vielmehr, eine bestimmte natürliche Interpretation, die sich an ihn anschließt (ein fallender Körper nimmt sofort große Geschwindigkeit an [22]), durch gedankliche Analyse zu kritisieren und ohne zu große Skrupel aufzuheben: „Daran erkennt man, wie groß die Macht der Wahrheit ist: dasselbe Experiment, das beim ersten Hinsehen eine bestimmte

---

[44]   Für Einzelheiten cf. R. H. Popkin, *The History of Skepticism from Erasmus to Descartes*, New York 1964.

[45]   Blumenbergs Darstellung erweckt den Eindruck einer monolithischen Struktur im Denken der Zeitgenossen des Galilei und reduziert dadurch die Rationalität der Galileischen Argumente. Der Atomismus, der an Popularität zunimmt, und den Galilei in seinem Essay über schwimmende Körper verteidigt, wird vernachlässigt, der Platonismus nur gelegentlich berührt, der Skeptizismus überhaupt nicht erwähnt.

[46]   Zum Platonismus in Italien cf. J. H. Randall Jr., *The School of Padua*, Padova 1961, sowie Kapitel iii von J. W. H. Watkins', *Hobbes' System of Ideas*, London 1965.

Deutung nahelegt, versichert uns bei genauer Analyse des Gegenteils" (B 50)[47]. In allen diesen Fällen wird die Verläßlichkeit des unmittelbaren Sinneseindruckes eingeschränkt und dieser Sinneseindruck selbst als etwas Peripheres und auf die Tatsachen nicht direkt Bezogenes erwiesen.

Galileis Analyse der Irradiation verleiht diesem letzten Umstand besonderes Gewicht. Der „Strahlenkranz" (BN 104), die „kleine Strahlenkrone" (336), der „Haarkopf" (338), die „große Fackel" (362) der Irradiation wird in einer Reihe von Untersuchungen als ein rein subjektives Phänomen erwiesen, wodurch „das Sehorgan ... sich selbst ein Hindernis bereitet" (B 15; 335)[48]. Und nun zeigt Galilei, „daß das Fernrohr ein einzigartiges und ausgezeichnetes Mittel ist, diese(s Hindernis) zu entfernen" (338). „Zunächst ist es bemerkenswert, daß die Sterne — die Fixsterne ebenso wie die Planeten — wenn man sie mit dem Fernrohr betrachtet, keineswegs im selben Verhältnis vergrößert zu werden scheinen, in dem die übrigen Gegenstände und auch der Mond sich vergrößern. Vielmehr erscheint eine solche Vergrößerung bei den Sternen weitaus geringer, so daß man meint, ein Fernrohr, das die übrigen Gegenstände zum Beispiel hundertfach vergrößern kann, bewirke bei den Sternen kaum eine vier- oder fünffache Vergrößerung. Der Grund dafür ist, daß sich uns die Sterne, wenn wir sie mit bloßem Auge und unserer natürlichen Sehschärfe betrachten, nicht in ihrer einfachen, sozusagen nackten Größe zeigen, sondern von einem gewissen Glanz umstrahlt und mit funkelnden Strahlen behaart sind, und zwar vornehmlich bei vorgerückter Nacht. Daher erscheinen sie weit größer, als wenn sie von jenen zusätzlichen Haaren entblößt wären ... (Das Fernrohr) nimmt ... den Sternen ihre zusätzlichen und zufälligen Strahlen, dann vergrößert es ihre einfachen kleinen Kugeln ... und so erscheint es sie weniger zu vergrößern" (BN 103 f). Es ist aber gerade diese Reduktion der Sternenhelligkeit durch das Teleskop, das die weiter oben[49] erwähnte Schwierigkeit für die Kopernikanische Lehre beseitigt: „Es ist nun nicht schwer zu verstehen, wie Mars in Opposition, und also mehr als siebenmal näher zur Erde als in Konjunktion kaum vier- oder fünfmal heller erscheint ... Alles das wird von der Irradiation verursacht. Denn wenn wir die zusätzlichen Strahlen beseitigen, so finden wir genau die geforderte Vergrößerung. Das Teleskop aber ist das einzige und das beste Mittel, um seinen Haarkopf zu entfernen. Eine hundert- oder tausendfache (Flächen)Vergrößerung der Scheibe des Mars zeigt sie uns bar und begrenzt wie der Mond, und in den erwähnten Lagen in genau dem richtigen Verhältnis ... Oh Kopernikus, wie hättest du dich gefreut, durch so klare Tatsachen dein System nach dieser Seite hin bestätigt zu sehen!" (338 f).

---

[47] Das Zitat stammt aus den *Zwei Neuen Wissenschaften*, p. 200 der Nationaledition.

[48] Diese Untersuchungen [B 103 ss; 362] sind in ihren Grundzügen auch heute noch nicht überboten. Cf. Ronchi op. cit., p. 104 s, 209, 212, 225 und andere Stellen. Auf p. 104/5 heißt es: „Jeder, der das Phänomen der Irradiation erklären will, muß zugeben, daß eine elektrische Birne, die von ferne wie ein Punkt aussieht, mit einer immensen Strahlenkrone umgeben ist, während man aus der Nähe nichts von dieser Art sieht."

[49] Cf. Fußnote 32.

Also: Die Ergebnisse verschiedener Untersuchungen, die dynamischen und optischen Überlegungen, die begrifflichen und sinnlichen Veränderungen, die Voraussagen des Kopernikanischen Systems und die Resultate teleskopischer Beobachtung konvergieren und erhöhen dadurch die Glaubwürdigkeit aller an dieser Konvergenz beteiligten Elemente (man denke auch an die Sichelgestalt der Venus, die Kopernikus voraussagt, und die das Teleskop bestätigt). Man darf diese Konkordanz der Induktionen nicht vergessen, wenn man die Rationalität der Galileischen Argumente beurteilen will.

(11) Wir fassen zusammen. Galilei entwickelt sowohl eine theoretische Alternative zu weitverbreiteten Ideen von der Bewegung als auch eine neue Sinnlichkeit. Beide werden den natürlichen Interpretationen und dem natürlichen Sinn als zumindest gleichberechtigt gegenübergestellt. Die Entwicklung solcher Alternativen läßt sich ganz allgemein durch die Notwendigkeit rechtfertigen, eine Kontrolle für die zufällig gewachsenen Alltagsbegriffe und für die weniger zufällig gewachsenen Begriffe der theoretischen Traditionen zu finden. Dasselbe gilt für das sinnliche Element. Galilei verdeckt die Neuigkeit seiner Vorschläge durch seine Methode der Wiedererinnerung. Das gibt seinen Argumenten eine dringend nötige psychologische Stütze, verbirgt aber den tatsächlichen Vorgang, der im Übergang zu einem neuen Weltbild und in der Prüfung dieses Weltbildes an den *in ihm* zugelassenen Beobachtungsaussagen besteht[50]. Argumente für den Irrationalismus ergeben sich aus einer solchen Prozedur nur dann, wenn man an gewissen dogmatischen Voraussetzungen, betreffend die Überprüfung von Begriffssystemen, festhält, wenn man etwa annimmt, daß es eine *stabile Erfahrung* geben müsse, die als der unerschütterliche Richter in allen Fragen der Überprüfung dient; und wenn man außerdem eine zu monolithische Darstellung der Umgebung des Galilei akzeptiert. Es wird auch klar, daß die Annahme einer asymmetrischen Beziehung zwischen Erfahrung und Theorie (die Erfahrung kontrolliert die Theorie, wird aber selbst von der Theorie nicht kontrolliert) dem Falle Galilei nicht gerecht wird. Die Kopernikanische Revolution bereitet einer solchen Asymmetrie ein für allemal ein Ende. Denn hier wird sowohl die Theorie als auch die Erfahrung verändert, und die letzte wird verändert, um einer Theorie Raum zu geben, die einheitlicher, befriedigender, rationaler erscheint, so daß in ihr „das Ganze auf wunderbar einfache Weise in Harmonie (steht) mit seinen Teilen" (B 212; 341). Was entscheidend ist, ist erstens, daß die Theorie, um derentwillen man die Veränderung vornimmt, gewisse Vorteile besitzt; und zweitens, daß die geänderte Theorie und die geänderte Erfahrung in Harmonie stehen. Das ist die *Praxis* des klassischen Empirismus. In der *Theorie* und in der *Propaganda* wird an der Idee einer unerschütterlichen Erfahrung noch immer festgehalten. Galilei selbst unterstützt diesen Zwiespalt durch seine tendenziöse Darstellung. Der moderne Theoretiker einer stabilen Erfahrung ist aber Bacon.

---

[50] Das führt zu keinem Zirkel, da mit jeder Beobachtungsaussage auch ihre Negation zugelassen ist. Nur die *Kategorien* der Beobachtungsaussagen werden von der Theorie bestimmt.

III Bacons Versuch eines Neuaufbaus unseres Wissens

(12) Galilei behält natürliche Interpretationen bei, versucht aber, sie durch Argumente, oder oft einfach durch Ausprobieren zu verbessern. Er erfindet keine eigene philosophische Terminologie und betreibt auch Erkenntnistheorie nur dann, wenn es das physikalische Argument erfordert. Die Erkenntnistheorie ist bei ihm überhaupt nicht von der Wissenschaft getrennt — astronomische Überlegungen belehren uns über die Funktion der Sinne, erkenntnistheoretische Analysen untermauern physikalische Thesen. Es gibt keinen Bereich von Ideen, der grundlegender ist als ein anderer, kein *Fundament* des Wissens, das man beherrschen muß, bevor man mit der Diskussion *spezieller Theorien* beginnt. In dieser Hinsicht ist die Galileische Wissenschaft grundverschieden sowohl von der Wissenschaft des Aristoteles, wo der Anfang und die Richtung genau vorgezeichnet sind, als auch vom Baconischen Wissensideal[51].

Man muß zwar zugeben, daß Bacon stellenweise die Praxis des methodischgeordneten Aufbaus kritisiert und den Aphorismus als eine bessere Darstellungsform empfohlen hat: „Ein anderer Irrtum besteht in der zu frühen und zu wenig durchdachten Reduktion des Wissens auf Kunstgriffe und Methoden, die gewöhnlich das Geschäft der Vermehrung und der Verbesserung der Wissenschaft zu Ende bringen; denn genauso wie ein Jüngling nach völliger Entwicklung seiner Glieder nicht mehr weiterwächst, ebenso bleibt das Wissen in einem Zustande des Wachstums nur so lange, als es noch in Beobachtungen und Aphorismen ausgedrückt daliegt, hört aber an extensivem und substanziellem Wachstum auf, sobald man es in Methoden kleidet, obwohl es dann sehr wohl geklärt, illustriert und zum Gebrauch vorbereitet werden mag[52]."

Wir finden aber bei Bacon auch das Verlangen nach einer gründlicheren Analyse und einer mehr systematischen Prozedur, und dieser Zug ist es, nicht das Lob der Lockerheit und Leichtigkeit, der historisch wirksam geworden ist: „Die gegenwärtigen Entdeckungen in der Wissenschaft", schreibt Bacon im *Novum Organum*[53], „liegen ganz nahe an der Oberfläche der Alltagsbegriffe. Es ist aber nötig, die verborgenen und mehr entfernten Teile der Natur zu durchdringen, um sowohl Begriffe als auch Axiome mit größerer Sicherheit und Vorsicht aus den Dingen zu gewinnen" (18)[54]. „ ... Großen Fortschritt in den Wissenschaf-

---

[51] Und natürlich auch von der Wissenschaft des Descartes. Descartes akzeptiert natürlich Galileis mathematische Methode, aber er beklagt sich über die „fortwährenden Digressionen", die Galilei daran hindern, „auch nur eine einzige Sache völlig zu erklären"; er kritisiert auch, daß Galilei „die Dinge nicht der Reihe nach, und ohne Betrachtung erster Ursachen" untersucht. [Brief an Mersenne vom 11. Oktober 1638; *Oevres*, Bd. ii, p. 380.]

[52] *Advancement of Learning* (Ausgabe von 1605), Willey Books and Co, New York 1944, p. 21. *Novum Organum,* Aphorismus 79, 86. Cf. auch J. W. N. Watkins, op. cit., p. 169.

[53] Zahlen in Klammern beziehen sich, wenn nicht anders angegeben, auf die Aphorismen dieser Schrift.

[54] Das *Novum Organum* wurde im Jahre 1620 veröffentlicht. Bacon war zu dieser Zeit wohl vertraut mit den Ideen des Kopernikus und des Galilei. Er widersprach aber beiden. Er

ten kann man nicht erwarten, solange man nicht die Naturphilosophie auf besondere Wissenschaften anwendet, und solange man die nicht Wissenschaften auf die Naturphilosophie zurückverweist. Das wird nicht getan ... und die Astronomie, die Optik, die Musik, die vielen technischen Künste, ja selbst die Medizin ... haben daher keine Tiefe und gleiten nur leicht über die Oberfläche der Dinge hin ..." (80).

Nötig für ein tieferes Eindringen, für eine größere Sicherheit der Ergebnisse ist „die Wiedereinsetzung der Sinne in ihre frühere Position, die Zurückweisung jener Operationen des Geistes, die den Sinnen unmittelbar auf den Fuß folgen (der natürlichen Interpretationen), sowie die Schaffung einer neuen und mehr sicheren Methode, die unser Denken an die ersten wirklichen Perzeptionen der Sinne anknüpfen läßt ... Wir müssen die ganze Arbeit des Denkens von neuem beginnen; wir dürfen dabei das Denken nicht sich selbst überlassen, sondern müssen es fortwährend und von allem Anfang an leiten, und wir müssen versuchen, unser Ziel gleichsam auf mechanische Weise zu erreichen" (Vorrede). Das Ziel aber ist „eine engere, und reinere Verbindung von Sinnen und Vernunft, als bisher versucht worden ist" (95). Wie kommt man diesem Ziel näher?

Der erste Schritt, mit dem allein wir uns hier befassen, ist „zerstörend". Drei Einflüsse sollen zerstört werden: der Einfluß des natürlichen Denkens; der Einfluß der Beweisführung; der Einfluß der akzeptierten Lehren und philosophischen Systeme (115). Diese Einflüsse äußern sich in den *Idolen*, jenen Trugbildern des Geistes, „die die Vernunft sosehr beherrschen, daß es schwer ist, sich auch nur einen Zugang zu ihnen zu verschaffen; und sie begegnen uns und stören uns, selbst *nachdem* sich ein solcher Zugang ergeben hat ... *außer* die Menschheit wird genügend gewarnt, so daß sie die Fähigkeit erlangt, sich vor ihnen mit aller Sorgfalt zu schützen" (38). Die Idole schleichen sich „schon bei den allerersten Operationen des Geistes ein und können daher durch die Vorzüglichkeit späterer Verfahren und Heilmittel nicht kuriert werden" (30): „Man versucht vergebens, die Wissenschaft dadurch zum Fortschritt zu bewegen, daß man neue Dinge auf alte gründet, oder sie ihnen überlagert. Wir müssen von der Grundlage selbst beginnen, wenn wir uns nicht immer im Kreise bewegen wollen" (31). Von der Grundlage beginnen heißt aber – „alle Trugbilder aufgeben und mit starkem und feierlichem Entschluß zurückweisen; der Verstand muß von ihnen *völlig gereinigt* werden, so daß der Zugang zum König-

---

beklagt sich zwar über die Ptolemäische Astronomie, die zeigt, „wie man himmlische Phänomene berechnen kann, die aber die wahre Natur der himmlischen Phänomene nicht enthüllt" [*Advancement*, op. cit., p. 86]. Er spricht davon, daß „die Dogmen der Solidität des Himmels ..., der Kreisbewegung mit Excenter und Epicykel, der Abwesenheit lunarer Einflüsse ... schon seit geraumer Zeit zunichte gemacht worden" seien [op. cit., p. 85]. Aber er weist die „extravagante Idee der täglichen Bewegung der Erde, eine Idee, deren völlige Falschheit man beweisen kann" [loc. cit.] gleichermaßen zurück. Die Argumente, derer er sich dabei bedient [in den *de Augmentis scientiarum,* der erweiterten lateinischen Auflage des *Advancement*], sind von denen des Aristoteles nicht sehr verschieden und werden erst in Galileis *Dialog* (1632) ausführlich behandelt.

reich des Menschen, der auf den Wissenschaften beruht, dem Zugang zum Himmel ähnlich werde, der jedem verwehrt ist, die Kinder allein ausgenommen" (68). Dieser „Läuterungsprozeß", diese „Reinigung des Geistes" ist der Beginn wahrer Naturwissenschaft (69; 39).

(13) Einen Läuterungsprozeß schlägt auch Descartes in seinen *Meditationen* als einen natürlichen Ausgangspunkt allen Wissens vor. Aber während Bacons Methode darin besteht, „die Zeichen des Irrtums ausfindig zu machen und Evidenz für seine Ursachen zu finden" (115), wobei er *schrittweise* vorgeht, eine Gruppe von Vorurteilen nach der anderen untersucht und so dem Geist des Untersuchers eine bestimmte Vorsicht einflößt, reinigt Descartes die philosophische Luft *mit einem Schlage*. Er schiebt „alles das beiseite, dessen Existenz dem Zweifel auch nur im geringsten Ausmaße unterworfen ist"[55]. „Ich nehme also an, daß alles, was ich sehe, falsch ist; ich rede mir ein, daß keines jener Dinge, die mein fehlerhaftes Gedächtnis mir vorstellt, jemals existiert hat. Ich ziehe in Betracht, daß ich keine Sinne besitze; ich stelle mir vor, daß Körper, Gestalt, Ausdruck, Bewegung und Ort nichts sind als Fiktionen meines Denkens. Bleibt etwas übrig, das für wahr gehalten werden kann? Vielleicht bleibt nichts übrig. Vielleicht gibt es in der Welt nicht eine einzige sichere Wahrheit[56]." Descartes sieht wohl, daß dieses Beiseiteschieben des Gewohnten *in der Praxis* nicht augenblicklich vollzogen werden kann. Die zweite Meditation ist „der einzige Weg, dies zu tun — aber die Natur des Denkens ist so beschaffen, daß es nicht genügt, nur einmal gesehen zu haben, wie die Dinge liegen; es bedarf langer und vieler Wiederholungen, bevor wir die (der natürlichen Einstellung entgegengesetzte) Haltung einnehmen, geistige und körperliche Dinge klar unterscheiden, und die lebenslange Gewohnheit, sie zu vermischen, für wenigstens einige Tage aufheben können[57]." Aber er bietet doch ein einfaches abstraktes Schema der Läuterung, welches das Ziel ein für allemal zusammenfaßt und es dem Philosophen gestattet, aus der Tatsache seiner Verfolgung Konsequenzen zu ziehen[58]. Das unterscheidet ihn von Bacon. Den beiden Denkern ist jedoch die Idee gemeinsam, daß die Wahrheit durch Vorurteile verdeckt ist und daß eine Wissenschaft, die den Namen verdient, mit der Beseitigung aller Vorurteile, aller habituellen Denkformen, aller angelernten und vielleicht sogar einiger angeborener Reaktionen (*idola tribus!*) beginnen muß.

Der Unterschied zu Galilei ist nun klar. Galilei greift Vorurteile nur dort an, wo sie seinen eigenen Theorien widersprechen, z.B. also dort, wo sie die Annahme der Kopernikanischen Lehre verhindern. Er bringt Vorurteile oft erst durch Konfrontation mit diesen Theorien zum Vorschein, so zum Beispiel, wenn er mit dem Heliozentrismus wie mit einer Sonde an das Alltagsdenken und an die

---

[55] Zweite Meditation, erster Absatz.
[56] Zweite Meditation, zweiter Absatz.
[57] Erster Punkt der Antwort auf die zweite Klasse von Einwänden gegen die *Meditationen*.
[58] Das „Ich denke" folgt aus der Tatsache, daß die Methode sich in einer kurzen Beschreibung zusammenfassen läßt.

Schulmeinung der Aristoteliker herangeht und nachforscht, welche Ideen denn eigentlich für den Eindruck der Absurdität verantwortlich sind. Ein fundamentaler Neuaufbau des Wissens, ein erkenntnistheoretisches Großreinemachen liegt ihm nicht. Ganz im Gegenteil, er versucht seinen Argumenten durch genau jene alltäglichen und allbekannten Beispiele Kraft zu verleihen, die Bacon und Descartes als erst der Untersuchung bedürftig beseite schieben. Ist das ein Zeichen der Inkonsequenz, der erkenntnistheoretischen Unreife? Ist Galilei ein erkenntnistheoretischer Laie, ein schlechter Philosoph, dem das Glück neue Entdeckungen geschenkt hat, rein zufällig, während Descartes und Bacon die richtige Methode besitzen und daher allein als Richter in der Frage amtieren dürfen, was Wissen sei und was nicht[59]? Das ist die Frage, mit deren Untersuchung wir unsere Darstellung beschließen wollen.

(14) Unser Denken „wird gereinigt", so daß wir „wie Kinder" den Eingang in das Königreich des Wissens finden können (68). Ideen, die dem geringsten Zweifel unterliegen, „werden beseitigt" (2. *Meditation*). „... (D)ie ganzen Gebilde der Sozialität und der Kultur, kurzum, nicht nur die körperliche Natur, sondern die ganze konkrete Lebenswelt" wird als nicht mehr seiend, sondern als bloß erscheinend betrachtet[60]. Aber ohne die Gaben der Kultur und ohne die Gaben einer individuellen Erziehung sind wir nicht mehr superkritische Philosophen, sondern Neandertalsäuglinge, und als solche brauchen wir erstens eine Neandertalmutter, die uns an den Neandertalstandard heranzieht, und zweitens eine lange historische Entwicklung, eine von Mutationen begleitete Wechselwirkung mit der Umwelt, die uns weiter bis zum heutigen Niveau des vernünftigen Denkens fortschreiten läßt. Kinder sind keine Philosophen. Den Eingang in das „Königreich des Wissens" finden sie allein nicht. Sie brauchen Eltern, die sie eine Sprache lehren, und damit alle Vorurteile, die in einer Sprache enthalten sind[60a], sie brauchen den Stimulus traditioneller Ideen, um überhaupt erst zu lernen, was das bedeutet — Probleme lösen. Ohne den Unterricht der Eltern, ohne die Vermittlung von Vorurteilen, ohne jene Verdunkelung des Geistes, von der uns Bacon und Descartes ein für allemal befreien wollen, sind sie unfähig zum Denken, zum Reden, selbst *zum Wahrnehmen*[61]. Es ist sehr fraglich, ob der Wahrnehmungsprozeß anheben kann, ob die Phänomene, deren

---

[59] Man hat Galilei von diesem Vorwurf zu retten versucht, indem man ihn zu einem „tiefen" Mitglied der *platonischen* Schule machte. Ich hoffe, es ist aus den vorhergehenden Abschnitten klargeworden, daß eine solche Ehrenrettung nicht gelingen kann.

[60] E. Husserls, „Cartesianische Meditationen", in: *Husserliana*, Vol. i, 1963, p. 58 s.

[60a] „Worte werden im allgemeinen populär gebildet und definieren Dinge nach jenen allgemeinen Zügen, die dem einzelnen einleuchten; wenn aber ein schärferes Verstehen oder ein genaueres Beobachten darauf drängt, diese Züge zu ändern und sie der Natur besser anzupassen, dann setzen sich die Worte einem solchen Bemühen entgegen" [59 — eine ausgezeichnete Charakterisierung der Situation Galileis].

[61] Für eine sehr plastische Darstellung dieser Situation cf. den *Kaspar Hauser* des Jacob Wassermann.

Erscheinen die Phänomenologie allein untersuchen will, weiter bestehen können, wenn es nicht erlaubt ist, die von der Erziehung gestifteten assoziativen Verbindungen und die von der Evolution angebotenen festen Verbindungen weiter zu verwenden[62]. Das Kleinkind, um nur ein Beispiel zu wählen, bewegt zunächst seine Augen unabhängig voneinander, beginnt aber nach kurzer Zeit Gegenstände zu fixieren. Es sieht also zunächst nichts, auf jeden Fall sieht es nicht alle jene Phänomene, auf denen die Phänomenologie aufbauen will, und das cartesianische Ich ist bei ihm schon gar nicht ausgebildet. Seine Aufmerksamkeit muß erweckt werden, Gegenstände müssen an es herangebracht werden, und so stellt sich langsam eine Koordinierung ein, die von der Natur seiner Zentralprozesse (idola tribus) und vom Verhalten der Eltern (idola fori) bestimmt wird. Es ist diese Koordinierung, die das Sprechen, das Denken ermöglicht, und die man natürlich weiter beibehalten will, während man alle notwendigen Voraussetzungen ihrer Existenz „beseitigt". Husserls Vorschlag, intellektuell auf den Standpunkt des Neandertalers und vielleicht sogar ·der Amöbe zurückzukehren — man verliert „natürlich" die ganzen Gebilde der Sozialität und der Kultur —, während man „phänomenal" weiter zum Bahnhof eilt, philosophische Vorträge hält, Gegner angreift, wie besessen schreibt[63], ist überhaupt eines jener typisch philosophischen Gedankenexperimente, die nur dann funktionieren, wenn man auch nicht nur eine Sekunde daran denkt, so zu handeln, wie man sagt, daß zur Grundlegung aller Philosophie gehandelt werden müsse. Auf jeden Fall bleibt man auch im Extremfall nicht ganz ohne jede Annahme, man macht vielmehr die sehr zweifelhafte Annahme, *daß die Struktur der phänomenalen Welt ganz unabhängig ist von der Natur jener Gedanken, die sie als eine objektiv seiende setzen.* Umgekehrt zeigt das Weiterbestehen der phänomenalen Welt sowie das Fortschreiten der Argumentation, daß man trotz des Entschlusses, „natürlich" die *ganze* Kultur loszuwerden, trotzdem eine große Menge dieser Kultur beibehalten hat, daß der Entschluß nicht sehr ernsthaft durchgeführt wurde, daß er überhaupt nur ein *Deckmantel* ist, unter dem man die üblichen Ideen nach wie vor, nur eben nun der Kritik entzogen, verwenden kann.

Genau dasselbe gilt von Descartes. Alle fragwürdigen Ideen werden „beseitigt". Dennoch argumentiert man weiter und schreibt weiter in derselben Sprache, die eben noch als ein Hindernis des Denkens galt. Man kann aber einfach nicht in diesen zwei Welten *zugleich* leben. Entweder, man meint es ernst mit dieser Forderung, den Geist völlig zu reinigen — dann fällt man in den Zustand der Kindheit zurück und braucht Eltern, die einen unterrichten. Oder man will argumentieren, und die Wissenschaft fördern — dann muß man schon reden und denken können,

---

[62]   Cf. die systematische Darstellung in F. A. von Hayek, *The Sensory Order*, Chicago 1952, bes. p. 119: "Association, in other words, is not something additional to the appearance of mental qualities; nor something which acts upon given qualities; it is rather the factor which determines the qualities." Cf. auch Diamond-Diamond, *Inhibition and Choice*, Harper 1963.

[63]   Husserls Schreibwut ist eine wohlbekannte Tatsache.

das heißt, man muß in der Sprache Bacons voll sein von Vorurteilen und kann die
Situation nur Schritt für Schritt, nicht aber auf einen Schlag verbessern. Diese
Überlegungen sind ein erstes Anzeichen dafür, daß die „Oberflächlichkeit", das
„unsystematische Vorgehen", die philosophische Schlamperei des Galilei der
„in die Tiefe gehenden Methode" Bacons vielleicht doch vorgezogen werden
muß, oder besser, daß Galileis Methode eine *mögliche* Methode ist, Bacons Methode aber nicht. Das wird aus den folgenden Betrachtungen noch klarer.

IV   Methodologische Betrachtungen

(15) Eine Wissenschaft, die sich die Aufgabe stellt, die Welt zu erkennen,
braucht vor allem zwei Dinge. Sie braucht *Ideen,* die geeignet sind, einen bestimmten Erkenntnisstand zu repräsentieren; und sie braucht auch *Methoden,*
die es uns erlauben, diesen Erkenntnisstand zu vervollkommnen, so daß Schritt
für Schritt eine immer bessere Übereinstimmung mit den Zeugen der realen Welt
erzielt wird.

Unter den Methoden haben nun in der Vergangenheit, und insbesondere in
der Geschichte des klassischen Empirismus, gewisse *Beweisverfahren* eine ausgezeichnete Rolle gespielt. Das Ziel war, wie sich Newton ausdrückt, die Wahrheit
nicht „durch Elimination entgegengesetzter Annahmen, sondern durch positive
und direkte Schlüsse" zu erreichen[64]. Ein solches Ziel *setzt voraus* gewisse Grundlagen oder Tatsachen oder Phänomene, die als Ausgangspunkte des direkten
Schließens dienen können; und man *nimmt an,* daß die Güte einer Theorie erwiesen ist, wenn die *Ableitungen* stimmen, und wenn sich der Verallgemeinerung
keine widersprechenden *Tatsachen* entgegenstellen. Eine Kritik mit Hilfe von
alternativen *Hypothesen* ist nicht erlaubt: „Denn wenn die Wahrheit und die
Wirklichkeit der Dinge auf Grund möglicher Hypothesen entschieden werden
kann, dann sehe ich keine Aussicht, jemals Sicherheit zu erlangen ... da man ja
neue Hypothesen erfinden kann, die dann neue Schwierigkeiten überwinden
(oder erzeugen) werden[65]." Newtons berühmte *Regel iv* lautet daher auch:

In den experimentellen Wissenschaften müssen wir Sätze, die aus den Phänomenen durch allgemeine Induktion hergeleitet worden sind, als akkurat oder als
fast wahr ansehen, *ungeachtet aller alternativen Hypothesen, die man sich vorstellen kann·* bis zum Eintritt anderer Phänomene, die ihnen entweder größere
Genauigkeit verleihen, oder die uns auf Ausnahmen verweisen[66].

Diese Regel hat die Geschichte des Empirismus bis auf den heutigen Tag ganz
entscheidend beeinflußt[67]. Sehen wir sie also etwas näher an!

---

[64]   *Phil. Trans.,* July 8, 1672, p. 4004. Wiederabgedruckt in: I. B. Cohen, *Newtons Papers
and Letters on Natural Philosophy,* Cambridge 1958, p. 93.

[65]   Antwort auf Pardies' zweiten Brief, Cohen, op. cit., p. 106.

[66]   *Principia,* ed. Cajori, p. 400. Zu den verschiedenen Formulierungen dieser Regel bei Newton cf. Koyré's *Newtonian Studies,* London 1965, p. 269 ss.

[67]   Cf. zum Beispiel Fußnote 35 und Text dieses Aufsatzes, wo eine popularisierte Version
der Regel kurz diskutiert wird.

Wir bemerken sogleich eine große Ähnlichkeit mit dem Aristotelischen Empirismus. Hier wie dort setzt man einen Bereich von Tatsachen voraus, der als die Grundlage von Induktionen dienen soll. Aber während es bei Aristoteles relativ klar ist, *was* in diesen Bereich gehört, und *warum* man sich auf die Elemente des Bereichs stützen soll[68], findet sich bei Newton auf die entsprechende Frage keine befriedigende Antwort. Ganz im Gegenteil — eine nähere Analyse verwickelt uns sofort in Widersprüche und Unstimmigkeiten.

Die *Phänomene*, auf die Newton seine Wissenschaft gründen will, sollen das Resultat experimenteller Untersuchungen sein. Die Keplerschen Gesetze werden unter die Phänomene gezählt. Hier ist nun nicht die induzierte Theorie, sondern der Bereich der Phänomene selbst „Ausnahmen unterworfen": *Phänomen vi,* Buch iii der *Principia* („Der Radiusvektor vom Mond zum Erdzentrum beschreibt eine der Zeit proportionale Fläche") wird folgendermaßen erläutert: „Es ist zuzugeben, daß die Bewegung des Mondes ein wenig gestört ist durch die Einwirkung der Sonne. Aber bei der Aufstellung der Phänomene werde ich diese kleinen und unbeträchtlichen Abweichungen beiseite lassen[69]." Nach *Phänomen v* sind die „Flächen, welche die ... Planeten ... vermöge der zur Sonne gezogenen Radien beschreiben, der Zeit proportional" — aber nur wenige Seiten später[70] werden wir informiert, „daß die Wirkung des Jupiter auf den Saturn nicht übersehen werden darf ... woraus sich dann eine Störung der Bahn des Saturn bei jeder Konjunktion mit Jupiter ergibt, die so empfindlich ist, daß sie die Astronomen in Erstaunen versetzt hat".

Aus Phänomenen wie diesen, die also (relativ zur Gravitationstheorie) falsche Sätze sind, leitet nun Newton seine Gravitationslehre her, die dann ihrerseits zur Korrektur der Phänomene oder, wo die faktische Korrektur bereits vorliegt, zur Erklärung der Abweichung der Tatsachen von den Phänomenen (sic!) verwendet wird. Das erinnert stark an die Galileische Methode, die sich der Alltagserfahrung und des Alltagsdenkens bedient, um das Alltagsdenken zu überwinden, nur daß im Falle Newtons die Prozedur mathematisch formuliert wird, was sie respektabler, aber auch viel weniger durchschaubar macht. Genau genommen halten sich also weder Newton noch Galilei an die Regel iv. Ihre Überlegungen setzen keine fixe Basis voraus, von der man ausgeht, mit deren Hilfe man korrigiert, die aber selbst keinen *theoretischen* Korrekturen unterworfen ist. Heißt das, daß der Empirismus noch immer auf seine Verwirklichung wartet? Oder haben diese genialen Männer intuitiv geahnt (wenn auch nicht explizit zugegeben), daß Regel iv nicht eingehalten werden *kann*? Diese Frage muß nun untersucht werden.

(16) Es ist meine These, daß Regel iv nicht eingehalten werden *kann* und nicht eingehalten werden *soll* (daß sie *de facto* nicht oft eingehalten worden ist, geht aus der Analyse Galileis sowie aus der sehr kurzen Analyse Newtons, die wir eben gegeben haben, hervor). Diese These ist zugleich die methodologische

---

[68] Cf. Abschnitt I und Fußnote 1.
[69] *Principia*, op. cit., p. 405.
[70] p. 421.

Rechtfertigung der „Schlamperei" des Galilei, der keine festen Grundlagen verwendet, sondern alles, Grundlage und Überbau, zugleich umändert in solcher Weise, „daß das Ganze in wunderbar einfacher Weise in Harmonie steht mit seinen Teilen"[71]. Die Rechtfertigung der These zeigt außerdem, daß Galilei nicht als ein *Irrationalist* triumphiert, sondern daß jeder Schritt, den er macht, eine genau erklärbare und rationale Funktion besitzt, die allerdings nicht das geringste zu tun hat mit dem, was der klassische Empirismus fordern würde.

Regel iv *kann* nicht eingehalten werden, wenn wir eine Wissenschaft haben wollen, an der nicht nur der Erfinder einer Theorie, sondern auch seine Schüler und, im Idealfall, ganze Generationen von Denkern arbeiten. Das folgt aus der Überlegung, daß *jede* Theorie zu *jeder* Zeit mit anerkannten Tatsachen in Widerspruch steht. In der Tat, es ist sehr unwahrscheinlich, daß eine neu erfundene komplexe Theorie sogleich alle relevanten Tatsachen befriedigend darstellen wird, und es ist noch viel unwahrscheinlicher, daß sich diese Übereinstimmung im Laufe der experimentellen Forschung erhöhen wird. Neue Geräte müssen erfunden, experimentelle Irrtümer müssen geklärt werden, und wer würde wagen zu behaupten, daß alle die neuen Irrtümer, die man ja nie vermeiden kann, harmonisch die neue Theorie bestätigen werden? Nimmt man nun Regel iv ernst, dann muß man jede Theorie *sofort nach ihrer Geburt* beiseite schieben. In diesem Fall erhält man ein Unternehmen, wie etwa die Kunstgeschichte[72], in der Theorien mit ihrem Verfasser zusammen wachsen, blühen, absterben und untergehen. Ein solches Unternehmen hat den Nachteil, daß die *verborgene* Stärke von Ideen nicht ausgenützt wird — man nimmt Ideen auf, man läßt sie bei der geringsten Schwierigkeit fallen, ohne zu untersuchen, ob die widerspenstigen Phänomene durch eine bessere Ausnützung der experimentellen Möglichkeiten und der formalen Hilfsmittel vielleicht doch bewältigt werden können. *Will* man eine solche Untersuchung anstellen, dann muß man geduldig sein, man muß Schwierigkeiten zunächst zurückstellen und sich entschließen, sie der Reihe nach im Detail zu analysieren. Man nimmt dann insgeheim ein Prinzip an, das man das *Prinzip der Beharrlichkeit* nennen könnte[73]. Dieses Prinzip fordert den Forscher auf, wider-

---

[71] Dies ist, wie Galilei das Vorgehen des Kopernikus beschreibt. Cf. weiter oben, Abschnitt 9.

[72] Ich verdanke diesen Hinweis Prof. Baumgart von der Technischen Universität Berlin.

[73] Ich habe dieses Prinzip bereits früher in Vorträgen erwähnt, so in Berlin (1965) und in Boston (1966 — in diesem Fall als das *principle of tenacity*). Anspielungen auf das Prinzip sowie auf seine Folgen für die wissenschaftliche Methodik finden sich in meiner "Reply to Criticism", Band II der *Boston Studies in the Philosophy of Science*, New York 1965, insbesondere p. 224, Punkt (1) und Fußnote 7. Professor Baumgarts Bemerkung, von der ich außerordentlich viel lernte, hörte ich anläßlich einer Diskussion nach meinem Berliner Vortrag in der anregenden Umgebung der *Vollen Pulle*. Eine vage Form des Prinzips der Beharrlichkeit findet sich bei Professor Kuhn, in seinem Buch *The Structure of Scientific Revolution*, Chicago 1962. Ich nenne Kuhns Version vage, da es nicht klar ist, ob es sich um eine *Beschreibung* des tatsächlichen Verhaltens der Wissenschaftler handelt, oder um eine *Vorschrift*, und da man im letzten Fall auch gerne einige Argumente zugunsten der Vorschrift gehört hätte. Kuhn hat richtig gesehen, daß man wissenschaftlichen Theorien

legende Instanzen nicht sogleich als Anlaß zur *Aufgabe* der Theorie, sondern als Anlaß zu ihrer weiteren *Analyse* und ihrer mehr detaillierten *Entwicklung* zu nehmen. Die Geschichte der Newtonischen Gravitationslehre ist ein ganz ausgezeichnetes Beispiel für den Vorteil einer solchen Einstellung. Eine Schwierigkeit nach der anderen wird hier gelöst, einige Schwierigkeiten unmittelbar nach der Erfindung der Theorie, andere erst 100 Jahre später mit Hilfe der machtvollen analytischen Mittel von Lagrange und Laplace. Um diesen Reichtum der Theorie zu entdecken, mußte man natürlich viele anscheinende Widersprüche zunächst beiseite schieben in der Hoffnung, daß eine spätere Untersuchung die Harmonie zwischen Theorie und Erfahrung werde herstellen können, und man mußte sich entschließen, die Theorie trotz derartiger Widersprüche weiterhin beizubehalten. Wir sehen, daß das Prinzip der Beharrlichkeit in der Entwicklung wissenschaftlicher Theorien eine nicht zu vernachlässigende Rolle spielt. Aber − und damit erhebt sich eine wichtige methodologische Frage − wie *widerlegt* man nun eine Theorie, die durch das Prinzip geschützt wird? Ist es möglich, eine Theorie auf rationale Weise aufzugeben, wenn man sich entschlossen hat, Widersprüche mit der Erfahrung zu weiterer Untersuchung beiseite zu schieben? Es ist klar, daß *Tatsachen* uns jetzt nicht mehr hinreichende Gründe liefern können. Es ist aber möglich, daß solche Gründe von einer *Theorie* geliefert werden.

(17) Nehmen wir an, daß die Theorie T von den Tatsachen p', p'', p''', etc. unterstützt wird und mit den Tatsachen q', q'', q''', etc. in Widerspruch steht, daß wir uns aber im Sinne des Prinzips der Beharrlichkeit entschlossen haben, T trotz der q beizubehalten. Nehmen wir weiterhin an, daß eine Theorie T'

eine größere Chance gibt, ihre Probleme zu lösen, und daß man sie nicht bei der ersten kleinen Schwierigkeit, die auftaucht, beiseite schiebt. Er hat hervorgehoben, daß keine Theorie jemals mit den Tatsachen völlig in Einklang steht und daß daher die Alternative zur Beharrlichkeit ein Leben ohne alle Theorien sein müßte. Aber seine Vagheit über die genaue Rolle des Prinzips der Beharrlichkeit läßt ihn die Wichtigkeit von Alternativen und eines theoretischen Pluralismus übersehen.

Eine völlig klare Darstellung der Situation, die auch über die Position des gegenwärtigen Aufsatzes hinausgeht und sie verbessert und verfeinert, findet sich bei Dr. Imre Lakatos (vgl. seinen Aufsatz ''Demarcation Criterion and Scientific Research Programs'', in: *Problems in the Philosophy of Science*, ed. I. Lakatos und A. Musgrave, Amsterdam 1967). Lakatos unterscheidet zwischen wissenschaftlichen *Theorien* und *Forschungsprogrammen*. Das strikte Falsifikationsprinzip gilt für wissenschaftliche Theorien und eliminiert sie oft sogleich nach ihrer Geburt. Man versucht dann die Schwierigkeiten durch Theorien zu überwinden, die mit den widerlegten Theorien eine gewisse Ähnlichkeit besitzen, die, wie sich Lakatos ausdrückt, zum gleichen Forschungsprogramm gehören. Das Prinzip der Beharrlichkeit gilt also nicht für Theorien, sondern für Forschungsprogramme und diese können daher nur durch die Konstruktion von Alternativen überwunden werden. Umgekehrt genügen schon Beobachtungsaussagen, um eine Theorie zu widerlegen. Auf Grund dieser Unterscheidung gibt dann Lakatos eine sehr interessante und aufschlußreiche Deutung gewisser Züge der älteren Quantentheorie. Das ist ein Fortschritt über Kuhn und auch über die Position des vorliegenden Aufsatzes hinaus, wo zwischen Theorien und Forschungsprogrammen entweder nicht scharf, oder überhaupt nicht unterschieden wird.

gefunden wird, die gute Aussicht hat, alle oder fast alle p zu erklären (entweder direkt, oder mit Hilfe einer konsistenten Umdeutung), und die außerdem q^i voraussagt. T' ist dann sicher zumindest so gut wie T, T' ist sogar ein wenig besser (q^i widerspricht T, wird aber von T' erklärt), und wir haben alle Gründe, *das Prinzip der Beharrlichkeit eingeschlossen*, T durch T' zu ersetzen. Wir drücken das aus, indem wir sagen, daß T durch q^i auf dem Umweg über T' widerlegt worden sei. Wir sehen, daß eine konsistente Anwendung des Prinzips der Beharrlichkeit uns zwingt, eine Theorie nicht nur mit „der Erfahrung", sondern zusätzlich auch mit alternativen Theorien (Theorien, die ihr widersprechen) zu vergleichen[74]. Der Kontext, in dem eine Prüfung stattfindet, ist also nun gegeben nicht durch eine einzelne Theorie und „die Erfahrung", sondern durch eine Klasse von einander widersprechenden Theorien und die ihnen entsprechenden Deutungen der Erfahrungssätze. Das wird aus den folgenden Überlegungen noch klarer.

Wir haben bisher vorausgesetzt, daß die Tatsachen, die zur Kritik einer Theorie verwendet werden können, bereits vorliegen. Das ist nicht immer der Fall — wie das folgende Beispiel zeigt:

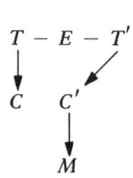

Gegeben sei eine Theorie T, die eine Tatsache C voraussagt. C' sei eine von C verschiedene, aber auf Grund der bestehenden Naturgesetze von C ununterscheidbare Tatsache. C' liege tatsächlich vor und löse einen Makrovorgang M aus. Die Situation ist dann die: M widerlegt T. Man kann aber nicht feststellen, daß M T widerlegt. Man wird vielmehr annehmen müssen, daß M T bestätigt, oder daß M mit T nichts zu tun hat.

Wir nehmen nun weiterhin an, daß eine Theorie T' gefunden wird, die T widerspricht, aus der die T unterstützende Evidenz E, oder zumindest ein Teil von ihr, annähernd folgt, aus der auch C' folgt, sowie die Verbindung von C' mit M. T' leistet dann wieder zumindest soviel wie T (E wird in beiden Fällen erklärt), T' leistet auch mehr, und es ist daher wieder vernünftig T durch T' zu ersetzen. Wir sagen wieder, daß M T über T' widerlegt. Der Unterschied zum vorhergehenden Beispiel liegt darin, daß der Widerspruch zwischen M und T nur mit Hilfe von T' *festgestellt* werden kann, während vorhin ein *schon bestehender Widerspruch* nur mit Hilfe einer neuen Theorie das Prinzip der Beharrlichkeit überwinden konnte.

Das Phänomen der *Brownschen Bewegung* ist ein ausgezeichnetes Beispiel für das eben erläuterte Schema. T ist die phänomenologische Thermodynamik,

---

[74] Als ein Beispiel können wir den Überschuß in der Bewegung des Merkurperihels erwähnen. Die berüchtigten $43''$ sind das Resultat einer komplizierten Rechnung, die mit über $1000''$ Störung beginnt und die diese Störung Schritt für Schritt mit Hilfe der Newtonschen Theorie (und bestimmten Näherungsmaßnahmen) reduziert. Es ist nie sicher, ob man auf diese Weise alle möglichen Störungen erfaßt [Untersuchungen von Prof. Dicke und anderen deuten an, daß gewisse Annahmen über die Sonne zumindest weitere $7''$ eliminieren können; cf. Chiu-Hofmann, *Gravitation and Relativity*, New York 1964, p. 1–16]. Die Einsteinsche Kalkulation genau dieses Wertes setzt solchem Zweifel weitgehend ein Ende.

T' die kinetische Theorie, $T' \to C' \to M$ die Einsteinsche Theorie der Brownschen Bewegung, M die Bewegung des Brownschen Teilchens, C' die unsichtbare Bewegung der Moleküle der Flüssigkeit, in der das Teilchen schwimmt. Die durch diese letzte Bewegung hervorgerufenen Schwankungen lassen sich unabhängig von M nicht direkt feststellen (das Geräusch jedes Thermometers ist von derselben Größenordnung). Wegen $\Delta x \, \Delta v_x \geqq D$ (D die Diffusionskonstante der Flüssigkeit) ist es auch nicht möglich, die Bahn des Brownschen Teilchens im nötigen Detail zu untersuchen. *Wir brauchen also T' um M mit T zu verbinden und auf diese Weise zu widerlegen, und wir brauchen T' schon zu einer Zeit, in der T ohne alle Makel und hochkonfirmiert zu sein scheint.* Es ist aber gerade in einer solchen Situation, daß Regel iv die Verwendung von T' und, allgemeiner, die Verwendung jeder mit T inkonsistenten Theorie verbietet. Wir sehen, daß dieses Verbot den empirischen Gehalt von T erniedrigt. Es folgt also, daß Regel iv nicht nur nicht eingehalten werden *kann* (wenn wir ein Prinzip der Beharrlichkeit verwenden wollen), sondern auch nicht eingehalten werden *soll* (wenn wir darauf Wert legen, die empirische Prüfbarkeit einer Theorie so weit als nur möglich zu steigern). Damit erledigen sich alle Einwände gegen verborgene Variablen in der Quantentheorie[75], gegen eine Vermehrung der Zahl kosmologischer Theorien[76] und überhaupt alle jene Einwände, die den Idealzustand der Wissenschaft in einem *theoretischen Monismus* sehen, das heißt in der Alleinherrschaft einer einzigen, umfassenden, plausiblen und hochkonfirmierten Theorie.

(18) Eine solche Alleinherrschaft, ein solches Übermaß von Erfolg ist jetzt nämlich ein Zeichen nicht einer endlich erreichten absoluten Wahrheit, sondern mangelnder Kritik und damit der Notwendigkeit, die Werkzeuge der Kritik zu verbessern und zu vermehren. Diese Werkzeuge der Kritik bestehen in (neuen oder alten) Theorien, die sich so weit als nur möglich von jener Theorie unterscheiden, die im Zentrum des Interesses steht. Es ist klar, daß solche alternative Theorien nicht sogleich in vollem formalen Glanz entstehen können, vage, „metaphysische" Ideen sind gewöhnlich das erste Stadium einer physikalischen Theorie. Der erste Schritt einer Kritik des *status quo* muß also darin bestehen, daß man eine der akzeptierten Theorie widersprechende Metaphysik erfindet, ausgräbt, vorstellt, und daß man sich dann an den detaillierten Ausbau dieser Metaphysik macht. In diesem Zusammenhang ist es zu allererst nötig, den Anschein der Evidenz und Plausibilität zu überwinden, die den *status quo* scheinbar so unbesieglich machen. Die von Galilei entwickelten Methoden der Propaganda erhalten so ihre Rechtfertigung. Das wichtigste Argument für philosophische Friedensstörungen der erwähnten Art besteht aber in dem Hinweis, daß sie allein fähig sind, wahren Erfolg von jenem Erfolg zu unterscheiden, der nichts anderes ist als ein Spiegelbild mangelnder Kritik[77].

---

[75] Für Details cf. meinen Aufsatz "Problems of Microphysics", in: *Frontiers of Science and Philosophy*, ed. Colodny, Pittsburgh 1964, London 1965.

[76] Cf. die Referenz in Fußnote 35.

[77] Für weitere Details cf. meinen Aufsatz "Problems of Empiricism", in: *Beyond the Edge of Certainty*, ed. Colodny, Prentice Hall 1965.

Nachtrag 1977

Der vorliegende Aufsatz kombiniert die Philosophie von Kapitel 5, also eine Philosophie allgemeiner methodologischer Regeln mit einem diese Regeln schon sehr weit unterminierenden Material. Die Antwort, die ich auf die Frage am Ende von Abschnitt 13 gebe, ist eine Art Zwischenposition zwischen der Position von Kapitel 5 und der Position von Kapitel 13: 'Irrationale' Prozeduren werden zugelassen, weil sie einem *rationalen* Ziel, eben der Entwicklung einer Alternative dienen.

Kapitel 12

Die Wissenschaftstheorie – eine bisher unerforschte Form des Irrsinns?

1 Einleitung

2 Das Krankheitsbild

3 Auch Doktor Lakatos kann nicht helfen

4 Methodologie im Zeitalter des Aquarius

Nachtrag 1977

1   Einleitung

Meine Damen und Herren!

Die Thesen, die ich Ihnen vortragen will, werde ich in drei Schritten entwickeln. Erstens kommt ein Vergleich zwischen verschiedenen *Theorien* wissenschaftlicher Erkenntnis und der Gestalt, in der diese Erkenntnis in unserer Welt *de facto* vorliegt. Das Ergebnis des Vergleichs ist, daß die Theorien und die wissenschaftliche Wirklichkeit fast gar nichts miteinander zu tun haben, daß die Theorien entweder an der Wissenschaft vorbeireden, keinen Angriffspunkt in ihr haben, oder daß sie sie empfindlich stören, ja selbst vernichten würden, wenn es ihnen je gelänge, einen solchen Angriffspunkt zu finden. Die Diskrepanz wird gezeigt mit Hilfe von Beispielen. Die Beispiele sind weder systematisch gewählt, noch vollständig. Sie haben einzig den Zweck, Sie zu überzeugen, daß es im Bereich der Wissenschaftstheorie merkwürdige Probleme gibt, und Sie zu einer weiteren Erforschung dieser Probleme anzuregen: wie Descartes in seiner ersten Meditation will ich Sie durch eine Schaustellung skeptischer Fälle zermürben und auf den zweiten Schritt vorbereiten.

Der zweite Schritt ist, wie bei Descartes, das allmähliche Erscheinen des Lichtes der Vernunft. In diesem Fall ist das Licht der Vernunft die Theorie von Professor Imre Lakatos. Professor Lakatos ist der einzige Philosoph, der die Kluft zwischen Wissenschaftstheorie und Wissenschaftspraxis voll erkannt hat, und der versucht hat, sie durch eine neue Theorie wissenschaftlicher Vernunft zu schließen. Die Theorie ist höchst originell und überwindet die meisten der im ersten Schritt angedeuteten Schwierigkeiten. Sie ist aber nicht ohne Probleme. Die Probleme sind so groß, daß zumindest ich mich gezwungen sehe, sie aufzugeben. Auch die Vernunft von Lakatos ist nicht fähig, die wissenschaftliche Praxis mit ihrem Lichte zu erhellen. Ist diese Praxis also völlig irrational und chaotisch? Schreitet die Wissenschaft nur darum fort, weil man sich entschließt, die Regeln der Vernunft — und zwar *jeder* Vernunft, selbst der schon sehr zahmen Vernunft von Lakatos — zu brechen? Das ist die Frage, die zum dritten Schritt überleitet.

Die Frage ist sicher zu bejahen, wenn Vernunft soviel heißt wie *ständige* Übereinstimmung mit einer vorgegebenen Gruppe von Regeln. Es gibt keine Regeln, die mit der Praxis der Wissenschaften nicht früher oder später auf unvorteilhafte Weise in Konflikt geraten würden. Aber es gibt Regeln, deren Anwendung *in besonderen Fällen,* wegen der Geltung *besonderer* physikalischer, soziologischer, psychologischer Umstände und Gesetze, wegen der Geltung bestimmter historischer Tendenzen der Anwendung anderer Regeln vorzuziehen ist. In jedem der im ersten Schritt zu verwendenden Beispiele können wir genau angeben, *warum* die diskutierten Regeln verletzt wurden, *warum* es nicht möglich war, sie gewinnbringend einzusetzen, *und warum es vernünftig war, sie zu brechen.* Methodologische Regeln sind wie Instrumente, die wir beim Bau und bei der Reparatur komplizierter Maschinen verwenden. Kein Instrument ist gut genug, um alle Aufgaben zu erfüllen, jedes Instrument hilft in manchen Fällen, schadet in anderen, und es gibt Situationen, in denen wir ganz neue Instrumente erfinden müssen, ebenso wie wir neue Fortbewegungsmittel erfinden mußten beim Übergang vom Land zum Wasser. Und da wir in dieser Welt fortwährend auf unvorhergesehene Situationen stoßen, so gibt es auch keine 'Überregel', die uns lehren könnte, wann nun bestimmte Regeln anzuwenden sind und wann nicht. Unser Weg zur Erkenntnis ist zusammengesetzt aus 'rationalen' und 'irrationalen' Elementen, aus der automatischen Anwendung gewisser Regeln und der Durchbrechung anderer, aus kritischen Episoden und aus langen Strecken ungezügelter Erfindung, dogmatischen Verharrens, absurden Vermutens, und es bedarf dieser Vielfalt an Verhaltensweisen, um die Ideen zu erlangen, zu bewahren und zu verbessern, auf die wir heute so großen Wert legen. So weit mein Programm in diesem Vortrag. Nun die Einzelheiten.

2   Das Krankheitsbild

Ein wichtiger Bestandteil der heutigen Wissenschaftstheorie ist das *Zweisprachenmodell.* Der Gesamtbau der Wissenschaften (oder einer bestimmten Wissenschaft, oder einer bestimmten wissenschaftlichen Theorie) wird zerlegt in zwei Schichten, in eine Beobachtungssprache und eine theoretische Sprache, die beide durch ein kompliziertes Netz von Sätzen, durch ein sogenanntes 'interpretatives System' miteinander verbunden sind. In früheren Zeiten glaubte man noch, dieses Netz in Einzelsätze, in Definitionen, 'Reduktionssätze' und Sätze mehr komplizierter Art auflösen zu könnnen. Auch dachte man, daß einfache 'Korrespondenzregeln' zwischen den Elementen der Beobachtungssprache und den Elementen der theoretischen Sprache genügen würden, um den letzteren den in der Wissenschaft üblichen Sinn zu verleihen. Man hat inzwischen eingesehen, daß die Situation viel komplizierter ist, und daß es eines komplexen *Systems* von Sätzen bedarf, um die Verbindung herzustellen. An der Annahme, daß der empirische Gehalt, ja selbst der verständliche Sinn von Theorien, nur auf diese Weise erklärt und gelehrt werden kann[1], hält man aber noch immer fest:[2] die Frage 'was ist ein Elektron?' wird beantwortet durch Spezifikation eines bestimmten Kalküls und Aufweis der Verbindungen zwischen dem Kalkül und einer Beobachtungssprache. Die Antwort ist lang, und sie ist noch in keinem einzigen Fall anders als auf völlig triviale Weise gegeben worden. Sie genügt aber den Prinzipien, die wir eben erläutert haben.

Im Gegensatz zu dieser Methode der Wissenschafts*philosophie* führt die *Wissenschaft selbst* ihre Begriffe auf ganz andere Weise ein. Erstens stützt sie sich nur selten auf eine fertig vorliegende physikalische Theorie. Besonders in Perioden der Revolution verwendet man Bruchstücke einander widersprechender Theorien zum Zweck der Vorhersage und der Erklärung grundlegender Begriffe. Man kann sich natürlich auf den Standpunkt stellen, daß die Physiker in solchen Perioden nicht wissen, wovon sie reden. Aber wie gelingt es ihnen dann, Voraussagen zu machen und Theorien zu erfinden, die die durch die Revolution gestellten Probleme lösen? Zweitens werden auch fertig vorliegende Theorien niemals vollständig formalisiert. Man verwendet sie auf mehr oder weniger intuitive Weise, die geregelt wird durch mathematische Prinzipien und eine vage Kenntnis von Tatsachen. Drittens bedient man sich weder bei der Erklärung einer Theorie noch bei ihrer Überprüfung einer einheitlichen Beobachtungssprache. Gewisse Konsequenzen der Quantentheorie überprüft man durch astronomische Untersuchungen, andere im Laboratorium, wieder andere grob-physiologisch, wie etwa durch Öffnen der Augen und Feststellen, daß man einen sehr schwachen Schimmer sofort und nicht erst nach Stunden sieht. Diese Vielfalt von Beobachtungsergebnissen gilt als ein Vorteil, sowohl bei der Erklärung der Theorie (sie zeigt, auf wie umfassende Weise die Theorie uns hilft, die uns umgebende Welt zu verstehen) als auch bei ihrer Überprüfung (Prüfungen aus verschiedenen Bereichen sind Prüfungen aus demselben Bereich vorzuziehen). Natürlich ist es möglich, jeden der erwähnten Beobachtungssätze mit einem 'positivistischen Schwanz' zu versehen, d.h. mit einer Kette von Ableitungen, die schließlich in kindischem Stottern wie 'hier-jetzt rot' oder in adoleszentem Simplizismus, wie 'Zeiger Z koinzidiert mit Teilstrich 3' enden. Aber solche positivistischen Schwänze haben beim Betrieb

---

[1] J. Giedymin, *British Journal for the Philosophy of Science*, Feb. 1971, 39, bestreitet, daß empirische Wissenschaftstheoretiker das Zweisprachenmodell je als ein Modell des *Lernens* von Theorien aufgefaßt haben. Er wird widerlegt von Hempel, *Philosophy of Natural Science*, New York 1966, Kap. 6, und ' "Standard Conception" of Scientific Theories', in Band IV der *Minnesota Studies in the Philosophy of Science*, Minneapolis 1970, 163: "But this way of looking at the issue presupposes that we cannot come to understand new theoretical terms except by way of sentences specifying their meanings with the help of previously understood terms;"

[2] Hempel selbst hat inzwischen dieses Modell aufgegeben. In einem noch nicht publizierten Vortrag in Cambridge (1972) erklärt er das Problem der 'Interpretation von Theorien' für ein Pseudoproblem: wir lernen Theorien, wie wir auch andere Sprachen lernen: "We come to understand new terms, we learn how to use them properly, in many ways besides definition: from instances of their use in particular contexts, from paraphrases that can make no claim to being definitions, and so forth ..." *Minnesota Studies*, Band IV, 163.

der Wissenschaft *keine wie immer geartete Funktion.*[3] Es läßt sich kein einziger
Fall angeben, bei dem ihre Betrachtung die Wissenschaft gefördert, d. h. erklärt,
oder fruchtbar verändert hätte. Und unter einer 'Klärung' der Wissenschaft verstehe ich dabei nicht 'Aha-Erlebnisse' in den Köpfen ungebildeter Menschen,
die einfache ('positivistische') Sprachen, aber sonst auch schon gar nichts verstehen; unter 'Klärung' verstehe ich einen psychologischen Vorgang, der den
Wissenschaftler befähigt, *seine* komplizierten Probleme in neuem Licht zu sehen
und vielleicht zu lösen. Wie aber geht der Wissenschaftler vor, wenn er ein Experiment nicht versteht oder wenn er den Bericht eines Augenzeugen bezweifelt?
Im ersten Fall untersucht er genau den Aufbau des Apparats und er studiert die
Prinzipien, die seinem Wirken zugrundeliegen. Im zweiten Fall gibt es verschiedene Möglichkeiten. (A) er sieht sich den Vorgang selbst an und zwar nicht, weil er
'rot hier-jetzt' selbst erleben will, sondern weil er den Beobachter für ungeschult
hält, *das heißt für unfähig, die Welt im Lichte bestimmter Kategorien zu sehen.*[4]
(B) er sieht sich den Vorgang nicht selbst an, sondern rekonstruiert seine Züge
aus einem Kreuzverhör mit dem Beobachter; (C) er verwirft kategorisch alle Beobachtungen in einem vorgegebenen Bereich, darunter auch die fragliche Beobachtung, und tut eines von den folgenden drei Dingen: (a) er läßt den Bereich offen,
das heißt, er behandelt ihn so, als ob hier überhaupt noch keine Beobachtungen
vorlägen;[5] (b) er ersetzt die verworfenen Beobachtungen durch andere — und
diese anderen Beobachtungen gelten gelegentlich auf Grund allgemein akzeptierter
Theorien als 'illusorisch';[6] (c) er interpretiert die verworfenen Beobachtungen auf
neue Weise.[7] Der Leitfaden des Wissenschaftlers ist in allen diesen Fällen eine

---

[3]   Sie sind darin den 'theologischen Schwänzen' oder den 'aristotelischen Schwänzen' nicht
      unähnlich, die gewisse Schulphilosophen an die moderne Wissenschaft anhängen. Sie brin-
      gen die Wissenschaft zwar nicht weiter, sie geben aber dem Interpreten das beruhigende
      Gefühl, sich in bekannter Umgebung zu befinden.

[4]   Das gilt selbst für die Beobachtung von 'Sinnesdaten' in der Psychologie. Vgl. die langen
      Vorbereitungen, die nötig sind, um das 'subjektive Augengrau' zu sehen: Katz, *Die Er-
      scheinungsweise der Farben.*

[5]   Die Reaktion gegen den Dämonenglauben im 17. Jahrhundert eliminierte viele Tatsachen-
      aussagen zusammen mit ihrer teuflischen Erklärung. Als ein Ergebnis „wurde die Wissen-
      schaft gegen Ende des Mittelalters aus dem Gebiet der menschlichen Psychologie ver-
      drängt, so daß selbst die großen Bemühungen eines Erasmus und seines Freundes Vives ...
      nicht genügten, um zu einer Annäherung zu führen, und die Psychopathologie mußte
      für Jahrhunderte hinter der Entwicklung der allgemeinen Medizin und der Chirurgie her-
      hinken ..." G. Zilboorg, *The Medical Man and the Witch during the Renaissance,* Johns
      Hopkins Press 1935, 3 f, 70 ff. Vgl. auch Comtes Bemerkungen zur Geschichte stellarer
      Einflüsse in *Philosophie Positive,* Paris: Littré 1836, III, 273—280.

[6]   Dieser Prozeß liegt Galileis teleskopischen Argumenten zugrunde. Vgl. meinen Aufsatz
      "Problems of Empiricism, Part II" in *Pittsburgh Studies for the Philosophy of Science,* ed.
      Colodny, Pittsburgh 1970, und die dort angegebene Literatur (besonders Ronchi).

[7]   Dieser Prozeß liegt Galileis Deutung des Turmexperiments zugrunde. Vgl. wieder "Pro-
      blems etc." und die Ausführungen später in diesem Aufsatz. Vgl. auch Kap. 12 dieses Ban-
      des.

Theorie, die er verstehen muß, um sie bei der Kritik und bei seinen Argumenten gegen die vorgelegten Beobachtungen sachgemäß einsetzen zu können. Das führt zum vierten Einwand gegen das Zweisprachenmodell: im Zweisprachenmodell fixiert man *zuerst* eine Beobachtungssprache und interpretiert *dann* Theorien auf ihrer Basis. Getrennt von Beobachtungssprachen „haben Theorien keine Interpretation"[8], und können daher auch nicht in Argumenten verwendet werden. Insbesondere ist die Wahl einer Beobachtungssprache nicht durch Theorien bestimmt. Sie ist rein pragmatischer Natur. Man wählt jene Beobachtungssprache, die „von einer gewissen Sprachgruppe als Mittel der Verständigung verwendet wird"[9], d.h., die in dieser Sprachgruppe *populär* ist. In der wissenschaftlichen Praxis sieht die Sache wieder ganz anders aus. In Frankreich, und dann auch in Holland, wurden gewisse Beobachtungen über das menschliche Verhalten verdrängt auf Grund von Descartes materialistischer Philosophie.[10] Galilei ersetzte die Eindrücke des unbewaffneten Auges durch die 'Illusionen' des Teleskops, weil er von der Richtigkeit der Kopernikanischen Lehre überzeugt war. Auch bei der Analyse des Turmexperiments bediente er sich der kopernikanischen Lehre als eines Instruments, mit dessen Hilfe gewisse 'natürliche Interpretationen' entdeckt und durch andere ersetzt werden.[11] In der Relativitätstheorie führte man die Relativgeschwindigkeit zwischen Gegenstand und Koordinatensystem *in die Definitionen* von Länge, Zeitdauer, Masse, etc. ein und änderte damit den Sinn auch ganz einfacher Beobachtungssätze wie 'dieser Tisch hier ist rund'.[12] Man kann nicht annehmen, daß die Theorien, die bei diesen Machinationen eine wesentliche Rolle spielen, einfach unverstandene Zeichenreihen sind. Sie geben uns ja neue Interpretationen für Beobachtungssätze. Nach dem Zweisprachenmodell sind sie aber sinnvoll nur darum, weil sie mit einer Beobachtungssprache verbunden sind. Kann diese hypothetische Beobachtungssprache 'neutral' sein, so daß sie weder die alten noch die neuen Bedeutungen enthält? Sicher nicht, wenn es sich um universelle Kategorien handelt, wie etwa die Raumzeitbegriffe der Relativitätstheorie, d.h. Kategorien, denen (materiale Sprechweise) *jeder* Prozeß der Welt gehorchen soll: die Frage der Universalität von Kategorien entscheidet man nicht dadurch, daß man sie auf einen bestimmten Bereich — etwa auf den Bereich der 'nicht beobachtbaren' Vorgänge — einschränkt und wartet, daß sie von selbst auf beobachtbare Vorgänge überfließen. Das Zweisprachenmodell würde außerdem ein solches Überfließen von Anfang an unmöglich machen. Wir kommen zu dem Schluß, daß Beobachtungssprachen oft aus theoretischen Gründen gewählt werden, wobei die Theorie, die diese Gründe gibt, ihren Sinn

[8]   R. Carnap "The Methodological Charakter of Theoretical Concepts" *Minnesota Studies in the Philosophy of Science* Band I, Minneapolis 1956, 47.

[9]   Carnap, 40

[10] H. C. Lea, *Materials Towards a History of Witchcraft,* 1358.

[11] Vgl. "Against Method", *Minnesota Studies* Bd. IV (1970), Kap. 5—9.

[12] Vgl. "Consolations for the Specialist" in *Criticism and the Growth of Knowledge* Cambridge 1970, Abschnitt 9/9, Kap. 9 dieses Bandes.

nicht der Verbindung mit einer neutralen Beobachtungssprache verdankt, sondern ihn auf andere Weise erhält (wie, das ist im Augenblick ohne Interesse[12a]).

Eng verwandt mit diesem Argument ist das fünfte Argument, das die Relevanz der Unterscheidung zwischen 'Beobachtungssätzen' und 'theoretischen Sätzen' bestreitet. Sowohl Gegner als auch Anhänger der Ideen des logischen Empirismus halten die Frage der *Existenz* der Unterscheidung, und die Frage ihrer *Natur* (vage, nicht vage) für sehr wichtig. Das heißt, das Problem am falschen Ende anpacken. Die *Existenz* der Unterscheidung ist wichtig nur dann, wenn wichtige Verfahrensweisen der Wissenschaft von ihr abhängen. Die Sätze der Wissenschaften kann man ja auf höchst verschiedene Weise einander gegenüberstellen: in der Wissenschaft gibt es lange Sätze und kurze Sätze, verständliche Sätze und unverständliche Sätze, langweilige Sätze und interessante Sätze, intuitiv einleuchtende Sätze und Sätze, deren Wahrheit nicht einleuchtet, und so weiter. Warum interessiert man sich nicht für *diese* Unterscheidungen? Warum streitet man sich nicht über die Vagheit oder Präzision der Grenze zwischen kurzen und langen oder interessanten und langweiligen Sätzen? *Weil diese Grenzen im Betrieb der Wissenschaften eine nur verschwindend kleine Rolle spielen.* Niemand (oder fast niemand) hält einen Satz schon darum für wissenschaftlich akzeptabel, weil er lang oder weil er interessant ist, und intuitive Evidenz kommt schon seit geraumer Zeit als Wahrheitskriterium nicht mehr in Betracht.[13] Wie steht es nun mit dem Hinweis, daß ein Satz ein *Beobachtungssatz* ist? Beendet *dieser* Hinweis eine Diskussion seiner Richtigkeit entschiedener und früher als der Hinweis, daß er einer bestimmten Theorie angehört? Keinesfalls! Berichte von Augenzeugen haben zwar gelegentlich große überzeugende Kraft, aber dasselbe gilt von Gerüchten und von übler Nachrede. Jeder ernsthafte Versuch, einer Sache auf die Spur zu kommen, bedient sich einer Methode, in der Augenzeugenberichte nicht einfach hingenommen, sondern einer höchst gewissenhaften Prüfung unterworfen werden (beim Geschworenenverfahren ist diese Methode sogar Teil des Gesetzes). Derartige Prüfungen führen oft genug zu einer Verwerfung des Augenzeugenberichts. Man entdeckt, daß der Augenzeuge nicht vertrauenswürdig war, oder man findet, daß Umstände vorlagen, unter denen selbst der vertrauenswürdigste Augenzeuge Falsches berichten *muß* (die Entdeckung der *Zeitgleichung* geschah auf diese Weise). Bei Experimenten ist die Prüfung noch viel eingehender, und es geschieht häufig, daß ein experimentelles Ergebnis auf Grund theoretischer Überlegungen verworfen wird. *Gelegentlich* akzeptiert man ein Experiment sogleich nach seiner Ausführung, aber nur darum, weil eine theoretische Diskussion vorherging, die die Entscheidung auf dieses eine Ergebnis zugespitzt hat. Selbst in diesem Fall kann aber der Vertreter einer konkurrierenden Theorie Zweifel anmelden, und es kann ihm gelingen, seine Zweifel zu einem Gegenargument und schließlich zum Verwerfen des zunächst

---

[12a] Vgl. Anm. 2 zum vorliegenden Referat

[13] Ich spreche hier vor allem von den empirischen Wissenschaften.

einmütig angenommenen Experiments weiterzutreiben.[14] Wir sehen, Beobachtungssätze und theoretische Sätze treten mit gleicher argumentativer Kraft in die Wissenschaft ein, und Verschiebungen zugunsten der einen oder zugunsten der anderen sind *lokale* Phänomene, geschaffen von einer Diskussion, bei der der andere Teil eine ganz wesentliche Rolle spielt. Das heißt aber, daß die Unterscheidung Beobachtung–Theorie für den Betrieb der Wissenschaft genau so irrelevant ist wie die Unterscheidung zwischen langen Sätzen und kurzen Sätzen.[15]

Schließlich sei, sechstens, auf den Umstand verwiesen, daß Wahrnehmungen (und also Beobachtungssätze) in gewissen Teilen der Wissenschaft überhaupt keine Rolle mehr spielen.[16] Wo treten Wahrnehmungen gewöhnlich auf? Sie treten auf (a) beim Ablesen eines Meßergebnisses, (b) bei der Mitteilung eines Meßergebnisses an andere und (c) bei der Erläuterung des Sinnes bestimmter wissenschaftlicher Begriffe. Aus dem ersten Bereich sind Wahrnehmungen in der Astronomie und der Physik schon weitgehend entfernt: Instrumente stellen Beobachtungen selbständig an und leiten das Ergebnis sogleich an Computoren weiter, die dann entscheiden, welche Theorien bestätigt und welche widerlegt wurden (auch Grade der Konfirmation lassen sich auf diese Weise bestimmen). Im zweiten Bereich verläßt man sich gewöhnlich auf Wahrnehmungen, aber sie sind nicht unbedingt erforderlich. Information erreicht das Gehirn nicht nur auf dem Weg über die Sinne, sondern auch auf dem Weg posthypnotischer Suggestion, subliminaler Perzeption, latenten Lernens. Man kann diese Fähigkeiten verbessern, und dann wird auch die Informations*aufnahme* von den Sinnen unabhängig. Was nun den *Inhalt* von Begriffen angeht, so ist zu bemerken, daß eine Beseitigung aller theoretischen Elemente zum Zerfall der Wahrnehmung führt, die eine intime und noch sehr schlecht verstandene Symbiose ist von Empfindungselementen und theoretischen Elementen. Eine Wissenschaft ohne Wahrnehmung ist also nicht nur *möglich,* sondern auch *realisierbar.*

Damit bin ich am Ende des *ersten Beispiels* angelangt: das Zweisprachenmodell und die wissenschaftliche Praxis sind verschiedene Dinge, sie haben nicht das geringste miteinander zu tun.

---

[14] Ausgezeichnete Beispiele bei Lakatos "Falsification and the Methodology of Scientific Research Programmes" in *Criticism and the Growth of Knowledge*, Cambridge 1970, 130, Fußnote 5, 138 ff, 156, 159 ff.

[15] Auch kurze Sätze oder interessante Sätze können ja aus besonderen Gründen, *lokal*, einen Vorrang über lange Sätze gewinnen. Das macht sie aber noch nicht zu 'Kriterien der Wahrheit'.

[16] Vgl. meinen Aufsatz "Science without Experience", *Journal of Philosophy*, November 1969, wiederabgedruckt als Kap. 4 dieses Bandes. Imre Lakatos hat mein Argument so dargestellt, als handle es sich bloß um den Beweis der *logischen* Möglichkeit einer Wissenschaft ohne Erfahrung. Das ist nicht der Fall. Ich wollte zeigen, daß eine Wissenschaft ohne Erfahrung nicht nur *logisch möglich,* sondern für uns Menschen außerdem auch *realisierbar* und schon weitgehend *realisiert* ist.

Historische Randbemerkung: In der Ideengeschichte ist es immer von Vorteil anzunehmen, daß unvernünftige Tendenzen, Modelle, Forderungen auf falsche Theorien zurückgehen, die im Augenblick ihrer Widerlegung ins Unterbewußtsein hinabsinken und von dort her die Handlungen der Menschen lenken. Im Falle des logischen Empirismus mit seiner Betonung der Asymmetrie von Erfahrung und Theorie wird diese Annahme voll bestätigt. Die vernünftigen, aber widerlegten und vergessenen Theorien sind hier (A) die Aristotelische Erkenntnistheorie und (B) die Machsche Kosmologie.

(A) Die Aristotelische Erkenntnistheorie gibt an, was als Erfahrung zu gelten hat, sie erklärt, wie die so abgegrenzten Prozesse zustandekommen und verlaufen, und sie weist uns an, wie man aus ihnen Wissen gewinnt. Erfahrung ist für Aristoteles sinnliche Wahrnehmung (unter normalen Umständen), die in einer allgemein verständlichen Sprache ausgedrückt ist, sie kommt zustande, indem sich die Nachwirkungen ähnlicher Eindrücke als Ergebnis eines physiologischen Prozesses zu einem Universale zusammenfügen, und sie ist vertrauenswürdig, weil der Mensch an die Welt angepaßt ist, er befindet sich mit ihr in Harmonie. Diese vernünftige und sehr vollständige Theorie wurde durch die kopernikanische Revolution widerlegt: es gibt makroskopische Prozesse, wie die Rotation der Erde, die unseren Sinnen entgehen,[17] und es gibt klare und deutliche Wahrnehmungen, wie die Wahrnehmung des Himmelsgewölbes, denen nichts in der Wirklichkeit entspricht. Der Alltagswahrnehmung ist also nicht zu vertrauen. Geht die Forschung dennoch weiter, so bedeutet das entweder, daß ein neues Fundament für unser Wissen gefunden wurde, oder daß die Forschung ohne Fundament auskommt. Man sieht sogleich, daß die zweite Alternative die grundlegendere ist:[18] die Entdeckung eines neuen Fundaments stützt sich ja weder auf das alte noch auf das neue Fundament und muß also ohne Fundament vor sich gehen.[19] Und die Wissenschaft von Galilei, Kepler, Newton ist in der Tat eine Wissenschaft, die ohne Fundament fortschreitet, obwohl sie jedes Stadium der Forschung mit großem propagandistischem Feingefühl als auf

---

[17] Man kann nicht einwenden, daß sich die Rotation der Erde ja doch am Himmel ablesen läßt. Was man sieht, ist die Umdrehung *des Himmels,* aber nicht die *durch die Rotation der Erde verursachte* Umdrehung des Himmels. Zumindest zur Zeit der Geltung der Aristotelischen Kosmologie wurde der Himmel so wahrgenommen.

[18] Das Argument ist hier genau dasselbe, wie der vierte Einwand gegen das Zweisprachenmodell weiter oben.

[19] Das scheint Bacon eingesehen zu haben. Er sucht nach einer Methode, die *unter Umgehung der Sinne* direkten Kontakt mit den Elementen der Welt herstellt. Die Sinne sind nicht vertrauenswürdig, da sie die Natur der Dinge *vermischt mit* der Eigentümlichkeit des Menschen darstellen (*Nov. Organ.* Aphorismus 41; vgl. auch 50, 52, 97). Der Mensch muß reformiert werden, um zu einem getreuen Spiegel des Universums zu werden. Das Werk der Reformation beruht weder auf dem alten Spiegel, der ja täuscht, noch auf dem neuen, der noch nicht gefunden ist. Es geht ohne jedes Fundament vor sich.

einem Fundament beruhend vorstellt.[20] Es ist diese falsche Propaganda, und nicht die richtige Praxis, die ihr unterliegt, die logische Empiristen mit ihren dürftigen Mitteln 'rekonstruieren' wollen.

(B) Die Machsche Kosmologie ist ein Versuch, die Vorherrschaft der Newtonschen Philosophie zu brechen.[21] Mach bestreitet nicht nur den fundamentalen Charakter mechanischer Prozesse, er will auch die schon eingerostete Grenze zwischen subjektiver Empfindung und objektivem Gegenstand von neuem untersuchen. Verschiebt sich die Grenze, dann muß man die Bildung von Gegenständen neuer Art erwarten, die, vom heutigen Standpunkt aus gesehen, teils Empfindung, teils physikalische Materie sind. Als vorläufige Bezeichnung für solche Gegenstände verwendet Mach das Wort 'Element'. Die Natur der Elemente muß durch Forschung näher bestimmt werden. Um diese Forschung in Gang zu bringen, identifiziert Mach die Elemente *vorläufig* mit Sinnesempfindungen. Es ist wichtig, diese beiden Schritte sorgfältig voneinander zu trennen. Das *Forschungsprogramm* Machs, das seine historischen, physikalischen, psychologischen Forschungen zusammenbindet, ist der Versuch, die Natur der Elemente und ihre gegenseitigen Beziehungen kennenzulernen. Die Identifikation der Elemente mit Empfindungen ist eine *Hypothese* im Rahmen dieses Forschungsprogramms[22], die sofort unabhängig geprüft wird: gibt es Schwierigkeiten der Atomtheorie, die unabhängig sind von der Tatsache der Nicht-Beobachtbarkeit der Atome? Gibt es Schwierigkeiten der 'Begriffsungetüme' des absoluten Raums und der absoluten Zeit, die unabhängig sind von ihrer Nicht-Beobachtbarkeit? Was sind die Bedingungen des Auftretens von Empfindungen, aus welchen Bestandteilen setzen sie sich zusammen?[23] Die Hypothese, daß Empfindungen die letzte Grundlage unserer Kenntnisse sind, ist inzwischen von der Forschung genau so überholt worden wie die frühere, aristotelische Identifikation von Fundament und Alltagserfahrung (Alltagsweisheit). Im *Wiener Kreis* bemerkte man weder den Unterschied zwischen Hypothese und Forschungsprogramm, noch war man sich der Tatsache bewußt, daß die Hypothese selbst in Schwierigkeit geraten war. Außerdem galt sie nicht als eine Konjektur, sondern als eine notwendige Voraussetzung aller Forschung. Wir müssen zugeben, daß die Überlegungen von Neurath und Carnap (Toleranzprinzip!) vorübergehend zu einer gewissen Liberalisierung der Basis führten, aber diese 'Liberalisierung' gab keine Verfahrens-

---

[20] Zu Galilei vgl. Abschnitt 14 von "Problems of Empiricism, Part II", *op. cit.* Die Newtonsche Propagandamaschinerie beschreibe ich in "Classical Empiricism", *The Methodological Heritage of Newton* (ed. Butts), Oxford & Toronto 1969.

[21] Eine ausführlichere Darstellung in Abschnitt 4—10 meines Aufsatzes "Philosophy of Science, a Subject with a Great Past" in Band V der *Minnesota Studies in the Philosophy of Science*, Minneapolis 1970.

[22] „Da aber in diesem Namen [Empfindung] schon eine *einseitige* Theorie liegt ..." *Analyse der Empfindungen*, Jena 1900, 18. Hervorhebung im Original.

[23] Erinnerungen, eingeborene Verhaltensweisen, Willensimpulse werden alle durch Analyse aus 'Empfindungen' herausgeholt. Vgl. zum Beispiel *Analyse*, etc., 137.

weisen an, die die Ersetzung einer 'Basis' durch eine andere hätten regeln können. Ohne solche Kriterien fielen die meisten Wissenschaftstheoretiker auf ihre alten Vorurteile zurück, und unter diesen befand sich, allen expliziten Beteuerungen zum Trotz, die relative Stabilität einer mit Empfindungen durchwirkten Basis.[23a]

Es verdient bemerkt zu werden, daß der Versuch, die Wissenschaft auf dieser illusionären Basis zu 'rekonstruieren', schon vor langem aufgegeben worden ist. Die bei der Rekonstruktion verwendeten Hilfsmittel führten zu Problemen (Paradox der Konfirmation; grue-Paradox; counterfactuals; etc. etc.), die mit der Wissenschaft nichts zu tun haben, deren Diskussion aber den Hauptteil gewisser Wissenschaftsphilosophien ausmacht.[24] Das Ziel ist heute nicht mehr das Verstehen der Wissenschaft, sondern die Rettung einer Methode, die ursprünglich zu einem besseren Verständnis der Wissenschaften hatte führen wollen.

Das *Zweite Beispiel* eines Konflikts zwischen Wissenschaftstheorie und Wissenschaftspraxis ist die Forderung der Eliminierung falsifizierter Theorien. Die Regel, daß eine Theorie, die der Erfahrung widerspricht, aus der Wissenschaft ausgeschlossen und durch eine bessere Theorie ersetzt werden muß, wurde von Aristoteles erfunden, von Newton mit Nachdruck wiederholt, und sie spielt eine wichtige Rolle in der Methodologie der modernen Wissenschaften. Dennoch existieren diese nur darum, weil die Regel auf Schritt und Tritt verletzt wird. *Es gibt nämlich keine einzige Theorie, die mit allen Tatsachen in ihrem Bereich übereinstimmt.* Und ich spreche dabei nicht von Gerüchten oder von den Ergebnissen schlampiger Prozedur. Die Schwierigkeit, von der ich rede, wird erzeugt von Experimenten und Messungen der höchsten Präzision und Zuverlässigkeit.[25]

Ein *drittes Beispiel* ist der Konflikt zwischen der Forderung, daß der (bestätigte) Gehalt aufeinanderfolgender Theorien im gleichen Bereich ständig zunehmen muß, und den Entwicklungen, die in der Wissenschaft tatsächlich eintreten. Ist eine Theorie falsifiziert, so sagt die Forderung, dann muß ihr Nachfolger die Mittel haben, zur Erklärung (a) ihrer Erfolge; (b) ihrer Fehlschläge; und (c) weiterer und völlig neuer Phänomene. Es ist nun richtig, daß neue Theorien oft zur Entdeckung neuartiger Phänomene führen und unsere Kenntnisse in eine bisher nicht vermutete Richtung erweitern — aber dies geschieht sehr oft auf Kosten der Erklärung bereits bekannter Dinge. In den Journalen der Physik, der Chemie, der Geologie, der Psychologie, in den Berichten der Royal Society, der Accademia del Cimento, der Académie Française, in den Faktensammlungen des 'Aberglaubens', der Alchemie, der Magie liegt eine Unmenge von Tatsachen begraben, die zwar einst einen bestimmten Standpunkt unterstützten, die aber nach seiner Verwerfung *ohne weitere Erklärung* aus dem Tatsachenbereich der Wissenschaften

---

[23a] Vgl. Carnap, p. 69, wo Sätze, die nicht absolut konklusiv verifiziert werden können, in die theoretische Sprache verwiesen werden.

[24] Man vergleiche I. Schefflers *Anatomy of Inquiry*, New York 1963.

[25] Eine ausführlichere Diskussion habe ich an verschiedenen Stellen gegeben, zuletzt in *Neue Hefte für Philosophie*, Heft 2/3 (1972), wiederabgedruckt als Kap. 8 dieses Bandes. Vgl. auch Lakatos, *op. cit.*

entfernt wurden. Beispiele habe ich bereits gegeben.[26] Ich füge hinzu die Ersetzung von Beobachtungen mit dem unbewaffneten Auge durch teleskopische Beobachtungen, deren einzige Rechtfertigung in der Harmonie zwischen dem Teleskop und gewissen Aspekten der kopernikanischen Lehre bestand, ohne daß es möglich gewesen wäre, den 'Erfolg' des Teleskops auf unabhängige Weise sicherzustellen. Die Beobachtungen mit dem freien Auge wurden aus der Astronomie *entfernt,* dem neuen Standpunkt wurden sie nicht einverleibt (außer auf plumpe Weise, mit Hilfe von *ad hoc* Hypothesen).[27] Gelegentlich werden ältere Tatsachen in Betracht gezogen, aber nur, um sie in andere Tatsachen zu verwandeln. So zum Beispiel ist die Bewegung eines entlang einer Turmwand herabfallenden Steines im Turmargument der Aristoteliker[28] eine absolute Bewegung – sonst könnte man ja kaum aus der Gestalt der Bahn auf die absolute Ruhe der Erde schließen – während die Galileischen Termini, zumindest in einem späteren Stadium, nur relative Bewegungen ausdrücken. Wieder wird eine Tatsache, die eine Theorie bestätigt und ihren Nachfolger widerlegt, einfach aus dem Bereich der Wissenschaft entfernt. Die Beziehung zwischen aufeinanderfolgenden Theorien ist also nur selten, wie in Fig. 1, sie ist auch nicht wie in Fig. 2. Sie ist vielmehr meistens wie in Fig. 3, wobei A der (winzige) Bereich der Tatsachen der alten Theorie ist, der von der neuen Theorie übernommen wird, B der Bereich der Tatsachen, die beseitegeschoben oder durch *ad hoc*-Manöver der neuen Theorie eingegliedert werden. Der Mangel an historischen Kenntnissen, der so charakteristisch ist für die moderne Wissenschaft (und natürlich noch viel mehr für die moderne Wissen-

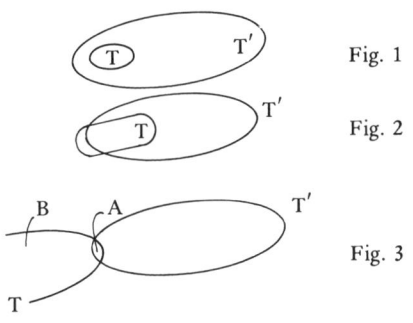

Fig. 1

Fig. 2

Fig. 3

schaftstheorie), hat von Bereich B keine Ahnung – was nicht in den neuesten Abhandlungen steht, das existiert nicht – und sieht daher Fig. 3 wie Fig. 1. Es ist diese *erkenntnistheoretische Illusion,* verursacht durch *historische Blindheit,* die den Eindruck erweckt, daß die Bedingungen (a) bis (c) in der guten Wissenschaft überall erfüllt sind. Selbst die scheinbar klarsten Fälle lösen sich auf, wenn man die Analyse weiter treibt, als es in der Wissenschaftstheorie üblich ist: es wird oft angenommen, daß die allgemeine Relativitätstheorie die erfolgreichen Vorhersagen der klassischen Mechanik wiederholt, ihre Fehler erklärt und weitere Vorhersagen macht, die der klassischen Mechanik im Prinzip unzugänglich sind.

---

[26] Vgl. Fußnote 5. Die Abneigung gegen die Annahme himmlischer Einflüsse hat zu einer Leugnung klar feststellbarer Beziehungen zwischen Himmel und Erde und zu einer drastischen Reduktion der Erforschung dieser Beziehungen geführt.

[27] Vgl. "Problems of Empiricism, Part II", Abschnitt 3 bis 8.

[28] Vgl. "Problems etc.", Abschnitt 12 ff. – Das Turmargument widerlegt die Bewegung der Erde auf Grund einer *Beobachtung* (vom Turm gerade herabfallender Stein) und einer *Theorie* (die Aristotelische Theorie der Bewegung, die durch Anwendung in verschiede-

Das setzt voraus, daß die gesamte klassische Störungstheorie aus der Relativitätstheorie approximativ hergeleitet werden kann, und daß Abweichungen nur dort
eintreten, wo wir Abweichungen *de facto* beobachten, wie etwa beim Merkur.
Soweit ich sehe, lag eine solche Ableitung bis etwa 1960 nicht vor und ist selbst
heute nicht erhältlich. Was man tut, ist folgendes: man rechnet klassisch bis zu
einem bestimmten Punkt, an dem eine Abweichung von den Beobachtungsergebnissen zu erwarten ist. An diesen Stellen führt man abrupt relativistische Modelle
ein, wie etwa das Schwarzschild-Modell, und fügt das Resultat der Modelle dem
klassischen Resultat hinzu. Grundlage der Vorhersagen ist also nicht die Relativitätstheorie, sondern die Konjunktion einer *ad hoc* zurechtgeschnittenen klassischen Mechanik und gewisser relativistischer Modelle. Daß die relativistischen
Elemente aus dieser Mischung selbst heute noch entfernt werden können, das
zeigen die Untersuchungen von Dicke. Bedingungen (a) bis (c) sind also für das
Paar Klassische Mechanik — allgemeine Relativitätstheorie keinesfalls erfüllt.
Im Fall der Quantentheorie ist die Diskrepanz noch drastischer.[29]

Schließlich ist da noch das Problem der *Inkommensurabilität*: es gibt Theorien, von denen man intuitiv sagen würde, daß sie 'über dieselben Dinge reden',
und die doch keinen einzigen Satz miteinander gemeinsam haben. Das geschieht
nicht einfach darum, weil die Theorien verschiedene Bereiche beschreiben (die
Theorien sind voneinander *unabhängig*), sondern weil die Verwendung des begrifflichen Apparats der einen Theorie Bedingungen setzt, die die Verwendung
des begrifflichen Apparats der anderen Theorie vereiteln (die Theorien sind
inkommensurabel). Inkommensurabilität ist eine Beziehung zwischen Darstellungsmitteln, die nicht auf Sprachen und Theorien beschränkt ist. So zum Beispiel
sind auch der 'archaische' Stil, so wie ihn Loewy beschrieben hat, und die Perspektive, so wie sie zur Zeit des Äschylos entstand, miteinander inkommensurabel.[30] Der archaische Stil gibt uns *sichtbare Listen,* die die Teile eines Gegenstandes in einer der wirklichen Anordnung möglichst nahestehenden Reihenfolge
aufzählen. Eine sichtbare Liste des Gegenstandes 'Mensch', die auf die tatsächliche Anordnung nicht Rücksicht nimmt, wäre etwa:

$\triangledown$ I $\Longleftrightarrow$ $\mathbb{P}$ $\mathbb{A}$ $\bigtriangledown$

Kopf   Hals   Auge   Arm   Hand   Rumpf   und so weiter.

---

nen Bereichen, z.B. im Bereich der Wahrnehmung [vgl. die Erörterungen in *de anima*]
weitgehende Bestätigung erfahren hatte). Die Beobachtung (einer absoluten Bewegung)
wird durch eine andere Beobachtung (die Beobachtung einer relativen Bewegung) ersetzt, und die hochkonfirmierte Aristotelische Theorie der Bewegung durch Galileis Prinzip
zirkulärer Trägheit, das einzig diesen Fall beschreibt und in anderen Fällen, zum Beispiel
im Gebiet der Wahrnehmung, keine Folgen hat. Wir verwenden also nicht nur eine ad hoc
Hypothese, um einen bestimmten Fall der Theorie einzuverleiben, wir verstoßen durch
diese Hypothese eine umfassende und fruchtbare Theorie der Bewegung, und damit alle
Tatsachen, die diese Theorie wesentlich erklärt.

[29] Details und Literatur finden sich in Abschnitt 9 (Quantentheorie) und Abschnitt 10
(Relativitätstheorie) von "Problems of Empiricism, Part II".

[30] Details und Literatur in Kap. 17 von *Wider den Methodenzwang.*

Eine sichtbare Liste, die auf die Anordnung Rücksicht nimmt, ist:

 Gelegentlich tritt in den Listen auch das auf, was wir heute einen Aspekt nennen, d.h. eine perspektivisch verzerrte Ansicht, die dem Zeichner besonders in die Augen fällt, und der Künstler verwendet große Mühe auf die Eingliederung dieses 'Teils' in seine Liste. Dann wieder werden perspektivische Erscheinungen durch besondere Anordnung der Teile überhaupt ausgeschlossen. *Begrifflich* entspricht der Listendarstellung die Auffassung eines Gegenstandes als *Aggregat von Teilen*, die aneinanderhängen, ohne durch eine 'unterliegende Substanz' zu einer höheren Einheit verbunden zu sein. 'Wahrheit' ist vollständige Aufzählung der Teile und *nicht* Beschreibung des Wesens. Selbst der Mensch wird nicht begrifflich einheitlich dargestellt; wie in den spätgeometrischen Zeichnungen ist er auch im Gespräch eine Gliederpuppe, von hindurchgehenden Kräften bald in diese, bald in jene Richtung gelenkt, ohne einheitlichen Leib, ohne einheitliches belebendes Prinzip.[31] Soweit eine nur sehr kurze Darstellung der Ideenwelt, die im 'archaischen' Stil ihren Ausdruck findet.[32]

Die Elemente des archaischen Stils sind Zeichen für Teile von Gegenständen, die diesen Teilen oft ähnlich sind, aber nicht ähnlich zu sein brauchen. Die Elemente fügen sich zu sichtbaren Listen zusammen, und diese sind komplexe Zeichen für Aggregate von Teilen. Gegenstände werden als Aggregate von Teilen aufgefaßt, gesehen, dargestellt, beschrieben. Die Elemente des *perspektivischen Stils* sind nicht *Zeichen* für Teile, sie sind *Reize,* die mit den durch andere Elemente hervorgerufenen Reizen kombiniert auf Grund des Mechanismus des Sehens die *Illusion* (das „Schattenbild", wie Platon sich ausdrückt) einer dreidimensionalen Welt mit dreidimensionalen Gegenständen hervorrufen soll. Eine perspektivische Darstellung wird nicht gelesen, sie wird gesehen. Gegenstände werden in ihr nicht beschrieben, sie werden nachahmend gezeigt. *Begrifflich* entspricht dieser Auffassung die Auffassung eines Gegenstandes als eines *Wesens,* das in der Welt *erscheint,* und das durch die Erscheinungen hindurch erraten werden muß. Einheitsbegriffe, wie 'Leib', 'Seele', 'Sein' treten auf, zu deren Erfassung die Sinne allein nicht mehr ausreichen, Wissen ist nicht mehr Kenntnis von Listen, sondern Erkenntnis einer von allen Erscheinungen verschiedenen Essenz. Es ist hier kein Raum, um auf die sehr interessanten Entwicklungen einzugehen, die diesen Übergang verursachen, und auf die 'Argumen-

---

[31] In diesem begrifflichen Rahmen hat das im Wasser gebrochene Ruder keine skeptische Kraft. Die Brechung ist ja kein *Aspekt,* von dem man nur mit Schwierigkeit auf die 'Substanz' oder das 'Wesen' schließen kann, sie ist leicht erkennbarer *Teil eines Aggregats, das ohne ihn unvollständig und also nicht 'wahr'* beschrieben ist. J. L. Austin hat den Fall auf ähnliche Weise behandelt.

[32] Diese Ideenwelt findet man in den Homerischen Epen, und der ihr entsprechende 'archaische' Stil ist der Stil der späten geometrischen Periode. Vgl. B. Snell, *Die Entdeckung des Geistes,* Kap. I.

te', die diese Entwicklungen begleiten.[33] Uns interessiert hier nur das Endresultat, die neue Darstellung 'der Welt'. Man sieht sofort, daß es nicht möglich ist, beide Darstellungen in einem Rahmen zu vereinigen, und daß es daher auch nicht möglich ist, den 'Gehalt' einer 'archaischen' Darstellung mit dem 'Gehalt' einer perspektivischen Darstellung zu vergleichen: in der 'archaischen' Darstellung wird die Oberfläche des Papiers als eine wirkliche physische Oberfläche gesehen, die die Symbole trägt. In der perspektivischen Darstellungsweise ist sie ein Reiz, der zusammen mit den Reizen der auf ihr gezeichneten Linien und Figuren die Illusion eines offenen Raumes im Betrachter hervorrufen soll. Im ersten Fall ist es wesentlich, daß diese Illusion nicht eintritt, sonst sieht man in den Bildern eine 'Substanz', die in der darzustellenden Welt nicht vorkommt. Tritt die Illusion ein, dann ist eine wesentliche Bedingung der Mitteilung nicht erfüllt, die Mitteilung findet nicht statt, es resultiert 'Unsinn'. Im zweiten Fall ist das *Fehlen* der Illusion ein Anzeichen dafür, daß keine vollständige Darstellung vorliegt. Man kann diese Situation auch beschreiben, indem man sagt, daß ein 'Zeichen', wie etwa der nebenstehende Dreispitz verschieden interpretiert werden kann. Es

 kann sich um die (archaische) Darstellung von drei Wegen handeln, die aufeinander treffen, oder um die (perspektivische) Darstellung einer räumlichen Ecke, oder um die (perspektivische) Darstellung einer im Raume schwebenden Ebene, auf der drei einander treffende Wege verzeichnet sind. In einer

perspektivischen Darstellung gibt es also zwar ein 'Bild' einer archaischen Darstellung, *aber nicht diese selbst.* Hat man die perspektivische Darstellungsweise gewählt, dann kann man noch immer über die archaische Darstellungsweise 'reden', man kann sie darstellen, man kann jeden einzelnen 'Satz', d.h. jede einzelne Liste in ihr *darstellen, aber die Listen selbst verwendet man nicht mehr,* denn bei diesen schließt sich der Raum, und statt der Illusion dreidimensionaler Objekte und Arrangements haben wir wieder die zweidimensionale Bildfläche vor uns und Linien auf ihr.

Genau eine solche Unvereinbarkeit von Darstellungsmitteln findet man gelegentlich im Bereich von Sätzen und theoretischen Systemen. Es gibt Paare von Theorien, die sich in einem intuitiven Sinn auf 'dieselben Tatsachen' beziehen und die doch so beschaffen sind, daß die Verwendung des begrifflichen Apparats der einen Theorie die Verwendung des begrifflichen Apparats der anderen ausschließt. Bloß begriffliche *Verschiedenheit* genügt dazu nicht, denn es ist ja möglich, verschiedene Begriffe durch Definitionsketten unter möglicher Hinzuziehung weiterer Prinzipien miteinander zu verbinden. Und selbst die Unmöglichkeit einer solchen Verbindung reicht nicht aus, solange man dieselben Prädikate auf die Entitäten der einen wie auch auf die Entitäten der anderen anwenden kann: Sterngötter und materielle Planeten sind sicher nicht durch Definition aufeinander reduzierbar, aber man kann doch sagen, daß die einen sowie die anderen gewisse Bahnen einhalten, daß sie heller oder weniger hell

---

[33]   Details in Kapitel 3 von *Rationalism and the Rise of Science,* im Erscheinen.

strahlen, daß sie aufgehen und untergehen und dergleichen mehr. Man muß über alle begriffliche Verschiedenheit hinaus die Garantie haben, daß die Anwendung der Begriffe der einen Theorie die Anwendung der Begriffe der anderen *an jeder Stelle* unmöglich macht. Inkommensurabilität wird man also am ehesten bei Theorien antreffen, die *universell* sind in dem Sinn, daß sie Mittel zur Beschreibung jedes Prozesses enthalten, der in ihrem Rahmen möglich ist und die uns auch erlauben, die Meßverfahren zu definieren, die bei ihrer Überprüfung angewendet werden. 'Alle Raben sind schwarz' ist sicher keine universelle Theorie, obwohl man sagen kann, daß die Aussage für alle Individuen gilt: über die Beobachtung der Schwärze und die Prozesse, die dabei ablaufen, erfährt man aus diesem Satz nichts. Die spezielle und die allgemeine Relativitätstheorie hingegen können auf eine Form gebracht werden, die sie zu universellen Theorien macht in dem hier gemeinten Sinn.[34] (Es ist aber auch möglich, diese Theorien auf eine andere Weise zu interpretieren, und dann gelten die nachfolgenden Darlegungen nicht mehr.)

In dieser Form sind sie nun inkommensurabel mit der klassischen Mechanik (vorausgesetzt, auch diese wird in entsprechender Weise aufgebaut). Man kann dies feststellen, indem man etwa die Definitionen von Marzke und Wheeler untersucht.[35] Ein einfacheres (und etwas oberflächlicheres) Argument besteht in dem Hinweis, daß die Relativgeschwindigkeit zwischen Objekt und Beobachter wesentlich in die relativistischen Begriffe eingeht, daß die relativistischen Begriffe ihren Sinn verlieren, wenn man dieses Element wegläßt, und daß dieses Element bei den klassischen Begriffen fehlt. Für die Wissenschaft entsteht aus einer solchen Situation keine Schwierigkeit, wie ich an anderer Stelle gezeigt habe. Die Schwierigkeiten, die man in der Wissenschafts*theorie* konstruiert, können aber schon mit Hilfe elementarer Überlegungen ausgeschaltet werden.[36] Als Ergebnis verbleibt, daß in einigen sehr interessanten Fällen ein Vergleich des Gehalts von Theorien nicht durchgeführt werden kann.

---

[34] Wie das geschieht, wird erläutert in R. F. Marzke und J. A. Wheeler, "Gravitation as Geometry" in Chiu and Hoffmann, eds., *Gravitation and Relativity*, New York 1964, 48 ff. Bemerkungen dazu in Anmerkung 205 und Text von *Against Method*.

[35] Vgl. die vorhergehende Anmerkung.

[36] Zur Lage in der Wissenschaft (entscheidende Experimente und dergleichen mehr) vgl. "Consolations for the Specialist", *op. cit.*, 226, abgedruckt als Kapitel 9 in diesem Band. Zu den Argumenten der Wissenschafts*theoretiker* vgl. denselben Aufsatz, pp 222–227. Als ich diese Argumente behandelte, *kannte ich noch nicht* Poppers Einwande in *seinem* Aufsatz in *Criticism*. Noch war es mir möglich, Einwände von solcher Naivität *vorherzusehen:* Gegen die Annahme der Inkommensurabilität gewisser natürlicher Sprachen wie Hopi und Englisch wendet Popper ein, „daß es viele Hopis ... gibt, die gelernt haben, Englisch sehr gut zu beherrschen" (56), und daß Leute, die in verschiedenen Sprachen erzogen wurden, doch miteinander diskutieren können. Nun bedeutet die Behauptung der Inkommensurabilität von Hopi und Englisch keineswegs, daß man nicht beide Sprachen *erlernen* kann. Was behauptet wird, ist, daß ein Argument entweder in der einen oder in

Ein *viertes Beispiel* der großen Kluft zwischen wissenschaftstheoretischer Phantasie und wissenschaftlicher Praxis ist die Forderung einer formal einwandfreien und widerspruchsfreien Darstellung. Auch diese Forderung ist in der Wissenschaft nur selten erfüllt. Die erregendsten Entwicklungen, die größten Fortschritte werden errungen mit einem Material, das formal uneinheitlich und voll von Widersprüchen ist. Ein Beispiel ist die ältere Quantentheorie.[37] Diese Periode der Wissenschaftsgeschichte führte zu einer Analyse tiefliegender philosophischer Annahmen in direkter Verbindung mit der Untersuchung physikalischer Probleme. Eine Fülle von Vorschlägen wurde gemacht, experimentelle Anregungen nahmen lawinenartig zu und führten zu entscheidenden Entdeckungen — und alles das auf einer Basis, die nicht nur formal höchst unbefriedigend, sondern auch voll von Widersprüchen war. Nach den Entdeckungen von Schrödinger und Heisenberg versuchte dann von Neumann die Widersprüche und die formalen Mängel durch seine Darstellung aus der Physik zu entfernen. Hier dringt also

der anderen Sprache stattfinden muß, weil 'gemischte' Argumente eine logische Unmöglichkeit sind. Und 'die eine oder die andere Sprache' verweist dabei auf die Sprachen in ihrer ursprünglichen Form, bevor der Versuch, brauchbare Übersetzungen zu liefern, zu einer *Umbildung* der bei der Übersetzung verwendeten Sprache geführt hat. Gegen die Behauptung der Inkommensurabilität (gewisser Formen von) Newtons Theorie und von Einsteins Theorie wendet Popper ein, daß es „viele Berührungspunkte gibt (wie etwa die Rolle der Poissonschen Gleichung) und Vergleichspunkte: aus Einsteins Theorie folgt, daß Newtons Theorie eine ausgezeichnete Approximation darstellt ...“ (57). Nun ist zuzugeben, daß beide Theorien gewisse *Formeln* miteinander gemeinsam haben, und daß man aus Einsteins Theorie (mit Hilfe manchmal recht zweifelhafter Machinationen) eine Reihe von *Formeln* herleiten kann, die identisch sind mit gewissen *Formeln* der Newtonschen Mechanik. Aber wie jeder Kenner von Duhems Analyse der 'Herleitung' des Gravitationsgesetzes aus den Gesetzen Keplers weiß, bedeutet die Existenz einer formalen Ableitung noch lange nicht, daß der Rechner den Sinn seiner Termini konstant gehalten hat. Newton tat es nicht, wie Duhem zeigte. Warum sollten die Einsteinianer weniger 'dialektisch' handeln?

[37] Eine ausgezeichnete Darstellung dieser Periode findet sich in Lakatos, "Falsification", 140 ff. Dort schimpft Lakatos auch auf meine Analyse von Bohr in "On a Recent Critique of Complementarity", *Philosophy of Science,* Vol. 35 (1968), 309 ff und 36 (1969), 82 ff, und stellt ihr Poppers „treffsichere" Kritik entgegen. Außerdem versucht er mich daran zu erinnern, daß ich in meiner Vergangenheit Popper in der Quantenmechanik überpoppert hätte ("he was more Popperian than Popper in this issue"). Was nun die „Treffsicherheit" von Poppers Kritik betrifft, so braucht man sich nur daran zu erinnern, daß er die Anwendung der Unsicherheitsrelationen auf den Einzelfall mit der Bemerkung kritisiert, die Ermittlung von Streuungen physikalischer Werte setze die Möglichkeit der Ermittlung scharfer Werte voraus. Diesen „Einwand", kann heute schon ein Gymnasiast widerlegen. Was aber die Anwesenheit Popperscher Viren in meiner Vergangenheit betrifft, so ist die Lage einfach: was heißt es, in der Quantenmechanik eine „Poppersche Position" einnehmen? Es heißt, sich an Einsteins Schürzenbänder hängen und die Einsteinsche Auffassung in grob simplifizierter Form vortragen. Solche Sünden, glaube ich, habe ich nie begangen.

eine wissenschaftstheoretische Forderung in die Physik selbst ein.[37a] Hat die Physik davon profitiert? Keinesfalls. Von Neumann gab nur Anlaß zu einer Flut weiterer Formalisierungen, die präziser waren als die seine, ohne daß aus diesen formalen Übungen eine einzige Entdeckung hervorgegangen wäre.[38] Die Diskussionen über verborgene Parameter, die jüngst zu interessanten Ergebnissen geführt haben,[39] stehen zwar in einem losen Zusammenhang mit von Neumanns 'Theorem', sie beruhen aber auf Gedankenexperimenten, wie etwa dem Gedankenexperiment von Einstein, Podolski und Rosen, die aus einem ganz anderen Zusammenhang hervorgingen.[40] Die Nützlichkeit des Neumannschen Monstrums sieht man an der Tatsache, daß sich für fast keinen der hypermaximalen Operatoren ein Meßinstrument angeben läßt, das seiner Messung dienen könnte.[41] Der Grund ist sonnenklar: in dem Bestreben, präzise Beweise für wichtige Theoreme zu finden (wie etwa für das Theorem der spektralen Zerlegung von Operatoren), wurden mehr und mehr abstrakte Begriffe eingeführt, bis dann der Zusammenhang mit Meßergebnissen völlig verloren ging. Hier braucht man noch immer das Korrespondenzprinzip, die Hauptstütze der formal unbefriedigenden und widerspruchsvollen älteren Quantentheorie. In anderen Teilen der Wissenschaften, etwa in gewissen Teilen der Soziologie, hat eine ähnliche Forderung zur Folge, daß nunmehr jede Entdeckung unmöglich gemacht ist. Stupides Sammeln uninteressanter Tatsachen ist dort die Ordnung des Tages.

Wenden wir uns von diesen Beispielen zur Geschichte der Wissenschaften, so sehen wir, daß wichtige Entwicklungen, wie der Aufstieg der neuen Astronomie von Kopernikus, Kepler, Galilei, und das Verschwinden des Hexenwahns in Europa nur darum eintraten, weil sich unabhängige Denker entschlossen, allen Regeln traditioneller Methodologie zum Trotz ungewöhnliche Theorien

---

[37a] „Der falsche Ton der Bühne schleicht sich im Leben ein und klingt daher auf der Bühne wie echt" schreibt Fritz Kortner über ähnliche Entwicklungen im Theater. *Aller Tage Abend,* dtv Taschenbuch, 68.

[38] Auch in der Quantenfeldtheorie ist das axiomatische Vorgehen unfruchtbar geblieben. Siehe etwa Heisenberg, *Naturwissenschaften,* 50 (1963), 3, und die Einführung von Streater-Wightman, *PCT, Spin & Statistics and all that,* New York 1964, 1: „Zynische Beobachter haben [die Axiomatiker] mit den Schüttlern verglichen, einer religiösen Sekte in Neu England, die solide Häuser bauten und ein enthaltsames Leben führten — ein nichtwissenschaftliches Äquivalent zum Prüfen strenger Theoreme ohne Kalkulation von Querschnitten".

[39] St. J. Freedman and John F. Clauser, *Experimental Test of Local Hidden Variable Theories,* Lawrence Berkeley Laboratory Preprint 392 (1972).

[40] Clauser-Horne-Shimony-Holt, *Phys. Rev. Letters,* Vol. 23 (1969), 800: „Obwohl diese Beweise mathematisch einwandfrei sind, beruhen sie auf physikalisch unrealistischen Postulaten". Vgl. auch J. S. Bell, 'On the Problem of Hidden Variables in Quantum Mechanics'', *Revs. Mod. Phys.,* Vol. 38 (1966), 447 ff.

[41] Vgl. E. P. Wigner, *Am. Journ. Phys.,* 31 (1963), aber auch schon Schrödinger *Nuovo Cimento,* 1955, 3.

einzuführen und auf unerlaubte Weise zu verteidigen.[42] Die Hexenlehre, weit davon entfernt, bloßer Ausfluß des Wahnsinns zu sein, war im 16. und 17. Jahrhundert auf dem europäischen Kontinent systematisch aufgebaut, rational formuliert und empirisch bewährt. Die Kopernikanische Lehre stand im Widerspruch mit Beobachtungen der klarsten und überzeugendsten Art und verletzte auch vernünftige physikalische Prinzipien, die auf der Erde, im Bereich der Physiologie, der Psychologie, ja selbst der Theologie zu überraschenden Resultaten geführt hatten. Betrachten wir diese Kluft zwischen der wissenschaftlichen Realität und den Luftschlössern der Methodologen, dann werden wir den Eindruck nicht los, daß diese mit *Geisteskrankheiten* eine Menge gemeinsam haben. Ein Grundzug geistiger Störung ist ja, daß sich der Kranke mehr und mehr von der Wirklichkeit entfernt. Er bemerkt dieses Entfernen nicht, denn er konstruiert Gedankengebäude, die in sich geschlossen, widerspruchsfrei sind und die Antworten geben auch auf die unangenehmsten Fragen. Ein wichtiger Zug der Gedankengebäude ist ihr formaler Charakter: gewisse Formeln, Gesten eingeschlossen, werden endlos wiederholt, aber so, daß ein Widerspruch mit anderen Formeln nicht eintritt. Ja, die Ähnlichkeit geht so weit, daß es uns fast gelingt, spezifische Krankheiten mit spezifischen Schulen zu identifizieren. Da haben wir die Schizophrenie (logischer Empirismus), die Hysterie (kritischer Rationalismus[42a]) und die katatonische Erstarrung (Erlanger Protozoenphysik). Das ist der Schluß, zu dem man gezwungen ist, wenn man die vorhandenen Methodologien mit dem Gegenstand vergleicht, den sie beschreiben und vielleicht sogar verbessern sollen. Und damit ist auch der erste Schritt der Entwicklung meines Themas vollzogen.[42b]

[42] Details, Beispiele und Literatur in *Against Method,* London 1975.

[42a] Heute ist der kritische Rationalismus allerdings auch schon ins Stadium der katatonischen Erstarrung und Gestenwiederholung übergegangen.

[42b] Um den Eindruck zu vermeiden, daß die Diskrepanz zwischen Wissenschaft und Wissenschaftstheorie erst vom Wiener Kreis in die Philosophie eingeführt worden ist, sei hier kurz die Definition betrachtet, die W. Dilthey im zweiten Kapitel des ersten Buches seiner *Einleitung in die Geisteswissenschaften* gegeben hat: „Unter Wissenschaft versteht der Sprachgebrauch einen *Inbegriff von Sätzen*, dessen Elemente *Begriffe*, d.h. *vollkommen bestimmt*, im ganzen Denkzusammenhang *konstant* und *allgemeingültig*, dessen Verbindungen *begründet*, in dem endlich die Teile zum Zweck der Mitteilung *zu einem Ganzen verbunden* sind, weil entweder ein Bestandteil der Wirklichkeit durch diese Verbindung *in seiner Vollständigkeit* gedacht, oder ein Zweig der menschlichen Tätigkeit durch sie geregelt wird." Die hervorgehobenen Teile deuten die Stellen an, an denen sich diese Definition von der wissenschaftlichen Praxis unterscheidet:

„Inbegriff von Sätzen" — übersieht die Rolle, die Gleichungen, Formeln, Schemata (Leitungsschemata in der Neurophysiologie, Verbindungen in der Chemie) in der Wissenschaft spielen.

„Begriffe" — dieselbe Bemerkung wie oben.

„vollkommen bestimmt" — übersieht die Rolle 'offener' Begriffe, die im Verlauf der Forschung allmählich mehr und mehr bestimmt werden.

3   Auch Doktor Lakatos kann nicht helfen

Blickt man nun auf diesen Gegenstand selbst, blickt man auf die 'wissenschaftliche Realität' so, wie sie im ersten Schritt polemisch eingeführt wurde, dann fühlt man sich keineswegs glücklich und zufrieden. Die Wissenschaftstheorien sind zwar engstirnig, starr, von der 'Wirklichkeit' meilenweit entfernt. Aber ist denn diese 'Wirklichkeit' selbst attraktiver? Ist sie nicht so willkürlich, irrational, chaotisch, mißgestaltet, daß man es verstehen kann, wenn denkende Menschen sich von ihr entfernen? Ist diese Flucht nicht eine sehr *natürliche* Reaktion, da ja ein Mensch nur in einer Umgebung leben, wirken, denken, *glücklich sein* kann, die ein gewisses Mindestmaß an Regelmäßigkeit besitzt? Das sind die Fragen, die sich angesichts des eben dargelegten Konflikts zwischen Methodologie und wissenschaftlicher Praxis erheben.

Der einzige Philosoph, der auf diese Fragen eine umfassende Antwort gegeben hat, ist Imre Lakatos. Lakatos hat das Problem *erkannt,* d.h. er hat erkannt, wie sehr sich einflußreiche Methodologien von der wissenschaftlichen Wirklichkeit unterscheiden, und er hat auch erkannt, daß der Versuch, sie trotz allem mit Gewalt durchzusetzen, zu einem absoluten Fiasko führen muß, zum Verschwinden der Wissenschaften in der Form, in der wir sie heute kennen. Darin ist er fast allen Wissenschaftstheoretikern voraus, eingeschlossen Karl Popper, von dem er die eine und die andere kleine Anregung empfangen hat. Zweitens hat Lakatos das Problem *legitimisiert* durch eine genaue Analyse der Elemente, die die 'wissenschaftliche Wirklichkeit' *konstituieren,* und der Prozesse, die uns gestatten, die so konstituierten Elemente *zu erkennen.* Man spricht

„konstant" — übersieht den Umstand, daß Begriffe durch neue Entdeckungen ständig einen neuen Inhalt bekommen, und daß ihr Inhalt selbst in einer und derselben Diskussion nur selten konstant bleibt: fast alle wissenschaftlichen Diskussionen sind 'dialektisch' oder, besser, fast alle entscheidenden und fortschrittsfördernden Diskussionen in der Wissenschaft sind dialektisch in diesem Sinn. Dieser Mangel an Konstanz geht Hand in Hand mit der 'Offenheit' der Begriffe, von der eben die Rede war.

„allgemeingültig" — die Begriffe der Newtonschen Himmelsmechanik spielen noch immer eine entscheidende Rolle in der praktischen Physik (Approximationsmethoden der Himmelsmechanik), und sie haben auch eine wichtige theoretische Funktion: nach Auffassung der Kopenhagener Schule beschreiben sie die Versuchsbedingungen, unter denen ein bestimmtes Mikroexperiment stattfindet. Sie haben aber nur mehr begrenzte Gültigkeit.

„zu einem Ganzen verbunden" — gilt sicher nicht für Perioden wissenschaftlicher Revolution wie die ältere Quantenmechanik, wo abgerissene Theorienstücke eine wesentliche Rolle in der Argumentation spielen.

„in seiner Vollständigkeit" — dieselbe Bemerkung wie oben.

Der Ausgangspunkt der Diltheyschen Definition ist natürlich das *Lehrbuch.* Aber Lehrbücher (Lehrbücher der Logik eingeschlossen) bieten nichts als Karikaturen vorübergehender Zustände des *Prozesses* Wissenschaft, und sind daher zweifach von der Realität entfernt: sie vernachlässigen den Prozeßcharakter der Wissenschaft, und sie entfernen aus den vorübergehenden Zuständen gerade jene Elemente, die zur Entwicklung der Wissenschaft wesentlich sind.

so leicht von der 'Praxis der Wissenschaft' oder von der 'wissenschaftlichen Realität', als ob dies ein fertig gegebener, wohlbegrenzter, und leicht identifizierbarer Gegenstand wäre. Ich selbst habe die rhetorische Zugkraft und das propagandistische Potential solcher Wendungen im ersten Teil dieses Vortrags schamlos ausgenützt, um die Notwendigkeit gewisser Überlegungen einmal in Ihr Bewußtsein einzuführen. Aber nun, da das Problem vorliegt und die Diskussion beginnt, ist größere Klarheit am Platze — und die hat Lakatos mit seiner Diskussion der Kriterien der 'wissenschaftlichen Wirklichkeit' geliefert. Drittens hat Lakatos eine höchst originelle Lösung des Methodenproblems entwickelt. Für ihn ist die Kluft zwischen Wissenschaft und Wissenschaftstheorie noch nicht das Ende *aller* Methodologien (und damit das Ende der 'Vernunft'), sondern nur das Ende von *Methodologien einer bestimmten Art,* jener Methodologien nämlich, die eine Theorie sofort nach ihrem Auftauchen bewerten und dann auf Grund der Bewertung entweder beibehalten oder verwerfen. Solche *Instantanmethodologien* ersetzt Lakatos durch eine *Prozeßmethodologie,* die ihre Beurteilung auf die Züge längerer historischer Entwicklungen gründet. Viertens setzt Lakatos seine Methodologie nicht nur bei der Bewertung wissenschaftlicher Theorien ein, sondern auch bei der Bewertung historischer und methodologischer Gesichtspunkte und vereinigt dadurch Metaphysik, Wissenschaft, Wissenschaftsgeschichte und Wissenschaftstheorie. Es ist klar, daß es mir nicht gelingen kann, in einem kurzen Vortrag, und noch dazu an einem sonnigen Tag, dieses reiche und faszinierende System auch nur einigermaßen befriedigend darzustellen. Ich begnüge mich daher mit der Analyse einiger Elemente und bringe dann meine eigenen Ansichten vor. Ich beginne mit der Methodologie, die nach Lakatos die gängigen Instantanmethodologien ersetzen soll.[43]

Eine Theorie, die zum erstenmal vorgeschlagen wird, ist nur selten hinreichend artikuliert, sie enthält vielleicht Widersprüche, es ist nicht klar, auf welche Tatsachen sie sich bezieht, es ist nicht klar, wie die Tatsachen, die sie beschreibt, beurteilt werden sollen, und so weiter. Die Theorie hat viele Mängel. *Aber sie kann entwickelt werden,* und die Entwicklung kann zu Verbesserungen führen. Die natürliche Einheit methodologischer Beurteilungen ist also nicht eine einzelne Theorie, sondern eine Folge von Theorien, ein sogenanntes *Forschungsprogramm,* und beurteilt wird nicht der *Zustand* des Forschungsprogramms zu einem bestimmten Zeitpunkt (etwa die Tatsache, daß es mit zahlreichen Experimentalergebnissen im Widerspruch steht), sondern seine *Geschichte,* wenn möglich im Vergleich mit der Geschichte konkurrierender Forschungsprogramme: ein Forschungsprogramm *schreitet fort,* solange sein Wachstum, das heißt die allmäh-

---

[43] Lakatos hat seine Methodologie in den folgenden Aufsätzen dargestellt: "Falsification and the Methodology of Scientific Research Programmes", *Criticism and the Growth of Knowledge,* Cambridge 1970; "History of Science and its Rational Reconstructions", *Boston Studies in the Philosophy of Science,* Vol. VIII (1971); diese beiden Aufsätze wurden von mir ins Deutsche übersetzt und werden demnächst in dieser Sprache erscheinen; "Proofs and Refutations", *British Journal for the Philosophy of Science,* Vol. 14, (1963/4), die reine Mathematik betreffend.

liche Vergrößerung des Gehalts der Elemente der Theorienfolge zur erfolgreichen Vorhersage neuer Tatsachen führt; es *stagniert,* wenn keine Bestätigungen mehr eintreten, wenn sich die Widerlegungen häufen, und wenn das Programm sein heuristisches Potential, seine Fähigkeit zur Entdeckung neuer Erscheinungen zu verlieren scheint; es *degeneriert,* wenn das Wachstum einzig in der *post-hoc* Erklärung von Tatsachen besteht, die entweder schon mit Hilfe anderer Programme oder zufällig gefunden wurden, wenn adaptive Maßnahmen an der Tagesordnung sind, wenn befriedigende Erklärungen eine Seltenheit werden.

Man wird nun die starke Neigung verspüren, diese Bewertungen der Geschichte von Forschungsprogrammen in Handlungen umzusetzen, etwa so, daß man degenerative Forschungsprogramme aufgibt und progressive Forschungsprogramme unterstützt. Nach Lakatos ist ein solches Vorgehen durchaus legitim. Aber es kann nicht durch Regeln befohlen werden. Es gibt nämlich in seiner Methodologie keine Regel der Form 'verwirf degenerierende Forschungsprogramme', oder 'verwirf degenerierende Forschungsprogramme, wenn sie Stadium 0 erreicht haben' oder dergleichen. Jede solche Regel könnte durch Hinweis auf Fälle kritisiert werden, in denen ein Forschungsprogramm trotz langewährender Degeneration am Ende doch als Sieger hervorging (die Kritik ist ähnlich der oben im zweiten Beispiel erwähnten Kritik an der Regel der Falsifikation). Das Beibehalten und das Beseitigen von Forschungsprogrammen ist also völlig dem Ermessen des Wissenschaftlers überlassen. Die Methodologie gibt ihm zwar *Maßstäbe* zur *Bewertung* der (historischen) Situation, in der er seine Entschlüsse fällt, sie enthält aber keine Anweisungen, die diese Entschlüsse ersetzen könnten. Es ist nicht einmal möglich, die lange Verteidigung degenerierender Forschungsprogramme als irrational anzuprangern: „Man kann rational an einem degenerierenden Forschungsprogramm festhalten, bis es von seinem Rivalen überholt wird, *und selbst nachher noch*"[44], denn es ist immer möglich, daß „sich Problemverschiebungen wieder aus Degenerationstälern erheben".[45] *Jedes* Verhalten ist rational, weil vereinbar mit den zugrundeliegenden Maßstäben.[45a] Und *statt der Befolgung von Regeln haben wir freie Entschlüsse in konkreten historischen Situationen.*

[44]   "History", 104

[45]   "Falsification", 164

[45a]   „Es ist völlig rational, ein riskantes Spiel zu spielen: irrational ist es, sich über die Risiken zu täuschen", schreibt Lakatos ("History", 104). Das heißt, man kann tun, was man will, wenn man sich nur gelegentlich an die Maßstäbe erinnert, *die übrigens über das Risiko des Getanen keine Aussage machen:* die Annahme, daß das Verfolgen degenerierender Forschungsprogramme *riskant* ist, ist in den Maßstäben nicht enthalten. Meint man, daß es sich um ein Risiko vis-a-vis der *physischen* Welt handelt, dann hat man hier eine *kosmologische Annahme,* die man etwa so formulieren könnte: degenerierende Forschungsprogramme haben in dieser Welt nur eine kleine Chance, sich zu erholen. Ich glaube nicht, daß diese Annahme wahr ist. Anders ist es mit der Annahme, daß degenerierende Forschungsprogramme in der sozialen Welt wissenschaftlicher *Kollegen* keine große Chance haben. Wissenschaftler sind ja gewöhnlich Opportunisten, die sich drehen, wie der Wind weht, und man findet nur wenig entschiedene Verteidiger von unpopulären Ideen.

Der Unterschied zwischen Lakatos und mir liegt nun in der Weise, in der wir diese Freiheit des Wissenschaftlers behandeln. Lakatos hält sie für zu groß und will sie einschränken. Die Mittel, die er zur Einschränkung verwendet, sind nach seiner eigenen Auffassung nicht mehr rational (vgl. das eben angeführte Zitat über das, was bei Lakatos rational möglich ist), obwohl er sie oft genug mit feiner propagandistischer Finesse als einen wesentlichen Teil seines 'Rationalismus' darstellt. Die Mittel sind bei ihm psychologisch-soziologische Manöver. Das Ziel, das er mit Hilfe dieser Manöver erreichen will, ist klare intellektuelle Luft und bessere Qualität wissenschaftlicher Arbeiten. Ich selbst halte die Freiheit durchaus nicht für zu groß, und ich glaube auch nicht, daß die von Lakatos empfohlenen sozialen Manöver die intellektuelle Athmosphäre verbessern werden. Noch halte ich an dieser Freiheit nur um ihrer selbst willen fest. Sie scheint mir das beste Instrument zu sein zur Erforschung der physikalischen Welt, in der wir leben, und der Welt der Werte, die unserem Leben Sinn verleihen. Ich glaube also, daß es möglich ist, kosmologische *Argumente* für den 'Anarchismus' zu geben, der aus dieser Freiheit scheinbar hervorgeht. Darüber hinaus kann meiner Ansicht nach jeder bestimmte Schachzug, den man in der Wissenschaft unternimmt, durch eine kosmologisch-nomologische Untersuchung als brauchbar oder unbrauchbar erwiesen werden. Meine Auffassung, die Ernst macht mit den anarchistischen Tendenzen der Methodologie von Lakatos, ist also paradoxerweise 'rationaler' als die seine, weil besser und mehr offenkundig auf Argumente gegründet. Betrachten wir nun die Einzelheiten.

Die Methode von Lakatos fordert den Wissenschaftler auf, freie Entschlüsse in konkreten historischen Situationen zu treffen. Zu solchen Situationen gehören nun nicht nur Experimente, Beobachtungen, Theorien, Forschungsprogramme, sondern auch Institutionen, Journale, das Urteil von Kollegen und dergleichen mehr. Und während dem Urteil des individuellen Wissenschaftlers und seiner Forschung große Freiheit zugestanden wird, während es ihm gestattet ist, ein degenerierendes Forschungsprogramm endlos zu verfolgen, „bis es von seinem Rivalen überholt wird, *und selbst nachher noch*", erwartet Lakatos von den Institutionen ein mehr konservatives Verhalten, „Herausgeber wissenschaftlicher Journale sollten sich weigern, ... Arbeiten [über degenerierende Programme] zu akzeptieren ... und auch Forschungsgemeinschaften sollten dazu kein Geld hergeben."[46] Das heißt aber, daß die Entschlüsse des individuellen Wissenschaftlers nicht ganz so frei und unbehindert sind, wie es auf den ersten Blick erscheinen mag. *Theoretisch* hat er zwar die Möglichkeit, zu tun was ihm beliebt; *theoretisch* wird ihm selbst im Extremfall die Möglichkeit ganz überwältigender Erfolge nicht abgesprochen; *theoretisch* ist das Bearbeiten selbst der hoffnungslosesten Programme noch immer „rational".[47] *Praktisch* aber stellen sich dem Wissenschaftler, der degenerierende Programme verfolgt und weiter ausbaut, mannigfache Hindernisse entgegen. Er ist isoliert, er steht unter großem Druck, er ist ohne finanzielle und ohne moralische Unterstützung. Der Zweck der Hin-

---

[46] "History", 105
[47] "History", 104: „Es ist völlig rational, ein riskantes Spiel zu spielen."

dernisse ist nicht die Einhaltung der Maßstäbe — diese hat er nicht verletzt und kann sie auch nicht verletzen – der Zweck ist vielmehr die *Schaffung einer konservativen Einstellung zu den Maßstäben.*

Obwohl die Maßstäbe dazu nicht auffordern, kann man ja einem degenerierenden Forschungsprogramm gegenüber verschiedene Haltungen einnehmen. Man kann sich entschließen, ihm eine Chance zu geben, und man kann sich auch entschließen, solche Forschungsprogramme schon nach kurzer Zeit aus der Wissenschaft zu entfernen. Vereinigen sich Forscher der ersten Art zu einer Gruppe, dann wird man sagen können, daß in dieser Gruppe eine mehr 'liberale' Athmosphäre herrscht. Die Athmosphäre in einer Gruppe von Forschern der zweiten Art ist hingegen 'konservativ'. Lakatos verlangt, daß die Athmosphäre der Institution 'Wissenschaft' eine konservative Athmosphäre sei.

Für einen Falsifikationisten, der einen Konflikt zwischen Theorie und Tatsachen als einen Grund für die Beseitigung der Theorie ansieht, wäre ein solcher Konservativismus durchaus rational. Er folgt ja aus der von ihm verteidigten Methodologie. Das Phänomen ist für ihn außerdem 'intern' im Sinne von Lakatos, das heißt, es ist ein Teil der Geschichte der Wissenschaften, der von seiner Methodologie sanktioniert wird. Für Lakatos selbst liegt eine solche Sanktionierung nicht vor. Der Konservativismus, den *er* in der Wissenschaft realisieren will, ist (relativ zu *seiner* Methodologie) ein 'externes' Phänomen, er gehört in die Soziologie oder in die „Mob-Psychologie".[48] Und da eine Diskussion degenerierender Forschungsprogramme wesentlich in der Diskussion der Frage bestehen wird, ob der Konservativismus berechtigt ist oder ob eine mehr liberale Haltung eingenommen werden soll, diese Frage aber bei Lakatos nicht durch Hinweis auf seine Maßstäbe entschieden werden kann, so spielen „Machtkämpfe und gemeine persönliche Kontroversen"[49] in dieser Methodologie eine sehr wesentliche Rolle. Sie sind *notwendig*, um die Kluft zu überbrücken, die hier zwischen Maßstäben und konkreten Handlungen besteht. Der einzelne überbrückt diese Kluft durch einen *Entschluß*, den die Maßstäbe beeinflussen, aber nicht in seinem Inhalt determinieren können; eine Gruppe überbrückt die Kluft durch *kollektive Handlungen,* und diese müssen durch Drücken und Schieben erst auf einen Nenner gebracht werden. Wir sehen, es ist Lakatos nicht gelungen, die 'Vernunft' vor dem Ansturm der historischen Analyse zu retten.[50]

---

[48] "Falsifikation", 178. Lakatos verwendet den Begriff natürlich in einem negativen Sinn: gute Wissenschaft ist rational, "mob psychology" spielt nur dann eine Rolle, wenn sie vom Wege der Rationalität abweicht.

[49] "History", 120.

[50] Diese Kritik der Methode der Forschungsprogramme ist identisch mit der Kritik, die Lakatos selbst an anderen Denkern geübt hat, zum Beispiel an Kuhn. Nach Kuhn, schreibt Lakatos, „ist eine wissenschaftliche Revolution irrational, sie ist eine Angelegenheit der Mobpsychologie" ("Falsification", 178; im Original kursiv). Kuhns *Beschreibung* der Wissenschaft wird kritisiert, weil sie diese als ein rein massenpsychologisches Phänomen auffaßt. Müssen wir dann nicht Lakatos noch mehr kritisieren, da er doch *die Wissenschaft*

Das wird noch offenkundiger, wenn wir untersuchen, wie er diese Analyse ausführt oder, in unserer Ausdrucksweise, wenn wir seine Definition der 'wissenschaftlichen Praxis' untersuchen. Der Maßstab methodologischer Überlegungen, sagt Lakatos, ist nicht die historisch vorliegende Wissenschaft, sondern ihre *rationale Rekonstruktion*. Eine solche rationale Rekonstruktion unterscheidet in der Wissenschaft zwischen 'internen' und 'externen' Vorgängen. 'Interne' Vorgänge entsprechen den Regeln einer bestimmten Methodologie, 'externe' Vorgänge widersprechen ihnen oder fallen nicht in ihren Anwendungsbereich. Zum Betrieb der Wissenschaft sind sie nicht unwesentlich – in der Tat, die Wissenschaft würde zusammenbrechen, wenn Essen, Trinken, Schlafen, Neid, Geldgier nicht vorhanden wären. Diese Vorgänge sind aber nicht methodologisch relevant. Sie halten die Wissenschaft in Gang, fallen aber nicht mir ihr zusammen. Die 'wissenschaftliche Praxis', die Lakatos verwendet, um Methodologien zu kritisieren, ist nun die Gesamtheit der internen Vorgänge der Wissenschaft.

Diese Definition scheint uns zunächst in einen Zirkel zu verwickeln: 'interne' Wissenschaft ist, was methodologisch relevant ist, hängt ab von der verwendeten Methodologie und kann also nicht, außer auf willkürliche Weise, gegen andere Methodologien eingesetzt werden. Die Willkür verschwindet, wenn man allgemeine Methodologien zu singulären methodologischen Urteilen, sogenannten 'Basiswerturteilen'[51] in Beziehung setzt. Ein 'Basiswerturteil' ist ein Werturteil ʻdas sich auf *besondere* Errungenschaften der Wissenschaft bezieht, das also etwa feststellt, daß eine *bestimmte* Theorie zu einem *bestimmten* Zeitpunkt wissenschaftlich einwandfrei, und einer anderen Theorie überlegen ist. Derartige Urteile zeigen nach Lakatos weitaus größere Einheitlichkeit als generelle Urteile, wie 'nur jene Theorien sind gut, die grundsätzlich durch die Tatsachen widerlegt werden können', oder 'einfache Theorien sind besser, als weniger einfache', und sie können somit gelegentlich als objektive, d.h. als allgemein verbindliche Kontrollen für eine Methodologie, oder eine Theorie der Rationalität dienen. Ihre Funktion bei der Beurteilung von Methodologien ist vergleichbar mit der Funktion von 'Basis'sätzen bei der Beurteilung wissenschaftlicher Theorien. Und wie in der Wissenschaft hängt ihr *Einsatz* von den besonderen methodologischen

---

selbst in ein massenpsychologisches Phänomen verwandeln will, wo Drücke, Hindernisse, mißbilligendes Brummen, selbstgerechtes Kopfschütteln die Handlungen der Wissenschaftler dirigieren?

Die Motivation von Lakatos, seinen Wunsch, die intellektuelle Verseuchung zu vermindern, an der wir heute genau so leiden wie an der Verseuchung der physischen Athmosphäre, kann ich wohl verstehen, und ich teile diesen Wunsch. Auch mir erscheinen manche *moderne* Schulen der Philosophie, der Soziologie (Behaviorismus, Marxismus – hinsichtlich des intellektuellen Niveaus besteht kein großer Unterschied zwischen den beiden), selbst der Physik wie Narrenhäuser, in denen lautstarke Irre seltsamen Tätigkeiten nachgehen, ohne Sinn, ohne Charme, ohne Verbindung mit der Wirklichkeit. Aber es ist mir nicht ausgemacht, daß Irre schlechter sind als intellektuelle Feiglinge und Opportunisten. Die Methode von Lakatos muß aber gerade die letzteren begünstigen.

51   Zum folgenden vgl. ''History'', 116 ff.

Regeln ab, die man akzeptiert: wer fordert, daß Theorien, die einer wohlbekannten Tatsache widersprechen, zu verwerfen sind, der wird auch fordern, daß Methodologien, die einem allgemein anerkannten Basis*wert*urteil widersprechen, zu verwerfen sind.[52] Wer andererseits Theorien und Forschungsprogramme nach ihrer Entwicklung (progressiv; stagnierend; degenerierend) und nicht nach dem Zustand beurteilt, in dem sie sich zu einem bestimmten Zeitpunkt befinden, der erhält die Regel, daß eine Methodologie oder eine Theorie der Rationalität akzeptabel ist, wenn sie gegenüber anderen Methodologien *einen Fortschritt darstellt,* das heißt, wenn sie zur erfolgreichen Vorhersage einer größeren Zahl von Basiswerturteilen führt als konkurrierende Methodologien, und wenn sie unter Umständen Basiswerturteile auf gehaltvermehrende Weise modifiziert. „Ein Fortschritt in der Theorie wissenschaftlicher Rationalität zeigt sich also in der Entdeckung neuartiger historischer Tatsachen und auch darin, daß eine zunehmende Masse wertgetränkter Geschichte als rational rekonstruiert wird."[53] Maßstab methodologischer Kritik ist aber das beste Forschungsprogramm, das zu einer bestimmten Zeit auf diesem Gebiet zur Verfügung steht, und dieses Forschungsprogramm beantwortet auch die Frage nach der Natur der 'wissenschaftlichen Praxis'. — Soweit eine erste Approximation des Verfahrens von Lakatos.

Diese Approximation übersieht, daß Basiswerturteile in der Wissenschaft nur selten jene Allgemeingültigkeit haben, die für eine sinnvolle methodologische Diskussion nötig ist, und daß sie auch meistens auf höchst unvernünftige Weise begründet werden. Die Wissenschaft kennt *Schulen,* die gegebene Theorien sowohl allgemein als auch im einzelnen verschieden bewerten, und Basiswerturteile wechseln radikal von einer wissenschaftlichen *Disziplin* zur anderen (man vergleiche etwa die Hochdruckforschung mit der relativistischen Kosmologie). Auch wo keine Schulen bestehen, da geht das Urteil individueller Wissenschaftler über bestimmte Theorien oft weit auseinander: Lorentz, Poincaré, Ehrenfest hielten Einsteins spezielle Relativitätstheorie durch Kaufmanns Versuche für widerlegt, Einstein selbst war anderer Ansicht.[54] Wo aber die Bewertung einheitlich ist, wie im Falle der kopernikanischen Lehre, da beruht sie oft auf historischen Fehlurteilen der gröbsten Art. Das gilt besonders für jene Basiswerturteile, die der Methode der Falsifikation widersprechen:[55] die Quantentheorie, die sich in qualitativen und quantitativen Schwierigkeiten befindet, wird akzeptiert nicht *trotz* dieser Schwierigkeiten, das heißt, unter *bewußter* Brechung des Falsifikationsprinzips, sondern weil „alle Evidenz mit gnadenloser Eindeutigkeit die Übereinstimmung aller Wechselwirkungen mit dem grundlegenden Quantengesetz

---

[52]   Vgl. die Regel in "History", 111.

[53]   118

[54]   Vgl. meinen Aufsatz „Von der beschränkten Gültigkeit methodologischer Regeln", *Neue Hefte für Philosophie,* Heft 2/3, Göttingen 1972, Anm. 32 und 33; Kapitel 10 des vorliegenden Bandes.

[55]   Vgl. Lakatos 'Falsifikation' des Popperschen Abgrenzungskriteriums in "History" 111 ff.

beweist".[56] Newtons Theorie wird akzeptiert in dem Glauben, daß sie aus Beobachtungstatsachen logisch folgt.[57] Newton selbst behauptet, die Theorie direkt und ohne Seitenblick auf Alternativen aus „Phänomenen" hergeleitet zu haben. *Das* sind die Gründe, die zu den Basiswerturteilen führen, deren „wissenschaftlicher Weisheit"[58] Lakatos gelegentlich so großes Gewicht zuschreibt. Und wenn die Diskrepanz zwischen Tatsachen und Theorie die Bewußtseinsschwelle der Wissenschaftler durchdringt, da wird die Theorie von der großen Mehrheit der Wissenschaftler auch wirklich abgelehnt. Lakatos hat diese Situation nicht übersehen. Er hat erkannt, daß Basiswerturteile nicht immer vernünftig sind,[59] und er hat auch erkannt, daß die „Urteilskraft" der Wissenschaftler „gelegentlich" fehlschlägt.[60] In solchen Fällen setzt er die abstrakten methodologischen Forderungen der Philosophen der langsam an Weisheit verlierenden „Weisheit" der Wissenschaftler entgegen.[61] Die 'wissenschaftliche Praxis' ist also in seiner Rekonstruktion nicht einfach die Summe von Basiswerturteilen; sie ist auch nicht das beste Forschungsprogramm, das sich auf dieser Basis erhebt. Sie ist ein „pluralistisches System von Autoritäten"[62], in dem Basiswerturteile nur solange den Vorrang haben, als sie einheitlich sind *und* vernünftigen Entwicklungen Ausdruck verleihen. Wenn aber die Einheitlichkeit der Basiswerturteile verschwindet, oder „wenn eine wissenschaftliche Schule zur Pseudowissenschaft herabsinkt"[63], dann treten allgemeine methodologische Anweisungen in den Vordergrund und erzwingen Vernunft und Einheitlichkeit.

Imre Lakatos scheint nun nicht zu bemerken, daß in der Wissenschaft fast immer nur der letztere Fall realisiert ist. Basiswerturteile sind viel weniger einheitlich, als er annimmt, und es gibt kaum ein einziges Basiswerturteil, das von allen Wissenschaftlern, aus allen Bereichen (Biologie, Spektroskopie, Astronomie, Kosmologie, Quantenfeldtheorie, Hochdruckforschung) und allen Schulen (Behaviorismus, introspektive Psychologie, Neurophysiologie) *rational* akzeptiert wird, das heißt also, nicht bloß darum, weil man dem 'Kollegen vom Fach' oder den zwei, drei Leuten, die ein bestimmtes Problem genau kennen, unbeschränktes Vertrauen schenkt. Das tut seiner Theorie keinen Eintrag, denn er zieht diese Eventualität in Betracht. *Theoretisch* unterscheidet sich Lakatos noch immer von

---

[56]   L. Rosenfeld, in *Observation and Interpretation*, ed. Koerner, London 1957, 44.

[57]   Selbst noch bei Max Born, *Natural Philosophy of Cause and Chance*, London 1948, 129 ff.

[58]   "History", 121

[59]   "History", Anm. 80: „Unser Vorgehen bedeutet nicht, daß wir die 'Basisurteile' der Wissenschaft ohne Fehl für rational *halten*; es bedeutet nur, daß wir sie *akzeptieren,* um universelle Definitionen der Wissenschaft zu kritisieren." Dieses Verfahren ist in den *empirischen* Wissenschaften wohlbekannt. Auch hier akzeptiert man oft unsinnige Beobachtungsberichte, wie Berichte über die Wanderungen himmlischer Götter, deutet sie um und verleibt sie in ihrer neuen Form der empirischen Basis der Astronomie ein. Ähnlich sind viele Berichte über dämonische Besessenheit heute in veränderter Form Evidenz für oder gegen bestimmte psychologische Theorien.

[60]   121   [62]   121

[61]   121   [63]   122

dem Philosophen, der die Wissenschaft *von außen her* in bestimmte Bahnen zwingen will, und der die tatsächlichen Verfahrensweisen der Wissenschaftler weder untersucht, noch der Untersuchung für wert hält. *Praktisch* kommt dieser Unterschied aber fast nie zustande, denn er besteht nur solange, als Basiswerturteile einheitlich genug sind, um als Grundlage für nicht philosophische Verallgemeinerungen dienen zu können. Gerade diese Einheitlichkeit ist aber in der Wissenschaft nur selten zu finden. Wenn sie sich aber findet, dann schließt sich Lakatos ihr nur dann an, wenn sie seinen philosophischen Lieblingsideen entspricht: der einsame Einstein wird beachtet, die Meinung der wohldisziplinierten Kohorten der Kopenhagener Schule wird beseite geschoben.[63a]

Wir entdecken hier zum zweiten Mal eine höchst interessante Differenz zwischen der *Rede* von Lakatos und ihrem *praktischen Tauschwert*. Wir haben gesehen, daß die *Methodologie* der Forschungsprogramme sich zwar sehr rational gibt, daß sie aber keine einzige konkrete Handlung von Wissenschaftlern als 'irrational' verurteilen kann. Wo Lakatos ein solches Urteil fällt – und er tut das oft genug – da stützt er sich nicht mehr auf die Prinzipien seiner Philosophie, sondern auf seine eigenen konservativen Neigungen oder auf den Konservativismus des Commonsense, also auf Dinge, die er selbst als 'extern' aus der Diskussion rationaler Verfahrensweisen ausgeschlossen hat. Vom Standpunkt seiner Philosophie aus ist dieser Konservativismus nicht mehr und nicht weniger 'rational' als der Liberalismus jener Denker, die auch heute noch am Forschungsprogramm der Astrologie, oder gar der Popperschen Philosophie arbeiten. Nun stellt es sich heraus, daß sich auch die Analyse der wissenschaftlichen Praxis, die uns Lakatos bietet, nicht zu sehr von den Luftschlössern akademischer Philosophen unterscheidet – nur ist die Diskrepanz hier *zum Teil* das Resultat von Fakten (Mangel einer genügend großen Gruppe einheitlicher Basiswerturteile), und nicht völlig der Auswuchs irregeleiteter und falsch beschriebener reformatorischer Bemühungen.

Diese Bemerkung führt sogleich zu einem weiteren und weitaus wichtigeren Punkt. Die 'Rekonstruktion' der Wissenschaft, die uns Lakatos bietet, und auf die er seine Beurteilung konkurrierender Methodologien stützt, ist zwar 'rational' in dem Sinn, daß sie die konkreten Entscheidungen der Wissenschaftler (falls vorhanden und falls gebilligt!) und allgemeine philosophische Maßstäbe umfaßt, also das, was Wissenschaftler „instinktiv"[64] und Philosophen aus allgemeinen Gründen – also bei der unter ihnen üblichen Denkweise wieder instinktiv – für rational *halten*. Sie läßt aber nicht erkennen, warum diese instinktiven Reaktionen (die oft genug mit anderen instinktiven Reaktionen derselben Wissenschaftler im Widerspruch stehen, oder aus einer Reihe ungemein verschrobener Irrtümer hervorgehen – siehe die kurzen Bemerkungen weiter oben), und warum diese Deklarationen allgemeiner Prinzipien das beste Mittel sein sollten in der physisch-historisch-sozialen Welt, die uns umgibt, ein gewünschtes Ziel zu erreichen, und sie

---

[63a] Vgl. Anm. 67, 69 und Text.

[64] "History", 121

gibt uns auch keinen klaren Hinweis auf die Natur dieses Ziels. Der Mangel wird besonders in jenen Perioden deutlich, in denen neue Methoden und neue Wissensformen ihr Haupt erheben. In Perioden der Degeneration, sagt Lakatos, treten abstrakte methodologische Überlegungen in den Vordergrund und versuchen die wissenschaftliche Kasuistik auf den rechten Weg zurückzuleiten, und er gibt auch Fälle an, in denen ihm eine solche Rückkehr angemessen erscheint: gewisse Entwicklungen in der Soziologie, die Sozialastrologie,[65] die moderne Teilchenphysik.[66] Für Lakatos sind das Beispiele der Degeneration, weil sie teils allgemeine philosophische Regeln, teils die ältere wissenschaftliche Praxis (d.h. die Züge der von ihm rekonstruierten 'modernen Wissenschaft' von Newton, Maxwell, Einstein – *aber nicht von Bohr*[67]) verletzen. Genau so ist der rastlose Wandel der modernen Wissenschaft, der sich bei Galilei ankündigt, und ihre 'unempirische' Verfahrensweise Degeneration für den Aristoteliker, der sich bei diesem Urteil auf *seine* allgemeine Philosophie, *seine* allgemeinen Desiderata (Aufbau einer *stabilen* intellektuellen Ordnung, in der Politik wie auch in der Astronomie, die dem Menschen Kenntnisse und emotionale Befriedigung gibt) und auf die Basiswerturteile *seiner* (Aristotelisch-Ptolemäischen) Wissenschaft (die die *Occamisten* nicht in Betracht zieht) stützen kann. Und der Aristoteliker scheint sich dabei noch im Vorteil zu befinden, denn zur Zeit Galileis war die neue Wissenschaft erst im Werden, *neue* Basisurteile waren rar, und jene, die vorgeschlagen wurden, waren noch unvernünftiger und uneinheitlicher als die Basiswerturteile der Wissenschaft von heute. Wie entscheidet man sich unter solchen Umständen? Welche Überlegungen gestatten uns, die Maßstäbe der Aristotelischen Philosophie *zusammen mit* den Basiswerturteilen der Aristotelischen Philosophie zu verwerfen und durch die neuen Maßstäbe und die neuen Basiswerturteile der Wissenschaft von Galilei und Newton zu ersetzen? Die Methode von Lakatos gibt keine Antwort auf diese Frage, denn sie kennt neben philosophischen Prinzipien und Basiswerturteilen keine weiteren 'internen' Berufungsinstanzen. Und man beachte, daß das Problem dasselbe bleibt, ob man es nun im 17. Jahrhundert oder heute stellt. Man kann natürlich den Übergang 'rekonstruieren', indem man die Aristotelischen Basiswerturteile (über Aristotelische Theorien) durch moderne Basiswerturteile (über Aristotelische Theorien), und die Aristotelischen Forderungen (direkte empirische Begründung; Nähe an der Alltagssprache; Stabilität) durch moderne Maßstäbe (Fortschritt mit Gehaltserweiterung; Irrelevanz des Alltagsdenkens) ersetzt — aber das bedeutet eine Verurteilung der Aristoteliker auf Grund unseres Standpunktes, nicht aber den Nachweis, daß unser Standpunkt besser ist, als der Aristotelische.[68] Anders ausgedrückt: um zwischen einer 'ratio-

---

[65] "History", Anm. 132; "Falsification", 176

[66] "History", Anm. 130

[67] "History", Anm. 130; "Falsification", 145: „die *rationale Position* wird am besten durch Newton charakterisiert …"; 150.

[68] Man beachte auch, daß Lakatos neue Entwicklungen (Marxismus, Sozialstatistik) *heute* durch Rekurs auf *bestehende* Werte ausschließen will. Auch neue Basiswerturteile halten

nalen Rekonstruktion' der Aristotelischen Wissenschaft, die sich der Aristotelischen Philosophie und der Aristotelischen Basiswerturteile bedient, und einer
'rationalen Rekonstruktion' der modernen Wissenschaft (der „letzten zwei Jahrhunderte"[69]), die sich moderner Maßstäbe und moderner Basiswerturteile bedient, entscheiden zu können, braucht man mehr als moderne Maßstäbe und
moderne Basiswerturteile. Man braucht den Nachweis, daß die Tätigkeit, die
der 'modernen' Rekonstruktion entspricht, die 'modernen' Ziele (Fortschritt
mit Gehaltserweiterung) *in dieser unserer Welt* eher und mit besserem Erfolg
erreicht als die Tätigkeit der Aristoteliker die Ziele der Aristoteliker, und man
braucht auch den weiteren Nachweis, daß sie des Menschen würdig ist, d.h.
daß sie gewissen *sehr allgemeinen* Maßstäben genügt (wäre die moderne Wissenschaft verbrecherisch, so würde auch der größte Erfolg zu ihrer Verteidigung nicht ausreichen). Für Lakatos ist ein Nachweis dieser Art 'extern'. Es
folgt, daß der Übergang zwischen verschiedenen Kosmologien und, was noch
wichtiger ist, daß die *Entscheidung* zwischen verschiedenen Kosmologien ohne
Willkür (d.h. ohne das Resultat der Entscheidung bereits vorwegzunehmen)
nicht 'rational' sein kann in dem von Lakatos definierten Sinn. Nach seinen
eigenen Maßstäben ist also Lakatos nicht über Kuhn hinausgekommen.[70]

ihn von einem solchen Unternehmen nicht ab. Aber welche Argumente setzt er gegen sie
ein? Wo doch seine eigene Position, so wie er sie darstellt, ihre Stärke aus keiner anderen
Quelle bezieht als aus den Basiswerturteilen von heute? Man wird den Verdacht nicht los,
daß Lakatos bei allen seinen Argumenten auf gewisse allgemeine philosophische Prinzipien sowie auf die Unterstützung des Commonsense zurückgreift – nur maskiert er beide
durch Hinweis auf angebliche Resultate angeblicher Rekonstruktionen angeblich einheitlicher Werturteilsfelder in der Wissenschaft.

Eine einseitige Beurteilung von der im Text erwähnten Art liegt den meisten Untersuchungen zur ägyptischen, babylonischen, altgriechischen Astronomie zugrunde und macht ihre
Ergebnisse praktisch wertlos. Man interessiert sich nur für jene Bruchstücke der älteren
Ideengebäude, die den Bruchstücken einst einen verständlichen, doch von der Wissenschaft
sehr verschiedenen Sinn gaben. So bleibt man stolz im engsten Provinzialismus befangen
und verliert jede Möglichkeit, die Grenzen der eigenen Denkweise zu entdecken. Vgl.
Rationalism and the Rise of Science, im Erscheinen.

[69] "History", 111. Im wesentlichen beruhen alle methodologischen Urteile von Lakatos
auf den Basiswerturteilen dieser Periode, wobei natürlich die Basiswerturteile mißliebiger
Schulen, wie der Kopenhagener Schule der Quantentheorie, oder der Verteidiger einer phänomenologischen Physik einfach weggelassen werden. Wo die Basiswerturteile nicht die
nötige Einheit zeigen – und das ist, wie ich fürchte, fast immer der Fall – da tritt an ihre
Stelle sogleich die Methodologie der Forschungsprogramme. Was Wunder, daß es Lakatos
nicht gelingt, im Mittelalter auch nur die geringste Spur 'wissenschaftlichen Denkens' zu
entdecken. Damals gingen Denker in der Tat ganz anders vor. Die Frage, ob sie *besser*
waren, kann Lakatos mit seinem Apparat nicht entscheiden. Hier fällt er einfach auf das
Vulgärurteil unseres 'wissenschaftlichen' Zeitalters zurück, dessen krankhafte Erfolgssucht
er in seiner Methodologie recht gut erfaßt hat.

[70] Vgl. das Zitat in Anm. 50. Man kann natürlich den Übergang durch „Poppersche Brillen"
betrachten ["Falsification", 177]. Das löst aber nicht das Problem der Beurteilung der

Sehen wir nun zu, wie die *kosmologische Untersuchung* von Methodologien in einem konkreten Fall aussieht!

Die Methode der Verifikation (nimm nur solche Theorien in die Wissenschaft auf, die verifizierbar und auch bereits verifiziert sind) wurde oft mit der Bemerkung kritisiert, daß allgemeine Sätze aus besonderen Sätzen logisch nicht hergeleitet werden können. Die Kritik ist nur dann relevant, wenn Induktivisten eine solche Herleitung versuchen, das heißt, wenn sie den Induktivismus für eine Methode halten, die, richtig angewendet, *in jeder Welt* zu brauchbaren Resultaten führen muß. Nun fordern Methodologen in der Tat oft die *Universalität* der von ihnen empfohlenen Regeln — aber eine solche Forderung läßt sich kaum erfüllen. Methoden arbeiten nicht im luftleeren Raum, man setzt sie nicht in einer reibungslosen Ideenwelt ein, sondern in einer realen Welt, die bestimmten physikalischen, historischen, sozialen Gesetzen gehorcht, und diese Gesetze begünstigen gewisse Verfahrensweisen und verhindern den Erfolg anderer. Auch die Bestandteile der Methoden, die (physischen, psychologischen) Handlungen (Denken, Beobachten), die wir im Verlauf ihrer Anwendung ausführen, die Ergebnisse, die wir niederschreiben, die Experimente, die wir planen, gehen in dieser Welt vor sich und sind ihren Gesetzen unterworfen.[71] Selbst eine so 'klare' logische Umformung, wie $a \supset b \rightarrow \bar{a} \vee b$ setzt voraus, daß der Übergang von der physikalischen Konstellation „$a \supset$" zu der physikalischen Konstellation „$\bar{a} \vee$" keine weitgehenden kausalen Effekte hat, sonst würden ja unsere Vorhersagen durch die Umformung empfindlich gestört und damit ungültig. Eine universelle Methode ist ein Unding derselben Art wie ein universelles Werkzeug, das dasselbe Ergebnis unter verschiedenen *und einander widersprechenden* Bedingungen erreichen soll.[72] Aber eine solche universelle Methode ist ja zum Betrieb der Wissenschaft *gar nicht nötig*. Was wir wollen, ist Erfolg *in dieser konkreten Welt,* mit ihren konkreten Gesetzen, und nicht in 'allen möglichen' Traumwelten, deren Konstruktion bei der beschränkten Einfallskraft der Wissenschaftstheoretiker ohnehin bald zu Ende kommen wird.

Brille selbst. Ein Popperianer sieht in Kopernikus Fortschritt, in Bohr Rückschritt. Ein Aristoteliker sieht in Kopernikus Rückschritt, in Bohr einen grandiosen Fortschritt, eine endliche Gesundung der Wissenschaft nach einer langen Periode der Verirrung. Wie entscheidet man zwischen den beiden Fällen? Auf Grund einer 'rationalen Rekonstruktion', sagt Lakatos. Auf Grund einer 'rationalen Rekonstruktion' *von was?* Auf Grund einer rationalen Rekonstruktion der modernen Wissenschaft, sagt Lakatos, und nimmt damit an, was erst gezeigt werden soll, d.h. die methodologische Exzellenz der modernen Wissenschaft. Hier ist Kuhn viel feinfühliger.

[71]   Wissenschaftstheoretiker bilden sich natürlich gerne ein, daß ihre Gedanken ohne solche Beschränkung frei umherschweifen können, und sie erfinden daher Welten, die ihren eingebildeten Talenten mehr angemessen sind. Der Kindergarten einer „dritten Welt", den Popper erfunden hat, gehört hierher.

[72]   Wie sieht wohl ein Schraubenzieher aus, der flüssige, gasförmige, feste Schrauben in flüssiges, festes, gasförmiges Material hineintreibt oder aus ihm herauszieht?

Für eine solche Betrachtung reicht nun eine rein logische Untersuchung nicht mehr aus. Die Bemerkung, daß eine Regel in einer *erdachten* Welt *funktioniert*, ist kein Beweis ihrer Güte, die Bemerkung, daß sie in einer *erdachten* Welt *nicht* funktioniert, kein Einwand. Insbesondere verliert die Kritik naiver Formen des Induktivismus, die wir im vorhergehenden Absatz erwähnt haben, ihre Gültigkeit: in einer Welt, die aus Gruppen einander ausschließender umfangsgleicher Arten besteht, wobei jede Art ein deutliches Merkmal in ihren Individuen hinterläßt, das im Subjekt immer die richtige Reaktion hervorruft — in einer solchen Welt kann man allgemeine Sätze 'verifizieren' ohne Annahme unmöglicher logischer Beziehungen. Diese vorgestellte Welt ist natürlich von der unseren sehr verschieden. Aber das Beispiel zeigt doch, daß es Bedingungen gibt, in denen die Methode der Verifikation (a) sinnvoll und (b) erfolgreich ist.

Nehmen wir nun an, man sieht, daß diese Bedingungen in unserer Welt nicht erfüllt sind. Welche Methode soll dann die Methode der Verifikation ersetzen? Popper, der die Brauchbarkeit von Methoden nach ihrer Übereinstimmung mit den Gesetzen der Logik beurteilt und der auf der Forderung der Universalität beharrt, schlägt *Regeln der Falsifikation* vor: akzeptiere nur jene Theorien, die falsifizierbar, aber noch nicht falsifiziert sind, deren Gehalt den Gehalt vorhergehender Theorien übertrifft, *und verwirf sie* bei der ersten Spur eines Widerspruchs mit der Erfahrung. Die Methode ist *logisch einwandfrei*, d.h. die logischen Beziehungen zwischen akzeptierten Basissätzen und einer widersprechenden Theorie rechtfertigen das Verwerfen der letzteren. Ist die Methode aber auch *brauchbar*?

Lakatos entscheidet die Brauchbarkeit einer Methode durch eine Untersuchung, die ermittelt, was Wissenschaftler „instinktiv" für brauchbar *halten*. Darauf läuft seine „rationale Rekonstruktion" auf Grund der „Basiswerturteile der wissenschaftlichen Elite" im Grunde hinaus. Das ist genau so vernünftig wie die Ermittlung 'rationaler' Methoden des Brückenbaus auf Grund einer Systematik der 'Basiswerturteile' von Brückenbauern. Eine Methode des Brückenbaus ist 'rational' nicht darum, weil sie den Urteilen der Brückenbauer, sondern weil sie der materiellen Welt angepaßt ist, d.h., weil man zeigen kann, daß sie es uns erlaubt, in dieser materiellen Welt, mit dem zur Verfügung stehenden Material, den Hilfskräften, unter den gegebenen ökonomischen Bedingungen, an den vorliegenden Ufern relativ dauerhafte und tragfähige Brücken in nicht allzu langer Zeit zu errichten. Genau so müssen wir untersuchen, ob die Methode der Falsifikation in unserer Welt nennenswerte Ergebnisse zustandebringen kann, oder ob sie versagen wird.

Die Regel, daß widerlegte Theorien aus der Wissenschaft auszuschließen sind, setzt voraus, daß es 'reine Arten' gibt, d.h. scharfe Abgrenzungen zwischen den Elementarprozessen der Welt, daß diese Elementarprozesse nicht durch andere Vorgänge überschattet werden, daß keine Mischung von Prozessen stattfindet, die praktisch (mit den der Forschung im Augenblick zur Verfügung stehenden Mitteln) nicht aufgelöst werden kann, daß die Sinne, das Medium zwischen den Prozessen und den Sinnesorganen eingeschlossen, diese Prozesse klar abbilden, und daß uns die Vernunft keine falschen Meinungen über die resultierenden Abbilder aufzwingt. Sind diese (und auch andere) Voraussetzungen erfüllt, dann zeigt eine negative Instanz in der Tat, daß die Grenze verfehlt wurde, und die Hypothese wird mit Recht verworfen. In einer endlichen Welt führt dann die Methode der Falsifikation allmählich zur Entdeckung der Elementarprozesse (der 'reinen Arten').

Anders ist die Lage, wenn sich die Elementarprozesse zu Kombinationen vereinigen, die mit den vorhandenen Instrumenten nicht getrennt werden können, wenn Prozesse in den Sinnesorganen und im Medium zwischen den Sinnesorganen und der Welt an der Kombination teilnehmen, wenn falsche Ideen über die Elementarprozesse und über die Natur der Kombinationen bei der Bildung von (Beobachtungs)begriffen mitwirken, und so weiter. In diesem Fall ist auf die Beobachtung kein Verlaß, und das Denken muß Grenzen ziehen, wo weder die Sinne noch das Experiment eine Grenze wahrnehmen, noch Beobachtungssätze eine Grenze sinnvoll behaupten können. In diesem Fall führt also die Anwendung falsifikationistischer Prinzipien hinweg von der Entdeckung der Struktur der Welt. Die Situation wird schlimmer, wenn sich die Existenz von Mischprozessen in Störungen klar beobachtbarer Vorgänge zeigt, die der experimentellen Erfassung nur teilweise zugänglich sind (Beispiel: Bahn des Phasenpunktes eines Gases im Phasenraum). Das Falsifikationsprinzip schließt nun jede angebotene nicht-statistische Hypothese aus der Betrachtung aus, es macht eine Wissenschaft von allgemeinen Prinzipien ganz unmöglich, und man wendet sich zu früh an das bequeme Auskunftsmittel der Statistik.[73]

Die Betrachtungen lassen sich verallgemeinern. Jede Regel, auch die scheinbar einfachste und trivialste, ist nur dann fruchtbar, wenn die Welt, in der wir leben, oder der besondere Winkel der Welt, in dem wir nach Ergebnissen suchen, gewisse Bedingungen erfüllt. Die Regel von Lakatos setzt etwa voraus, daß keine Korrelation besteht zwischen unseren Entdeckungen (im Sinne von Lakatos) und der Länge unseres vergeblichen Suchens nach ihnen.[74] Selbst die elementarsten logischen Regeln werden gelegentlich unbrauchbar (ihre 'Gültigkeit' in einem nutzlos-abstrakten Sinn kann natürlich für alle Zeiten behauptet und sogar 'bewiesen' werden). Eine 'rationale Einschätzung' von Methodologien muß also eine Untersuchung der Bedingungen einschließen, in denen wir sie anwenden wollen. Wie geht eine solche Untersuchung vor sich?

Gehorcht die Welt den Bedingungen der Falsifikation, und wendet man diese Methoden entschieden an, dann entdeckt man früher oder später reine Arten, die keiner Revision mehr bedürfen. Man erweitert seine Kenntnisse Schritt

---

[73] Ein solches zu frühes Hinwenden an die Statistik findet man in Szilard, *Zs. Phys.*, Vol. 32 (1925), 753 ff. Vgl. auch meine Kritik in "Reply to Criticism", *Boston Studies*, Bd. II, New York 1965, 226.

[74] Forschungsprogramme sind nach dieser Regel wie Eintagsfliegen, und nicht wie Raupen: sie sterben am Ende von Degenerationen, sie verwandeln sich nicht in schöne Schmetterlinge.

für Schritt und errichtet ein solides Gebäude unerschütterlichen Wissens. Dieses Resultat einer Tätigkeit, die zunächst vielleicht ganz intuitiv und ohne viel Denken begonnen hat, verstärkt den Wunsch nach Stabilität und Sicherheit, der in jedem Menschen latent verborgen liegt. Man ist bereit, diesen Wunsch theoretisch zu formulieren durch Aufbau einer *Erkenntnistheorie.*[75] Die Erkenntnistheorie besteht aus zwei Teilen. Im ersten Teil wird die *Aufgabe der Forschung* näher umschrieben, im zweiten Teil lernt man die *Methoden,* die die Aufgabe lösen sollen, sowie die Bedingungen, unter denen ein bestimmter Vorschlag als eine Lösung gilt. Im vorliegenden Beispiel ist die Aufgabe die Konstruktion eines stabilen, natürlichen Systems. Die Methode ist das Vorschlagen von Hypothesen und ihre unausgesetzte Überprüfung an den Tatsachen. Proliferation von Theorien ist nicht willkommen, und das mit Recht. Sie verdirbt bereits gewonnene Erkenntnisse, und sie stört auch die Harmonie zwischen der Welt und der auf sie eingespielten Wahrnehmung. Noch ist es erlaubt, an dieser Wahrnehmung Veränderungen 'im Lichte von Theorien' vorzunehmen. Das würde ihre Funktion als vertrauenswürdiger, unabhängiger Richter untergraben, die sie ja in der zugrundeliegenden Welt hat.[76] Ziel und Methode sind 'rational': die Methode führt zum Ziel, und sie produziert vielleicht sogar Theorien, die ihren Erfolg 'erklären' können (im Sinne der im Ziel niedergelegten Kriterien). In einem solchen Fall erhält man eine 'Rekonstruktion' der Wissenschaft, die mehr ist als eine Systematisierung der von der „wissenschaftlichen Elite" „instinktiv" eingesetzten Normen.[76a] Die Rekonstruktion ist *funktional* im Sinne der Modernen Anthropologie. Sie zeigt uns, wie die physischen und sozialen Handlungen, die wir im Verlauf unserer Forschungen ausführen, in der beschriebenen physischen und sozialen Welt zu den erreichten Resultaten führen, und warum andere Handlungen fehlschlagen *müssen,* auch wenn sie mit gewissen *abstrakten* Regeln der 'Vernunft' bestens übereinstimmen.[77]

[75]   Historisch ist die Entwicklung oft umgekehrt: man will Sicherheit, man entwickelt Methoden, die sie erzeugen soll, und man erreicht dann auch oft genug das Ziel. Gelegentlich geht sie aber doch den im Text angegebenen Weg.

[76]   Das in der empiristischen Wissenschaftstheorie sehr bemerkliche Widerstreben gegen eine Umdeutung von Beobachtungen beruht also auf einer primitiveren Kosmologie als der, die uns heute zur Verfügung steht. Das Widerstreben ist nicht unter allen Umständen irrational. In einer Welt, wie der im Text beschriebenen, hat es zur Folge, daß wir näher bei der Wirklichkeit bleiben. Im 20. Jahrhundert ist es aber archaisch — außer wir können zeigen, daß die Kosmologie des 20. Jahrhunderts durch und durch verfehlt ist.

[76a] Eine 'Rekonstruktion' dieser Art findet man in der Aristotelischen Philosophie.

[77]   Vgl. Evans-Pritchard, *Social Anthropology,* Free Press 1965, 80 ff: „Der Anthropologe muß das Ganze des Soziallebens studieren. Es ist unmöglich, einen Teil des Soziallebens eines Volkes auf klare und umfassende Weise zu verstehen, außer im vollen Zusammenhang ihres gesamten sozialen Lebens [in der genau zu beschreibenden physischen und sozialen Umwelt]. Obwohl er nicht jedes Detail publiziert, das er aufzeichnet, findet man doch in den Skizzenbüchern eines guten Anthropologen eine detaillierte Beschreibung selbst der alltäglichsten Tätigkeiten wie das Melken von Kühen, Kochen von Fleisch,

Gehorcht die Welt den Bedingungen der Falsifikation nicht, dann bringt fast jede Änderung der grundlegenden Klassifikation neue Störungen zutage. Jede Theorie ist umgeben von einem „See von Anomalien". Es kann nun gelingen, die Anomalien auf Grund derselben Gesetze (und zusätzlicher Bedingungen) zu verstehen, die von ihnen so empfindlich gestört werden, und dieser Prozeß der Absorption von Anomalien kann ohne Ende weiter fortschreiten. Man wird dann zögern, eine Theorie schon darum zu beseitigen, weil sie mit den Tatsachen nicht übereinstimmt, und man wird versuchen, sie zur erfolgreichen Bewältigung dieser Tatsachen zurechtzurichten. Das bedeutet die Aufgabe der Methode der Falsifikation und die Einführung von Forschungsprogrammen. Es ist auch möglich, daß ein Forschungsprogramm seine Anomalien schneller und gründlicher absorbiert als ein anderes, und daß seine 'Interpretation' der Erfahrung in diesem Prozeß der Absorption eine wesentliche Rolle spielt. Man wird sich dann nicht mehr weigern, mehr als eine Theorie zu verwenden,[78] und Umdeutungen der Erfahrung werden nicht nur zugelassen, sondern gefordert. Schreitet der Prozeß der Erklärung von Anomalien mit Hilfe von ständig wechselnden Theorien rapide weiter fort, und entdeckt man in seinem Verlauf mehr und mehr Tatsachen (zunehmende Wahrheitsnähe), dann kann dies den Wunsch nach Änderungen und nach abenteuerlichen Konjekturen und Prüfungen verstärken, der ja in der Menschheit auch latent verborgen liegt. Man ist nun bereit, *diesen* Wunsch theoretisch zu formulieren durch den Aufbau einer ganz neuen Erkenntnistheorie, deren Ziel ständiger Fortschritt und deren Methode die Methode des Wettstreits von Forschungsprogrammen ist. Auch diese Erkenntnistheorie ist rational, wenn sich herausstellt, daß sie in einem von ihr spezifizierten Sinn 'zum Ziel führt', und wenn sie Theorien hervorbringt, die den Erfolg in *ihrem* Sinn 'erklären' können.

Allgemein können wir sagen, daß eine Erkenntnistheorie, d. h. eine Methode, und ein mit ihr verbundenes Ziel rational ist (in dem kosmologischen Sinn, der

und dergleichen." Solche Details sind nötig, da man ja nie weiß, welche zunächst 'unwichtigen' Umstände im sozialen Ganzen eine wichtige Rolle haben und also 'wichtig' sind. Der Wissenschaftstheoretiker wird auch die *Ziele* der Wissenschaftler in Betracht ziehen (eine keinesfalls sehr leichte Aufgabe!) und untersuchen, ob und wie die tatsächlich ausgeführten Handlungen die Erreichung des Ziels in der physischen Umgebung fördern oder verhindern. Er findet dann oft genug, daß ein höchst erwünschtes Resultat, wie etwa der Aufstieg der modernen Wissenschaft, nur darum zustandekam, weil man sich entschloß, die 'Vernunft' oder 'die Logik' – d. h. gewisse Teilziele – außer Kraft zu setzen und rücksichtslos 'irrational' vorzugehen, *jedoch ohne bewußtes Aufgeben der verworfenen Formen der Rationalität.* Diese Schizophrenie der 'Vernunft' gegenüber ist ein höchst merkwürdiges Phänomen, aber eine funktionale Untersuchung zeigt, daß die moderne Wissenschaft *ohne* sie keine Chance gehabt hätte. Vgl. *Against Method*, London 1975.

[78] Wiederum ist die tatsächliche Entwicklung oft ganz anders. Man ist Pluralist aus allgemeinen erkenntnistheoretischen Überlegungen und versucht, den Pluralismus der Wissenschaft von da aus aufzuzwingen. Argumente für ein pluralistisches Vorgehen dieser Art finden sich in "Reply to Criticism", 224 f.

uns hier allein interessiert), wenn die Methode das Ziel 'erreicht' in der von ihr spezifizierten Weise, und dabei eine Kosmologie zustandebringt, die diesen Erfolg 'erklärt', und zwar wiederum auf die von der Methodologie spezifizierte Weise. Angewendet auf bestimmte Wissensgebiete, die im Gefolge der Erkenntnistheorie entstehen, führt eine solche Erklärung zu einer 'rationalen Rekonstruktion', die die Funktion der Elemente der Wissensgebiete in der umgebenden Welt durchsichtig darstellt. Die Kosmologie ist nur selten auf die physische Welt beschränkt, sie enthält auch geschichtliche Tatsachen, Tendenzen, Gesetze, wie die oft bemerkte 'Phasendifferenz' zwischen Theorien und Beobachtungsmaterial,[79] und sie *muß* solche Tendenzen und Gesetze enthalten, wenn die rationale Rekonstruktion, die auf ihr beruht, vollständig sein soll: Regeln arbeiten gut in einer historischen Umgebung, versagen in einer anderen. Diese Definition von 'rational' setzt übrigens nicht die Universalität der verwendeten Methode und des untersuchten Ziels voraus. Der Wunsch nach stabilem Wissen und die damit verbundene Methode der einfachen Falsifikation kann rational sein in einer Ecke der Welt, irrational in einer anderen. Noch reichen die 'Basiswerturteile' eines exklusiven Vereins von Experten nur zum Beweis der Rationalität eines Sachgebietes aus. Es muß auch gezeigt werden, daß sie in einer Welt, so, wie sie in dem Sachgebiet beschrieben wird, zu vernünftigen Handlungen führen, das heißt zu Handlungen, die das gesetzte Ziel erreichen können.

Gerade ein solcher Nachweis liegt aber heutzutage nicht vor und kann beim gegenwärtigen Stand der Wissenschaften und der Wissenschaftstheorie auch gar nicht versucht werden. Er setzt ja voraus, daß jede Wissenschaft, die an der 'Rationalität' der von ihr verwendeten Regeln interessiert ist, zumindestens eine Skizze der physischen Umgebung gibt, in der diese Regeln zur Anwendung kommen. Dazu sind die meisten Wissenschaftler nicht *fähig*, denn sie sind viel zu spezialisiert. Noch sind sie *bereit*, sich über die unmittelbar gegebenen Probleme hinaus in allgemeine Spekulationen einzulassen. Und sie sind schon gar nicht bereit, jene historisch-soziologischen Umstände in Betracht zu ziehen, die die Forschung beeinflussen und oft genug in unerwünschte Richtung lenken: die Methoden, die sie verwenden, sind ja allgemein und unabhängig von historischen Zufälligkeiten, und sie werden von Denkern eingesetzt, die sich von jedem Vorurteil befreit haben, und objektiv, d.h. wieder unabhängig von sozialen Umständen, an die Welt herantreten. Zu dieser naiven Einstellung der Wissenschaftler tritt die Ratiomanie der Wissenschaftstheorie. Bei der Diskussion von Methoden blickt man hier weder auf die Wissenschaften, außer in der eingenommensten und oberflächlichsten Weise, noch auf die reale Welt, noch übertritt man jemals die festgefahrenen und engen Grenzen besonderer Berufe und Gewohnheiten (axiomatische Formulierung; Logik; etc.). Es ist klar, daß der Versuch einer kosmologisch-historischen Kritik der in der Wissenschaft verwendeten Verfahrensweisen und eine Untersuchung ihrer Funktion unter solchen Umständen nicht einmal beginnen kann.

[79] Vgl. ,,Von der beschränkten Gültigkeit etc.", 157, insbesondere Anm. 87.

Der Versuch kann auch nicht beginnen im Rahmen der von Lakatos entwickelten Ideen. Lakatos beachtet zwar Probleme, die in den Wissenschaften bisher nicht einmal geahnt wurden, und er schlägt auch höchst interessante Lösungen vor. Die Lösungen sind aber zu eng konzipiert, und sie zwingen ihn, an entscheidenden Stellen auf bestehende Vulgärurteile zurückzufallen. Erstens beschränkt sich Lakatos auf Basiswerturteile und abstrakte philosophische Überlegungen. Die Frage, wie diese Überlegungen in die wirkliche Welt hineinpassen, ist für ihn 'extern' und irrelevant für Erörterungen der 'Rationalität' der Wissenschaft. Damit schließt er Argumente aus, die ihm bei einer Debatte zwischen konkurrierenden Systemen von Basiswerturteilen und epistemologischen Maßstäben helfen könnten. Zweitens treibt er auch die 'internen' Fragen nicht weit genug, er bleibt im Bereich der modernen Wissenschaften und der sie umgebenden Fortschrittsideologie und verzichtet so auf weitere Argumente in der Diskussion alternativer Wissensformen. Diese doppelte Beschränkung hat zur Folge, daß wichtige Entscheidungen wie etwa die Entscheidung zwischen Aristotelischer und Galileischer Wissenschaft nicht mehr auf 'rationale' Weise gefällt werden können:[80] sind die Forderungen der 'Rationalität' zu hoch, dann müssen eben die nötigen Geschäfte auf irrationale Weise abgewickelt werden. Drittens hält Lakatos noch immer an der Bedingung der Universalität allgemeiner methodologischer Regeln fest. Das Eingeständnis, daß auch die allgemeinsten Regeln in einer Ecke der Welt funktionieren und in einer anderen Ecke fehlschlagen können, und daß dieses Resultat durch konkrete Untersuchung und nicht auf Grund noch allgemeinerer Prinzipien erhalten werden kann, dieses Eingeständnis hält er für ein Abgleiten in den Irrationalismus. Aber die 'rationalen Maßstäbe', die er aufstellt und die er von besonderen Verboten befreit, um ihre Universalität und ihre Adäquatheit (vis-a-vis der Wissenschaft) zu garantieren, verbieten überhaupt nichts mehr; sie sind vereinbar mit dem wildesten Anarchismus: „man kann rational an einem degenerierenden Forschungsprogramm festhalten, bis es von seinem Rivalen überholt wird, und selbst nachher noch" — was heißt, daß man auch heute noch *rational* Astrologie, Magie, Nekromanzie betreiben kann. Lakatos ist natürlich nicht bereit, einen solchen Anarchismus zu dulden. Er appelliert an die Vulgärurteile unseres wissenschaftsgläubigen Zeitalters, um die Astrologie zu verhöhnen, und an den Konservativismus und die Machtgier wissenschaftlicher Cliquen, um ihr den Garaus zu machen. Den leeren Raum zwischen seinen Regeln und seinen Wünschen schließt er mit Gewalt, also auf höchst irrationale Weise. Zu solchem Irrationalismus besteht aber nicht die geringste Veranlassung. Man braucht nur den Unterschied zwischen 'internen' und 'externen' Fragen aufzugeben und erhält dann Argumente, die den leeren Raum mit sachlichen Überlegungen und der Abwägung allgemeiner Werte füllen. Sehen wir zu, wie diese Art der Diskussion von Methoden und Institutionen verläuft!

---

[80]   Vgl. oben, Text zu Anm. 65—70.

4   Methodologie im Zeitalter des Aquarius

Ein denkender Mensch, dem es darauf ankommt, gewisse Kenntnisse zu er-langen, wird zunächst einmal einsehen, daß sein *Erfolg* von drei Faktoren abhängt. Er hängt erstens davon ab, was er unter 'Kenntnis' *versteht*, eingeschlossen alle jene Kriterien, die entscheiden, wann Kenntnisse 'gewonnen' und wann Ereig-nisse 'erklärt' sind. Zweitens hängt sein Erfolg ab von den verwendeten *Methoden* — und hier sind auch die einfachsten logischen Regeln in Betracht zu ziehen, de-ren er sich bedienen will. Drittens hängt sein Erfolg ab von (dem besonderen Winkel) der *Welt,* in (dem) der er seine Methoden anwendet, das heißt, er hängt ab von kosmologischen, historischen, sozialen Umständen und Gesetzen (Ten-denzen). Die *Einschätzung* des Erfolgs und das *Interesse,* das man ihm zuteil-werden läßt, hängt außerdem noch ab von gewissen *allgemeinen Werten,* die der Forscher verwirklicht sehen will, die er aber nur selten ganz explizit und im De-tail anführen kann. So zum Beispiel wird heute oft verlangt, daß die verwen-dete Methode 'rational' sei in einem manchmal recht nebelhaften Sinn, oder daß die erhaltenen Ergebnisse in einem 'rationalen Zusammenhang' stehen müs-sen. In früheren Zeiten verlangte man außerdem noch eine gewisse Stabilität der Resultate, das heißt, man lehnte eine Methode ab, die die endlose Auswechs-lung von Hypothesen zur Folge hatte. Welche Werte in den Vordergrund treten und die Tätigkeit der Forscher beeinflussen, das hängt ab von der sozialen Situa-tion, von den Ergebnissen, die bestimmte Methoden in dieser Situation zustande-bringen, von der 'Resonanz' der Ergebnisse in weiteren Kreisen, und so weiter. Die neuen Werte der Galileischen Wissenschaft und das Menschenbild, das ihnen zugrunde lag, waren im 17. Jahrhundert verborgen in sozialen Spannungen, in der Ideologie spezieller Berufe, in den 'Basiswerturteilen' neuer Schichten der Bevöl-kerung, und sie traten mit dem Aufblühen dieser Schichten kraftvoll hervor. Für diese Werte waren selbst die besten Ergebnisse der Schulwissenschaft und die besten Argumente der Aristoteliker ohne Interesse, weil Teil einer als absterbend gesehenen Ideologie, und selbst die ödesten Rechtfertigungsversuche der Koper-nikaner erschienen in ihrem Lichte der Beachtung wert, weil man in ihnen die Morgenröte eines neuen und vielversprechenden Bildes der Welt und des Men-schen zu sehen glaubte. Im 17. Jahrhundert hatte diese 'irrationale' Bewertung der Aristotelischen Sache außerdem eine höchst wichtige Funktion — sie gab den Kopernikanern sowohl die Zeit als auch die Unterstützung, die sie brauchten, um die Schwierigkeiten ihrer Theorien zu überwinden, und sie war also auch 'rational'.[81] Wir sehen, keiner der Faktoren ist primär in dem Sinn, daß man ihn festhalten und versuchen könnte, alle anderen Faktoren mit Gewalt an ihn anzupassen. Sowohl allgemeine Werte als auch methodologische Entschlüsse werden von den Resultaten beeinflußt, die die Methode zustandebringt, und was zunächst 'irrational' scheint, wenn gemessen an der gängigen Kosmologie und den gängigen Maßstäben der Rationalität, mag sich später als ein höchst rationa-ler Schritt auf eine neue Kosmologie und eine neue Methodologie hin entpuppen.

[81]   Vgl. *Against Method*

Resultate — ihr Empfang durch die Gegner eingeschlossen — schaffen eine *histo-rische Situation*, in der wir uns zurechtfinden und in der wir Entscheidungen treffen müssen. Entscheidungen werden von uns gefordert, erstens, weil eine neue Situation oft überraschende *Tatsachen* enthält, die uns (auf dem Umweg über das kosmologische Kriterium) zwingen, unsere Einstellung zu akzeptierten methodologischen Regeln zu revidieren, und zweitens, weil die Erfahrung neuer Tatsachen auch unsere Kenntnis des Reichs der *Werte* modifiziert. Welche Ent-scheidung wir *de facto* treffen, das hängt also ab sowohl von Tatsachen als auch von Verschiebungen in diesem Reich. Und während wir die ersten *vielleicht* voraussagen können, sind uns die zweiten völlig unbekannt. Neben der Komplexi-tät der physischen Welt ist es vor allem *dieser* Umstand, der die Konstruktion einer umfassenden Methodologie verhindert und einen umfassenden Rationalis-mus aus den Angeln hebt. Man kann sich natürlich entschließen, an der einen oder der anderen Methode festzuhalten, komme was da wolle. Man hat aber keine Garantie, daß dieser rabiate und etwas kindische 'Rationalismus' zu nen-nenswerten Ergebnissen führen wird, und insbesondere hat man keine Garantie, daß er zu einer Wissenschaft führen wird, die dem kosmologischen Kriterium genügt. Auch erheben sich andere Einwände, wie zum Beispiel der, daß ein rabia-ter Rationalismus kaum geeignet sein wird, die Talente der Menschen zu fördern, daß er das Individuum, das ihn vertritt, am intellektuellen Wachstum, an der Entdeckung neuer Werte hindert, daß er die Tendenz hat, die Welt mit purita-nischer Rechthaberei zu verseuchen und ihres ohnehin schon sehr kargen Char-mes zu berauben. Der wichtigste Einwand ist aber, daß Werte im Laufe der Zeit an Überzeugungskraft verlieren, so daß ein Verteidiger 'ewiger' Werte nicht nur diese, sondern auch die soziale Umgebung festhalten muß, in der ihre Kraft ungebrochen zum Ausdruck kommt. Alle diese Umstände befürworten eine Toleranz gegenüber Werten, Kosmologien, Methoden, sie befürworten eine Ein-stellung des live and let live (oder, wenn es der Gegner so wünscht, des live and let die), wo jeder auf die ihm angenehmste Weise vorgeht.

Dieser 'subjektive' Anarchismus ist nun nicht nur *wohltuend* und *beleh-rend*, er ist auch das beste Werkzeug einer Forschung, die ihre 'Rationalität' im weiter oben erläuterten Sinn erweisen will. Wir haben gesehen, daß eine solche Forschung von Elementen abhängt, die in immer neue Verhältnisse ein-treten, immer neue Aspekte bieten und zu immer neuen Entschlüssen Anlaß geben. Die 'richtige' Anordnung von Elementen, das heißt die Anordnung, die der Forderung der Rationalität und den allgemeinen Werten, für die man sich entschieden hat, am besten entspricht, findet man am ehesten dann, wenn man alle nur möglichen Methoden, Ziele, kosmologischen Ansätze, Ideale unter allen nur denkbaren Umständen einsetzt, wenn man die Spannung zwischen allgemei-nen Werten, methodologischen Regeln, historischen Situationen, in denen neue Werte ins Bewußtsein treten, konkreten Resultaten voll ausnützt und durch stets weiteres Vergleichen von allen Seiten beleuchtet. So entdeckt und überprüft man am besten 'rationale Rechtfertigungen', und ist in diesem Sinn selbst 'ratio-nal'. Man ist aber auch 'irrational', weil man allgemeine Denkregeln und Verfah-rensweisen ablehnt, weil man den Forscher auffordert, *seine* Werte, *seine* subjektiven Überzeugungen, *seine* Träume in die Wissenschaft einzuführen, und weil man das Prinzip 'anything goes' als das *einzige* universelle Forschungsprinzip anerkennt. Man ist weiterhin 'irrational', weil das Ziel, d. h. der Nachweis der 'Rationalität' einer *bestimmten* Methode wohl nie erreicht werden wird – dazu ist das menschliche Leben zu kurz, die Welt zu kompliziert, die Entwicklung zu schnell. Man kann dem Ziel nahekommen, man kann es vielleicht mit Hilfe metaphysischer Spekulationen erhellen, ein 'wissenschaftlicher' Nachweis scheint aber ausgeschlossen. Trotzdem ist der Anarchismus, bei dem wir schließlich gelandet sind, und die mit seiner Hilfe angestrebte Idee der Rationalität viel vernünftiger als der 'Rationalismus' gewisser Philosophen, die über ihre eigene kurze Nase nicht hinaussehen und die eine Methode schon darum preisen, weil sie 'logisch einwandfrei' ist, und weil sie den Eindruck wiedergibt, den das Verfahren verehrter Stars der Wissenschaft auf fernstehende und myopische Beobachter macht. Und er entspricht auch den Bedingungen, die John Stuart Mill in seinem unsterblichen Werk *On Liberty* für die Entwicklung des Individuums gegeben hat. Wir sehen, dieser Anarchismus ist sowohl *rational,* als auch *irrational,* als auch *humanitär.* Außerdem paßt er sehr gut in das Zeitalter des *Aquarius.* Was mehr kann man von einem Forschungsprinzip verlangen?

Nachtrag 1977

Die Wissenschaftstheorie ist ein später, sehr spezialisierter und sehr anämischer Ausläufer der Bemühungen, den Reichtum von Natur und Geisteswelt durch naive Modelle, und die elastischen und wendigen Begriffe, die aus diesem Reichtum zugeschnitten sind, durch einfältige Abstraktionen zu ersetzen (vgl. dazu den Nachtrag zu Kap. 5 sowie Kap. 9, Abschnitt 12). Die Simplizität, der kindliche Chauvinismus der Begriffe, das ist das verbindende Element zwischen den Vorsokratikern und Carnap, Popper, Stegmüller. Die Unterschiede sind aber immerhin beträchtlich. Xenophanes, Heraklit, Parmenides, Platon *kennen* ihren Gegner – sie kennen ihn ganz genau, obwohl sie ihn oft verzerrt darstellen – *bekennen* ihre Gegnerschaft und *erkennen* ihre eigenen Ziele. Für die Wissenschaftstheorie ist die Wissenschaft nicht ein Gegner, den man vertreiben will, sondern ein kostbares und geliebtes Ergebnis menschlicher Einfallskraft. Sie soll geklärt und durch Klärung gefestigt, bewahrt, unterstützt werden. Darin sind sich kritische Rationalisten und Positivisten einig. Die Methode der Klärung hat aber eine von der beabsichtigten ganz verschiedene Wirkung. Sie ersetzt die Praxis der Wissenschaften durch ein Zerrbild, in dem man den dargestellten Gegenstand kaum erkennt. Das Zerrbild ist das Resultat einer Kombination gewisser Ideale mit einer sehr mangelhaften Kenntnis von Tatsachen. Die Ideale, das sind hochtönende Dinge wie 'Klarheit', 'Verständlichkeit', 'Präzision', 'Rationalität', 'logische Adäquatheit'. Das Denken soll sich in vorgeschriebenen Bahnen bewegen, seine Ergebnisse müssen genau bestimmte Züge tragen, und die Welt soll in diesen, und keinesfalls in anderen Formen dargestellt werden. Die sehr mangelhafte Tatsachenkenntnis ermöglicht es dann, Ideal und Wirklichkeit zu verwechseln. Ganz von ferne, aus der allerletzten Reihe der Galerie des erkenntnistheoretischen Theaters, betrachten unsere Wissenschaftsphilosophen die Vorgänge auf der Bühne und entdecken im verschwommenen Bild ganz deutlich die von ihnen propagierten Züge. Logische Empiristen, von stagnierenden Perioden der Bühnenhandlung magisch angezogen, finden einfache logische Strukturen; Popperianer, die Bewegung lieben, aber nicht zu viel Bewegung, finden einfache Übergänge von Theorien zu anderen Theorien (wobei Theorien für sie simple und gut durchschaubare Dinge sind), Sneedisten bevölkern die ferne Bühne mit Kernen, Expansionen von Kernen, der Zurücknahme von Expansionen sowie der Ersetzung der Kerne selbst. Bewegen wir uns nun näher auf die Bühne zu, so wird der Eindruck ein ganz anderer. Wir finden nicht ordentliche Strukturen, die systematisch wachsen und schrumpfen, sondern Systemfetzen fügen sich an andere und mit ihnen unvereinbare Systemfetzen und bringen interessante neue Gebilde zustande, logische Prinzipien gibt es da und dort, aber nie durchgehend, Rationalitätsprinzipien werden ad hoc erfunden und ebenso schnell wieder aufgegeben. Man sieht auch, daß diese 'Unordnung' (vom Standpunkt der vertretenen Ideale aus beurteilt) nicht ein Zufall ist, sie hat eine wichtige Funktion: Fortschritt, selbst im Sinne des Ideals, ist ohne sie nicht möglich. Konfrontiert man nun das Ideal mit dieser Wirklichkeit, so ist die Reaktion der Wissenschaftsphilosophen die Ablehnung der Wirklichkeit: 'redlich' müsse man bleiben, 'rational' müsse man sein und die beschriebene Tätigkeit sei weder redlich noch rational. Das heißt aber, daß die Wissenschaftstheoretiker im Grunde die tatsächlich vorliegende Wissenschaft nicht *verteidigen*, sondern *abschaffen* und durch die reinen (aber unfruchtbaren) Gebilde ihrer Phantasie ersetzen wollen — nur hindert sie eben ihre Unkenntnis der Wissenschaft, dieses Ziel richtig zu erkennen. So sind sie und ihre Nachfolger dreifach getäuscht. Sie täuschen sich, wenn sie glauben, daß sie die Wissenschaft verteidigen; sie täuschen sich, wenn sie glauben, daß die Wissenschaft ihren Idealen genügt; und sie täuschen sich, wenn sie glauben, daß ihre Traumbilder je zu interessanten Resultaten führen können. So bleiben sie in jeder Hinsicht hinter dem göttlichen Plato und selbst hinter dem weit weniger göttlichen Xenophanes zurück.

Es ist lehrreich, die Entwicklung wissenschaftlicher Methodologien unter diesem Gesichtspunkt etwas weiter zu verfolgen. Wir wissen heute, daß sich unsere Kenntnis des Menschen, der irdischen und der himmlischen Welt im 15. und 16. Jahrhundert schlagartig erweitert. Entdeckungsfahrten erschlossen neue Klimazonen, neue Menschenrassen, neue Gesellschaftsformen, Pflanzen, Tiere, geographische Formationen vermehrten sich auf ungeahnte Weise. Vage Perioden der Geschichte wurden durch kritische Untersuchungen erhellt (berühmtes Beispiel: Lorenzo Valla und die Konstantinische Schenkung), Traditionen, Institutionen, hergebrachte Texte auf neue Weise betrachtet. Es ist nicht wahr, daß man das Schulwissen völlig beiseiteschob. Ganz im Gegenteil: das Schulwissen war oft der Leitfaden, an dem man sich in neue Gebiete fortwagte

(Columbus ist hier ein ausgezeichnetes Beispiel, aber ebenso Magellan, oder Heinrich der Seefahrer mit seiner wissenschaftlichen Akademie oder Brunellesci, Ghiberti und ihre Freunde). Aber diesem Wissen gegenüber nahm man nun doch eine etwas andere Einstellung an. Man verwarf es nicht, man betrachtete es aber auch nicht als absolut. Man verwendete es als Leitfaden, aber man bereitete sich vor, dabei auf Überraschungen zu stoßen. Diese Überraschungen boten eine *Erfahrung*, die das Schulwissen ergänzen, aber vielleicht auch gänzlich modifizieren konnte und die durch Disputationen im Stile des Schulwissens einfach nicht zu beseitigen war.*) Die praktische Philosophie, die sich so allmählich entwickelte, kann man auf lässige Weise in zwei 'Prinzipien' zusammenfassen. Erstes Prinzip: lies den Aristoteles und den Ptolemäus, aber nimm sie nicht zu ernst; lerne von ihnen, aber bereite dich auf Überraschungen vor. Zweites Prinzip: vertraue der Erfahrung. Und beim zweiten Prinzip muß man hinzufügen, daß die 'Erfahrung', von der hier die Rede ist, nicht eine 'reine Erfahrung' darstellt, sondern ein sehr komplexes Produkt, in das theoretische Annahmen, praktische Übung, die Tradition eines gewissen Handwerks mit hineinverwoben sind. Das Handwerk, die Navigation, das Reisen in ferne Länder, die einfache Neugier und Sammelwut gab es natürlich schon lange. Das neue ist, *daß man die Ergebnisse solcher Tätigkeiten nunmehr als Beiträge zur Erkenntnis auffaßt und den Lehren der Schulen an die Seite stellt.*

Nun ist es interessant zu sehen, wie Seite an Seite mit der elastischen und fruchtbaren Methodologie, die ich eben der Einfachheit halber in zwei Prinzipien zusammengefaßt habe, bald eine ganz neue, abstrakte und ganz radikale Lehre heranwächst und Wirksamkeit erlangt. Auf den ersten Blick scheint diese neue Lehre von der eben erwähnten gar nicht so verschieden zu sein. Sie verlangt, daß man auf die Erfahrung achte und daß man Vorurteile beseitige. Aber 'Erfahrung' heißt nun etwas anderes, und das Schlagwort vom Beseitigen der Vorurteile hat einen neuen und sehr radikalen Sinn. Die 'Erfahrung' ist eine von menschlicher Tätigkeit und von menschlichem Wissen unbeeinflußte und unveränderliche Basis aller Erkenntnis. Ein 'Vor'urteil ist *jedes* Urteil, das sich vor Konsultation der Basis im Geiste aufhält. *Jede* solche Idee, sei sie nun aus der Tradition übernommen oder nur zufällig dem Denken hinzugefügt, muß beseitigt werden. 'Erfahrung' ist, was verbleibt, nachdem eine Beseitigung von Vorurteilen stattgefunden hat. Wahre Erkenntnis beruht auf dieser gereinigten Erfahrung, und auf ihr allein.

Wir haben also jetzt zwei Methodologien, die im Wortlaut sehr ähnlich, im Inhalt aber grundverschieden sind. Die eine ist elastisch, praktisch eingestellt und erlaubt es der Praxis, die in ihr vorkommenden Begriffe und Methoden näher zu bestimmen. 'Tradition', das ist hier, was *zu einer bestimmten Zeit* als traditionell gegebenes Wissen vorliegt, es ist etwas ganz Konkretes. 'Erfahrung', das ist der ständig sich wandelnde und entwickelnde Schatz an konkreten Einsichten, die ein

---

*) Vgl. dazu Paolo Rossi, *Philosophy, Technology and the Art in the Early Modern Era*, New York 1970.

bestimmtes Handwerk, eine bestimmte Tätigkeit besitzt. Man geht an die Welt mit gewissen gewohnten Verfahrensweisen heran, man sieht sich oft gezwungen, diese Verfahrensweisen zu ändern, und man gewinnt dabei 'Erfahrung'. Im Gegensatz dazu ist die 'Erfahrung' in der zweiten Methodologie etwas, dessen Natur *unabhängig ist von jeder konkreten Forschungstätigkeit*. Die empirische Forschung hängt von ihr ab, sie hat keinen Einfluß auf sie.

Der Übergang zu abstraktem und traditionsunabhängigem Denken bleibt nicht auf den Bereich der reinen Erkenntnis beschränkt, er spielt auch in der Theologie eine wichtige Rolle. Seit Marcion und der gnostischen Häresie war es klar, daß ein einfacher Hinweis auf das Wort Gottes nicht zu eindeutigen Resultaten führte. Die Schriften, in denen dieses Wort niedergelegt war, konnten verschieden interpretiert werden und lagen außerdem noch nicht in kanonischer Form vor. Um die Interpretation eindeutig zu machen, verbanden Irenäus, Athanasius und andere die Schrift und die Tradition, die sie vertraten, auf solche Weise, daß der Gnostizismus eliminiert und ihre eigenen Ideen unterstützt wurden. Die Erkenntnis Gottes beruhte von da an nicht auf dem bloßen Wort Gottes, sondern auf dem Wort Gottes, *so wie es die Apostel verstanden und durch eine ununterbrochene historische Kette an die Gegenwart weitergegeben hatten.* Zweifelhafte Punkte wurden von Zeit zu Zeit in Konzilen diskutiert und mit Hilfe weiterer Entscheidungen festgelegt. Gewisse radikale Protestanten wollten nun das Wort Gottes von aller menschlicher Zutat reinigen. Wie auch die abstrakten Empiristen dachten sie, daß das Wort Gottes ganz für sich allein und ohne Berufung auf Geschichte und menschliche Beschlüsse fähig sei, den menschlichen Geist zu erhellen und ihm Erkenntnis von Gott und der Welt mitzuteilen. Hier das reine Wort Gottes, frei von Tradition und Menschenbeschluß, dort die reine Erfahrung, frei von Vorurteilen — das ist eine im späten 16. und frühen 17. Jahrhundert oft zitierte Ideenverbindung.

Aber der zugrundeliegende Standpunkt ist unhaltbar und kann schon durch wenige Argumente widerlegt werden. Diese Argumente wurden zuerst von François Veron gegen den Protestantismus erhoben, aber sie gelten genau so gegen die Theorie von der reinen Erfahrung. Ich erwähne sie und nicht spätere Kritiken, denn sie sind einfach und bringen den Fehler unmittelbar und auf sehr anschauliche Weise ans Tageslicht.

„Für Euch" sagte Veron gegen die Protestanten,*) die er auf Marktplätzen und gelehrten Versammlungen mit seiner „Kanone", das heißt seinem Argument bekämpfte, „ist das Wort Gottes die Grundlage aller Erkenntnis, und zwar das von Tradition und Menschendenken unverfälschte Wort Gottes. Wo finde ich dieses Wort?" Man reichte ihm eine Bibel. „Ihr versprecht mir das Wort Gottes und gebt mir ein Buch", war seine Antwort — was soll ich davon halten?" Man erklärte

---

*) Die Argumente Verons hat Richard Popkin in seinem wunderbaren Buch *The History of Scepticism from Erasmus to Descartes,* Harper Torchbooks 1968, deutlich dargestellt. Dieses Buch hat mich zu einem jahrelangen Ausflug in die Geschichte der Theologie bewogen.

ihm, daß hier das Wort Gottes vorliege. „Das heißt, Ihr beginnt nicht mit dem Wort Gottes, sondern mit Eurer eigenen Meinung und führt dann, auf Grund dieser, das Wort Gottes ein — aber Ihr sagt doch, daß Meinungen das Feld nicht mehr betreten sollen außer jene, die sich vom Wort Gottes herleiten." Man erklärte ihm, daß Väter und Vorväter dieses Buch schon für das Wort Gottes gehalten hätten. „Väter und Vorväter? Ihr beruft Euch also doch auf eine Tradition, um das Wort Gottes zu finden, und müßt Euch auf sie berufen, denn sonst könnt Ihr nicht das Wort eines Verbrechers vom Wort Gottes trennen. Außerdem", so fuhr Veron fort „nehmen wir an, wir haben hier das Wort Gottes, durch ein Wunder haben wir hier das Wort Gottes. Wie sollen wir es verstehen? Natürlich, Eure Bibel ist auf Französisch geschrieben, und ihr versteht Französisch. Aber das Verstehen Eurer Sprache ist ein Teil Eurer Tradition. Es ist nicht das Verstehen von Gotteswort, denn Gott hat keine Grammatik der Französischen Sprache geschrieben, und auch nicht einmal das Verstehen der Tradition, aus der das Gotteswort erwuchs. Denn diese Tradition war Hebräisch, Aramäisch, Griechisch ..." Das Argument ist klar und läßt sich leicht auf den Fall des Empirismus ausdehnen: ohne Tradition kein Fundament, also ist die Idee eines reinen Fundaments eine Absurdität.

Die weitere Entwicklung kann man kurz so skizzieren. Die abstrakten Ideen zur Methodologie haben in der Wissenschaft gewisse Wirkungen, einige vorteilhaft, andere verheerend. Vorteilhaft ist die vermehrte Kritik von Schulmeinungen und neuen Ideen. Verheerend ist das Betonen der Zeitfolge Erfahrung → Idee, das entweder die Forschung selbst sehr einschränkt oder bei andersgearteter Forschung zu einer falschen Darstellung ihres Verlaufs führt (zuerst kommt der Bericht der Experimente und erst später, was man vorsichtig daraus zu schließen glaubte). Große Forscher, wie Newton, sagen ein Ding und tun etwas ganz anderes,[*] Forscher von geringerer Geisteskraft können die schizophrene Spannung zwischen einer unmöglichen Philosophie und einer möglichen Praxis nicht ertragen, gewissenhafte Geister schreiben Bände voll, um den Abgrund zu überbrücken (Boyle ist ein Beispiel). Dabei halten sie sich nur selten an die radikalste Form des Empirismus, denn diese löst sich bald von der wissenschaftlichen Praxis und führt zu Diskussionen ganz anderer Art. Man fragt nicht mehr, wie dieser Empirismus zur Wissenschaft paßt, man untersucht seine ‘Möglichkeit', und darunter versteht man die Frage, ob und wie er gewissen abstrakten Forderungen genügt. Humes Argumente sind schon sehr abstrakt, wenn sie auch die Beziehung zum Alltag noch immer aufrecht erhalten. Später, im Wiener Kreis und beim kritischen Rationalismus, bricht selbst diese Beziehung ab. Man nimmt natürlich an, daß die diskutierten Forderungen für jede Tätigkeit und also auch für die Wissenschaft relevant sind, und man glaubt also, die Beziehung zur Wissenschaft nicht abgebrochen, sondern nur vereinfacht zu haben. Man glaubt zum Beispiel, daß eine logisch einwandfreie Konfirmationstheorie erklärt, wie die Wissenschaft

---

[*] Vgl. meine Darstellung der Newtonschen Methode in Butts-Davis (eds.), *The Methodological Heritage of Newton*, Oxford 1970.

vorgeht. Dieser Glauben ist dafür verantwortlich, daß man logische Verbesserungen von Konfirmationstheorien wie etwa die Popperschen Vorschläge auch schon für Verbesserungen unseres Verständnisses der Wissenschaft hält. Erst im 20. Jahrhundert hat man entdeckt, daß dieser sehr natürliche Glaube (natürlich für Rationalisten, denn er gehört zur Grundlage des Rationalismus von Parmenides bis auf die heutige Zeit) den Tatsachen nicht entspricht: wissenschaftliche Entwicklungen lassen sich nicht in das enge und einfache Kleid rationaler Forderungen pressen.*) Der Test einer Methodologie liegt nicht darin, daß sie ein methodologisches Problem löst oder gewissen logischen Forderungen genügt, er liegt darin, daß sie es dem Forscher gestattet, sich in der Welt zurechtzufinden (der Test einer gewissen Weise des Gehens liegt nicht darin, daß diese Weise den Anforderungen des klassischen Balletts entspricht, sondern daß man schnell und mühelos von einem Punkt zum anderen kommt). So vertreibt das Studium der (wissenschaftlichen) Praxis den Wettstreit der Schemen wie einen bösen Traum und ersetzt ihn durch konkrete Untersuchungen, Verallgemeinerungen dieser, und Prüfung der Verallgemeinerungen an weiteren konkreten Untersuchungen. Das ist der Hauptpunkt des vorliegenden Aufsatzes.

Diesem Hauptpunkt könnte man entgegenhalten, daß er die wissenschaftliche Praxis als einen durch philosophische Kritik nicht zu verändernden Maßstab methodologischer Überlegungen einführt. Dazu ist zweierlei zu sagen. Erstens, daß die kritisierten Vertreter der modernen Wissenschaftstheorie, d.h. also die Positivisten und ihre Nachfolger, die kritischen Rationalisten die Wissenschaft, *so wie sie vorliegt,* in höchstem Maße verehren. Sie preisen Galilei, Einstein, Kepler, Newton, Darwin. Es ist also völlig in Ordnung, darauf hinzuweisen, daß sich diese Helden gar nicht so verhalten, wie ihre Anbeter annehmen. Zweitens bedeutet der Hinweis auf die Praxis nicht ihre unkritische Annahme. Der Philosoph wird nur eingeladen, seine aus Büchern übernommenen und an der Schreibmaschine (oder dem Tonbandgerät) verbesserten Prinzipien nicht nur in das Reden über die Wissenschaft, sondern *in die Wissenschaft selbst* einzuführen. Dabei ist ihm alles erlaubt: er kann umstürzen, beseitigen, erhalten, experimentieren — er soll sich nur an seine Prinzipien halten. Da wird er dann bald bemerken, daß ihm diese Prinzipien nicht nur nicht weiterhelfen, sondern daß sie ihn sehr behindern — nicht im *Reden* natürlich, sondern in der Produktion von auch ihm gefälligen wissenschaftlichen *Resultaten.* Es ist eben ein Ding, allgemeine Prinzipien der Eleganz, etwa des Eislaufens, zu entwickeln und ein ganz anderes Ding, sich nach diesen Prinzipien auf dem Eis zu bewegen, ohne auf den Hintern zu fallen.

---

*) Frage: wie ist es möglich, daß selbst Wissenschaftler, die doch in der Praxis drinstehen, von ihr gelegentlich eine so verzerrte Vorstellung haben? Das ist ein sehr interessantes Problem, das in allen Bereichen auftaucht. Im Theater war es oft üblich, Angst durch schnelles Atmen auszudrücken, und doch weiß man, *wenn man nur aufpaßt,* daß man bei Angst gar nicht atmet, sondern still, aber mit jagenden Pulsen dasteht. Etwas tun und wissen, was man tut, sind eben verschiedene Dinge [Wissenschaftler, sagt Lakatos, wissen von der Wissenschaft genau so viel wie Fische von der Hydrodynamik. Darum ist es auch so leicht, ihnen perverse Wissenschaftsphilosophien (und den Schauspielern perverse Methoden der Darstellung) einzureden.]

Die Ideen des Aufsatzes wurden zuerst im Jahre 1972 auf dem Alldeutschen Philosophenkongreß in Kiel vorgetragen. Ich wußte damals noch nichts von Stegmüllers Sneedscher Konversion. Stegmüller, so schien es, stimmte dem methodologischen Teil meines Arguments zu und akzeptierte auch meine Kritik am Zweisprachenmodell (obwohl er sich anders und viel gemessener ausdrücken würde). Er betont aber weiter die Wichtigkeit der Rekonstruktion und glaubt nunmehr ein Modell der Rekonstruktion gefunden zu haben, das alle erhobenen Schwierigkeiten beseitigt. Dazu eine kurze Bemerkung.

Stegmüller verteidigt die Idee einer logischen Rekonstruktion, indem er (a) ihren Zweck beschreibt und (b) auf historische Vorläufer hinweist. Der Zweck einer logischen Rekonstruktion ist unsere Erkenntnis, so zu *erforschen* und *darzustellen,* wie die Wissenschaft die Natur erforscht und darstellt (7)*),und darin ging Aristoteles (305) den Wissenschaftstheoretikern von heute voraus. In die Absicht (a), die sehr lobenswert ist, mischt sich aber wieder die ganz andere Absicht (a'), die Wissenschaft zu *klären* und zwar auf Grund relativ einfacher logischer Modelle. Die Absicht, einen gewissen Bereich zu erforschen und darzustellen,und die Absicht, ihn zu klären, können nun in Konflikt geraten, und das wird vor allem dann geschehen, wenn der Bereich nicht den Klarheitsvorstellungen entspricht, die dem Vorgang der Rekonstruktion unterliegen. Nehmen wir ein Beispiel: Rekonstruktionen müssen widerspruchsfrei sein. Sind sie das nicht, dann erlaubt uns die ihnen zugrundeliegende Logik, jeden Satz herzuleiten, und macht sie damit unbrauchbar. Bereiche der Wissenschaft und selbst einzelne wissenschaftliche Theorien sind aber nur selten widerspruchsfrei,**) und doch funktioniert die Wissenschaft weiter und wird nicht unbrauchbar. Das zeigt sehr deutlich, daß die 'Logik', derer sich die Wissenschaftler bei ihren Argumenten bedienen, nicht die Logik ihrer Rekonstruktionen sein kann, und daß also die Rekonstruktion die Wissenschaft verfälscht.

Es wäre nun nichts dagegen einzuwenden, wenn die Verfälschung eine Verbesserung wäre (obwohl in diesem Fall Punkt (a) oben aufgegeben werden muß: die Wissenschaftstheorie stellt dann eben die Wissenschaft nicht dar, wie sie ist, sie verbessert sie). Gerade das ist aber nicht der Fall. Man braucht nur die Probe aufs Exempel zu machen. Betrachten wir ein wissenschaftliches Problem wie etwa das Problem der Unendlichkeiten in der Quantenfeldtheorie. Ersetzen wir alle in diesem Problem auftretenden Annahmen und Theorien durch ihre logischen Rekonstruktionen. Wird das Problem nun besser lösbar oder nicht? Die Antwort ist in allen Fällen ein ganz bestimmtes und deutliches Nein, und warum? Weil die Rekonstruktion die elastischen, immer etwas unbestimmten und vagen

---

*) Zahlen in Klammern verweisen auf die Seiten von Stegmüllers *Theorienstrukturen und Theoriendynamik* Berlin-Heidelberg-New York 1973. Eine mehr detaillierte Kritik findet sich in meiner Besprechung Stegmüllers, BJPS 1977.

**) D.h. die wissenschaftlichen Theorien,wie sie im Wissenschafts*betrieb* vorkommen, und nicht ihre umgeschminkten Abbilder in Textbücher der Logik, oder der theoretischen Physik.

Begriffe der Wissenschaften und die offenen, immer etwas unbestimmten und vagen Verbindungen zwischen wissenschaftlichen Annahmen durch starre Regeln und starre Begriffe ersetzt und damit eine ganz wesentliche Voraussetzung der fruchtbaren wissenschaftlichen Veränderung beseitigt hat.

Rekonstruktionisten und auch Stegmüller lehnen einen solchen Einwand als irrelevant ab. Wissenschaft betreiben ist eines, die Wissenschaft verstehen etwas ganz anderes. Die Wissenschaftstheorie soll nicht der Wissenschaft helfen, sie soll uns ein rationales Verständnis der Wissenschaft geben.

Damit ist erstens die Verbindung zu Aristoteles abgebrochen, die in (b) doch als ein wichtiges Argument angeführt wurde. Es ist wahr, daß die mehr *allgemeinen* Untersuchungen des Aristoteles in der Rationalisierung der Erkenntnis bestanden haben (und zwar vor allem der Alltagserkenntnis, wie das W. Wieland in seinem ausgezeichneten Buch *Die Aristotelische Physik* gezeigt hat). Aber diese Untersuchungen wurden auch für die Wissenschaft fruchtbar. Sie *enthüllten* und *klärten* nicht nur eine bereits vorhandene Struktur, sie enthielten auch Vorschläge zur strukturellen *Reform* und vermehrten unsere Kenntnis der *Naturgesetze* (die Dynamik des Aristoteles enthält Klärungen *und* Naturgesetze). *Nichts dergleichen findet sich bei unseren Rekonstruktionisten.* Mehr noch, der Mangel an Folgen für den Betrieb der Physik und der Erkenntnis im allgemeinen wird nicht bloß *übersehen,* er wird *betont* und gelegentlich sogar *gepriesen* als ein Zeichen dafür, daß die Wissenschaftstheorie nun endlich eine selbständige Disziplin mit eigenen Problemen und eigenen Methoden geworden ist. Das hat interessante Folgen.

Ein Wissenschaftstheoretiker wie Aristoteles (oder Mach, oder Bohr, die in dieser Hinsicht Aristoteles sehr nahe stehen) will den Prozeß der Erkenntnis *verstehen,* und er stellt ihn dazu auf eine von der üblichen verschiedene Weise dar. Wäre das alles, dann könnte man den Vorwurf erheben, daß diese Denker die Erkenntnis nicht *verstehen,* sondern *verfälschen.* Sie beschreiben ja nicht das zu verstehende Objekt, so wie es ist, sie ersetzen es durch etwas anderes, 'klareres' und 'leichter zu Verstehendes'. Nun hat diese Veränderung bei Aristoteles, Mach und Bohr die Folge, daß die Erkenntnis verbessert wird. Die Erkenntnis selbst wird verbessert, und nicht nur eine Beschreibung von ihr. Man erhält neue Naturgesetze, neue Wege der Forschung öffnen sich. Die Veränderung, die die Erkenntnis klärt und leichter verständlich macht, führt also nicht zu einer *Fälschung,* sondern zu einer *Verbesserung.* Ganz anders bei Stegmüller. Hier fällt die Verbesserung weg, und was bleibt, ist die Fälschung. Es ist schon zuzugeben, daß das gefälschte Bild einem gewissen Kreis von Menschen mehr einleuchtet als die Sache selbst. Genau so zogen ja auch die Humanisten die lateinische Darstellung eines komplexen Sachverhaltes der Darstellung in einem 'vulgären' Idiom vor, und zwar wegen ihrer 'Eleganz', 'Klarheit', wegen der klassischen Anspielungen und das auch dann, wenn die vulgäre Darstellung der Sache viel besser entsprach. Spezielle Gruppen haben eben spezielle Interessen und gleichen ihre Tätigkeit an diese Interessen an. Man muß sich aber hüten, in dieser Tätigkeit den Ausdruck *allgemeiner* Prinzipien oder einer *allgemeinen* Rationalität zu sehen.

Das besondere Modell, das Stegmüller verwendet, brauche ich hier nicht zu besprechen. Ich habe das in meiner Rezension, BJPS 1977 ausführlich getan.

Kapitel 13

Die ‚Rationalität' der Forschung

1 Ursprung der Idee der Rationalität

Von der Forschung verlangt man heute zweierlei. Sie soll Erfolge haben; und sie soll 'rational' sein. Die erste Forderung stellen alle Staatsbürger, die mit ihren Steuergeldern einen (unfreiwilligen) Beitrag zur Forschung leisten. Die zweite Forderung ist das Schlachtgeschrei der Intellektuellen. Was bedeutet sie, und woher kommt sie?

Sie ist ein Ergebnis sehr alter Entwicklungen. Wir wissen heute nicht, wie die frühen Menschen auf jene Regelmäßigkeiten gekommen sind, die zu ihrem Überleben nötig waren. *Angewendet* haben sie viele von ihnen schon von Anfang an, als Erbteil aus dem Tierreich. *Bewußt* wurden die Regelmäßigkeiten (der Natur und des auf sie eingestellten Verhaltens), als ganz neue Entdeckungen auch das 'normale' als überraschend und der Erklärung bedürftig erscheinen ließen. Diese neuen Entdeckungen sind die Entdeckung des Feuers und seiner Eigenschaften, die Entdeckung, daß sich Haustiere domestizieren lassen, die Entdeckung des Ackerbaus, der Viehzucht, der Fischerei an bleibendem Ort und vieles mehr. Überlegen wir uns doch die große Zahl der Regelmäßigkeiten, deren Kenntnis allein schon die Beherrschung des Feuers erforderte. „Wir müssen annehmen", schreibt Alexander Marshack in seinem bahnbrechenden Buch *Roots of Civilization* (McGraw Hill 1973, 112 ff), „daß ein Gehirn, das eine Feuerkultur in Gang halten kann, fähig ist zu lernen, daß feuchtes Holz nicht so gut brennt wie trockenes, daß Frühlingsholz und Sommerholz, voll von Harz, wahrscheinlich nicht so schnell Feuer fangen wie totes Holz oder Winterholz, daß ein Abschaben oder Schneiden des Stammes im Frühling die Hand beschmutzen und verkleben wird, daß grünes Gras und grüne Zweige nicht so gut brennen wie braunes Gras, daß Holz mit Sommerblättern raucht, daß Brennholz vor Regen geschützt werden muß, daß man sich in Richtung des Windes nicht zu nahe an das Feuer stellen soll, daß Holz, das beim Brechen einen scharfen Laut von sich gibt, am besten brennt, daß Feuer die besten Dienste in der Winterkälte leistet, daß es in der Nacht Licht und Wärme spendet sowie auch Sicherheit, denn die meisten wilden

Tiere meiden das Feuer ... Mehr allgemein gesprochen, jedoch ohne sich von der bereits existierenden Sprache zu weit zu entfernen, ist das Feuer 'lebendig'. Man muß für es sorgen; es braucht ein Heim, eine Stelle geschützt vor starkem Wind, Regen, tiefem Schnee; man muß es fortwährend ernähren; es schläft in glühendem Holz und kann da sterben, aber durch den Atem kann es wieder zum Leben gebracht werden; es spritzt zornig und hell im Tierfett, es stirbt zur Gänze im Wasser; es wispert, zischt, kracht und hat daher eine wechselnde 'Stimme'; es verbraucht sich, macht Holz zu Asche, während es zum Himmel steigt und zuletzt im Winde verschwindet; man kann seinen 'Geist', oder sein 'Leben' auf einem brennenden Zweig oder einem glühenden Holzstück von einer Stelle zur anderen tragen und so ein zweites Feuer in Gang setzen. Ein Mensch mit Feuer ist einem komplexen dynamischen Prozeß eingegliedert, der 'künstliche', d.h. nicht schon in der Natur gegebene Forderungen, Beziehungen, Vergleichungen, Wiedererkennungserlebnisse und Bilder schafft. Wichtiger noch ist der Umstand, daß das Feuer den Menschen durch seine fortwährenden Bedürfnisse an die Zeit bindet. Diese Anforderungen waren größer zu Beginn der Feuerkultur, insbesondere solange der frühe Mensch das Feuer ohne Übung in seiner Herstellung und Verbreitung verwendete. Nach älteren Begriffen der Anthropologie 'befreite' das Feuer den Menschen, so daß er nun in neuen Ländern und neuen Klimazonen leben konnte. Aber es ist klar, daß es ihn auch *band*, kulturell wie auch funktionell."

Das Feuer und die anderen neuen Tätigkeiten und Kenntnisse, die der Mensch nun erwarb, banden ihn in zweifacher Weise. Diese Tätigkeiten banden ihn *praktisch*, denn sie mußten in genau bestimmter Abfolge ausgeführt werden. Und sie banden ihn *spirituell*, denn die Abfolgen und ihre vielfache Verknüpfung wurden bald im Medium der Sprache, der Kunst und anderer langsam entstehender Bestandteile der Zivilisation *nachkonstruiert*, und zwar nicht in der Form von stabilen Ideen, sondern von Erzählungen über Zeitabläufe, sogenannten *Mythen*.

Die Struktur dieser sehr alten und noch immer sachbezogenen Mythen kann man heute auf dreifache Weise erforschen. Durch Vergleich mit den Mythen schriftloser Gesellschaften von heute; durch archäologische Untersuchungen; durch Rückschluß von Spuren dieser Mythen in frühen schriftlichen Produkten. Die erste Methode hat den Vorteil, daß ihr der Gegenstand unmittelbar vorliegt, sie hat den Nachteil, daß die Mythen, die sie findet, oft späte und erstarrte Degenerationsprodukte darstellen. Die zweite Methode ist relativ neu und hat zu interessanten Ergebnissen geführt. Die Archäologie ist natürlich eine alte Wissenschaft, aber bisher ist sie immer nur sehr vorsichtig vorgegangen: sie hielt sich genau an das gefundene Material, und ihre Begriffe waren Zusammenfassungen auffallender Züge dieses Materials, ohne Hypothesen über die Umstände und die Intelligenz der das Material bearbeitenden Menschen. Fügt man solche Hypothesen der Forschung hinzu, wie das Hawkins, Marshack und andere getan haben, dann sieht man das Material mit ganz anderen Augen und wird auch zu neuer Forschung angeregt (Spurenforschung mit dem Mikroskop). Ritzungen auf Steinen, Mehrfachdarstellungen in Bildern zeigen uns dann, daß Zeitabläufe, wie etwa der Mondlauf oder Perioden der Schwangerschaft, erfaßt und darge- stellt wurden, während die Analyse von Bauten mit astronomischer Funktion, wie etwa von Stonehenge, nahelegt, daß diesen Darstellungen ein sehr kom- plexes astronomisches Wissen zugrundelag. Die dritte Methode wurde schon in der Zeit der Aufklärung verwendet, um den Sachverhalt von Mythen zu er- mitteln. Man übersah aber zunächst, daß die Werke, auf die sie sich berief, Spät- produkte sind, die zwar frühe Überreste *enthalten*, aber nicht selbst solche frühen Überreste *sind*. Kombiniert man die drei Methoden, so erhält man ein erstaunli- ches Bild umfassender und international verbreiteter Kenntnisse der Steinzeit, die sowohl sachhaltig als auch in sozialen Begriffen ausgedrückt waren und so den Menschen mit seinen Gefühlen, Kenntnissen sowie heute bereits verschwundenen Talenten mit der lebenden und unbelebten Natur aufs innigste verbanden. Selbst die Kenntnis der Präzession der Äquinoktien ist diesen frühen Astrobiologen nicht abzusprechen – hört man doch immer wieder von der Zerstörung eines alten Himmels und der Schaffung eines neuen. Die Entdeckung, daß selbst die Gesetze des Himmels nicht ewig sind, muß einen ungeheuren Eindruck gemacht haben, und sie bewahrte die erworbenen Kenntnisse vor der Dogmatisierung.

Die Homerischen Epen unterscheiden sich von den früheren Mythen durch eine gewisse Standardisierung und die Beseitigung nun als unzivilisiert empfun- dener Denk- und Verhaltensweisen. Das Unbestimmte, Drohende, Rätselhafte, das Barbarische ist zurückgedrängt und nur noch in Spuren vorhanden. In Hesiod wird der Vorgang der Zurückdrängung dramatisch beschrieben, als Titanenkampf, der mit dem Sieg des Zeus und dem Triumph seiner Gesetze endet (die Beschrei- bung zeigt ein besseres Verständnis der Naturgesetze als selbst das 19. Jahrhun- dert: Gesetze haben hier eine *Geschichte*, und ihre Geltung ist das Ergebnis eines *Gleichgewichts entgegengesetzter Kräfte*). Die Homerische 'Rationalisierung' ver- drängt die alten Phänomene nicht nur aus den Beschreibungen, sondern auch aus dem Bewußtsein der Zeitgenossen, sie formt einen neuen Menschentyp und läßt ihn die Welt auf neue und vielfältige Weise sehen. Sie ist nicht ein Hirngespinst, denn die neuen Götter und ihre Wirkungen sind, wie auch ihre Vorgänger, Be- standteile der Erfahrung (vgl. dazu Kap. 9, Abschnitt 12 sowie Kap. 17 von *Wider den Methodenzwang*). Diese Erfahrung ist nicht eine Erfahrung von *Dingen* mit einem Wesenskern, sondern von *Ereignissen* und *Situationen*, welche sich zu Situationsbündeln *zusammenfügen*, die dann in andere Situationen *passen:* statt der *einen Wahrheit* haben wir verschiedene Weisen des Passens und also *verschie- dene Arten von Kenntnissen*, statt einer zugrundeliegenden Weltsubstanz ein komplexes Geflecht von Ereignissen, statt eines 'ersten Grundes' zahlreiche dem Menschen ähnliche und also nicht unmenschliche Götter.

Die nächste Stufe der Rationalisierung sieht man gewöhnlich als die Ent- stehung des Rationalismus im Abendland an – es ist die Philosophie der Vor- sokratiker. Die Vorsokratiker stellen dem komplexen Ereignisgefüge der Home- rischen Epen kindlich einfache Schematisierungen entgegen, und sie verteidigen diese nicht durch Hinweis auf die Erfahrung oder auf die Anforderungen konkreter Probleme, sondern durch Hinweis auf das, *was sich im Denken miteinander verbinden läßt*. Man setzt gewisse sehr einfache Begriffe wie den Begriff des Seins, und zeigt, in welcher Beziehung sie zu anderen einfachen Begriffen wie dem Begriff des Anfangs oder dem Begriff des Teiles stehen (vgl. dazu den Nachtrag zu Kap. 5 sowie *Rationalism and the Rise of Science,* im Erscheinen), und man glaubt damit die Welt selbst erfaßt zu haben. Man kann heute noch nicht zufriedenstellend erklären, wie es einigen Intellektuellen gelang, die Homerische Tradition mit diesen Denkträumen zu überwinden (*eine* Antwort wäre, daß die Überwindung nur kleine Kreise von Intellektuellen ergriff und sonst völlig wirkungslos war: darüber beklagt sich Platon in seinen *Gesetzen*). Zum erstenmal sind wir die Zeugen eines Kampfes zwischen einer komplexen, in der Erfahrung, dem Fühlen, dem Hoffen verhafteten Tradition und den Abstraktionen des Denkens weniger Spezialisten; die Probleme des Rationalismus finden sich alle bereits hier. Moderne Rationalisten aber haben sich die Darstellung dieses Kampfes denkbar leicht gemacht. Für sie gab es nur die Alternative rationale Theorie – Mangel an Artikulation, wobei der 'Mangel an Artikulation' einfach ein Widerschein ihrer mangelhaft artikulierten historischen Kenntnisse ist: das komplexe Ideengebäude der Homerischen Epen haben sie nicht studiert. Vervollständigt man das Bild etwa so, wie es Platon in gewissen seiner Dialoge getan hat, dann ändert sich die Situation grundlegend. Dann haben wir nämlich auf der einen Seite ein reiches und der Ergänzung offenes Weltbild (neue Ideen, auch der Religion, konnten leicht eingegliedert werden – es gab religiöse Toleranz) und auf der anderen Seite puritanisch-rationalistische Einseitigkeiten, auch in der Moral (vgl. Platons Kritik der Behandlung der Götter in Homer sowie das Gottesmonstrum des Xenophanes). Eine sachgemäße Untersuchung der Gründe und Ursachen, die zum Triumph des Rationalismus führten, steht heute noch ganz aus. Wir bereiten sie vor, indem wir zeigen, wie man die Nachteile des Rationalismus *heute* erklären kann.

2   Beispiele von Rationalitätstheorien

Um diese Untersuchung so klar und einfach wie nur möglich zu gestalten, unterscheide ich die folgenden vier Positionen.

(A) den *naiven Rationalismus* (Vertreter: Descartes (aber nicht Aristoteles), Kant, Carnap, Popper, Lakatos und andere. Ein Vorläufer ist die Philosophie hinter den apodiktischen Gesetzen von *Exodus*, die vielleicht auch die Vorsokratiker beeinflußt hat).

(B) den *kontextabhängigen Rationalismus* (Vertreter: Marxisten, Anthropologen, alle Denker, die bei jeder nur erdenklichen Gelegenheit den 'historischen Kontext' einer Frage, eines Vorschlages, einer Lösung an den Mann bringen wollen. Vorläufer: die babylonische und hebräische Kasuistik; diese Philosophie ist älter als die apodiktische Philosophie. Auch sie beeinflußt die Griechen, vor allem die griechische Gesetzgebung, wie man aus dem Kodex von Gortyn in Kreta ersehen kann. Im China der Orakelknochen findet man ähnliche Formeln).

(C) den *naiven Anarchismus* (verschiedene ekstatische Religionen und Formen des politischen Anarchismus) sowie

(D) *meine eigene 'Position'**) (Vorläufer: etwa Kierkegaards *Abschließendes unwissenschaftliches Nachwort;* Niels Bohr; auch Nietzsche, wenn er sich nur nicht so ernst nähme).

Nach (A) ist es rational (oder, um nicht so enge Begriffe zu verwenden — passend, dem Willen der Götter entsprechend, anständig, notwendig, geboten) auf gewisse Weise zu handeln, komme was da wolle: man soll Gott und der Obrigkeit gehorchen, man soll ehrlich sein, Widersprüche vermeiden, nicht stehlen, man soll keine ad hoc Hypothesen einführen, vor der Heirat keinen Geschlechtsverkehr üben, degenerierende Forschungsprogramme nicht finanziell unterstützen und so weiter. Die Rationalität (die Moral, das göttliche Gesetz) ist universell und unbedingt und führt zu ebenso universellen und unbedingten Regeln und Maßstäben. Diese Charakterisierung gilt selbst dann noch, wenn den Regeln gegenüber eine mehr kritische Haltung eingenommen wird. Denn die Kritik kommt nicht von den Prozessen, die von den Maßstäben geleitet werden sollen, sondern von anderen und mehr abstrakten Instanzen. Einige Leser von *Against Method* haben mich als einen naiven Rationalisten in diesem Sinn eingestuft mit dem Hinweis, daß ich dessen traditionelle Forderungen durch die mehr 'revolutionären' Forderungen des theoretischen Pluralismus und der Kontrainduktion ersetzen wolle, und fast jeder Leser hat mir eine Methodologie mit der Grundregel 'anything goes' zugeschrieben — und das alles trotz meines ausdrücklichen Caveat, daß „ich nicht die Absicht habe, einen Haufen allgemeiner Regeln durch einen anderen Haufen zu ersetzen. Meine Absicht ist, vielmehr, den Leser zu überzeugen, daß *alle Methodologien, auch die offenkundigsten, ihre Grenzen haben.* Das zeigt man am besten durch Aufweisung der Grenzen und selbst der Irrationalität von Regeln, die er für grundlegend hält. Im Falle der Induktion (Induktion durch Falsifikation eingeschlossen) zeigt man also, wie gut sich kontrainduktive Prozeduren durch Argumente unterstützen lassen": die Kontrainduktion (und der Pluralismus) werden nicht als neue Methoden eingeführt, um die Induktion und die Falsifikation zu ersetzen; sie werden eingeführt, um die Grenzen der Induktion und der Falsifikation zu zeigen. Das Schlagwort 'anything goes' aber ist nicht eine methodologische Regel, die *ich* empfehle, sondern eine scherzhafte Beschreibung der Situation *meiner Gegner* nach Vergleich ihrer Regeln mit der wissenschaftlichen (ethischen, politischen) Praxis. Darüber unten mehr.

Nach (B) ist die Rationalität nicht universell, aber es gibt universell gültige Bedingungssätze, die festlegen, was wann rational ist und wann nicht. Auch das

---

*) 'Position' steht in Anführungszeichen, um zu zeigen, daß ich die Sache nicht so ernst nehme, wie Philosophen Positionen gewöhnlich nehmen (ich führe Positionen vor, wie ein Modemodell ein neues Kleid vorführt oder ein Schauspieler eine neue Rolle, und nicht wie ein die Messe zelebrierender Bischof das Allerheiligste vorführt). Auch deute ich damit an, daß die Sache nicht auf meinem Mist gewachsen ist. Vernünftige Leute haben schon immer so gedacht.

wurde von manchen Lesern als das 'Wesen meiner Position' angesehen. Nun ist es wahr, daß ich die Grenzen einer Regel oft durch Diskussionen der Bedingungen erkläre, unter denen sie nicht mehr gilt, aber ich würde die Bedingungen nicht so einführen wie Rationalismus (B). Für mich sind die Regeln von (B) ebenso begrenzt wie die Regeln von (A).

In *Against Method* wurde die Begrenzung von Regeln mit Hilfe historischer Beispiele gezeigt. Die Beispiele zeigen nicht nur, daß man sich in der Wissenschaft de facto nicht an gewisse Regeln und Maßstäbe hielt, sie zeigen auch, daß die Befolgung der Regeln und Maßstäbe die Forschung zum Stillstand gebracht hätte. Auf jeden Fall wäre es nicht zu jenen Entwicklungen gekommen, die Wissenschaftler, Wissenschaftstheoretiker und Laien heute bewundern. Sicher kann diese Methode der Kritik nicht alle Regeln treffen, die einem Gelehrtenhirn entsprießen, und ein solcher umfassender Beweis schwebte mir auch gar nicht vor. Ich habe nur zwei oder drei grundlegende Regeln untersucht und ihre beschränkte Gültigkeit nachgewiesen. Ich vermute natürlich, daß Ähnliches für jede andere interessante Regel und jeden anderen Maßstab gilt, der nicht rein verbal ist. Die Fälle, die ich besprochen habe, machen es mindestens für mich sehr plausibel, daß die Lösung des Problems nicht in der Erfindung anderer und mehr komplexer Regeln liegen wird, sondern in einer neuen Einstellung zur Rationalität als ganzer. Diese Einstellung werde ich weiter unten, unter (D) beschreiben.

Die von mir gewählten historischen Beispiele sind: Einsteins Behandlung der Brownschen Bewegung; Galileis Verteidigung der Kopernikanischen Lehre; und der Übergang von Homer zu Philosophie der Vorsokratiker.

Das erste Beispiel zeigt, daß sich Evidenz gegen eine wohlbegründete Theorie gelegentlich nur mit Hilfe einer anderen Theorie finden läßt, die ihr widerspricht (vgl. Abschnitt 2 des zehnten Kapitels). Das führt zu einer Einschränkung der vierten Regel Newtons, die selbst heute noch als ein wichtiger Bestandteil der Forschung angesehen wird.

Das zweite Beispiel zeigt, daß größere Übergänge in der Ideengeschichte eine Veränderung von Theorien sowie auch von Maßstäben nach sich ziehen, obwohl man in der Praxis auch die neuen und so freudig begrüßten Maßstäbe nicht verwendet. Dieser seltsame Umstand erklärt sich aus einer Situation, die im Nachtrag zum 12. Kapitel in größerem Detail beschrieben wurde (Unterschied zwischen praktischen und philosophischen Formen des Empirismus).

Das Beispiel Homers zeigt schließlich, wie die Maßstäbe des Rationalismus bei der Geburt des Rationalismus verletzt wurden: der Rationalismus kam nur darum zur Welt, weil sich seine Väter nicht an ihn hielten.

Auf diese Situation reagiert nun (C) mit der Verwerfung aller Regeln und Maßstäbe. Naive Anarchisten sagen also, (a) daß alle Regeln und Maßstäbe ihre Grenzen haben und (b) daß man daher ohne Regeln und Maßstäbe auskommen müsse. Zahlreiche Leser meines Buches halten mich für einen Vertreter von (C). Aber in meinen Fallstudien habe ich nicht nur gezeigt, welche Methoden *versagen,* ich habe auch zu zeigen versucht, welche Methoden in diesen besonderen Fällen *genützt haben.* Ich akzeptiere (Ca), aber nicht (Cb). Ich mache es plausibel, daß alle Regeln Grenzen haben, ich schließe nicht, daß wir ohne Regeln leben sollen. Ich befürworte, daß der Kontext in Betracht gezogen wird, aber die kontextgebundenen Regeln sollen die absoluten Regeln nicht *ersetzen,* sondern *ergänzen.* Ich will Regeln und Maßstäbe weder eliminieren noch ihre Wertlosigkeit zeigen. Ganz im Gegenteil — ich will unser Regelinventarium vermehren — je mehr Regeln, desto besser — und schlage außerdem eine neue Verwendung für alle Regeln und Maßstäbe vor. Meine Position ist gekennzeichnet durch diese *Verwendung,* und nicht durch einen besonderen Regel*inhalt.*

3 Externe und forschungsimmanente Rationalitätstheorien

Naive und kontextgebundene Rationalisten erhalten ihre Regeln und Maßstäbe (die Regeln der Logik eingeschlossen) teils aus der Tradition (etwa der Tradition verehrter Wissenschaften), teils aus abstrakten Überlegungen über die Natur der Erkenntnis. Sie nehmen dazu an, daß jede Handlung, jedes Stück Forschung den von ihnen gefundenen Regeln genügen müsse. Die Regeln legen die Struktur der Forschung im vorhinein fest, sie garantieren die Objektivität der Forschung, sie garantieren, daß wir es mit rationalem (gottgefälligem, gerechtem etc. etc.) Handeln zu tun haben. Sie sind stabile und unveränderliche Wegweiser durch die sich ständig ändernden Prozesse menschlicher Tätigkeit. Man kann die Wegweiser gelegentlich kritisieren, und kritische Rationalisten machen von dieser Möglichkeit auch Gebrauch. Die Kritik besteht dann entweder in einer Revision des Wissensideals oder in einer Revision der Auffassung der zugrundegelegten Praxis. Der fortlaufende Prozeß der Forschung hat an ihr keinen Anteil.

Im Gegensatz dazu fordert Position (D), *daß jeder Maßstab, der einen Handlungsverlauf leitet, selbst zu einem Teil des Handlungsverlaufs gemacht werde: Die Forschung selbst stellt fest, nach welchen Maßstäben sie abzulaufen hat, und wann es nötig ist, diese Maßstäbe zu ändern.*

Der Ausdruck 'Forschung' ist dabei im weitesten Sinn zu verstehen. Zunächst ist damit ja vor allem die Praxis der Physik, der Biologie und der anderen Wissenschaften gemeint. Die Forderung läßt sich aber auch auf andere Gebiete anwenden, zum Beispiel auf das politische Handeln oder auf die Kunst. In allen diesem Fällen schweben uns gewisse allgemeine Prinzipien 'richtigen' Handelns vor. Philosophen untersuchen diese Prinzipien, stellen sie systematisch dar und bemühen sich um eine Begründung. Neben den Prinzipien gibt es aber auch eine Praxis mit konkreten Problemen, also beim Stückeschreiben etwa die Frage, wie man einen Charakter von der Bühne entfernt. Die Einfälle, die solche konkreten Probleme befriedigend lösen, stimmen mit den Prinzipien nicht immer überein, obwohl sie zu Objekten führen (Theorien, Theaterstücken), die wir, wenn wir sie einmal kennen, schätzen und behalten wollen. Wie wird der Konflikt gelöst? Indem man es dem durch die Bekanntschaft mit den neuen Objekten (den neuen wissenschaftlichen Theorien, den neuen Theaterstücken) neu geschulten Sinn gestattet, die alten Prinzipien zu revidieren und an die neue Situation anzupassen.

Man verbessert seine Kenntnisse ja nicht nur über Theorien, sondern auch über Methoden und Formen der Rationalität. Einige Beispiele aus der Wissenschaft, um zu zeigen, wie man dabei vorgeht.

Die Relativitätstheorie enthält das Relativitätsprinzip, und dieses gibt uns einen Maßstab zur Beurteilung von Theorien: relativistisch invariante Theorien sind besser als Theorien, die diese Eigenschaft nicht haben. Der Maßstab kann revidiert werden. Er wird revidiert, wenn man entdeckt, daß die Relativitätstheorie fatale Schwierigkeiten hat. Solche Schwierigkeit findet man durch Entwicklung nicht-relativistischer Theorien (vgl. Abschnitt 2 von Kapitel 10), das heißt durch Forschung, die den Maßstab verletzt.

Die Idee, daß die Natur unendlich reich ist, daß es hinter jedem entdeckten Bereich noch weitere zu entdeckende Bereiche gibt (daß es ein Amerika der Erkenntnis gibt, wie auch ein Amerika der Geographie — so haben Denker zur Zeit der Entdeckungsfahrten diesen Gedanken ausgedrückt) führt zu dem Wunsch, solche weiteren Bereiche zu erforschen und damit zu einem Prinzip der Gehaltszunahme: neue Theorien sollen über das in den alten Theorien Beschriebene hinausgehen. Auch dieses Prinzip kann revidiert werden. Es wird revidiert, wenn man findet, daß die Idee der qualitativen und quantitativen Begrenztheit der Welt zu Schwierigkeiten führt. Die Schwierigkeiten wieder findet man mit Hilfe von finitistischen Kosmologien, das heißt wieder durch Forschung, die das zu untersuchende Prinzip verletzt.

Die Idee, daß wir durch die Sinne allein Kenntnis von der Außenwelt erhalten und daß uns die Sinne ein ungestörtes Bild dieser Außenwelt überliefern, führt zu dem Prinzip, daß alles Wissen auf Beobachtung gegründet werden müsse: Theorien, die der Beobachtung entsprechen, sind Theorien vorzuziehen, die mit der Beobachtung im Widerspruch stehen. Dieses Prinzip gerät in Schwierigkeiten, sobald man entdeckt, daß die durch die Sinne vermittelte Information auf vielfache Weise gestört und verdorben ist. Man macht diese Entdeckung durch Entwicklung von Theorien, die der Beobachtung nicht entsprechen, und die doch viele Vorzüge haben. In Kapitel 11 dieses Bandes erklärte ich, wie Galilei solche Theorien entwickelt und wie er für sie argumentiert hat.

Schließlich führt die Idee, daß die Dinge wohlbestimmt sind, und daß wir in keiner paradoxen Welt leben, zum Maßstab der Widerspruchsfreiheit: widerspruchsfreie Theorien sind akzeptabel, Theorien mit Widersprüchen müssen abgelehnt werden. Dieser Maßstab, den viele Philosophen genauso verehren wie Katholiken das Dogma von der unbefleckten Empfängnis (und mit diesem Dogma hat der Maßstab sicher eine gewisse Verwandtschaft), verliert seine Autorität, sobald wir finden, daß es Tatsachen gibt, die sich nur mit Widersprüchen beschreiben lassen („schönes Kind, ich liebe dich, aber ich liebe dich auch nicht") und daß widerspruchsbehaftete Theorien Vorzüge haben, die sich bei anderen Theorien nicht finden.

Viele Philosophen sagen, daß sich der letzte Fall von den vorhergehenden Fällen grundlegend unterscheidet. Sie verweisen darauf, daß widerspruchsvolle

Theorien nutzlos sind, was immer sie sonst auch für Vorzüge besitzen mögen, denn sie erlauben es uns nicht, eine einzige bestimmte Behauptung zu machen. Das ist erstens nicht wahr (siehe das obige, sehr einfache Beispiel) und ist auch kein Einwand. Nehmen wir an, ein Physiker will nicht-relativistische Theorien entwickeln. Man könnte entgegnen, daß er dann Geschwindigkeiten größer als die Lichtgeschwindigkeit annimmt und damit imaginäre Massen einführt — also einen Unsinn. Aber selbstverständlich werden nicht-relativistische Theorien nicht nur eine isolierte Annahme ändern, wie etwa die Annahme einer Maximalgeschwindigkeit, sondern den ganzen Annahmenkomplex, der mit dieser Annahme verbunden ist. In gleicher Weise werden Theorien mit Widersprüchen so aufzubauen sein, daß aus ihnen nicht mehr jeder Satz gefolgert werden kann.

Eine zweite Schwierigkeit des erklärten Vorgehens besteht in der Frage, wie denn, d.h. nach welchen Maßstäben, die kritischen und gegebenenfalls maßstabsaufhebenden Theorien zu bewerten sind. Nehmen wir an, wir beurteilen Theorien nach ihrer Übereinstimmung mit der Beobachtung, wie das in der Aristotelischen Philosophie der Fall ist. Wie, nach welchen Maßstäben, entschließt man sich, eine Theorie anzunehmen, die diesem Maßstab nicht entspricht? Das kann auf verschiedene Weise geschehen. Zum Beispiel so, daß man sich eines anderen und bereits bekannten Maßstabes bedient. Für Kopernikus wie auch für Einstein war der einheitliche und harmonische Aufbau der Welt ein eindrucksvoller Zug ihrer Theorien, dem gegenüber eine „Verifikation durch kleine Effekte" eine sehr untergeordnete Rolle spielte.*) Oder man wird von der Theorie selbst zum Aufstellen eines neuen Maßstabes inspiriert, genau so wie der Anblick einer Frau von bisher ungeahnter Schönheit gewöhnliche Maßstäbe der Schönheit außer Kraft setzt. Im letzteren Fall verwendet man die Theorie zunächst ohne Maßstäbe, man baut sie langsam auf und entdeckt erst hinterher, warum das Ergebnis seinen maßstabsgetreuen Alternativen vorzuziehen ist. Die treibende Kraft ist dabei oft eine Kosmologie, eine neue Ansicht von der Welt, an die man glaubt und mit der man alles in Übereinstimmung bringen will. So zum Beispiel glaubt Galilei mit Demokrit, Platon, Archimedes und anderen 'Mathematikern', daß die sichtbare Gestalt der Welt mit ihren wirklichen Gesetzen nur wenig zu tun hat, und er versucht, diese durch begriffliche und experimentelle Analysen zu entdecken. Seine Analysen ersetzen Beobachtungstatsachen durch Tatsachen ganz anderer Art und sind also kontrainduktiv. Sie versuchen, die vermuteten Tatsachen in peripheren Erscheinungen zu erspähen, und haben also ein obskurantistisches Element. Und sie antworten auf klare Einwände mit Unterscheidungen, die den angenommenen Tatsachen ihren Platz bewahren, und sind also ad hoc. Aber die akzeptierte Kosmologie macht alle diese Vorgänge sinnvoll. Und das ist der wichtigste Zug der Methodologie, die ich vorschlage. Sie löst nicht Regeln und Maßstäbe von Annahmen über die Welt, sie zeigt, wie gewisse Regeln in gewissen Welten funktionieren, und ermöglicht es uns so, sie mit Rücksicht auf ihre objektive Verwendbarkeit und nicht nur rein formal zu kritisieren. Betrachten wir wieder die Regel der Gehaltsvermehrung. Diese Regel gehört heute zum unbe-

---

*) Vgl. die Briefe an Besso und Seelig, zitiert nach Holton, *Organon*, Vol. 3 (1966), 242.

strittenen Bestand der Wissenschaften und der Wissenschaftstheorie: eine neue
Theorie soll nicht nur Altes neu geordnet darstellen, sie soll zusätzliche Voraussagen machen, und diese Voraussagen sollen nicht nur additiv dem bereits Be-
kannten hinzugefügt werden, sondern sie sollen neu*artige* Prozesse betreffen.
Welche Gründe gibt es, eine solche Regel anzunehmen? Die Gründe, die uns
Wissenschaftstheoretiker heute bieten, laufen alle auf eines hinaus: die Wissenschaft geht eben so vor. Das ist erstens nicht wahr, denn es gibt in den Wissenschaften viele gehaltserhaltende und selbst gehaltsvermindernde Veränderungen.
Zweitens führt dieser Grund die Wissenschaft als Maßstab methodologischer
Exzellenz ein: besseres als die Wissenschaft, so wie sie heute vorliegt, gibt es
einfach nicht. Soll man nun diese Behauptung stillschweigend hinnehmen oder
soll man sie untersuchen? Und wenn man sie untersuchen will, wie geht man
dann vor? Man geht vor, indem man die *kosmologischen Annahmen* überprüft,
die ihr zugrunde liegen. Diese Annahmen tauchen zum erstenmal im 15. und
16. Jahrhundert auf. Damals haben die Entdeckungsreisen den geographischen
Horizont ungeheuer erweitert. Man fand neue Landstriche, neue Kontinente,
Menschenrassen, Pflanzen, Tiere, der Merkwürdigkeiten schien es kein Ende zu
geben. Das legte die Vermutung nahe, daß selbst ganz grundlegende Kenntnisse
nie vollständig sind, daß es ein „Amerika der Erkenntnis" geben kann, so wie es
ein Amerika der Geographie gibt. Die Philosophie des Demokrit und Platon,
die langsam Anhänger fand, unterstützte diese Idee, und Bruno verlieh ihr be-
redten Ausdruck. Nicht eine formale Forderung, sondern der Glaube an die
Unbegrenztheit der Welt veranlaßte die Forscher, über den Augenschein hinaus-
zugehen. Die Bedingung der Gehaltsvermehrung, so, wie sie heute von Philosophen diskutiert wird, ist ein erstarrter Bestandteil einer einst großen Philosophie. Was Wunder, daß es einem schwer fällt, über dieses Skelett zu argumentieren!

Die Tendenz, kosmologische Probleme durch formale Probleme zu ersetzen,
die im Wiener Kreis und im kritischen Rationalismus eine große Rolle spielt
(Kant war der wichtige, aber nie genannte Vorgänger), vermehrt die Stabilität.
Die Frage, ob es kausale Beziehungen gibt, ist sicher eine Tatsachenfrage — aber
bei den Positivisten*) wird sie in die 'formale Redeweise' umgeschrieben und
dadurch der Untersuchung entzogen. Die Frage, ob es nur Sinnesdaten gibt, oder
auch Elektronen, Tische, Stühle ist auch eine Tatsachenfrage. Gibt es nur Sinnesdaten, dann sind alle Begriffe mit Ausnahme der Sinnesdatenbegriffe Instrumente
der Vorhersage. In der neueren Philosophie wird die Frage wieder in eine Frage
formaler Art verwandelt, zum Beispiel in eine Frage über den relativen Gehalt von
Theorien: realistische Theorien machen mehr Vorhersagen, ihr Gehalt ist größer
als der Gehalt von Sinnesdatentheorien, also sind sie vorzuziehen (so habe ich
selbst in den Sechzigerjahren argumentiert — vgl. Kap. 5 des vorliegenden Bandes).
Aber wenn es nur Sinnesdaten gibt und wenn Sinnesdaten — was plausibel erscheint — nur endlich viele Eigenschaften haben, dann läuft die Idee der Gehalts-

---

*) Das schließt immer auch Popper ein, der mit der Philosophie des Wiener Kreises eine ganze
  Menge von Voraussetzungen teilt.

vermehrung leer und kann also nicht eingesetzt werden. Wird sie doch eingesetzt, dann beseitigt sie ein Hauptargument gegen sich selbst und lebt dann natürlich glücklich weiter. So verhalten sich moderne Wissenschaftstheoretiker und vor allem die großmäuligsten unter ihnen, die kritischen Rationalisten, wie jener Mann, der seine stehengebliebene Uhr sehr liebhatte, sich nur an sie hielt, und so triumphierend die Unbrauchbarkeit aller anderen Uhren erweisen konnte.

Wie behandeln wir also unsere Maßstäbe und Rationalitätstheorien? Wir akzeptieren sie weder auf dogmatische Weise, noch geben wir uns mit einer Kritik zufrieden, die sich im Rahmen der 'Rationalität' allein abspielt und von der Forschung getrennt bleibt. Rationalität ist ebenso wie Raum, Zeit, Materie, Erfahrung und Experiment ein Teil der Forschung und ihr unterworfen. Die Frage, wie dieses 'Unterworfensein' ohne einen fixen Bestand an Regeln zu denken ist, ist genau so leicht zu beantworten wie die Frage, wie das Eingegliedertsein der Materie in den Raum zu denken ist, wenn man sich auf keine feste und aller Forschung vorhergehende Raumzeittheorie verlassen kann: man verwendet jeweils die Theorie, an der man interessiert ist, baut sie aus und beobachtet genau die Züge, die dabei zutagetreten. Diese oft neuartigen und vorher nicht vermuteten Züge lassen uns auch die Dinge in neuem Licht sehen und helfen uns, neue Entschlüsse auf neuer Grundlage zu fassen. Daneben bewahren wir aber alle Regeln, die wir kennen, und alle Maßstäbe in einer großen begrifflichen Werkzeugschachtel auf und verwenden sie den Erfordernissen der Forschung gemäß. Je mehr Regeln, je mehr Maßstäbe, desto besser sind wir bei unserem Vordringen in neue Gebiete ausgerüstet.

4 Wissenschaft für freie Menschen

Der eben erklärte Standpunkt, so lautet ein weiterer Einwand, ersetzt einen angeblichen Dogmatismus von Rationalitätstheorien durch einen sehr wirklichen Dogmatismus von Forschungsverfahren und Forschungsresultaten, denn diese werden ja jetzt als entscheidend angesehen. Genau so wie Hegel, oder Wittgenstein, so fährt der Einwand fort, spielt er historische Tatsachen gegen Normen aus und hält also das Wirkliche schon für vernünftig. Nun ganz abgesehen davon, daß das ja keine so große Sünde zu sein braucht (ist die Wirklichkeit von Gott erschaffen, dann ist das Wirkliche ja auch wirklich vernünftig!), habe ich die Sünde gar nicht begangen. Denn ich verlange ja nicht, daß die Maßstäbe der Rationalisten einer davon verschiedenen und von ihnen unberührten Forschungswirklichkeit *angepaßt* werden, ich verlange, daß man sie *in diese Wirklichkeit einführt* und zusieht, wie weit man dabei kommt (ich verlange nicht, daß ästhetische Forderungen solange abgeändert werden, bis sie mit den wirklich geschriebenen und gespielten Theaterstücken übereinstimmen, ich verlange, daß man sie beim Schreiben und bei der Inszenierung der Stücke rücksichtslos verwende und sich dann die so gebauten Stücke näher ansehe: sind sie interessant oder schläft man dabei ein?). Führt die rational gelenkte Forschung in neue und unbekannte Gebiete, erschließt sie uns neue Kenntnisse, macht sie uns bekannt mit einer Sicht der Welt, von der wir bisher nichts geahnt haben, und die wir sofort annehmen, oder hat sie unbefriedigende Züge? Und wenn das letztere, was ist der Grund? Welche Regeln, welche Maßstäbe müssen geändert werden, um etwas besseres zustandezubringen? Und ich wiederhole, daß die Werturteile, die über das Ergebnis der Anwendung von Rationalitätstheorien entscheiden, nicht wieder unabhängig von der Forschung in einem unveränderlichen Wertehimmel vorgegeben sind — sie tauchen oft bei der Betrachtung des Ergebnisses zum erstenmale auf, genau so, wie man den Begriff des Bösen erst durch Leben in einer vielfach gestuften Welt, eben durch die Anschauung kennenlernt. Die Frage „wie wirst Du in solchen Fällen entscheiden“, die so oft gestellt wird, übersieht diesen Zug der Situation, sie übersieht, daß man Regeln nicht nur *verwendet*, sondern auch *erfindet* und daß keine Regel je gegen die Verdrängung durch eine entgegengesetzte gefeit ist. (Mit Meßinstrumenten ist die Situation genau dieselbe. Auch hier hat die Frage „wie wirst Du nach Aufgeben der Elektrodynamik die Feldstärke messen?“ die Antwort „Mit Hilfe von Instrumenten, die ich auf Grund neu erfundener Theorien bauen werde“) Der Slogan 'anything goes' erhält jetzt einen ganz bestimmten und sehr konkreten Sinn: eine Forschungsrichtung, die den fundamentalsten Prinzipien des Denkens einer bestimmten Zeit widerspricht und die also irrational ist, kann im Forschenden eine neue Idee der Vernunft aufleuchten lassen und so am Ende höchst vernünftig erscheinen (kosmologische Annahmen spielen in diesem Prozeß eine große Rolle). Alles das ist nicht neu. Dialektische Philosophien haben das Verhältnis von Forschung und Rationalität immer schon so gesehen.

Ich habe weiter oben gesagt, daß allgemeine Ideen über die Erkenntnis nicht der Praxis schroff gegenübergestellt, sondern in sie eingeführt werden, und daß man sie auf Grund der dann einsetzenden Entwicklung beurteilt. Das Ergebnis der Entwicklung entscheidet und nicht das Verhältnis der zu untersuchenden Forderungen zu einen abstrakten Bereich, etwa zu einer Rationalitätstheorie. Das heißt natürlich, daß nicht nur Fachleute ('professionelle Rationalisten') zur Praxis zugelassen werden, sondern jedermann, und daß auch jedermann bei der Praxisentwicklung mitwirken *kann*. Mitwirken *soll* jeder in einer Demokratie. Einer Demokratisierung der Wissenschaft steht also nichts im Wege.

Kapitel 14

Die Wissenschaften in einer freien Gesellschaft

1   Die Rolle der Wissenschaften heute

Das Bild, das sich die breite Öffentlichkeit von den Wissenschaften macht, ist bestimmt durch den Eindruck technologischer Wunder, wie des Farbfernsehens, der Mondfahrten, des Infrarot-Bratofens, sowie durch ein etwas unbestimmtes, aber dafür nur umso einflußreicheres Gerücht oder Märchen von der Weise, in der diese Wunder gewirkt werden.

Das Märchen schreibt den Erfolg der Wissenschaften einer subtilen, aber streng geregelten Kombination von Einfallskraft und Methode zu: Wissenschaftler haben *Ideen.* Sie haben grandiose Ideen. Und sie haben besondere, vom demokratischen Prozeß verschiedene *Methoden,* mit denen sie die Ideen überprüfen, von Irrtümern und Vorurteilen reinigen und in verläßliche Spiegel der Wirklichkeit oder brauchbare technologische Instrumente verwandeln. Die Theorien und Aussagen der Wissenschaft haben die Feuerprobe der Methode bereits durchschritten. Sie geben uns bessere Beschreibungen der Welt als Ideen, bei deren Entstehung die wissenschaftliche Methode keine Rolle gespielt hat.

Das Märchen erklärt die besondere Behandlung, die den Wissenschaften in der modernen Gesellschaft zuteil wird.

Der moderne Staat ist (im Idealfall) der ideologisch gereinigte Staat. Ideologie, Religion, Magie, Mythos *haben* einen Einfluß, aber nur auf dem Wege über politisch einflußreiche *Parteien.* Ideologische Prinzipien *werden* von Fall zu Fall in die Staatsstruktur aufgenommen, aber nur durch *Mehrheitsbeschluß* nach einer öffentlichen Diskussion. In den öffentlichen Schulen lernt man die Religionen als *historische Phänomene* kennen, nicht als Bestandteile der Wahrheit, außer die Eltern dringen darauf, den Kindern ihre Segnungen zu einer mehr direkten Weise zugänglich zu machen. Auch die finanzielle Unterstützung von Ideologien geht nicht über die finanzielle Unterstützung von politischen Parteien und Privatgruppen hinaus. Staat und Ideologie, Staat und Kirche, Staat und Mythos sind scharf voneinander getrennt.

Staat und Wissenschaft aber arbeiten eng zusammen. Unsummen werden zur Förderung wissenschaftlicher Ideen ausgegeben. Selbst Fächer wie die Wissenschaftstheorie, die zur wissenschaftlichen Forschung nichts beitragen und sie eher behindern, werden reich finanziert. In den öffentlichen Schulen sind fast alle wissenschaftlichen Fächer Pflichtfächer. Während sich die Eltern eines sechsjährigen Kindes entschließen können, ihr Kind protestantisch oder katholisch oder religionslos aufwachsen zu lassen, besteht eine solche Freiheit im Falle der Wissenschaft nicht. Physik, Astronomie, Geschichte *müssen* gelernt werden. Man kann sie nicht durch Astrologie, natürliche Magie, oder Legenden ersetzen. Was ein Mensch ist, wie gut er ist, was er leisten kann, ob er ein brauchbares Mitglied der Gesellschaft ist oder einmal werden wird, ob er auf seine Mitmenschen losgelassen werden darf oder noch im Gefängnis zu behalten ist, wie man Jugendliche erzieht, wie man sie sanfter, gefügiger macht, wie man sorgt, daß sie die Dummheiten ihrer Vorfahren genau wiederholen, was ihre Gefühle zu bedeuten haben und wie man sie kontrolliert — alles das ist heute dem Urteil von Wissenschaftlern und wissenschaftliche Methoden und Redeweisen imitierenden Autoritäten überlassen. Schon vor Geburt des Kindes bestimmt die Wissenschaft die Ernährung der Mutter und die Aussichten des Fötus. Kommt der kleine Organismus zur Welt, dann bemerkt er als erstes helle Lichter, vermummte Gesichter, blitzende Instrumente und, wenn er denken könnte, müßte es ihm scheinen, daß er in einer Retorte und nicht in einem lebendigen Leib zusammengebraut wurde. Dann werden 'wissenschaftliche' Methoden der Ernährung, des Lernens, der Umgebungseingliederung an ihm ausprobiert, und wenn er sich dazu nicht freudig einstellt, wenn er rebelliert ob der Öde, der Irrelevanz und des ständig wiederholten Stumpfsinns, dann wird wissenschaftlich das Charakterprofil des Rebellen aufgenommen und messerscharf erwiesen, daß er nicht in die für ihn zurechtgemachte zivilisierte Umgebung paßt. Geburt, Erziehung, Seelsorge, Heilung, alles das ist heute in den Händen der Wissenschaft, und sinkt der müde Bürger schließlich ins Grab, dann sorgt die 'Grabeswissenschaft' dafür, daß auch dieses Ereignis nach streng wissenschaftlichen Prinzipien abläuft.[1]

Beim Lehren begnügt man sich nicht mit einer bloß *historischen* Darstellung physikalischer (astronomischer, historischer, etc.) Tatsachen und Prinzipien. Man sagt nicht: in der Welt gibt es Leute, die *glauben,* daß sich die Erde um die Sonne dreht, während andere die Erde für eine Hohlkugel halten, die die Sonne umschließt. Man sagt: Die Erde *bewegt sich* um die Sonne, alles andere ist Dummheit.

Schließlich ist die Annahme oder die Ablehnung wissenschaftlicher Tatsachen und Prinzipien völlig vom demokratischen Prozeß der öffentlichen Informationsaufnahme, Diskussion und Abstimmung getrennt. Man akzeptiert Gesetze und Tatsachen, man lehrt sie in den Schulen, man gründet entscheidende politische Entschlüsse auf sie, aber ohne sie einem Votum unterworfen zu haben.

---

[1] Das ist kein Scherz. In den Vereinigten Staaten gibt es jetzt Institute für 'mortuary science', wo man den Doktor in der Begräbniskunde ablegen kann. Ich selbst habe im Jahre 1962 ein solches Institut an der Landesuniversität Minnesota besucht.

Konkrete Vorschläge werden gelegentlich diskutiert, und man stimmt über sie ab. In den Prozeß der Erzeugung allgemeiner Theorien und grundlegender Tatsachen mischt man sich aber nicht ein. Die moderne Gesellschaft ist eine 'kopernikanische' Gesellschaft, nicht weil Kopernikus zur Abstimmung vorgelegt und mit Stimmenmehrheit akzeptiert wurde, sondern weil die *Wissenschaftler* Kopernikaner sind, und weil man ihr Urteil in Fragen des Weltenbaus heute ebenso kritiklos annimmt wie früher das Urteil von Bischöfen und Kardinälen.

Selbst kühne und revolutionäre Denker unterwerfen sich dem Schiedsspruch der Wissenschaft. Kropotkin will die bestehenden Institutionen kurz und klein schlagen — die Wissenschaft läßt er unberührt. Ibsen geht sehr weit in der Entlarvung der Bedingungen zeitgenössischen Menschseins, aber die Wissenschaft ist ihm nach wie vor ein Maßstab der Wahrheit. Evans-Pritchard, Lévi-Strauss und andere haben erkannt, daß das 'abendländische Denken' alles andere ist als der Gipfel der menschlichen Entwicklung — die Wissenschaft aber schließen sie in ihre Relativierung der Denkformen nicht ein. Auch für sie ist die Wissenschaft (zum Unterschied etwa von der Religion) ein *neutrales* Gebilde, das unabhängig von Kultur, Weltanschauung, Vorurteil positive Kenntnisse zum Zweck des Verständnisses und der Beherrschung der Welt versammelt und über das es also keine demokratische Diskussion zu geben braucht und geben darf.

Der Grund für die besondere Behandlung, die der Wissenschaft im Denken und im politischen Prozeß zuteil wird, ist natürlich das weiter oben beschriebene Märchen: *wenn* die Wissenschaft eine Methode besitzt, die ideologieverseuchte Gedanken in wahre und nützliche Theorien verwandelt und die aus einem Gestrüpp von Legenden einen Tatsachenkern herauszulösen vermag, dann ist sie in der Tat nicht bloße Ideologie, sondern objektiver Maßstab aller Ideologien. Die Forderung der Trennung von Staat und (Religion, Mythos, Magie, d.h. von Staat und) Ideologie trifft sie dann nicht, und auch demokratische Entscheidungsverfahren können nicht auf sie angewendet werden.

2 Methodologische Überlegungen unterstützen diese Rolle nicht

Aber das Märchen ist falsch. Es gibt keine besondere Methode, die Erfolg garantiert oder wahrscheinlich macht. Wissenschaftler lösen Probleme nicht darum, weil sie einen methodologischen Zauberstab schwingen. Sehr oft lösen sie Probleme überhaupt nicht, oder mit viel größeren Fehlern als ein Laie, der seinem gesunden Menschenverstand folgt.[2] Oder sie kommen zu verschiedenen Ergebnissen, wobei dann jede Schule ihre eigenen Lösungen anbietet. Wer hat es nicht erlebt, daß ein Arzt eine Operation vorschlägt, ein zweiter Arzt eine ganz andere Operation, wogegen ein dritter jeden Eingriff ablehnt und sich auf die natürlichen Heilkräfte des Organismus oder auf Drogen verläßt? Wer hat nicht mit Interesse

---

[2] Als ich zum erstenmal die Schule besuchte, machte mir das Stillsitzen und Aufpassen und vor allem das Schreibenlernen keine Freude, und mir wurde oft schlecht. Mein Vater vermutete, daß diese Anwandlung bald vorübergehen würde — und er hatte Recht. Ein Kinderpsychologe hätte die Affaire endlos lange hinausgezogen.

festgestellt, wie verschiedene Wissenschaftler, je nach der Quelle, aus der ihre Bezahlung fließt, zu ganz verschiedenen Ergebnissen kommen (Beispiel: die Frage der nuklearen Sicherheit). Soviele Köpfe, soviele Lösungen — das ist oft die beste Beschreibung der Situation. Und selbst wenn die Wissenschaftler eine einheitliche Denkfront präsentieren, so ist es nicht sicher, ob sich hinter dieser Front ein einheitlicher Irrtum oder eine politische Entscheidung verbirgt: man entschließt sich, trotz bestehender Differenzen, des guten Rufes der Wissenschaft wegen allgemeine Übereinstimmung zu heucheln. Staatsbürger, die an öffentlichen Projekten interessiert sind, haben diese Fassade wissenschaftlicher Undurchdringlichkeit schon lange durchschaut und bestehen daher auf einer öffentlichen Diskussion aller jener wissenschaftlichen Ergebnisse, deren Annahme weite Kreise beeinflußt, Lehrgegenstände an Elementarschulen und an Landeshochschulen eingeschlossen (hier ist übrigens Amerika den autoritätsgläubigen Deutschen weit voraus[3]). Es gibt keine 'Methode' oder 'Rationalitätstheorie', die man gegen eine solche Demokratisierung der Anwendung wissenschaftlicher Ergebnisse *und letztlich der Wissenschaft selbst* ins Treffen führen könnte — das haben wir im letzten Kapitel gesehen. Rationalitätstheorien werden zur Lösung von Problemen oft *speziell erfunden,* sie sind dann neu sowohl für Außenseiter als auch für Eingeweihte und beiden gleich zugänglich. Gelingt einem Forscher ein Versuch oder erweist sich eine Idee als fruchtbar, dann nur darum, weil er sich in die neue spezielle Materie versenkt hat, weil er nun die Situation relativ gut kennt, weil er Einfälle hat und außerdem noch Glück und weil seine Einseitigkeiten von entgegengesetzten Einseitigkeiten innerhalb der Wissenschaft überwacht und kontrolliert werden. Im Grunde ist also der Prozeß, der zur Aufstellung einer 'wissenschaftlichen Wahrheit' führt, nicht verschieden vom Prozeß der Aufstellung neuer Gesetze im Staat, oder vom Prozeß der Annahme oder der Ablehnung gewisser Projekte, wie des Baus einer Brücke über eine Bucht oder des Baus eines zoologischen Instituts in einem öffentlichen Park: man unterrichtet die Beteiligten, man sammelt Tatsachen und Vorurteile, man diskutiert, und man kommt schließlich durch Abstimmung zu einem Entschluß. Aber während dieser Prozeß in einer Demokratie relativ klar zutagetritt und auch mehr oder weniger adäquat beschrieben wird, liegt er in der Wissenschaft verborgen unter mythologischem Gerede.

Kein Wissenschaftler wird zugeben, daß eine Abstimmung in der Wissenschaft eine wesentliche Rolle spielt. Tatsachen, Logik und Methode allein entscheiden — so sagt das Märchen. Aber wie entscheiden die Tatsachen? Welche Rolle spielen sie im Aufbau der Wissenschaft? *Herleiten* kann man Theorien aus ihnen nicht, wie schon die einfachste logische Überlegung zeigt. Noch ist es

---

[3]   Der Wissenschaftsglaube ist in Deutschland noch immer sehr groß und wird dort durch die Poppersche Beweihräucherung noch vermehrt. Gegner der Wissenschaft oder der besonderen Form, die die Wissenschaft im Kapitalismus einnimmt, stützen sich auf die Pseudowissenschaft des Marxismus und zwar ebenso unerbittlich, wie die von ihnen kritisierten Autoritäten sich auf die Wissenschaft stützen. So fällt man von einem frommen Glauben in den anderen und kommt nie zum Denken.

möglich, brauchbare Theorien zumindest *negativ* auszuzeichnen als Theorien, die keiner Tatsache *widersprechen.* Jede nur einigermaßen interessante Theorie[4] ist im Konflikt mit zahlreichen gutbewährten Experimentalergebnissen. Ein Falsifikationsprinzip, das Theorien beseitigt, die den Tatsachen widersprechen, hätte die Beseitigung *aller* Wissenschaft zur Folge. Auch der Hinweis, daß eine brauchbare Theorie *mehr* erklärt als ihre Rivalen (sie erklärt die Erfolge und die Fehlschläge ihrer Rivalen, und sie erklärt auch neue, uns bisher unbekannte Tatsachen) wird der wissenschaftlichen Praxis nicht gerecht. Neue Theorien sagen zwar oft neue Dinge voraus, jedoch fast immer auf Kosten der Vorhersage bereits bekannter Dinge. Wenden wir uns nun den logischen Forderungen zu, so sehen wir, daß selbst die einfachsten Bedingungen im praktischen Betrieb der Wissenschaft nicht erfüllt *sind* und wegen der Komplexität und der ständigen Bewegung des Materials auch nicht erfüllt sein *können.* Die Theorien, die ein Wissenschaftler verwendet und mit deren Hilfe er zu besseren Ideen kommt, genügen nur selten den strengen Ansprüchen der Logik (zum Beispiel, sie sind nur selten frei von Widersprüchen), und der Versuch, sie an diese Ansprüche anzupassen, raubt der Wissenschaft die Elastizität, ohne die Fortschritt nicht stattfinden kann.[5] Also: Tatsachen *für sich allein* reichen zur Annahme und Ablehnung wissenschaftlicher Theorien nicht aus, der Spielraum, den sie dem Denken lassen, ist *zu weit;* und die Verbote der Logik und der traditionellen Methodologien eliminieren zu viel, sie sind *zu eng.* Zwischen beiden liegt der Bereich der sich ständig wandelnden menschlichen Ideen. Und in der Tat führt jede detaillierte Analyse erfolgreicher wissenschaftlicher Schachzüge zur Einsicht, daß die Wissenschaft einen Spielraum der Willkür enthält, der im Prinzip durch eine demokratische Abstimmung geschlossen werden kann, aber de facto durch wissenschaftliche Machtpolitik und Propaganda geschlossen wird. *Hier hat das Märchen seine entscheidende Funktion.* Es verbirgt den Spielraum, es verbirgt das Element der Freiheit, das die Wissenschaft enthalten *könnte* durch Vorspiegelung 'rationaler' und 'objektiver' Kriterien, und es schützt so die Bonzen der Wissenschaft vor dem Urteil des gemeinen Volks (der Laien; der Fachleute in einem *nicht*-wissenschaftlichen Fach; der Fachleute in einem *anderen* wissenschaftlichen Fach). Nicht das wohlinformierte Urteil aller, sondern nur das Urteil jener Bürger soll in Betracht gezogen werden, die dem (sozialen, psychologischen, finanziellen) Druck wissenschaftlicher Institutionen direkt ausgesetzt waren (sie haben eine lange Ausbildung hinter sich), die diesem Druck unterlegen sind (sie haben die die Ausbildung abschließenden Prüfungen erfolgreich bestanden), und die also felsenfest an die Richtigkeit des Märchens glauben. So ist es den Wissenschaftlern gelungen, sich selbst und auch jedermann sonst über die wahre Natur ihrer Tätigkeit zu täuschen und zugleich von der Täuschung zu profitieren: sie haben mehr

---

[4] Uninteressante Theorien sind oft mit den Tatsachen in bester Übereinstimmung — aber das macht sie nicht besser.

[5] Zur Zeit der älteren Quantentheorie gab es viele Entdeckungen, und die Wissenschaft schritt rüstig fort. Dann kam von Neumann und damit das Ende der fruchtbaren Wechselwirkungen von Idee und Experiment.

Geld, mehr Autorität, mehr Sex-appeal als ihnen von Rechts wegen zukommt, und selbst die stupidesten Prozeduren und die lächerlichsten Resultate in ihrem Bereich (Psychoanalyse!) sind noch immer mit einer Aura von Vortrefflichkeit umgeben. Es wird Zeit, diese Überbewertung auf ihr richtiges Maß zu reduzieren und der Wissenschaft eine mehr bescheidene Stellung im Ganzen der Gesellschaft zuzuschreiben.

3   Noch ist der 'Erfolg' der Wissenschaft ein brauchbares Argument

Dieses Ergebnis scheint gewissen einfachen und allgemein bekannten Tatsachen zu widersprechen. Ist es nicht eine Tatsache, daß ein gelernter Mediziner eine Krankheit besser diagnostizieren und eher kurieren wird als ein Laie oder ein Medizinmann einer primitiven Gesellschaft? Ist es nicht eine Tatsache, daß Seuchen und gefährliche individuelle Erkrankungen erst mit dem Aufstieg der modernen Medizin verschwunden sind? Müssen wir nicht zugeben, daß der Brükkenbau, der Häuserbau, der Bau von Schiffen etc. mit dem Aufstieg der Wissenschaften an Sicherheit in hohem Maße zugenommen hat? Und ist nicht die Mondfahrt ein höchst bemerkenswerter und nicht aus der Welt zu schaffender Beweis dafür, daß sich die Wissenschaft auf dem richtigen Weg befindet? Das sind die Fragen, mit denen man die Kritiker der Sonderstellung der Wissenschaft gewöhnlich in die Schranken weist. Es ist schon möglich, so antwortet man auf unsere Kritik einer methodologischen Rechtfertigung der Wissenschaft, daß diesem Erfolg keine klar erkennbaren Regeln zugrundeliegen, und daß die Idee einer wissenschaftlichen Rationalität auf einem unberechtigten Eindringen philosophischer Abstraktionen in die wissenschaftliche Praxis beruht. Umso wichtiger ist es aber, diese so erfolgreiche Praxis vor äußeren Eingriffen zu beschützen. Sie gehorcht nicht einfachen Regeln, sie läßt sich nicht mit einfachen Mitteln beschreiben, sie funktioniert nur durch ein subtiles Zusammenarbeiten von Rationalität und Fingerspitzengefühl, das sich entwickeln und einspielen muß, sie ist gegen äußere Einwirkung wegen dieser Subtilität sehr empfindlich und darf daher auf keinen Fall gestört werden. An eine Übertragung demokratischer Methoden auf den Betrieb der Wissenschaften ist also selbst bei Abwesenheit bleibender Methoden nicht zu denken.

Dieses Argument erreicht sein Ziel nur, wenn man zeigen kann,

(a) daß die Wissenschaften tatsächlich besser vorangekommen sind als die erwähnten Alternativen — zum Beispiel, die wissenschaftliche Medizin ist wirklich besser als etwa die Volksmedizin;

(b) daß ihre Erfolge nicht nur darum so großartig erscheinen, weil es keine Alternativen gibt;

(c) daß die Erfolge durch die Wissenschaft allein, ohne jede Hilfe 'von außen' zustandegekommen sind.

Keine dieser Annahmen trifft zu.

Beginnen wir mit (b). Die Wissenschaft hat Ergebnisse. Das können wir zugeben. Wir bewundern diese Ergebnisse. Wir können auch zugeben, daß die

meisten Rivalen der Wissenschaft heute entweder verschwunden sind oder sich
so geändert haben, daß ein Konflikt und eine Bedrohung der Wissenschaft nicht
mehr existiert: die Religion wurde 'entmythologisiert', Mythen werden rein
psychologisch oder rituell interpretiert, niemand nimmt diese Lebensformen
als Alternativen zur Wissenschaft ernst. Das ist gar nicht überraschend. Selbst
in einem fairen Wettstreit hat ein Standpunkt oft Erfolge und läßt seine Gegner
zurück.

Das heißt aber nicht, daß die zurückgelassenen Gegner keine Verdienste
haben und daß sie keinen Beitrag mehr zu unserem Wissen leisten können. Sie
sind vielleicht nur vorübergehend außer Atem. Sie können sich erholen und ihre
Überwinder überwinden. Die Atomtheorie ist ein ausgezeichnetes Beispiel. Sie
wurde (im Westen, im Altertum) eingeführt, um gewisse Makrophänomene wie
das Phänomen der Bewegung angesichts der parmenideischen Einwände zu retten
(Vgl. Nachtrag zu Kap. 5). Sie wurde dann von der mehr detaillierten Philosophie
des Aristoteles widerlegt, kehrte mit der wissenschaftlichen Revolution des 16.
und 17. Jahrhunderts ins Geistesleben zurück, wurde durch die Entwicklung
von Kontinuitätstheorien und 'phänomenologischen' Theorien eingeschränkt
und gegen Ende des 19. Jahrhunderts fast eliminiert, kehrte im 20. Jahrhundert
nochmals zurück, nur um durch die Komplementarität wieder eingeschränkt zu
werden. Ein anderes Beispiel ist die Idee der Erdbewegung. Auch sie trat in der
Antike zum erstenmal auf (es gibt sie auch in Mythen, wie dem der Hopi), wurde
dann von den Aristotelikern zurückgedrängt, von Ptolemäus als „unglaublich
lächerlich" abgetan und ist nun doch seit dem 17. Jahrhundert eine Grundlage
unseres Weltbildes. Was für Theorien gilt, gilt für Methoden: die Erkenntnis
gründete sich zunächst (bei Homer) auf Gerücht, Eingebung und Alltagserfahrung,
dann auf Spekulation und eine sehr strenge Logik, dann führte Aristoteles den
Empirismus wieder ein, darauf kamen die mehr mathematischen Methoden des
Descartes und Galilei, und um 1930 wurde mit der Kopenhagener Schule wieder
ein ziemlich radikaler Empirismus die Grundphilosophie der Wissenschaften.
Die Lehre, die man aus dieser historischen Skizze ziehen kann, ist, daß das zeit-
weilige Versagen einer Ideologie (d.h. einer Gruppe von Theorien zusammen mit
methodologischen Regeln und mehr allgemeinen philosophischen Ideen) noch
kein Grund ist, sie aufzugeben.

Gerade das geschah aber mit den älteren Formen der Wissenschaft und mit
nicht-wissenschaftlichen Ideen nach der wissenschaftlichen Revolution: sie wurden eliminiert, zuerst aus der Wissenschaft selbst, dann auch aus der Gesellschaft
(der Erziehung, dem allgemeinen geistigen Verkehr), und heute ist ihr Überleben
nicht nur durch das allgemeine Vorurteil zugunsten der Wissenschaft bedroht,
sondern auch durch institutionelle Mittel. Ist es also überraschend, wenn die
Wissenschaft heute überwiegt und allein Ergebnisse hat (ob wertvolle oder nicht,
das kann man ohne Vergleich ja nicht sagen)? Die Wissenschaft überwiegt, weil
einige Erfolge in ihrer Vergangenheit zu institutionellen Maßnahmen geführt
haben, die eine Rückkehr der Rivalen verhindern. Kurz, aber nicht unrichtig:
*die Wissenschaft steht heute im Vordergrund, nicht weil sie objektive Vorteile
hat, sondern weil es den Wissenschaftlern gelungen ist, 'es sich einzurichten'.*

Sehen wir uns die Situation doch etwas genauer an! Im 17. Jahrhundert gab es einen Fortschritt der Mechanik, der Optik, der Astronomie. Mit der Medizin und der Psychologie stand es anders. Dennoch übernahm man auch hier die in der Mechanik und der Astronomie verwendeten Methoden und eliminierte Erklärungen auf Grund spiritueller Prinzipien. Man eliminierte sie nicht, weil die Erfahrung in der *Medizin* dazu riet, sondern weil man von der Astronomie sehr beeindruckt war. Dasselbe gilt von der Entwicklung in der Psychologie. Die Theorie der Besessenheit hatte zu einer brauchbaren Erklärung zahlreicher Erscheinungen und zu ihrer Ordnung geführt. Man entfernte sie und viele der angesammelten Tatsachen nicht, weil die psychologische Forschung selbst in andere Richtung wies, sondern wieder wegen des überwältigenden Eindrucks der physikalischen Wissenschaften. Stillschweigend glich man sich der Beschreibungsweise dieser Disziplinen an. Der Konformismus, nicht das Argument entschied.

Noch schlimmer steht es mit der Behandlung von Ideen, die nicht dem Dunstkreis der westlichen Wissenschaft angehören. Im 16. Jahrhundert begann ein mehr oder weniger fairer Wettstreit zwischen den älteren Wissenschaften und der neuen Philosophie. Einen fairen Wettstreit zwischen dem *ganzen* westlichen Denken und außereuropäischen Mythen und Kosmologien hat es nie gegeben. Diese Ideengruppen und die mit ihnen verbundenen Praktiken (Medizin, zum Beispiel) verschwanden nicht, weil die europäische *Wissenschaft* besser war, sondern weil die europäischen *Soldaten* die besseren Eroberer waren. Man hat nicht geforscht, man hat nicht verglichen. Man hat kolonisiert und die Ideen der kolonisierten Nationen unterdrückt. Diese Ideen wurden zunächst durch die Religion der brüderlichen Liebe, das Christentum, ersetzt und später durch die Religion der Wissenschaft. Wieder ist die Überlegenheit der Wissenschaft nicht ein Ergebnis der Forschung oder der Argumentation; sie ist diesmal ein Ergebnis von politischen, institutionellen und auch militärischen Einwirkungen.[6] Das erledigt Punkt (b).[7]

Punkt (c) ist ebenfalls leicht zu widerlegen: es gibt nicht eine einzige 'wissenschaftliche' Idee, die nicht von anderswoher gestohlen wurde. Die sogenannte Kopernikanische Revolution ist ein ausgezeichnetes Beispiel. Woher bekam

---

[6] Ausnahmen findet man bei manchen Missionaren, wie Las Casas, und später bei Aufklärern wie Diderot, die ihre eigenen fortgeschrittenen Ideen in attraktive 'Primitive' hineinverlegen. Newton gilt aber selbst für Rousseau noch als jeder 'primitiven' Physik überlegen.

[7] Sind aber die Mondfahrten nicht grandiose Beweise, daß die Wissenschaft unvergleichlich besser ist, als ihre Vorgänger und als alternative Lebensformen? Keinesfalls! Tausende von wissenschaftlichen Sklaven arbeiteten Monate lang für bloß einen Zweck: es zwei weiteren Menschen zu ermöglichen, einige Minuten unbeholfene Sprünge an einem Ort aufzuführen, den kein vernünftiger Mensch je betreten würde. Vergleichen wir damit die Leistungen von Mystikern! Ganz allein, ohne fremde Hilfe, ohne Geräte, die Millionen von Dollar kosten, weisen sie ihre Seele an, ihren Leib zu verlassen, und lenken sie, bis sie jenseits der materiellen Welt Gott in seiner ganzen Pracht wahrnimmt. *Das* ist eine Leistung, der gegenüber der traurige Mondzirkus nichts ist als eine lächerliche Farce, die allerdings in einer gleichfalls sehr lächerlichen Welt großen Eindruck macht.

Kopernikus seine Ideen? Von alten Autoritäten, wie er selbst sagt. Wer sind die Autoritäten, auf die er sich stützt? Philolaos, unter anderen, und Philolaos war ein pythagoreischer Wirrkopf. Wie ging Kopernikus vor, als er Philolaos der Astronomie seiner Zeit einverleiben wollte? Er verletzte jede methodologische Regel, die zu seiner Zeit die Wissenschaft kennzeichnete. „Mein Erstaunen kennt keine Grenze", schreibt Galilei, „wenn ich mir überlege, daß Aristarch und Kopernikus die Vernunft so sehr die Erfahrung beherrschen ließen, daß sie gegen das ausdrückliche Wort der letzten die Meisterin ihrer Ideen wurde". „Die Erfahrung" — das verweist auf die Kenntnisse, die Aristoteles und andere verwendet hatten um zu zeigen, daß sich die Erde nicht bewegen könnte. Die „Vernunft", die Kopernikus solchen Argumenten entgegensetzt, ist die Vernunft des Philolaos.

Während die Astronomie von den Pythagoräern lernte sowie von der platonischen Vorliebe für Kreisbewegungen, lernten Pioniere der Medizin ihr Gewerbe von der Kräuterkunde, der Psychologie, der Metaphysik, der Physiologie von Hebammen, Hexen, Wanderapothekern. Überall bereichert sich die Wissenschaft mit 'unwissenschaftlichen' Ideen und Methoden, überall umgeht man stillschweigend Prozeduren, die sonst als das 'Wesen der Wissenschaft' gelten.

Was aber Punkt (a) betrifft, so haben wir hier ein schönes Beispiel der Ignoranz und Einbildung unserer Wissenschaftler. Viele Argumente für die Wissenschaft und gegen alternative Methoden, zum Beispiel gegen alternative Behandlungsmethoden in der Medizin, beruhen nämlich nicht auf einer eingehenden Kenntnis solcher Methoden und ihrer Ergebnisse, sondern sind einfach Gerüchte, die man vom Kollegen übernimmt und ohne jede Prüfung als Argument weitergibt.

4 Die seltsame Geschichte von der Astrologie

Um das zu zeigen, werde ich jetzt ganz kurz die 'Stellungnahme von 186 führenden Wissenschaftlern zur Astrologie' diskutieren, die in der September/Oktober-Nummer 1975 des amerikanischen Journals *Humanist* erschien. Ich wähle die Astrologie nicht, weil ich eine besondere Liebe für sie empfinde, sondern weil sie heute unter Wissenschaftlern und solchen, die es werden wollen, ein Stiefkind ist, und Stiefkinder einflußreicher Väter verdienen einen guten Anwalt. Die Stellungnahme des *Humanist* besteht aus vier Teilen. Erstens, der Stellungnahme selbst, und die ist etwa eine Seite lang. Dann kommen 186 Unterschriften von Astronomen, Physikern, Mathematikern, Philosophen und Individuen mit nicht weiter spezifiziertem Beruf, darunter auch 18 Nobelpreisträger.[8] Hierauf zwei Artikel, die den Fall Astrologie in größerem Detail erklären.

Was nun den Leser überrascht, dessen Bild der Wissenschaften von den üblichen Lobreden geformt wurde, die Rationalität, Objektivität, Unvoreingenom-

---

[8] Unter den Nobelpreisträgern findet sich auch John Eccles, der 'Poppersche Knappe', wie man ihn in England nennt. Er hält Popper für „einen der hervorragendsten Intellektuellen unseres Jahrhunderts" — woraus man einen guten Einblick in seine intellektuellen Maßstäbe gewinnt.

menheit und dergleichen mehr betonen, ist die religiöse Intensität des Dokuments, die Unbildung, die in den Argumenten zum Vorschein kommt, und der autoritäre Ton, in dem sie vorgelegt werden. Die gelehrten Herren haben starke Überzeugungen, sie nutzen ihre Autorität als Wissenschaftler und Nobelpreisträger aus, um diese Überzeugungen zu verbreiten (warum 186 Unterschriften, wo doch ein Argument genügt?), sie kennen einige Phrasen, die sich wie Argumente anhören, aber sie haben *keine Ahnung, wovon sie reden.*[9]

Nehmen wir den ersten Satz der 'Stellungnahme': „Wissenschaftler in verschiedenen Gebieten sind beunruhigt durch die zunehmende Popularität astrologischer Ideen in vielen Teilen der Welt."

Im Jahre 1484 veröffentlichte die Römisch-Katholische Kirche den *Malleus Maleficarum,* das hervorragende Textbuch der Hexenkunde. Der *Malleus* ist ein sehr interessantes Buch. Es hat vier Teile: Phänomene, Ätiologie, legale Aspekte, theologische Aspekte der Hexerei. Die Beschreibung der Phänomene ist so detailliert, daß man einige der Geistesstörungen identifizieren kann, die die diskutierten Fälle begleitet haben. Die Ätiologie ist pluralistisch; nicht nur die offizielle Interpretation wird besprochen, sondern auch andere Erklärungen, rein materialistische Erklärungen eingeschlossen. Natürlich bleibt am Ende nur eine Erklärung übrig, aber die Alternativen werden diskutiert, und man hat einen Einblick in ihre Stärke und in die Stärke der Argumente, die sie beseitigt haben. Das stellt den *Malleus* über fast jedes wissenschaftliche Textbuch von heute. Sogar die Theologie ist pluralistisch, häretische Ansichten werden nicht schweigend übergangen, noch macht man sie lächerlich; sie werden beschrieben, untersucht, durch Argumente beseitigt. Die Autoren kennen das Gebiet, sie kennen ihre Gegner, sie beschreiben die Position der Gegner auf korrekte Weise, und sie verwenden das beste Wissen der Zeit in ihren Argumenten.

Das Buch hat eine Einleitung, eine Bulle von Innozenz VIII. Sie lautet (auszugsweise): „Es ist uns zu Ohren gekommen, nicht ohne uns in tiefe Trauer zu versetzen, daß in … (und hier folgt eine lange Liste von Ländern und Ortschaften) viele Personen beiderlei Geschlechts, ohne auf ihr Seelenheil zu achten, vom katholischen Glauben abgewichen sind und sich Teufeln … übergeben haben" und so weiter. Die Worte sind den Worten zu Beginn der 'Stellungnahme' sehr ähnlich; auch werden dieselben Gefühle ausgedrückt. Sowohl der Papst als auch die '186 führenden Wissenschaftler' beklagen die zunehmende Popularität von unangenehmen Ideen. Das Ausmaß an Bildung und Gelehrsamkeit ist allerdings sehr verschieden!

Ein Vergleich des *Malleus* mit zeitgenössischen Wissensquellen zeigt, daß der Papst und seine Ratgeber die von ihnen kritisierte Lehre genau kannten. Das ist bei unseren Wissenschaftlern nicht der Fall. Sie haben keine Ahnung von dem Gegenstand, den *sie* angreifen, noch kennen sie jene Teile *ihrer eigenen Wissenschaften,* die den Angriff schwächen.

---

[9]   Das ist buchstäblich wahr. Als ein Vertreter des BBC einige der Nobelpreisträger interviewen wollte, lehnten sie mit der Bemerkung ab, sie hätten von der Astrologie keine Ahnung. Was sie nicht daran hinderte, die Astrologie öffentlich zu verfluchen.

So schreibt Professor Bok, ein Astronom, in dem ersten Artikel, der auf die 'Stellungnahme' folgt: „Ich kann nur sagen, und zwar auf klare und eindeutige Weise, daß die modernen Begriffe der Astronomie und Raumphysik die Behauptungen der Astrologie nicht unterstützen — besser gesagt, sie stehen mit ihnen in Konflikt." Die „Behauptungen der Astrologie" sind dabei im wesentlichen die Annahme, daß himmlische Ereignisse wie die Stellung der Planeten, des Mondes, der Sonne das Menschenleben beeinflussen. Nun, die „modernen Begriffe der Astronomie und Raumphysik" schließen planetarische Plasmas ein sowie eine Sonnenathmosphäre, die sich weit über die Erde hinaus in den Raum erstreckt. Die planetarischen Plasmas treten mit der Sonne und miteinander in Wechselwirkung. Als Ergebnis davon hängt die Sonnentätigkeit von der relativen Lage der Planeten ab. Beobachtet man die Planeten, so kann man gewisse Züge der Sonnentätigkeit wie etwa Sonnenflecken und die Häufigkeit von Protuberanzen mit großer Präzision vorhersagen. Sonnenflecken und Protuberanzen beeinflussen die Qualität des Kurzwellenverkehrs auf der Erde, und so kann also auch diese aus der Lage der Planeten vorhergesagt werden (überprüft und bestätigt von Forschern der RCA).

Die Sonnentätigkeit beeinflußt das Leben auf der Erde. Das hat man schon lange Zeit gewußt. Was man nicht wußte, war, wie weit sich dieser Einfluß erstreckt und wie subtil er ist. Änderungen im elektrischen Potential von Bäumen hängen nicht nur von der Durchschnittätigkeit der Sonne ab, sondern sogar von individuellen Ausbrüchen und daher wieder von der Stellung der Planeten. Piccardi hat in Experimenten, die sich über 30 Jahre erstreckten, Variationen im Verlauf von chemischen Reaktionen festgestellt, die auf subtile Änderungen in der Struktur des verwendeten Wassers zurückzuführen sind. Nun ist die chemische Bindung im Wasser nur etwa 1/10 an Stärke der durchschnittlichen chemischen Bindung, und das Wasser ist daher gegenüber äußeren Einflüssen sehr empfindlich. Einzelne Sonnenausbrüche — und damit die Stellung der Planeten — gehören zu äußeren Einflüssen der richtigen Größenordnung. Im Tier- und Menschenkörper ist das Wasser ein Grundbestandteil, und somit sind auch die letzteren auf höchst empfindliche Weise mit der Stellung der Planeten verknüpft.

Wie sensitiv Organismen sind, hat F. R. Brown in einer Reihe von Experimenten gezeigt. Muscheln öffnen und schließen ihre Schalen nach dem Rhythmus der Gezeiten. Das setzt sich fort, wenn sie ins Landinnere gebracht werden. Sie gleichen ihren Rhythmus der Stelle an, an der sie leben, was heißt, daß sie die sehr geringen Gezeiten in einem Laboratoriumstank spüren. Kartoffeln und Röhrenfrüchte ändern ihren Metabolismus mit dem Mond, selbst wenn sie in einen Raum mit konstanter Temperatur, konstantem Druck, Feuchtigkeit, Beleuchtung leben: die Fähigkeit einer Kartoffel, lunare Rhythmen zu verspüren, ist größer, als die Fähigkeit des Menschen, diese Rhythmen zu verdecken. Professor Boks Behauptung, daß uns „die Wände des Geburtsraumes wirksam vor vielen bekannten Einflüssen schützen" ist damit nur ein weiteres Beispiel einer auf Unwissenheit beruhenden starken Überzeugung.

Die ‚Stellungnahme‘ legt großes Gewicht auf die Tatsache, daß „die Astrologie ein Teil der magischen Weltauffassung“ war, und der zweite Artikel bietet eine „endgültige Widerlegung“ der Astrologie auf Grund des Beweises, sie sei „aus der Magie hervorgegangen“. Woher haben die gelehrten Herren *diese* Information bezogen? Soweit man sehen kann, ist kein Anthropologe unter ihnen, und ich bezweifle, daß auch nur einer mit den neueren Ergebnissen dieser Disziplin vertraut ist. Was die Herren wissen, sind Bruchstücke *älterer* Ansichten aus einer Periode, die man die ‚Ptolemäische Periode‘ der Anthropologie nennen könnte, als es noch ausgemacht war, daß der moderne westliche Mensch allein Erkenntnis habe, und als man es als selbstverständlich annahm, daß die Geschichte immer vom Schlechteren zum Besseren führen müsse. Wir sehen: Das Urteil der ‚186 führenden Wissenschaftler‘ beruht auf einer vorsintflutlichen Anthropologie, einer Unkenntnis neuerer Ergebnisse in ihrem eigenen Fach, sowie einer Unfähigkeit, die Folgen der wenigen Dinge zu sehen, die sie gut kennen. Es zeigt das Ausmaß, in dem Fachleute bereit sind, ihre Autorität hervorzukehren selbst in Gebieten, in denen sie gar nichts wissen.

Es gibt viele kleinere Fehler. „Astrologie“, so heißt es, „empfing einen ernsten Todesstoß“, als Kopernikus das Ptolemäische System ersetzte. Man beachte die schöne Sprache: glaubt der gelehrte Schreiber an die Existenz von „Todesstößen“, die nicht „ernst“ sind? Und was den Inhalt betrifft, so kann man nur sagen, daß das reine Gegenteil der Fall ist. Kepler, der beste Kopernikaner seiner Zeit, verwendete die neuen Ergebnisse, um die Astrologie zu verbessern, er sammelte Beweise für sie, und er kritisierte ihre Gegner. Ein langes Zitat aus einer Stellungnahme von Psychologen sagt: „Psychologen finden keinerlei Evidenz, daß die Astrologie auch nur den geringsten Wert hat als Anzeiger vergangener, gegenwärtiger oder zukünftiger Züge des persönlichen Lebens ...“ Das kann uns nicht beruhigen, wenn wir uns daran erinnern, daß Astronomen und Biologen auch vorgeben, keine solche Evidenz gefunden zu haben, obwohl es sie gibt, und zwar in ihren eigenen Fächern. „Indem die Astrologie dem Publikum das Horoskop als ein Substitut für ehrliches und gründliches Denken anbietet, unterstützt sie die menschliche Tendenz, den leichten Weg zu nehmen ...“, aber wie ist das nun mit der Psychoanalyse, mit der Verwendung von psychologischen Tests, die schon seit langem ein „Substitut“ sind für „ehrliches und gründliches Denken“ in der Bewertung von Menschen oder, noch besser, wie ist das mit der Verwendung von Fachleuten, deren Urteil doch so oft das Denken ganz ersetzt? Und was den magischen Ursprung der Astrologie betrifft, so braucht man sich nur daran zu erinnern, daß die Magie eine wichtige Rolle auch beim Ursprung der Wissenschaft selbst spielte.

Was für die Astrologie gilt, gilt in vielfach verstärktem Maß für Heilmethoden, Methoden der sozialen Analyse und Zusammenarbeit, Methoden der psychologischen Erkenntnis, die sich von den in der Wissenschaft geübten Methoden unterscheiden. Nehmen wir einmal die Medizin. Sie herrscht heute uneingeschränkt über Leben und Tod der Menschen. Sie bietet die Maßstäbe, nach denen Gesundheit, Krankheit, Heilerfolg und Mißerfolg beurteilt werden. Ein verstümmelter Körper, durch kosmetische Chirurgie (bei reichen Patienten) mühevoll auf sein früheres Aussehen gebracht, ist ‚das beste, was die Medizin für uns tun kann‘. Eindrucksvolle Analysen mit Hilfe komplizierter Apparate, die zwar ein Körper schädigen, eine Menge Geld kosten und oft gar nichts herausfinden — das überzeugt den Durchschnittsbürger, daß er in Händen nicht einfach eines einzelnen Menschen, sondern einer ganzen mit wunderbaren Hilfen versehenen Institution ist. Geistige Gesundheit, geistige Krankheit, die Notwendigkeit von Urlaub, Operationen, Zuweisung an Gefängnisse, Brauchbarkeit für die Gesellschaft, alles das wird von unseren Ärzten entschieden, deren Beruf mit der modernen Gesellschaft an vielen Stellen verbunden ist und von ihr auf vielen Wegen reiche geistige und natürlich vor allem materielle Belohnung erhält. Ist es möglich, daß dieser ganze Betrieb auf einer Illusion beruht, wie einst der Betrieb der Hexenverfolgung, der Austreibung von Dämonen, der Rettung von Seelen? Gibt es vielleicht bessere, das heißt weniger schädliche und dennoch wirksame Methoden der Diagnose als die der wissenschaftlichen Medizin? Gibt es bessere Methoden der Heilung? Lassen sich etwa chirurgische Eingriffe durch Diät oder die Verwendung von Kräutern oder durch Akupunktur oder durch einfache Massage vermeiden? Es gibt Traditionen der Medizin, wie etwa die Medizin des *Nei Ching* und verschiedene Formen der westlichen Volksmedizin, die der wissenschaftlichen Medizin in vielen Gebieten sowohl diagnostisch als auch therapeutisch überlegen sind, aber dennoch gelingt es ihnen nur schwer oder gar nicht, sich durchzusetzen. Der Mythos von der universalen Überlegenheit der Wissenschaften ist stärker als jede positive Erfahrung.

Im Fall der Astrologie steht das Ansehen der Wissenschaften auf dem Spiel. Die Reaktion ist nicht rationale Untersuchung und Kritik, sondern die Verwendung von Druckmethoden (186 Unterschriften von Autoritäten) und Phrasen, die autoritativen Klang haben, aber den Tatsachen nicht entsprechen. Gerüchte, Unwissenheit, autoritativer Druck — das ist die Reaktion. Im Fall der Medizin geht es nicht nur um das Ansehen, sondern auch um Einfluß und vor allem um eine ganze Menge Geld. Die ‚Argumente‘ gegen alternative Heilmethoden sind auch entsprechend härter. Lernen wir aber von dem kleinen Beispiel der Astrologie, daß sich hinter großen und harten Worten oft nur Unkenntnis und Unsicherheit und der Drang nach Macht verbergen, und fallen wir nicht sofort auf das Urteil unserer Experten herein. Wenn die Sache wichtig ist, dann muß dieses Urteil ganz genau untersucht werden, durch Individuen im Falle individueller Probleme, durch Organe der Gesellschaft im Fall von Entscheidungen (Rolle von Ärzten etc.), die die Gesellschaft als ganzes angehen. Unsere kurze Analyse der Methoden der Forschung in Kapitel 13 zeigt, daß es *kein theoretisches Argument gegen eine solche Demokratisierung der Wissenschaft gibt. Praktisch findet sie schon lange statt*: die Verwandten eines Kranken müssen selbst zwischen widersprechenden ärztlichen Ratschlägen wählen, die Bürger eines Landstrichs, die Veränderungen ihrer Umwelt vornehmen wollen, können sich nicht auf Sachverständige verlassen, sie müssen sich die Sache selber überlegen. Und schließlich ist die Demokratisierung der Wissenschaften *von den Prinzipien der Demokratie selbst gefordert*. Diese Prinzipien bestimmen, daß jeder Gedanke und jede Handlung von den Bürgern überprüft und erst nach solcher Prüfung zugelassen werde.

5   Laien können und müssen die Wissenschaft kontrollieren

Zum Beispiel müssen demokratisch gewählte Komitees untersuchen, ob die Abstammungslehre wirklich so gut begründet ist, wie uns die Biologen einreden, und ob die *Genesis* durch diese Lehre wirklich ganz erledigt ist, so daß nur die erste, nicht aber die zweite in unseren Schulen gelehrt zu werden braucht. Sie müssen untersuchen, ob die wissenschaftliche Medizin ihre Stelle theoretischer und praktischer Autorität und des bevorzugten Zuganges zu Steuergeldern verdient, die sie heute einnimmt, oder ob andere Heilmethoden nicht billiger, wirksamer, und vor allem humaner sind. Sie müssen untersuchen, ob Denken, Fühlen, Charakter von Menschen durch Tests richtig erfaßt werden — und so weiter.

Daß die Irrtümer von Spezialisten durch Laien entdeckt werden können, ist die Grundannahme einer Gerichtsverhandlung vor Geschworenen. Das Gesetz verlangt das Kreuzverhör von Experten, und es verlangt auch, daß das Urteil der Experten dem Urteil der Geschworenen unterliege. Diese Forderung beruht auf der sehr vernünftigen Annahme, daß Fachleuchte sich irren können, und zwar auch im Zentrum ihres Fachwissens, daß sie die Quelle ihrer Unsicherheit gewöhnlich verdecken, daß ihr Fachwissen nicht so unzugänglich ist, wie man oft annimmt, und daß sich ein kluger Laie mit einiger Mühe in nicht zu langer Zeit das Wissen aneigenen kann, das ihm dann hilft, ihre Fehler zu durchschauen. Diese Annahme wird immer wieder bestätigt. Eingebildete und furcherregende Gelehrte, bedeckt mit Auszeichnungen, Würden, Professuren, Präsidentschaften von gelehrten Gesellschaften werden durch einen Verteidiger zu Fall gebracht, der das Talent hat, ihren Jargon zu durchschauen und die Unsicherheit, Unbestimmtheit, die ungeheure Unwissenheit bloßzulegen, die jedes menschliche Urteil durchsetzt: *die Wissenschaft ist der natürlichen menschlichen Schläue nicht unzugänglich*. Ich schlage vor, daß diese Schläue nicht nur bei Gerichtsverhandlungen, sondern bei allen wichtigen Umständen angewendet werde, die sich nun in den Händen von Fachleuten befinden. Fachleute werden natürlich konsultiert werden. Das abschließende Urteil liegt aber in der Hand demokratisch gewählter Kommissionen. Es gibt keine ‚Tatsachen‘, keinen ‚wissenschaftlichen Erfolg‘, keine zauberhafte Methodologie, die einem solchen Vorgehen den Erfolg streitig machen könnte.

6   Die Trennung von Staat und Wissenschaft ist der dazu notwendige erste Schritt

Betrachten wir die Ergebnisse unserer bisherigen Ausführungen! Gesellschaft und Religion, Staat und Religion sind heute streng voneinander getrennt. Die Religion kann den Staat beeinflussen, aber nur auf dem Weg über demokratisch gewählte Ausschüsse. Wissenschaft und Staat sind nicht voneinander getrennt. Institutionen des Staates sind nach wissenschaftlichen Prinzipien aufgebaut, die Wissenschaft ist die Grundlage des Unterrichts in Schulen, Anstellung von Beamten, Entlassung von Gefangenen, Behandlung Irrer, Seuchen, soziale Probleme — alles das wird nach ‚wissenschaftlichen Prinzipien‘ behandelt. Das ist eine *Tatsache*. Wir stellen die Frage, ob es *vernünftig* ist, so vorzugehen.

Da finden wir dann, daß das Vorgehen nicht jede Handlung und nicht jede Entscheidung erfaßt. Fachleute sind beim Gericht der Überprüfung durch Nichtfachleute ausgesetzt, und das endgültige Urteil über ihre Aussage liegt bei den Geschworenen. Dann gibt es Fälle, in denen Laien nicht durch das Gesetz, sondern durch die Umstände gezwungen werden, selbst die Entscheidung zu fällen. Beispiele sind Erkrankungen in der Familie, wo verschiedene Ärzte verschiedenen Rat geben und eine Einigung nicht erzielt werden kann, oder größere Projekte wie zum Beispiel ein neues Wasserwerk, ein neuer Reaktor, wo wieder verschiedene Gelehrte zu verschiedenen Urteilen kommen. Bürgerinitiativen, die der einmütigen Meinung von Gelehrten zum Trotz in Gang gesetzt werden, führen oft zu einer Spaltung der wissenschaftlichen Meinung und damit zu einer Situation, die ihre Notwendigkeit beweist.

Untersuchen wir den Hintergrund derartiger Vorgänge, so finden wir, daß die üblichen Argumente für die Autorität der Wissenschaft alle fehlerhaft sind. Die Wissenschaft scheint so großen *Erfolg* zu haben nur darum, weil ein Vergleichsmaßstab fehlt und weil man die wenigen *wirklichen* Errungenschaften schon zum Maßstab aller übringen Errungenschaften macht. Wir können sagen, wie unser Leben unter der Herrschaft der Wissenschaft *beschaffen ist*; wir können nicht sagen, daß es *besser ist* als ein Leben, das auf anderen Grundsätzen aufbaut, denn von einem solchen Leben haben wir keine Ahnung. Auch hat die Wissenschaft keine *Methode*, auf die man bei Unterstützung ihres Herrschaftsanspruches verweisen könnte. Wissenschaftstheoretiker erzählen uns zwar fortwährend, wie die Wissenschaft ‚eigentlich‘ vorgeht, aber wir werden diesen gutbezahlten Handlangern der Wissenschaft kaum mehr vertrauen als den Wissenschaftlern selbst. Und was diese betrifft, so finden wir, daß ihre Argumente gegen alternative Methoden nicht Argumente sind, sondern Phrasen, die auf Gerüchten beruhen, die ihrerseits nie untersucht wurden und sich bei gründlicher Untersuchung als irrig herausstellen. Selbst der so beliebte Hinweis auf die ‚Wahrheit‘ kann uns nicht beeindrucken. Wissenschaftler und Wissenschaftstheoretiker verwenden ja das Wort nur wegen des Zaubers, den es unter vertrauensvollen Menschen noch hat.

Verbinden wir diese Resultate mit den im vorhergehenden Absatz kurz beschriebenen Beispielen einer Kontrolle und Einschränkung der Wissenschaft durch demokratische Beschlüsse, so sehen wir, daß die Beispiele ein Verfahren darstellen, das nicht nur dann und wann, *sondern immer* als vernünftig zu gelten hat: die Verbindung von Staat und Wissenschaft ist aufzulösen außer für jene Fälle, in denen der Staat eine solche Verbindung vorübergehend und unter den von ihm vorgesehenen Kontrollen für vorteilhaft erachtet.

Dasselbe Ergebnis läßt sich auf unabhängige Weise und von ganz anderer Seite her erreichen.

In einer freien Gesellschaft hat ein Bürger das Recht, zu lesen und zu schreiben, was ihm gefällt, er kann Propaganda für jede Idee machen, die er schätzt. Wird er krank, so kann er sich nach seinen Wünschen behandeln lassen, von Handauflegern, wenn er an die Wirksamkeit des Handauflegens glaubt, von wissenschaftlichen Ärzten, wenn er die Wissenschaft liebt, von beiden, wenn er ein Pragmatiker ist (und einen wissenschaftlichen Arzt findet, der bereit ist, mit einem so unheimlichen Menschen wie einem Handaufleger zusammen zu amtieren). Und er hat nicht nur das Recht, selbst ungewöhnliche Ideen zu studieren und nach ihnen zu leben, er kann auch Gesellschaften gründen, die seinen Standpunkt unterstützen, vorausgesetzt, er findet Anhänger und das nötige Geld. Dieses Recht hat der Bürger aus zwei Gründen: erstens, weil jedermann die Möglichkeit erhalten muß, dem zu folgen, was er für die Wahrheit hält, und zweitens, weil man Ideen und Prozeduren nur durch Vergleich mit anderen Ideen und Prozeduren beurteilen kann. (Die Gründe für die letzte Behauptung findet man in Mills unsterblicher Abhandlung *Über die Freiheit.*)

Ist dieses Recht einmal gegeben, dann folgt es, daß ein Bürger bei allen jenen Institutionen ein Wort mitzureden hat, die er mitbezahlt, sei es als ein Privatmann, sei es mit den von ihm bezahlten Steuern: Landesschulen, Landesuniversitäten, von Steuern bezahlte Forschungsinstitute (wie die National Science Foundation in den Vereinigten Staaten) sind dem Urteil der Steuerzahler unterworfen, und dasselbe gilt für jede lokale Elementarschule. Wenn die Steuerzahler von Kalifornien wünschen, daß ihre Landesuniversitäten Wodu, Astrologie, Regentanzzeremonien, Volksmedizin unterrichten, dann werden die Universitäten diese Fächer eben lehren müssen.

Haben aber Laien die zu einem solchen Beschluß nötigen Kenntnisse? Werden sie nicht große Irrtümer begehen? Und ist es daher nicht nötig, die endgültige Entscheidung über schwierige Fälle den Fachleuten zu überlassen?

Sicher nicht in einer Demokratie.

Eine Demokratie ist eine Versammlung reifer Menschen und nicht eine Herde von Schafen, geleitet von einer kleinen Clique von Besserwissern. Reife liegt nicht in den Straßen herum, man muß sie erwerben. Man erwirbt sie nicht in Schulen, zumindest nicht in den Schulen von heute, wo der Schüler mit dürren und verfälschten Kopien *vergangener* Entscheidungen bekannt gemacht wird, sondern durch *aktive Teilnahme* an noch zu fällenden Entschlüssen. Reife ist wichtiger als Spezialwissen. Sie muß erworben werden auch dann, wenn der Prozeß ihres Erwerbs die delikaten Scharaden der Wissenschaftler stören sollte. Schließlich müssen wir entscheiden, wie besondere Wissensformen anzuwenden sind, inwieweit man ihnen trauen kann, wie sie sich zur *Gesamtheit* der menschlichen Existenz verhalten. Die Wissenschaftler glauben natürlich, daß nichts besser ist als die Wissenschaft. Die Bürger einer Demokratie können sich mit einem solchen frommen Glauben nicht zufrieden geben. *Teilnahme von Laien an grundlegenden Entscheidungen ist daher selbst dann gefordert, wenn sie die Erfolgsrate der Entscheidungen vermindert.*

Die eben beschrieben Situation hat mit gewissen Problemen, die im Kriegsfall auftauchen, viel gemeinsam. In einem Krieg hat ein totalitärer Staat eine freie Hand. Humanitäre Überlegungen schränken ihn nicht ein. Die einzigen Beschränkungen sind Beschränkungen von Material, Talent, Menschen. Eine Demokratie muß aber einen Gegner human behandeln, *selbst wenn das die Siegeschancen vermindert.* Es ist wahr — nur wenige Demokratien sind jemals diesem

Ideal gerecht geworden, aber jene, die an ihm festhielten, haben einen wichtigen Beitrag zu unserer Zivilisation geleistet. Im Bereich der Gedanken ist die Lage genau dieselbe. Wir müssen einsehen, daß es wichtigere Dinge gibt als Kriege gewinnen, die Wissenschaft fördern, die Wahrheit finden. Außerdem ist es ja gar nicht so sicher, daß die Übernahme grundlegender Entscheidungen durch demokratische Ausschüsse die Erfolgsrate dieser Entscheidungen vermindern wird. Alle Anzeichen sprechen dafür, daß das Verfahren unsere Lage verbessern wird. Setzen wir es also ein und befreien wir uns von dem Würgegriff einer dogmatischen Wissenschaft, so wie sich unsere Vorfahren einst vom Würgegriff einer dogmatischen Religion befreit haben!

HANS REICHENBACH

Gesammelte Werke in 9 Bänden

Herausgegeben von Andreas Kamlah
und Maria Reichenbach

Die großen Werke des Physikers
und Philosophen Hans Reichenbach
sind in dieser Ausgabe — zum Teil
erstmals in deutscher Sprache — versammelt und mit kleineren Arbeiten und Zeitschriftenartikeln the-
matisch in neun Bände gegliedert.
Es ist die erste Gesamtausgabe
eines logischen Empiristen überhaupt.
Die ersten beiden Bände erschienen
Anfang 1977. Die weiteren Bände
folgen in etwa halbjährlichem Abstand. Die Bände werden einzeln
abgegeben. **Bei Gesamtabnahme des
Werkes gilt aber ein ermäßigter
Subkritionspreis.**
Der Vorzugspreis gilt nur, wenn
alle 9 Bände gleichzeitig bestellt
werden.

BAND I:
**Der Aufstieg der wissenschaftlichen
Philosophie**
1977. X, 490 S. Gebunden

BAND II:
Philosophie der Raum-Zeit-Lehre
1977. VIII, 442 S. DIN C 5. Gebunden

BAND III:
**Die philosophische Bedeutung
der Relativitätstheorie**
1978. Ca. 420 S. DIN C 5. Gebunden

BAND IV:
Erfahrung und Prognose
Ca. 450 S. Gebunden

BAND V:
**Philosophische Grundlagen der
Quantenmechanik und
Wahrscheinlichkeit**
1978. Ca. 390 S. DIN C 5. Gebunden

BAND VI:
Grundzüge der symbolischen Logik
Ca. 480 S. Gebunden

BAND VII:
Wahrscheinlichkeitslehre
Ca. 500 S. Gebunden

BAND VIII:
Kausalität und Zeitrichtung
Ca. 450 S. Gebunden

BAND IX:
Wissenschaft und logischer Empirismus
Ca. 420 S. Gebunden